教育部高等学校化工类专业教学指导委员会推荐教材

化工原理

（上册）

王　瑶　贺高红　主编

化学工业出版社
·北京·

《化工原理》介绍化工过程中主要单元操作的基本原理、过程计算、过程强化及典型设备，全书共10章，分为上、下两册。本书为上册，详细介绍与流体流动和传热有关的单元操作，包括绪论、流体流动与输送设备、机械分离与流态化、传热过程与换热器、蒸发。

本书强调基本理论与工程实践相结合，突出工程观点和过程强化方法，可作为高等学校化工、石油、材料、生物、制药、轻工、食品、环境等专业本科生教材或参考书，也可供化工及相关专业工程技术人员参考。

图书在版编目（CIP）数据

化工原理（上册）/王瑶，贺高红主编. —北京：化学工业出版社，2016.8（2018.7重印）
教育部高等学校化工类专业教学指导委员会推荐教材
ISBN 978-7-122-27413-7

Ⅰ.①化… Ⅱ.①王… ②贺… Ⅲ.①化工原理-高等学校-教材 Ⅳ.①TQ02

中国版本图书馆CIP数据核字（2016）第141313号

责任编辑：徐雅妮　杜进祥　　文字编辑：丁建华
责任校对：宋　夏　　装帧设计：关　飞

出版发行：化学工业出版社（北京市东城区青年湖南街13号　邮政编码100011）
印　　装：三河市延风印装有限公司
787mm×1092mm　1/16　印张23¼　字数590千字　2018年7月北京第1版第2次印刷

购书咨询：010-64518888（传真：010-64519686）　售后服务：010-64518899
网　　址：http://www.cip.com.cn
凡购买本书，如有缺损质量问题，本社销售中心负责调换。

定　　价：45.00元

序

化学工业是国民经济的基础和支柱性产业，主要包括无机化工、有机化工、精细化工、生物化工、能源化工、化工新材料等，遍及国民经济建设与发展的重要领域。化学工业在世界各国国民经济中占据重要位置，自2010年起，我国化学工业经济总量居全球第一。

高等教育是推动社会经济发展的重要力量。当前我国正处在加快转变经济发展方式、推动产业转型升级的关键时期。化学工业要以加快转变发展方式为主线，加快产业转型升级，增强科技创新能力，进一步加大节能减排、联合重组、技术改造、安全生产、两化融合力度，提高资源能源综合利用效率，大力发展循环经济，实现化学工业集约发展、清洁发展、低碳发展、安全发展和可持续发展。化学工业转型迫切需要大批高素质创新人才，培养适应经济社会发展需要的高层次人才正是大学最重要的历史使命和战略任务。

教育部高等学校化工类专业教学指导委员会（简称“化工教指委”）是教育部聘请并领导的专家组织，其主要职责是以人才培养为本，开展高等学校本科化工类专业教学的研究、咨询、指导、评估、服务等工作。高等学校本科化工类专业包括化学工程与工艺、资源循环科学与工程、能源化学工程、化学工程与工业生物工程等，培养化工、能源、信息、材料、环保、生物工程、轻工、制药、食品、冶金和军工等领域从事工程设计、技术开发、生产技术管理和科学研究等方面工作的工程技术人才，对国民经济的发展具有重要的支撑作用。

为了适应新形势下教育观念和教育模式的变革，2008年“化工教指委”与化学工业出版社组织编写和出版了10种适合应用型本科教育、突出工程特色的“教育部高等学校化学工程与工艺专业教学指导分委员会推荐教材”（简称“教指委推荐教材”），部分品种为国家级精品课程、省级精品课程的配套教材。本套“教指委推荐教材”出版后被100多所高校选用，并获得中国石油和化学工业优秀教材等奖项，其中《化工工艺学》还被评选为“十二五”普通高等教育本科国家级规划教材。

党的十八大报告明确提出要着力提高教育质量，培养学生社会责任感、创新精神和实践能力。高等教育的改革要以更加适应经济社会发展需要为着力点，以培养多规格、多样化的应用型、复合型人才为重点，积极稳步推进卓越工程师教育培养计划实施。为提高化工类专业本科生的创新能力和工程实践能力，满足化工学科知识与技术不断更新以及人才培养多样化的需求，2014 年 6 月“化工教指委”和化学工业出版社共同在太原召开了“教育部高等学校化工类专业教学指导委员会推荐教材编审会”，在组织修订第一批 10 种推荐教材的同时，增补专业必修课、专业选修课与实验实践课配套教材品种，以期为我国化工类专业人才培养提供更丰富的教学支持。

本套“教指委推荐教材”反映了化工类学科的新理论、新技术、新应用，强化安全环保意识；以“实例—原理—模型—应用”的方式进行教材内容的组织，便于学生学以致用；加强教育界与产业界的联系，联合行业专家参与教材内容的设计，增加培养学生实践能力的内容；讲述方式更多地采用实景式、案例式、讨论式，激发学生的学习兴趣，培养学生的创新能力；强调现代信息技术在化工中的应用，增加计算机辅助化工计算、模拟、设计与优化等内容；提供配套的数字化教学资源，如电子课件、课程知识要点、习题解答等，方便师生使用。

希望“教育部高等学校化工类专业教学指导委员会推荐教材”的出版能够为培养理论基础扎实、工程意识完备、综合素质高、创新能力强的化工类人才提供系统的、优质的、新颖的教学内容。

教育部高等学校化工类专业教学指导委员会

2015 年 1 月

前言

化工原理课程内容包括化工过程典型单元操作的基本原理、典型过程及设备的设计与操作分析，是化学工程与工艺及相近、相关专业的重要专业技术基础课，具有基础理论和工程实践并重的特点。通过本门课程的学习，培养学生分析和解决工程实际问题的能力，这在创新型工程技术人才培养过程中具有重要意义。

本书借鉴了国内外同类教材的长处，并结合编者们多年的化工原理教学实践经验编写而成。教材介绍了化工过程中主要的单元操作，各章按照单元操作的基本原理、过程计算、过程强化和过程典型设备的主线编写，重点介绍过程的设计计算。在编写过程中，力争理论与实践相结合，突出工程观点和解决工程实际问题能力的培养及过程强化的方法。书中标*部分为拓展学习内容。

本教材包括10章，分为上、下两册。上册主要介绍与流体流动和传热有关的单元操作，包括绪论、流体流动与输送设备、机械分离与流态化、传热过程与换热器、蒸发。上册主编大连理工大学王瑶、贺高红，参加编写的有贺高红、焉晓明（第1章），潘艳秋、俞路（第2章），姜晓滨、阮雪华（第3章），吴雪梅、张宁、郑文姬（第4章），董宏光（第5章）。下册介绍与质量传递有关的单元操作，包括蒸馏、吸收、液液萃取、干燥和膜分离。下册主编大连理工大学潘艳秋、吴雪梅，参加编写的有王瑶（第6章），贺高红、肖武、张文君（第7章），肖武、张秀娟（第8章），韩志忠（第9章），李祥村、姜晓滨（第10章）。大连理工大学化工原理教研室的全体同事在本书的编写过程中给予了无私的帮助和支持，在此一并表示衷心的感谢！

限于编者水平，书中难免有不妥和疏漏之处，敬请读者指正。

编　者

2016年7月

目录

第1章 绪论 / 1

第2章 流体流动与输送设备 / 7

第3章 机械分离及流态化 / 110

第4章 传热过程与换热器 / 166

第1章

绪 论

1.1 化学工程与单元操作

化学工业（Chemical Industry）是将自然界的各种物质通过化学和物理方法加工成具有规定品质的物质的生产过程。化学工程是研究化学工业生产过程的共性规律，解决工业放大和大规模生产中出现的各种工程技术问题的学科。它把化学工业生产提高到了一个新水平，从经验或半经验状态提升到了理论指导和预测的新阶段，使化学工业以更大规模的生产能力，为人类生活提供更好的物质基础，加快了人类社会发展的进程。美国化学工程师协会（American Institute of Chemical Engineers，AIChE ）给出了一个化学工程很全面的定义："Chemical engineering is that portion of engineering where materials are made to undergo a change in composition，energy or state of aggregation. "对比定义，我们环顾四周、想想衣食住行，如牙膏、化妆品、衣物、涂料等，几乎每一件物品都和化工有关，可以说，没有化学工程就没有现代的社会。所以，掌握和利用好化工知识，可以提高全社会的生活水平和生产水平，为人类社会进步做出巨大的贡献。

法国大革命时期，出现了吕布兰法制碱，标志着化学工业的诞生。到 19 世纪 70 年代，制碱、硫酸、煤化工、化肥等都已具备了很大的生产规模。例如，索尔维法制碱中所用的纯碱碳化塔，高达 20 余米，在其中可以同时进行化学吸收、结晶、沉降等过程，即使今天看来，也是一项了不起的成就。

1888 年，在 L. M. Norton 教授的提议下，世界上第一个命名为化学工程的四年制本科课程，即著名的第十号课程，在美国麻省理工学院开设。随后，宾夕法尼亚大学（1892 年）、戴伦大学（1894 年）、密歇根大学（1898 年）也相继开设了与之相似的课程。1901 年，第一部化学工程专著《化学工程手册》在英国 G. E. Davis 出版。继冶金、机械、土建、电气四个工程学科以后，又一个工程技术学科——化学工程就此诞生了。1902 年 W. H. Walker 负责完善麻省理工学院化学工程的实验教学，开始了对化学工程教学的改革，使化学工程的发展进入了一个新时期。

1915 年，A. D. Little 提出了单元操作（Unit Operation）的概念，他指出：任何化工生产过程，无论其规模大小都可以分解为一系列的单元操作技术。化工生产过程纷杂繁多，只有通过研究其基本构成要素——单元操作，才能使化学工程专业具有广泛的适应性。化工单元操作这一概念的形成，是化学工程学科发展的第一个重要里程碑。

任何一种化工产品的生产过程，都是由若干单元操作及化学反应过程组合而成的。化学反应是化工生产过程的核心，其投资约占整个化工生产过程投资的10%～20%，主要在反应器中进行。单元操作是指化工生产过程中除化学反应以外的物理过程，包括原料和反应物的前后处理过程。在这些物理过程中，只发生压力、温度、组成、相态等物理变化。例如被誉为人类科学技术上的一项重大突破的合成氨化工生产过程，其生产流程简图如图1.1所示。在该生产过程中，除氨合成塔中的氮气和氢气反应生成氨属于化学反应外，其余步骤均属于物理过程。合成氨的反应是核心，其他物理过程只起到为化学反应准备必要的反应条件以及后续将粗产品提纯的作用。虽然这样，这些物理过程在整个化工生产中仍占据极其重要的地位，对生产过程的经济效益以及节能环保具有重要的意义。

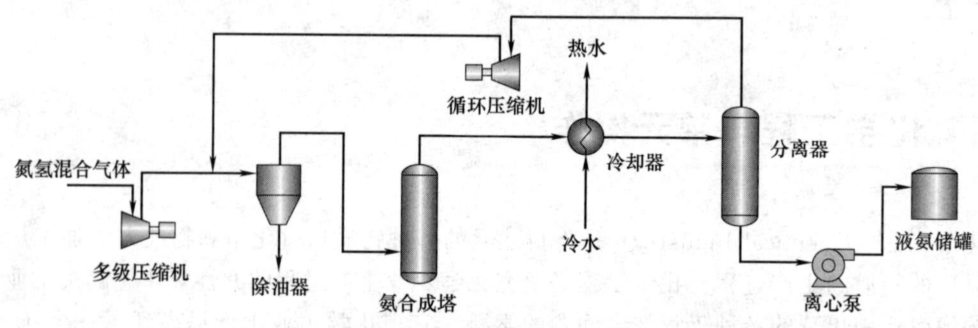

图1.1 氮氢合成氨生产流程简图

不同的化工生产过程中，同一种单元操作遵循的基本规律是一样的。例如，硫酸厂和糖厂所用的加热器，虽然加热的物料不同，设备的材质和形状也不尽相同，但却遵循同一个热量平衡定律和热量传递定律。具体来说，忽略热损失的情况下，热载体的供热量等于冷载体的吸热量，热流量与两个载体的温度差有关，也与流体的流动状态有关。这些就是加热器遵循的基本规律，而且无论采用何种物料或操作条件，这些规律都可用统一的公式进行表达。当然，不同生产厂的加热器自有其依赖于工艺物料及工艺条件的特点，但传热单元操作的共同规律是一致的，而且往往占主导地位。

为数众多的单元操作，按其操作的功能可以分为：物料的增压、减压和输送；物料的混合和分散；物料的加热和冷却；均相混合物的分离（蒸发、蒸馏、结晶等）；多相混合物的分离（沉降、过滤、干燥等）。其中每一类还可以细分，例如按相态的不同，把多相混合物的分离再分为气液分离、气固分离、液固分离、液液分离、固固分离等。按功能分类虽然简单易行，但是不够科学。一方面不属于同一类的单元操作之间的共性被掩盖了，另一方面完成同一功能的不同单元操作并不一定遵循同一操作原理。单元操作按其理论基础可分为三类：

① 流体流动过程——遵循流体动力学基本规律，包括流体输送、搅拌、沉降、过滤、混合等；

② 传热过程——遵循传热基本规律，包括热交换、蒸发等；

③ 传质过程——遵循传质基本规律，包括吸收、蒸馏、萃取、吸附、干燥、膜分离等。

1.2 化工原理课程的内容与地位

化工原理是研究化工过程单元操作基本原理的一门技术基础课。“化工原理”的英文名称为 Unit Operations of Chemical Engineering，即“化工单元操作”。它是化学工程学科中形成最早、基础性最强、应用最广的学科分支。在学习化工原理之前，需要具备高等数学、物理、物理化学、机械制图等课程的知识。

化工原理课程的主要内容是研究流体流动、流体输送机械、过滤、沉降、传热、蒸发、吸收、蒸馏、萃取、干燥、结晶、膜分离等单元操作的基本原理。通过化工原理课程的学习，掌握各单元操作所用典型化工单元设备的原则结构、操作特性、设计计算方法，培养学生综合应用所学专业知识诊断和解决化工过程中各种问题、开发新的工艺流程、强化单元操作过程、实现操作优化的能力以及创新意识。单元操作的知识对于化工厂的设计、建设、生产和管理，以及新产品、新工艺的开发都有着指导性的作用，是化学工程师必须掌握的基础知识。

随着国民经济的发展和人民生活水平的不断提高，对能源的需求越来越大。我国能源有限，国内能源的供应将面临潜在的总量短缺，尤其是石油、天然气供应将面临结构性短缺。石油供应的紧张，对化学工业的影响程度远远高于其他工业。同时，我国化学工业的粗放式发展，导致了严重的环境污染问题。通过化工生产过程的合理设计，可实现节约能源，减少环境污染物的排放。而化工原理正是化工过程设计的基础。因此，深入研究化工原理，对化工生产过程中的各个单元操作进行强化，对整个化工生产过程进行优化设计，对化学工业乃至整个国民经济和人民生活来说具有特别重要的意义。

1.3 化工原理的研究方法

化工原理中所采用的研究方法有其自有的特点。在单元操作的发展进程中，形成了两种基本研究方法，即实验研究方法和数学模型方法。实验研究方法主要是以量纲分析和相似论为理论指导，通过实验建立过程变量之间的关系，通常用无量纲数（即无量纲参数，或称无因次数、准数）群构成的关系式来表达，主要用于解决内在规律尚不清楚的复杂化工问题。数学模型方法是在对过程实际问题的机理深入分析的基础上，抓住过程本质，进行合理简化，建立物理模型，进而结合物理化学、化工热力学和化工传递过程的基本原理，建立描述此物理模型的数学模型。以数学方法求解后，通过实验确定数学模型的常量参数。因而，这是一种半经验、半理论的研究方法。由于对化工传递过程和化工热力学的研究不断深入，积累了丰富的知识，特别是电子计算机的普及和发展，使数学模型方法的应用在单元操作的研究中日益广泛。

1.4 化工原理中常用的四个基本关系

(1) 物料衡算

物料衡算主要是为了衡量生产过程中原料、成品以及损失的物料数量。依据质量守恒定律，进入与离开某一化工过程的物料质量之差，等于该过程中累积的物料质量，即

$$\sum G_{\mathrm{I}}-\sum G_{\mathrm{O}}=G_{\mathrm{A}} \tag{1.1}$$

式中 $\sum G_{\mathrm{I}}$——输入系统的物料量总和；

$\sum G_{\mathrm{O}}$——输出系统的物料量总和；

G_A——系统内累积的物料量。

当过程无化学反应时，式（1.1）适用于任一组分的物料衡算；当有化学反应时，式（1.1）只适用于任一元素的物料衡算。对于稳态过程，系统内无物料累积，各物料量不随时间改变，即处于稳态，$G_A=0$，则 $\sum G_I=\sum G_O$。

(2) 能量衡算

依据能量守恒定律，把进、出某特定系统的各种能量的收支平衡关系建立起来，即称为能量衡算式。能量有各种不同的形式，如机械能、热能、化学能、电能、磁能、原子能等，都可与热能之间互相转换，从而可将能量衡算式简化为热量衡算式。

热量衡算的基本式为

$$\sum Q_I=\sum Q_O+Q_L \tag{1.2}$$

式中 $\sum Q_I$——进入系统的各股物料的总热量，kJ 或 kW；

$\sum Q_O$——离开系统的各股物料的总热量，kJ 或 kW；

Q_L——系统与环境交换的热量，kJ 或 kW。

(3) 物系的平衡关系

任何传递过程都有一个极限，当传递过程达到极限时，其过程进行的推动力为零，此时的传递速率为零，称为平衡。例如，热量传递过程中，当冷、热两物体的温差（即传热推动力）等于零时，即达到平衡状态。又如，一定温度下食盐的饱和浓度，就是这个物系的平衡浓度。

物系的平衡可用于判断传递过程是否可以发生，以及传递发生的方向和能达到的极限。

(4) 过程速率（亦称传递速率）

过程速率是指单位时间内所能传递的能量或物质的量。例如：传热速率为 J/s 或 W，传质速率为 kmol/h 等。

任何不处于平衡状态的物系，都必然存在一个向平衡方向进行的过程，而过程的快慢，即过程速率，受到多种因素的影响。过程速率决定设备的生产能力。

任何过程的速率均与该过程的推动力成正比，与其阻力成反比：

$$\text{传递速率} \propto \text{过程推动力}/\text{过程阻力} \tag{1.3}$$

各过程的推动力的性质决定于过程的机理，它可以是压力差、温度差或浓度差等。过程速率反映了过程进行的快慢。例如：传热过程的推动力是温度差，流体流动过程的推动力是机械能差，传质过程的推动力是浓度差（气相或液相的实际浓度与平衡浓度的差值）等。

各过程存在的阻力构成也决定于过程的机理，例如，传热过程存在的热阻、流体流动过程存在的摩擦阻力、传质过程存在的扩散阻力。

1.5 单位制及单位换算

(1) 单位制

任何物理量都是用数值与计量单位来表达的。因此，物理量的单位与数值应一起纳入运算。

物理量的单位分两类：基本单位和导出单位。

人为选定的几个独立的物理量称为基本量，并根据使用方便的原则制定出这些基本量的单位，称为基本单位，如长度 m 、时间 s 等。而所有的导出单位都是由基本单位相互乘除构成。基本单位与导出单位总称为单位制，常见单位制的基本单位见表 1.1。

表 1.1 常见单位制的基本单位

基本量单位制	长度(符号)	质量(符号)	力(符号)	时间(符号)
国际单位制(SI 制)	米(m)	千克(kg)	牛顿(N)	秒(s)
绝对单位制(CGS 制)	厘米(cm)	克(g)		秒(s)
实用单位制(MKS 制)	米(m)	千克(kg)		秒(s)
工程单位制	米(m)		千克力(kgf)	秒(s)

由于历史的原因，对基本量的选择不同，或对基本单位规定不同，产生了不同的单位制。长期以来，化工领域存在着多种单位制并用的局面，同一个物理量在不同的单位制中具有不同的单位与数值，给计算和交流带来不便。为改变这种局面，1960 年 10 月第十一届国际计量大会通过了一种新的单位制，称为国际单位制，符号为 SI。

在 SI 制中规定了 7 个基本单位，化工领域常用的有 5 个，即长度为米（m），质量为千克（kg），时间为秒（s），热力学温度为开尔文（K），物质的量为摩尔（mol）。

专门名称的导出单位有力、重力 N 或 $kg \cdot m/s^2$；压力（压强）、应力 Pa 或 N/m^2；能量、功、热 J 或 $N \cdot m$；功率、辐射通量 W 或 J/s；温度℃。

SI 制有两大优点：通用性，所有物理量的单位都可由基本单位导出，SI 制对所有科学领域都适用；一贯性，SI 制中任何一个导出单位都可由基本单位按物理规律直接导出，无需引入比例常数。

(2) 单位换算

单位换算是指同一性质的不同单位之间的数值换算。

物理量由一种单位换成另一种单位时，只是数值改变，量本身无变化。换算时要乘以两单位间的换算因数，即二者相等有不同单位的两个物理量之比。

例如：1N 的力和 100000dyn 的力是两个相等的物理量，但使用单位不同则数值不同。N 与 dyn 两种单位间的换算因数为：

$$100000\text{dyn}/1\text{N}=100000\text{dyn}/\text{N}$$

【例 1.1】 已知 $1\text{atm}=1.033\text{kgf/cm}^2$，试用单位 Pa 来表示压强。

解： 先列出各量不同单位间的关系

$$1\text{kgf}=9.81\text{N},\ 1\text{cm}^2=10^{-4}\ \text{m}^2,\ 1\text{N/m}^2=1\text{Pa}$$

$$1\text{atm}=1.033\times9.81\times10^4\text{N/m}^2=1.0133\times10^5\text{N/m}^2$$

所以

$$1.0133\times10^5\ \text{N/m}^2\times1\ \text{Pa}\ /\ \text{N/m}^2=1.0133\times10^5\text{Pa}$$

【例 1.2】 将 1kgf/cm^2 转换成 N/m^2。

解： 已知 $1\text{kgf}=9.81\text{N}$，$1\text{cm}^2=10^{-4}\text{m}^2$，所以

$$1\text{kgf/cm}^2=1\times9.81\text{N}/(10^{-4})\text{m}^2=9.81\times10^4\text{N/m}^2$$

【例 1.3】 通用气体常数 $R=0.08206\text{L}\cdot\text{atm}/(\text{mol}\cdot\text{K})$，试用单位 $\text{J}/(\text{mol}\cdot\text{K})$ 表示。

解： 先列出有关各量不同单位间的关系。

$$1\text{L}=10^{-3}\text{m}^3,1\text{atm}=1.0133\times10^5\text{Pa},1\text{N}\cdot\text{m}=1\text{J}$$

所以

$$R = 0.08206 \times \text{L} \cdot \text{atm}/(\text{mol} \cdot \text{K}) \times 10^{-3}\,\text{m}^3/\text{L} \times 1.0133 \times 10^5\,\text{Pa}/\text{atm}$$
$$= 8.315\,\text{m}^3 \cdot \text{Pa}/(\text{mol} \cdot \text{K})$$

又知

$$1\text{Pa} = 1\text{N}/\text{m}^2 = 1\text{N} \cdot \text{m}/\text{m}^3 = 1\text{J}/\text{m}^3$$

所以

$$R = (8.315\,\text{m}^3 \times 1\text{J}/\text{m}^3)/(\text{mol} \cdot \text{K}) = 8.315\,\text{J}/(\text{mol} \cdot \text{K})$$

第2章

流体流动与输送设备

流体（Fluid）是具有流动性的物质，包括气体和液体。化工生产中涉及的物料大多是流体。研究流体流动过程的基本原理和规律是研究其他化工单元操作的重要基础。这是因为：第一，流体输送过程具有普遍性。为满足化工生产工艺要求，常常需要将流体物料从一设备输送至另一设备，或从上一工序输送到下一工序，流体流动与输送成为最普遍的化工单元操作之一；第二，流体流动对传热、传质及反应过程有重要影响。化工生产中所涉及的过程（如传热、传质及反应等）大都是在流体流动的条件下进行的，这些过程进行的快慢及效果等均与流体流动状况密切相关。

本章在讨论流体基本性质的基础上，重点研究流体流动的基本规律及流体输送设备等问题。

2.1 作用在流体上的力及流体的黏度

2.1.1 作用在流体上的力

作用在流体上的力可分为质量力和表面力两种。

质量力（Body Force） 是指不与流体接触而施加于流体所有质点上的力，其特点是力的大小与流体的质量成正比。对于均质流体，其质量力也与流体的体积成正比，故其质量力也称为体积力。流体在重力场中所受到的重力和在离心力场中受到的离心力等都是质量力。

表面力（Surface Force） 是指与流体质点接触的外界（器壁或流体质点周围的其他流体）施加于流体质点表面上的作用力，其特点是力的大小与作用的表面积成正比。单位面积上的表面力称为应力。表面力通常可分解为法向表面力分力和切向表面力分力，如图 2.1.1 所示。法向表面力分力称为总压力，切向表面力分力称为剪切力（或内摩擦力）。

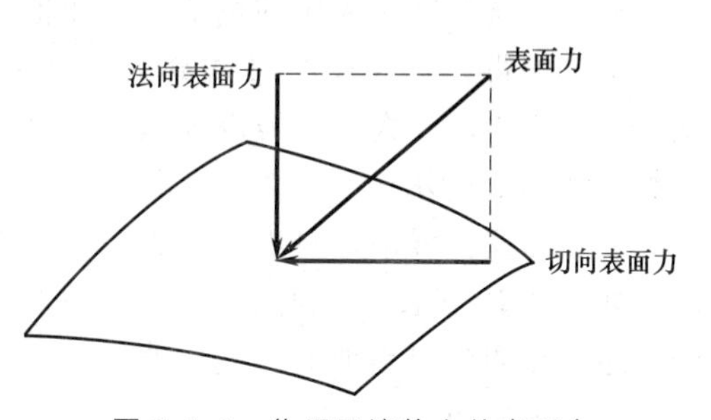

图 2.1.1 作用于流体上的表面力

2.1.2 压力和剪应力

(1) 压力

压力是垂直作用在流体表面上的力，其方向指向流体的作用面。通常单位面积上的压力称为流体的静压强，简称压强，习惯上也称为压力（如不特别指明，本书后面所提压力均指压强），而把作用于流体全部表面积上的压力称为总压力。

设作用于流体表面积 S 上的总压力为 F，则平均压力可表示为

$$p_{\mathrm{m}}=\frac{F}{S} \tag{2.1.1}$$

流体中任一点的压力可表示为

$$p=\lim_{S\to 0}\left(\frac{F}{S}\right) \tag{2.1.2}$$

压力的特点 流体中任一点压力的大小与所选定的作用面在空间的方位无关，只与该点在空间的位置有关，即作用于任一点上所有不同方位的压力在数值上是相等的。流体中任意一点的压力与其所处的位置有关，可表示为

$$p=f(x,y,z) \tag{2.1.3}$$

压力的单位 在 SI 单位制中，压力的单位是 $\mathrm{N/m^2}$，称为帕斯卡，用 Pa 表示。在工程上常使用兆帕（$1\mathrm{MPa}=10^6\mathrm{Pa}$）或千帕（$1\mathrm{kPa}=10^3\mathrm{Pa}$）作为压力的计量单位。此外，工程上也用液体柱的高度表示压力的大小，如 $\mathrm{mH_2O}$ 或 mmHg 等。若液体的密度为 ρ，则液柱高度 h 与压力 p 的关系为

$$p=\rho g h \tag{2.1.4}$$

由式（2.1.4）可知，同一压力用不同物质的液柱表示时，其高度不同。因此当以液柱高度表示压力时，必须注明液体的种类，如 $5\mathrm{mH_2O}$ 或 500mmHg。此外，压力单位还有工程大气压（$\mathrm{kgf/cm^2}$）、物理上的标准大气压（atm）、巴（bar）等。常见的压力单位及其换算关系为

$$1\mathrm{atm}=1.013\times10^5\mathrm{Pa}=1.033\mathrm{kgf/cm^2}=10.33\mathrm{mH_2O}=760\mathrm{mmHg}$$

压力的基准 流体的压力大小常以两种基准来表示。一种是绝对零压（即完全真空）；另一种是当时当地大气压力（以下简称大气压力）。以绝对零压为基准的压力称为绝对压力（简称绝压），它是流体的真实压力。以大气压力为基准的压力称为表压（绝对压力高于大气压力时，高出部分）或真空度（绝对压力低于大气压力时，低出部分）。分别可表示为

表压＝绝对压力－大气压力

真空度＝大气压力－绝对压力

显然，真空度是表压的负值。表压值可由压力表直接测得，真空度亦可由真空表直接测量。绝对压力、表压、大气压力以及真空度之间的关系如图 2.1.2 所示。

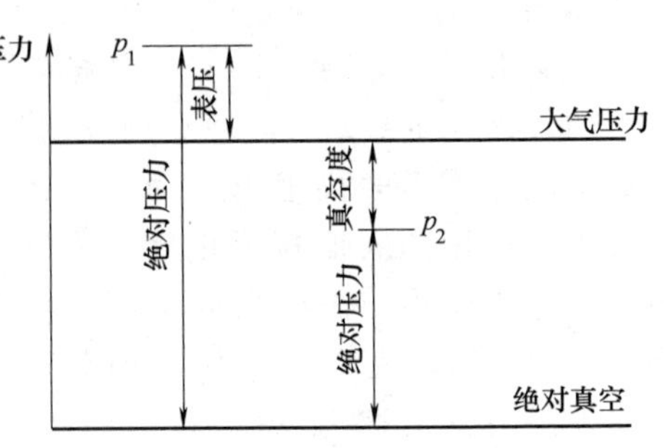

图 2.1.2 绝对压力、表压、真空度和大气压力的关系

一般为避免混淆，对表压和真空度等加以标注，如 2000Pa（表压）或 500mmHg（真空度），同时还应注明当时当地的大气压值。

(2) 剪应力

剪应力是单位面积上的剪切力，它平行作用

于流体表面。若作用在单位面积 S 上的剪切力为 F，则作用于相邻两流体层之间的剪应力 τ 可写成

$$\tau=\frac{F}{S}=\frac{ma}{S}=\frac{m\mathrm{d}u}{S\mathrm{d}t}=\frac{\mathrm{d}(mu)}{S\mathrm{d}t} \tag{2.1.5}$$

式中，m 为流体质点的质量；a 为流体运动的加速度；S 为两流体层的作用面积；t 为时间；u 为流速。

式（2.1.5）表明，剪应力可以表示为单位时间通过单位面积的动量，即动量通量。流动流体中其内部的剪应力是速度不等的两相邻流体层彼此作用的力，这种相互作用就是两流体层之间的动量传递。剪应力的单位为

$$[\tau]=\frac{\mathrm{N}}{\mathrm{m}^2}=\frac{\mathrm{kg}\cdot\mathrm{m/s}^2}{\mathrm{m}^2}=\mathrm{kg/(m\cdot s^2)}$$

2.1.3 牛顿黏性定律及流体的黏度

(1) 牛顿黏性定律

如图 2.1.3 所示，设有上、下两块面积很大且相距很近的平行平板，其间充满某种静止的流体。若下板固定不动（固定板），对上板施加一恒定的平行于平板的外力，使其以速度 u 沿 x 方向作匀速运动（运动板）。由于紧邻壁面的一薄层流体与运动板壁面间存在作用力，将不做相对于该壁面的相对运动，因此，紧贴于运动板下方的流体层也将以同一速度 u 流动，而紧贴于固定板上方的流体层则静止不动。当流速 u 不太大时，两板间的流体就会分成无数平行的薄层而流动，各层流体速度变化为线性（见图 2.1.3）。对任意相邻两层流体来说，运动速度快的流体层带动运动速度慢的流体层，而运动速度慢的流体层则拖曳运动速度快的流体层。这种运动着的流体内部相邻流体层间的相互作用力称为流体的内摩擦力。流体在流动时产生内摩擦力的性质，称为流体的黏性。

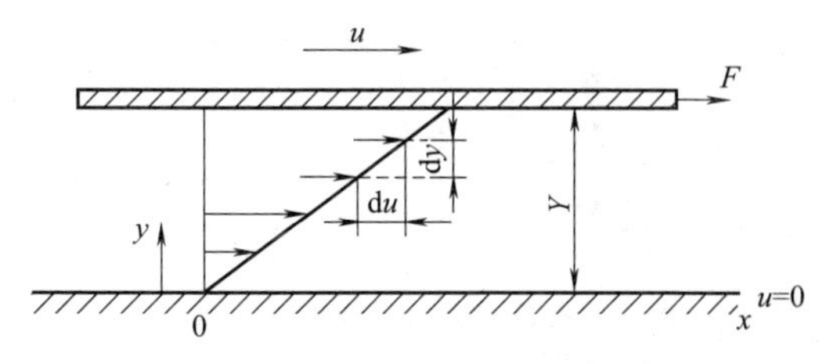

图 2.1.3　平行大平板间流体层的速度变化

实验证明，对于一定的流体，单位面积上的内摩擦力（剪应力）与两流体层的速度差成正比、与两层流体层间的垂直距离 $\mathrm{d}y$ 成反比，即

$$\tau=\eta\frac{\mathrm{d}u}{\mathrm{d}y} \tag{2.1.6}$$

式中　τ——剪应力，$\mathrm{N/m^2}$；

$\frac{\mathrm{d}u}{\mathrm{d}y}$——法向速度梯度，即与流动方向相垂直的 y 方向上流体速度的变化率，1/s；

η——比例系数，称为黏性系数或动力黏度，简称黏度，Pa·s。

式（2.1.6）称为牛顿黏性定律。该定律说明流体的剪应力与法向速度梯度成正比，与压力无关。流体的这一规律与固体表面的摩擦力规律不同。

流体具有黏性的物理本质是因为分子间的引力和分子的运动与碰撞。液体和气体产生黏性的原因不同。液体的黏性主要由分子引力引起，气体的黏性主要由分子运动引起。黏性是分子微观运动的一种宏观表现，是在流体流动时才体现的一种流体性质。

(2) 流体的黏度

流体的黏度是衡量流体黏性大小的物理量，是影响流体流动的一个重要物理性质。由式

(2.1.6) 可知，黏度为流体流动时，在垂直于流体流动方向上产生单位速度梯度所需的剪应力。显然，在同样的流动情况下，流体的黏度越大，流体流动时产生的内摩擦力越大。

黏度值由实验测定。流体的黏度不仅与流体的种类有关，还与温度、压强有关。液体的黏度随温度升高而减小，压力对其影响可忽略不计；气体的黏度随温度升高而增大，一般情况下也可忽略压力的影响，但在极高或极低的压力条件下需要考虑压力的影响，可在有关手册中查取。

一些纯流体的黏度可在本书附录或有关手册中查取。一般气体的黏度比液体的黏度要小得多。例如20℃下，空气的黏度为 $1.81\times10^{-5}\mathrm{Pa\cdot s}$，水的黏度为 $1.005\times10^{-3}\mathrm{Pa\cdot s}$，而甘油的黏度为 $1.499\mathrm{Pa\cdot s}$。混合物的黏度可直接由实验测定，若缺乏实验数据，可参阅有关资料，选用经验公式进行估算。

用国际单位制表示的黏度单位为 $\mathrm{N\cdot s/m^2}$，即 $\mathrm{Pa\cdot s}$。在一些工程手册中，黏度的单位也用厘泊（cP）表示。各单位之间的换算关系为

$$1\mathrm{cP}=10^{-3}\mathrm{Pa\cdot s}=1\mathrm{mPa\cdot s}$$

工程上，流体的黏性还常用运动黏度表示，运动黏度是黏度 η 与密度 ρ 的比值，以符号 ν 表示，即

$$\nu=\frac{\eta}{\rho} \tag{2.1.7}$$

运动黏度的国际制单位是 $\mathrm{m^2/s}$，厘米克秒制中的单位是 $\mathrm{cm^2/s}$，称为斯［托克斯］，用符号 St 表示。斯的百分之一称为厘斯，用符号 cSt 表示。单位之间的换算关系为

$$1\mathrm{St}=100\mathrm{cSt}=10^{-4}\mathrm{m^2/s}$$

2.1.4 理想流体与实际流体

黏度为零的流体称为理想流体。真实的流体具有黏性，称为实际流体或黏性流体。自然界中不存在理想流体，引入理想流体的概念，可简化处理工程问题：先按理想流体考虑，找出流体的特性与规律。再考虑黏性的影响，对理想流体的分析结果进行修正，然后应用于实际流体。在某些情况下，黏性不起主要作用，此时实际流体就可按理想流体来处理。

因理想流体的黏度为零，故由式 (2.1.6) 可知，其流动时的内摩擦力为零，故其法向速度梯度 $\mathrm{d}u/\mathrm{d}y=0$，因此，理想流体在管道内的速度分布如图 2.1.4 所示，呈均匀的速度分布侧形。而实际流体具有黏性，在紧靠壁面处，流体质点黏附于管壁上，其速度等于零，随着离壁面的距离增加，流体速度连续增大，出现如图 2.1.5 所示的速度分布。

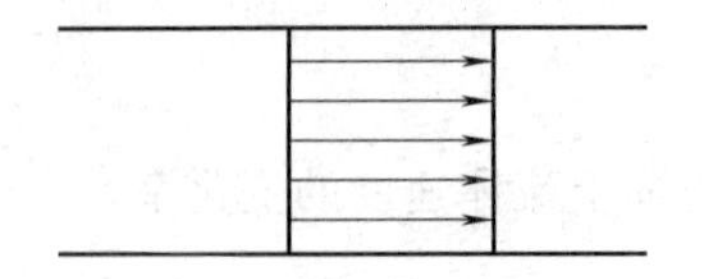

图 2.1.4 理想流体在管内的速度分布

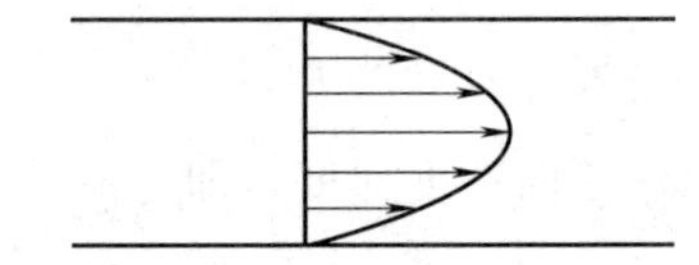

图 2.1.5 实际流体在管内的速度分布（层流）

2.1.5 牛顿型流体与非牛顿型流体

牛顿型流体是剪应力与速度梯度的关系符合牛顿黏性定律的流体，包括所有气体和大多数液体。对于给定的牛顿型流体，以剪应力 τ 对速度梯度 $\mathrm{d}u/\mathrm{d}y$ 作图，可得到一条通过原点的直线，如图 2.1.6 中的 A 线，其斜率就是给定温度下该流体的黏度。

不符合牛顿黏性定律的流体统称为非牛顿型流体。在直角坐标图中，非牛顿型流体的剪

应力 τ 与速度梯度 du/dy 的关系，将不再是通过原点的直线，可表示成

$$\tau=\eta_a \frac{du}{dy} \tag{2.1.8}$$

式中，η_a 称为表观黏度，它不仅与流体的物理性质有关，还与速度梯度有关。这是非牛顿型流体的一个重要特征。非牛顿型流体有多种类型，主要包括以下几类：

① 假塑性流体。如许多高分子溶液或熔体、涂料等，其表观黏度 η_a 随速度梯度的增大而降低，如图 2.1.6 中的曲线 B。

② 黏塑性流体或宾汉塑性流体。如油墨、牙膏、泥浆等，只有当施加的剪应力大于某一临界值以后才能流动，超过此临界值（该值称为临界剪应力或屈服应力），其流动就与牛顿型流体一样，如图 2.1.6 中的曲线 C。

③ 胀塑性流体。如塑料溶液、高固体含量的悬浮液，其表观黏度 η_a 随速度梯度增大而增加，如图 2.1.6 中的曲线 D。

本章仅讨论牛顿型流体。

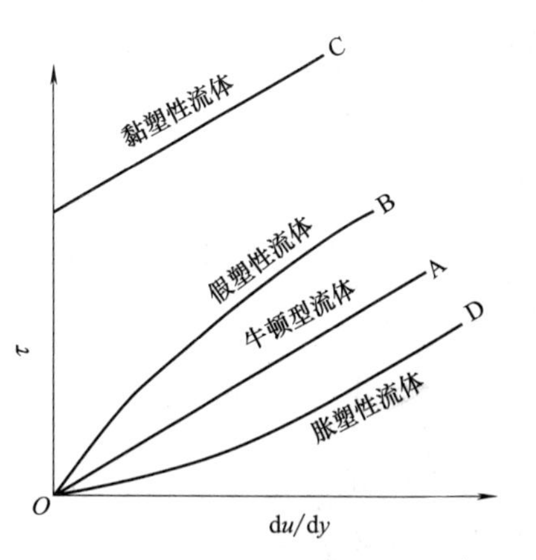

图 2.1.6　牛顿型流体与非牛顿型流体的剪应力与速度梯度的关系

2.2　流体流动计算基础

2.2.1　流体的特征

物质在运动时内部分子间发生相对运动的特性称为流动性。流体与固体的主要差别在于它们抵抗外力的能力不同。固体在剪应力的作用下将产生相应的变形以抵抗外力，而静止流体在剪应力的作用下将发生连续不断的变形，即流体具有流动性。

需要注意的是，流体的流动并非指其内部分子的运动，而是指流体作为一个整体运动的同时，内部还有流体质点的相对运动。流体内部无数质点运动的总和，就形成了流体流动。

2.2.2　流场的描述

流体运动所占据的空间称为流场。对于流场可采用“迹线”或“流线”进行描述。迹线是同一流体质点在不同时刻所占空间位置的连线，即某一流体质点的运动轨迹。流线是表示某一时刻不同质点的速度方向的空间曲线，该曲线上任一点的切线方向即为该点的速度方向。流线与电力线、磁力线类似，由于任意时刻同一位置上只有一个速度方向，故流线不会相交。图 2.2.1 中所示曲线为一流线，图上分别标示出 a、b、c、d 四个质点的速度方向。

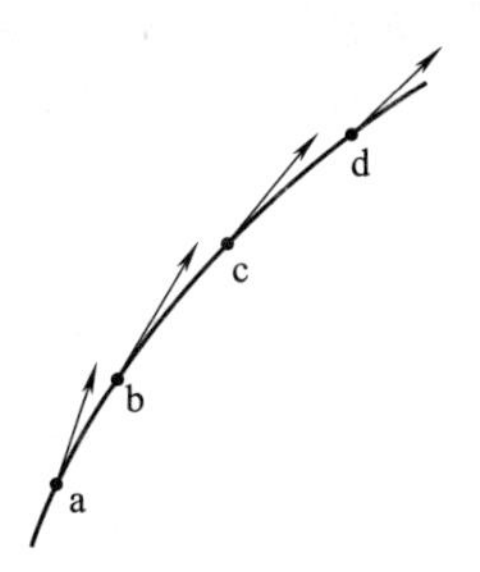

图 2.2.1　流线

可见，迹线和流线是完全不同的两个概念。迹线描述的是同一质点在连续瞬间的位置，而流线表示的则是同一瞬间不同质点的速度方

向。对于稳态流动，流线与迹线重合。

生产上一般使用管道来输送流体，当单相流体充满等径管内空间且在管内流动时，由于流体是沿着管轴线方向流动的，所以其流线为平行线。

2.2.3 控制体

对流体进行物料衡算或能量衡算时，首先要确定衡算范围。该划定的范围称为控制体（或划定体积），它是指所研究的有明确界面的固定区域，该界面称为控制面（或划定表面），流体可通过控制面进出控制体。控制面可以是固体壁面，也可以是流体表面。在图 2.2.2 所示的流动系统中，水从管路左端 1-1 截面进入，从右端 2-2 截面排出。若对该系统进行衡算，可将管壁、泵壳、中间加热器的壁面以及管路的进口、出口截面构成的区域看成是控制体。

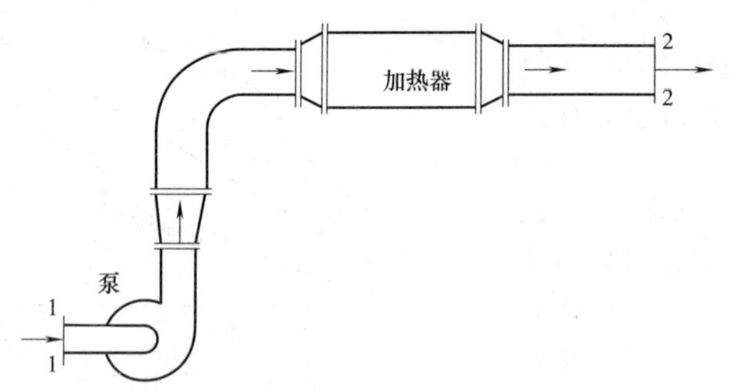

图 2.2.2 流体流动系统与控制体的选择

2.2.4 流体计算的两个假设

(1) 流体的连续性假设

处于流动状态的物质，无论气体还是液体，都是由运动分子所组成。这些分子彼此之间有一定间隙，并且总是处于无规则的随机热运动状态中。因此，从微观角度看，流体的质量在空间和时间上的分布是不连续的。工程上研究流体流动规律时，人们更关注流体的宏观运动，而不是单个分子的微观运动。所以，可将流体视为充满所占空间的、由无数彼此间没有间隙的流体质点（或微团）组成的连续介质，这就是流体的连续性假定（Continuous Assumption）。这里所说的质点是指含有大量分子的流体微团，其尺寸远小于流体所处空间尺寸，但远大于分子自由程。

引入连续性假设后，流体的物理性质和运动参数就具有连续变化的特性，从而可以利用基于连续函数的数学方法，从宏观角度研究流体流动的规律。实践证明，连续性假设对绝大多数工程情况是适合的。

流体的连续性假设存在局限性。在有些情况下，如分子的自由程大到可同设备的特征长度相比拟（如在高真空稀薄气体中或催化剂颗粒内气体扩散等情况下），则该假设不再成立。

(2) 流体的不可压缩性假设

在外部压力的作用下，流体内分子间的距离会发生一定的改变，导致其体积大小发生变化。流体的体积随外压而变化的特性称为流体的压缩性，可用体积压缩性系数 ε_V 表示。

体积压缩性系数定义为：一定温度条件下，单位压强变化所引起的流体体积的相对变化量。以单位质量流体的体积 v 为基准，则体积压缩性系数 ε_V 可表示为

$$\varepsilon_V=-\frac{1}{v}\frac{\mathrm{d}v}{\mathrm{d}p} \tag{2.2.1}$$

式中 ε_V——体积压缩性系数，Pa^{-1}；

v——比体积（单位质量的体积），m^3/kg；

p——压强，$\mathrm{N/m}^2$。

式（2.2.1）中的负号表示压强增加时，流体的体积缩小。

由于密度 ρ 与比体积 v 的关系可表示为 $\rho v=1$，则有

$$\rho\mathrm{d}v+v\mathrm{d}\rho=0 \tag{2.2.2}$$

将式（2.2.2）代入式（2.2.1）中，整理得

$$\varepsilon_V=\frac{1}{\rho}\frac{\mathrm{d}\rho}{\mathrm{d}p} \tag{2.2.3}$$

体积压缩性系数 ε_V 的大小，反映了流体被压缩的难易程度。通常将 $\varepsilon_V=0$ 的流体称为不可压缩流体（Incompressible Fluid），否则为可压缩流体。一般液体的分子间距离小，体积随压力的变化很小，可视为不可压缩流体。而对于气体，当压力变化时，其体积会有较大变化，为可压缩流体（Compressible Fluid）。工程上，当气体的压力变化小于20%时，可作为不可压缩流体处理。

2.2.5 稳态流动与非稳态流动

流体流动系统中，按照与流动有关的各物理量（如流速、压力、密度等）是否随时间变化，可以将流体的流动分为两种情况：稳态流动（Steady State Flow）和非稳态流动（Unsteady State Flow）。如果运动空间内各点的物理量不随时间而变化，则称该流动为稳态流动（或称定常流动、稳定流动）。如图 2.2.3 所示，为维持水箱内水位恒定，在水箱上加设一块溢流挡板，并保证始终有水溢出，则排水管中直径不等的各截面上（如截面 1-1 和截面 2-2）水的流速虽然不同，但各截面上的流速只是空间位置的函数，并不随时间而变，可表示为

$$u=f(x,y,z) \tag{2.2.4}$$

这种情况下的流动为稳态流动。反之，若各截面上的物理量不仅随空间位置变化，也随时间变化，这种流动则称为非稳态流动（或称非定常流动、非稳定流动）。如图 2.2.4 所示，随着水的不断流出，水箱中的水位不断下降，随时间的推移，排出管路中各截面上的速度逐渐降低，管路中水的流速是空间位置和时间的函数，可表示为

$$u=f(x,y,z,t) \tag{2.2.5}$$

这种情况下的流动为非稳态流动。

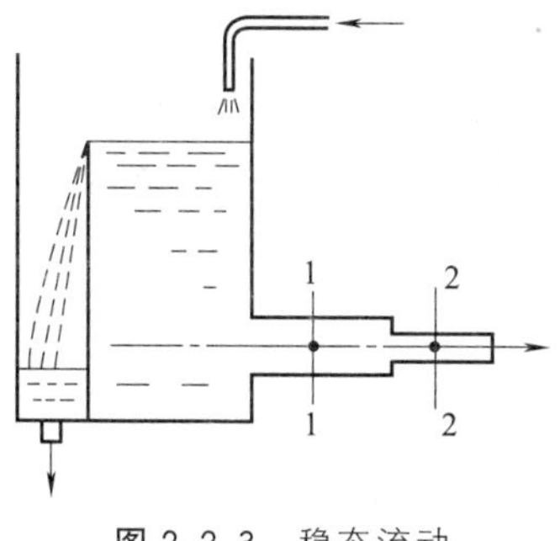

图 2.2.3 稳态流动

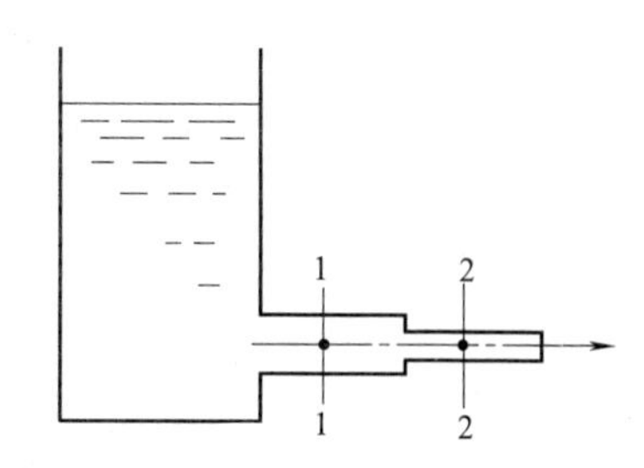

图 2.2.4 非稳态流动

工业生产中多为连续操作，正常条件下可视为稳态流动。在开工或停工阶段则可能是非稳态流动。本章着重讨论稳态流动问题。

2.2.6 流体的流量与流速

(1) 流量

单位时间内流经管道单位截面的流体量称为流量（Flow Rate）。流量通常有两种表示方

法：体积流量和质量流量。

① 体积流量　单位时间内流经管道单位截面的流体的体积称为体积流量，以符号 q_V 表示，单位为 m^3/s 或 m^3/h。

需要注意的是，气体的体积流量随温度、压力的改变而变化，所以表示气体的体积流量时，应指明其对应的温度和压力。有时生产上将其折算到标准状态（273.15K、101.3kPa）下的体积流量，称为标准体积流量。

② 质量流量　单位时间内流经管道单位截面的流体的质量称为质量流量，以符号 q_m 表示，单位为 kg/s 或 kg/h。

体积流量和质量流量之间的关系为

$$q_m = q_V \rho \tag{2.2.6}$$

(2) 流速

与流量相对应，流速也有两种表示方法：平均流速和质量流速。

① 平均流速（Average Velocity）　单位时间内流体质点在流动方向上所流经的距离称为流速。实验发现，流体在流动截面上各点的流速不一定相同，而是形成某种分布（见2.4.2节）。工程上为简便计算，常采用平均流速表示流体在该截面的流速，用符号 u 表示，单位为 m/s。定义平均流速为体积流量 q_V 与流道截面积 S 之比，习惯上，平均流速简称为流速，即

$$u = \frac{q_V}{S} \tag{2.2.7}$$

② 质量流速（Mass Velocity）　单位时间流经流道单位截面积的流体质量为质量流速，以符号 G 表示，单位为 $kg/(m^2 \cdot s)$。由于气体的体积流量随温度和压力而变，其流速亦将相应地变化，但质量流速不变。因此，对于气体采用质量流速计算较为方便。

流量与流速之间的关系为

$$q_m = q_V \rho = uS\rho = GS \tag{2.2.8}$$

质量流速与流速的关系为

$$G = \frac{q_m}{S} = \frac{\rho u S}{S} = \rho u \tag{2.2.9}$$

【例 2.1】　绝对压力为 206.3kPa、温度为 20℃、流量为 $720m^3/h$ 的空气，经内径 105mm 的圆形管道进入加热器，加热至 120℃后仍由内径 105mm 的圆形管道送出，设输送过程中压力不变。分别计算空气在管道进口和出口处的平均流速与质量流速。

解：(1) 平均流速 u

按理想气体考虑，管道进口处气体的体积流量 q_{V1} 为

$$q_{V1} = q_{V0}\frac{p_0 T_1}{p_1 T_0} = \frac{720}{3600} \times \frac{101325}{206300} \times \frac{273.15+20}{273.15} = 0.1054m^3/s$$

管道进口处气体的平均速度 u_1 为

$$u_1 = \frac{q_{V1}}{\frac{\pi}{4}d^2} = \frac{0.1054}{0.785 \times 0.105^2} = 12.18m/s$$

管道出口处气体的体积流量 q_{V2} 为

$$q_{V2} = q_{V1}\frac{T_2}{T_1} = 0.1054 \times \frac{273.15+120}{273.15+20} = 0.141m^3/s$$

管道出口处气体的平均流速 u_2 为

$$u_2=\frac{q_{V2}}{\frac{\pi}{4}d^2}=\frac{0.141}{0.785\times0.105^2}=16.292\text{m/s}$$

(2) 质量流速 G

空气的摩尔质量为 29kg/kmol，则其质量流量 q_m 为

$$q_m=\frac{720}{3600\times22.4}\times29=0.259\text{kg/s}$$

管道进、出口管径相同，则其截面积 S_1、S_2 相等，即

$$S_1=S_2=\frac{\pi}{4}d^2=0.785\times0.105^2=0.009\text{m}^2$$

于是，空气在管道进、出口处的质量流速 G_1、G_2 相等，为

$$G_1=G_2=\frac{q_m}{\frac{\pi}{4}d^2}=\frac{0.259}{0.785\times0.105^2}=29.92\text{kg/(m}^2\cdot\text{s)}$$

2.3 流体衡算方程

2.3.1 连续性方程

如图 2.3.1 所示，当流体在管道中流动时，取截面 1-1 至截面 2-2 之间的管段作为控制体。根据质量守恒定律，单位时间内流进和流出控制体的流体质量之差应等于单位时间控制体内流体的累积量。即

$$\rho_1S_1u_1-\rho_2S_2u_2=\frac{\partial}{\partial t}\int_V\rho\text{d}V \tag{2.3.1}$$

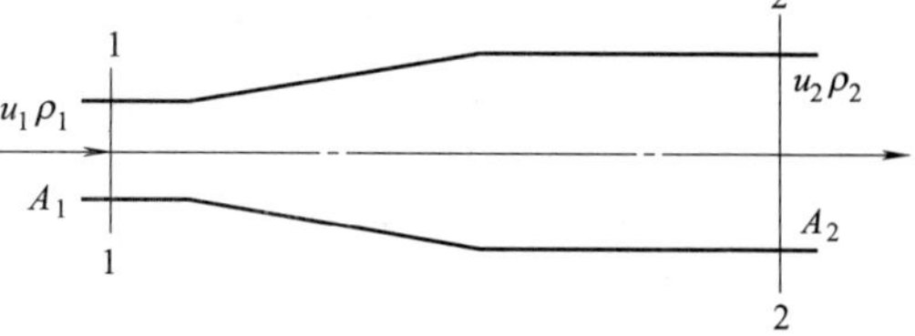

图 2.3.1 连续性方程式推导时的控制体

式中 S_1，S_2——分别为管段截面 1-1 和截面 2-2 的截面积，m^2；

u_1，u_2——分别为管段截面 1-1 和截面 2-2 处流体的平均流速，m/s；

ρ_1，ρ_2——分别为管段截面 1-1 和截面 2-2 处流体的密度，kg/m^3；

V——控制体的体积，m^3；

$\frac{\partial}{\partial t}\int_V\rho\text{d}V$——控制体内的质量积累速率，kg/s。

式 (2.3.1) 称为流体流动的连续性方程。对于稳态流动，式 (2.3.1) 右端为零，则有

$$\rho_1S_1u_1=\rho_2S_2u_2 \tag{2.3.2}$$

推广至管道内的任意截面，有

$$\rho_1S_1u_1=\rho_2S_2u_2=\cdots=\rho Su=\text{常数} \tag{2.3.3}$$

式 (2.3.3) 称为稳态流动的连续性方程。若流体不可压缩，流体密度为常量，式 (2.3.3) 可简化为

$$S_1u_1=S_2u_2=\cdots=Su=\text{常数} \tag{2.3.4}$$

式（2.3.4）表明，不可压缩流体做稳态流动时，流速与管道截面积成反比，截面积越小，流速越大，反之亦然。若是不可压缩流体在内径为 d 的圆管中流动，则式（2.3.4）可变形为

$$\frac{u_1}{u_2}=\left(\frac{d_2}{d_1}\right)^2 \tag{2.3.5}$$

或

$$u\propto\frac{1}{d^2} \tag{2.3.6}$$

即不可压缩流体在圆形管中作稳态流动，任意截面上的流速与管内径的平方成反比。

2.3.2 静力学方程

流体静力学主要研究流体在重力场中处于静止状态时的平衡规律，即讨论流体静止时其内部压力与所处位置之间关系的规律。流体静力学基本原理在化工生产中应用广泛，如流体压力（压力差）的测量、容器液位的测定和设备液封的设置等。

2.3.2.1 流体静力学基本方程式

如图 2.3.2 所示，在密度为 ρ 的静止流体中，取一立方体微元，其各边边长分别为 dx、dy、dz，并分别与 x、y、z 轴平行，流体微元的中心点为 $A(x, y, z)$。现对其进行受力分析。

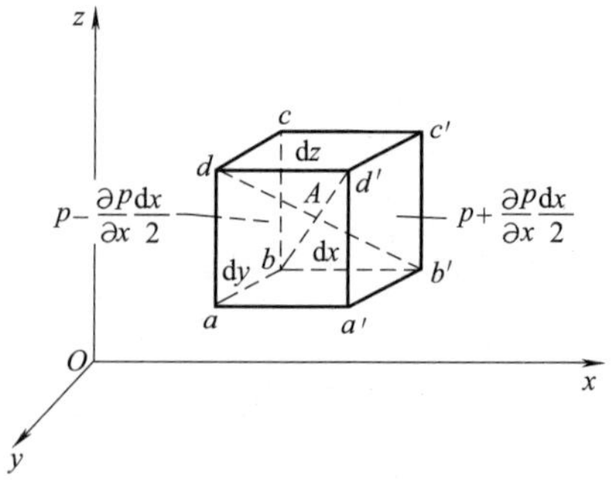

图 2.3.2 静止流体中的立体微元

作用于微元流体上的质量力 设单位质量流体在 x、y、z 轴方向上质量力的分力分别为 X、Y、Z，则该微元流体在 x、y、z 轴方向上质量力的分力分别为 $X\rho dxdydz$、$Y\rho dxdydz$、$Z\rho dxdydz$。

作用于流体微元上的表面力 根据牛顿黏性定律，任何剪应力的存在都将使流体发生流动。静止的流体中不存在剪应力，所以微元体的表面力只有压力。设微元流体中心点 $A(x, y, z)$ 处的压力为 p，则沿 x 轴作用于流体微元左右两侧面的压力分别为 $p-\frac{\partial p}{\partial x}\frac{dx}{2}$ 和 $p+\frac{\partial p}{\partial x}\frac{dx}{2}$，其中 $\frac{\partial p}{\partial x}$ 是压力随 x 轴的变化率，称为压力梯度。则沿 x 轴作用于流体微元左右两侧面的总压力分别为 $\left(p-\frac{\partial p}{\partial x}\frac{dx}{2}\right)dydz$ 和 $\left(p+\frac{\partial p}{\partial x}\frac{dx}{2}\right)dydz$。同理，沿 y 轴和 z 轴方向，作用在流体微元的另四个侧面上的压力分别为 $\left(p-\frac{\partial p}{\partial y}\frac{dy}{2}\right)dxdz$、$\left(p+\frac{\partial p}{\partial y}\frac{dy}{2}\right)dxdz$ 和 $\left(p-\frac{\partial p}{\partial z}\frac{dz}{2}\right)dxdy$、$\left(p+\frac{\partial p}{\partial z}\frac{dz}{2}\right)dxdy$。

由于流体微元处于静止状态，故作用在其上的表面力与质量力之和必等于零。则在 x 方向上的力平衡关系为

$$\left(p-\frac{\partial p}{\partial x}\frac{dx}{2}\right)dydz+X\rho dxdydz-\left(p+\frac{\partial p}{\partial x}\frac{dx}{2}\right)dydz=0 \tag{2.3.7}$$

整理式（2.3.7），得到单位质量流体在 x 方向上力的平衡式为

$$X-\frac{1}{\rho}\frac{\partial p}{\partial x}=0 \tag{2.3.8}$$

同理，有
$$Y-\frac{1}{\rho}\frac{\partial p}{\partial y}=0 \tag{2.3.9}$$

$$Z-\frac{1}{\rho}\frac{\partial p}{\partial z}=0 \tag{2.3.10}$$

式（2.3.8）～式（2.3.10）为流体平衡微分方程，又称为欧拉平衡方程（Eular Balance Equation）。将式（2.3.8）～式（2.3.10）分别乘以 $\mathrm{d}x$、$\mathrm{d}y$、$\mathrm{d}z$，并相加可得

$$\frac{\partial p}{\partial x}\mathrm{d}x+\frac{\partial p}{\partial y}\mathrm{d}y+\frac{\partial p}{\partial z}\mathrm{d}z=\rho(X\mathrm{d}x+Y\mathrm{d}y+Z\mathrm{d}z) \tag{2.3.11}$$

由于
$$p=f(x,y,z) \tag{2.3.12}$$

所以
$$\mathrm{d}p=\frac{\partial p}{\partial x}\mathrm{d}x+\frac{\partial p}{\partial y}\mathrm{d}y+\frac{\partial p}{\partial z}\mathrm{d}z=\rho(X\mathrm{d}x+Y\mathrm{d}y+Z\mathrm{d}z) \tag{2.3.13}$$

式（2.3.13）是流体平衡的一般表达式。若流体所受的质量力仅为重力，且重力的方向与负的 z 轴重合，则

$$X=Y=0 \tag{2.3.14}$$

$$Z=-g \tag{2.3.15}$$

将式（2.3.14）代入式（2.3.8）和式（2.3.9），可得

$$\frac{\partial p}{\partial x}=\frac{\partial p}{\partial y}=0$$

将式（2.3.15）代入式（2.3.10），变换后可得

$$\mathrm{d}p+\rho g\,\mathrm{d}z=0 \tag{2.3.16}$$

将式（2.3.16）表达成积分形式，有

$$\int\frac{\mathrm{d}p}{\rho}+g\int\mathrm{d}z=0 \tag{2.3.17}$$

设流体不可压缩，即密度 ρ 与压力无关，则可将式（2.3.17）积分得

$$\frac{p}{\rho}+gz=\text{常数} \tag{2.3.18}$$

式（2.3.18）表明，静止流体中任一点的压力为流体密度和垂直位置的函数。

在容器中盛有密度为 ρ 的静止液体（见图 2.3.3）。任意选取一个水平面作为基准面（如器底）。液体中任意两点 1 和 2 与基准面的垂直距离分别为 z_1 和 z_2，相应的压力分别为 p_1 和 p_2。在 1 和 2 两点之间的压力关系为

$$\frac{p_1}{\rho}+z_1g=\frac{p_2}{\rho}+z_2g \tag{2.3.19}$$

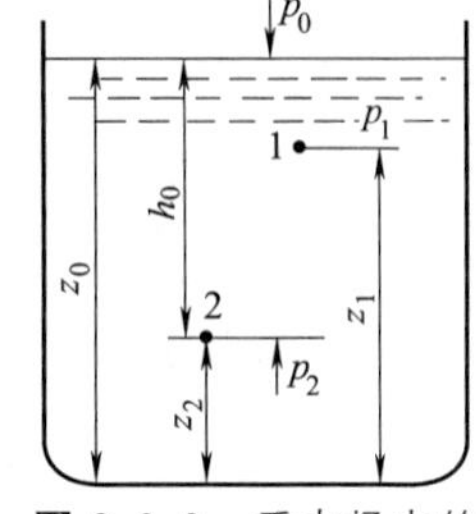

图 2.3.3 重力场中的压力与位置的关系

将式（2.3.19）整理可得

$$\frac{p_1}{\rho g}+z_1=\frac{p_2}{\rho g}+z_2 \tag{2.3.20}$$

若容器内液面高度为 z_0，液面上方的压力为 p_0，则对于任意深度 h 处的压力 p 为

$$p=p_0+\rho gh \tag{2.3.21}$$

式（2.3.18）～式（2.3.21）均称为流体静力学基本方程式，适用于在重力场中静止、连续的同种不可压缩流体。对于可压缩流体，若压力变化不大（一般为压力变化率小于

20%），密度近似取平均值而视为常数时，上述方程仍可适用，但此时密度要取其平均值。

由静力学基本方程可知：

① **压力的可传递性**。当液面上方压力 p_0 一定时，静止流体内部任一点的压力 p 与液体密度 ρ 和该点的位置 h 有关。液面上方的压力 p_0 变化时，液体内部任一点的压力也将有同样大小的改变，即作用于静止液体液面上的压力能（静压能）以同样大小传递到液体内部各点。

② **等压面的概念**。在静止、连续的同种流体内，位于同一水平面上的各点的压力均相等，压力相等的面称为等压面。

③ **压力或压力差可用液柱高度表示**。式（2.3.21）可改写为 $\dfrac{p-p_0}{\rho g}=h$，为高度单位，用液柱高度表示压力或压力差时，须注明液体的种类。

④ **流体静力学基本方程反映了静止流体内部能量守恒与转换的关系**。式（2.3.18）中，gz 项可理解为 mgz/m（m 为流体的质量），其单位为 J/kg，表示单位质量流体所具有的位能。而 $\dfrac{p}{\rho}$ 是单位质量流体所具有的压力能，单位也为 J/kg。由此可见，静止流体内部存在位能和压力能两种形式的能量。在同一种静止流体中处于不同位置的流体微元，其位能和压力能各不相同，但二者之和保持不变，且两者可以互相转化。

需要说明的是，对于间断的、非单一流体的内部不能使用流体静力学基本方程式，在处理和计算这类问题时必须采用逐段传递压力的办法。

【例 2.2】 如附图所示，某锅炉上安装一复式U形水银压差计，截面2、4间充满水。已知对某一基准面而言各点的标高为：$h_0=2.1\text{m}$，$h_2=0.9\text{m}$，$h_4=2.0\text{m}$，$h_6=0.7\text{m}$，$h_7=2.5\text{m}$，而且 $p_a=745\text{mmHg}$。指示剂水银密度 $\rho_0=13600\text{kg/m}^3$，水的密度 $\rho=1000\text{kg/m}^3$。求锅炉内水面上的蒸汽表压。

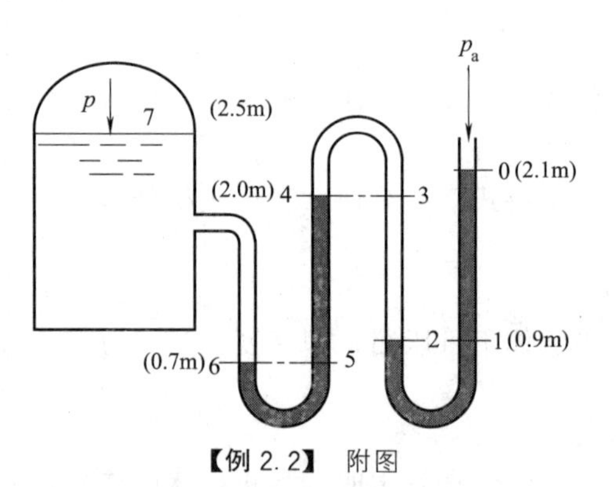

【例 2.2】 附图

解：按静力学原理，同一静止流体的连通器内、同一水平面上的压强相等，故有

$$p_1=p_2,\quad p_3=p_4,\quad p_5=p_6$$

对水平面1-2，$p_1=p_2$，则有

$$p_2=p_a+\rho_0 g(h_0-h_1)$$

对水平面3-4

$$p_4=p_3=p_2-\rho g(h_4-h_2)$$

对水平面5-6

$$p_6=p_4+\rho_0 g(h_4-h_5)$$

锅炉内的蒸汽压力 $\qquad p=p_6-\rho g(h_7-h_6)$

则蒸汽的表压为

$$\begin{aligned}p-p_a&=\rho_0 g(h_0-h_1+h_4-h_5)-\rho g(h_4-h_2+h_7-h_6)\\&=13600\times9.81\times(2.1-0.9+2.0-0.7)-1000\times9.81\times(2.0-0.9+2.5-0.7)\\&=3.05\times10^5\,\text{Pa}=305\text{kPa}\end{aligned}$$

2.3.2.2 流体静力学方程的应用

利用流体静力学基本方程可以测量流体的压力（压力差）、液位以及确定液封高度等。

(1) **压力和压力差的测定**

以流体静力学基本方程式为依据，用来测量压力的仪器称为液柱压差计（又称液柱压力计）。这类压差计结构简单、使用方便，可测量流体中某点的压力，也可测量流体中两点之间的压力差。常见的液柱压差计有以下几种。

1）简单测压管

最简单的测压管如图 2.3.4 所示。储液罐的 A 点为测压口，连接一玻璃管。玻璃管的另一端与大气相通。设玻璃管中的液面高度为 R，由静力学方程得

$$p_A = p_a + \rho g R$$

则 A 点的表压为

$$p_A - p_a = \rho g R \tag{2.3.22}$$

显然，这样的装置只适用于测定高于大气压的液体的压力，不能适用于气体。此外，如被测点压力过大，读数 R 也将过大，测压很不方便。反之，若被测压力与大气压数值接近，读数 R 将很小，使测量误差增大。

2）U 形管压差计

U 形管压差计的结构如图 2.3.5 所示。在 U 形玻璃管内装有密度为 ρ_0 的某种液体作为指示液。该指示液应与被测流体不互溶、不发生化学反应，且其密度 ρ_0 应大于被测流体密度 ρ。

当 U 形管两端与被测的两点连接时，由于作用于 U 形管两端的压力不等，则在 U 形管两端将显示出指示液的高度差 R。根据流体静力学基本方程，利用 R 的数值便可计算出两测压点之间的压力差。

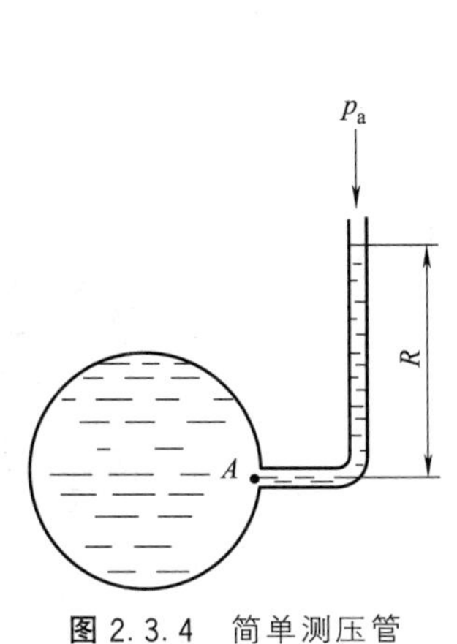

图 2.3.4 简单测压管

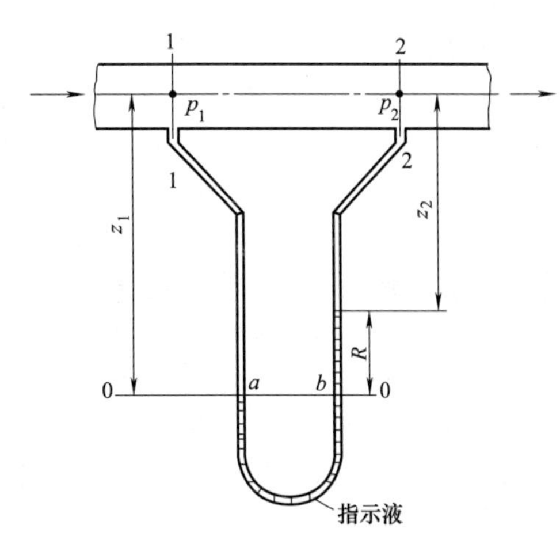

图 2.3.5 U 形管压差计

在图 2.3.5 中，若被测两截面 1-1 和 2-2 的压力分别为 p_1 和 p_2，且 $p_1 > p_2$；指示液在 U 形管两端高度差为 R。由于压差计的 a、b 两点在同一种连续的静止流体内，并且在同一水平面上，所以，a、b 两点的压力相等，即 $p_a = p_b$。根据流体静力学基本方程，有

$$p_a = p_1 + \rho g z_1 \tag{2.3.23}$$

$$p_b = p_2 + \rho g z_2 + \rho_0 g R \tag{2.3.24}$$

所以

$$p_1 + \rho g z_1 = p_2 + \rho g z_2 + \rho_0 g R \tag{2.3.25}$$

由于

$$z_1 - z_2 = R \tag{2.3.26}$$

故可将式（2.3.25）整理得

$$p_1 - p_2 = (\rho_0 - \rho) g R \tag{2.3.27}$$

若被测流体为气体，由于气体的密度远小于指示液的密度，即 $\rho_0-\rho\approx\rho_0$，则式（2.3.27）可简化为

$$p_1-p_2=\rho_0 gR \tag{2.3.28}$$

U 形管压差计也可测量流体的压力。测量时将 U 形管的一端与被测流体连接，另一端与大气相通，此时测得的是被测流体的表压或真空度。在实际使用时，为防止压差计中指示剂（如水银）蒸气向空气中扩散，通常在与大气相通的一侧指示剂液面上充入少量其他对空气无影响的试剂。因为一般充入的指示剂密度比被测流体的密度大得多，故计算时所充入流体的高度可以忽略不计。

3）倾斜液柱压差计

当所测两点的压力差较小时，用以上 U 形管压差计读出的读数 R 可能会较小，容易造成误差。为了放大压差计读数，可将液柱压差计倾斜，如图 2.3.6 所示，称为倾斜液柱压差计。在此压差计上的读数 R_1 和直立 U 形管压差计上的读数 R 的关系为

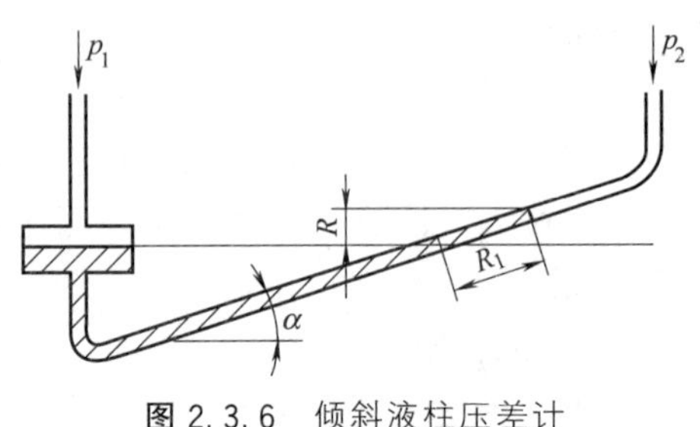

图 2.3.6　倾斜液柱压差计

$$R_1=\frac{R}{\sin\alpha} \tag{2.3.29}$$

式中　α——压差计液柱倾斜角。其值越小，R_1值越大。

4）双液体 U 形管压差计（又称微压计）

当所测压差很小时，如果使用倾斜液柱压差计测量，所显示的读数也仍然很小时，可采用双液体 U 形管压差计。如图 2.3.7 所示，在 U 形管两侧臂的上端各增设一扩大室，内装有密度接近但不互溶的两种指示液 A 和 C（$\rho_A>\rho_C$）。一般扩大室的内径与 U 形管的内径之比大于 10，这样扩大室的截面积比 U 形管的截面积大得多（100 倍以上），可认为即使 U 形管内指示液 A 的液面差 R 变化较大，两扩大室内指示液 C 的液面变化仍很微小，可近似认为维持在同一水平面。根据流体静力学基本方程，所测压差可表示为

$$p_1-p_2=(\rho_A-\rho_C)gR \tag{2.3.30}$$

由式（2.3.30）可知，测量压差一定时，R 的数值与（$\rho_A-\rho_C$）呈反比。只要选择两种合适的指示液，使（$\rho_A-\rho_C$）较小，就可以保证较大的读数 R。

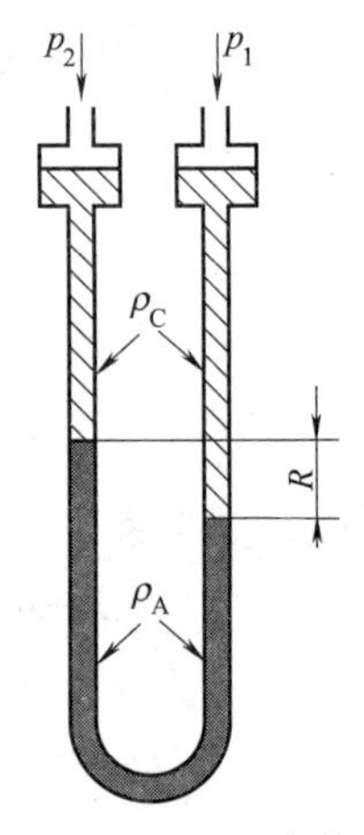

图 2.3.7　双液体 U 形管压差计

利用静力学基本原理测量压力差，除上述几种压差计外，还有倒 U 形管压差计（常以空气作为指示剂）、复式压差计（测量较大压差）等。

(2) 液位的测定

生产中常需要了解设备内的液体贮存量，或对容器内的液位进行控制，通常可通过测量容器内的液位实现。测量液位的装置较多，但大多遵循流体静力学基本原理。

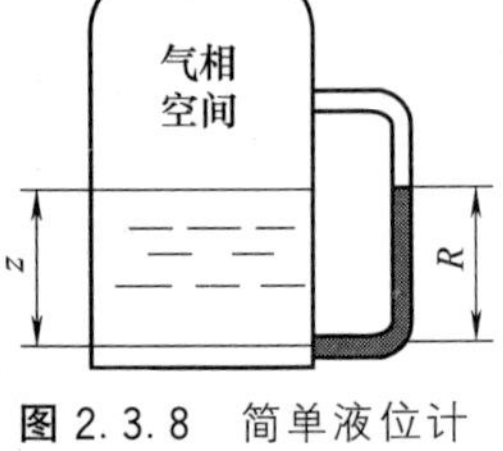

图 2.3.8　简单液位计

最原始的液位计是在紧贴容器底部的器壁和液面上方器壁处各开一小孔，两孔间用带刻度的透明玻璃管连接（见图 2.3.8），玻璃管内所示的液体高度 R 即为容器内的液面高 z。这种液位计常用于工厂中一些常压容器或贮罐上，或者实验室装置中，它是运用单相静止流体连通器内同一水平面上各点压强相等的原理测

定液位，非常便于读取。

利用U形管压差计进行近距离液位测量的装置见图2.3.9。在容器或设备的底部、液面上方壁面处各开有一小孔，并分别连接一个装有指示液的U形管压差计的侧管。容器液面上方器壁上的小孔与U形管压差计的侧管之间连接一个扩大室，称为平衡室，其中装有与容器中相同的液体。该液体在平衡室内的液面高度维持在容器液面允许达到的最高位置。这样，由压差计的指示液的读数 R 可以计算出容器内液面的高度。根据流体静力学基本方程，可获得液面高度差与压差计读数之间的关系为

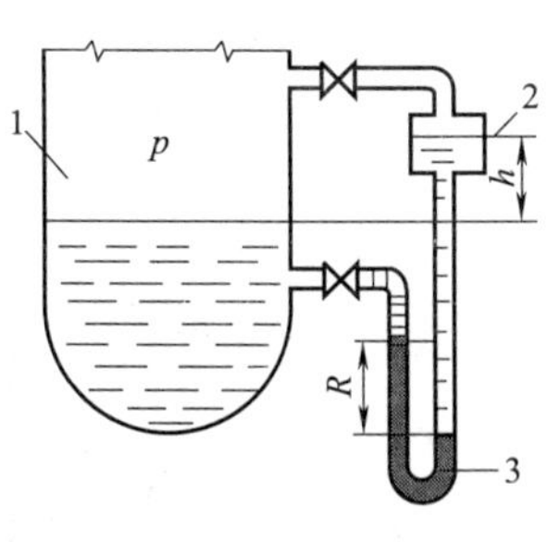

图 2.3.9　压差法测量液位

1—容器；2—平衡室；3—U形管压差计

$$h=\frac{\rho_0-\rho}{\rho}R \tag{2.3.31}$$

可见，容器内液面越高，h 越小，压差计读数 R 越小。当液面达到最高时，h 为零，R 亦为零。

若容器或设备的位置离观测点较远，可采用远距离液位测量装置，如图2.3.10所示。在管内通入压缩氮气，用调节阀调节其流量，使在观察器中有少许气泡逸出。此时气体通过吹气管的流动阻力可以忽略不计，故贮槽内吹气管出口压力 p_a 近似等于U形管压差计 b 处的压力 p_b。若指示液的密度为 ρ_0，可根据流体静力学基本方程推导出压差计读数 R 和贮槽液面高度 h 的关系为

$$h=\frac{\rho_0}{\rho}R \tag{2.3.32}$$

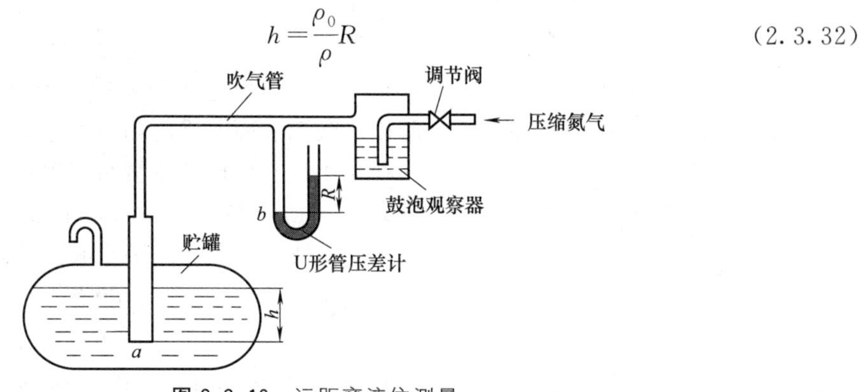

图 2.3.10　远距离液位测量

(3) 液封高度的计算

化工生产中广泛应用液封装置。如图2.3.11所示的安全液封装置（或称水封装置），是为了控制设备内气体压力不超过规定的数值而使用的。若图2.3.11中左侧设备内气体压力超过规定值，气体就从液封管排出，便于发现并采取调整措施，以确保设备的安全。

此外，液封还可以用于防止气体泄漏，如煤气柜中通常用的水封（见图2.3.12），用以防止煤气泄漏。

液封高度可根据静力学基本方程计算，若容器或设备内的压力为 p（表压），水的密度为 ρ，则所需的液封高度 h_0（图2.3.11水封管插入的深度 h）为

$$h_0=\frac{p}{\rho g} \tag{2.3.33}$$

为了保证安全，对于图2.3.11的液封装置，在实际安装时使管子插入液面下的深度应

比计算值略小些，而对于后一种液封装置应比计算值略大些。

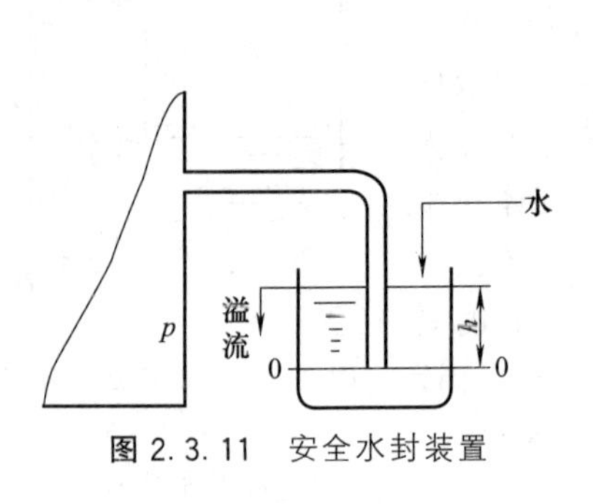

图 2.3.11 安全水封装置

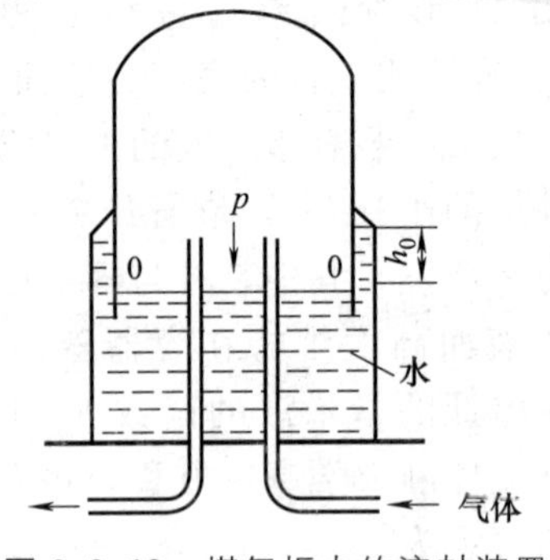

图 2.3.12 煤气柜中的液封装置

2.3.3 理想流体的伯努利方程

伯努利（Bernoulli）最先提出了理想流体流动过程中单位质量流体的机械能守恒概念。推导过程中做如下假设：不可压缩的理想流体在重力场中做稳态流动，流动过程中没有外加机械能。

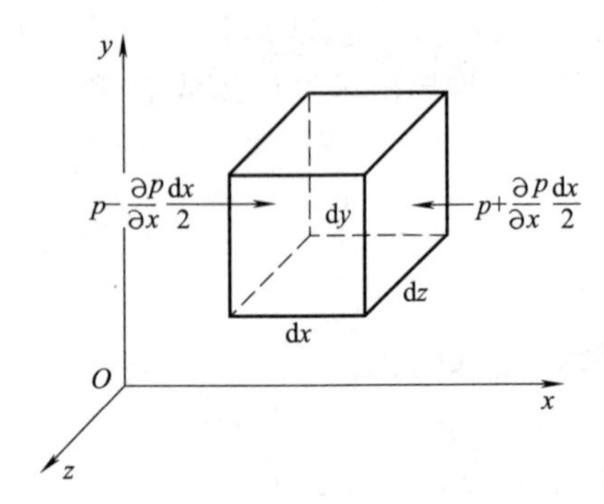

图 2.3.13 理想流体运动微分方程式的推导

推导过程如下：在运动流体中，任取一个立方体微元（见图 2.3.13），其中心点 A 的坐标为（x，y，z）。微元体各边分别与 x、y、z 轴平行，边长分别为 dx、dy、dz。

根据牛顿第二运动定律，上述流体微元受到的合力等于其质量与加速度的乘积。因所研究的是理想流体，所以，微元表面不受剪切力作用，只受到质量力与压力两种作用力。设单位质量力（单位质量流体所受到的质量力，N/kg）在 x，y，z 方向上的分量分别为 X、Y、Z。在 x 轴方向上，作用于流体微元上的总的净压力为 $\left(p-\frac{\partial p}{\partial x}\frac{dx}{2}\right)dydz-\left(p+\frac{\partial p}{\partial x}\frac{dx}{2}\right)dydz=-\frac{\partial p}{\partial x}dxdydz$。同理，在 y，z 轴方向上作用在流体微元上的总的净压力分别为 $-\frac{\partial p}{\partial y}dxdydz$ 和 $-\frac{\partial p}{\partial z}dxdydz$。

在 x 轴方向上，列出该微元流体的牛顿第二运动定律表达式，可得

$$X(\rho dxdydz)-\frac{\partial p}{\partial x}dx(dydz)=\rho dxdydz\frac{du_x}{dt} \tag{2.3.34}$$

整理得

$$X-\frac{1}{\rho}\frac{\partial p}{\partial x}=\frac{du_x}{dt} \tag{2.3.35}$$

同理可得

$$Y-\frac{1}{\rho}\frac{\partial p}{\partial y}=\frac{du_y}{dt} \tag{2.3.36}$$

$$Z-\frac{1}{\rho}\frac{\partial p}{\partial z}=\frac{du_z}{dt} \tag{2.3.37}$$

式（2.3.35）～式（2.3.37）是理想流体的运动微分方程，也称为欧拉运动微分方程

(Euler Movement Differential Equation)。设该流体微元在时间 $\mathrm{d}t$ 内移动的距离为 $\mathrm{d}l$，该距离在三个坐标轴上的分量分别为 $\mathrm{d}x$、$\mathrm{d}y$、$\mathrm{d}z$。现将式（2.3.35)～式（2.3.37）分别乘以 $\mathrm{d}x$、$\mathrm{d}y$、$\mathrm{d}z$，得到

$$
\begin{aligned}
X\mathrm{d}x-\frac{1}{\rho}\frac{\partial p}{\partial x}\mathrm{d}x&=\frac{\mathrm{d}u_x}{\mathrm{d}t}\mathrm{d}x\\
Y\mathrm{d}y-\frac{1}{\rho}\frac{\partial p}{\partial y}\mathrm{d}y&=\frac{\mathrm{d}u_y}{\mathrm{d}t}\mathrm{d}y\\
Z\mathrm{d}z-\frac{1}{\rho}\frac{\partial p}{\partial z}\mathrm{d}z&=\frac{\mathrm{d}u_z}{\mathrm{d}t}\mathrm{d}z
\end{aligned}
\tag{2.3.38}
$$

因 $\mathrm{d}x$、$\mathrm{d}y$、$\mathrm{d}z$ 为流体质点的位移，按速度的定义

$$
u_x=\frac{\mathrm{d}x}{\mathrm{d}t}\qquad u_y=\frac{\mathrm{d}y}{\mathrm{d}t}\qquad u_z=\frac{\mathrm{d}z}{\mathrm{d}t}
\tag{2.3.39}
$$

代入式（2.3.38）中，得

$$
\begin{aligned}
X\mathrm{d}x-\frac{1}{\rho}\frac{\partial p}{\partial x}\mathrm{d}x&=u_x\mathrm{d}u_x=\frac{1}{2}\mathrm{d}u_x^2\\
Y\mathrm{d}y-\frac{1}{\rho}\frac{\partial p}{\partial y}\mathrm{d}y&=u_y\mathrm{d}u_y=\frac{1}{2}\mathrm{d}u_y^2\\
Z\mathrm{d}z-\frac{1}{\rho}\frac{\partial p}{\partial z}\mathrm{d}z&=u_z\mathrm{d}u_z=\frac{1}{2}\mathrm{d}u_z^2
\end{aligned}
\tag{2.3.40}
$$

对于稳态流动，有 $\frac{\partial p}{\partial t}=0$，故

$$
\mathrm{d}p=\frac{\partial p}{\partial x}\mathrm{d}x+\frac{\partial p}{\partial y}\mathrm{d}y+\frac{\partial p}{\partial z}\mathrm{d}z
\tag{2.3.41}
$$

且

$$
\mathrm{d}(u_x^2+u_y^2+u_z^2)=\mathrm{d}u^2
\tag{2.3.42}
$$

将式（2.3.40）中三式相加，可得

$$
(X\mathrm{d}x+Y\mathrm{d}y+Z\mathrm{d}z)-\frac{1}{\rho}\mathrm{d}p=\mathrm{d}\left(\frac{u^2}{2}\right)
\tag{2.3.43}
$$

若流体只是在重力场中流动，取 z 轴垂直向上为正，则有

$$
X=Y=0\qquad Z=-g
$$

故式（2.3.43）可写成

$$
g\mathrm{d}z+\frac{\mathrm{d}p}{\rho}+\mathrm{d}\left(\frac{u^2}{2}\right)=0
\tag{2.3.44}
$$

对不可压缩流体，密度 ρ 为常数，式（2.3.44）的积分形式为

$$
gz+\frac{p}{\rho}+\frac{u^2}{2}=\text{常数}
\tag{2.3.45}
$$

式（2.3.45）为伯努利方程的积分式。式中 gz 表示每千克流体具有的位能，$\frac{p}{\rho}$ 表示每千克流体具有的静压能，$\frac{u^2}{2}$ 表示每千克流体具有的动能，单位均为 J/kg。位能、静压能、动能均属流体的机械能。

式（2.3.45）说明，不可压缩的理想流体在管道内作稳态流动而又没有外功加入时，在任意截面上单位质量流体所具有的位能、动能、静压能之和为一常数，且各种形式的机械能可以相互转换。如在上游截面 1-1 和下游截面 2-2 之间，可以写出

$$gz_1+\frac{u_1^2}{2}+\frac{p_1}{\rho}=gz_2+\frac{u_2^2}{2}+\frac{p_2}{\rho} \tag{2.3.46}$$

如图 2.3.14 所示为理想流体流动系统。当流体静止时，各测量点的液柱高度相等，且与截面 1-1 处于同一高度。当流体作稳态流动时，各测量点的液柱高度发生变化。此时，流体具有流速，这部分动能由原静压能转换而来，因此各测量点液柱高度均降低。且由于管道截面积不同，测量点 1、2、5 的截面积较测量点 3、4 小，则点 1、2、5 的流速大、动能较大，相应的静压能就要低一些。

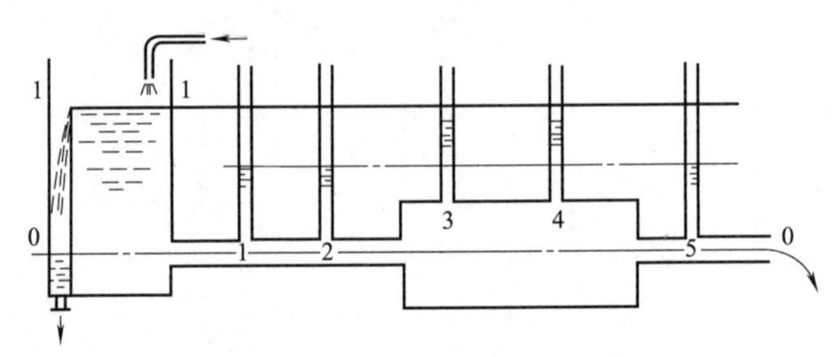

图 2.3.14 理想流体的机械能分布

如流体是静止的，则流速 u 为零，式（2.3.46）变成

$$gz_1+\frac{p_1}{\rho}=gz_2+\frac{p_2}{\rho} \tag{2.3.47}$$

式（2.3.47）为式（2.3.20）的另一种表达形式。可见，伯努利方程不仅表示了流体流动规律，也表示出了流体静止时的规律，流体静止状态是流动状态的一种特殊形式。

对于可压缩流体，若所研究系统两截面间的压强变化不超过原来绝对压强 p_1 的 20%（即 $\left|\frac{p_1-p_2}{p_1}\right|\leqslant 20\%$）时，仍可用式（2.3.46）进行计算，但此时式中的流体密度应取两截面间流体的平均密度。这种处理方法所导致的误差，在工程计算中是允许的。

伯努利方程在工程实际中应用广泛，以下举两例说明。如图 2.3.15 所示为一虹吸管，水箱液面 A、虹吸管管口 B 均与大气相通，水箱设有溢流装置，使其液面高度保持不变而维持稳态流动。设为理想流体。取管路出口 B 处的 0-0 截面为基准面，在液面 A 所在截面 1-1 和 B 所在截面 0-0 之间列伯努利方程，有

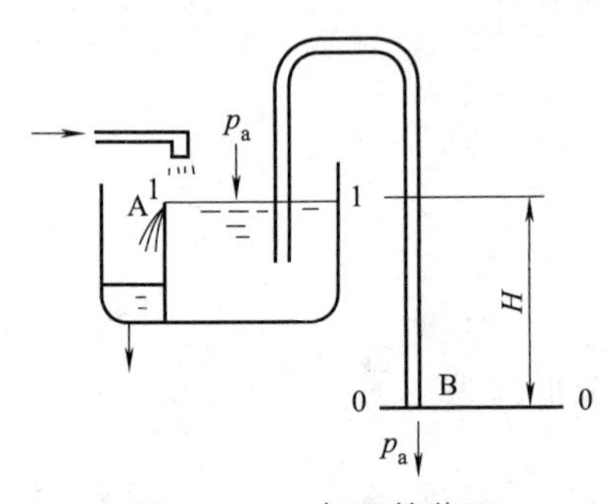

图 2.3.15 虹吸管装置

$$gz_1+\frac{u_1^2}{2}+\frac{p_1}{\rho}=gz_0+\frac{u_0^2}{2}+\frac{p_0}{\rho}$$

式中，$z_1=H$，$u_1\approx 0$，$p_1=p_0=0$，$z_0=0$，得：

$$gH=\frac{u_0^2}{2}$$

或

$$u_0=\sqrt{2gH}$$

可见，虹吸管的液体流出速度仅与计算截面间的高度 H 有关。此例是位能转化为动能的情况。

图 2.3.16 为一测量流体流速的文氏管流量计示意（参见 2.7.3 节）。图中的文氏管水平放置，截面 1-1 和 2-2 上的速度分别为 u_1 和 u_2，对应的

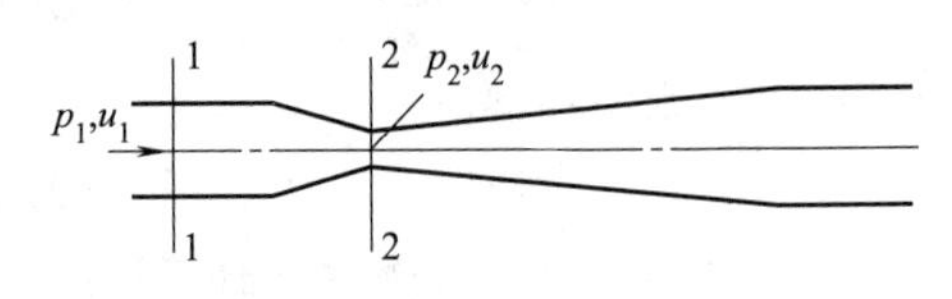

图 2.3.16 文氏管示意

管道中心处的压力分别为 p_1、p_2。以水平管中心线所在的水平面为基准面，取截面 1-1 和 2-2 为计算截面，不计流动阻力，列出两截面间的伯努利方程式为

$$\frac{p_1}{\rho}+\frac{u_1^2}{2}=\frac{p_2}{\rho}+\frac{u_2^2}{2}$$

即

$$\frac{p_1-p_2}{\rho}=\frac{u_2^2-u_1^2}{2}$$

可见，两截面间的静压能差值等于其动能之差。此例是静压能转化为动能的情况。

2.3.4 实际流体的机械能衡算

(1) 实际流体的机械能衡算方程

对于实际流体，只要考察的截面处于均匀流段（即各流线都是平行的直线并与截面垂直），则截面上各点的位能与静压能、动能之和（总能量）仍然相等，但由于实际流体具有黏性，故垂直于流体流动的截面上各点的速度不相等，即各流线的动能不再相等。而且，实际流体在流动过程中因内摩擦而导致机械能损失（转变为热能）。因此，要将伯努利方程推广应用到实际流体，就必须在机械能衡算式中计入阻力（机械能损失）。

于是，不可压缩的实际流体的机械能衡算式可写为

$$gz_1+\frac{p_1}{\rho}+\frac{u_1^2}{2}=gz_2+\frac{p_2}{\rho}+\frac{u_2^2}{2}+\sum R \tag{2.3.48}$$

式中，$\sum R$ 是单位质量流体从上游截面 1-1 流到下游截面 2-2 所损失的机械能，单位为 J/kg。规定$\sum R$ 为正值，写在方程的右侧（流动的下游侧）。

若流体的流动是由于使用了流体输送设备（如泵或风机等），此时的机械能衡算需要把设备提供的机械能加入。设单位质量流体通过输送机械获得的机械能为 W_e，则有

$$gz_1+\frac{p_1}{\rho}+\frac{u_1^2}{2}+W_e=gz_2+\frac{p_2}{\rho}+\frac{u_2^2}{2}+\sum R \tag{2.3.49}$$

式（2.3.49）是不可压缩的实际流体流动的机械能衡算式，是伯努利方程的拓展。式中各项单位均为 J/kg，表示单位质量流体所具有的能量。注意式中的 gz、$\frac{p}{\rho}$、$\frac{u^2}{2}$与 W_e、$\sum R$的不同，前三项是指在所考察截面上流体本身具有的能量，后两项是指流体在两截面之间获得和消耗的能量。

根据流体的衡算基准不同，实际流体的机械能衡算式还可以写成以下几种不同的形式。在工程计算中，可根据不同情况采用不同衡算基准的机械能衡算式。

① 以单位重量流体为衡算基准。式（2.3.49）各项除以 g，得

$$z_1+\frac{p_1}{\rho g}+\frac{u_1^2}{2g}+H_e=z_2+\frac{p_2}{\rho g}+\frac{u_2^2}{2g}+\sum h_f \tag{2.3.50}$$

式中，$H_e=\frac{W_e}{g}$为输送设备对单位重量流体所提供的有效压头；$\sum h_f=\frac{\sum R}{g}$为单位重量流体流动时损失的机械能，称为压头损失；$z$、$\frac{p}{\rho g}$、$\frac{u^2}{2g}$分别称为位头、静压头（又称为压力头）和动压头（速度头），三者之和称为总压头。式中各项的单位都是 m，表示单位重量流体所具有的机械能可以把自身从基准水平面升举的高度。

② 以单位体积流体为衡算基准。式（2.3.49）各项乘以 ρ，得

$$\rho g z_1 + p_1 + \frac{\rho u_1^2}{2} + \rho W_e = \rho g z_2 + p_2 + \frac{\rho u_2^2}{2} + \Delta p_f \tag{2.3.51}$$

式中，$\Delta p_f = \rho \sum R$ 为单位体积的流体流动时损失的机械能，称为压力降；ρW_e 为输送设备对单位体积流体所提供的机械能。式中各项表示单位体积流体的机械能，单位均为 Pa。

实际流体在流动过程中，由于机械能损失，流体的总压头逐渐降低。图 2.3.17 所示为实际流体在水平管道系统中稳态流动时的能量分布。与图 2.3.14 相比，两图对应的各测量点所在截面的速度相同，但图 2.3.17 各点的液柱高度都较图 2.3.14 对应点的低，且流道越长低得越多，其差额就是由于流动阻力造成的压头损失。

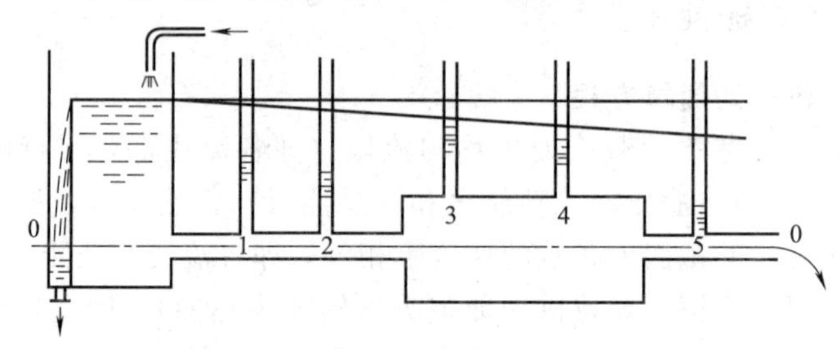

图 2.3.17　实际流体的机械能分布

(2) 实际流体机械能衡算方程的应用

实际流体的机械能衡算方程和连续性方程是解决流体流动问题的基础。在应用实际流体的机械能衡算方程时，一般应先根据题意画出流动系统的示意图，标明流体的流动方向，确定上、下游截面和所选取的基准水平面，明确流动系统的衡算范围。在解题时应注意以下几点。

① 流通截面的选取　所选取的上、下游截面应与流体的流动方向相垂直，并且两截面间应为不可压缩、连续流体的稳态流动。截面宜选在已知量多、计算方便处。

② 基准水平面的选取　选取基准水平面的目的是为了确定流体位能的大小，实际上在实际流体流动的机械能衡算方程中所反映的是两截面的位能差，所以基准水平面可以任意选取，但必须与地面平行。为计算方便，常选取基准水平面通过两截面中位置较低的那个截面，使该截面上的位能为零。如截面与地面垂直，则基准水平面为通过该截面中心的水平面。

③ 方程两侧各项的单位统一　实际流体流动的机械能衡算方程两边各项的单位必须一致。对于静压能项，除要求单位一致外，还要求其基准一致（方程两侧统一用表压，或绝压或真空度）。

④ 有效功的计算　机械能衡算式中的 W_e 或 H_e 是输送机械对单位质量或单位重量流体所做的有效功，则单位时间输送机械所做的总有效功（有效功率）P_e 为

$$P_e = W_e q_m \tag{2.3.52}$$

或

$$P_e = H q_V \rho g \tag{2.3.53}$$

实际上，输送机械本身还有能量转换效率，其效率 η 定义为输送机械的有效功率 P_e 与轴功率 P 之比，即

$$\eta = \frac{P_e}{P} \tag{2.3.54}$$

【例 2.3】　管路中流体压力的计算

如附图所示，水在虹吸管内做稳态流动。管内径为 ϕ27mm × 3mm，大气压强为 101.3kPa。水流经各段管路的阻力分别为 $\sum h_{f2\text{-}3} = 0.145$m、$\sum h_{f3\text{-}4} = 0.202$m、$\sum h_{f4\text{-}5} = 0.248$m、$\sum h_{f5\text{-}6} = 0.300$m，$\sum h_{f1\text{-}2} = 0$m，水的密度为 1000kg/m³。试计算：

（1）水的体积流量（m^3/h）；

（2）管内截面 2-2、3-3、4-4 和 5-5 处的压力。

解：（1）体积流量

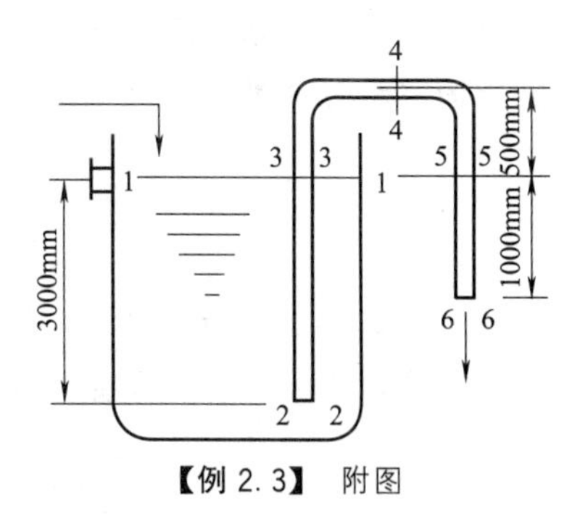

【例 2.3】 附图

如附图所示，以截面 6-6 为基准面，在贮槽液面 1-1 及虹吸管出口内侧截面 6-6 间列机械能衡算方程式，有

$$z_1+\frac{p_1}{\rho g}+\frac{u_1^2}{2g}+H_e=z_6+\frac{p_6}{\rho g}+\frac{u_6^2}{2g}+\sum h_{f1\text{-}6}$$

式中，$z_1=1.0\text{m}$，$z_6=0\text{m}$，$p_1=p_6=0$（表压），$u_1=0$，$H_e=0$

$$\sum h_{f1\text{-}6}\approx\sum h_{f2\text{-}6}=\sum h_{f2\text{-}3}+\sum h_{f3\text{-}4}+\sum h_{f4\text{-}5}+\sum h_{f5\text{-}6}$$
$$=0.145+0.202+0.248+0.300=0.895\text{m}$$

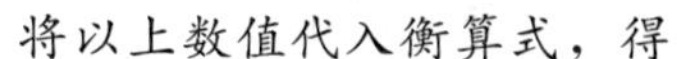
将以上数值代入衡算式，得

$$u_6=\sqrt{2g(z_1-\sum h_{f1\text{-}6})}=\sqrt{2\times 9.81\times(1-0.895)}=1.435\text{m/s}\approx 1.44\text{m/s}$$

则体积流量 q_V 为

$$q_V=\frac{\pi}{4}d^2u=0.785\times 0.021^2\times 1.44\times 3600=1.79\text{m}^3/\text{h}$$

（2）各截面上的压力（表压）

由于虹吸管直径相等，故管内各截面上的速度相同，即

$$u_2=u_3=u_4=u_5=u_6=1.44\text{m/s}$$

在截面 1-1 和截面 2-2 间列机械能衡算方程，并以截面 2-2 为基准面，有

$$z_1+\frac{p_1}{\rho g}+\frac{u_1^2}{2g}=z_2+\frac{p_2}{\rho g}+\frac{u_2^2}{2g}+\sum h_{f1\text{-}2}$$

整理得

$$p_2=\left(z_1-z_2-\frac{u_2^2}{2g}-\sum h_{f1\text{-}2}\right)\rho g=\left(3-0-\frac{1.435^2}{2\times 9.81}-0\right)\times 1000\times 9.81$$
$$=2.84\times 10^4\text{Pa}$$

同理，分别在截面 2-2 和 3-3、2-2 和 4-4、2-2 和 5-5 间列机械能衡算方程，得出：

$$p_3=\left(z_1-z_3-\frac{u_3^2}{2g}-\sum h_{f2\text{-}3}\right)\rho g=\left(3-3-\frac{1.435^2}{2\times 9.81}-0.145\right)\times 1000\times 9.81$$
$$=-2.45\times 10^3\text{Pa}$$

$$p_4=-9.34\times 10^3\text{Pa}\quad p_5=-6.87\times 10^3\text{Pa}$$

上述结果表明，$p_2>p_3>p_4$，而 $p_4<p_5<p_6$。说明从截面 2-2 至最高点所在截面 4-4 过程中，静压能逐渐降低，转变为位能和克服摩擦阻力。从 4-4 截面至 6-6 截面的流动过程中，位能逐渐降低，转变为静压能和克服摩擦阻力。

【例 2.4】 流体输送机械功率的计算

用水吸收混合气中氨的常压逆流吸收流程如附图所示。用泵将地面上贮液池中的碱液输送至吸收塔塔顶，经喷嘴喷出。泵的进口管为 ϕ108mm×4.5mm 的钢管，管内碱液流速为 1.5m/s；出口管为 ϕ76mm×2.5mm 的钢管。贮液池中碱液深度为 1.5m，池底到塔顶喷嘴入口处的垂直距离为 20m，碱液流经所有管路的总阻力为 29.43J/kg，喷嘴出口处的压力为 3.04×10^4Pa（表压），碱液的密度为 1100kg/m³。设泵的效率为 65%，试求单位质量流体从输送机械获得的有效功率和泵的轴功率（设贮槽液面高度恒定）。

解：如附图所示，取截面 0-0 为基准面，在碱池液面 1-1 和喷嘴入口处 2-2 间列实际流体流动的机械能衡算式

$$gz_1+\frac{p_1}{\rho}+\frac{u_1^2}{2}+W_e=gz_2+\frac{p_2}{\rho}+\frac{u_2^2}{2}+\sum R$$

式中，$z_1=1.5\text{m}$，$z_2=20\text{m}$，$p_1=0$（表压），$p_2=3.04\times10^4\text{Pa}$（表压）。由于贮液池的截面积比管道截面积大很多，根据连续性方程可知，水池液面 1-1 的流体速度比管内流体速度小得多，故 $u_1\approx0$。而喷嘴入口处的流速即为泵出口管内流速 u_2。由连续性方程得

$$u_2=u\left(\frac{d}{d_2}\right)^2=1.5\times\left(\frac{0.108-2\times0.0045}{0.076-2\times0.0025}\right)^2=2.916\text{m/s}$$

将上述各值代入衡算方程，得单位质量碱液从输送机械获得的有效功为

$$\begin{aligned}W_e&=g(z_2-z_1)+\frac{p_2-p_1}{\rho}+\frac{u_2^2-u_1^2}{2}+\sum R\\&=9.81\times(20-1.5)+\frac{3.04\times10^4-0}{1100}+\frac{2.916^2-0}{2}+29.43\\&=242.80\text{J/kg}\end{aligned}$$

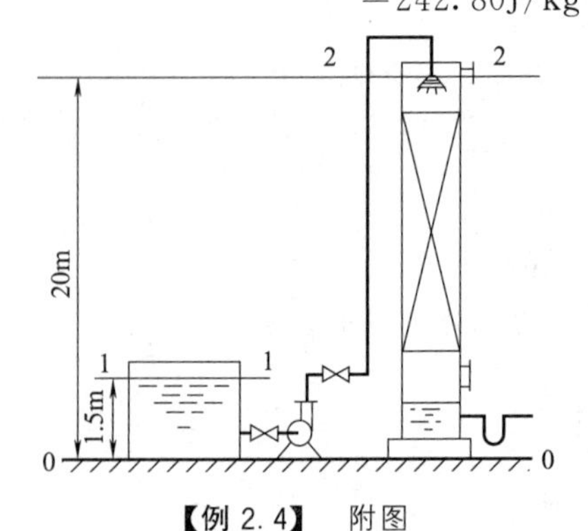

【例 2.4】 附图

管内碱液的质量流量为

$$\begin{aligned}q_m&=q_V\rho=\frac{\pi}{4}d^2u\rho\\&=0.785\times0.099^2\times1.5\times1100=12.70\text{kg/s}\end{aligned}$$

泵的有效功率为

$$P_e=W_eq_m=242.80\times12.70=3083.56\text{W}=3.08\text{kW}$$

若泵的效率为 65%，则泵的轴功率为

$$P=\frac{P_e}{\eta}=\frac{3.08}{0.65}=4.74\text{kW}$$

2.4 流体流动阻力及其计算

实际流体在流动过程中产生的流动阻力除了与流体的流量有关，还与流体的流动类型、流体的物性、流动管路系统的情况等有关，本节将就流体流动类型和流动阻力等内容做简要介绍。

2.4.1 流体的流动类型

(1) 雷诺实验

1883 年雷诺（Reynolds）通过实验揭示了流体流动中两种截然不同的流动型态。图 2.4.1 为雷诺实验装置示意，水槽 A 中有溢流装置使液位保持恒定，同时有一水平玻璃直管 B 用于观察流体的流动形态。水自水槽 A 经玻璃直管 B 稳态流出，用下端的阀门 D 来调节水在玻璃管中的速度。在玻璃管进口处，有一与有色液小贮罐 C 相通的细管可以注入有色液体，有色液的密度和水基本相同，其流出量可通过小阀调节，使有色液流出速度与管内水的流速基本一致。

图 2.4.2 示出了雷诺实验的观察结果。当管内水的流速较小时，有色液在管内沿轴向呈一条清晰的细直线，平稳地流过整个玻璃管，完全不与水相混合，如图 2.4.2（a）所示。

这种现象表明，玻璃管里的水质点沿着与管轴平行的方向作直线运动。此后，开大调节阀D，随水流速度逐渐增加至某一数值，管内呈直线的有色液开始出现波动而成波浪形，但仍保持较清晰的轮廓，如图 2.4.2（b）所示。再继续开大阀门 D，水流速度进一步增大至某一值后，有色细流波动加剧，并断裂而向四周散开，迅速与水混合，使管内水的颜色均匀，如图 2.4.2（c）所示。这种现象表明，水的质点除了沿管道轴向向前运动外，各质点还做不规则的运动，且彼此相互碰撞并相互混合，质点速度的大小与方向均随时发生变化。

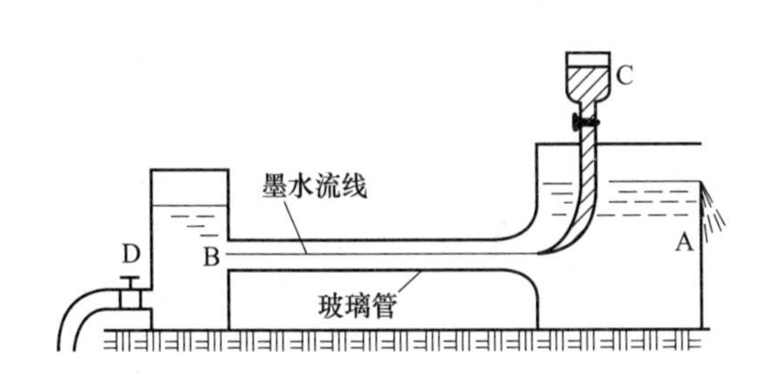

图 2.4.1　雷诺实验装置

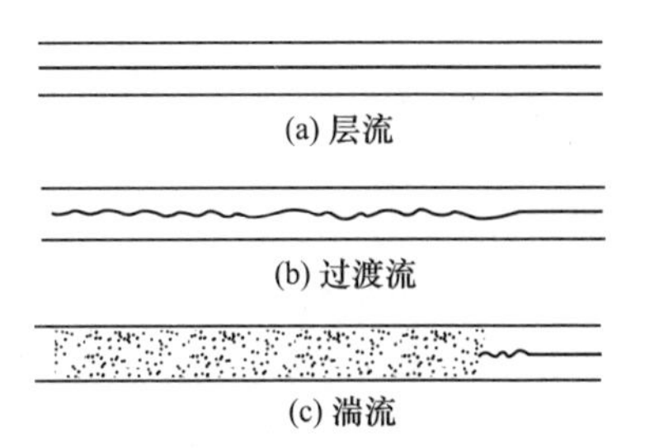

图 2.4.2　有色液体在管内的流动状态

雷诺实验表明，流体在管路中的流动存在两种截然不同的流动类型：层流和湍流。

层流（或滞流）（Laminar Flow）　当流体速度较小时，流体质点只沿流动方向作一维运动（分层流动），与其周围的流体间无宏观的混合。

湍流（或紊流）（Turbulent Flow）　当流体流速增大至某一值后，流体质点除了沿流动方向运动之外，还有其他方向上的随机运动。

在层流和湍流两种流型之间，即从层流开始，逐渐加大水在玻璃管中的流速，在尚未达到湍流之前，可以观察到有色细流由直线逐渐变为波浪形，其脉动程度随速度加大而越来越剧烈，最终转变为湍流状态，这一阶段称为过渡流。在此阶段，流体中已有湍流，只是不够充分。

(2) 湍流的特征

层流流动中，流体质点沿管轴向方向作直线运动，流体分层流动，内部没有漩涡产生。此时流体各层间依靠分子的随机运动传递动量、热量和质量。

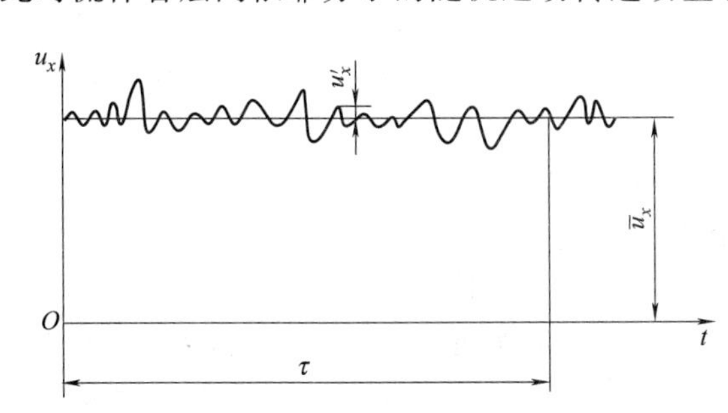

图 2.4.3　湍流时质点在 x 方向的速度脉动曲线

在湍流流动中，流体内部质点相互碰撞，产生大大小小的漩涡。流体质点除了沿流动方向的运动外，还在各个方向上作随机运动来传递动量、热量和质量，此时的传递速率要比层流时高得多。但由于流体质点的相互碰撞，造成能量损失，使流体流动阻力急剧加大。湍流时，空间任一点的速度（包括方向和大小）随时间不断变化。图 2.4.3 所示为流动空间某点沿管轴 x 方向的流速 u_x 随时间的变化情况。该点速度在其他方向上的分量也有类似的波形。

从图 2.4.3 可以看出，任一点的瞬时速度在一定的时间间隔内的平均值基本恒定，任一点的速度在每个方向上的分量，只是围绕着相应的平均值上下波动。因此，可以将湍流中任一点的瞬时速度分成两部分：一是按时间平均而得的恒定值，称为时均速度 $\overline{u}$；二是因脉动而高于或低于时均速度的速度，称为脉动速度 u'。由于速度可以分为 x、y、z 三个方向上的分量，故空间某一点的瞬时速度可以表示为

$$\begin{cases} u_x = \bar{u}_x + u'_x \\ u_y = \bar{u}_y + u'_y \\ u_z = \bar{u}_z + u'_z \end{cases} \tag{2.4.1}$$

式中　u_x，u_y，u_z——瞬时速度在 x、y、z 三个方向上的分量；

$\bar{u}_x$，$\bar{u}_y$，$\bar{u}_z$——x、y、z 三个方向上的时均速度；

u'_x，u'_y，u'_z——x、y、z 三个方向上的随机脉动速度。

根据时均速度的定义，可以写成

$$\bar{u}_x = \frac{1}{\tau}\int_0^{\tau} u_x \mathrm{d}t \tag{2.4.2}$$

稳态湍流流动时，当时间间隔取得足够长，时均速度与所取时间间隔的大小无关，即时均速度的大小和方向不随时间而变化。脉动速度是瞬时速度对时均速度的偏离，可正也可负，在一定时间间隔内，它的平均值应等于零。

总之，湍流的基本特征是出现了速度的脉动，虽然某一方向脉动速度的时间平均值为零，但这种脉动加速了该方向上的动量、热量和质量的传递。

(3) 雷诺数

采用不同管径的管路和各种流体分别进行雷诺实验，结果表明，影响流体流动类型的因素除流体流速 u 外，还包括管径 d、流体的密度 ρ 和黏度 η。通过进一步的分析与研究，雷诺将以上四个物理量组合成数群 $\frac{du\rho}{\eta}$ 作为判断流型的依据，此数群称为雷诺数（Reynolds Nummber），用符号 Re 表示，即

$$Re = \frac{du\rho}{\eta} \tag{2.4.3}$$

雷诺数的量纲为　$$[Re] = \left[\frac{du\rho}{\eta}\right] = \frac{\mathrm{L} \cdot \frac{\mathrm{L}}{\mathrm{T}} \cdot \frac{\mathrm{M}}{\mathrm{L}^3}}{\frac{\mathrm{M}}{\mathrm{LT}}} = \mathrm{L}^0 \mathrm{M}^0 \mathrm{T}^0$$

可见，雷诺数 Re 是一个量纲为一的数群，无论采用何种单位制，只要式中各物理量采用同一单位制，所得数值必相等。

大量的实验证明，流体在直管内流动时，遵循以下规律：

当 $Re \leqslant 2000$ 时，流动为稳定的层流，此区称为层流区；

当 $Re \geqslant 4000$ 时，流动一般为稳定的湍流，此区称为湍流区；

当 $2000 < Re < 4000$ 时，流动处于过渡状态，为不稳定状态，可能是层流，也可能是湍流，受外界条件的干扰而变化（如管道直径或方向的改变、外来的轻微振动等都易促成湍流的发生），该区称为不稳定的过渡区。

必须指出，根据雷诺数的大小将流动分为三个区域：层流区、过渡区、湍流区。但流体的流动类型只有两种：层流和湍流。过渡区并不表示一种过渡的流型，只是表示该区内可能出现层流，也可能出现湍流。

雷诺数有明确的物理意义，它反映了流体流动中惯性力与黏性力的对比关系，反映流体流动的湍动程度。其值越大，流体的湍动程度越激烈。

对于流过圆管的流体，ρu 表示单位时间通过单位截面积的质量（质量流速），ρu^2 表示单位时间通过单位管截面积的动量，此值可视为与单位截面积的惯性力（或消除此动量之

力）成比例。$\frac{u}{d}$反映流体内部的速度梯度，$\eta\frac{u}{d}$与流体内的剪应力或黏性力成比例。于是

$$Re=\frac{du\rho}{\eta}=\frac{\rho u^2}{\eta\frac{u}{d}}=\frac{\text{惯性力}}{\text{黏性力}}$$

可见惯性力加剧湍动，黏性力抑制湍动。

【例 2.5】 20℃的某种液体在内径为 50mm 的圆形管内流动，输送流量为 $3\text{m}^3/\text{h}$。输送条件下液体的密度为 1830kg/m^3，黏度为 23cP。试确定管中液体的流动类型。

解：液体的流速

$$u=\frac{q_V}{\frac{\pi}{4}d^2}=\frac{3}{0.785\times0.05^2\times3600}=0.425\text{m/s}$$

雷诺数
$$Re=\frac{du\rho}{\eta}=\frac{0.05\times0.425\times1830}{23\times10^{-3}}=1691<2000$$

所以液体在管中的流动类型为层流。

2.4.2 流体在圆管内的流动分析

流体在圆管内流动是化工生产中最常见的流动型式。在层流与湍流两种不同的流动类型下，流体内质点的运动方式和所表现出的速度分布及流动阻力所遵循的规律均不相同。

(1) 剪应力分布

设流体在半径为 R 的均匀圆形直管中作稳态流动，以管轴为中心，任取一半径为 r、长度为 l 的圆柱体，如图 2.4.4 所示。对该圆柱体做受力和运动分析如下：

上游截面 1-1 上的总压力 $p_1\pi r^2$，方向与流动方向相同；

下游截面 2-2 上的总压力 $p_2\pi r^2$，方向与流动方向相反；

圆柱流体侧面上的剪切力 $\tau_r\ (2\pi rl)$，方向与流动方向相反；

圆柱流体本身重力在流动方向上的分力 $\pi r^2 l\rho g\sin\alpha$，方向与流动方向相同。

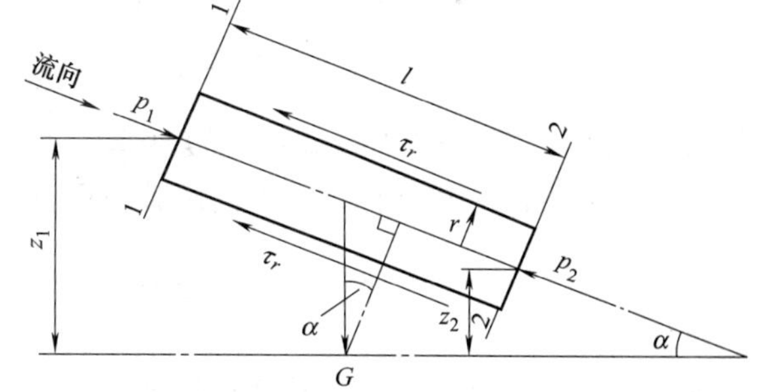

图 2.4.4 圆柱形流体的受力情况

由于流体作稳态流动，故其加速度为零，即所受各外力之和为零，则有

$$p_1\pi r^2+\pi r^2 l\rho g\sin\alpha-p_2\pi r^2-\tau_r(2\pi rl)=0 \tag{2.4.4}$$

因
$$\sin\alpha=\frac{(z_1-z_2)}{l} \tag{2.4.5}$$

代入式（2.4.4），整理得

$$(p_1+\rho g z_1)-(p_2+\rho g z_2)=\frac{2\tau_r l}{r} \tag{2.4.6}$$

令
$$p_m=p+\rho g z \tag{2.4.7}$$

则有
$$\tau_r=\frac{p_{m1}-p_{m2}}{2l}r \tag{2.4.8}$$

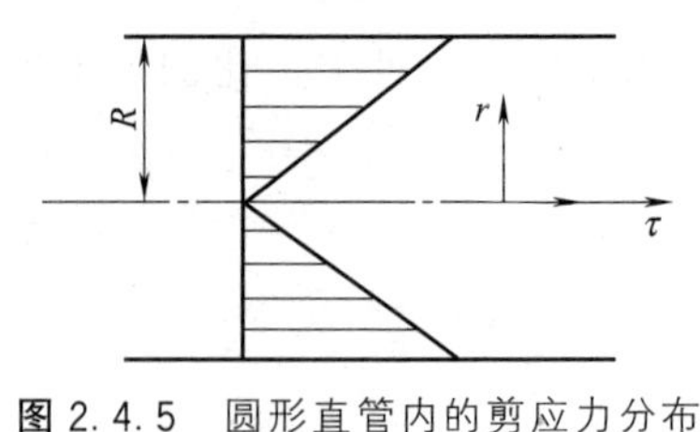

图 2.4.5 圆形直管内的剪应力分布

由大量实验结果可知，当流体在均匀的圆形直管内等速流动时，$\frac{p_{m1}-p_{m2}}{l}=$常量。故由式（2.4.8）可知，剪应力与半径成正比，即在管中心 $r=0$ 处，剪应力为零。在管壁 $r=R$ 处，剪应力最大。剪应力分布如图 2.4.5 所示。剪应力的这一关系对层流或湍流均适用。

(2) 速度分布

流体在圆管内流动时，在垂直于流动方向的管道截面上，各点的速度随该点距离管中心的距离而变化，这种变化关系称作速度分布，管截面上的速度分布规律因流动类型的不同而异。

1）层流时的速度分布

流体在管内作稳态层流流动时，管道内任一垂直于流动方向的截面上，从管中心到管壁，流体就好像一层层同管轴的极薄的圆筒层作着相对运动，如图 2.4.6 所示。流体质点沿着与管轴平行的方向一层层向前流动，剪应力与速度梯度的关系服从牛顿黏性定律，即

$$\tau=-\eta\frac{\mathrm{d}u_r}{\mathrm{d}r} \tag{2.4.9}$$

式中 u_r——距管中心半径为 r 处的速度，m/s；

$\frac{\mathrm{d}u_r}{\mathrm{d}r}$——速度沿半径方向的变化率，1/s。

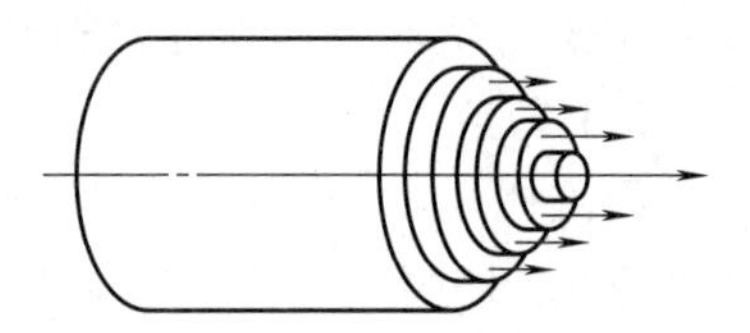
图 2.4.6 层流时流体在圆管内分层流动示意

将式（2.4.8）代入式（2.4.9），并整理得

$$\mathrm{d}u_r=\frac{-(p_{m1}-p_{m2})}{2\eta l}r\,\mathrm{d}r \tag{2.4.10}$$

利用边界条件：在管壁处的流体速度为零（即 $r=R$ 时，$u_r=0$），对式（2.4.10）积分，得到圆管内层流速度分布为

$$u_r=\frac{(p_{m1}-p_{m2})}{4\eta l}(R^2-r^2) \tag{2.4.11}$$

式（2.4.11）表示了层流流动时距离管中心半径为 r 处的速度 u_r 随半径 r 的变化关系。可见，流体速度沿管截面呈抛物线的规律分布，参见图 2.4.7。

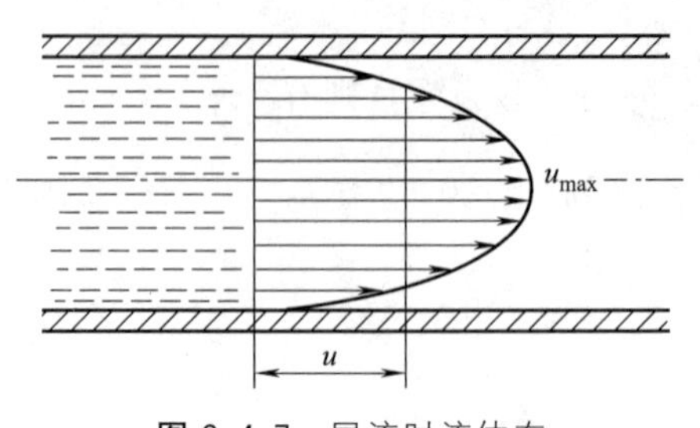

图 2.4.7 层流时流体在圆管内的速度分布

在管中心处，$r=0$，流体质点速度达到最大 u_{max}，由式（2.4.11）得

$$u_{max}=\frac{(p_{m1}-p_{m2})}{4\eta l}R^2 \tag{2.4.12}$$

将式（2.4.12）代入式（2.4.11），并整理得半径为 r 处的速度

$$u_r=u_{max}\left[1-\left(\frac{r}{R}\right)^2\right] \tag{2.4.13}$$

2）湍流时的速度分布

湍流时，流体质点的运动情况比较复杂，影响剪应力的因素较多，但仍可仿照牛顿黏性定律的形式写成如下形式

$$\tau = -(\eta + \eta_e)\frac{du}{dy} \tag{2.4.14}$$

和 η 不同，式（2.4.14）中的 η_e（涡流黏度，Pa・s）不是流体的物性常数，是一个与流体流动状况有关的参数，无法用数学公式准确描述。因此，目前还不能完全用理论的方法推导出管内湍流时的速度分布，而只能靠实验测定。如图 2.4.8 所示。由于流体质点的碰撞与混合，使湍流时管道截面上的速度分布比层流时均匀，速度分布曲线已不再是严格的抛物线。实验证明，流体的 Re 越大，脉动越剧烈，速度分布曲线顶部区域越平坦，相应地靠近管壁处的速度梯度就越大。

由图 2.4.8 可见，在管内靠近管壁的区域，流体的速度急剧下降，直至管壁上流体的速度等于零。在这个区域里流体的速度梯度很大，速度分布曲线的形状与层流时很相似。虽然对于整个管道截面而言，流体流动类型为湍流，但是，由于受到管壁上速度等于零的流体层的阻滞作用，使得管壁附近流体的流动受到约束，不能像管中心附近的流体质点一样剧烈脉动。若将有色液体注入紧靠管壁附近的流体层中，则可发现有呈直线流动的有色液体细流，说明湍流时在靠近管壁区域的流体仍作层流流动，这一作层流流动的流体薄层，称为层流内层或层流底层（Laminar Sublayer）；在湍流主体和层流内层之间的过渡区域，称为过渡层或缓冲层。图 2.4.9 为湍流时管内靠近管壁处流体层的分布示意图。

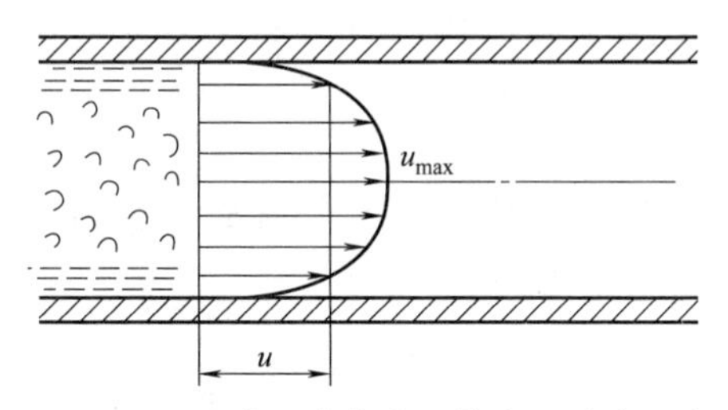

图 2.4.8 湍流时流体在圆管中的速度分布

需要说明的是，尽管层流内层很薄，且其厚度随 Re 的增加而减小，但它的存在对传热和传质过程都有重大的影响，这方面的问题，将在后面有关章节中讨论。

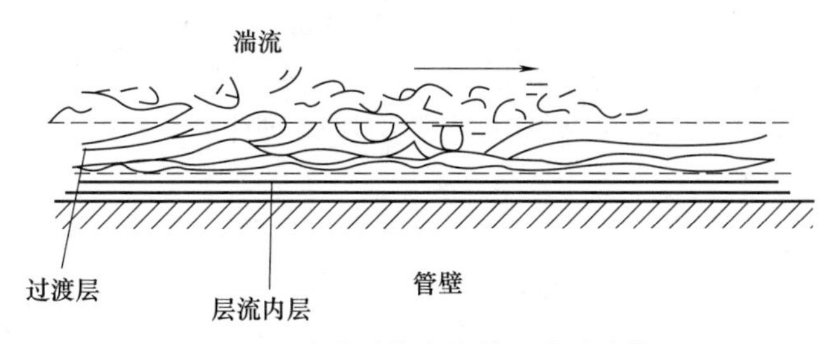

图 2.4.9 湍流时管内流体层的分布情况

实验研究结果表明，湍流时的速度分布也可用经验公式近似表示，如

$$\frac{u_r}{u_{max}} = \left(1 - \frac{r}{R}\right)^n \tag{2.4.15}$$

式中 u_r——半径为 r 处的速度，m/s；

u_{max}——管中心处的最大速度，m/s；

R——管道内半径，m；

n——指数，其值与 Re 有关，取值如下

$$4\times10^4 < Re < 1.1\times10^5 \text{时，} \quad n = \frac{1}{6}$$

$$1.1\times10^5 < Re < 3.2\times10^6 \text{时，} \quad n = \frac{1}{7}$$

$$Re>3.2\times10^6\text{时}，\qquad n=\frac{1}{10}$$

当 $n=\frac{1}{7}$，式（2.4.15）称为“七分之一次方定律”，这是流体输送中较常遇到的 Re 值对应的情况。需要说明的是，式（2.4.15）只是近似的表达式，尤其不能表达管壁处的情况。另外，上述速度分布规律，仅在管内流动达到平稳时才成立。管口附近、管道拐弯、分支处或阀门附近，流动受到干扰，这些地方的速度分布曲线会发生变形。

从以上讨论可见，流动类型不同，管道内的速度分布规律也不同。但无论是层流还是湍流，在管壁处流体质点的速度为零，在管中心处速度最大。

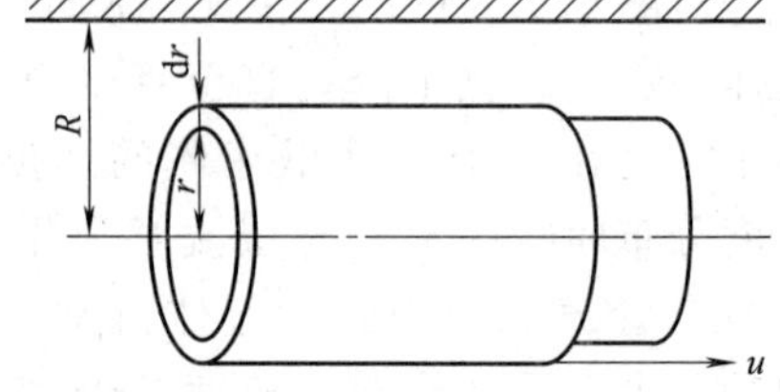

图 2.4.10 层流时平均速度推导

（3）平均速度

若确定了管截面上的速度分布规律，则可利用积分法求出平均速度。

1）层流时的平均速度

如图 2.4.10 所示，在管道截面上任取半径为 r，厚度为 $\mathrm{d}r$ 的微元环形，微元环的中心与管轴重合。则通过此环隙的流体的体积流量 $\mathrm{d}V_S$ 为

$$\mathrm{d}V_S=(2\pi r\,\mathrm{d}r)u_r \tag{2.4.16}$$

将层流速度分布式（2.4.11）代入并积分，有

$$V_S=\frac{\pi(p_{m1}-p_{m2})}{2\eta l}\int_0^R(R^2r-r^3)\mathrm{d}r=\frac{(p_{m1}-p_{m2})}{8\eta l}\pi R^4 \tag{2.4.17}$$

则平均速度 u 为

$$u=\frac{V_S}{S}=\frac{(p_{m1}-p_{m2})\pi R^4}{8\eta l\pi R^2}=\frac{(p_{m1}-p_{m2})}{8\eta l}R^2 \tag{2.4.18}$$

比较式（2.4.18）和式（2.4.12），可见平均速度为管中心处最大速度的二分之一，即

$$u=\frac{1}{2}u_{\max} \tag{2.4.19}$$

2）湍流时的平均速度

若湍流时的速度分布可用 $\frac{u_r}{u_{\max}}=\left(1-\frac{r}{R}\right)^{\frac{1}{7}}$ 表示，则通过上述环隙的流体的体积流量为

$$\mathrm{d}V_S=(2\pi r\,\mathrm{d}r)u_r=(2\pi r dr)u_{\max}\left(1-\frac{r}{R}\right)^{\frac{1}{7}} \tag{2.4.20}$$

若令 $y=R-r$，则上式可写成

$$\mathrm{d}V_S=-2\pi u_{\max}(R-y)\left(\frac{y}{R}\right)^{\frac{1}{7}}\mathrm{d}y \tag{2.4.21}$$

通过圆管截面的体积流量为

$$V_S=-2\pi u_{\max}R^2\int_{y=R}^{y=0}\left(1-\frac{y}{R}\right)\left(\frac{y}{R}\right)^{\frac{1}{7}}\mathrm{d}\left(\frac{y}{R}\right)=-2\pi u_{\max}R^2\left[\frac{7}{8}\left(\frac{y}{R}\right)^{\frac{8}{7}}-\frac{7}{15}\left(\frac{y}{R}\right)^{\frac{15}{7}}\right]_R^0$$

$$=2\pi u_{\max}R^2\left(\frac{7}{8}-\frac{7}{15}\right)=\frac{49}{60}\pi R^2u_{\max}=0.82\pi R^2u_{\max} \tag{2.4.22}$$

于是平均流速为

$$u=\frac{V_S}{\pi R^2}=0.82u_{max} \tag{2.4.23}$$

可见，$\frac{u}{u_{max}}$与指数 n 的取值有关。随 Re 增大，n 值减小，$\frac{u}{u_{max}}$值增大。图 2.4.11 反映了这种变化情况。图中，Re 与 Re_{max}分别表示以平均流速和管中心最大流速计算的雷诺数。在充分发展的湍流情况下，其平均流速约为最大流速的 0.8～0.82 倍。

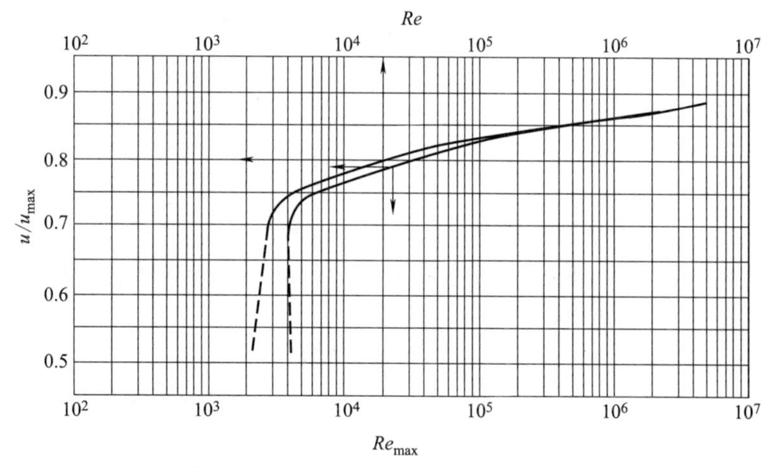

图 2.4.11　u/u_{max}与 Re、Re_{max}的关系

2.4.3　量纲分析法

量纲分析法（Dimensional Analysis）是通过对过程有关物理量的量纲分析，将各物理量组合为若干个量纲为一数群，再借助实验，建立这些数目较少的量纲为一数群间的关系。显然，用量纲为一数群代替个别变量进行实验，可以使实验工作量大为减少，数据的关联也会有所简化，并且可将在实验室规模的小设备中用某种物料实验所得的结果推广应用于实际的化工设备或其他物料。这种量纲分析下的实验研究方法在化工中得到广泛的应用。

量纲分析法的基础是量纲一致性原则，即根据基本物理规律导出的每一个物理方程式的两边不仅数值相等，而且每一项都具有相同的量纲。例如，初速度为 u_0 的物体，在时间 t 内，垂直降落的距离 z 为

$$z=u_0t+\frac{1}{2}gt^2 \tag{2.4.24}$$

用 L、T 分别表示长度和时间的量纲，用方括号表示公式中各项的量纲，则有

$$[z]=\mathrm{L} \qquad [u_0t]=\frac{\mathrm{L}}{\mathrm{T}}\cdot\mathrm{T}=\mathrm{L} \qquad \left[\frac{1}{2}gt^2\right]=\frac{\mathrm{L}}{\mathrm{T}^2}\cdot\mathrm{T}^2=\mathrm{L}$$

可见方程中的每一项的量纲都是长度。将式（2.4.24）中各项都除以 z，则有

$$1=\frac{u_0t}{z}+\frac{gt^2}{2z} \tag{2.4.25}$$

这表明式（2.4.24）可表示成两个量纲为一数群$\left(\frac{u_0t}{z}和\frac{gt^2}{2z}\right)$的关系。

量纲分析法的基本定理是白金汉（Buckingham）的 π 定理，即任何量纲一致的物理方程都可以表示成由若干个量纲为一数群构成的函数，若物理量的数目为 n，用来表示这些物

理量的基本量纲数目为 m，则量纲为一数群的数目 N 为

$$N = n - m \tag{2.4.26}$$

式（2.4.25）中有 4 个物理量（z、u_0、g、t），表示这 4 个物理量的基本量纲有 2 个（L 和 T），根据 π 定理，应有量纲为一数群的数目为 $N=4-2=2$，这与推导出的结论一致。

下面以湍流时摩擦系数关系式的确定为例，进一步说明量纲分析法的应用。

通过系统分析湍流时流动阻力的性质以及初步实验结果，可以发现，影响湍流时的流动阻力 Δp_f 的因素主要有 6 个：流体流过管路的内径 d、管长 l、平均流速 u、流体密度 ρ、黏度 η 和管壁的粗糙度 ε（壁面凸出部分的平均高度），即

$$\Delta p_f = f(d, l, u, \rho, \eta, \varepsilon) \tag{2.4.27}$$

式中 7 个物理量的量纲分别为

$$[\Delta p_f] = \frac{M}{LT^2} \quad [u] = \frac{L}{T} \quad [\eta] = \frac{M}{LT} \quad [\rho] = \frac{M}{L^3} \quad [l] = [d] = [\varepsilon] = L$$

式（2.4.27）中，涉及的物理量有 Δp_f、d、l、u、ρ、η、ε，即 $n=7$，表示这些物理量的基本量纲有 L、M、T，即 $m=3$。根据 π 定理，量纲为一数群数 $N=7-3=4$ 个。

将式（2.4.27）写成幂函数的形式

$$\Delta p_f = K u^a \eta^b \rho^c l^d d^e \varepsilon^f \tag{2.4.28}$$

式（2.4.28）中的系数 K 和指数 a、b、c、d、e、f 均为待定值。将各物理量的量纲代入式（2.4.28），得

$$\frac{M}{LT^2} = \left(\frac{L}{T}\right)^a \left(\frac{M}{LT}\right)^b \left(\frac{M}{L^3}\right)^c L^d L^e L^f$$

根据量纲一致性原则，上式等号两侧各基本量纲的指数必然相等，即

对于 M：$1=b+c$

对于 L：$-1=a-b-3c+d+e+f$

对于 T：$-2=-a-b$

上述 3 个方程只能求解 3 个未知数，如设 b、d、f 为已知，则可解得

$$a = 2-b$$
$$c = 1-b$$
$$e = -b-d-f$$

将以上结果代入式（2.4.28）中，得

$$\Delta p_f = K u^{2-b} \eta^b \rho^{1-b} l^d d^{-b-d-f} \varepsilon^f \tag{2.4.29}$$

将指数相同的各物理量合并到一起，可得

$$\frac{\Delta p_f}{\rho u^2} = K \left(\frac{l}{d}\right)^d \left(\frac{du\rho}{\eta}\right)^{-b} \left(\frac{\varepsilon}{d}\right)^f \tag{2.4.30}$$

写成一般函数形式，即

$$Eu = f\left(\frac{l}{d}, Re, \frac{\varepsilon}{d}\right) \tag{2.4.31}$$

式中 Eu——欧拉数（Euler Number），$Eu=\dfrac{\Delta p_f}{\rho u^2}$，阻力与惯性力之比；

Re——雷诺数（Reynods Number），$Re=\dfrac{du\rho}{\eta}$，惯性力与黏性力之比，反映流动特性对流动阻力的影响；

$\dfrac{l}{d}$——管子的长度与直径之比，反映管子几何尺寸对流动阻力的影响；

$\frac{\varepsilon}{d}$——相对粗糙度，反映管壁粗糙度对流动阻力的影响（参见 2.4.4 节）。

式（2.4.31）中只包括了 4 个量纲为一数群，而式（2.4.27）中涉及了 7 个物理量，可以看出，通过量纲分析变量数减少，从而大大减少了实验工作量。

使用量纲分析法时，选择所获得的数群需要注意其应代表一定的物理意义。在上述推导过程中，量纲为一数群的获得与求解联立方程的方法有关。推导过程中，如不使用 b、d、f 来表示 a、c、e，将获得不同的量纲为一数群，即量纲为一数群的形式不是唯一的。

需要注意的是，量纲分析法只是从物理量的量纲着手，把一般函数式变为量纲为一数群表达的函数式，它并不能说明一个物理现象的各影响因素之间的关系。如果一开始就遗漏或多列入了影响过程的主要因素，都将得出错误的结论。而且，量纲分析法也不能代替实验，它所得到的若干个量纲为一数群的具体的函数关系还需通过实验来确定。因此，量纲分析法的运用，必须与实验密切结合，才能得到有实际意义的结果。

2.4.4 流体流动阻力的计算

化工生产中的管路系统主要由两部分组成：一是直管，二是管件（如弯头、三通等）和阀门等。流体流经直管的能量损失称为直管阻力；流体流经管件、阀门等局部地方的能量损失称为局部阻力。无论是直管阻力还是局部阻力，其内在原因均为流体的黏性所造成的内摩擦，但两种阻力起因于不同的外部条件，所以应分别讨论。

需要说明的是，在机械能衡算式中，$\sum R$、$\sum h_f$、Δp_f 项分别是以单位质量、单位重量和单位体积流体为衡算基准的管路系统阻力。其中，Δp_f 与两截面之间的静压差 $\Delta p = p_2 - p_1$ 是两个截然不同的概念，Δp_f 只是一个符号，表示 $1m^3$ 流体在流动系统中由于流动阻力而消耗的能量，此处 Δ 不代表增量。而根据式（2.3.50）可知，两截面之间的静压差 Δp 为

$$\Delta p = \rho W_e - \rho g \Delta z - \rho \frac{\Delta u^2}{2} - \Delta p_f \tag{2.4.32}$$

式（2.4-32）说明，静压差 Δp 是多种因素变化的结果。只有流体在等径的水平直管内流动，且流动过程中无外功加入的情况下 Δp_f 和 Δp 在数值上才相等，即流体在等径的水平直管内流动，且流动过程中无外功加入。

(1) 直管阻力计算通式

如图 2.4.12，流体在一段水平、等径的直圆管内稳态流动。在相距为 l 的两截面 1-1、2-2 之间列机械能衡算式，有

$$\rho g z_1 + p_1 + \frac{\rho u_1^2}{2} = \rho g z_2 + p_2 + \frac{\rho u_2^2}{2} + \Delta p_f$$

因是等径水平直管，$z_1 = z_2$，$u_1 = u_2$，所以上式简化为

$$p_1 - p_2 = \Delta p_f \tag{2.4.33}$$

该式说明在图 2.4.12 所示流动条件下，两截面间的压力差与阻力在数值上相等。

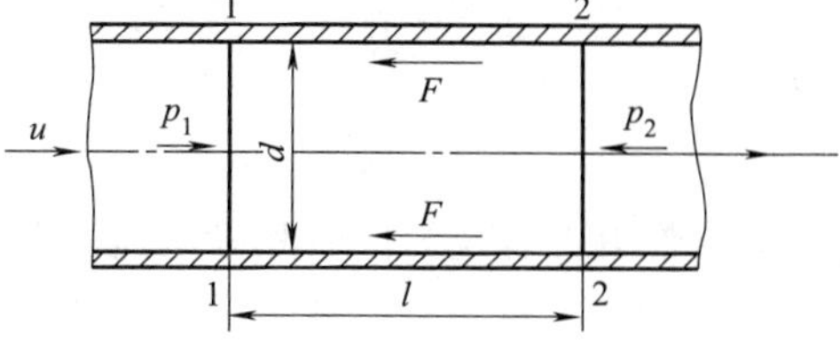

图 2.4.12 圆形直管内阻力计算公式的推导

现对图 2.4.12 中 1-1 和 2-2 截面间的流体进行受力分析。两截面间由于压力差而产生的与流动方向一致的推动力为

$$F = (p_1 - p_2)\frac{\pi d^2}{4} \tag{2.4.34}$$

作用于流体柱圆周表面上的与流动方向相反的摩擦力为

$$F' = \tau A = \tau \pi d l \tag{2.4.35}$$

根据牛顿第二运动定律，流体在管内作稳态流动时，在流动方向上所受合力必为零，即

$$(p_1 - p_2)\frac{\pi d^2}{4} = \tau \pi d l \tag{2.4.36}$$

将式（2.4.33）代入式（2.4.36），整理得

$$\Delta p_{\mathrm{f}} = 4\tau \frac{l}{d} \tag{2.4.37}$$

实验证明，流体在一定管路中流动时，流速增大，所产生的能量损失也随之增大，可见流动阻力与流速有关。为此，将式（2.4.37）变形，将压力降表示成动能$\frac{\rho u^2}{2}$的倍数形式，即

$$\Delta p_{\mathrm{f}} = \frac{8\tau}{\rho u^2} \times \frac{l}{d} \times \frac{\rho u^2}{2} \tag{2.4.38}$$

令

$$\lambda = \frac{8\tau}{\rho u^2} \tag{2.4.39}$$

则有

$$\Delta p_{\mathrm{f}} = \lambda \frac{l}{d} \times \frac{\rho u^2}{2} \tag{2.4.40}$$

式（2.4.40）为流体在圆形直管内流动阻力计算的通式，称为范宁（Fanning）公式。式中 λ 为无量纲的系数，称为摩擦系数（Friction Coefficient）或摩擦因数，其值与流体流动的雷诺数及管壁状况有关。

对应机械能衡算中阻力的不同形式，范宁公式亦可写成以下形式

$$\sum h_{\mathrm{f}} = \lambda \frac{l}{d} \times \frac{u^2}{2g} \tag{2.4.41}$$

$$\sum R = \lambda \frac{l}{d} \times \frac{u^2}{2} \tag{2.4.42}$$

范宁公式适用于不可压缩流体在圆形直管内的稳态流动，对层流和湍流均适用。利用范宁公式计算阻力时，关键是如何计算摩擦系数 λ。

根据 λ 的定义可以看出，它与剪应力 τ 有直接关系。而剪应力 τ 在不同流型时所遵循的规律不同，所以，应分别讨论层流和湍流流动状态下的 λ 值。

(2) 层流时的摩擦系数

流体在均匀直管中作稳态流动时，机械能衡算式（2.3.48）中 $u_1 = u_2$，无外功加入，可得

$$\Delta p_{\mathrm{f}} = (\rho g z_1 + p_1) - (\rho g z_2 + p_2) = p_{m1} - p_{m2} \tag{2.4.43}$$

即直管阻力表现为位能和静压能之和的减少量。而层流时平均流速与任意两截面间位能和静压能之和的差的关系表明［参见式(2.4.18)］

$$u = \frac{(p_{m1} - p_{m2})}{8\eta l} R^2 \tag{2.4.44}$$

将式（2.4.43）和 $R = \frac{d}{2}$ 代入式（2.4.44），并整理得

$$\Delta p_{\mathrm{f}} = \frac{32\eta l u}{d^2} \tag{2.4.45}$$

式（2.4.45）为层流时的圆形直管内阻力计算式，称为哈根-泊谡叶（Hangen-

Poiseuille）公式。该式表明层流时圆形直管内的流动阻力与流速的一次方成正比。将式（2.4.45）和式（2.4.40）相比较，可得层流时摩擦系数的计算式

$$\lambda=\frac{64\eta}{du\rho}=\frac{64}{Re} \tag{2.4.46}$$

式（2.4.46）说明，层流时的摩擦系数 λ 仅是雷诺数 Re 的函数。若将此式在双对数坐标纸上标绘，可得一直线。

（3）湍流时的摩擦系数

1）莫狄（Moody）摩擦系数图

如前所述，层流流动时阻力计算式可由理论推导得出。而湍流流动时，由于质点的不规则运动和不断产生漩涡，所产生的内摩擦力比层流时大很多。且其剪应力表达式（2.4.14）中的涡流黏度 η_e 不仅与流体的物性有关，也与流体流动状况有关。正是由于湍流时流体质点的运动情况复杂，迄今仍未能完全用理论分析的方法导出湍流时摩擦系数的计算式。

对于这样复杂的问题，工程技术中经常采用的解决方法是通过实验建立经验关系式。实验研究时，每次只改变一个影响因素，而把其他变量固定。若过程涉及的变量很多，实验工作量必然很大，同时要把实验结果关联成一个便于使用的简单的公式往往也很困难。为解决上述问题，需要有一套理论来指导实验的进行和数据的整理，量纲分析法就是一种能满足以上要求的指导实验的方法。

在进行湍流流动的摩擦系数计算时，可结合量纲分析法的结果（参见 2.4.3 节），把实验获得的 λ 与 Re、ε/d 的关系标绘在双对数坐标图中，得到图 2.4.13，称为莫狄（Moody）摩擦系数图。

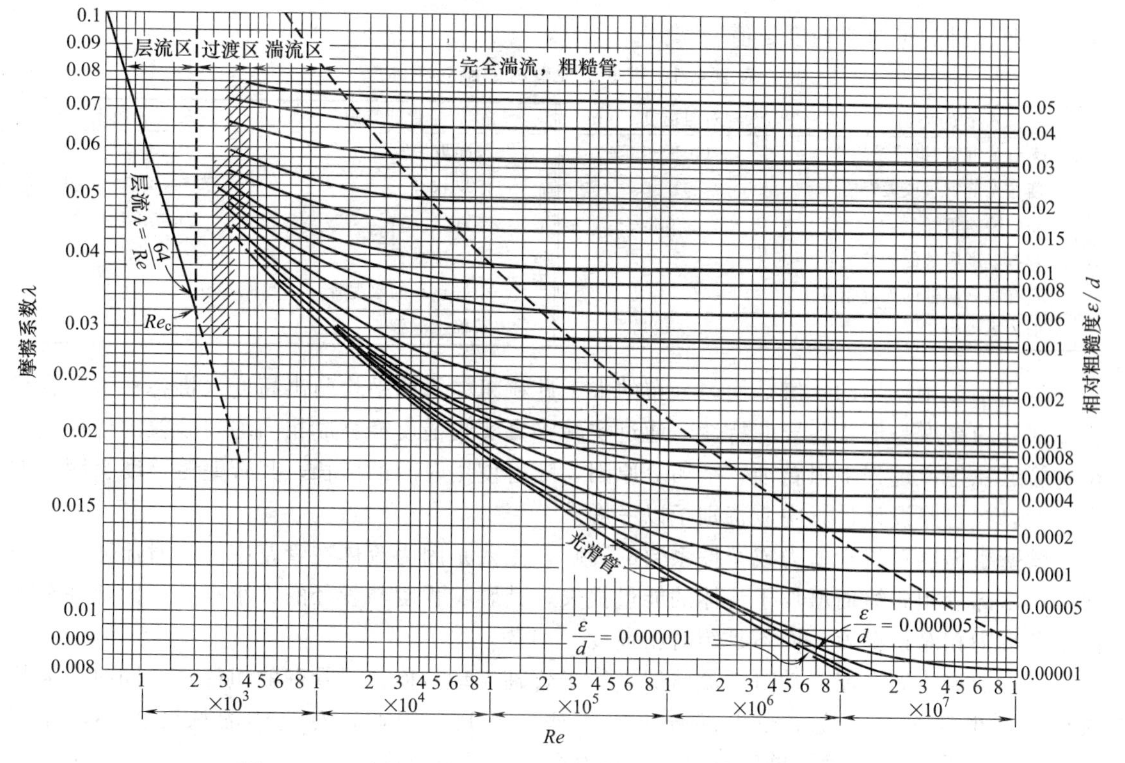

图 2.4.13　摩擦系数 λ 与 Re 和 ε/d 的关系（莫狄摩擦系数图）

根据 Re 数的不同，图 2.4.13 可分为四个区域。

① 层流区（$Re \leqslant 2000$） 摩擦系数 λ 与相对粗糙度 ε/d 无关。在双对数坐标中，λ 与 Re 呈线性关系，其斜率为 -1，表达这一直线的关系式是 $\lambda=64/Re$。也就是说，层流时的流动阻力与流速 u 的一次方成正比。

② 过渡区（$2000<Re<4000$） 此时管内流动受外界条件的影响可能出现不同的流型，摩擦系数也因之出现波动。在此区域内层流或湍流的 λ-Re 曲线均可适用。工程上为安全起见，常估计大一些，按湍流处理，即将湍流时的曲线外延，以查取 λ 值。

③ 湍流区（$Re \geqslant 4000$ 且在图中虚线以下的区域） 在此区域内，摩擦系数 λ 与雷诺数 Re 和相对粗糙度 ε/d 有关。当 ε/d 一定时，λ 随 Re 的增大而减小；当 Re 增大至某一值后，λ 值下降缓慢；Re 一定时，λ 随 ε/d 的增大而增大。在湍流区，最下面的一条曲线代表光滑管。

④ 完全湍流区（图中虚线以上的区域） 在该区域内，各曲线都趋近于水平线，即 λ 仅随管壁相对粗糙度 ε/d 而变，与雷诺数 Re 无关。对于特定的管路，当 ε/d 一定时，根据式(2.4.40)，$\Delta p_f \propto u^2$，即阻力与相对速的平方成正比，故该区域又称为阻力平方区。从图 2.4.13 中也可以看出，相对粗糙度 ε/d 越大，达到阻力平方区的 Re 值越低。

2）管壁粗糙度对摩擦系数的影响 化工生产中的管道，按其材料的种类和加工情况，大致可分为光滑管（如玻璃管、黄铜管、铅管、塑料管等）与粗糙管（如钢管、铸铁管等）两大类。实际上，即使是用同一材质的管道，由于使用时间的长短、腐蚀与结垢的程度等的不同，管壁的粗糙度也会有很大的差异。

管壁的粗糙程度可用绝对粗糙度或相对粗糙度表示。管路壁面凸出部分的平均高度称为绝对粗糙度，用 ε 表示；而绝对粗糙度与管径的比值 $\dfrac{\varepsilon}{d}$，称为相对粗糙度。表 2.4.1 列出了某些工业管材的绝对粗糙度 ε 值。

表 2.4.1 某些工业管材的绝对粗糙度

管的类别		绝对粗糙度 ε/mm	管的类别		绝对粗糙度 ε/mm
金属管	无缝黄铜管、铜管及铅管	0.01～0.05	非金属管	干净玻璃管	0.0015～0.01
	新的无缝钢管或镀锌管	0.1～0.2		橡皮软管	0.01～0.03
	新的铸铁管	0.3		木管	0.25～1.25
	具有轻度腐蚀的无缝钢管	0.2～0.3		陶土排水管	0.45～6.0
	具有显著腐蚀的无缝钢管	0.5 以上		很好整平的水泥管	0.33
	旧的铸铁管	0.85 以上		石棉水泥管	0.03～0.8

表 2.4.1 中列出的 ε 值是均匀分布的人工砂粒粗糙管的平均凸出高度（将各种工业管材粗糙部分的高度与形状各异的特性，通过实验将真实粗糙度换算成相当均匀砂粒的粗糙度）。由于管道在生产过程中因腐蚀、结垢等原因，随着使用时间的增长，其管壁粗糙度会明显增大，所以在管路设计计算中应特别予以考虑。

管壁粗糙度对流动阻力或摩擦系数的影响，主要是因为流体在管路中流动时流体质点与管壁凸出部分相碰撞而增加了流体的能量损失，其影响程度与管径的大小有关，因此在莫狄图中参数为相对粗糙度，而不是绝对粗糙度。

当管内流体做层流流动时，流体层平行于管轴流动，掩盖了管壁的粗糙面，同时液体的流动速度也较慢，对管壁凸出部分不发生碰撞作用，因此，对流体的扰动极小，如图 2.4.14 (a) 所示。此时粗糙度不对流动阻力产生明显的影响。

如前所述，流体做湍流流动时，紧靠管壁处总是存在着层流底层。如果层流底层的厚度大于管壁的绝对粗糙度，使凸出物完全淹没在层流底层内，则粗糙表面的影响表现不出来，如图 2.4.14（b）所示，称为水力光滑管。可见，所谓光滑管并非绝对的光滑，只是层流底层能将管壁上全部凸出物淹没其中。随着雷诺数增大，层流底层的厚度减薄，伸出层流底层的凸出物不但越来越多，而且伸出程度也越来越大，阻碍湍流流动而造成较大的流动阻力。由于这些原因，在雷诺数不大时，相对粗糙度的影响不大，粗糙管的 λ 曲线趋近于光滑管。随雷诺数增大，相对粗糙度的影响增大，各粗糙管的 λ 曲线逐渐分开。当雷诺数增大到一定程度时，层流底层减薄到使壁面凸出物完全暴露于湍流主体中，如图 2.4.14（c）所示，此时，黏性摩擦力恒定为一个相对较小的值，流动阻力几乎完全取决于壁面粗糙度的大小，因此，摩擦系数 λ 仅与相对粗糙度有关，与雷诺数无关，流动进入阻力平方区。

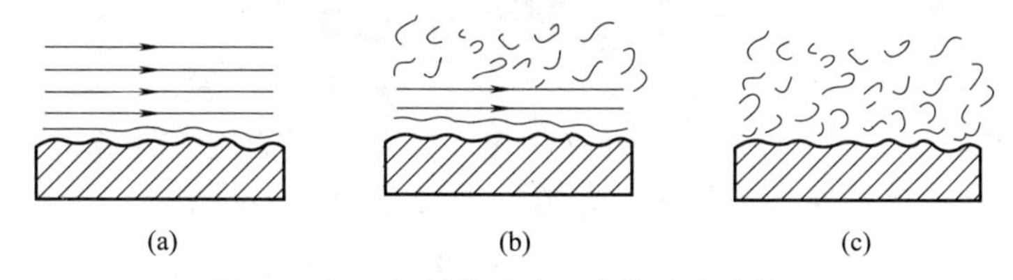

图 2.4.14 粗糙管壁附近流体的流动情况

3）湍流时摩擦系数的经验关联式

除了用作图的方法表示摩擦系数 λ 值外，还可根据实验结果，将 λ 值整理成经验公式。这里列出以下两个重要的计算公式，供选用。

① 光滑管　柏拉修斯（Blasuis）公式

$$\lambda=\frac{0.3164}{Re^{0.25}} \tag{2.4.47}$$

上式适用范围为 $2500<Re<10^6$，此时流动阻力与速度的 1.75 次方成正比。

② 粗糙管　考莱布鲁克（Colebrook）公式

$$\frac{1}{\sqrt{\lambda}}=1.74-2\lg\left(\frac{2\varepsilon}{d}+\frac{18.7}{Re\sqrt{\lambda}}\right) \tag{2.4.48}$$

上式适用于湍流区和完全湍流区的光滑管与粗糙管，适用范围为 $3000<Re<3\times10^6$。

(4) 非圆形管道内的流动阻力

在化工生产中，也常常有流体在非圆形管（如矩形、套管环隙等）内流动的情况。一般来说，流道截面的形状对速度分布及流动阻力值都有影响。实验证明，对于非圆形管道中流体的流动阻力，仍可采用圆形管内流动阻力的计算式求取，但其中管径需用非圆形管路的当量直径代替。为此，引入水力半径的概念，其定义式为

$$r_H=\frac{\text{流通截面积}\,S}{\text{润湿周边长度}\,L} \tag{2.4.49}$$

当量直径的定义为

$$d_e=4\times\frac{\text{流通截面积}}{\text{润湿周边长度}}=4r_H \tag{2.4.50}$$

对于长和宽分别为 a 与 b 的矩形截面积，根据式（2.4.50），其当量直径为

$$d_e=4\times\frac{\text{流通截面积}}{\text{润湿周边长度}}=4\times\frac{ab}{2(a+b)}=\frac{2ab}{a+b}$$

对于套管环隙，若内管的外径为 d_1，外管的内径为 d_2，则环隙的当量直径为

$$d_e=4\times\frac{\frac{\pi}{4}(d_2^2-d_1^2)}{\pi d_2+\pi d_1}=d_2-d_1$$

研究结果表明，当量直径用于湍流流动下非圆形管内的阻力计算，结果比较可靠。而对于层流流动，用当量直径进行计算时，除管径用当量直径取代外，摩擦系数应采用下式计算

$$\lambda=\frac{C}{Re}$$

上式中的 C 值，根据管道截面的形状而定，见表 2.4.2。

表 2.4.2 某些非圆形管的当量直径 d_e 及常数 C

非圆形管的截面形状	当量直径 d_e	C 值	非圆形管的截面形状	当量直径 d_e	C 值
正方形，边长为 a	a	57	长方形，边长为 $2a$，宽为 a	$1.3a$	62
等边三角形，边长为 a	$0.58a$	53	长方形，长为 $4a$，宽为 a	$1.6a$	73
环隙形，环宽度 $\delta=\frac{d_1-d_2}{2}$	$2\delta=d_1-d_2$	96			

注意，当量直径只用来计算非圆形管路的流动阻力，不能用来计算流通截面积和流速。式（2.4.38）及 Re 中的流速是指流体的真实流速。

(5) 局部阻力

当流体流过管件、阀门、流道扩大和缩小等局部地方时，由于流向或大小的改变造成边界层分离（参见 2.5 节），所产生的大量漩涡使机械能损失增加，造成形体阻力。和直管阻力的沿程均匀分布不同，这种阻力集中在管件所在的局部地方，因此称为局部阻力。

管件是管与管之间的连接部件，主要用于改变管路方向、连接支管、改变管径等。图 2.4.15 所示为几种管路中常用的管件。

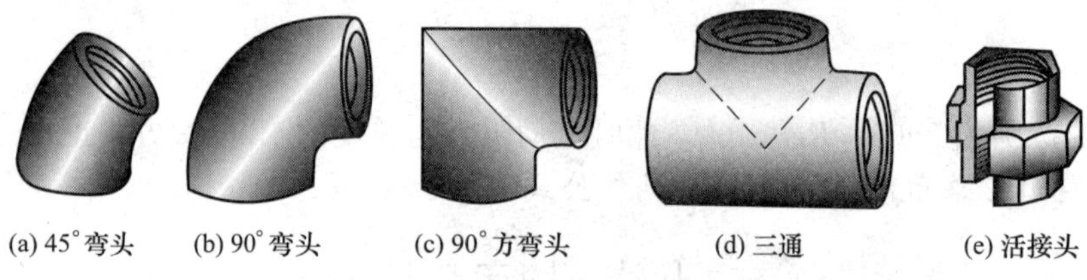

(a) 45°弯头　(b) 90°弯头　(c) 90°方弯头　(d) 三通　(e) 活接头

图 2.4.15 常用管件

阀门安装在管路中，用于调节流量。常用的阀门包括截止阀、闸阀、止逆阀等。

局部阻力的计算有两种方法：阻力系数法和当量长度法。

1）阻力系数法

该法近似地认为局部阻力用动能的某一倍数表示，即

$$\Delta p_f=\zeta\frac{\rho u^2}{2} \tag{2.4.51}$$

或

$$\sum h_f=\zeta\frac{u^2}{2g} \tag{2.4.52}$$

式中，ζ 为局部阻力系数，其值由实验测定。

以下介绍几种典型的局部阻力系数的求法。

① 突然扩大与突然缩小　突然扩大是指流体从小截面（S_1）的管道突然流入大截面（S_2）的管道，如图 2.4.16 所示。在流道突然扩大的地方，流动方向的下游压力上升，流体在逆压梯度作用下发生边界层分离而产生漩涡，造成能量损失。此时局部阻力系数的计算式为

$$\zeta=\left(1-\frac{S_1}{S_2}\right)^2 \tag{2.4.53}$$

突然缩小是指流体从大截面（S_1）的管道突然流入小截面（S_2）的管道，如图 2.4.17

所示。流道突然缩小时，流体在顺压梯度作用下流动，在收缩部分不发生明显的能量损失。但由于流体流动具有惯性，进入缩小的流道的流体将继续收缩至某个最小截面（缩脉）后又重新扩大，此时流体流动的下游压力上升，在逆压梯度作用下，产生边界层的分离，造成能量损失。可见，突然缩小时造成的阻力主要还在于突然扩大。此时局部阻力系数的计算式为

$$\zeta=0.5\left(1-\frac{S_2}{S_1}\right)^2 \tag{2.4.54}$$

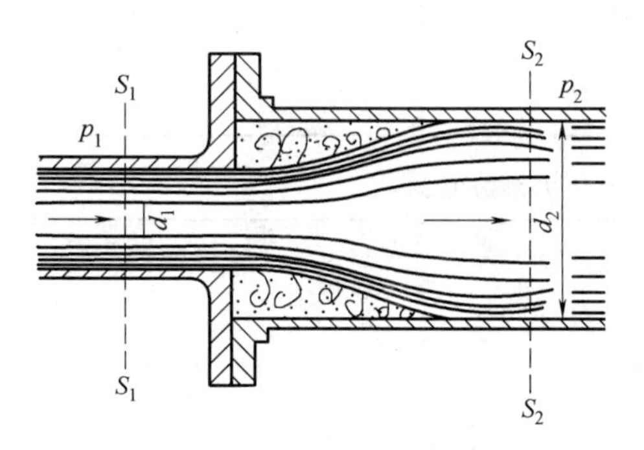

图 2.4.16 突然扩大管路

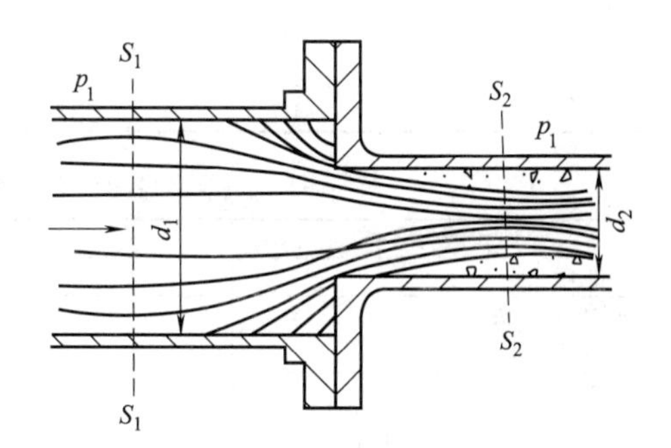

图 2.4.17 突然缩小管路

注意：计算突然扩大或突然缩小的局部阻力时，式（2.4.51）和式（2.4.52）中的流速 u 均以小管中的流速计。

② 管入口与管出口 当流体由容器进入管内，如果容器截面很大，此时的流动相当于突然缩小，此时 $S_1 \gg S_2$，即$\frac{S_2}{S_1}\approx 0$，由式（2.4.54）可知，此时 $\zeta=0.5$。

当流体自管路流入具有较大截面的容器或由管路直接排放到管外空间时，相当于突然扩大，此时 $S_2 \gg S_1$，即$\frac{S_1}{S_2}\approx 0$，由式（2.4.53）可知，此时 $\zeta=1.0$。

当流体从管子直接排放到管外空间时，管出口内侧截面上的压力可视为与管外空间相同，但出口截面上的动能及出口阻力应与截面选取相匹配。若截面选管出口内侧，则表示流体并未离开管路，此时截面上仍有动能，系统的总阻力损失不包括出口阻力。若截面选在管出口外侧，表示流体已离开管路，此时，截面上动能为零，而系统的总阻力损失应包括出口阻力。由于出口阻力系数 $\zeta=1.0$，所以两种截面的选取方法计算结果相同。

2）当量长度法

该法是将流体流过管件或阀门的局部阻力折合成直径相同、长度为 l_e 的直管所产生的阻力，即

$$\Delta p_f=\lambda\frac{l_e}{d}\times\frac{\rho u^2}{2} \tag{2.4.55}$$

或

$$\sum h_f=\lambda\frac{l_e}{d}\times\frac{u^2}{2g} \tag{2.4.56}$$

式中，l_e 称为管件或阀门的当量长度，其值由实验测定。

表 2.4.3、表 2.4.4 和图 2.4.18 提供了若干情况下的$\frac{l_e}{d}$或 ζ 的数值，在其他手册中也可查到有关数据。这些数据由于实验条件或管件与阀门规格不完全相同，常有不一致之处，可结合具体情况选用。

表 2.4.3　管件和阀门的局部阻力系数及当量长度与管内径之比

名称	阻力系数 ζ	当量长度与管径之比 l_e/d	名称	阻力系数 ζ	当量长度与管径之比 l_e/d
弯头,45°	0.35	17	标准截止阀(球阀)		
弯头,90°	0.75	35	全开	6.0	300
三通	1	50	半开	9.5	475
回弯头	1.5	75	角阀,全开	2.0	100
管接头	0.04	2	止逆阀		
活接头	0.04	2	球式	70.0	3500
闸阀			摇板式	2.0	100
全开	0.17	9	水表(盘形)	7.0	350
半开	4.5	225			

表 2.4.4　管件和阀门的局部阻力系数值

管件和阀件名称	ζ 值	
标准弯头	45°,$\zeta=0.35$	90°,$\zeta=0.75$
90°方形弯头	1.3	
180°回弯头	1.5	
活管接	0.4	

弯管

R/d \ φ	30°	45°	60°	75°	90°	105°	120°
1.5	0.08	0.11	0.14	0.16	0.175	0.19	0.20
2.0	0.07	0.10	0.12	0.14	0.15	0.16	0.17

突然扩大：$\zeta=(1-S_1/S_2)^2$　　$\Delta p_1=\zeta\rho u_1^2/2$

S_1/S_2	0	0.1	0.2	0.3	0.4	0.5	0.6	0.7	0.8	0.9	1.0
ζ	1	0.81	0.64	0.49	0.36	0.25	0.16	0.09	0.04	0.01	0

突然缩小：$\zeta=0.5(1-S_2/S_1)^2$　　$\Delta p_1=\zeta\rho u_2^2/2$

S_2/S_1	0	0.1	0.2	0.3	0.4	0.5	0.6	0.7	0.8	0.9	1.0
ζ	0.5	0.405	0.32	0.245	0.18	0.125	0.08	0.03	0.02	0.005	0

流入大容器的出口：$\zeta=1$(用管中流速)

入管口(容器→管)：$\zeta=0.5$　$\zeta=0.25$　$\zeta=0.04$　$\zeta=0.56$　$\zeta=3\sim1.3$　$\zeta=0.5+0.5\cos\theta+0.2\cos^2\theta$

水泵进口

没有底阀	2～3								
有底阀	d/mm	40	50	75	100	150	200	250	300
	ζ	12	10	8.5	7.0	6.0	5.2	4.4	3.7

闸阀

全开	3/4 开	1/2 开	1/4 开
0.17	0.9	4.5	24

标准截止阀(球心阀)：全开　$\zeta=6.4$；1/2 开　$\zeta=9.5$

蝶阀

α	5°	10°	20°	30°	40°	45°	50°	60°	70°
ζ	0.24	0.52	1.54	3.91	10.8	18.7	30.6	118	751

旋塞

θ	5°	10°	20°	40°	60°
ζ	0.05	0.29	1.56	17.3	206

管件和阀件名称	ζ 值	
角阀(90°)	5	
单向阀	摇板式 $\zeta=2$	球式 $\zeta=70$
水表(盘形)	7	

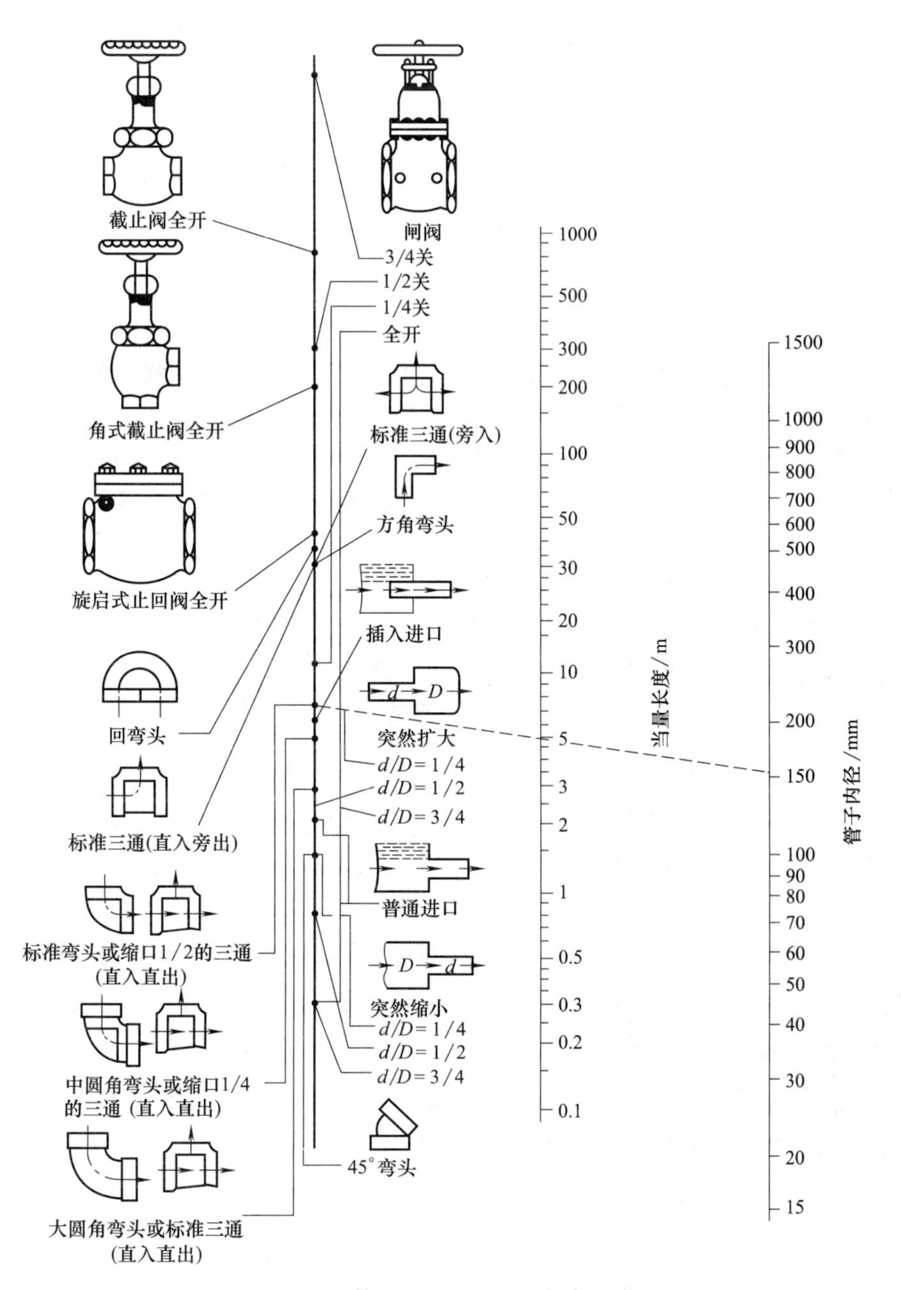

图 2.4.18　管件和阀门的当量长度共线图

(6) 流动系统的总阻力

流体流经管路的总阻力应为直管阻力和所有局部阻力之和。当流体流经等径管路时，如果所有局部阻力都以当量长度表示，则总阻力计算式为

$$\Delta p_{\mathrm{f}}=\lambda\ \frac{(l+\sum l_{\mathrm{e}})}{d}\times\frac{\rho u^2}{2} \tag{2.4.57}$$

或

$$\sum h_{\mathrm{f}}=\lambda\ \frac{(l+\sum l_{\mathrm{e}})}{d}\times\frac{u^2}{2g} \tag{2.4.58}$$

如果所有局部阻力都以阻力系数法表示，则总阻力计算式为

$$\Delta p_f=\left(\lambda\frac{l}{d}+\sum\zeta\right)\frac{\rho u^2}{2} \tag{2.4.59}$$

或

$$\sum h_f=\left(\lambda\frac{l}{d}+\sum\zeta\right)\frac{u^2}{2g} \tag{2.4.60}$$

如果局部阻力部分用阻力系数法来表示、部分用当量长度表示，则总阻力计算式为

$$\Delta p_f=\left(\lambda\frac{l+\sum l_e}{d}+\sum\zeta\right)\frac{\rho u^2}{2} \tag{2.4.61}$$

或

$$\sum h_f=\left(\lambda\frac{l+\sum l_e}{d}+\sum\zeta\right)\frac{u^2}{2g} \tag{2.4.62}$$

对同一管件或阀门等只能用一种方法计算局部阻力，不能重复计算。若管路由若干直径不同的管段组成，因各段流速不同，故应分段计算阻力，然后求其总合。

【例 2.6】 如附图所示，用泵将敞口贮液池中20℃的水经由ϕ108mm×4mm的钢管送至吸收塔塔顶，塔内压力为6.866kPa（表压）。管路直管总长为80m，在泵的吸入管路中装有一个吸滤筐和底阀、一个90°弯头。在泵的排出管路中装有一个闸阀和两个90°弯头。塔内喷嘴阻力为9.810kPa。若要求水的流量为50m^3/h，泵的效率为60%。设为稳态流动系统，试求泵的有效功率和轴功率。

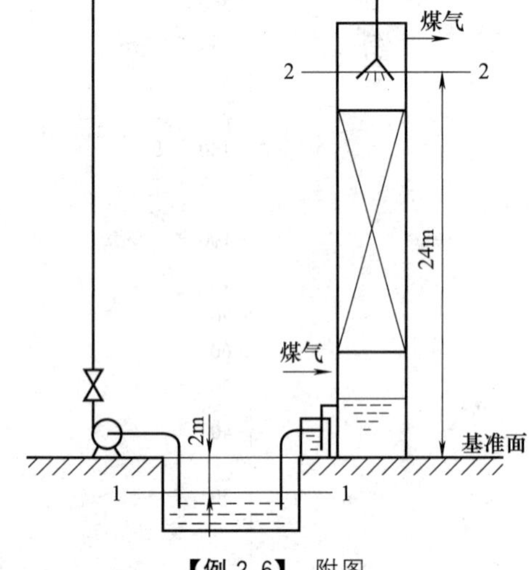

【例 2.6】 附图

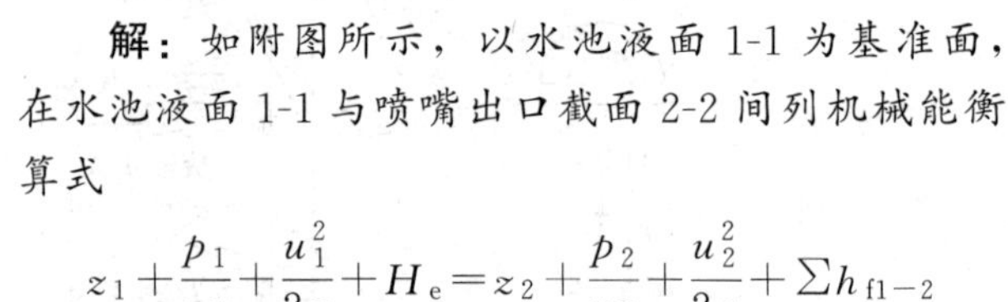

解： 如附图所示，以水池液面1-1为基准面，在水池液面1-1与喷嘴出口截面2-2间列机械能衡算式

$$z_1+\frac{p_1}{\rho g}+\frac{u_1^2}{2g}+H_e=z_2+\frac{p_2}{\rho g}+\frac{u_2^2}{2g}+\sum h_{f1-2}$$

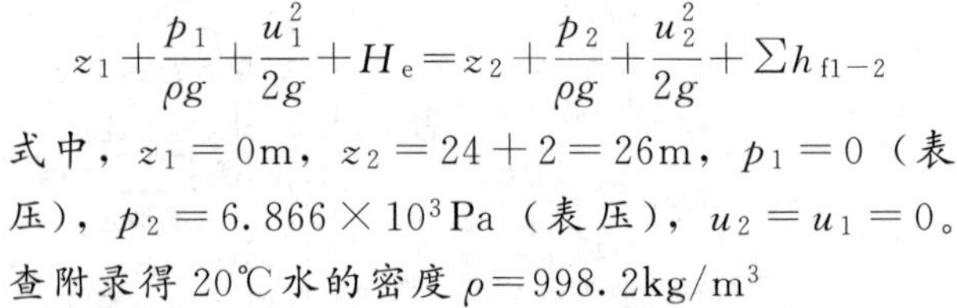

式中，$z_1=0$m，$z_2=24+2=26$m，$p_1=0$（表压），$p_2=6.866\times10^3$Pa（表压），$u_2=u_1=0$。查附录得20℃水的密度$\rho=998.2$kg/m^3

$$管内流速\ u=\frac{q_V}{\frac{\pi}{4}d^2}=\frac{50/3600}{0.785\times0.1^2}=1.768\text{m/s}$$

将以上各项数据代入机械能衡算式，并将其简化为

$$H_e=26.701+\sum h_{f1\text{-}2} \tag{A}$$

(1) 摩擦系数λ

查附录得20℃水的黏度$\eta=1.005$mPa·s，故

$$Re=\frac{du\rho}{\eta}=\frac{0.1\times1.768\times998.2}{1.005\times10^{-3}}=1.756\times10^5$$

由表2.4.1，轻度腐蚀钢管的$\varepsilon=0.2$mm，则相对粗糙度$\frac{\varepsilon}{d}=\frac{0.2}{100}=0.002$。查图2.4.13得$\lambda=0.0246$。

(2) 管路总阻力$\sum h_{f1-2}$

直管总长　　$l=80$m

3个90°弯头　　$l_e=3\times35d=3\times35\times0.1=10.5$m

1个闸阀（全开）　　$l_e=1\times9d=1\times9\times0.1=0.9$m

吸滤筐和底阀　　$\zeta=7$

管路入口突然缩小　　　　　　$\zeta=0.5$

喷嘴出口至塔内突然扩大　　　　$\zeta=1.0$

喷嘴阻力　　　　　　　　　　$\Delta p_c=9.81\times10^3\,\text{Pa}$

则

$$\begin{aligned}\sum h_{f1-2}&=\left(\lambda\frac{l+\sum l_e}{d}+\sum\xi\right)\frac{u^2}{2g}+\frac{\Delta p_c}{\rho g}\\&=\left(0.0246\times\frac{80+10.5+0.9}{0.1}+7+0.5+1\right)\times\frac{1.768^2}{2\times9.81}+\frac{9.81\times10^3}{998.2\times9.81}\\&=5.938\text{m}\end{aligned}$$

(3) 泵的有效功率和轴功率

将$\sum h_{f1-2}=5.938\text{m}$代入式(A)中，得

$H_e=26.701+\sum h_{f1-2}=26.701+5.938=32.639\text{m}$

有效功率　$P_e=H_e q_V\rho g=32.639\times\frac{50}{3600}\times998.2\times9.81=4439\text{W}=4.439\text{kW}$

轴功率　$P=\frac{P_e}{\eta}=\frac{4.439}{0.60}=7.398\text{kW}$

2.5 流动边界层的概念

如前所述，实际流体在管路中流动时，因存在黏性，流体内部有剪应力的作用。由于速度梯度主要集中在壁面附近，故剪应力在壁面附近较大。远离壁面处的速度变化很小，作用于流体层间的剪应力也小到可以忽略，可视该区域的液体为理想流体。因此，把壁面附近的流体作为主要研究对象，来讨论实际流体与固体壁面的相对运动，可大大简化研究工作。

2.5.1 边界层的形成

流动边界层(Boundary Layer)是指由于固体壁面的存在使实际流体的流动受到影响的那部分流体层。为了说明其形成过程，本小节以实际流体匀速流过平板为例进行说明。

如图2.5.1所示，流体以均匀速度u_∞到达平板前沿之后，由于平板壁面的影响，紧贴壁面的一层流体必然附着于物体表面上，其速度为零。由于流体黏性的作用，与这层流体相邻的另一流体层的速度也有所下降。这种减速作用，由附着于壁面的流体层开始，依次向流体内部传递，使得近壁面的流体相继受阻而减速，这样，在垂直于流动方向上产生了速度梯度。随着流体沿板面向前运动，流体速度受到影响的区域逐渐扩大。同时，随着板面法向距离的增大，板面对流体的减速作用逐渐减弱，直至在离开板面一定距离之外的流体速度基本接近于未受板面影响时的速度u_∞。

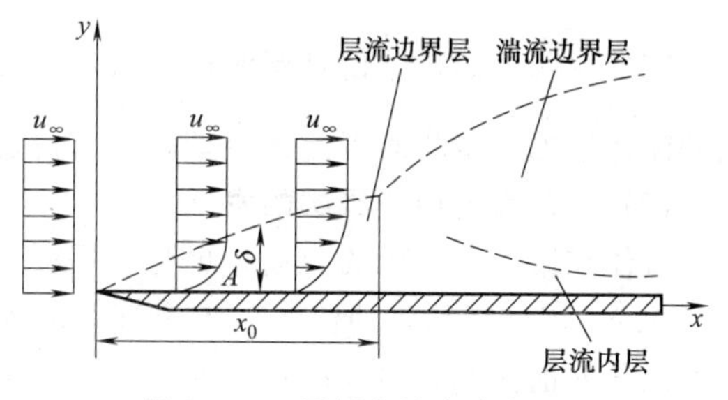

图2.5.1　平板上的流动边界层

也就是说，在固体平板上流动的流体可以分为两个区域，一是壁面附近流速变化较大的区域，称为边界层区(图2.5.1中虚线与平板之间的区域)。二是离壁面一定距离、速度基本不变的区域，称为主流区(图2.5.1中虚线

以上的区域）。通常规定，流速达到主体流速 u_∞ 的 99%处为两个区域的分界线，即速度达到主体流速 u_∞ 的 99%处与壁面的法向距离 δ 为边界层的厚度。

可见，边界层内具有较大的速度梯度，此区域内即使流体黏度很小，产生的剪应力也不可忽略，流动阻力主要集中在这一区域。而在主流区，由于流体速度基本不变，即使流体有黏性，对应的流动阻力也小到可以忽略，故可将这一区域内的流体视为理想流体。

2.5.2 边界层的发展

(1) 平板上边界层的发展

在图 2.5.1 中，在平板前缘 $x=0$ 处，边界层的厚度 $\delta=0$。离开平板前缘，随着流体向前流动，在剪应力的持续作用下，更多的流体层速度减慢，从而使边界层的厚度随着离开平板前缘距离 x 的增大而不断变厚。该过程即为边界层的发展过程。

在板的前缘附近（图 2.5.1 所示的 A 部分），边界层很薄，流体的速度也很小，整个边界层内部流体的流动均为层流，称为层流边界层。随着距平板前缘距离 x 的增大，边界层加厚，当流动距离达到某一值 x_0 时，边界层内的流动由层流转变为湍流，此后的边界层为湍流边界层。在湍流发生处，边界层突然加厚。在湍流边界层内，紧靠壁面的一薄层流体的流动类型仍维持层流，即前述的层流内层或层流底层。离壁面较远的区域为湍流，称为湍流中心。在层流底层和湍流中心之间还存在着过渡层或缓冲层，该层的流动类型不稳定，可能是层流或湍流。

边界层内流体的流动类型可用边界层雷诺数 Re_x 的值来判定，其定义为

$$Re_x=\frac{\rho u_\infty x}{\eta} \tag{2.5.1}$$

式中，x 为离开平板前缘的距离，m；u_∞ 为主流区的流速，m/s。

对于光滑的平板壁面，实验发现

当 $Re_x\leqslant 2\times10^5$ 时，边界层内为层流流动；

当 $Re_x\geqslant 3\times10^6$ 时，边界层内为湍流流动；

当 $2\times10^5<Re_x<3\times10^6$ 时，边界层内可能为层流流动，也可能为湍流流动。通常取 $Re_x=5\times10^5$ 时对应的 x 处，为层流边界层变为湍流边界层的转折点。

平板上边界层的厚度可用下式进行估算。

层流边界层
$$\frac{\delta}{x}=\frac{4.64}{Re_x^{0.5}} \tag{2.5.2}$$

湍流边界层
$$\frac{\delta}{x}=\frac{0.376}{Re_x^{0.2}} \tag{2.5.3}$$

需要说明的是，不论是层流边界层还是湍流边界层，$\frac{\delta}{x}$ 的值都通常很小，表明受黏性影响的流体层的厚度相对于流体流动距离来说总是很薄的。

(2) 圆形直管内边界层的发展

流体在圆形直管内的流动，也与在平板上流动一样，存在边界层的形成和发展过程，见图 2.5.2。流体以均匀的流速进入圆管，从入口处开始，在紧靠管壁处形成很薄的边界层。随着流体向前流动，边界层在黏性的影响下逐渐加厚。与平板上流动边界层的发展不同，在圆管内，刚开始时边界层只占靠近管道壁面处的很薄环状区域，随着流体向前流动，管内边

界层的逐渐加厚，使管内截面上的速度分布曲线形状随之变化。在距离入口处 x_0 的地方，管壁上的边界层在管中心处汇合，此后边界层占据了全部管截面。汇合后，边界层的厚度不再变化，管内各截面上的速度分布曲线形状保持不变，称作完全发展了的流动。在边界层汇合处，若边界层内的流动是层流，则以后管内的流动就是层流。若在汇合前，边界层内的流动已发展为湍流，则以后管内的流动为湍流。无论汇合时是层流还是湍流，边界层的厚度均为圆管半径。汇合处距离管道入口处的距离 x_0 称作稳定段长度或进口段长度。

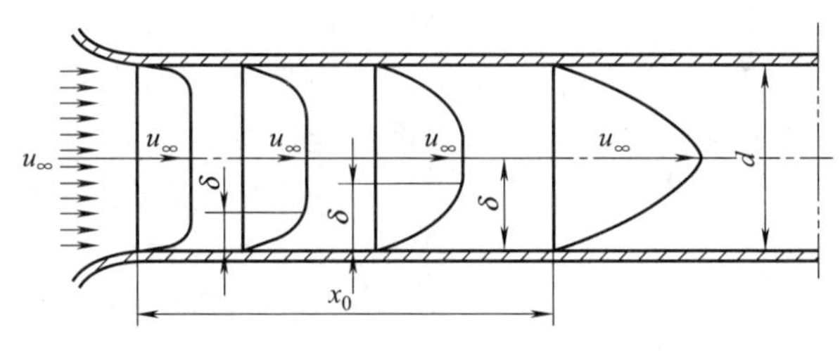

图 2.5.2 圆形直管内边界层的发展

由于在进口段之内，速度分布沿管长变化，故为保证测量的准确性，通常测量流动参数的仪表应安装在进口段之后。对于层流边界层，进口段长度 x_0 可用下式计算：

$$\frac{x_0}{d}=0.0575Re \tag{2.5.4}$$

式中，$Re=\dfrac{du\rho}{\eta}$，其中 u 为管截面的平均流速。通常取层流时进口段长度 $x_0=(50\sim100)d_0$，湍流时进口段长度大约为 $x_0=(40\sim50)d_0$，式中 d_0 为管内径。

和流体在平板上的流动相似，圆管内的湍流边界层，在靠管壁处也有一层较薄的层流底层。尽管这一层流体很薄，但由于其流型为层流，对传质和传热过程都有很重要的影响，所以不可忽视。湍流时圆管中的层流底层的厚度 δ_b 可利用经验式进行计算。如流体在光滑管内作湍流流动，当 $\dfrac{u}{u_{max}}=0.81$ 时，层流底层的厚度 δ_b 可用下式计算：

$$\frac{\delta_b}{d}=\frac{61.5}{Re^{\frac{7}{8}}} \tag{2.5.5}$$

2.5.3 边界层的分离

流体流过平板或在直径相同的圆管中流动时，流动边界层是紧贴在固体壁面上的。但当流体流过曲面（如球体、圆柱体等其他形状的物体表面），或流经管径突然改变的管道处时，流动边界层的情况会有显著的不同。此时的一个重要特点是在一定条件下边界层与固体表面脱离，并在脱离处产生漩涡，造成流体能量的损失，这种现象称为边界层分离。

现对流体流过圆柱体壁面的边界层分离现象进行分析，如图 2.5.3 所示。当匀速流体流至圆柱体前缘 A 点，由于受到壁面的阻滞，紧贴壁面流体的流速降为零，动能全部转换为静压能，因而该点压力最大。流体在高压作用下被迫改变方向，由 A 点绕圆柱体表面流至 B 点，在此过程中，流道逐渐缩小，流速增加而压力减小，流体在顺压梯度作用下向前流动，这时边界层的发展除了较慢外，同平板上的情况无本质区别。当达到最高点 B 时，流速达到最大，而压力达到最低。流体流过 B 点之后，由于流道截面积逐渐扩大，流体又处于减速加压的情况，出现了逆压梯度。所减少的动能一部分转变为静压能，另一部分消耗于克服流动阻力。在克服流动阻力消耗动能以及逆压梯度的双重作用下，壁面附近的流体速度将迅速下降，最终在 C 点处流速降为零。C 点的流速为零，压力为最大，形成了新的停滞点，后继而来的流体在高压作用下，被迫离开壁面。C 点即是边界层的分离点。与临近壁面的流体相比，离壁稍远的流体质点因为具有较大的流速与动能，故流过较长的距离至 C' 点速度才降为零。若将流体中流速为零的各点连成一线，如图 2.5.3 中 C-C' 所示，该线与边界层上缘之间区域即成为脱离了物体的边界层。这一现象称为边界层分离或边界层脱体。

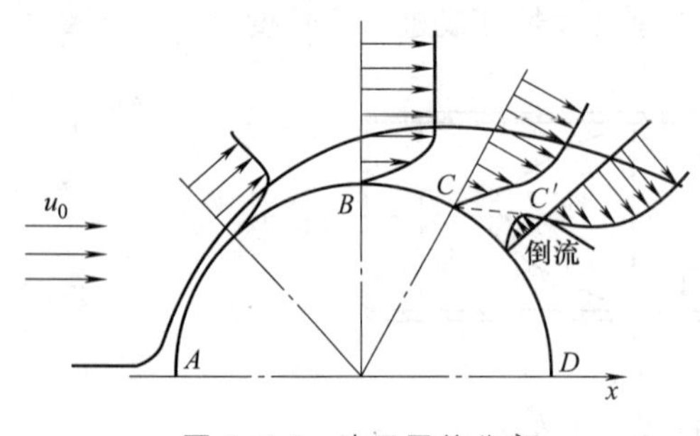

图 2.5.3　边界层的分离

在 C-C' 线以下，流体在逆压梯度的作用下倒流，在圆柱体的后面产生大量漩涡，其中流体质点进行着强烈的碰撞、混合而消耗能量。这部分能量的消耗是由于固体表面形状造成的边界层分离所引起的，故称为形体阻力。所以，黏性流体绕过固体表面的阻力是流体内摩擦造成的摩擦阻力和边界层分离造成的形体阻力之和。

由上可见，逆压梯度和黏性摩擦是引起边界层分离的两个必要因素。但并不能认为，只要存在逆压梯度就会发生边界层分离现象，边界层分离取决于逆压梯度与剪应力梯度的比值是否足够大。若其比值为 10～12 时，将会发生边界层的分离。

边界层分离造成大量漩涡，增加了机械能消耗，故在流体输送中应设法避免或减轻，但它对传热、传质和混合却有促进作用。

2.6　管路计算

化工厂中的流体输送管路，根据其连接和铺设情况，可分为简单管路和复杂管路。管路计算包括设计型计算和操作型计算两种情况。

(1) 设计型计算

设计型计算是指对于给定的输送任务（如给定流体的流量、输送到具体位置），选用合理且经济的管路。在这类计算中，流速的选择十分重要。当流体流量一定时，若选用较大的流速，则所需的管径小，因而节省了管材用量即管路的设备费用少，但此时流体流动阻力大，动力消耗大即操作费用大。反之，选较小流速，操作费用低，但所需的管径大，设备费用大。因此，适宜流速的选择应使总费用最小，即每年的操作费用与按使用年限计算的设备折旧费之和最小，如图 2.6.1 所示。图中操作费包括每年的能耗及大修费，大修费是设备费的某一百分数，故流速过小、管径过大时的操作费反而升高。

选择流速时要根据生产经验和流体的性质，如黏度及密度较大的流体，速度应低些；含有固体悬浮物的液体，为了防止固体颗粒沉积堵塞管路，速度不宜太低；密度很小的气体，速度可以大些；容易获得压力的气体（如饱和水蒸气）速度可以更高些；对于真空管路所选择的速度必须保证压力降低于其允许值。生产中某些流体在管道中常用的流速范围见表 2.6.1。

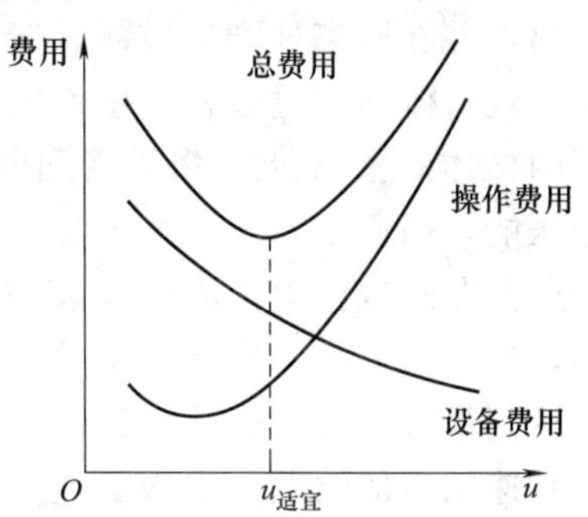

图 2.6.1　适宜流速与费用的关系

表 2.6.1 某些流体在管道中的常用流速范围

流体的种类及状况	常用流速范围/m·s^{-1}	流体的种类及状况	常用流速范围/m·s^{-1}
自来水(3×10^{5}Pa)	1.0～1.5	易燃易爆低压气体(如乙炔等)	<8
水及低黏度液体(10^5～10^{6}Pa)	1.5～3.0	真空操作下气体	<10
黏度较大的液体	0.5～1.0	饱和水蒸气(8×10^{5}Pa 以下)	
工业供水(8×10^{5}Pa 以下)	1.5～3.0	鼓风机吸入管	10～15
锅炉供水(8×10^{5}Pa 以下)	>3.0	鼓风机排出管	15～20
饱和水蒸气(3×10^{5}Pa 以下)	20～40	离心泵吸入管(水一类液体)	1.5～2.0
过热水蒸气	30～50	离心泵排出管(水一类液体)	2.5～3.0
蛇管、螺旋管内的冷却水	<1.0	往复泵吸入管(水一类液体)	0.75～1.0
低压空气	8～15	往复泵排出管(水一类液体)	1.0～2.0
高压空气	15～25	液体自流(冷凝水等)	0.5
一般空气(常压)	10～20		

(2) 操作型计算

操作型计算是指对于已知的管路系统，核算给定条件下管路的输送能力或某项技术指标。通常有以下两种计算类型：

① 已知管道尺寸、管件和允许的压降，计算管道中流体的流速或流量；

② 已知流量和管道尺寸、管件，计算完成任务所需的外加功。

无论是管路的设计型计算还是操作型计算，其基础都是连续性方程式、机械能衡算式和流动阻力计算式，区别仅在于已知量和未知量的不同。对于设计型计算，在阻力计算时，需要知道摩擦系数值，而摩擦系数又是雷诺数和相对粗糙度的函数，与流速呈十分复杂的函数关系，难以直接求解，此时需要采用试差法求解。对于可压缩流体的管路计算，还需要表征过程性质的状态方程式。

2.6.1 简单管路计算

简单管路是指流体从入口到出口是在一条管路中流动，无分支或汇合的情形。整条管路可以是等径的，也可以是不同管径管道连接而成的（又称为串联管路）。

该类管路的主要特点是：

① 流体通过各管段的质量流量不变。对于不可压缩流体，则体积流量也不变，即

$$q_V=q_{V1}=q_{V2}=\cdots \tag{2.6.1}$$

② 整个管路的阻力等于各段管路阻力之和，即

$$\sum\Delta p_f=\Delta p_{f1}+\Delta p_{f2}+\cdots \tag{2.6.2}$$

【例 2.7】 如附图所示，将水自地面压水塔经长度为 1000m（包括所有局部阻力的当量长度）的管路，送至液面高于压水塔出口管中心线 50m 高的敞口贮水槽内，流量为 100t/h。压水塔内压力为 0.56MPa（表压），水的密度为 992.2kg/m^3、黏度为 65.32×10^{-5} Pa·s，试求输水管内径。设为稳态流动系统。

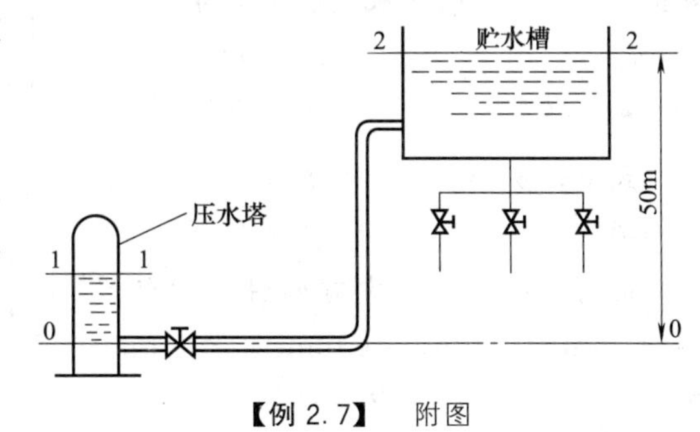

【例 2.7】 附图

解： 如附图所示，在压水塔水池液面 1-1 和贮水槽液面 2-2 间列实际流体流动的机械能衡算方程

$$z_1+\frac{p_1}{\rho g}+\frac{u_1^2}{2g}+H_e=z_2+\frac{p_2}{\rho g}+\frac{u_2^2}{2g}+\sum h_{f1\text{-}2} \tag{A}$$

由于压水塔初始液面高度未知，为保险起见，按压水塔内液面最低计，即 $z_1=0$，$z_2=50\text{m}$，$p_1=0.56\times10^6\text{Pa}$（表压），$p_2=0$（表压），$u_1=u_2=0$；因管路中无输送设备，故 $H_e=0$。$\sum h_{f1\text{-}2}=\lambda\dfrac{l+\sum l_e}{d}\times\dfrac{u^2}{2g}=\lambda\dfrac{1000}{d}\times\dfrac{u^2}{2g}$。将以上关系代入式（A）中，整理得

$$\frac{\lambda u^2}{d}=0.1478 \tag{B}$$

上式中 λ 的取值与流速 u 和管内径 d 有关，且为非线性关系，因此需试差求解。

假定管道内径 d 为 180mm，则流速 u 为

$$u=\frac{q_V}{\frac{\pi}{4}d^2}=\frac{q_m/\rho}{\frac{\pi}{4}d^2}=\frac{100\times1000/(992.2\times3600)}{0.785\times0.18^2}=1.10\text{m/s}$$

计算雷诺数

$$Re=\frac{du\rho}{\eta}=\frac{0.18\times1.10\times992.2}{65.32\times10^{-5}}=3.01\times10^5$$

若按新无缝钢管计，则管壁粗糙度 $\varepsilon=0.2\text{mm}$，相对粗糙度 $\dfrac{\varepsilon}{d}=\dfrac{0.0002}{0.180}=0.0011$。根据 Re 和 $\dfrac{\varepsilon}{d}$ 值，查图 2.4.13 得摩擦系数 $\lambda=0.022$。将 λ、u、d 代入式（B）得

$$\frac{\lambda u^2}{d}=\frac{0.022\times1.10^2}{0.18}=0.1479\approx0.1478$$

假设成立。即所求输水管内径为 180mm。

需要说明的是，计算所得管径值还应根据有关手册或本教材附录中管子的规格选用标准管径，并重新计算流速。根据附录的管子规格，可选用 ϕ194mm×7mm 的无缝钢管。

由以上计算过程可见，由于管内径 d 未知，故无法确定 u、Re 与 λ 值，而 λ 与 Re 的关系式是复杂的非线性函数，所以需要采用试差法计算（例题中采用的试差变量为管内径 d）。由于 λ 值变化范围不大，所以采用试差计算时，通常可以 λ 值为试差变量，其初值的选取可采用流动已进入阻力平方区的值，上题也可采用 λ 为试差变量。

【例 2.8】 将热水由一高位常压水柜引至使用工区（常压），管路布置及尺寸如附图所示。要求输水量为 $22.752\text{m}^3/\text{h}$。管材为钢管，流动局部阻力可按直管阻力的 10% 计。水的密度 $\rho=970\text{kg/m}^3$，黏度 $\eta=0.347\text{mPa}\cdot\text{s}$，试计算：(1) 柜中水面必须高于管排出口的高度 H；(2) 柜中水的深度，并大致确定柜的高度。

解：（1）在高位水柜液面 1-1 和管道出口截面 2-2 间列机械能衡算方程

$$z_1+\frac{p_1}{\rho g}+\frac{u_1^2}{2g}+H_e=z_2+\frac{p_2}{\rho g}+\frac{u_2^2}{2g}+\sum h_{f1\text{-}2}$$

式中，$p_1=p_2=0$（表压），$u_1=0$，$H_e=0$

由图可知，管路中有两种不同管径（ϕ114mm × 4mm，ϕ60mm × 3.5mm）的管子，因此阻力应分段计算。

ϕ114mm×4mm 管段直管阻力：

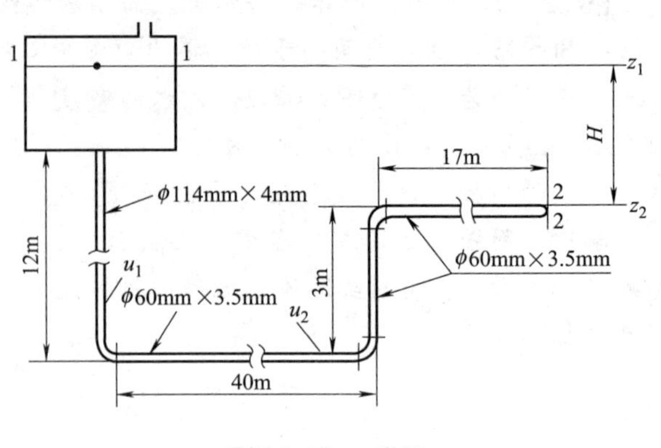

【例 2.8】 附图

$$d_1=0.106\text{m},\ l_1=12\text{m},\ u_1=\frac{22.752/3600}{\frac{\pi}{4}\times 0.106^2}=0.716\text{m/s}$$

钢管的粗糙度 $\varepsilon=0.046\text{mm}$

相对粗糙度$\frac{\varepsilon}{d}=\frac{0.046}{106}=0.00043$

雷诺数 $Re=\frac{du\rho}{\eta}=\frac{0.106\times 0.716\times 970}{0.347\times 10^{-3}}=2.122\times 10^5$

根据 Re 和$\frac{\varepsilon}{d}$，查图 2.4.13 得摩擦系数 $\lambda_1=0.019$。故该段直管阻力为

$$\sum h_{f1}=\lambda_1\frac{l_1}{d_1}\times\frac{u_1^2}{2g}=0.019\times\frac{12}{0.106}\times\frac{0.716^2}{2\times 9.81}=0.0562\text{m}$$

$\phi 60\text{mm}\times 3.5\text{mm}$ 管段直管阻力

$$d_2=0.053\text{m},\ l_2=40+3+17=60\text{m},\ u_2=\frac{22.752/3600}{\frac{\pi}{4}\times 0.053^2}=2.865\text{m/s}$$

钢管的粗糙度 $\varepsilon=0.046\text{mm}$，相对粗糙度$\frac{\varepsilon}{d}=\frac{0.046}{53}=0.00087$

雷诺数 $Re=\frac{du\rho}{\eta}=\frac{0.053\times 2.865\times 970}{0.347\times 10^{-3}}=4.245\times 10^5$

根据 Re 和$\frac{\varepsilon}{d}$，查图 2.4.13 得摩擦系数 $\lambda_2=0.02$。故该段直管阻力为

$$\sum h_{f2}=\lambda_2\frac{l_2}{d_2}\times\frac{u_2^2}{2g}=0.02\times\frac{60}{0.053}\times\frac{2.865^2}{2\times 9.81}=9.472\text{m}$$

整个管路的直管阻力为

$$\sum h'_{f1\text{-}2}=\sum h_{f1}+\sum h_{f2}=0.0562+9.472=9.528\text{m}$$

依题意，局部阻力按直管阻力的 10%计，则管路的总阻力为

$$\sum h_{f1\text{-}2}=1.1\times 9.528=10.481\text{m}$$

将相关数据代入机械能衡算方程得

$$z_1-z_2=\frac{u_2^2}{2g}+\sum h_{f1\text{-}2}=\frac{2.865^2}{2\times 9.81}+10.481=10.90\text{m}$$

即，柜中水面必须高于管路排出口的高度 $H=10.90\text{m}$。

(2) 柜中水的深度为 $10.90+3-12=1.90\text{m}$，所以水柜本身的高度应在 1.90m 之上，按填充系数 0.8 计，水柜的高度应约为 $1.90/0.8=2.38\text{m}$。

2.6.2 复杂管路计算

复杂管路通常是指并联管路和分支与汇合管路。

(1) 并联管路

如图 2.6.2 所示，几条简单管路的入口端与出口端都是汇合在一起的，称为并联管路。并联管路的特点为：

① 总管中的质量流量等于各支管质量流量之和，即

$$q_m=q_{m1}+q_{m2}+q_{m3} \tag{2.6.3}$$

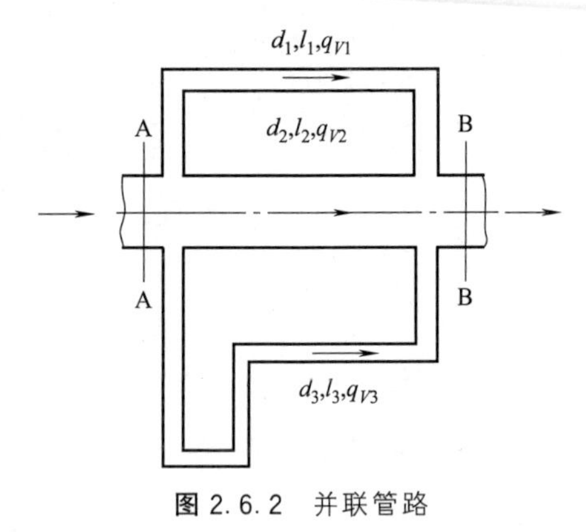

图 2.6.2 并联管路

对于不可压缩流体，则有

$$q_V = q_{V1} + q_{V2} + q_{V3} \tag{2.6.4}$$

② 各分支管阻力均相等，即

$$\Delta p_{f1} = \Delta p_{f2} = \Delta p_{f3} \tag{2.6.5}$$

在图 2.6.2 所示的并联管路中，截面 A-A 和截面 B-B 之间的机械能损失是由流体在各个支管中克服阻力造成的，因此，对于并联管路，单位质量的流体无论通过哪一根支管，阻力都相等。所以，计算并联管路阻力时，任选一根支管阻力即可，但不能将各支管阻力合并在一起作为并联管路的阻力。

③ 通过各支管的流量按照各支管阻力相等的原则分配，即

$$\lambda_1 \frac{l_1}{d_1} \times \frac{u_1^2}{2} = \lambda_2 \frac{l_2}{d_2} \times \frac{u_2^2}{2} = \lambda_3 \frac{l_3}{d_3} \times \frac{u_3^2}{2} \tag{2.6.6}$$

一般情况下，各支管的长度 l（含局部阻力的当量长度）、内径、粗糙情况不同，因此式 (2.6.6) 中的 $\lambda \dfrac{l}{d}$ 不同，则各支管中流体的流速也不相同。各支管中的流量根据各支管中的阻力自行调整，流动阻力大的支管，流体的流量就小。将 $q_V = \dfrac{\pi}{4} d^2 u$ 代入式 (2.6.6)，并整理得

$$q_{V1} : q_{V2} : q_{V3} = \sqrt{\frac{d_1^5}{\lambda_1 l_1}} : \sqrt{\frac{d_2^5}{\lambda_2 l_2}} : \sqrt{\frac{d_3^5}{\lambda_3 l_3}} \tag{2.6.7}$$

(2) 分支管路

分支管路是流体由一根总管分流为几个支管，各支管出口处的情况并不相同，如图 2.6.3 所示。这类管路的特点是：

① 总管中的质量流量等于各支管质量流量之和。对于不可压缩流体，则有

$$q_V = q_{V1} + q_{V2}, \quad q_{V2} = q_{V3} + q_{V4}$$

则

$$q_V = q_{V1} + q_{V3} + q_{V4} \tag{2.6.8}$$

② 由于支管的存在，主管经各分支点后的流量发生变化，主管的阻力必须分段计算，如

$$\sum h_{fA\text{-}G} = \sum h_{fA\text{-}B} + \sum h_{fB\text{-}D} + \sum h_{fD\text{-}G} \tag{2.6.9}$$

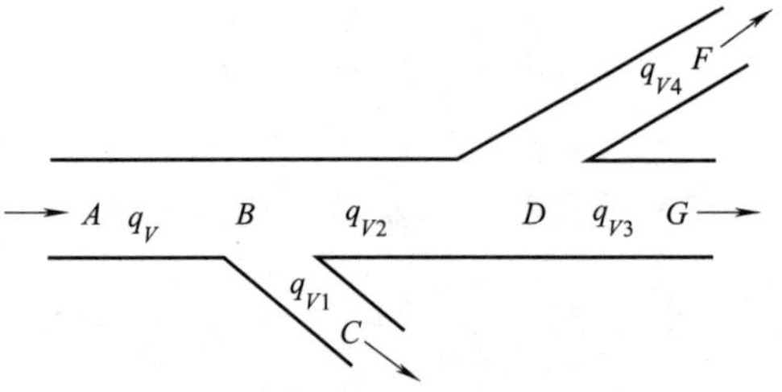

图 2.6.3 分支管路

③ 在分支点处的单位质量流体的总机械能为一定值。如分支点 D：

$$\frac{p_D}{\rho} + z_D g + \frac{1}{2}u_D^2 = \frac{p_F}{\rho} + z_F g + \frac{1}{2}u_F^2 + \sum h_{fD\text{-}F} = \frac{p_G}{\rho} + z_G g + \frac{1}{2}u_G^2 + \sum h_{fD\text{-}G} \tag{2.6.10}$$

【例 2.9】 如附图所示，用离心泵将贮槽内的溶液同时送到远距离的敞口高位槽 A 和 B 中，贮槽及 A、B 槽的液面均恒定不变，A 槽液面比 B 槽液面高 2m。已知从泵出口的三通 O 处到 A 槽的管子尺寸为 ϕ76mm×3mm，管路长度为 25m（含有局部阻力的当量长度，下同）；从三通 O 处到 B 槽的管子尺寸为 ϕ57mm×3mm，管路长度为 51.5m。两支管中流动时的摩擦系数均可取为 0.02，总管路中的流量为 50m³/h。试求两分支管路各自的流量。

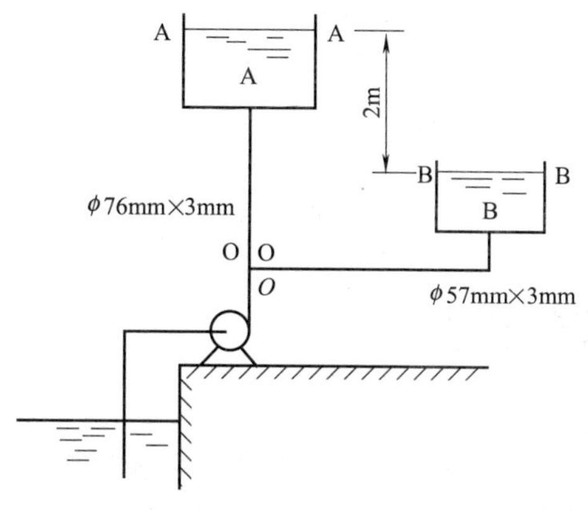

【例 2.9】 附图

解：取 A 槽液面为 A-A 截面、B 槽液面为 B-B 截面，三通 O 点所在水平面为 O-O 截面。

以 O-O 截面为基准面，分别在截面 O-O 和截面 A-A 之间、截面 O-O 和截面 B-B 之间列机械能衡算式

$$\frac{p_{\mathrm{O}}}{\rho g}+z_{\mathrm{O}}+\frac{1}{2g}u_{\mathrm{O}}^{2}=\frac{p_{\mathrm{A}}}{\rho g}+z_{\mathrm{A}}+\frac{1}{2g}u_{\mathrm{A}}^{2}+\sum h_{\mathrm{fO\text{-}A}}$$

$$\frac{p_{\mathrm{O}}}{\rho g}+z_{\mathrm{O}}+\frac{1}{2g}u_{\mathrm{O}}^{2}=\frac{p_{\mathrm{B}}}{\rho g}+z_{\mathrm{B}}+\frac{1}{2g}u_{\mathrm{B}}^{2}+\sum h_{\mathrm{fO\text{-}B}}$$

以上两式左侧一致，故有

$$\frac{p_{\mathrm{A}}}{\rho g}+z_{\mathrm{A}}+\frac{1}{2g}u_{\mathrm{A}}^{2}+\sum h_{\mathrm{fO\text{-}A}}=\frac{p_{\mathrm{B}}}{\rho g}+z_{\mathrm{B}}+\frac{1}{2g}u_{\mathrm{B}}^{2}+\sum h_{\mathrm{fO\text{-}B}} \tag{A}$$

式（A）中，$p_{\mathrm{A}}=p_{\mathrm{B}}=0$（表压），$u_{\mathrm{A}}=u_{\mathrm{B}}=0$（大截面），$z_{\mathrm{A}}-z_{\mathrm{B}}=2\mathrm{m}$

由于管路很长，流体在三通内的摩擦阻力可忽略，于是有

$$\sum h_{\mathrm{fO\text{-}A}}=\lambda\frac{l+\sum l_{\mathrm{e}}}{d_{\mathrm{O\text{-}A}}}\times\frac{u_{\mathrm{O\text{-}A}}^{2}}{2g}=0.02\times\frac{25}{0.07}\times\frac{u_{\mathrm{O\text{-}A}}^{2}}{2\times9.81}=0.3641u_{\mathrm{O\text{-}A}}^{2}$$

$$\sum h_{\mathrm{fO\text{-}B}}=\lambda\frac{l+\sum l_{\mathrm{e}}}{d_{\mathrm{O\text{-}B}}}\times\frac{u_{\mathrm{O-2B}}^{2}}{2g}=0.02\times\frac{51.5}{0.051}\times\frac{u_{\mathrm{O\text{-}B}}^{2}}{2\times9.81}=1.0294u_{\mathrm{O\text{-}B}}^{2}$$

将以上数据代入式（A）中，得

$$0.3641u_{\mathrm{O\text{-}A}}^{2}+2=1.0294u_{\mathrm{O\text{-}B}}^{2} \tag{B}$$

对于分支管路，有 $q_{V}=q_{V1}+q_{V2}$

即

$$\frac{\pi}{4}d_{\mathrm{O\text{-}A}}^{2}u_{\mathrm{O\text{-}A}}+\frac{\pi}{4}d_{\mathrm{O\text{-}B}}^{2}u_{\mathrm{O\text{-}B}}=\frac{50}{3600} \tag{C}$$

联立式（B）和式（C），解得

$$u_{\mathrm{O\text{-}A}}=2.55\mathrm{m/s}\qquad u_{\mathrm{O\text{-}B}}=2.00\mathrm{m/s}$$

所以

$$q_{V,\mathrm{OA}}=\frac{\pi}{4}d_{\mathrm{O\text{-}A}}^{2}u_{\mathrm{O\text{-}A}}=0.785\times0.07^{2}\times2.55\times3600=35.3\mathrm{m^{3}/h}$$

$$q_{,\mathrm{OB}}=\frac{\pi}{4}d_{\mathrm{O\text{-}B}}^{2}u_{\mathrm{O\text{-}B}}=0.785\times0.051^{2}\times2.00\times3600=14.7\mathrm{m^{3}/h}$$

(3) 汇合管路

汇合管路是指几根支管汇合于一条总管的情况，如图 2.6.4 所示。其特点与分支管路类

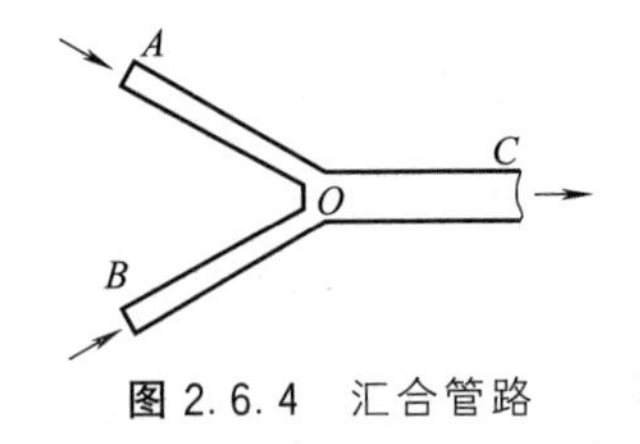

图 2.6.4　汇合管路

似，即支管流量之和等于总管流量，汇合点处单位质量流体的总机械能为一定值。

将复杂管路的特点和简单管路的计算方法相结合，即可对复杂管路进行计算，只是计算过程比较复杂，常常需要试差计算。若利用计算机软件，可使计算大为简化和精确。

2.7 流速和流量的测量

流体的流速和流量是化工生产中的重要参数之一，为保证操作连续稳定进行，常常需要测量流量，并进行控制及调节。测量流体流量的装置种类很多，以下介绍几种以流体机械能守恒原理为基础，利用动能和静压能的转换关系来实现测量的装置。

2.7.1 测速管

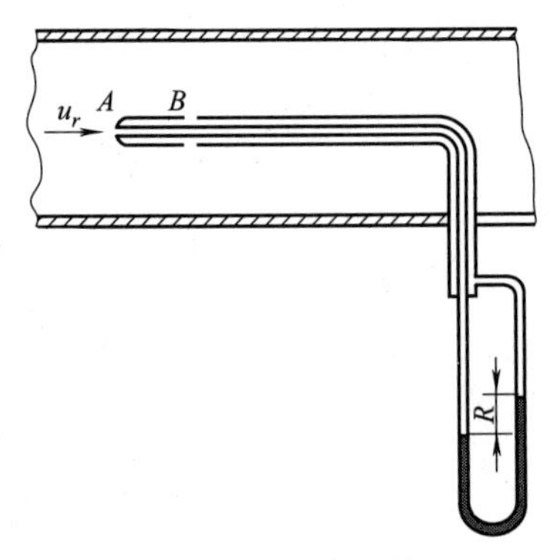

图 2.7.1　毕托管

测速管又称毕托（Pitot）管，其结构如图 2.7.1 所示，由两根弯成直角的同心套管组成。同心圆管的内管前端敞开，壁面无孔。外管与内管的环隙端面封闭，在离前端点一定距离处的外管壁面上开有若干小孔，流体从小孔旁流过。为减小涡流引起的测量误差，测速管的前端通常制成半球形。测量时，测速管置于管道中，管口正对流体流动方向，内、外管的另一端分别与 U 形管压差计的两端相连接。

对于水平管路（见图 2.7.1），流体以流速 u_r 流向测速管前端，由于测速管内充满液体，在其前端 A 处，流速降为零，流体的动能$\frac{\rho u_r^2}{2}$在该点全部转化为静压能，因此管内所测的是流体在 A 处的局部动能和压力 p 之和，即

$$p_A=p+\frac{\rho u_r^2}{2} \tag{2.7.1}$$

式中　p_A——A 点的压力，Pa；

ρ——流体的密度，kg/m^3；

u_r——A 点速度，m/s。

而外管 B 处壁面上的测压孔与流体流动方向平行，所以外管测得的是流体的压力 p，即

$$p_B=p \tag{2.7.2}$$

式（2.7.1）与式（2.7.2）相减，有

$$p_A-p_B=\frac{\rho u_r^2}{2} \tag{2.7.3}$$

若 U 形管压差计的指示剂密度为 ρ_0，读数为 R，则根据静力学方程式，有

$$p_A-p_B=Rg(\rho_0-\rho)$$

于是，有

$$\frac{\rho u_r^{\ 2}}{2}=Rg(\rho_0-\rho)$$

整理得

$$u_r=\sqrt{\frac{2Rg(\rho_0-\rho)}{\rho}} \tag{2.7.4}$$

考虑到测速管尺寸和制造精度等原因，式（2.7.4）应适当修正，故

$$u_r=C_p\sqrt{\frac{2Rg(\rho_0-\rho)}{\rho}} \tag{2.7.5}$$

式中，C_p 为校正系数，对设计优良且加工精细的毕托管，$C_p=1$，一般取 $C_p=0.98\sim1.0$。实际使用时，若测量精度要求不高也可以不进行校正。

从测速管的工作原理看，其所测定的是管截面某点处的速度，即点速度，因此可以利用测速管测定管道截面上的速度分布。对于圆管内流动，对速度分布曲线积分可得流体的体积流量，据此可计算管内的平均流速。也可用测速管置于管道中心处，测出最大流速 u_{max}，然后利用圆管内流体流动的速度分布图 2.4.11，查得 u/u_{max}的比值后，求得平均速度。

测速管的安装有如下要求：

① 为保证测速管安装在速度分布的稳定段，测量点上、下游的直管长度最好大于 50 倍的管内径，至少也应大于 8～12 倍的管内径；

② 为减少测速管本身对流动的干扰，测速管的外径应不超过管道内径的 1/50；

③ 测定时测速管管口截面应严格垂直于流动方向。

测速管的优点是结构简单、使用方便、引起的额外流动阻力小，适用于测量大直径管道中的清洁气体流速。因固体杂质易堵塞测压孔，故不适用于含有固体杂质的流体。此外，测速管的压差读数较小，常常需要放大（如配微压计）才能使读数较为精确。

【例 2.10】 在一圆直管路中安装毕托管，以测定流经管路中的空气的体积流量，管内径为 500mm，管中空气温度为 65.5℃。当毕托管测量点置于管道中心时，其连接的 U 形压差计中两端水柱的高度差为 14.5mm。另外，还测得毕托管测量点处的压力为 2.011kPa。已知毕托管的校正系数为 0.98，试计算：

（1）管中心处空气的流速和管内平均流速；

（2）空气的体积流量。

解： 查附录得空气在常压和 65.5℃时的密度为 1.043kg/m^3，黏度为 $2.03\times10^{-5}\text{Pa}\cdot\text{s}$
U 形管中指示剂水的密度为 1000kg/m^3。

管内毕托管测量点处的绝对压力为

$$p=1.01325\times10^5+2.011\times10^3=1.03336\times10^5\text{Pa}$$

测量点处空气的密度为

$$\rho=1.043\times\frac{1.03336\times10^5}{1.01325\times10^5}=1.064\text{kg/m}^3$$

（1）管中心处空气的速度

在管中心处，空气的速度最大

$$u_{max}=C_p\sqrt{\frac{2Rg(\rho_0-\rho)}{\rho}}=0.98\sqrt{\frac{2\times9.81\times0.0145\times(1000-1.064)}{1.064}}=16.02\text{m/s}$$

则

$$Re_{max}=\frac{du_{max}\rho}{\eta}=\frac{0.6\times16.02\times1.064}{2.03\times10^{-5}}=5.038\times10^5$$

由图 2.4.11　查得 $u/u_{max}=0.85$，故平均流速为

$$u=0.85\times16.02=13.62\text{m/s}$$

（2）空气的体积流量

$$q_V=\frac{\pi}{4}d^2u=0.785\times0.6^2\times13.62=3.85\text{m}^3/\text{s}$$

2.7.2　孔板流量计

孔板流量计（Orifice Meter）属节流式流量计，它利用流体流经节流元件产生的压力差来实现流量测量。

在管内垂直于流体流动方向上，将一中央开圆孔的金属板安装于管路中，孔口中心位于管道中心线上，孔板前后有测压点与外部压差计相连，即构成了孔板流量计，如图 2.7.2 所示。板上的圆孔要精细加工，从前到后逐渐扩大，侧边与管轴成 45°角，称为锐孔。

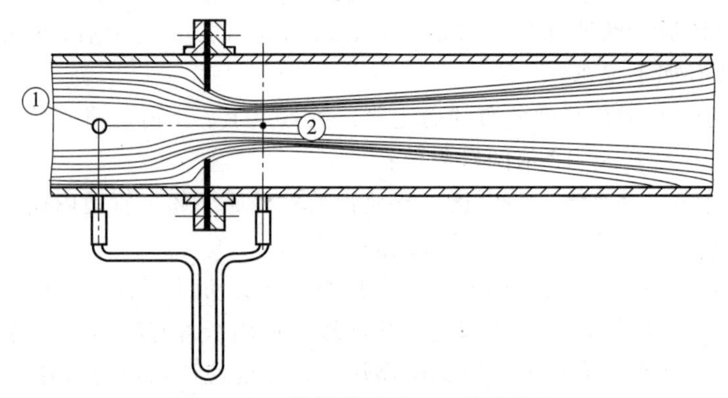

图 2.7.2　孔板流量计——缩脉取压

如图 2.7.3 所示，流体在管路截面 1-1 处流速为 u_1，流至孔口时，流通截面缩小使流速增大。由于惯性作用，流体通过锐孔后流股截面将继续缩小，直到截面 2-2 处流道为最小，流速达到最大。流股截面最小处称为缩脉（Vena Contracta）。随后流股截面又逐渐扩大，直至恢复到原有管截面，流速也降为原来的数值。

在流速变化的同时，流体的压力也随之发生相应的变化。流体在截面 1-1 处的压力为

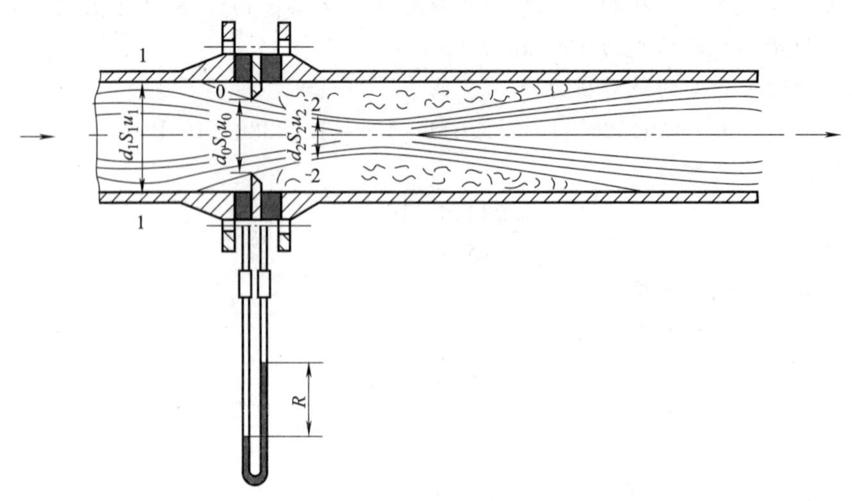

图 2.7.3　孔板流量计——角接取压

p_1，随流股收缩，压力降低，至缩脉处达到最低，而后又随流股截面的恢复，压力升高。但在孔板出口处由于流股截面的缩小与扩大而形成涡流，消耗一部分能量。因此，即使流速已恢复到原来的值（孔板之前截面 1-1 处的流速），其压力也不能复原到原来的压力值 p_1，产生了永久的压力降。由以上分析过程可见，流体在缩脉处的流速最大，即动能最大，而相应的压力最低。因此当流体以一定的流量流经孔板时，就产生一定的压差，流量越大所产生的压力差也就越大，所以通过测量孔板前后的压力差即可反映出流体的流量。

孔板流量计是用压差值来反映流量大小的，因此取压方式非常重要。常用的取压方式有两种：①缩脉取压（径接取压）法（见图 2.7.2），上游取压口设在距孔板为 1 倍管直径的位置，下游取压口在距孔板为 1/2 倍管直径的位置。②角接取压法（见图 2.7.3），取压口开在孔板前后的两片法兰上，其位置应尽量靠近孔板。

孔板流量计的测量流量和压力差之间的关系可由流体流动的机械能衡算式和连续性方程导出。如不考虑阻力，在图 2.7.3 所示的 1-1 和 2-2 两截面之间列伯努利方程，即

$$\frac{p_1}{\rho g}+\frac{u_1^2}{2g}=\frac{p_2}{\rho g}+\frac{u_2^2}{2g}$$

或

$$u_2^2-u_1^2=\frac{2(p_1-p_2)}{\rho} \tag{2.7.6}$$

式（2.7.6）中，因为截面 2-2 的实际流道截面积无法直接测出，而孔口截面 S_0 为已知，所以流速 u_2 以孔口处流速 u_0 代替，同时，考虑到实际流体流经孔板的阻力不能忽略，故引入校正系数 C 来校正上述各因素的影响，则式（2.7.6）可写成

$$\sqrt{u_0^2-u_1^2}=C\sqrt{\frac{2\Delta p}{\rho}} \tag{2.7.7}$$

根据不可压缩流体的连续性方程式，有

$$u_1=\frac{S_0}{S_1}u_0 \tag{2.7.8}$$

将式（2.7.8）代入式（2.7.7），整理得

$$u_0=C_0\sqrt{\frac{2\Delta p}{\rho}} \tag{2.7.9}$$

式中，$C_0=\dfrac{C}{\sqrt{1-\left(\dfrac{S_0}{S_1}\right)^2}}$称为流量系数（Flow Coefficient）或孔流系数，其值由实验确定。

将 U 形管压差计公式（2.3.27）代入式（2.7.9）中，得

$$u_0=C_0\sqrt{\frac{2gR(\rho_0-\rho)}{\rho}} \tag{2.7.10}$$

管内流体的体积流量则为

$$q_V=u_0S_0=C_0S_0\sqrt{\frac{2gR(\rho_0-\rho)}{\rho}} \tag{2.7.11}$$

由前述推导过程可以看出，流量系数 C_0 与孔板的局部阻力有关，即与流体在管内流动的雷诺数 Re、孔口面积与管截面积之比$\dfrac{S_0}{S_1}\left(或\dfrac{d_0}{d_1}\right)$有关，同时孔板的取压方式、加工精度以及管壁粗糙度等因素对 C_0 也有一定的影响。对于取压方式、结构尺寸、加工状况一定的孔

板，流量系数 C_0 可表示为

$$C_0=f\left(Re,\frac{d_0}{d_1}\right) \tag{2.7.12}$$

式中，$Re=\dfrac{d_1u_1\rho}{\eta}$，$d_1$ 和 u_1 分别为管道内径和流体在管内的平均流速。对于按标准规格和精度制作的孔板，用角接取压法安装在光滑管路中的标准孔板流量计，实验测得的 C_0 与 Re 和 $\dfrac{d_0}{d_1}$ 的关系曲线如图 2.7.4 所示。

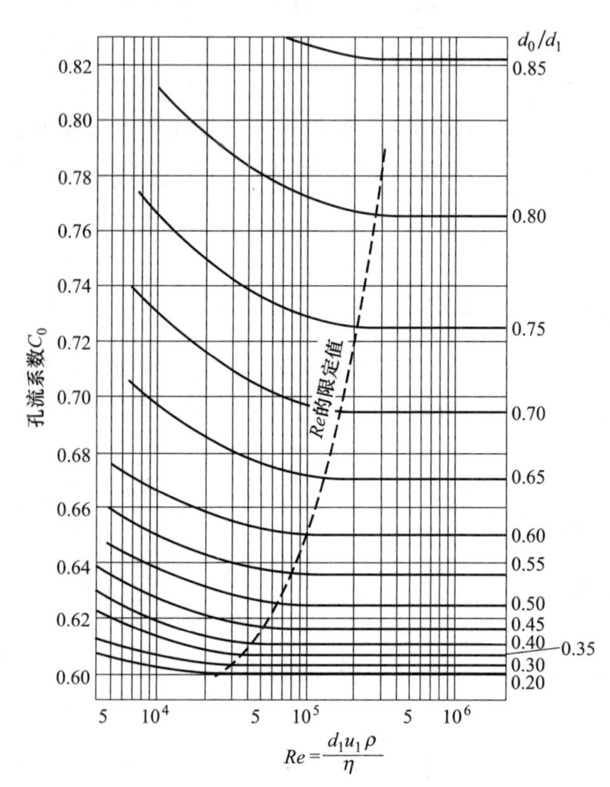

图 2.7.4 流量系数和 Re 及 d_0/d_1 的关系曲线

从图 2.7.4 中可以看出，对于确定的 $\dfrac{d_0}{d_1}$ 值，C_0 随 Re 的增大而降低，且当 Re 大于一定值（称为 Re 的限定值，参见图 2.7.4）后，C_0 即为一常数。选用或设计孔板流量计时，应尽量使常用流量在 C_0 为定值的区域里。这时，流量与压差计读数 R 的平方根成正比。对标准孔板 $\dfrac{d_0}{d_1}<0.5$，当 $Re>6\times10^6$ 时，$C_0=0.6\sim0.7$。

用式（2.7.11）计算流量时，必须先确定流量系数 C_0，而 C_0 又是 Re 的函数，在系统流量未知的情况下，无法计算 Re 值，因此须采用试差法。即先假定 Re 大于其限定值，由已知的 $\dfrac{d_0}{d_1}$ 从图 2.7.4 中查出 C_0 值，然后根据式（2.7.11）求出流量，再计算管路中的流速和相应的 Re。如果计算的 Re 值大于其限定值，则表示原假定正确。否则还要重新假设 Re 值，重复上述计算，直到假定的 Re 值与计算的 Re 值误差小于规定值为止。

在测量气体或蒸汽的流量时，若孔板前后的压力差较大，即 $\Delta p/p_1>20\%$ 时，需考虑气体密度的变化，在式（2.7.11）中引入一校正系数 β_V，即

$$q_V=C_0S_0\beta_V\sqrt{\frac{2gR(\rho_0-\rho)}{\rho}} \tag{2.7.13}$$

式中，β_V 称为气体的体积膨胀系数，是绝热指数 γ 和压力比 p_2/p_1 及面积比 $m=S_0/S_1$ 的函数，可从相关仪表手册中查到。

孔板流量计应安装在其上下游都分别有一段内径不变的直管段上，通常上游直管长度应为 50 倍管内径、下游直管长度为 10 倍管内径，以避免各种扰动而使其处于稳态过程。若 d_0/d_1 较小，则这两段长度可缩短一些。

孔板流量计构造简单、制造与安装方便，故应用广泛。其主要缺点是能量损失较大。这

主要是由于液体流经孔板时，截面的突然缩小与扩大形成大量涡流所致。如前所述，虽然流体经管口后某一位置，流速已恢复到孔板前的数值，但压力却恢复不到原来的数值，产生了永久压力降，此压力降随面积比 S_0/S_1 的减小而增大。相同流量时，孔口直径越小，孔口流速越大，压力损失也越大。如孔板的 $d_0/d_1=0.2$ 时，其压力损失约为测得压头的 90%，常用的 $d_0/d_1=0.5$ 的孔板流量计，其压头损失也高达 75%。

【例 2.11】 20℃的液体苯在 ϕ133mm×4mm 的钢管中流过，现安装孔径为 75mm 的孔板流量计以测定管中苯的流量。用 U 形管压差计测量出孔板前后的压差计读数为 80mmHg，试求管中苯的流量。

解： 查得 20℃苯的密度为 880kg/m³，黏度为 0.67×10^{-3}Pa·s

$$\frac{d_0}{d_1}=\frac{0.075}{0.133-2\times0.004}=0.6$$

假定在 Re 的限定值右侧范围内操作，则在 $\frac{d_0}{d_1}=0.6$，$Re>1\times10^5$ 时，由图 2.7.4 查得 $C_0=0.65$，则有

$$q_V=C_0S_0\sqrt{\frac{2gR(\rho_0-\rho)}{\rho}}=0.65\times\frac{\pi}{4}\times0.075^2\times\sqrt{\frac{2\times9.81\times0.08\times(13600-880)}{880}}$$
$$=0.01367\text{m}^3/\text{s}$$
$$=49.22\text{m}^3/\text{h}$$

验证 Re

$$u_1=\frac{q_V}{\frac{\pi}{4}d_1^2}=\frac{0.01367}{0.785\times0.125^2}=1.11\text{m/s}$$

$$Re_1=\frac{d_1u_1\rho}{\eta}=\frac{0.125\times1.11\times880}{0.67\times10^{-3}}=1.83\times10^5>1\times10^5$$

计算结果说明，假设 Re 在其限定值的右侧是正确的，计算结果有效，苯在管路中的流量为 49.22m³/h。

2.7.3 文氏管流量计

文氏管（文丘里）流量计（Venturi Meter）也属于节流式流量计。孔板流量计由于锐孔结构引起较大的能量损失，为减小这种能量损失，可以采用一段渐缩渐扩管代替孔板，避免突然的缩小和突然的扩大，如图 2.7.5 所示。

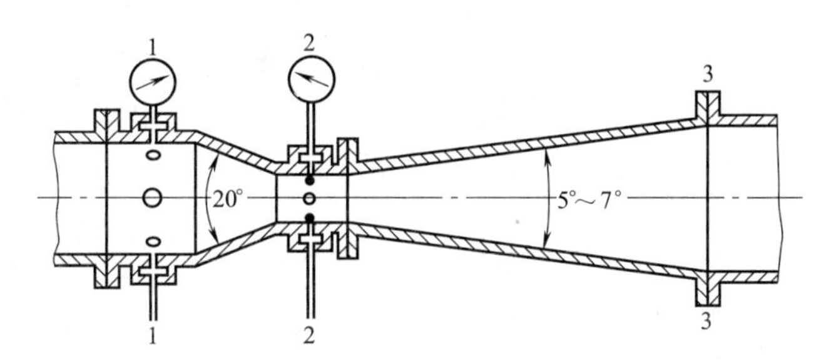

图 2.7.5 文氏管流量计

文氏管流量计的收缩角一般为15°～25°，扩大角则为 5°～7°。文氏管流量计上游的测压口距管径开始收缩处的距离至少应为二分之一管内径（图 2.7.5 的截面 1-1），下游取压口在

最小流通截面处（图 2.7.5 的截面 2-2），该处直径最小，称为喉管。流体流经渐缩渐扩管，在其内的速度改变平缓，涡流较少，减少了能量损失。

文氏管流量计的测量原理与孔板流量计相同，其流量计算式与孔板流量计相似，可表示为

$$q_V=u_2S_2=C_VS_2\sqrt{\frac{2gR(\rho_0-\rho)}{\rho}} \tag{2.7.14}$$

式中 C_V——文氏管流量计的流量系数，其值由实验测定，一般可取 $C_V=0.98\sim0.99$；

S_2——喉管处的截面积，m^2；

u_2——喉管处的流速，m/s。

文氏管流量计能量损失小（压头损失约为测得压头的 10%）是其主要优点。因此，文氏管流量计大多用于低压气体输送中的流量测量。但文氏管流量计各部分尺寸都有严格要求，加工精细，因而造价较高，且安装时流量计本身占据较长的管长位置，前后也必须保证有足够的稳定段。

2.7.4 转子流量计

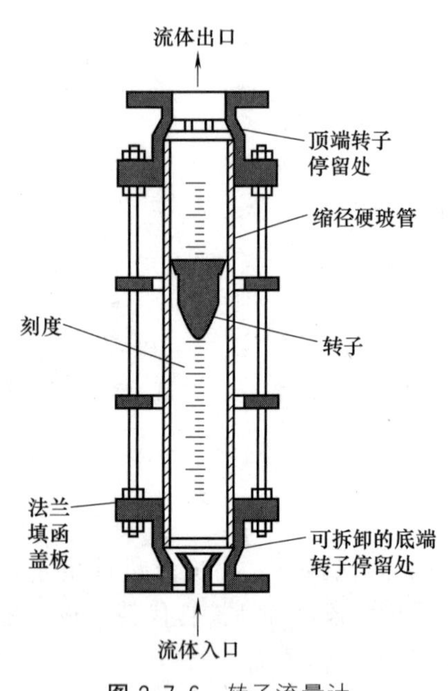

图 2.7.6 转子流量计

转子流量计（Rotameter）的构造如图 2.7.6 所示，它是由一根截面积自下而上逐渐扩大的垂直锥形玻璃管（锥度为 4°左右）和一个直径比玻璃管内径略小的转子（或称浮子）构成。转子一般用金属或塑料制成，密度比被测流体大，其上部平面略大并刻有斜槽，使转子旋转自如而不至贴在壁上。管中无流体通过时，转子处于玻璃管的底部。测量流量时，流体由玻璃管底端进入，经过转子与管壁之间的环隙，再从顶端流出。

当被测流体自下而上流过转子与玻璃管之间的环隙时，由于流通截面变小，流体流速增加，压力降低。于是在转子的上、下端面形成了压力差，转子在这个压差作用下上浮。随着转子上浮，其环隙面积随之增大，流体流速减小，转子两端的压力差也随之降低。当转子上升到一定高度时，转子两端的总压力差与转子所受到的重力与浮力之差相等，转子不再上升，就停留在该高度处。此高度即代表一定的流量，可由玻璃管上的刻度读出。流体的流量增加，环隙速度随之增大，转子上、下两端的压力差也随之增加，而转子所受到的重力与浮力之差不变，则转子上升，直至在另一高度重新达到平衡。可见，转子的平衡位置随流体流量而变，流量越大，其平衡位置越高，所以转子位置的高低即表示流体流量的大小。

转子流量计的流量计算式可根据转子受力平衡导出。如图 2.7.7 所示，设转子的体积为 V_f，转子顶部最大截面积为 S_f，转子的密度为 ρ_f，流体的密度为 ρ，在一定流量条件下，转子处于平衡位置。

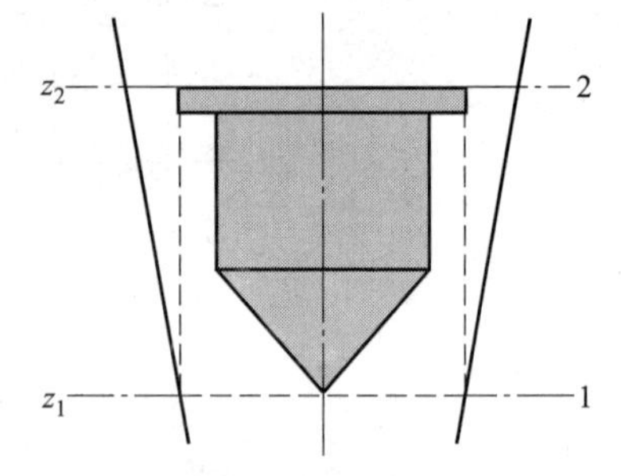

图 2.7.7 转子受力分析

不考虑摩擦阻力，在截面1-1（转子的下端面）和截面2-2（转子的上端面）之间列伯努利方程，可得

$$gz_1+\frac{p_1}{\rho}+\frac{u_1^2}{2}=gz_2+\frac{p_2}{\rho}+\frac{u_2^2}{2} \tag{2.7.15}$$

将式（2.7.15）整理得

$$p_1-p_2=\rho g(z_2-z_1)+\frac{1}{2}\rho(u_2^2-u_1^2) \tag{2.7.16}$$

将上式两端同乘以转子的最大截面积 S_f，有

$$(p_1-p_2)S_f=\rho g(z_2-z_1)S_f+\frac{1}{2}\rho(u_1^2-u_2^2)S_f \tag{2.7.17}$$

由式（2.7.17）可见，流体作用于转子上的垂直向上的力 $(p_1-p_2)S_f$ 由两部分构成，一部分是由两截面的位差引起，该部分作用力即为转子所受到的浮力，其大小为 $\rho g(z_2-z_1)S_f$；另一部分是由动能差引起，其值为 $\frac{1}{2}\rho(u_2^2-u_1^2)S_f$。转子稳定在某一高度时，其平衡条件为

$$\frac{1}{2}\rho(u_2^2-u_1^2)S_f+V_f\rho g=V_f\rho_f g \tag{2.7.18}$$

根据连续性方程

$$u_1=\frac{S_2}{S_1}u_2 \tag{2.7.19}$$

将式（2.7.19）代入式（2.7.18），并整理得

$$u_2=\frac{1}{\sqrt{1-(S_2/S_1)^2}}\sqrt{\frac{2gV_f(\rho_f-\rho)}{S_f\rho}} \tag{2.7.20}$$

考虑到转子的形状和摩擦阻力，乘以校正系数 C，则

$$u_2=\frac{C}{\sqrt{1-(S_2/S_1)^2}}\sqrt{\frac{2gV_f(\rho_f-\rho)}{S_f\rho}} \tag{2.7.21}$$

上式中，在不同的高度上，S_1（玻璃管的截面积）和 S_2（环隙的截面积）有所不同，但由于玻璃管的锥度很小，故 $S_2\ll S_1$，因此，$\sqrt{1-(S_2/S_1)^2}$ 可视为常数，于是将 $\frac{C}{\sqrt{1-(S_2/S_1)^2}}$ 用一常数 C_R 表示，于是

$$u_2=C_R\sqrt{\frac{2gV_f(\rho_f-\rho)}{S_f\rho}} \tag{2.7.22}$$

式中，C_R 为转子流量计的流量系数。对于特定的转子流量计结构，C_R 与流体流过环隙时的 Re 及转子的形状有关，其关系通常由实验测定。

由式（2.7.22）可知，对于一定的转子和被测流体，V_f、ρ_f、S_f、ρ 均为常数，当 Re 达到一定值后，C_R 为常数，则 u_2 为一定值。说明无论转子停在哪一位置，其所在环隙流速 u_2 为定值。而流量为

$$q_V=u_2S_2=C_RS_2\sqrt{\frac{2gV_f(\rho_f-\rho)}{S_f\rho}} \tag{2.7.23}$$

即 $q_V\propto S_2$，由于环隙面积随玻璃管高度变化，当转子停留在不同高度时，环隙面积不同，对应的流量不同。故可根据转子所处位置来标注流量的大小。

由以上分析可见，不论流量多大，转子上、下两端面的压力差是恒定的，而环隙（节流

口）的截面积因流量不同造成的转子停留的位置不同而发生变化。所以转子流量计的特点是恒压差、变截面，属截面式流量计。而孔板、文氏管流量计则是节流口面积不变、流体通过节流口所产生的压力差随流量而变。因此孔板、文氏管流量计是恒截面、变压差的流量计，为压差式流量计。

转子流量计上的刻度是在出厂前用某种流体进行标定的。一般液体流量计用常压、20℃的清水标定，气体流量计用20℃、101.3kPa 的空气标定。当实际被测流体与标定条件不符时，应对原刻度值加以校正。

假定出厂标定时所用液体 1 与实际工作液体 2 的流量系数相同，并忽略黏度变化的影响，根据式（2.7.23），在同一刻度下，实际工作液体 2 和标定液体 1 的流量关系为

$$\frac{q_{V2}}{q_{V1}}=\sqrt{\frac{\rho_1(\rho_f-\rho_2)}{\rho_2(\rho_f-\rho_1)}} \tag{2.7.24}$$

式中，下标 1 表示标定流体的参数，下标 2 表示实际被测流体的参数。

有时，为改变转子流量计的测量范围，可通过改换转子材料的方法实现，此时，新的刻度应根据式（2.7.23）进行改变。

转子流量计读取流量方便、阻力小、测量范围较宽、能用于腐蚀性流体的测量；流量计前后不需要很长的稳定段，玻璃管的化学稳定性也较好。但玻璃管不能承受高温和高压，且易破碎。目前生产上也有用如塑料等材料代替玻璃管的情况。另外，转子流量计必须垂直安装在管路上，而且流体必须下进上出。为便于检修，管路上常设置如图 2.7.8 所示的支路。

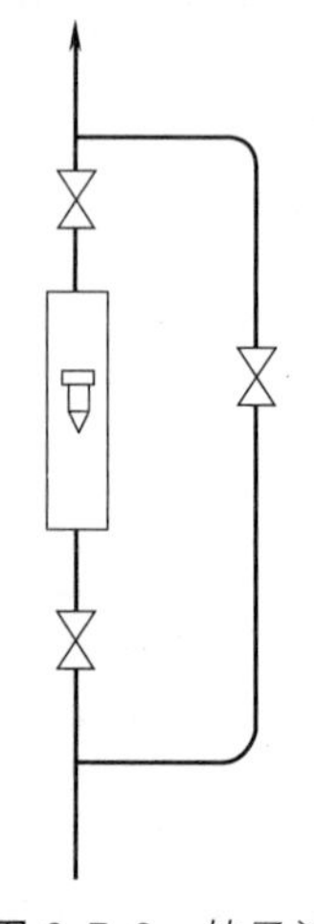

图 2.7.8　转子流量计安装示意

【例 2.12】 某转子流量计，转子材料为不锈钢（密度为 7920kg/m^3），出厂时用水标定的流量刻度范围为 200～2000L/h。现将转子换为形状和大小都不变的硬铅（密度为 10670kg/m^3），用来测定密度为 850kg/m^3 的液体的流量，问转子流量计的最大流量约为多少？

解： 由式（2.7.23），可以得到两种液体流量间的关系

$$\frac{q_{V液}}{q_{V水}}=\sqrt{\frac{\rho_{水}(\rho_{f'}-\rho_{液})}{\rho_{液}(\rho_f-\rho_{水})}}=\sqrt{\frac{1000\times(10670-850)}{850\times(7920-1000)}}=1.292$$

可测液体的最大流量

$$q_{V液}=1.292\times2000=2584\text{L/h}$$

2.8　流体输送设备

为了将流体由低能位向高能位输送，必须使用各种流体输送机械（设备）。用以输送液体的设备统称为泵，用以输送气体的设备则按不同的情况分别称为通风机、鼓风机、压缩机和真空泵等。化工生产中涉及的流体种类繁多、性质各异，对输送的要求也相差悬殊。为满足不同输送任务的要求，出现了多种形式的输送设备。依作用原理不同，可分为表 2.8.1 中的几种类型。本节主要讨论各种流体输送设备的基本结构、工作原理及主要性能等，以便合理选用及操作。

表 2.8.1 液体输送设备分类

类型		液体输送设备	气体输送设备
动力式(叶轮式)		离心泵、漩涡泵	离心式通风机、鼓风机、压缩机
容积式 (正位移式)	往复式	往复泵、计量泵、隔膜泵	往复式压缩机
	旋转式	齿轮泵、螺杆泵	罗茨鼓风机、液环压缩机
流体作用式		喷射泵	喷射式真空泵

2.8.1 离心泵

离心泵（Centrifugal Pump）是化工生产中应用最广泛的液体输送设备，其特点是结构简单、流量均匀、操作方便、易于控制等。近年来，随着化学工业的迅速发展，离心泵正朝着高效率、高转速、安全可靠的方向发展。

2.8.1.1 离心泵的基本结构与工作原理

离心泵的种类很多，但构造大同小异，其主要部件包括旋转叶轮和固定的泵壳。图 2.8.1 所示为一台安装于管路中的卧式单级单吸离心泵。叶轮是离心泵对液体直接做功的部件，其上安装有若干片叶片，一般为 4～12 片。泵壳中央的吸入口与吸入管路相连接。

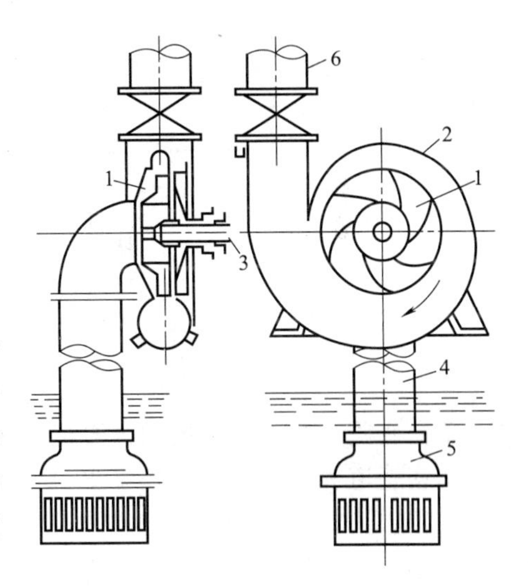

图 2.8.1 离心泵装置示意
1—叶轮；2—泵体；3—泵轴；
4—吸入口；5—底阀；6—排出管

离心泵多用电动机带动，在启动前泵内要先灌满被输送的液体。启动电机后，泵轴带动叶轮旋转(1000～3000r/min)，充满叶片之间的液体也随着一起转动。在离心力的作用下，液体在从叶轮中心被甩向叶轮外缘的过程中便获得了能量，以很高的速度（15～25m/s）流入泵壳，然后沿着流通截面积逐渐扩大的叶轮和蜗形泵壳之间的空间向泵出口方向汇集。随着流道的扩展，液体流速逐渐下降，压力则逐渐升高，最后经排出管流向输送管道。叶轮中的液体被甩出时，叶轮中心处便形成低压，在吸入侧液面与泵吸入口处之间的压差作用下，液体经过吸入管源源不断地流入泵内，以补充被排出液体的位置。

如果在启动前泵内未先充满液体，则因泵内留存空气的密度远小于液体的密度，产生的离心力小，所能形成的压差也小，就不足以将液体吸入泵内，造成泵空转，这一现象称为“气缚”，表明离心泵无自吸能力。因此，离心泵启动时须保证泵内充满液体，这一操作称为灌泵。当然，如果泵的位置处于吸入液面之下，液体可借位差自动进入泵内，则不需要人工灌泵。为了排出泵壳内的空气，泵壳上方设有放气螺钉，排气后应当旋紧。泵壳下方设有放液孔，以便停泵后打开，放空壳内液体，防止壳内储液冻结，以免泵壳破裂。

根据使用情况的不同，叶轮的结构也不同。按其叶片的两侧有无盖板（盘面），分为敞式、半蔽式和蔽式叶轮，如图 2.8.2 所示。按吸入方式分，则有单吸式及双吸式，如图 2.8.3 所示。

若离心泵的吸入口位于吸液贮槽液面的上方，在吸入管路的进口处应装有单向底阀和滤

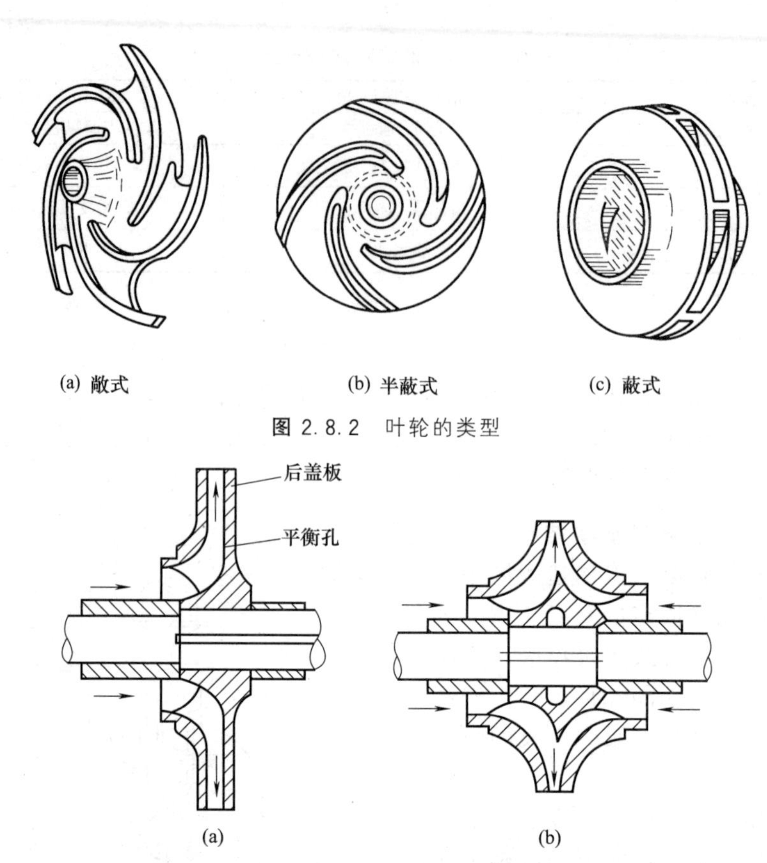

(a) 敞式　(b) 半蔽式　(c) 蔽式

图 2.8.2　叶轮的类型

(a)　(b)

图 2.8.3　单吸式叶轮（a）与双吸式叶轮（b）

网。单向底阀是防止启动前灌入泵的液体从泵内漏失，滤网可以阻拦液体中的固体物质被吸入而堵塞管道和泵。一般靠近泵出口处的排出管路上装有调节阀，以供开泵、停泵及调节流量时使用。

离心泵的泵轴水平地支承在托架内的轴承上，泵轴的一端悬出，端部装有叶轮。为了减少离开叶轮间的部分高压液体漏入低压区内，通常在泵体和叶轮上分别装有密封环。蔽式或半蔽式叶轮的后盖板上一般开有平衡孔以平衡轴向推力。在叶轮和泵壳之间有时还装有固定不动的导轮。

2.8.1.2　离心泵的性能参数

离心泵的性能参数有压头、流量、功率、效率、转速、比转速和允许汽蚀余量或吸上真空高度等，这些参数多标注在泵的铭牌上。现就压头、流量、功率与效率四项简述于下。

(1) 压头（或称扬程）

以 H 表示，单位为 m，是泵对液体所提供的有效能量的一种表示形式。离心泵的压头取决于泵的结构（如叶轮直径，叶片的弯曲方向等）、转速和流量。

(2) 流量（或称泵的输送液体的能力）

通常指在单位时间内离心泵输送到管路系统的液体体积，以 q_V 表示，单位为 m^3/s，我国生产的离心泵规格中也有用 m^3/h 或 L/s 表示。离心泵的流量取决于泵的结构、尺寸（主要为叶轮的直径与叶片的宽度）和转速。

(3) 功率

分轴功率和有效功率。轴功率是指原动机传给泵轴后泵轴所发挥出的功率，以 P 表示，单位为 W 或 kW。有效功率是指所排送的液体从叶轮所获得的净功率，以符号 P_e 表示：

$$P_e = q_V H \rho g \tag{2.8.1}$$

式中 P_e——泵的有效功率，W 或 kW；

q_V——泵的流量，m^3/s 或 m^3/h；

H——泵的压头或扬程，m；

ρ——被输送液体的密度，kg/m^3；

g——重力加速度，m/s^2。

(4) 效率（又称为泵的总效率）

以 η 表示，即

$$\eta = \frac{P_e}{P} \tag{2.8.2}$$

一般小型泵的效率为 50%～70%；大型泵的效率可达 90%左右。离心泵的效率与泵的大小、类型、制造精密程度及其所输送的液体性质有关。

2.8.1.3 离心泵的基本方程

为了确定离心泵输出流体的压头和流量关系，需要研究理想情况下泵内流体的运动情况。并由此与实际流动情况相结合，讨论实际流体的压头与流量的关系。

(1) 液体在叶轮中的运动及其简化假设

液体在泵吸入段压差的作用下，沿泵的轴向进入叶轮中央，然后流经叶轮叶片间的流道，进入蜗壳，最后从泵的排出口压出。液体在流经叶轮时，除了沿叶轮之间的流道作相对于叶轮的运动外，同时还在叶轮的带动下一起作旋转运动。所以，液体在叶轮中的运动情况相当复杂。现作以下两点假设，以便从理论上分析研究液体可能获得的最大压头与其影响因素之间的关系。

① 叶片数目无限多，且无厚度。这样，液体被严格地控制在叶片之间的流道内，沿着叶片的形状流动而无倒流或撞击。在该流道中，同一半径上的流体速度相等，压力也相等。

② 液体为理想流体。因此，可不考虑液体在叶轮内运动的能量损失。

根据上述假设，在叶轮中的任意液体质点，将既具有一个随叶轮旋转的圆周速度 u，又具有一个相对于叶片的运动速度，即相对速度 ω，其方向分别为质点所处点的圆周及叶片的切线方向，见图 2.8.4。

液体质点相对于泵壳的运动速度为绝对速度，用 $\boldsymbol{c}$ 表示，其大小为该点圆周速度及相对速度的矢量和。即

$$\boldsymbol{c} = \boldsymbol{u} + \boldsymbol{w} \tag{2.8.3}$$

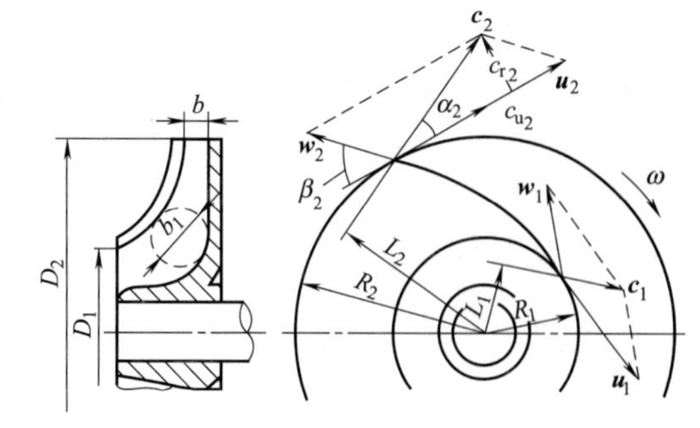

图 2.8.4 离心泵理想压头方程的推导

图 2.8.4 中所示为由式（2.8.3）三个速度所组成的矢量图（称为速度三角形）。其中，α 表示绝对速度 $\boldsymbol{c}$ 与圆周速度 $\boldsymbol{u}$ 两矢量之间的夹角；β 表示相对速度 $\boldsymbol{\omega}$ 与圆周速度 $\boldsymbol{u}$ 反方向延线的夹角，称为叶片安装角。对叶轮流道内的任意点可做出速度三角形，根据余弦定理确定圆周速度 $\boldsymbol{u}$、相对速度 $\boldsymbol{\omega}$ 和绝对速度 $\boldsymbol{c}$ 之间的大小关系，即

$$\omega^2 = c^2 + u^2 - 2cu\cos\alpha \tag{2.8.4}$$

绝对速度 c 又可分解为两个分量，即

径向分量 $$c_r = c\sin\alpha \tag{2.8.5}$$

圆周分量 $$c_u = c\cos\alpha \tag{2.8.6}$$

由图 2.8.4 可以看出

$$c_u = c\cos\alpha = u - c_r \text{ctg}\beta \tag{2.8.7}$$

(2) 离心泵基本方程的推导

现以静止的物体为参考系，设液体沿叶轮中心的轴向进入叶轮中央后，随即转向，以绝对速度从进口截面 1-1 运动到出口截面 2-2（见图 2.8.4），在两截面间列机械能衡算式，有

$$\frac{p_1}{\rho g} + \frac{c_1^2}{2g} + H_\infty = \frac{p_2}{\rho g} + \frac{c_2^2}{2g} \tag{2.8.8}$$

即 $$H_\infty = \frac{p_2 - p_1}{\rho g} + \frac{c_2^2 - c_1^2}{2g} \tag{2.8.9}$$

式（2.8.9）中，H_∞为无限多叶片时泵的理论压头表达式。式中没有考虑 1、2 两点高度的不同，因为叶轮每旋转一周，1、2 两点的高低互换一次，按时均值计算可视为零。式中$\frac{p_2 - p_1}{\rho g}$为静压头的增量，包括以下两部分增量。

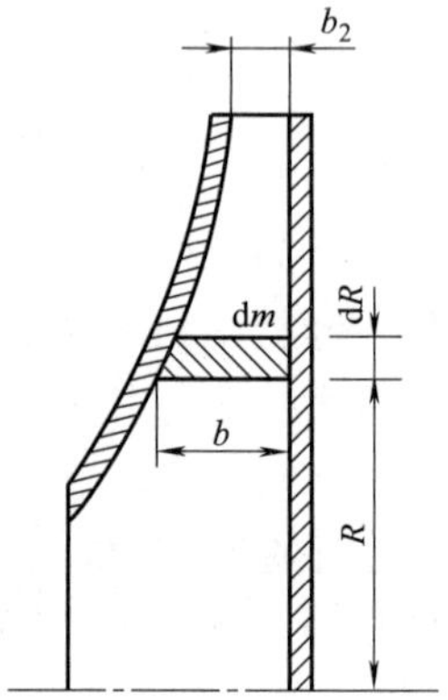

图 2.8.5 叶轮内离心力对流体做功

1）离心力产生的压头 H_c

液体在叶片间受到离心力的作用，接受外功而提高了压强。如图 2.8.5 所示，在半径为 R 处取质量为 dm 的液体微元，则液体微元在旋转时所受到的离心力为

$$\mathrm{d}F_c = \omega^2 R\,\mathrm{d}m$$

式中 F_c——液体所受的离心力，N；

m——液体的质量，kg；

R——旋转半径，m；

ω——旋转角速度，rad/s。

设叶轮半径为 R 处的流道轴向宽度为 b，则

$$\mathrm{d}m = (2\pi Rb\,\mathrm{d}R)\rho$$

$$\mathrm{d}F_c = \mathrm{d}mR\omega^2 = 2\pi Rb\,\mathrm{d}R\rho R\omega^2$$

此离心力产生的压头变化为

$$\mathrm{d}p = \frac{\mathrm{d}F_c}{A} = \frac{\mathrm{d}F_c}{2\pi Rb}$$

代入 dF_c整理得

$$\mathrm{d}p = \rho\omega^2 R\,\mathrm{d}R$$

经积分可得

$$p'_2 - p'_1 = \int_{p'_1}^{p'_2} \mathrm{d}p = \int_{R_2}^{R_1} \rho\omega^2 R\,\mathrm{d}R = \frac{\rho\omega^2}{2}(R_2^2 - R_1^2) = \frac{\rho}{2}(u_2^2 - u_1^2)$$

因此离心力所产生的压头为

$$H_c = \frac{p'_2 - p'_1}{\rho g} = \frac{\rho\omega^2}{2\rho g}(R_2^2 - R_1^2) = \frac{u_2^2 - u_1^2}{2g} \tag{2.8.10}$$

2）流道扩大所引起的压头增高 H_p

相邻两叶片所构成的流道截面积自内向外逐渐扩大，液体流过时的相对速度逐渐变小，从而由动压头转化为静压头 H_p

$$H_p=\frac{\omega_1^2-\omega_2^2}{2g} \tag{2.8.11}$$

将式（2.8.10）和式（2.8.11）代入式（2.8.9），得

$$H_\infty=\frac{u_2^2-u_1^2}{2g}+\frac{\omega_1^2-\omega_2^2}{2g}+\frac{c_2^2-c_1^2}{2g} \tag{2.8.12}$$

由图 2.8.6 可知

$$\omega_1^2=c_1^2+u_1^2-2c_1u_1\cos\alpha_1 \tag{2.8.13}$$

$$\omega_2^2=c_2^2+u_2^2-2c_2u_2\cos\alpha_2 \tag{2.8.14}$$

将式（2.8.13）和式（2.8.14）代入式（2.8.12），化简后得

$$H_\infty=\frac{u_2c_2\cos\alpha_2-u_1c_1\cos\alpha_1}{g} \tag{2.8.15}$$

根据式（2.8.6）还可将上式变换为另一种形式，即

$$H_\infty=\frac{1}{g}(u_2c_{u2}-u_1c_{u1}) \tag{2.8.16}$$

从图 2.8.4 中看出，叶片安装角 β 的大小直接影响着速度三角形的形状。如果在离心泵的设计中合理选用 β 值，或采取适当的入口导流措施使得 $\alpha_1=90°$，则 $c_{u1}=c_1\cos90°=0$。此时在式（2.8.15）中，若其他条件不变，则理论压头 H_∞ 达到最大值。即

$$H_\infty=\frac{1}{g}u_2c_{u2}=\frac{u_2c_2\cos\alpha_2}{g} \tag{2.8.17}$$

上式常称为离心泵的基本方程。

(3) 离心泵基本方程的讨论

1）离心泵理论流量对理论压头的影响

设叶轮的直径为 D_2、宽度为 b_2、液体径向出口速度 c_{r2}，若不计容积损失（漏损），则理论流量 q_{VT} 为

$$q_{VT}=(\pi D_2b_2)c_{r2} \tag{2.8.18}$$

即

$$c_{r2}=\frac{q_{VT}}{\pi D_2b_2} \tag{2.8.19}$$

将式（2.8.19）代入式（2.8.7）中求 c_{u2}，然后代入式（2.8.17），整理后得

$$H_\infty=\frac{1}{g}\left(u_2^2-\frac{u_2\operatorname{ctg}\beta_2}{\pi D_2b_2}q_{VT}\right) \tag{2.8.20}$$

对于结构一定的离心泵，当转速 n 不变时，上式中 u_2、β_2、D_2、b_2 均为定值。故式（2.8.20）可以写成

$$H_\infty=k-B'q_{VT} \tag{2.8.21}$$

式中 $k=\frac{u_2^2}{g}$，$B'=\frac{u_2\operatorname{ctg}\beta_2}{g\pi D_2b_2}$。

式（2.8.21）即为离心泵理论压头 H_∞ 随理论流量 q_{VT} 而变的直线方程，其斜率主要取决于叶轮的尺寸、泵转速及叶片安装角 β_2。叶片安装角 β_2 反映了叶片弯曲方向对泵理论压头的影响。

2）叶片形状对泵理论压头的影响

根据叶片安装角 β_2 的大小，可将叶片形状分为三种（参见图 2.8.6）。由式（2.8.21）可见，叶片弯曲方向不同（β_2 不同），离心泵理论压头 H_∞ 与理论流量 q_{VT} 的关系也不同。

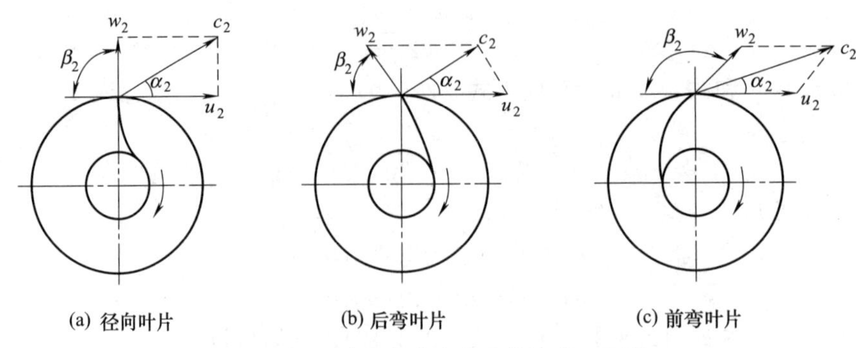

图 2.8.6　叶片弯曲方向及其速度三角形

其对应关系见表 2.8.2 和图 2.8.7。

表 2.8.2　叶片形状与理论压头关系

叶片形状	径向	后弯	前弯
β_2值	90°	<90°	>90°
$\mathrm{ctg}\beta_2$ 值	0	>0	<0
$B'=\frac{u_2\mathrm{ctg}\beta_2}{g\pi D_2 b_2}$	0	<0	>0
H_∞与 q_{VT}关系	与 q_{VT}无关	随 q_{VT}的增加而减小	随 q_{VT}的增加而加大
理论压头 H_∞大小	$H_\infty=\frac{u_2^2}{g}$	$H_\infty<\frac{u_2^2}{g}$	$H_\infty>\frac{u_2^2}{g}$
图 2.8.7 的直线形式	平行线 b	a 线	c 线

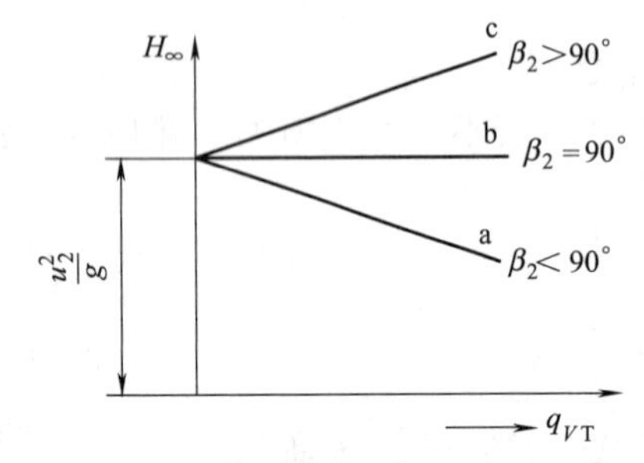

图 2.8.7　叶片形式对理论压头 H_∞与理论流量 q_{VT}关系的影响

从图 2.8.7 可以看出，理论压头最高的是前弯叶片，在选择泵时似乎应首选前弯叶片。实际上，理论压头包括静压头和动压头两部分。对于后弯叶片，静压头大于动压头，而前弯叶片则相反。即 $\beta_2>90°$的叶片使流体获得较高的速度，导致动压头占理论压头中较大的比例。由于实际流体在流经蜗形泵壳，将部分的动压头转化为静压头时，必将产生较多的能量损失，所以，前弯叶片泵的效率将低于后弯叶片泵，而且前者噪声也较大。所以，简单地提高绝对速度，并不一定是提高压头的有效方法。因此，在离心泵和大型风机中，为获得较高的效率，多是采用后弯叶片。对于中小型风机，为减小体积则有时采用前弯叶片。

2.8.1.4　离心泵的效率和实际压头

现在将控制体扩展到泵壳的内表面和轴承、轴封等处，而且叶轮的叶片为有限多，输送的是实际液体。泵在运转过程中由于存在种种损失，将使得其实际压头与实际流量均分别小于其理论值。离心泵的实际压头与实际流量，简称为离心泵的压头和流量。

(1) 离心泵的效率

离心泵内的损失包括水力损失、容积损失和机械损失三大部分。

1）水力损失

实际流体流经泵内所损失的机械能，称为水力损失，其中包括由于实际叶轮的叶片并非无限多引起的环流损失、流体流动的摩擦损失以及在叶轮内外缘和泵壳内的冲击损失。

① 环流损失。实际流体在有限多叶片的叶轮中流动时，由于叶片之间的流道愈往叶轮外缘愈宽，液体作相对运动的轨迹就不可能与叶片的形状严格保持一致，在叶片之间的流道上将形成环流和旋涡，造成机械能损失。这部分损失主要和叶片的几何形状、叶片数目等有关，而几乎与流量的大小无关。

② 摩擦损失。是指流体流过叶片间的通道和泵壳时，由于黏性摩擦而引起的损失。特别是流体在蜗形泵壳内流动时，因其流道逐渐扩展而流速逐渐降低，产生逆压梯度造成大量旋涡，消耗颇多的机械能。这部分能量损失与流量平方成正比。

③ 冲击损失。液体在叶轮中心沿轴向进入叶轮内缘，随即变为径向进入叶轮内。由于叶片安装角 β_1 和 β_2 均按额定流量（或称设计流量）设计，若操作流量偏离设计值，则 c_1 和 u_1 之间的夹角亦会偏离 90°，使进入叶轮的液体受到叶片的撞击。同理，以比较高的绝对速度 c_2 离开叶轮外缘的液体流向也难以保证与蜗形泵壳相切，而是冲入蜗壳内的流体中。由此冲击产生涡流亦将导致较大的能量损失。

为了减少冲击损失，可在叶轮入口处采取适当的导流措施使 $\alpha_1=90°$，亦可同时在泵壳内安装固定导轮，如图 2.8.8 所示，使离开叶轮的高速液体缓和地降低流速，逐渐地调整流向，使进入蜗壳的液体在尽可能小的冲击损失下，将动压头均匀地变为静压头。

所有离心泵在额定流量（或设计流量）下的水力效率 η_H（有水力损失液体的功率与没有水力损失液体功率的比值）最大，若操作流量偏离其设计流量愈大，则水力效率亦愈低。

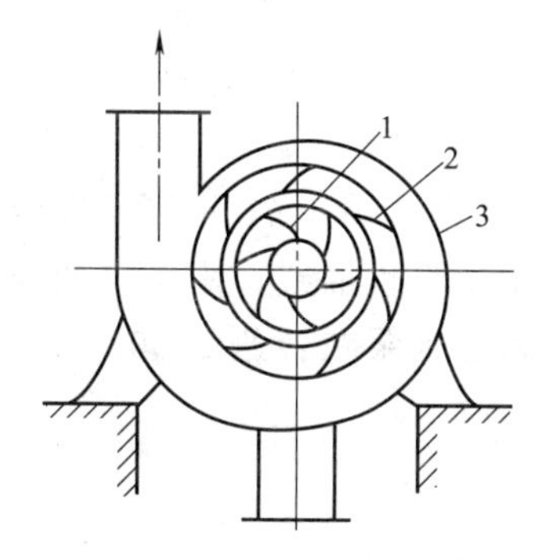

图 2.8.8 泵壳与导轮

1—叶轮；2—导轮；3—泵壳

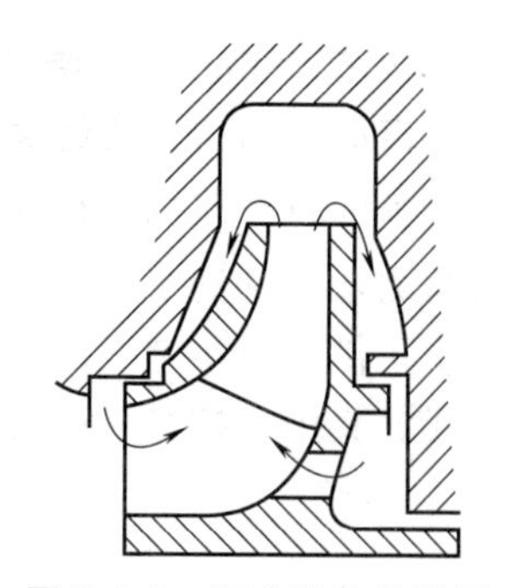

图 2.8.9 泵内液体的泄漏

2）容积损失

叶轮出口处压力高而进口处压力低，在此压差作用下，一部分高压液体将通过旋转叶轮与泵体之间的缝隙而泄漏至吸入口（见图 2.8.9），使得输出的流量 q_V 小于理论流量 q_{VT}。离心泵的实际流量与其理论流量的比值称为容积效率 η_v。

为了提高容积效率，如前所述，通常在叶片两侧装设前后盖板（盘面），即将叶轮制成蔽式，见图 2.8.2（c）。此外，组装时应尽可能减小盖板与泵壳之间的缝隙，以减少液体的泄漏量。但装设盖板后叶片间的通道又易被输送液体中的固体颗粒或沉积物堵塞。因此，当输送浆料或含有固体悬浮物的液体时，仍宜采用敞式或半蔽式叶轮，如图 2.8.2 中的（a）、（b）所示。

敞式或半蔽式叶轮在工作时，有一部分离开叶轮的高压液体漏入叶轮的后盖板与泵壳之间缝隙内，而叶轮前侧吸入口处的液体为低压，故液体作用于叶轮前后盘面的压力不等，便产生了指向叶轮吸入口方向的轴向推力，使叶轮向吸入口侧窜动，引起叶轮与泵壳接触处磨损，严重时造成泵的振动。为此，可在叶轮后盖板上钻几个小孔，如图 2.8.3（a）所示。这些小孔称为平衡孔，它的作用是使后盖板与泵壳之间的空腔中的一少部分高压液体漏回到低压区，以减小叶轮两侧的压力差，从而达到平衡一部分轴向推力的作用，但同时也会降低容积效率。平衡孔是离心泵中最简单的一种使轴向推力平衡的方法。双吸式叶轮如图 2.8.3（b）所示，从两侧吸入液体，具有较大的吸液能力，且可在不降低效率的条件下消除轴向推力。

3）机械损失

包括联轴器、轴承、轴封装置以及液体与高速转动的叶轮前后盘面之间的摩擦损失等。可用机械效率 η_m 反映该项损失的大小。

综合以上各种因素的影响，可得离心泵的总效率 η 为

$$\eta=\frac{P_e}{P}=\frac{Hq_V\rho g}{P}=\eta_H\eta_v\eta_m \tag{2.8.22}$$

(2) 离心泵的实际压头

由前面的推导可知，当离心泵叶片为无限多时，其理论压头 H_∞ 为最大，如图 2.8.10 中 $H_\infty \sim q_{VT}$ 直线所示。实际的泵的叶片为有限多，由于环流损失 h_c、冲击损失 h_s、摩擦损失 h_f 使压头下降。又因泵内泄漏的容积损失 h_Q 使压头再次下降。也就是说，离心泵的各种损失将导致实际压头低于理论压头。目前，因泵内流动的各种损失尚不能用计算的方法来确定。所以，泵的实验压头与实际流量关系只能靠实验测定，如图 2.8.10 中的 $H \sim q_V$ 曲线所示。

2.8.1.5 离心泵的特性曲线

(1) 离心泵的特性曲线类型

离心泵的特性曲线是指离心泵的压头 H、效率 η 和轴功率 P 与流量 q_V 的关系曲线，通常由实验测定（见例 2.13）。离心泵在出厂前由生产厂家测定出特性曲线，附于泵的样本或说明书中，供用户参考。图 2.8.11 所示为 IS100-80-125 型离心水泵在转速 2900r/min 时的特性曲线。其中包括三条曲线，分别为：

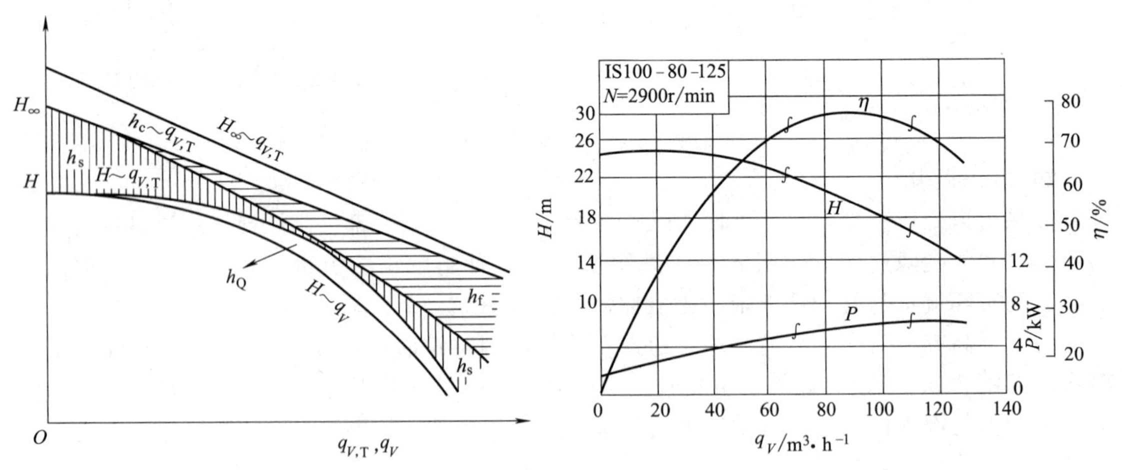

图 2.8.10 离心泵的理论压头与实际压头

图 2.8.11 离心泵的特性曲线

① $H \sim q_V$ 曲线。表示泵的压头 H 随流量 q_V 的变化情况。一般情况下，这条曲线随流量增大呈下降趋势，但有的曲线形状比较平坦，适用于流量变动范围较大的场合；也有的曲线比较陡峭，适用于压头变动大而要求流量较小变动的场合。

② $P\sim q_V$曲线。一般情况下，泵的轴功率 P 随流量增大而增大。因流量为零时，轴功率最小，因此泵在启动时应将出口阀关闭（或稍开），以防止电机过载，待启动后再将出口阀打开。

③ $\eta\sim q_V$ 曲线。表示泵的效率随流量的变化情况。效率的最高点，称为设计点。流量过大或过小，效率都将降低。通常要求泵的效率不低于某一定值。泵在与最高效率相对应的流量及压头下工作最为经济，因此与最高效率点对应的 q_V、H 及 P 值称为最佳工况参数。根据管路输送条件的要求，离心泵常不可能正好在最佳工况下运行，因此一般只能规定一个工作范围，称为泵的高效区，即不低于最高效率的92%的范围，如图 2.8.11 中两个波折号内所示的范围。选用离心泵时，应尽可能使泵在高效区内工作。

需要指出，离心泵的特性曲线与转速有关，因此在特性曲线图上一定要标注出泵的测试转速。

(2) 离心泵特性曲线的测定

图 2.8.12 所示为测定离心泵特性曲线的实验装置。要测定的数据通常为：泵进口处压强 p_1、出口处压强 p_2，流量 q_V 和轴功率 P。

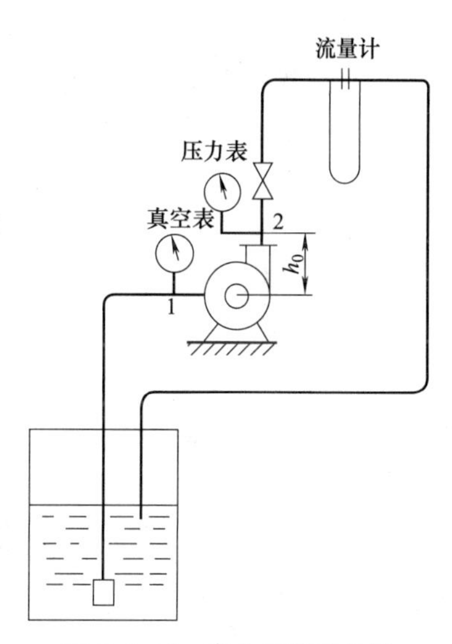

图 2.8.12 离心泵特性曲线的测定装置

在真空表所在截面 1-1 与泵出口压力表所在截面 2-2 间列机械能衡算式，因两截面之间管路很短，忽略之间的阻力，则

$$H=(z_2-z_1)+\frac{p_2-p_1}{\rho g}+\frac{u_2^2-u_1^2}{2g}$$

测定开始时，先将出口阀关闭，此时流量 $q_V=0$，所得压头称为封闭压头（或封闭扬程）。同时测得对应的轴功率 P。然后逐渐开启阀门，改变流量，这样就可得出一系列流量 q_V 时对应的压头 H 和轴功率 P，从而作出 $H\sim q_V$及 $P\sim q_V$ 曲线。根据 P、q_V及 H 值，即可计算 η，从而作出 $\eta\sim q_V$曲线。

将上述 $H\sim q_V$、$P\sim q_V$及 $\eta\sim q_V$曲线绘制在同一张坐标纸上，即为一定型号离心泵在一定转速下的特性曲线。它们分别反映了泵的扬程、轴功率以及效率与流量的关系。

【例 2.13】 离心泵特性曲线的测定装置如图 2.8.12 所示，当泵的转速 $n=2900\text{r/min}$ 时，以 20℃的清水为介质测得如下一组数据：泵进口处真空表读数 53kPa；泵出口处压力表读数 124kPa；泵的轴功率 $P=1.98\text{kW}$；泵的流量 $18\text{m}^3/\text{h}$。已知两测压口间的垂直距离为 0.12m，吸水管内径 80mm，压出管内径 60mm。试求此时泵的压头 H 和总效率 η。

解：(1) 泵的压头

$$H=(z_2-z_1)+\frac{p_2-p_1}{\rho g}+\frac{u_2^2-u_1^2}{2g}$$

式中 $z_2-z_1=0.12\text{m}$，$u_1=\dfrac{18/3600}{0.785\times0.08^2}=0.995\text{m/s}$，$u_2=\dfrac{18/3600}{0.785\times0.06^2}=1.769\text{m/s}$，则有

$$H=0.12+\frac{124+53}{1000\times9.81}\times10^3+\frac{1.769^2-0.995^2}{2\times9.81}=18.27\text{m}$$

（2）泵的总效率

$$P=Hq_V\rho g=18.27\times(18/3600)\times1000\times9.81=896.2\text{W}$$

$$\eta=P_e/P=896.2/1980=45.3\%$$

（3）液体物性对离心泵特性曲线的影响

一般来说，制造厂所提供的泵的特性曲线是在一定转速和常压下，以常温（一般为20℃）清水为工质通过实验测得的。但在化工生产中，所输送的液体多种多样，其操作条件也不尽相同，使得所输送的液体的物性与其实验条件下的水的物性有较大的差异，从而引起泵特性曲线的改变。为此，对泵生产部门提供的特性曲线，应进行适当的换算。现仅就液体的黏度及密度对泵特性曲线的影响讨论如下：

1）液体黏度对特性曲线的影响

被输送的液体黏度若远大于常温下清水的黏度，则泵的特性曲线将发生改变，其中$H\sim q_V$曲线将随q_V增加而更为急剧地下降。与输送水时相比，此种情况下，最高效率点处的流量、压头与效率都变小，而轴功率却增大。因影响因素复杂，特性曲线改变的程度难以用理论方法推算，此时可利用算图计算最高效率点处q_V、H、η的修正系数，对特性曲线上读出的值进行修正。一般来说，当液体的运动黏度$\nu>2\times10^{-5}\text{m}^2/\text{s}$时，需对泵的特性曲线进行修正，具体修正方法可查阅相关参考资料。

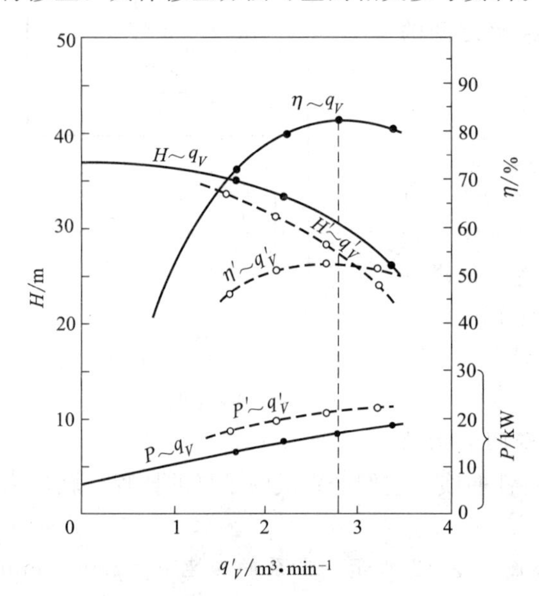

图2.8.13 离心泵输送黏性液体时特性曲线的变化

图2.8.13所示为某型号离心泵在输送黏度大于水的液体时其性能曲线的变化情况，其中实线为出厂时的特性曲线，虚线为输送黏性液体的实际特性曲线。可以发现，离心泵输送黏性液体时，最高效率点下的流量q_V、扬程H均有所降低，即$H\sim q_V$曲线整体下移了，而轴功率与此相反，曲线整体上移。

2）密度对$P\sim q_V$曲线的影响

由离心泵的基本方程式可以看出，方程中没有密度项存在。也就是说，同一台泵不论输送何种液体，相同体积流量所能提供的理论压头是相同的。即离心泵的压头与流量之间的关系和液体的密度无关，且泵的效率亦不随液体的密度而改变，所以$H\sim q_V$与$\eta\sim q_V$曲线保持不变。离心泵的压头与流量之间的关系和液体的密度无关，且泵的效率亦不随液体的密度而改变，所以$H\sim q_V$与$\eta\sim q_V$曲线保持不变。但是，泵的轴功率将随液体密度而改变，可按下式校正

$$\frac{P}{P'}=\frac{\rho}{\rho'} \tag{2.8.23}$$

（4）叶轮直径对特性曲线的影响

当转速一定时，泵的压头、流量均和叶轮直径有关。对同一型号的泵，可通过换用直径较小（或较大）的叶轮、而维持其余尺寸（包括叶轮出口截面积）不变的方法来改变泵的特性曲线，常称该法为叶轮的切削法。由于叶轮直径变化一般不大（不超过10%～20%），可近似认为泵的效率基本不变，此时泵的流量、压头、轴功率与叶轮直径的关系为

$$\frac{q'_V}{q_V}=\frac{D'}{D} \tag{2.8.24}$$

$$\frac{H'}{H}=\left(\frac{D'}{D}\right)^2 \tag{2.8.25}$$

$$\frac{P'}{P}=\left(\frac{D'}{D}\right)^3 \tag{2.8.26}$$

式中，H、P 分别为泵的压头和功率；上标“$'$”表示切削后泵的性能参数。

式（2.8.24）～式（2.8.26）称为泵的“切削定律”。利用这一关系，可作出叶轮切削后泵的特性曲线。在产品说明书中，制造厂也常同时给出1～2种叶轮切削后泵的特性曲线。若叶轮直径变化时，叶轮及其余尺寸亦随之相应变化，则称之为相似泵，其流量、压头和功率与叶轮直径之间的关系与切削定律不同，可参考有关专著。

(5) 转速对特性曲线的影响

对同一台离心泵，若叶轮尺寸不变，但转速变化，其特性曲线也将发生变化。设转速改变后，泵的效率近似保持不变，此时泵的流量、压头、轴功率与转速的关系为

$$\frac{q'_V}{q_V}=\frac{n'}{n} \tag{2.8.27}$$

$$\frac{H'}{H}=\left(\frac{n'}{n}\right)^2 \tag{2.8.28}$$

$$\frac{P'}{P}=\left(\frac{n'}{n}\right)^3 \tag{2.8.29}$$

式中符号的意义与前同。上述结果适用于转速变化不大于20%的情况。式(2.8.27)～式（2.8.29）称为比例定律。

2.8.1.6 离心泵的汽蚀现象和安装高度

(1) 离心泵的汽蚀现象

当水由宽敞的地方向狭窄的地方以高速流进时，根据流体机械能衡算式，其压力就要降低。当压力降低到该水温下的饱和蒸气压力时，水就要汽化。此外，在水中溶解少量空气，压力降低时空气也要与水分离以气泡形式出现，当所出现的这种蒸气或空气的气泡被带入高压区时，它们就要凝结或溶解于水中而消失掉。在蒸气或气泡消失时，它们占据的体积急剧减小，产生局部真空，周围的液体以极大的速度冲向真空地带，将产生剧烈的冲击，引起振动和噪声。

如图2.8.14所示，当处于大气压力下的液面0-0与泵的进口截面1-1之间无外加能量时，离心泵主要靠其进口处的真空度来吸上液体。当泵的进口与吸水液面之间的垂直距离（称为安装高度）过高或叶轮转速过快时，随着流量的增大，泵进口处的压力降低，甚至可能降至所输送液体的饱和蒸气压。实际上，由于液体由泵进口处流至叶轮时的流动方向发生了变化，又受到叶片的撞击以及叶片内部液体产生环流，则泵内压力最低处常发生于叶轮内缘叶片的背面 K 处而非叶轮进口处，见图2.8.15。当该处压力很低，使部分液体汽化生成的大量气泡随液体进入叶片时，由于压力升高，气泡又随即急剧冷凝而产生局部真空，瞬时间周围液体以极高的速度冲向这些凝聚处，在冲击点处压力高达几百个大气压，而冲击频率又极高，再加上可能产生的化学腐蚀作用，长期操作就会使叶片出现斑痕和裂缝而过早损坏，这种现象称为离心泵的汽蚀（或空蚀）。离心泵在产生汽蚀时将发出高频噪声（600～25000Hz），泵体振动，流量不再增

大，压头和效率都明显下降，以至无法继续工作。为避免汽蚀，泵的安装高度必须小于某一定值，以确保叶轮内各处压力均高于液体的饱和蒸气压。

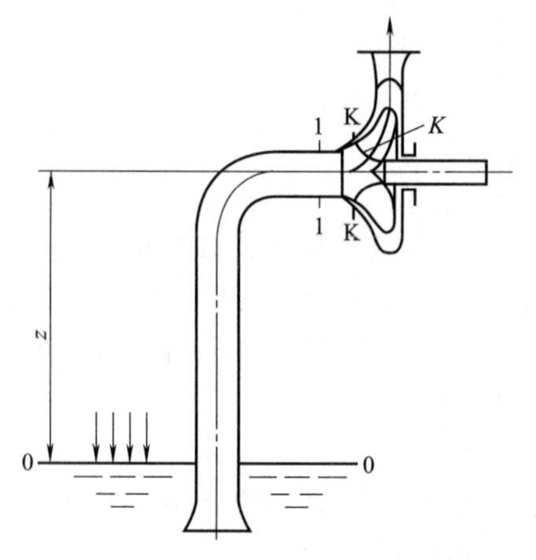

图 2.8.14 离心泵的安装高度与汽蚀

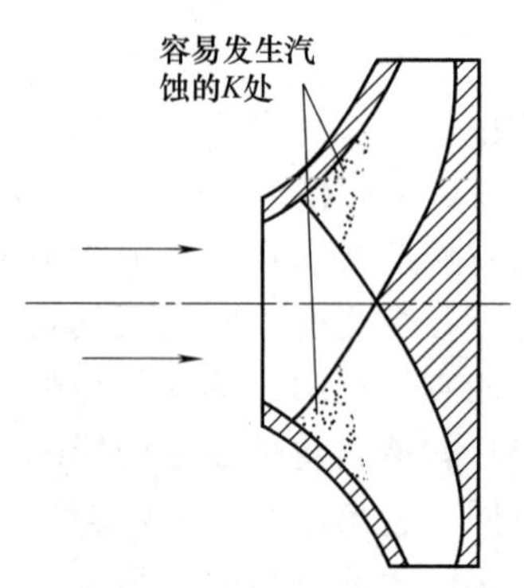

图 2.8.15 汽蚀时叶轮内缘叶片背面示意

(2) 离心泵的汽蚀余量

在泵进口 1-1 截面与叶轮内压力最低处截面 K-K 列机械能衡算式，以泵入口管中心线所在水平面为基准面，有

$$\frac{p_1}{\rho g}+\frac{u_1^2}{2g}=\frac{p_k}{\rho g}+\frac{u_k^2}{2g}+\sum h_{f_{1\text{-}k}} \tag{2.8.30}$$

当泵刚发生汽蚀时，p_k等于所输送液体在输送温度下的饱和蒸气压 p_s。将式（2.8.30）变形为

$$\frac{p_1}{\rho g}+\frac{u_1^2}{2g}-\frac{p_s}{\rho g}=\frac{u_k^2}{2g}+\sum h_{f_{1\text{-}k}} \tag{2.8.31}$$

式（2.8.31）表明：在泵刚发生汽蚀时，泵进口处液体的总压头$\frac{p_1}{\rho g}+\frac{u_1^2}{2g}$比液体饱和蒸气压对应的静压头$\frac{p_s}{\rho g}$高出某一定值，这一差值称为泵的汽蚀余量，并以 NPSH（Net Positive Suction Head）表示，即

$$\text{NPSH}=\frac{p_1}{\rho g}+\frac{u_1^2}{2g}-\frac{p_s}{\rho g}=\frac{u_k^2}{2g}+\sum h_{f_{1\text{-}k}} \tag{2.8.32}$$

需要注意的是，在不同的国际（国家）标准中，基准面的选取是不同的，请参阅有关参考书。

1）必需汽蚀余量

泵本身的汽蚀余量也是泵的特性参数，其值取决于泵的结构，由泵的制造厂测定，并在泵样本中给出，称作必需汽蚀余量，记作 NPSH_r，如图 2.8.16 所示。泵样本上给出的必需汽蚀余量 NPSH_r 是在常温（20℃）和清水条件下测得的。泵的必需汽蚀余量与输送液体的温度、性质有关，泵在输送烃类介质和高温水时：

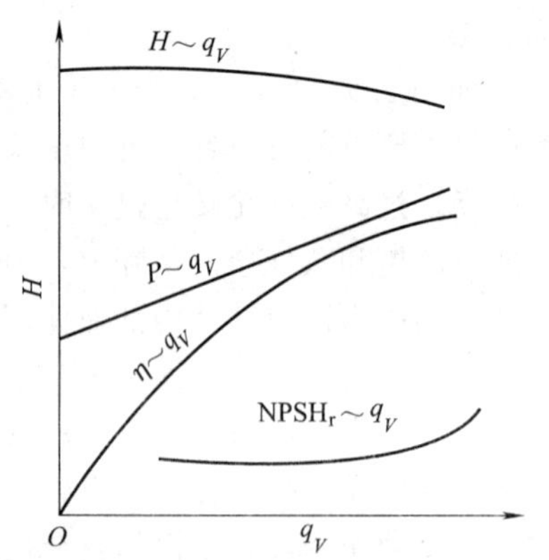

图 2.8.16 离心泵典型的特性曲线

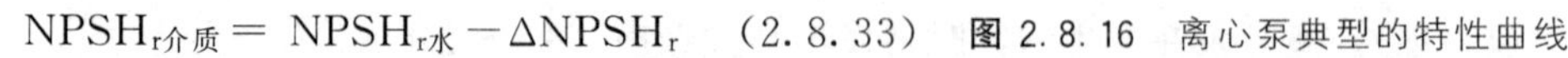

$$\text{NPSH}_{r介质}=\text{NPSH}_{r水}-\Delta\text{NPSH}_r \tag{2.8.33}$$

式中 $\Delta NPSH_r$（以压力为单位）可由相关图表中查到，其值通常为一正值。实际应用时，美国石油协会标准（API610）建议对 $NPSH_r$ 不作修正，将上述修正值看成额外的安全余量。

2）装置汽蚀余量

当泵安装在装置中，可根据装置的安装参数和流量计算汽蚀余量，称作装置汽蚀余量或有效汽蚀余量或可用汽蚀余量，计作 $NPSH_a$。$NPSH_a$ 与泵的结构无关。在泵刚发生汽蚀时，对图 2.8.14 中的液面 0-0 和叶轮内压力最低处 K-K 作机械能衡算

$$\frac{p_0}{\rho g}=\frac{p_s}{\rho g}+\frac{u_k^2}{2g}+z+\sum h_{f_{0\text{-}1}}+\sum h_{f_{1\text{-}k}} \tag{2.8.34}$$

将式（2.8.34）与式（2.8.32）比较，则有

$$NPSH_a=\frac{u_k^2}{2g}+\sum h_{f_{1\text{-}k}}=\frac{p_0}{\rho g}-z-\sum h_{f_{0\text{-}1}}-\frac{p_s}{\rho g} \tag{2.8.35}$$

理论上，只要 $NPSH_a > NPSH_r$，泵就不发生汽蚀。

3）汽蚀曲线

$NPSH_a$ 和 $NPSH_r$ 都是流量的函数，一般 $NPSH_a$ 随流量的增加而减小、$NPSH_r$ 随流量的增加而增大，则通过这两条曲线可判断泵的无汽蚀区和汽蚀区，见图 2.8.17。一般泵厂商在提供的特性曲线图上，应有 $NPSH_r \sim q_V$ 曲线，见图 2.8.16。

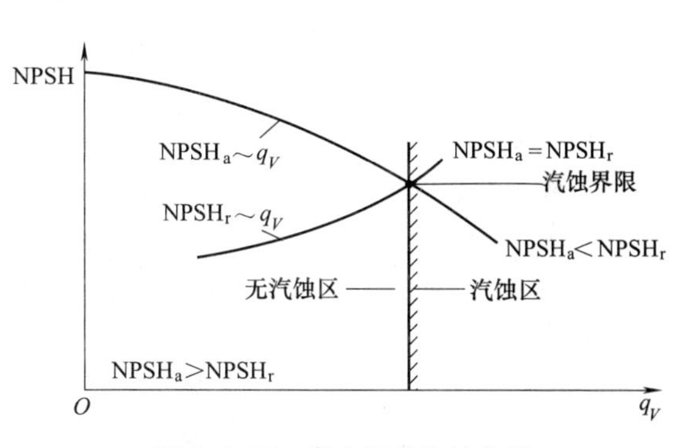

图 2.8.17　离心泵的汽蚀曲线

4）离心泵的 $NPSH_a$ 安全余量

为确保泵正常工作不发生汽蚀，离心泵的 $NPSH_a$ 必须有一个安全余量 S，即：

$$NPSH_a-NPSH_r=S \tag{2.8.36}$$

对于一般的离心泵，S 可取 0.6～1.0m。对于一些特殊用途或条件下使用的离心泵，S 的取值参见表 2.8.3。

表 2.8.3　离心泵的 $NPSH_a$ 安全余量 S

泵的类型和用途	安全余量 S/m	泵的类型和用途	安全余量 S/m
锅炉给水泵	2.1	自动启动泵	0.6
减压塔釜液泵	2.1	多级泵	0.6
冷凝器凝液泵	2.1	输送蒸气压下的液体的泵	吸入管道损失的 25%，最小 0.3m，最大 1.2m
常温常压冷却水泵	0.6		

5）其他汽蚀参数

吸上真空度 H_s 是从泵基准面算起的泵吸入口的真空度（以米液柱计），也称吸上真空高度。国内老式泵的样本上以吸上真空度反映泵的汽蚀性能，现该指标已淘汰。H_s 与 $NPSH_r$ 值的近似换算关系：

$$NPSH_r \approx 10-H_s \tag{2.8.37}$$

另外，反映泵的汽蚀性能的参数还有汽蚀比转速和吸入比转速，可参阅相应的参考书。

(3) 泵的安装高度

泵的安装高度也称泵的吸液高度，是指泵的进口截面 1-1 高于吸入液面 0-0 的高度，如图 2.8.14 中的 z。在一定流量下，泵的安装高度越高，泵进口处的压力 p_1 及叶轮内压力 p_k

将越小，当泵的安装高度达某一极限值时，p_k降至输送液体的饱和蒸气压，从而发生汽蚀，这一极限安装高度称为泵的最大安装高度，并以 z_{max} 表示。对图 2.8.14 中的液面 0-0 和叶轮内压力最低处 K-K 作机械能衡算

$$z_{max}=\frac{p_0}{\rho g}-\sum h_{f0-1}-\frac{p_s}{\rho g}-\text{NPSH}_r \tag{2.8.38}$$

为防止汽蚀，最大安装高度留有余量 S 作为安全量后，称为允许安装高度，以 $[z]$ 表示之。

$$[z]=\frac{p_0}{\rho g}-\sum h_{f0-1}-\frac{p_s}{\rho g}-\text{NPSH}_r-S \tag{2.8.39}$$

显然，为防止发生汽蚀而影响泵的正常工作，泵的实际安装高度 z 应小于允许安装高度 $[z]$。

【例 2.14】 管路中欲安装一台离心泵，泵吸入管直径 $d=75\text{mm}$。根据水池至泵的距离以及所用管径和流量，估计吸入管路的阻力 $\sum h_{f0-1}=1.5\text{mH}_2\text{O}$。水池的水面压力为大气压。从样本查得泵在额定流量 $q_V=45\text{m}^3/\text{h}$ 时，对应的压头 $H=32.6\text{m}$、$\text{NPSH}_r=5\text{m}$。试计算：

(1) 输送 20℃水时的允许安装高度 $[z]$；

(2) 在此允许安装高度下，用此泵输送 80℃水，是否会发生汽蚀？假设此时吸入管路的阻力仍为 $1.5\text{mH}_2\text{O}$。

解：(1) 水在 20℃时，$p_s=2.34\text{kPa}$，$\rho=998.2\text{kg/m}^3$，取 $S=1.0\text{m}$，则根据式 (2.8.38)，有

$$\begin{aligned}[z]&=\frac{p_0}{\rho g}-\sum h_{f0-1}-\frac{p_s}{\rho g}-\text{NPSH}_r-S\\&=\frac{1.013\times10^5}{998.2\times9.81}-1.5-\frac{2.34\times10^3}{998.2\times9.81}-5-1\\&=2.6\text{m}\end{aligned}$$

(2) 水在 80℃时，$p_s=47.3\text{kPa}$，$\rho=971.8\text{kg/m}^3$。根据式 (2.8.35) 有

$$\begin{aligned}\text{NPSH}_a&=\frac{p_0}{\rho g}-z-\sum h_{f0-1}-\frac{p_s}{\rho g}\\&=\frac{1.013\times10^5}{971.8\times9.81}-2.6-1.5-\frac{47.3\times10^3}{971.8\times9.81}\\&=1.56\text{m}\end{aligned}$$

若 NPSH_r 不修正，$\text{NPSH}_r=5\text{m}$，则 $\text{NPSH}_a<\text{NPSH}_r$，泵会发生汽蚀。

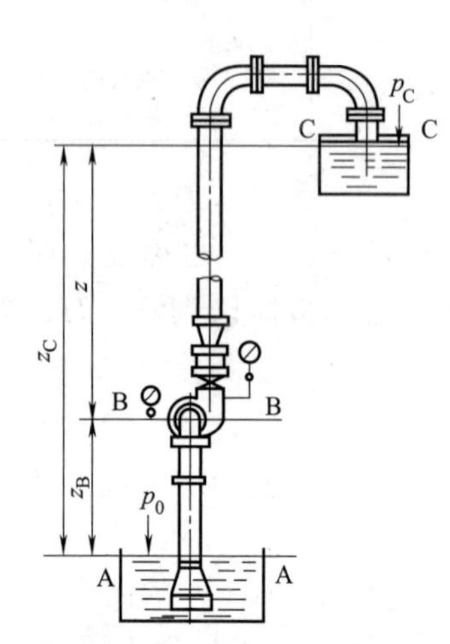

图 2.8.18 离心泵在管路中

2.8.1.7 离心泵在管路中的工况

前面已讨论了离心泵本身的特性，而离心泵要安装在一定管路系统中才能工作，如图 2.8.18 所示。因此首先应了解管路的特性，然后才有可能掌握离心泵在管路系统中的工况。

(1) 管路特性与泵的工作点

管路特性是指流体流经管路系统时需要的压头和流量之间的关系，这也是需要能量的管路系统对提供能量的泵的要求。

在图 2.8.18 所示的包括离心泵在内的管路系统中，若贮

槽与高位槽的液面均维持恒定，且输送管路不变，为了将流体由低能位 A-A 处送至高能位 C-C 处，该管路系统所需提供的能量可由机械能衡算式求得，即

$$H+\frac{u_{\mathrm{A}}^{2}}{2g}+\frac{p_{\mathrm{A}}}{\rho g}+z_{\mathrm{A}}=\frac{u_{\mathrm{C}}^{2}}{2g}+\frac{p_{\mathrm{C}}}{\rho g}+z_{\mathrm{C}}+\sum h_{\mathrm{f}}$$

式中，H 即为管路系统为完成输送任务所需要的压头。现以 L 代替 H，代表管路需要的压头，可得

$$L=\Delta z+\frac{\Delta p}{\rho g}+\frac{\Delta u^{2}}{2g}+\sum h_{\mathrm{f}} \tag{2.8.40}$$

在固定的管路系统中，在一定条件下进行操作时，上式的 Δz 和 Δp 均与流量无关，两者之和为定值，可表示为

$$A=\Delta z+\frac{\Delta p}{\rho g} \tag{2.8.41}$$

若贮槽与高位槽的截面积都很大，两处截面的流速较小，可以忽略不计，则式（2.8.40）可简化为

$$L=A+\sum h_{\mathrm{f}} \tag{2.8.42}$$

系统的压头损失值视管路条件及流速大小而定，即

$$\sum h_{\mathrm{f}}=\left(\lambda\frac{l}{d}+\sum\xi\right)\frac{u^{2}}{2g}$$

若 q_V 为管路系统的输送流量（单位为 $\mathrm{m^3/s}$），则输送管路的流速为

$$u=\frac{4q_V}{\pi d^{2}}$$

于是

$$\sum h_{\mathrm{f}}=\left[\frac{8\left(\lambda\frac{l}{d}+\sum\xi\right)}{\pi^{2}d^{4}g}\right]q_V^{2}$$

对于给定的管路系统，当阀位（开度）一定时，d、l、$\sum\xi$ 均为定值，一般湍流时流动多处于阻力平方区，摩擦系数的变化很小，可视为常数，所以可令

$$B=\frac{8\left(\lambda\frac{l}{d}+\sum\xi\right)}{\pi^{2}d^{4}g} \tag{2.8.43}$$

则式（2.8.42）简化为

$$L=A+Bq_V^{2} \tag{2.8.44}$$

式（2.8.44）称为管路特性方程，表示在给定管路系统中，在固定操作条件下，流体通过该管路系统时所需要的压头和流量的关系。图 2.8.19 中的曲线即为式（2.8.44）的图示，称为管路特性曲线，它说明流体从泵中获得的能量主要用于提高流体本身的位能、静压能、动能和克服沿途所遇到的阻力。其中阻力项与流量有关，显然，低阻管路系统的曲线较为平缓（图中曲线 a），高阻管路系统的曲线较为陡峭（图中曲线 b）。该曲线的位置由管路布置及操作条件来确定。总之，管路特性曲线只表明生产上的具体要求，而与离心泵的性能无关。

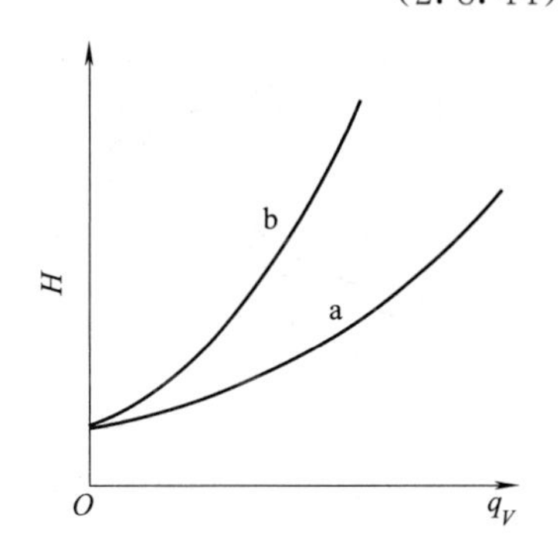

图 2.8.19　管路的特性曲线

当离心泵安装在一定管路系统中工作时，其实际输送的流量和提供的扬程等参数不仅与泵本身的性能有关，还与管路特性有关，即它将受到管路特性的制约。离心泵所提供的压头 H 与流量 q_V 必须与管路所需的压头 L 及流量 q_V 相一致。因此，离心泵的实际工作情况是由泵特性和管路特性共同决定的。若将离心泵的 $H \sim q_V$ 曲线与其所在管路的 $L \sim q_V$ 曲线同绘在一张坐标图上（见图 2.8.20），则两条线相交的点 M 称为泵在此管路系统中的工作点。因 M 点所对应的流量和压头既为离心泵所提供，又为管路系统所要求，即 q_V 供 $=$ q_V 需，$H=L$，说明只有在两条曲线相交的点上，流量和压头才同时符合泵和管路双方的规律而达到统一。与工作点的流量 $q_{V,\mathrm{M}}$ 相应的 η_M 和 P_M 可以分别在 $\eta \sim q_V$、$P \sim q_V$ 曲线上查出，即分别为图 2.8.20 中的 c、d 两点的纵坐标值。由此可见，当泵在系统中的工作点确定以后，它的性能参数便被确定。

(2) 离心泵的流量调节

离心泵在确定的管路系统中运转时，若生产任务发生变化，则出现泵的流量与生产要求不相适应的情况；或将已选择好的离心泵安装在特定的管路中运转时，很难保证所提供的流量就是输送任务所要求的。对于这两种情况，都要根据生产工艺的要求在一定范围内调节流量，实际上就是人为地改变泵的特性曲线和管路特性曲线的交点。也就是说，只要设法使其中一条或两条同时改变其形状和位置，即可改变泵的工作点，达到流量调节的目的。下面介绍几种较为常见的调节方法。

1）节流调节法（改变管路特性曲线形状的调节法）

这种方法是在离心泵出口管线上安装调节流量用的阀门。管路特性曲线只能表示阀门开启程度一定时（如半开时）的 $L \sim q_V$ 关系，因此，改变阀门开度就是改变管路特性曲线的形状。如图 2.8.21 所示，当阀门开度变小时，管路的局部阻力增大，从而使管路特性曲线由 CE 变为 CE'，工作点由 A 变为 D，压头由 H_A 变为 H_D。此时流量由 $q_{V,\mathrm{A}}$ 变为 $q_{V,\mathrm{D}}$，可满足流量减少的要求。若阀门全关，则管路特性曲线与纵轴重合，可见节流调节法可将流量减小到零。

用节流调节法调节流量迅速方便，且流量可以连续变化，适合连续生产的需要，因而应用十分广泛。但由于节流调节法实质上是人为地提高管路所需的压头以适应离心泵的特性，其结果是在压头方面带来较大的额外消耗。如图 2.8.21 所示，流量为 $q_{V,\mathrm{D}}$ 时，实际需要的压头为 H_B，因此，$(H_\mathrm{D}-H_\mathrm{B})$ 这部分压头消耗在阀门的局部阻力上，所以这种方法很不经济。但对于调节幅度不大、又经常需要改变流量时，该法较为方便。

若阀门的起始开度不大，则亦可增流调节，以满足生产流量逐渐增加的要求。

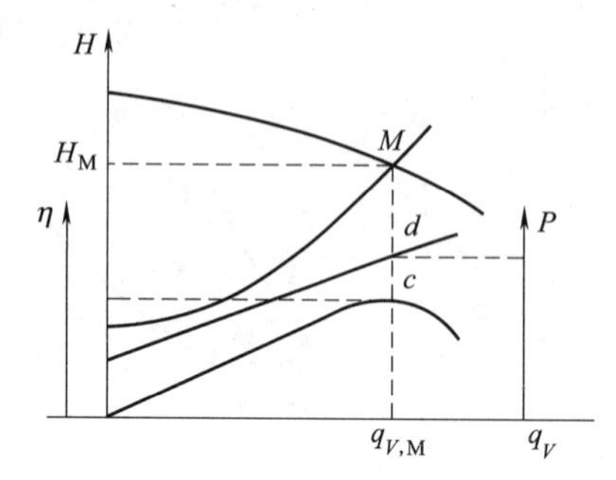

图 2.8.20 离心泵的工作点

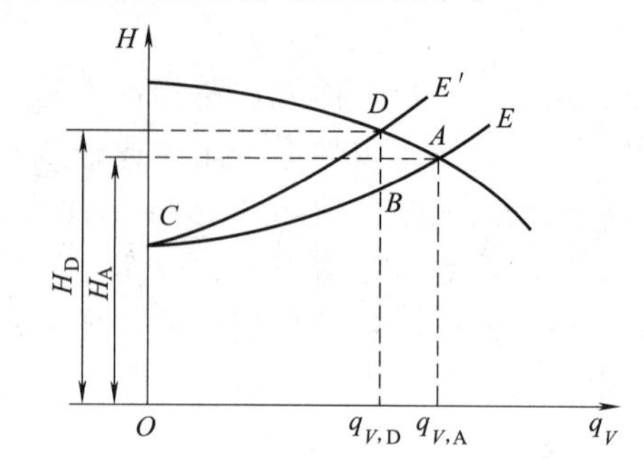

图 2.8.21 离心泵节流调节时工作点的变化

2）改变泵性能曲线的调节法

前已指出，改变泵的转速或直径可调节泵的性能。由于切削叶轮为一次性调节，因此，通常采用改变泵的转速来实现流量调节。

在图 2.8.22 中，当泵转速由 n 改变为 n'，性能曲线由 $H \sim q_V$ 变为 $H' \sim q'_V$ 时，工作点便由 M 变为 M'，压头亦由 H_M 降低到 H'_M，显然，动力消耗也相应降低。

这种调节方法，保持管路特性曲线不变，与节流调节法相比，无多余能量损失，但需配用可调速的原动机或增加调速器装置，设备的投资费用增大。近年来，随着电子和变频技术的成熟和发展，变频调速技术已广泛应用于各种生活场合，如通过改变电机输入电源的频率实现电机转速的变化。化工用泵的变频调速已成为一种调节方便且节能的流量调节方式。

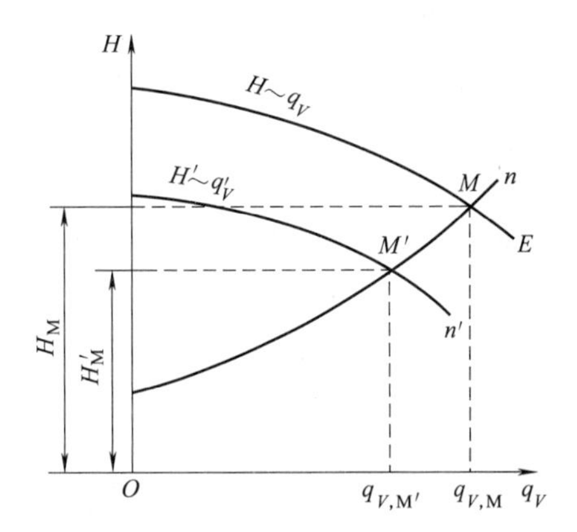

图 2.8.22 改变转速时的工作点变化

在较小范围内调节流量和扬程，也可采用更换不同直径叶轮或车削叶轮外径的办法来改变泵的特性曲线。通常由于叶轮直径变化量较小，其特性曲线可按式（2.8.23）～式（2.8.25）换算，工作点的变化与图 2.8.22 类似。

2.8.1.8 离心泵的组合运转工况分析

在生产中，有时需要将多台泵并联或串联在管路中运转，目的在于增加系统中的流量或压头。例如在扩建工程中要求增大流量时，采用加装设备与原有设备并联工作，也许比用一台大型的设备来替换原设备更为经济合理；又如系统设计时，要求流量变化的幅度大，也可采用并联，以便全开或部分停开进行调节。多数情况下，串联主要是为了增大压头而采用的方法。组合运转的工况分析用图解法较为方便。下面以两台特性相同的泵为例，分析离心泵组合后的工况。

(1) 并联运转

若生产中原有的一台泵不能满足流量增加的要求，可以用两台或多台泵，以图 2.8.23 所示的方式组合安装于管路中共同输送液体，称其为泵的并联运转。图中所示仅为泵并联运转的一种最为简单的情况，即两台型号相同的泵自同一贮槽中吸液，且各自的吸入管路相同。于是，两台泵各自的 $H \sim q_V$ 曲线一样。此时只要在同一压头下，将单台泵的特性曲线 A 的横坐标加倍，便可求得两泵并联后的合成特性曲线 B。

并联运转泵的流量 $q_{V,并}$ 与压头 $H_{并}$ 由管路特性曲线与两泵并联合成特性曲线的交点 d 确定。由图 2.8.23 可见，两泵并联后的流量 $q_{V,并}$ 与原单台泵的流量 q_V 相比虽然有较大的增加，但只要管路存在阻力，就不会增加到两倍。两泵并联运转后的总效率与每台泵的流量 $q_{V,1}$ 所对应的单泵效率相同。

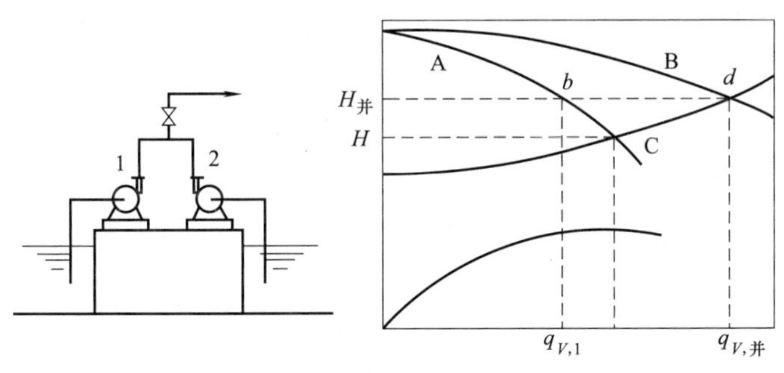

图 2.8.23 离心泵的并联运转

(2) **串联运转**

若一台泵单独工作达不到生产中要求的压头，可以采用两台或多台泵串联。使用一台泵向另一台泵的吸入口供液，再由最后一台泵将液体送出的过程，称为泵的串联运转。实质上几台泵的串联运转相当于具有几台原动机的一台多级泵。

若两台型号相同的泵串联运转时，则每台泵的压头和流量也是相同的。因此，可在同一流量下将单台泵的特性曲线 A 的纵坐标加倍，即可做出如图 2.8.24 所示的两台泵串联运转的合成特性曲线 B。同样，串联运转的总压头和总流量也是由工作点 d 所决定的。因为串联后的总流量 $q_{V,串}$ 必与串联组合中的每一台单泵的流量 q_V 相等，所以总效率就是 $q_{V,串}$ 所对应的单泵效率。

由图 2.8.24 可见，两台相同泵串联运转后的压头虽较一台泵单独使用时增高，但并不是增高一倍，即 $H_d \neq 2H_c$。

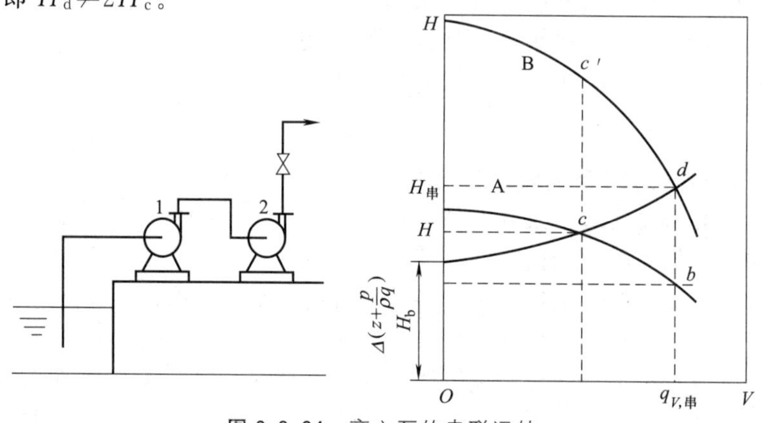

图 2.8.24 离心泵的串联运转

(3) **两种组合方式的比较及其选择**

由以上讨论可知，泵的并联运转是在遇到流量不能满足生产上要求时而采用的一种措施，这种组合方式可以提高流量，但实际上压头也有所提高。泵的串联运转是为了提高压头而采取的一种组合运转方式，但实际上压头增加的同时，流量也有所提高。如果管路特性方程中的 $A=\Delta z+\frac{\Delta p}{\rho g}$ 大于单泵所提供的最大压头，则必须采用串联运转。但在许多情况下采用单台泵输送液体，只是由于流量过低而不能达到指定要求时才考虑再加一台泵。除此之外，在各泵性能曲线一定的条件下，为提高系统的压头或增加系统的流量究竟是采用哪一种组合方式更为有利，这还要看管路特性曲线所处的位置和形状。

由图 2.8.25 可见，对于低阻输送管路 a，并联组合输送的流量比串联组合的大；而在较高阻力的输送管路 b 中，串联组合的流量反而比并联组合的大。对于压头同样也有类似的情况。因此，不论是提高压头还是流量，一般来说，对于低阻输送管路，选用并联组合较好；在高阻输送管路系统中，则选用串联组合更为适宜，但在实际工程应用，几乎不采用串联操作的办法。

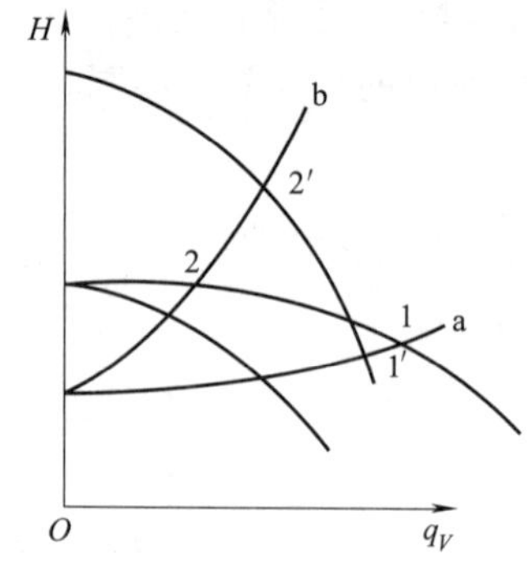

图 2.8.25 离心泵组合方式的选择

a—低阻输送管路；b—高阻输送管路

2.8.1.9 离心泵的类型与选用

(1) **离心泵的类型**

离心泵种类繁多，相应的分类方法也多种多样，可按输送液体的性质分类，也可按离心泵的结构特点分类。各种类型的离心泵自成一个系列，并以一个或几个英语或汉语拼音字母作为系列代号，在每一系列中，由于有各种不同的规格，因而附以不同的字母和数字来区别。将每种系列泵的最佳工作范围绘于一张坐标图上称为型谱，如图 2.8.26 所示为 IS 型泵的型谱。以 IS100-80-125 为例说明泵型号中各项意义：IS—国际标准单级单吸清水离心泵；100—吸入管内径，mm；80—排出管内径，mm；125—叶轮直径，mm。系列型谱便于用户选泵，又便于计划部门向泵制造厂提出开发新产品的方向。

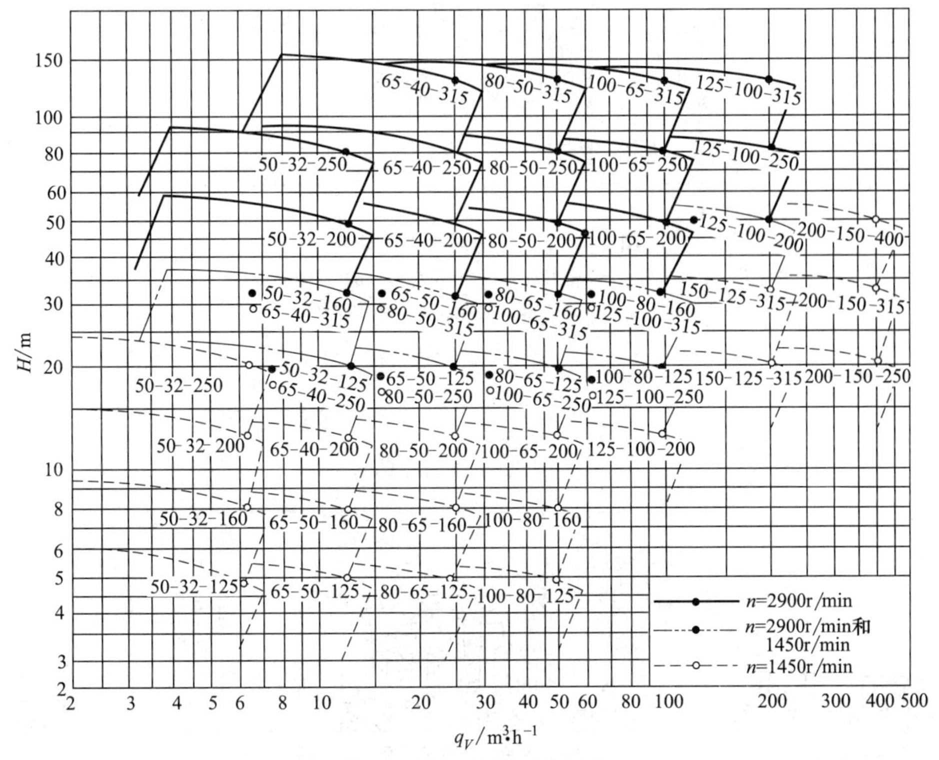

图 2.8.26 IS 型泵的型谱

离心泵按输送液体的性质及使用条件不同，可分为清水泵、耐腐蚀泵、油泵、液下泵、屏蔽泵、管路泵、磁力泵、杂质泵等。以下介绍几种主要类型的泵。

① 清水泵 适用于输送清水以及物理、化学性质类似于水的清洁液体，是最常用的离心泵，泵体和泵盖都是用铸铁制成。

应用最广泛的清水泵是单级单吸式，系列代号为 IS，其结构如图 2.8.27 所示。

如果要求的压头较高而流量并不太大时，可采用多级泵，系列代号为 D，其结构如图 2.8.28 所示。在一根轴上串联多个叶轮，从一个叶轮流出的液体通过泵壳内的导轮，引导液体改变流向，同时将一部分动能转变为静压能，然后进入下一个叶轮入口，液体从几个叶轮中多次接受能量，故可达到较高的压头。一般自 2 级到 9 级，最多可达 12 级。

如果输送液体的流量较大而所需的压头并不高时，则可采用双吸式离心泵，系列代号为 S，其结构如图 2.8.29 所示。由于双吸叶轮的宽度与直径之比加大，且有两个吸入口，故输液量较大。

② 耐腐蚀泵 输送酸、碱等腐蚀性液体时采用耐腐蚀泵，系列代号为 F。其主要特点是和液体接触的部件用耐腐蚀材料制成，如灰口铸铁、镍铬合金钢等。

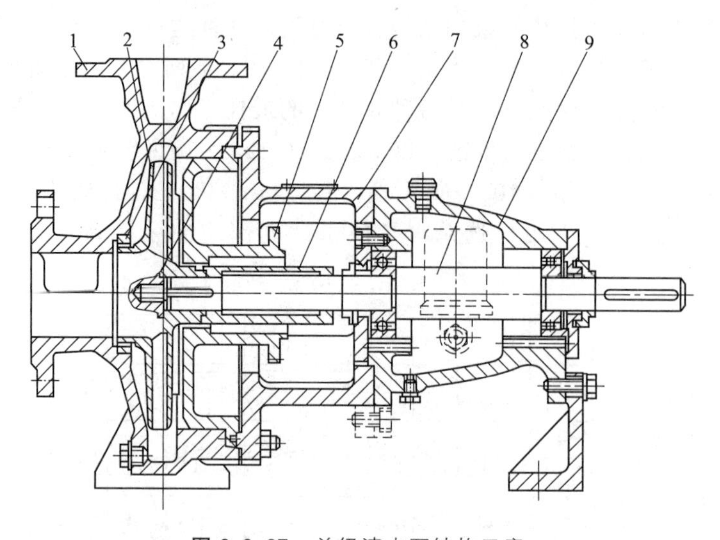

图 2.8.27 单级清水泵结构示意

1—泵体；2—叶轮；3—密封环；4—叶轮螺母；5—泵盖；6—密封部件；7—中间支撑；8—轴；9—悬架部件

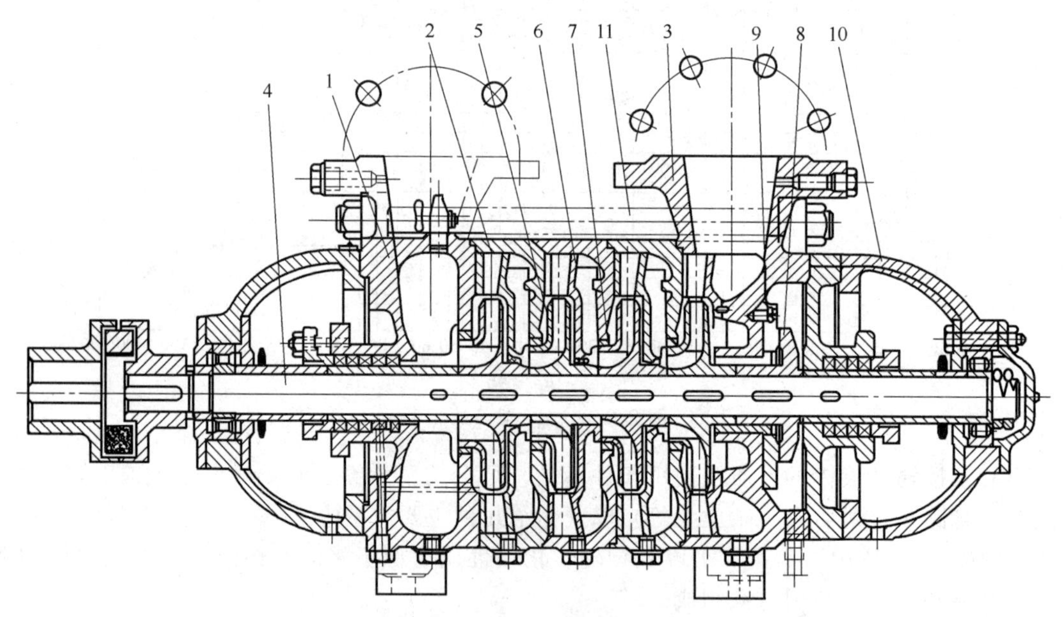

图 2.8.28 多级离心泵（D 型）结构示意

1—吸入段；2—中段；3—压出段；4—轴；5—叶轮；6—导叶；7—密封环；8—平衡盘；9—平衡圈；10—轴承部；11—螺栓

③ 油泵　输送石油产品的泵称为油泵。因油品易燃易爆，因此要求油泵必须有良好的密封性能。当输送 200℃以上的热油时，泵的轴密封装置和轴承都装有冷却水夹套，运转时通冷水冷却。油泵的系列代号为 Y。

④ 杂质泵　输送悬浮液及稠厚的浆液等常用杂质泵。对这类泵的要求是不易堵塞，容易拆卸，耐磨。它在构造上的特点是叶轮道宽，叶片数目少，常采用半蔽式或敞式叶轮，有些泵壳内衬以耐磨的铸钢护板。

⑤ 屏蔽泵　屏蔽泵是一种无泄漏泵，系列代号为 PB，它的叶轮和电机联为一个整体并

密封在同一泵壳内，不需要轴封装置，又称为无密封泵。在化工生产中常用以输送易燃、易爆、剧毒及具有放射性的液体。其缺点是效率较低，约为26%～50%。

⑥ 液下泵　液下泵在化工生产中作为一种化工过程泵或流程泵有着广泛的应用，泵体安装在液体贮槽内，对轴封要求不高，适用于输送化工过程中各种腐蚀性液体，既节省了空间又改善了操作环境。其缺点是效率不高。液下泵的系列代号为FY。

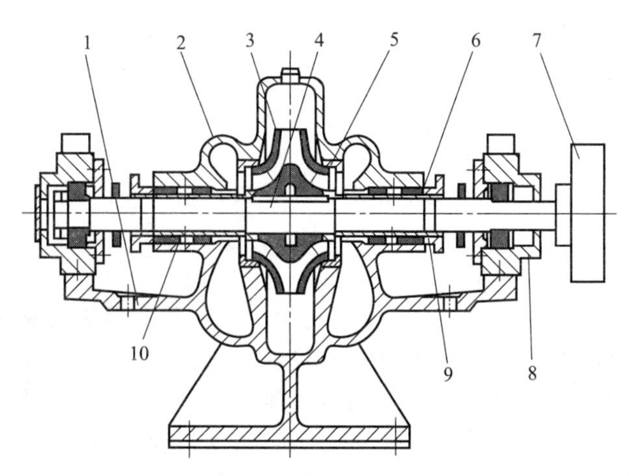

图2.8.29　双吸泵（S型）结构示意

1—泵体；2—泵盖；3—叶轮；4—轴；5—密封环；6—轴套；7—联轴器；8—轴承体；9—填料压盖；10—填料

⑦ 管路泵 管路泵为立式离心泵，其吸入口、排出口中心线及叶轮在同一平面内，且与泵轴中心线垂直，可以不用弯头直接连接在管路上。该泵占地面积小、拆装方便，主要用于直接安装在设备内或管路中液体物料的输送泵、增压泵、循环泵等。

(2) 离心泵的选用

离心泵的选用原则是满足生产要求，可分为以下三个步骤进行泵的选择。

① 根据被输送液体的性质和操作条件，初步确定泵的系列。

a. 根据输送介质情况决定泵的类型，如清水泵、油泵、耐腐蚀泵、屏蔽泵等；

b. 根据现场安装条件决定选用泵的型式，如卧式泵、立式泵（含液下泵、管道泵）等；

c. 根据流量大小选用泵的吸入口多少，如单吸泵、双吸泵等；

d. 根据扬程高低选泵的级数，如单级泵、多级泵、高速泵等。

② 根据管路需要的流量和压头筛选出泵的可用型号。

生产过程中，流量和压头等参数可能在一定范围内变动，所以在选用泵时，应按最大流量和最大压头为准，所选的泵应稍大一些，同时要符合节约原则。若选得过大，既增加泵的投资（设备费高），又使泵经常在远离设计点的条件下工作（泵的效率低），动力消耗大（操作费高），会造成很大的浪费。一般可考虑以下因素：

a. 采用操作中可能出现的最大流量作为所选泵的额定流量，如缺少最大流量值时，常取正常流量的1.1～1.15倍作为额定流量；

b. 取所需扬程的1.05～1.10倍作为所选泵的额定扬程；

c. 按额定流量和扬程，利用系列型谱图，初步选择一种或几种可用的泵的型号。

③ 校核和最终选型。

按初选泵的性能曲线校核泵的额定工作点是否在高效工作区内、泵的汽蚀余量是否符合要求。若有几种型号的泵同时可用时，则应选择综合指标高者为最终的选择。综合指标主要为：效率高、汽蚀余量小、重量轻、价格低。如，当输送水时，要求扬程为45m，流量为$10m^3/h$，可利用图2.8.26，在不考虑价格、重量和安装的前提下可考虑选用IS50-32-200离心泵。

2.8.2　容积式泵

容积式泵也叫正位移泵，是指依靠容积变化原理来工作的泵，即借助物体周期性的位移来增加或减少工作容积，从而进行液体输送的泵。按照容积泵的运动方式，又分为往复式和转动式容积泵。往复运动可以是直线运动，如活塞或柱塞泵及隔膜泵，也可以是沿圆弧运动；转动容积泵（转子泵）有齿轮泵、螺杆泵等。

(1) 往复泵

往复泵是往复工作的容积式泵，它依靠活塞（或柱塞）的往复运动周期性地改变泵腔容积，将液体吸入和压出。

1）往复泵的工作原理

图 2.8.30 为往复泵结构简图，主要由活塞（或柱塞）、泵缸和单向阀组成。当活塞在外力的作用下从左侧向右侧运动时，泵缸内的工作容积增大而形成低压，排出阀在压出管内液体的压力作用下关闭，吸入阀则被泵外液体的压力推开，将液体吸入泵缸内。当活塞移到泵缸的右端，工作室的容积最大，吸入行程结束。随后，活塞便自右向左移动，泵缸内液体受到挤压，压力增大，使吸入阀关闭而排出阀打开，并将液体排出。活塞移至左端时，排液结束，完成了一个工作循环。接着活塞又向右移动，开始另一个工作循环。

往复泵靠活塞在泵缸左右两端间作往复运动而吸入和压出液体。活塞在两端点间移动的距离称为冲程，活塞往复一次的容积排量，叫冲程容积。

具有一个泵缸的往复泵，在一个循环中，活塞往复一次，吸入和排出液体各一次，称为单缸单作用或单动泵。单缸单作用泵在吸入过程中无液体排出，所以排液是不连续的，加之活塞运动并非恒速，在排出过程中的排液量也将随之波动。这种泵的流量曲线如图 2.8.31 所示。泵的排液量不均匀，还会额外引起惯性阻力，增加动力消耗。

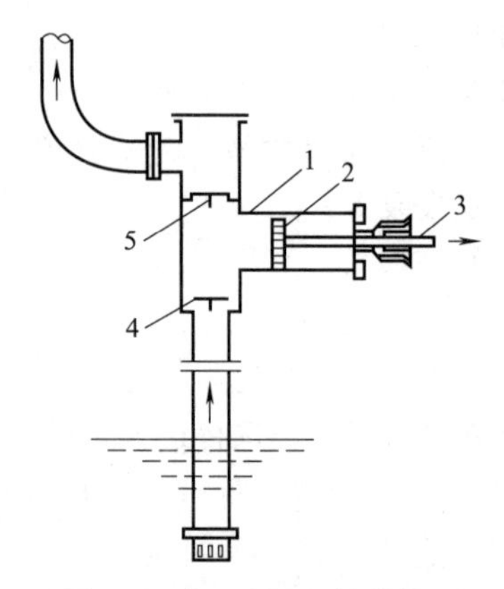

图 2.8.30　往复泵结构简图

1—泵缸；2—活塞；3—活塞杆；4—吸入阀；5—排出阀

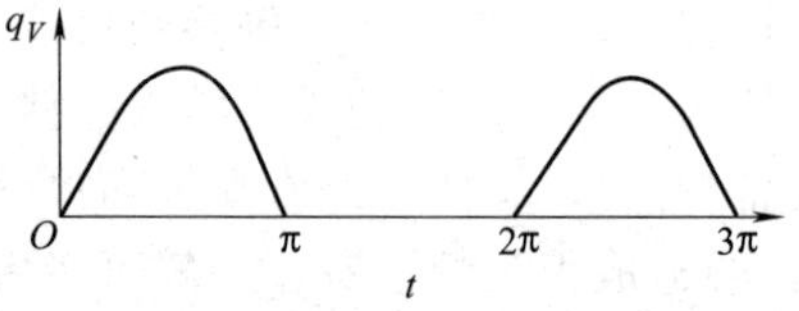

图 2.8.31　单缸单作用往复泵流量曲线

改善往复泵流量不均匀性的常用方法有两种。

① 采用多缸往复泵。有单缸双作用、双缸双作用或三个单缸单作用泵并联操作的三作用泵等多种型式。图 2.8.32 为一单缸双作用往复泵的简图。活塞左侧和右侧都有吸入阀（在下方）和排出阀（在上方）。活塞向右移动时，左侧吸入阀开启，右侧吸入阀关闭，液体经左侧的吸入阀进入左侧的工作室。同时，左侧的排出阀关闭，右侧的排出阀开启，液体从右侧的工作室排出，当柱塞向左移动时，情况就反过来。单缸双作用泵在每一个工作循环中，吸液和排液各两次，整个循环中均有液体吸入和排出

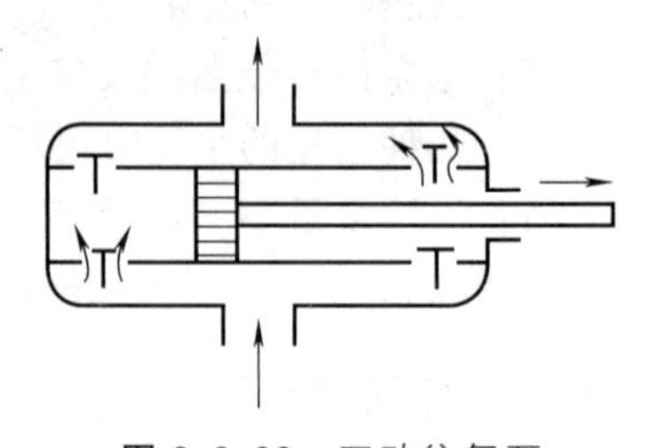

图 2.8.32　双动往复泵

使排液连续，但流量仍波动较大，如图 2.8.33 所示。然而与单缸单作用泵相比，其排液流量波动程度要小得多。若采用双缸双作用泵，其流量曲线如图 2.8.34 所示，可使流量的波动程度进一步减小。

② 在气缸排出和吸入端增设空气室。当一侧压力较高排液量较大时，将有一部分液体压入该侧的空气室内暂存起来，当该侧压力下降至一定程度，流量减少时，在空气室内压力作用下，可将室内的液体压出，补充到排出液中。这样，依靠空气室内空气的压缩和膨胀作用进行缓冲调节，使泵的流量更为平稳。

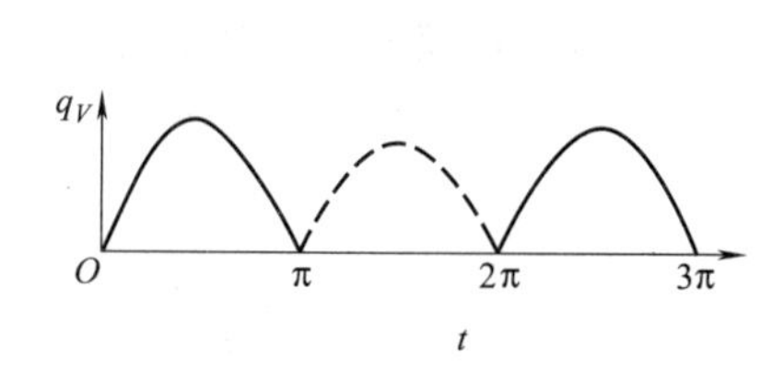

图 2.8.33 单缸双作用往复泵流量曲线

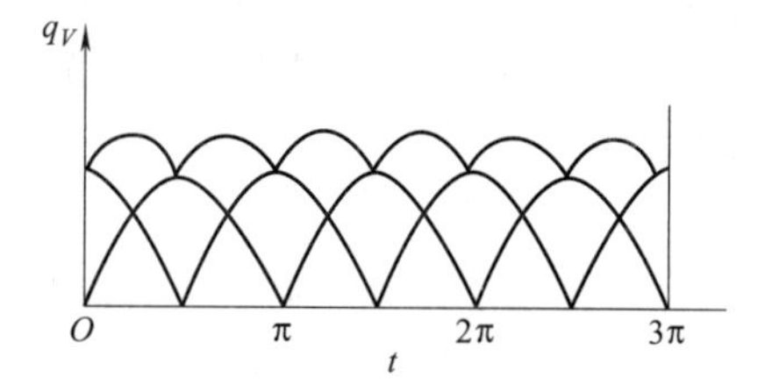

图 2.8.34 双缸双作用往复泵流量曲线

2）往复泵的流量和压头

单动往复泵的工作过程是由交替进行的吸入和排出两个冲程组成的循环过程，活塞每往复一次完成一个工作循环。若阀件启闭无滞后，容积效率等于 1 的理想情况下，单作用泵和双动泵的平均理论流量 q_{VT} 分别为：

$$q_{VT}=\frac{ZFSn_r}{60} \tag{2.8.45}$$

$$q_{VT}=\frac{Z(2F-f)Sn_r}{60} \tag{2.8.46}$$

式中 Z——泵缸数目；

F——活塞面积，m^2；

S——活塞冲程，m；

n_r——活塞往复频率，1/min；

f——活塞杆截面积，m^2。

往复泵的理论流量只与活塞面积、位移以及单位时间内往返次数等泵的参数有关，与管路的情况无关，对于某一特定的往复泵，上述泵参数均为定值，则：

$$q_{VT}=\text{常数} \tag{2.8.47}$$

实际上，由于阀件不能及时开关，活塞与泵体间存在间隙，且随压头增高而使泄漏量增大等原因，往复泵的实际流量 q_V 小于理论流量，但也为常数，只有在压头较高的情况下才随压头的升高而略有下降，如图 2.8.35 所示。

往复泵的压头与泵的几何尺寸无关，与流量也无关。只要泵的机械强度和原动机的功率允许，管路系统要求多高的压头，往复泵就能提供多大的压头。所以，在化工生产中，当要求压头较高而流量不大时，常采用往复泵。

往复泵的压头与流量无关，所以往复泵的特性曲线为 q_V 等于常数的直线，其工作点仍是泵特性曲线和管路特性曲线的交点，见图 2.8.35。可见，往复泵的工作点随管路特性曲线的变化而变化。

往复泵的流量仅与泵特性有关，而提供的压头只取决于管路状况，这种特性称为正位移特性，具有这种特性的泵称为正位移式泵。

3）往复泵的流量调节及安装

与离心泵不同，往复泵不能采用出口阀门调节流量，原因在于往复泵的流量与管路特性无关，一旦出口阀门完全关闭，会造成泵缸内的压力急剧上升，导致缸体损坏或电机烧毁。

往复泵的流量调节可通过三个方式实现：

① 改变冲程的大小。通过改变曲柄的长度或偏心轮的偏心度实现。

② 改变单位时间内活塞往复的次数。通过调节转速或动力蒸汽的压力来实现。

③ 采用安装回流支路或旁路的办法来实现，如图 2.8.36 所示。这种办法比较简便，但会引起一定的能量损失，因此适用于变化幅度较小的经常性调节。此外，必须注意的是，当支路阀 V_1 未打开时，不允许像离心泵那样关闭出口阀 V_2 而启动，或者说，排出阀和支路阀不可同时关闭。

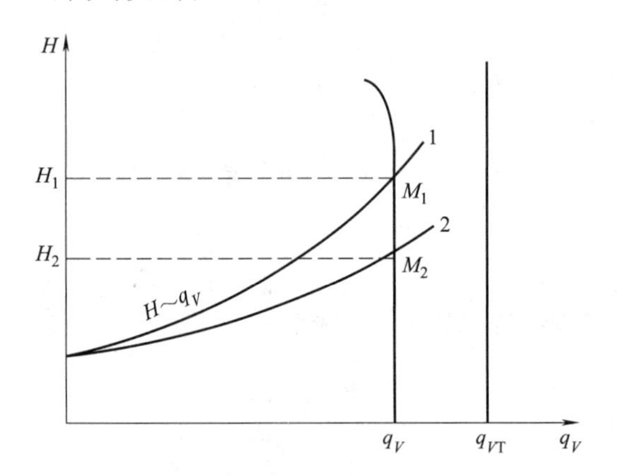

图 2.8.35 往复泵的特性曲线及工作点

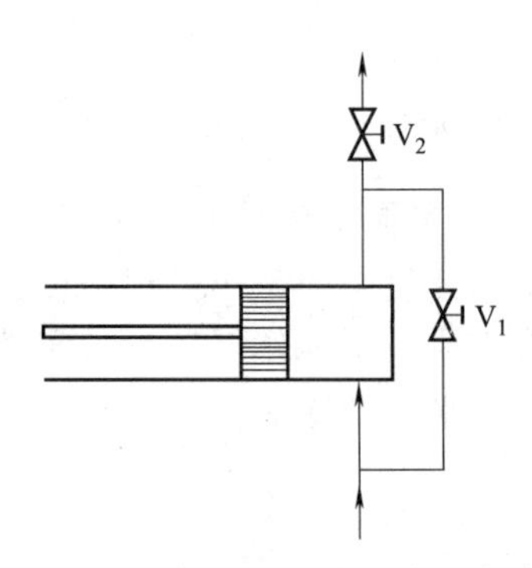

图 2.8.36 往复泵的回流支路调节流量法

往复泵的吸上真空高度亦随泵安装地区的大气压强、输送液体的性质和温度而变，所以往复泵的吸上高度也有一定的限制。但是，往复泵的低压是靠工作室的扩张来造成的，所以在启动之前，泵内无须充满液体，即往复泵有自吸作用。

基于以上特点，若生产上对流量要求小、而扬程却需要很高，离心泵无法满足的高压情况下，采用往复泵是适宜的。当排出压力太大，活塞杆无法承受时，则可采用柱塞来代替活塞，且可直接利用蒸汽传动。输送高黏度液体时，往复泵的效果也比离心泵好。但往复泵不能输送腐蚀性液体和有固体颗粒的悬浮液。

(2) 隔膜泵

隔膜泵系借弹性薄膜将活塞与被输送的液体隔开，这样在输送腐蚀性液体或悬浮液时，可不使活塞和缸体受到腐蚀和磨损。隔膜可采用耐腐蚀橡皮或弹性金属薄片制成。隔膜泵实际上就是一种往复泵。图 2.8.37 中隔膜左侧所有和液体接触的部分均由耐腐蚀材料制成或涂有耐腐蚀物质；隔膜右侧充满油或水。当活塞作往复运动时，隔膜交替地向两边弯曲，将液体吸入和排出。

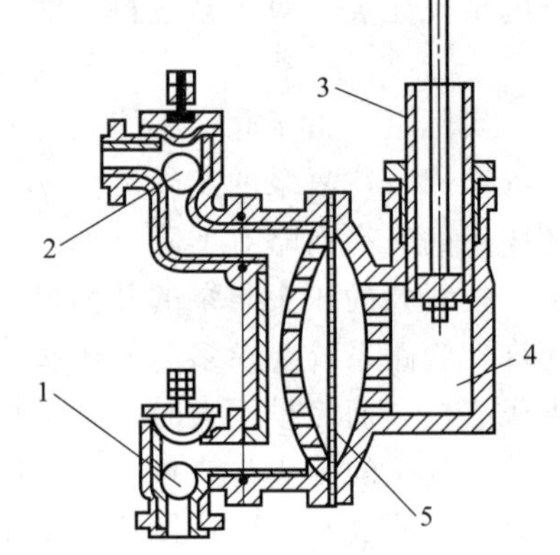

图 2.8.37 隔膜泵

1—吸入活门；2—压出活门；3—活柱；4—水或油；5—隔膜

(3) 计量泵

计量泵（或称比例泵）也是往复泵的一种。其结构如图 2.8.38 所示，它是柱塞泵，由转速稳定的电动机通过可调整偏心程度的偏心轮来带动，柱塞的冲程随偏心轮的偏心程度改变，在单位时间内柱塞的往复次数不变的情况下，流量与冲程成正比。若用一台电动机同时带动两个或更多台计量泵，则不但可达到每股流体的流量固定，而且也能达到各股流体流量的比例固定。

(4) 转子泵

转子泵是旋转工作的容积式泵，是依靠泵内的一个或多个转子的旋转来吸入和排出液体，故又称为旋转泵。转子泵和往复泵一样，适用于流量小、扬程大的情况。由于转子泵是连续输送液体的，所以排液量不会像一般往复泵那样产生脉动的现象。

1）齿轮泵

齿轮泵是正位移泵的另一种形式，其结构如图 2.8.39 所示。泵壳内有两个齿轮，一个是靠电机带动旋转，称为主动轮；另一个是靠与主动轮相啮合而转动，称为从动轮。两齿轮与泵体间形成吸入和排出两个空间。吸入空间内两轮的齿互相拨开，形成了低压而将液体吸入，分两路在齿轮与壳体的空隙间被齿轮推动前进，并随齿轮转动达到排出空间。由于排出空间两个齿轮的齿互相合拢，齿端与外壳间缝隙很小，使液体不致返回，于是形成高压由排液口排出。

齿轮泵的流量小但压头高，可用于输送黏稠液体以至膏状物，例如向离心油泵的填料函灌注封油。但不能输送有固体颗粒的悬浮液。

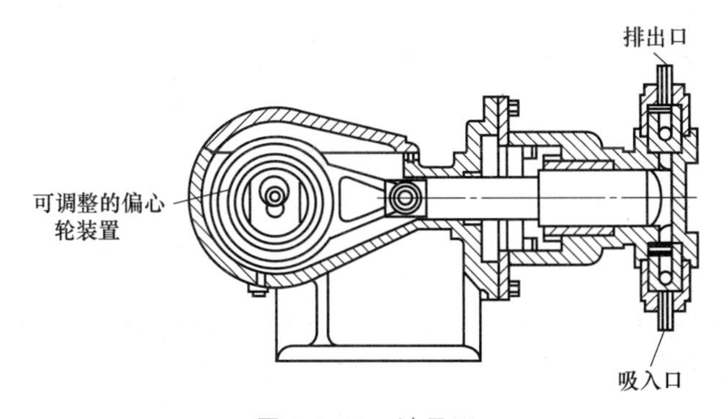

图 2.8.38 计量泵

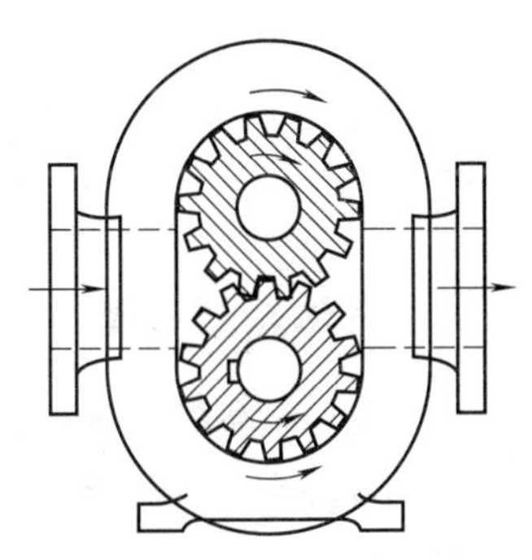

图 2.8.39 齿轮泵

2）螺杆泵

螺杆泵由泵壳和一个或多个螺杆构成。运转时，螺杆一边旋转一边啮合，液体便被一个或几个螺杆上的螺旋槽带动，沿轴向排出。螺杆泵按螺杆的数目可分为单螺杆泵、双螺杆泵、三螺杆泵和五螺杆泵。图 2.8.40 所示的双螺杆泵实际是齿轮泵的变型，利用两根相互啮合的螺杆来压送液体。当所需的压强很高时，可采用较长的螺杆。

螺杆泵的主要优点是结构紧凑、流量及压力基本无脉动、运转平稳、寿命长、效率高、无噪声，其压头高，适用的液体种类和黏度范围广，特别适用于高黏度液体的输送。缺点是制造加工要求高，工作特性对黏度变化比较敏感。

2.8.3 旋涡泵

旋涡泵（也称涡流泵）是一种特殊类型的离心泵，是通过旋转的叶轮叶片，对流道内液体进行三维流动的动量交换而输送液体。旋涡泵由泵壳和叶轮组成，叶轮是一个圆盘，四周铣有凹槽而构成叶片成辐射状排列，叶片数目可多达几十片，如图 2.8.41 所示。

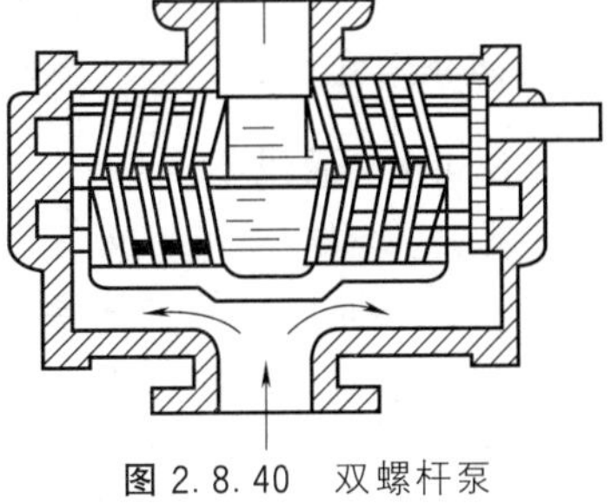

图 2.8.40 双螺杆泵

与离心泵的工作原理相同，旋涡泵也是借离心力的作用给液体提供能量。当叶轮在泵壳内旋转时，泵内液体在随叶轮旋转的同时又在引水道与各叶片之间反复迂回运动，因而被叶片拍击多次，获得较高能量，因此，旋涡泵可达到其他叶片泵所不能达到的很高扬程。

旋涡泵适用于要求输送量小、压头高而黏度不大的液体。液体在叶片与引水道之间的反复迂回是靠离心力的作用，故旋涡泵在开动前也要灌满液体。

旋涡泵的特性曲线见图 2.8.42，其最高效率比离心泵低。当流量减小时，压头升高很快，轴功率也增大，所以此类泵应避免在太小的流量或出口阀全关的情况下作长时间运转，以保证泵和电机的安全，为此也采用正位移泵所用的回流支路来调节流量。旋涡泵的 $P \sim q_V$ 线是向下倾斜的，当流量为零时，轴功率最大，所以在启动泵时，出口阀必须全开。

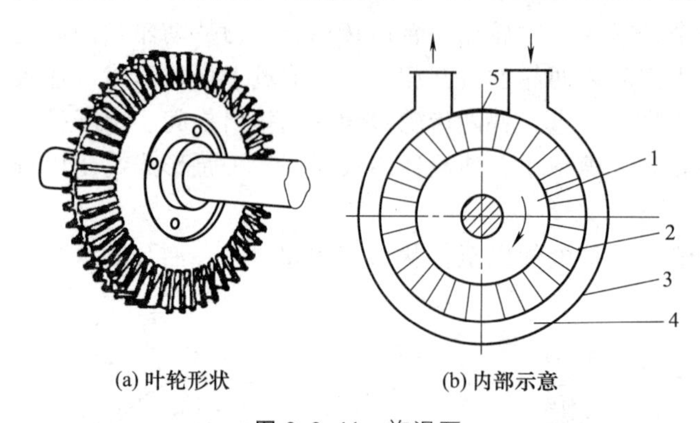

图 2.8.41 旋涡泵

1—叶轮；2—叶片；3—泵壳；4—引水道；5—吸入与排出口的间壁

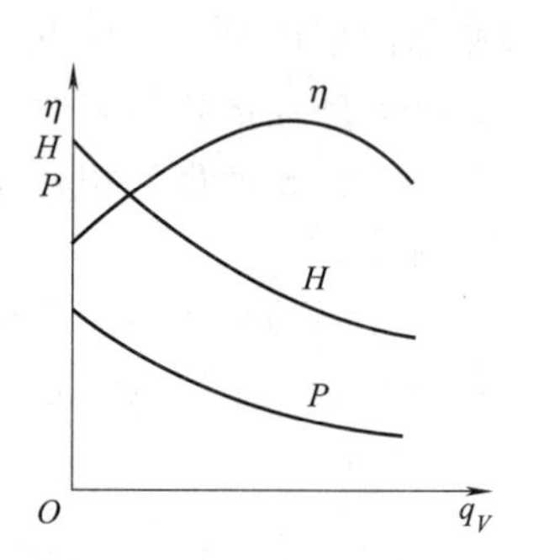

图 2.8.42 旋涡泵的特性曲线

2.8.4 气体输送设备

气体输送设备的结构和原理与液体输送设备大体相同。但由于气体具有可压缩性和比液体小得多的密度，从而使气体输送具有不同于液体输送的特点。气体输送设备可按结构和原理分为离心式、旋转式、往复式等，也可按其出口压力或压缩比（气体加压后与加压前绝对压力之比）作为区分，真空泵则以真空度来表示性能。如：

通风机　终压不大于 15kPa（表压），压缩比为 1～1.15；

鼓风机　终压为 15kPa～0.3MPa（表压），压缩比小于 4；

压缩机　终压在 0.3MPa（表压）以上，压缩比大于 4；

真空泵　用于减压，出口压强为 0.1MPa（表压），其压缩比由真空度决定。

通风机和鼓风机是常用的气体输送设备，其基本构型及操作原理与液体输送设备颇为类似；压缩机和真空泵，若就其应用和所产生的压缩比而言，则可统称为气体的压缩设备。通风机、鼓风机主要是为了输送目的而对气体加压，需要提高的压力不大；压缩机和真空泵主要目的则在于维持工艺系统所要求的较高压力或一定的真空度。

下面介绍几种典型的气体输送设备。

2.8.4.1 通风机

工业上常用的通风机主要有离心通风机和轴流通风机两种型式，见图 2.8.43。

(1) 离心通风机的工作原理与结构

离心通风机的工作原理和离心泵一样［参见图 2.8.43 (a)］，在蜗壳中有一高速旋转的叶轮，通过叶轮旋转时所产生的离心力使气体压力增大而排出，离心通风机的结构与单级离心泵也大同小异。

图 2.8.44 所示为一离心通风机，它的机壳也是蜗壳形，壳内逐渐扩大的气体通道及其出口的截面有方形和圆形两种，一般中、低压通风机多是方形，高压的多为圆形。通风机叶轮上叶片数目较多且长度较短，叶片有平直的，有后弯的，亦有前弯的，图 2.8.45 所示为一低压通风机所用的平叶片叶轮，中、高压通风机的叶片是弯曲的，因此，高压通风机的外形与结构更像单级离心泵。离心式通风机可按照出口风压大小划分为：

低压离心通　　风机出口风压低于 0.9807kPa（表压）；

中压离心通　　风机出口风压为 0.9807～2.942kPa（表压）；

高压离心通　　风机出口风压为 2.942～14.7kPa（表压）。

(2) 轴流式通风机

轴流式通风机的结构与轴流泵类似，如图 2.8.43（b）所示。轴流式通风机排送量大，但所产生的风压很小，一般只用来通风换气，而不用来输送气体。化工生产中，在空冷器和冷却水塔的通风方面，轴流式通风机的应用较为广泛。

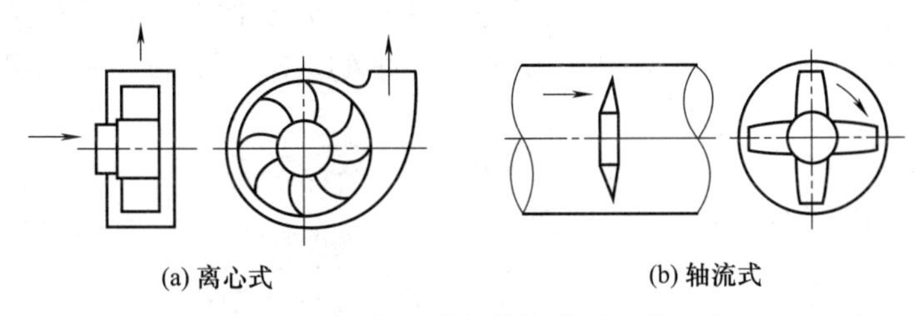

(a) 离心式　　(b) 轴流式

图 2.8.43　离心式和轴流式通风机示意

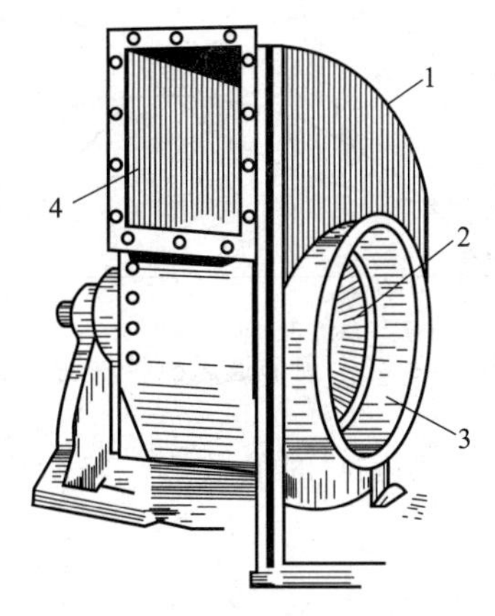

图 2.8.44　中、低压离心通风机结构

1—机壳；2—叶轮；3—吸入口；4—排出口

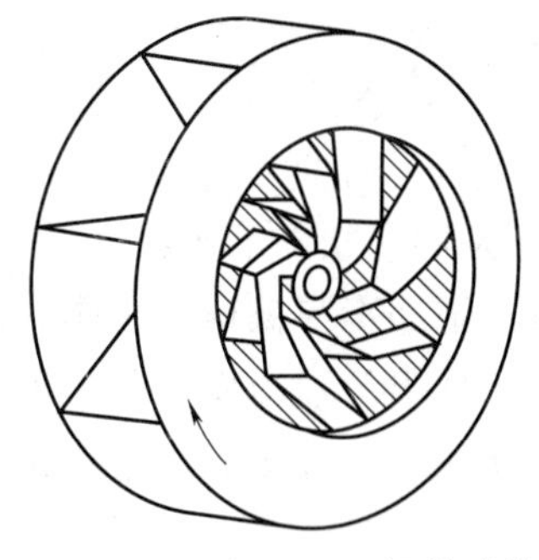

图 2.8.45　低压通风机的叶轮

(3) 离心通风机的性能参数与特性曲线

离心通风机的主要性能参数有风量、风压、轴功率和效率。

① 风量　风量是气体通过风机进口的体积流量，以符号 q_V 表示，单位为 m^3/s 或 m^3/h。

② 风压　风压是指单位体积的气体流过风机时所获得的能量，即表示所提高的风压。以 p_T 表示，单位为 $J/m^3=(N/m^2)$。

由于气体通过通风机的压力变化较小，在风机内的气体可视为不可压缩流体。为使用上的方便，习惯上以 $1m^3$ 气体为计算基准，对风机进出截面（分别以下标 1、2 表示）作能量

衡算，可得风机的压头为

$$p_T = H\rho g = \rho g(z_2 - z_1) + (p_2 - p_1) + \frac{\rho(u_2^2 - u_1^2)}{2} + \rho g \sum h_{f(1-2)} \quad (2.8.48)$$

上式中 ρg $(z_2 - z_1)$ 和 $\rho g \sum h_{f(1-2)}$ 都不大，当气体直接由大气进入风机，u_1 也较小，若均予忽略不计，则上式可简化为

$$p_T = (p_2 - p_1) + \frac{\rho u_2^2}{2} \quad (2.8.49)$$

从式（2.8.49）可以看出，通风机的压头由两部分组成，其中 $(p_2 - p_1)$ 称为静风压 p_p；$\frac{\rho u_2^2}{2}$ 称为动风压 p_k，两者之和为全风压 p_T。图 2.8.46 中所示 $p_T \sim q_V$ 和 $p_p \sim q_V$ 曲线即分别表示全风压和静风压与流量的关系。

和离心泵一样，通风机在出厂前，必须通过实验测定其特性曲线（图 2.8.46）。实验介质是压强为 101.3kPa、温度为 20℃的空气，该条件下空气的密度 $\rho = 1.2\text{kg/m}^3$。由于风压与密度有关，故若实际操作条件与上述实验条件不同时，应按下式将操作条件下的风压 p'_T，换算为实验条件下的风压 p_T，然后以实验条件下的风压 p_T 的数值来选用风机。

$$p_T = p'_T \frac{\rho}{\rho'} = p'_T \frac{1.2}{\rho'} \quad (2.8.50)$$

③ 轴功率与效率　离心通风机的轴功率为

$$P = \frac{p_T q_V}{1000\eta} \quad (2.8.51)$$

式中　P——轴功率，kW；

q_V——风量，m^3/s；

p_T——全风压，N/m^2；

η——效率，因按全风压定出，故又称全压效率。

应用式（2.8.51）计算轴功率时，式中的 q_V 与 p_T 必须是同一状态下的数值。

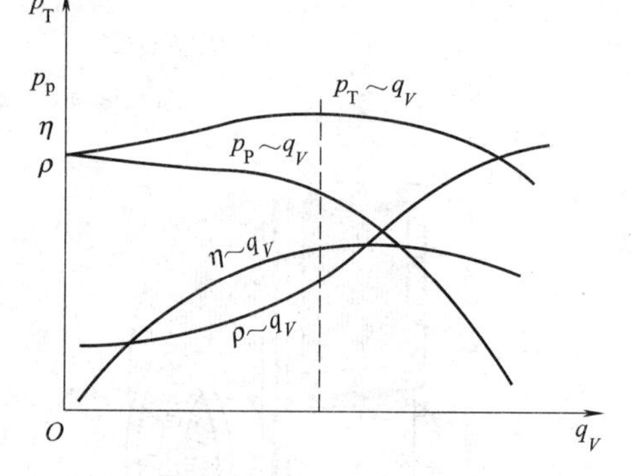

图 2.8.46　离心通风机特性曲线示意

风机的轴功率与被输送气体的密度有关，风机性能表上所列出的轴功率均为实验条件下即空气密度为 1.2kg/m^3 时的数值，若所输送的气体密度与此不同，可按下式进行换算，即

$$P' = P\,\frac{\rho}{1.2} \quad (2.8.52)$$

式中，P'——气体密度为 ρ' 时的轴功率，kW；

P——气体密度为 1.2kg/m^3 时的轴功率，kW。

因此，风机的全压效率符合下列关系，即

$$\eta = \frac{p_T q_V}{P} = \frac{p'_T q_V}{P'} \quad (2.8.53)$$

式中，P 的单位为 W。

(4) 离心通风机的选用

离心通风机的选用和离心泵的情况相类似，其选择步骤为：

① 根据机械能衡算式，计算输送系统在操作条件下所需的风压 p'_T，并按式（2.8.50）

将 p'_T换算成测试实验条件下的风压 p_T。

② 根据所输送气体的性质（如清洁空气，易燃、易爆或腐蚀性气体以及含尘气体等）与所需风压范围，确定风机类型。若输送的是清洁空气，或与空气性质相近的气体，可选用一般类型的离心通风机，常用的有 9-19 型和 9-27 型。

③ 根据实际风量 q_V（以风机进口状态计）与测试实验条件下的风压 p_T，从风机样本或产品目录中的特性曲线或性能表选择合适的机号，选择的原则与离心泵相同，不再详述。

④ 若所输送气体的密度不等于 1.2kg/m³时，需按式（2.8.52）计算轴功率，由此选择匹配的风机。

【例 2.15】 选用某风机将气体送至内径为 1.5m 的吸收塔底部，要求塔内最大气速为 2.5m/s。已知在最大气速下系统所需的风压为 11kPa。设空气大气压为 98.6kPa、温度为 30℃。试选定一台合适的离心通风机。

解： 按式（2.8.50）将输送系统在操作条件下所需的风压 p'_T换算为实验条件下的风压 p_T，即

$$p_T = p'_T \frac{1.2}{\rho}$$

空气在 98.6kPa、30℃下的密度为

$$\rho = 1.2 \times \frac{293}{303} \times \frac{98.6}{101.3} = 1.129\text{kg/m}^3$$

所以

$$p_T = 11 \times \frac{1.2}{1.129} = 11.69\text{kPa}$$

风量

$$q_V = \frac{\pi}{4} \times D^2 \times u = 0.785 \times 1.5^2 \times 2.5 \times 3600 = 15900\text{m}^3/\text{h}$$

根据风量 $q_V = 15900\text{m}^3/\text{h}$ 和风压 $p_T = 11.69\text{kPa}$，从有关手册中可查得 9-27-101No7（$n = 2900\text{r/min}$）可满足要求，该机性能如下：全风压 11.9kPa；风量 17100m³/h；轴功率 89kW。

2.8.4.2 鼓风机

在化工生产中常用的鼓风机有离心式和旋转式两种类型。

(1) 离心鼓风机

离心鼓风机又称透平鼓风机，其主要构造和工作原理与离心通风机类似。由于压缩比不大，故不需要冷却装置，各级叶轮尺寸基本相等。由于单级鼓风机不可能产生很高的风压（出口表压一般不超过 0.3MPa），故压头较高的离心鼓风机都是多级的。图 2.8.47 所示为一台五级离心鼓风机。

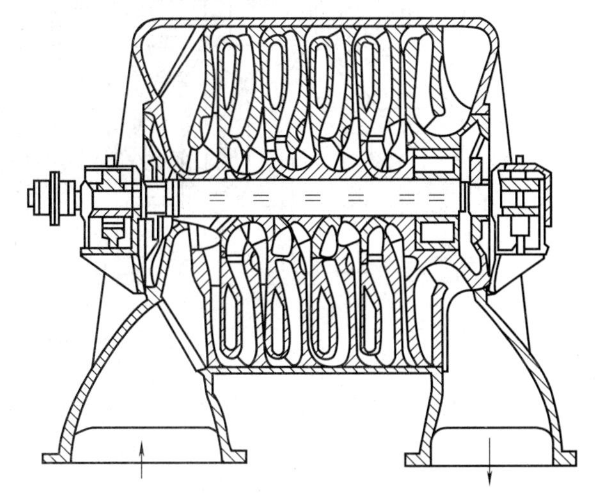

图 2.8.47 五级离心鼓风机

(2) 罗茨鼓风机

罗茨鼓风机是旋转鼓风机中的一种，其工作原理与齿轮泵相似。如图 2.8.48 所示，机壳内有两个特殊形状的转子，常为腰形或三星形，两转子之间、转子

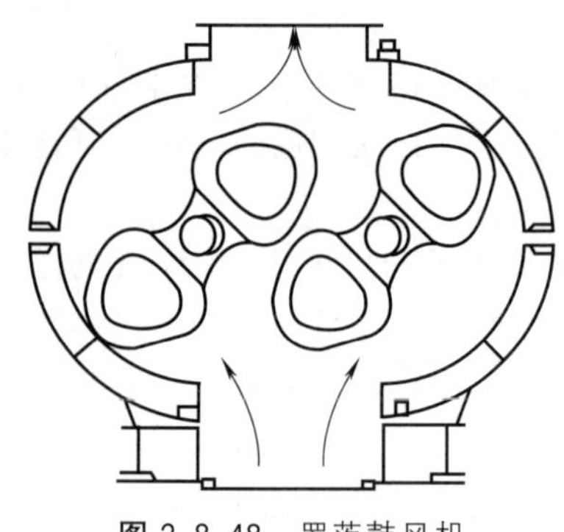

图 2.8.48　罗茨鼓风机

与机壳之间缝隙很小，使转子能自由转动而无过多的泄漏。两转子的旋转方向相反，可使气体从机壳一侧吸入，而从另一侧排出。如改变转子的旋转方向时，则吸入口与排出口互换。

罗茨鼓风机属于正位移型设备，其风量与转速成正比、与出口压力无关。罗茨鼓风机的风量范围为 2～500m^3/min、出口表压在 80kPa 以内，但在表压为 40kPa 附近效率较高。出口压力太高，泄漏量增加，效率降低。

罗茨鼓风机的出口应安装气体稳压罐与安全阀，出口阀不能完全关闭，流量采用旁路调节。操作温度不应超过 85℃，否则引起转子受热膨胀，发生碰撞。

2.8.4.3　压缩机

化工生产中所用压缩机主要有离心式和往复式两大类。

(1) 离心压缩机

离心压缩机又称透平压缩机，其作用原理与离心鼓风机完全相同。离心压缩机因为级数较多（通常 10 级以上）和具有较大的叶轮直径，而且高转速（一般都在 5000r/min 以上）运行，所以能达到更高的出口压力。由于压缩比高，气体体积缩小很多，气体温度升高显著，故压缩机都分成几段，每段包括若干级，段与段之间设中间冷却器，叶轮直径逐段缩小，叶轮宽度逐级略有缩小。图 2.8.49 所示的离心压缩机共有 6 级，分成三段，段间装有冷却器（图中未绘出）。

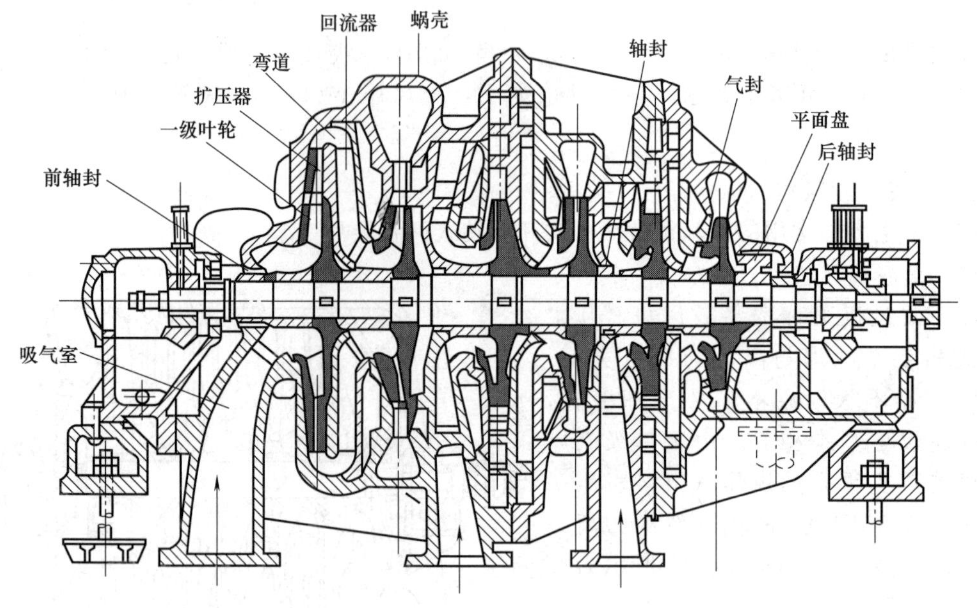

图 2.8.49　多级离心压缩机

当离心压缩机进气量减少到允许的最小值，压缩机会发生喘振，表现为压缩机工作极不稳定，输送参数会出现周期性的波动，振幅大，频率低，同时平均排气压强值下降；有强烈的周期性气流噪声，出现气流吼叫声；机器强烈振动，机体、轴承等振幅急剧增加。

与往复压缩机相比，离心压缩机具有机体体积较小，流量大，供气均匀，运动平稳，易损部件少和维修较方便等一系列优点。但另一方面，离心式压缩机的制造精度要求极高，否则，在高转速情况下将会产生很大的噪声和振动。

(2) 往复压缩机

1）操作原理与无余隙压缩循环

往复压缩机的操作原理和往复泵很相似，但因往复压缩机处理的是可压缩的气体，其工作过程自然与往复泵不同，因气体进出压缩机的过程完全是一个热力学过程。现以图2.8.50示意的单缸单作用往复压缩机为例加以说明。

往复压缩机的工作循环是由压缩、恒压排气和吸气过程所组成。当活塞位于气缸的最右端时，气缸内气体的体积为 V_1，压力为 p_1，其状况为点1所示。当活塞由点1向左推进时，位于气缸左端的两个活门（吸入活门S和排出活门D）都是关闭的，故气体体积缩小而压力上升。直至压力升到 p_2，排出活门D才被顶开，开始排气。在此之前，气体处于压缩阶段，气体的状态变化过程如曲线1→2所示。压缩阶段结束时的气体状况为点2。当气体压力达到 p_2时，排出活门开启，气体从缸内排出，直至活塞移至最左端，气体完全被排净，气缸内气体体积降为零，这时气体的状况以点3表示。这一阶段称为排出阶段，气体的变化过程以水平线2→3表示。当活塞从气缸最左端向右端移动时，缸内的压力立刻下降到 p_1，气体状况达到点4。此时，排出活门关闭，吸入活门打开，气体被吸入缸内。在整个吸气过程中，压力 p_1维持不变，直至活塞移至最右端（图中点1）。该阶段称为气体吸入阶段，缸内气体状态沿水平线4→1而变，完成了一个工作循环。

图2.8.50所示的循环过程假定了活塞与气缸左端之间不存在空隙，可将气体完全排净，故称为无余隙压缩循环过程。

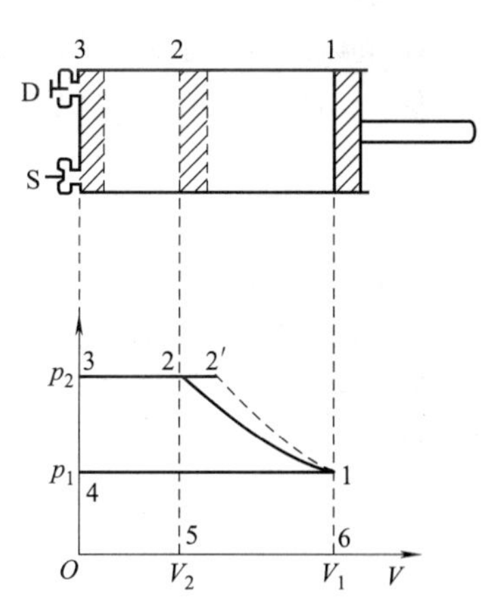

图2.8.50　无余隙压缩循环

2）有余隙时的压缩循环及其所消耗的轴功

上述的无余隙压缩循环，假定了在气缸在排气过程之末，能把气缸里的气体完全排掉，即要求活塞在排气过程之末，撞至气缸的端盖上并与阀门密切接触。显然，这样的气缸是制造不出来的。排气终了时，活塞与气缸盖之间，定留有很小的空隙，称为余隙容积。有余隙存在的理想气体压缩循环就是实际压缩循环。

由于气缸内存在余隙，使压缩机的实际压缩循环与无余隙时不同，可用图2.8.51来说明。活塞位于气缸最左端吸入了压力为 p_1、体积为 V_1的气体后，从图上的状态1开始进行压缩过程；气体压力达到 p_2后，排气阀被推开，在恒定压力 p_2下开始排气，过程如图上的水平线2→3所示。因存在余隙，吸入行程开始阶段为余隙内压力为 p_2的高压气体的膨胀过程，如图中的曲线3→4所示，直至其压力降至吸入气压 p_1（图中点4）时吸入活门才开启，在恒定的压力 p_1下进行吸气过程，直至活塞回复到气缸的最右端为止，过程如图中的水平线4→1所示。活塞往返一次，完成了一个压缩循环。所以实际压缩循环是由吸气、压缩、排气与余隙内气体膨胀四个部分所组成。在每一循环中，尽管活塞在气缸内扫过的体积为（V_1-V_3），但一个循环所能吸入的气体体积只是（V_1-V_4），即余隙的存在，明显地减少了每一压缩循环的吸气量。

对于多变压缩过程，在一个实际压缩循环中，活塞对气体所做的功（轴功）和压缩后气体温度分别为

$$W_s=p_1(V_1-V_4)\frac{k}{k-1}\left[\left(\frac{p_2}{p_1}\right)^{\frac{k-1}{k}}-1\right] \qquad (2.8.54)$$

$$T_2=T_1\left(\frac{p_2}{p_1}\right)^{\frac{k-1}{k}} \qquad (2.8.55)$$

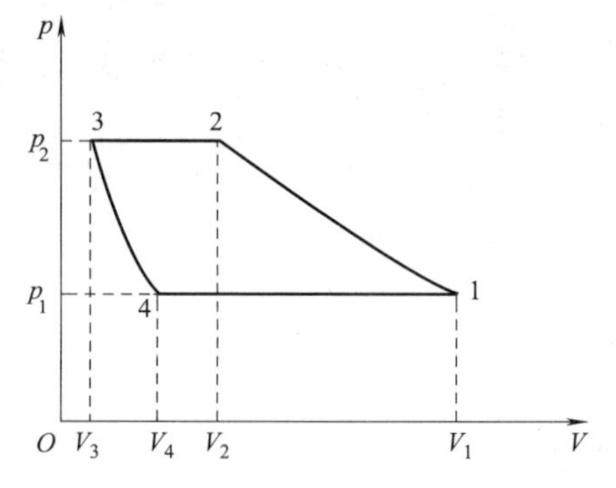

图 2.8.51　有余隙压缩过程

以上两个公式中的 k 为多变指数，由实验测定。

式（2.8.54）和式（2.8.55）说明，影响压缩所需轴功 W_s 和排气温度 T_2 的主要因素是：

① 压缩比 p_2/p_1 愈大，W_s 和 T_2 也愈大；

② 压缩所需的轴功 W_s 与吸入气体量（V_1-V_4）成正比；

③ 多变指数 k 愈大，则 W_s 和 T_2 也愈大。压缩过程的换热情况直接影响 k 值，热量及时全部移除，则为等温过程，相当于 $k=1$，这时所需的轴功最小；完全没有热交换，则为绝热过程，$k=\gamma$；部分换热，则 $1<k<\gamma$。应该注意的是 γ 大的气体 k 也大。例如空气、氢气等 $\gamma=1.4$ 左右。因此，对于石油气压缩机用空气试车或用氮气置换石油气时，务须注意超负荷和超温的问题。

3）余隙系数和容积系数

压缩机在工作时，余隙内气体的压缩和膨胀循环不但对生产无益，而且它还使吸入气量减少，动力消耗增加，所以应尽可能地减少压缩机的余隙。

① 余隙系数　余隙体积占据活塞推进一次所扫过的体积的分率，称为余隙系数，以符号 ε 表示。从图 2.8.51 可以看出，活塞推进一次所扫过的体积为 V_1-V_3，余隙体积为 V_3，故余隙系数为

$$\varepsilon=\frac{V_3}{V_1-V_3} \qquad (2.8.56)$$

一般大、中型压缩机的低压气缸的 ε 值约 8%以下，高压气缸的 ε 值可达 12%左右。

② 容积系数　压缩机一次循环吸入气体体积（V_1-V_4）和活塞一次扫过的体积（V_1-V_3）之比，称为容积系数 λ_0，即

$$\lambda_0=\frac{V_1-V_4}{V_1-V_3} \qquad (2.8.57)$$

式（2.8.57）中的 V_4 可以用比较固定的 V_3 来表示，在多变压缩的情况下，可以导出

$$\lambda_0=\frac{V_1}{V_1-V_3}-\frac{V_3\left(\frac{p_2}{p_1}\right)^{\frac{1}{k}}}{V_1-V_3}=1-\varepsilon\left[\left(\frac{p_2}{p_1}\right)^{\frac{1}{k}}-1\right] \qquad (2.8.58)$$

式（2.8.58）表明，当气体压缩比 p_2/p_1 一定时，余隙系数加大，容积系数变小，压缩机的吸气量也就减少。对于一定的余隙系数，气体压缩比愈大，余隙内气体膨胀后所占气缸的体积也就愈大，使每一循环的吸气量愈少，当压缩比大到一定程度时，容积系数可能为零，即当活塞向右运动时，残留在余隙中的高压气体膨胀后已可完全充满气缸，以致不能再吸入新的气体。$\lambda_0=0$ 时压缩比 p_2/p_1 称为压缩极限，即对于一定的 ε 值，压缩机所能达到的最高压力是有限制的。

4）压缩机的主要性能参数

① 排气量　往复压缩机的排气量又称为压缩机的生产能力，是将压缩机在单位时间内

排出的气体体积换算成吸入状态下的数值，所以又称为压缩机的吸气量。气体只有吸进气缸后才能排出，故排气量的计算应从吸气量出发。

② 轴功率　压缩机的轴功率为

$$P=\frac{P_{\mathrm{T}}}{\eta_{\mathrm{P}}}$$

式中　P——轴功率，kW；

η_{P}——多变总效率。

5）多级压缩

前面只讨论了气体在往复压缩机的一个气缸内的压缩情况，即单级压缩。如果生产上所需要的气体压缩比很大，要将压缩过程在一个气缸里一次完成，往往不可能，即使理论上可行也不切实际。压缩比太高，动力消耗显著增加，气体的温度升高也随之增大。此时，气缸内的润滑油黏度降低，失去润滑性能，使运动部件间摩擦加剧，零件磨损，增加功耗。此外，温度过高，润滑油易分解，且油中的低沸点组分挥发与空气混合，使油燃烧，严重的还会造成爆炸事故。所以在实际工作中，不允许过高的终温。同时，当余隙系数一定时，压缩比高，容积系数小，气缸容积利用率更低。在机械结构上亦造成不合理现象：为了承受气体很高的终压，气缸要做得很厚，为了吸入初始压强低而体积很大的气体，气缸又要做得很大。要解决这些问题，当压缩比大于8时，尽管离压缩极限尚远通常也要采用多级压缩。

图2.8.52为三级压缩机流程。图中1、4、7为气缸，其直径逐级缩小，2、5为中间冷却器，8为出口气体冷却器，3、6、9为油水分离器，用来防止润滑油和水被带入下一级的气缸内。即将压缩机内的两个或更多的气缸串联起来，气体在第一个气缸1内被压缩后，经中间冷却器2、油水分离器3再送入第二个气缸4进行压缩，如此连续地依次经过若干个气缸的压缩，恰好达到所要求的最终压力的过程称为多级压缩，这种压缩机则称为多级压缩机。每经过一次的压缩称为一级，每一级的压缩比只占总压缩比的一个分数。

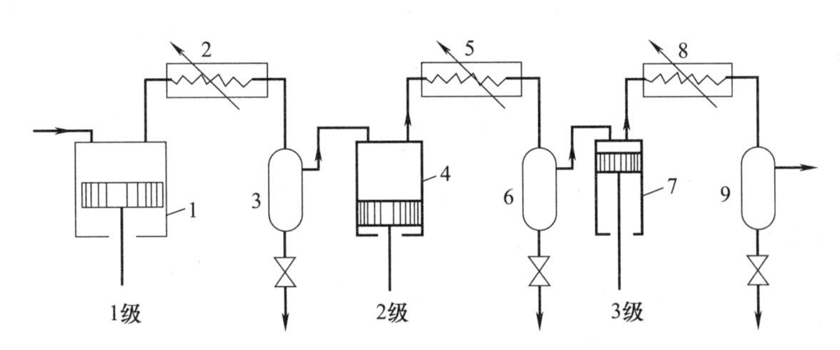

图2.8.52　三级压缩机流程

1,4,7—气缸；2,5—中间冷却器；3,6,9—油水分离器；8—出口气体冷却器

多级压缩机两级中间的冷却器是实现多级压缩的关键。增加气缸数目以减少压缩比只能减少余隙的影响，但还没有解决气体温度升高太多的问题。气缸壁上所装的水夹套（或散热翅片）远不能满足移去气体压缩时所产生热量的需要，因此，每级气缸里气体所进行的压缩还是接近于绝热过程。两级之间设置了中间冷却器，可以将从一级气缸中引出的气体冷却到与进入该级气缸时的温度相近，然后才送入下一级气缸，这样就使气体在压缩过程中的温度大为降低，从最后一级气缸送出的气体温度也远低于单级压缩情况下所送出的气体温度。达到同样的总压缩比，多级压缩由于采用了中间冷却器，各级所需外功之和因而也比只用单级时少。

① 多级压缩与单级压缩所需轴功的比较　图2.8.53表示单级压缩与三级压缩各自所需

的轴功。为了简化，按无余隙压缩循环来考虑，并略去气体通过中间冷却器的压降。若气体一次由 p_1 压缩到 p_2，每循环所需轴功按等温过程则为面积 1—2—3—4—1；按绝热过程则为面积 1—2′—3—4—1。

若为三级压缩，在第一级按绝热过程压缩至 $p_{i,1}$，则所需轴功为面积 1—5—6—4—1。这里点 5 表示第一级压缩终了时气体的状态，经中间冷却器冷却到它压缩前的温度，相应状态为等温线上的点 7；第二级按绝热压缩至 $p_{i,2}$，所需轴功为面积 7—8—9—6—7，又用中间冷却器从点 8 冷却到点 10；第三级仍按绝热压缩至 p_2，所需轴功为面积 10—11—3—9—10。从 p～V 图上可以看出，分三级绝热压缩所需的轴功，比只用一级绝热压缩至相同压力所需轴功少了相当于阴影部分的面积。若级数愈多，所需的轴功愈接近于等温过程所需的轴功，节省了压缩机的操作费用。然而级数愈多，整个压缩系统结构愈复杂，冷却器、油水分离器等辅助设备的数量几乎与级数成比例地增加，为克服阀门、管路系统、设备中的流动阻力而消耗的能量也增加。所以过多的级数也是不合理的，必须根据具体情况，恰当确定所需的级数，常用的多为 2～6 级。

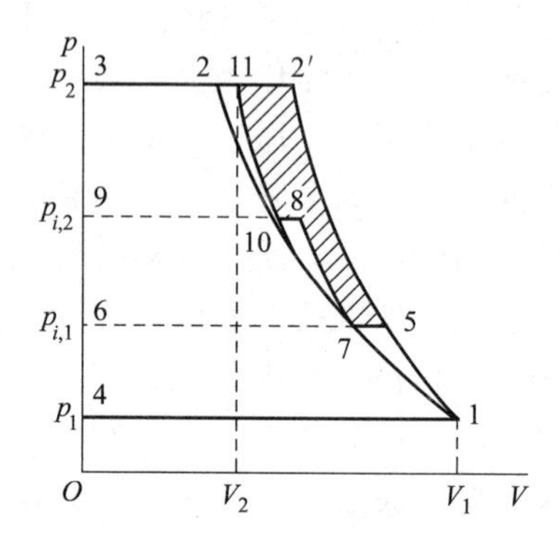

图 2.8.53　三级压缩所需外功

② 多级压缩级间压力的确定　以两级压缩为例，设第一级自 p_1 压缩至 p_i，第二级自 p_i 压缩至 p_2。若每级都按无余隙循环可逆多变过程考虑，则两级每一循环所需轴功合计为

$$W_s=W_{s1}+W_{s2}=p_1V_1\frac{k}{k-1}\left[\left(\frac{p_i}{p_1}\right)^{\frac{k-1}{k}}-1\right]+p_iV_i\frac{k}{k-1}\left[\left(\frac{p_2}{p_i}\right)^{\frac{k-1}{k}}-1\right]$$

若经中间冷却后气体温度与送入第一级时的相同，则

$$p_1V_1=p_iV_i$$

于是

$$W_s=p_1V_1\frac{k}{k-1}\left[\left(\frac{p_i}{p_1}\right)^{\frac{k-1}{k}}+\left(\frac{p_2}{p_i}\right)^{\frac{k-1}{k}}-2\right]\tag{2.8.59}$$

在 p_1 与 p_2 已指定的条件下，W_s 的大小取决于 p_i。为了求取 W_s 最小时的 p_i 之值，令 $\mathrm{d}W_s/\mathrm{d}p_i=0$，从而解得

$$p_i=\sqrt{p_1p_2}\quad 或\frac{p_i}{p_1}=\frac{p_2}{p_i}=\sqrt{\frac{p_2}{p_1}}\tag{2.8.60}$$

将此结果代入式（2.8.59），可得两级压缩的最小轴功为

$$W_{s,\min}=\frac{2k}{k-1}p_1V_1\left[\left(\frac{p_2}{p_1}\right)^{\frac{k-1}{2k}}-1\right]\tag{2.8.61}$$

将此结果推广到 n 级压缩，则为

$$\frac{p_{i,1}}{p_1}=\frac{p_{i,2}}{p_{i,1}}=\frac{p_{i,3}}{p_{i,2}}=\cdots=\frac{p_{i,n}}{p_{i,n-1}}=\sqrt[n]{\frac{p_2}{p_1}}\tag{2.8.62}$$

$$W_{s,\min}=\frac{nk}{k-1}p_1V_1\left[\left(\frac{p_2}{p_1}\right)^{\frac{k-1}{nk}}-1\right]\tag{2.8.63}$$

式（2.8.63）表明，若压缩机每级压缩比相等，则每级所需的轴功也相等，这时所需的总功为最小。

2.8.4.4 真空泵

真空泵是从容器或系统中抽出气体，使其处于低于大气压状态的设备，实际上也是一种压缩机。真空泵的主要性能参数有：

① 极限真空度（残余压力）是真空泵所能达到的稳定最高真空度；

② 抽气速率（简称抽率），是单位时间内真空泵在残余压力和温度条件下所能吸入的气体体积，即真空泵的生产能力，以 m^3/h 或 L/s 计量。

真空泵的选用即根据对以上两个指标的要求，结合实际情况而选定适当的类型和规格。

真空泵的结构和型式很多，以下简要介绍化工厂中常用的几种真空泵。

(1) 往复真空泵

往复真空泵的构造和作用原理虽与往复压缩机基本相同，但因其在低压下操作，气缸内外压差很小，所用吸入和排出阀门必须更加轻巧而灵活。为了降低余隙的影响，真空泵气缸左右两端之间设有平衡气道，活塞排气阶段终了，平衡气道连通很短时间，使残留于余隙中的气体可以从活塞一侧流到另一侧，以降低其压力，从而提高容积系数 λ_0。

往复式真空泵吸入的气体中若含有大量蒸气，则必须将可凝性气体通过冷凝或其他方法除去之后再进入泵内。

(2) 液环真空泵

常用的液环真空泵有水环真空泵和纳西泵，如图 2.8.54 所示，主要用于抽吸气体，特别在抽吸腐蚀性气体时更为常用。

水环真空泵是一偏心安装的叶轮在圆形壳体中旋转，由于壳体中注有一定量的水，叶轮旋转时，由于离心力作用，将水甩至壳壁上形成水环。水环上部内表面与轮毂相切，沿箭头方向旋转的叶轮在前半转中，水环的内表面逐渐与轮毂离开，因此各叶片间的空间逐渐扩大，形成真空而吸入气体。在后半转中水环内表面逐渐与轮毂接近，因此叶片间的气体被水环压缩而排出。叶轮每旋转一周，叶片间的容积即改变一次，叶片间的水就像活塞一样反复运动，也就连续不断地抽吸气体。水环真空泵属于湿式真空泵，最高真空度可达 85%，这种泵的结构简单、紧凑、没有活门、经久耐用。不过，为了维护泵内液封以及冷却泵体，运转时常需要不断向泵内充水。

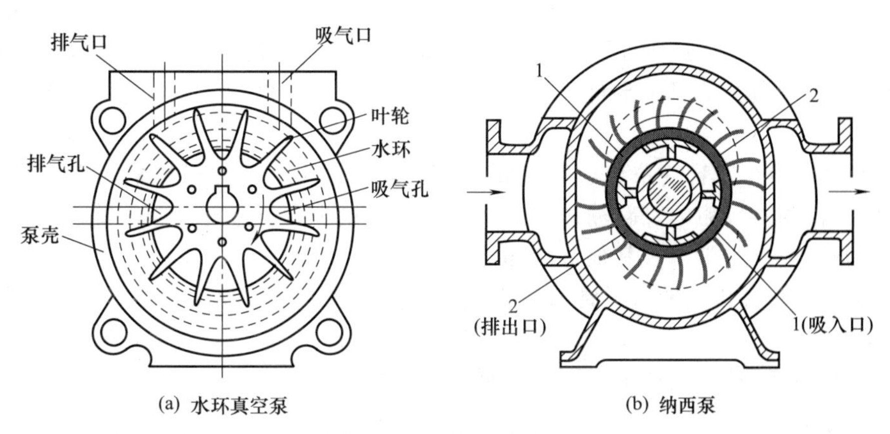

(a) 水环真空泵　　(b) 纳西泵

图 2.8.54　液环真空泵

纳西泵的作用原理和水环真空泵一样，但是由于叶轮是在椭圆形壳体中旋转，在长轴方向的液环与叶轮间形成两个月牙形空间，叶轮旋转时就反复靠近和离开液环，空间也就反复缩小和扩大。这样，就可不断地将液体压出和吸入。

上述液环真空泵可使抽出的气体不与泵壳直接接触，因此，在抽吸腐蚀性气体时只要叶轮采用耐腐蚀材料制造即可。当然泵内所注入的液体必须不与气体起化学反应。例如抽吸空气时可用水，抽吸氯气时可用浓硫酸。还应注意所用液体应不含固体颗粒，否则，将使叶轮与壳体常受磨损，降低抽气能力。

(3) 喷射泵

喷射泵属于流体作用式输送设备，是利用流体流动时静压能与动能相互转换的原理来吸送流体的。它可用于吸送气体，也可吸送液体。在化工生产中，喷射泵常用于抽真空，故又称喷射式真空泵。

喷射泵的工作流体可以用蒸汽（称蒸汽喷射泵），也可以用水（称水喷射泵）或其他流体。图 2.8.55 所示为一单级蒸汽喷射泵，当工作蒸汽进入喷嘴后，即作绝热膨胀，并以极高速度喷出，于是在喷嘴口处形成低压而将流体由吸入口 5 吸入；吸入的流体与工作蒸汽一起进入混合室，然后流经扩大管，在扩大管中混合流体的流速逐渐降低，压力因而增大，最后至压出口排出。

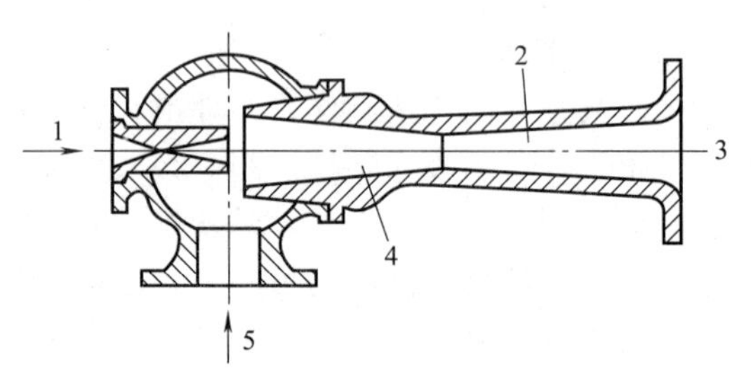

图 2.8.55 单级蒸汽喷射泵
1—工作蒸汽；2—扩大管；3—压出口；4—混合室；5—气体吸入口

单级蒸汽喷射泵仅能达到 90%的真空度，如果要得到更高的真空度，则需采用多级蒸汽喷射泵。

喷射泵构造简单，制造容易，可用各种耐腐材料制成，不需传动设备，但由于喷射泵的效率很低，只有 10%～25%，故一般多用作抽真空，而不作输送用。

2.9 流体输送过程的节能措施

在流体输送过程中考虑节能，实质就是合理选择输送设备以及减小流动阻力。实际生产过程中，常常由于工况的变化需要对管路的流量进行调节，如关小管路上的阀门开度，使流量减小，但此时往往会造成管路阻力的增大。如前所述，管路系统阻力的改变对管内流体流动的影响与管路的布置情况、泵自身的性能等有关。流动过程的节能措施，主要包括以下几个方面。

① 合理设计和布置管路系统，尽量减小过程的流动阻力，如尽量采用直管段而少采用弯路、采用管径相对较粗的管路输送。除必要，应尽量少设置管件及阀门等设施，特别是涉及突然扩大和突然缩小管路及其他节流部件。

② 合理选择管材料。采用耐腐蚀及粗糙度较小（管内表面光滑）的管路，对于使用较久或过于腐蚀的管路要及时清洗或更换，以减小流动阻力。另外，在保证安全的前提下，应保证输送流速，以避免因流体不洁而产生更多的沉积甚至堵塞。

③ 合理选用输送设备，除了选用效率高的设备外，还应该尽量在输送设备的高效区工作，避免长时间在关小阀门开度的状况下运行。

④ 在安装有输送设备的流动系统中，在流量变动较大的情况下，可以考虑安装调速装置，以减小由于节流调节所消耗的能量。这种调节方法，保持管路特性曲线不变，运转效率 η 降低较小，与节流调节法相比，无多余能量损失，但需配用可调速的原动机或增加调速器

装置，设备的投资费用增大。近年来，随着电子和变频技术的成熟和发展，变频调速技术已广泛应用于各种生活场合，如通过改变电机输入电源的频率实现电机转速的变化。化工用泵的变频调速已成为一种调节方便且节能的流量调节方式。

习　题

2-1　某干燥器上真空表的读数为 15.8kPa，试计算干燥器的绝对压力和表压。已知该地区大气压为 100.3kPa。

2-2　如附图所示，水在管路中流动。为测得截面 A-A′、B-B′的压力差，在管路上方安装一 U 形压差计，指示液为水银。已知压差计的读数 $R=200$mm，试求截面 A-A′、B-B′之间的压力差。已知水和水银的密度分别为 1000kg/m³ 和 13600kg/m³。

2-3　如附图所示，敞口容器内盛有不互溶的油和水，油层和水层的厚度分别为 $h_2=0.7$m 和 $h_1=0.6$m，在容器底部开有与玻璃管相连的孔。已知油和水的密度分别为 800kg/m³ 和 1000kg/m³，试计算测压管内水柱的高度。

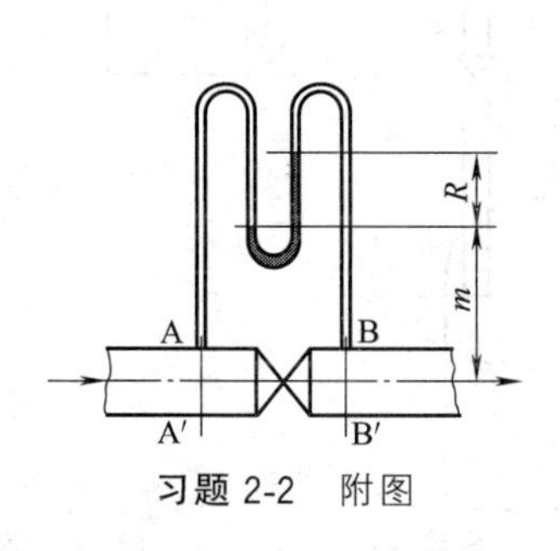

习题 2-2　附图

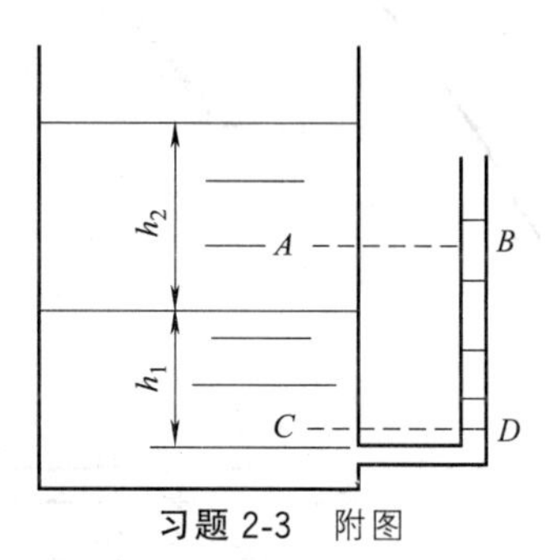

习题 2-3　附图

2-4　采用图示装置在地面上测量地下腐蚀性液体贮槽的存贮量。测量时用调节阀控制氮气的流量，使之缓慢地在观察瓶中鼓泡通过。若已测得 $R=150$mmHg，通气管管口据槽底距离 $h_1=200$mm。试问长 3m、宽 4m 的矩形贮液槽内的存贮量为多少（液体的密度为 980kg/m³）。

2-5　某流动管路的两端设置一水银 U 形管压差计以测量管内的压差，水银柱的读数最大值为 3cm。为提高测量的精确度，拟使最大读数放大 10 倍，试问应选择密度为多少的液体作为指示液？

2-6　附图为一气柜示意图，其内径 9.0m。钟罩及其附件共重 10t，忽略其浸在水中部分所受的浮力。进入气柜的气速很低，动能及阻力可忽略。求钟罩上浮时，气柜内气体的压强和钟罩内外水位差 Δh（即“水封高”）为多少？（水的密度为 1000kg/m³）

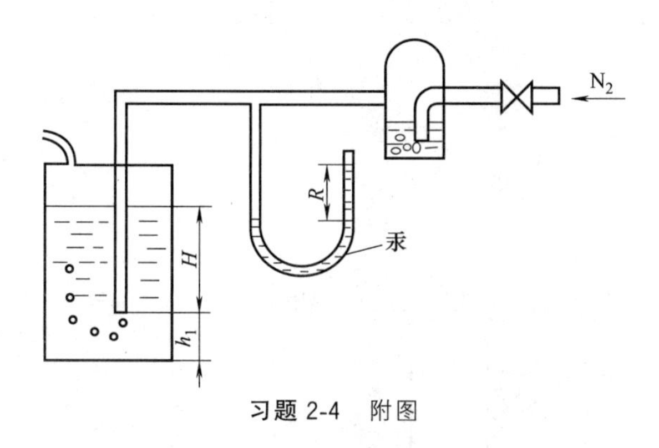

习题 2-4　附图

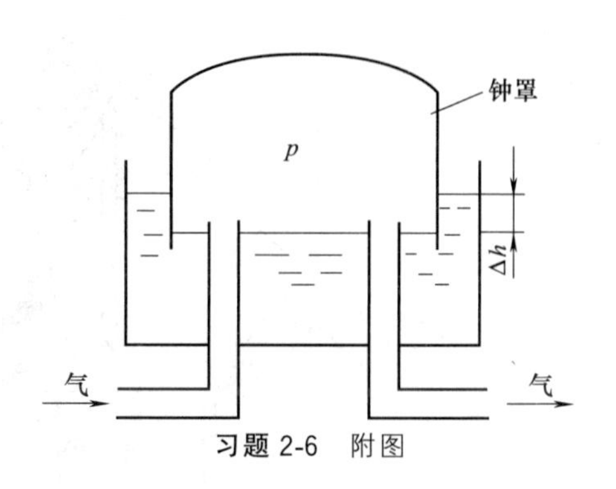

习题 2-6　附图

2-7　如图所示，两圆柱形敞口贮槽的底部在同一水平面上，二者底部由一内径为 75mm、长为 200m 的水平管和局部阻力系数为 0.17 的全开闸阀彼此相连，A 贮槽直径为 7m、盛水深度为 7m，B 贮槽直径为 5m、盛水深度为 3m，管道摩擦系数为 0.02，液体自 A 贮槽向 B 贮槽移动时，两贮槽内液面上升或下降的速率忽略不计。若将闸阀全开，试求：

（1）A贮槽的水平面与B贮槽水平面相平时水槽的水深；

（2）当A贮槽水面降低至6m所需的时间。

2-8　某一单管程列管换热器的管束由121根 $\phi 25\text{mm}\times 2.5\text{mm}$ 的钢管组成，空气以9m/s的速度在列管内流动。已知空气的平均温度为50℃、压力为196.0kPa（表压），当地大气压为98.7kPa。试求：（1）空气的质量流量；（2）操作条件下空气的体积流量。

2-9　水稳态流经尺寸分别为 $\phi 57\text{mm}\times 3.5\text{mm}$ 和 $\phi 76\text{mm}\times 4\text{mm}$ 的变径管路，其体积流量为 $9\text{m}^3/\text{h}$。试分别计算水在两种规格管路中的（1）质量流量；（2）平均流速；（3）质量流速。水的密度可取为 $1000\text{kg}/\text{m}^3$。

2-10　如图所示，用虹吸管从高位槽向下部的反应器加料，高位槽与反应器均与大气相通，且高位槽液面恒定。现要求料液以1.2m/s的流速在管内流动，设料液在管内流动时的能量损失为28.8J/kg（不包括管出口），试确定高位槽液面应比虹吸管出口截面高出的距离是多少。

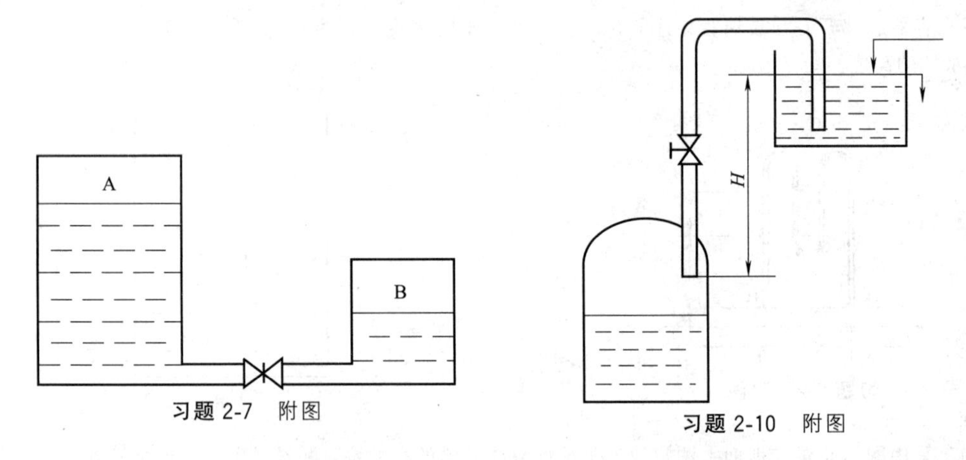

习题 2-7　附图　　　习题 2-10　附图

2-11　水以 $80\text{m}^3/\text{h}$ 的流量在倾斜管中流过，斜管的内径由150mm缩小到100mm，见附图。已知 A、B 两点的垂直距离为0.7m。在此两点之间连接一U形压差计，指示液为四氯化碳，其密度为 $1630\text{kg}/\text{m}^3$。若忽略流动阻力，试求：

（1）U形管两侧的指示液液面哪侧高，相差多少？

（2）若将上述倾斜管改为水平放置，压差计的读数有何变化？

2-12　附图示意为一从高位水箱向一常压容器供水系统。设两容器液面恒定不变，已知管路尺寸为 $\phi 48\text{mm}\times 3.5\text{mm}$，系统阻力与管内水的流速的关系可表示为 $\sum R=25.8\dfrac{u^2}{2}\text{kJ/kg}$，（1）求水的体积流量。（2）若流量需要增加15%，可采取什么措施？

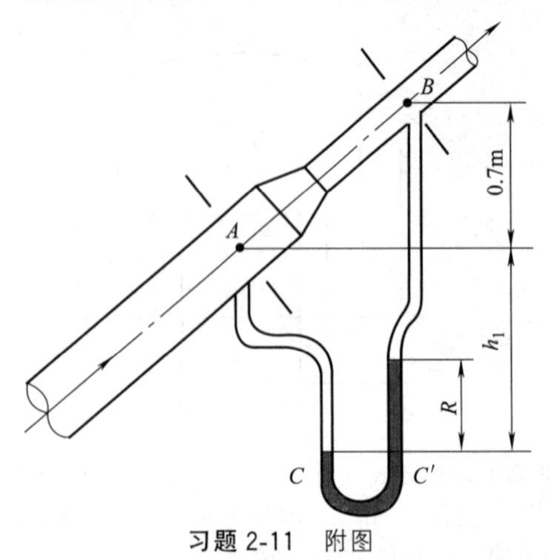

习题 2-11　附图

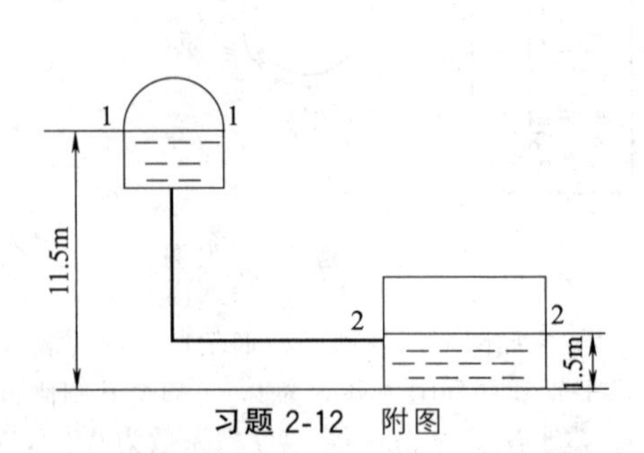

习题 2-12　附图

2-13　附图为一用压缩空气将封闭贮槽中的硫酸输送至高位槽的示意图。已知在输送结束时两槽的液面高度差为4m，硫酸在管中的流速为1.5m/s，管路的流动阻力为2m，硫酸密度为1350kg/m^3，求槽内应保持多大的压力（Pa），用表压表示。

2-14　附图为液体从高位槽送入反应器的示意图，高位槽内的液面维持恒定。反应器内表压为98.1kPa，进料量为5m^3/h，液体密度为850kg/m^3。已知连接管为ϕ38mm×3mm的钢管，溶液在连接管内流动时的阻力为25kPa，问高位槽内的液面应比塔的进料口中心线高出多少米？

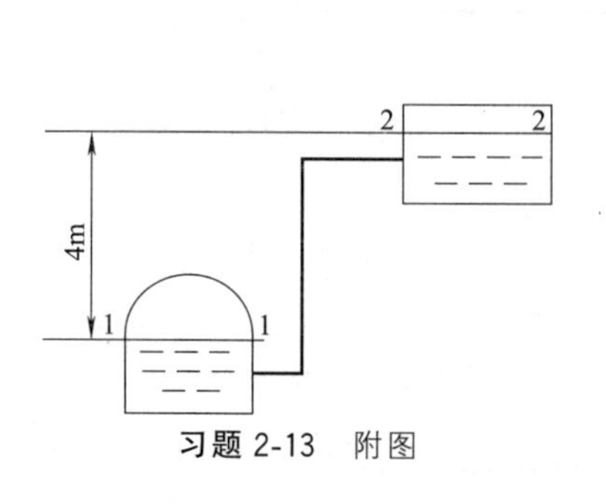

习题 2-13　附图

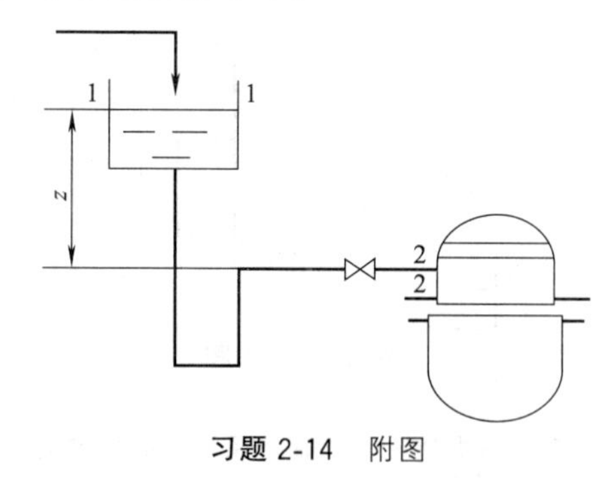

习题 2-14　附图

2-15　在间距很小的两个大平板间充以24℃的水，两平板做平行的相对滑动，其相对速度为0.3m/s，试求：（1）当流层间的应力为0.2N/m^2时的两板间距及速度梯度；（2）以黏度为2.0×10^{-2}Pa·s的油代替水，板间距及相对速度与（1）相同时的应力及速度梯度。

2-16　将25℃的水由地面水池打至一设备内。已知设备入口中心线高于水池液面30m，设备内压力为98.1kPa（表压），输送管路能量损失为20J/kg，输送流量为34m^3/h，水池液面恒定不变。问需要从系统外加入多少理论功率才能达到输送目的？（水的密度为1000kg/m^3）

2-17　如附图所示为泵的一段吸入管路，内径为100mm，管下端浸入贮水池水面以下2m。管底部装有带滤水网的底阀，其阻力相当于$5u^2$，在吸水管距水面3m的B处装有真空表，其读数为40.025kPa，若从底阀上面的A点至真空表所在的B点之间的阻力为$0.05u^2$，试求：（1）吸水管入口A点的表压为多少？（2）吸水管内水的流量为多少？

2-18　有附图所示为一输液系统，高位敞口水槽A槽底面出口连接一根内径为600mm、长为3000m的管道BC，在接点C处分为两支管分别与两敞口下槽相接。支管CD和CE的长度皆为2500m、内径均为250mm，若已知摩擦系数值均为0.03，试求A槽向下槽的流量为多少（忽略所有局部阻力）？

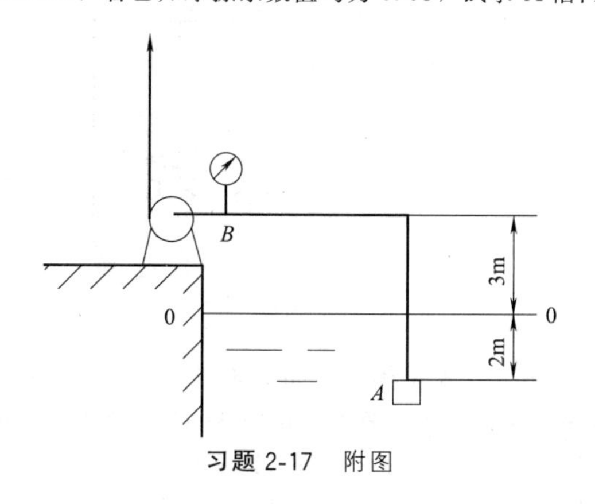

习题 2-17　附图

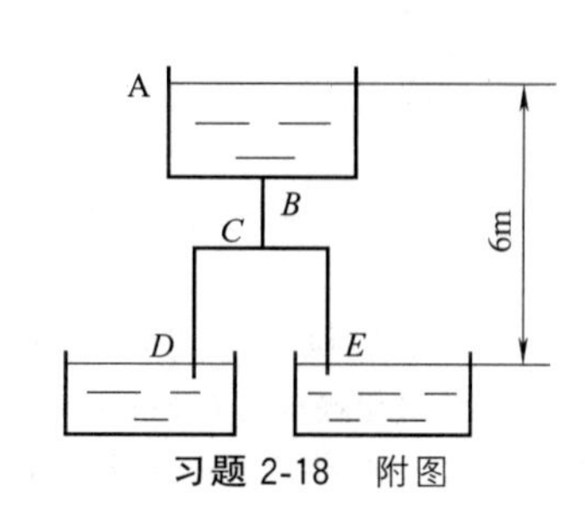

习题 2-18　附图

2-19　用泵将敞口贮槽中密度为1150kg/m^3的常温某溶液送往吸收塔中，进料量为28m^3/h。吸收塔内表压为10.0kPa。管路为ϕ89mm×4mm的不锈钢管，总长为45m，其间装有一个孔板流量计（阻力系数为8.5）、两个全开闸阀和四个90℃标准弯头。贮槽液面保持恒定，贮槽液面与吸收塔液体入口之间的垂直距离为18m。泵的总效率为0.65，试求泵的轴功率。

2-20　附图所示为一冷冻盐盐水循环系统。已知盐水溶液的密度为 1100kg/m^3，循环量为 $50\text{m}^3/\text{h}$。盐水由泵出口 A 流经两个换热器到 B 点的能量损失为 12m，由 B 点流经 A 点的能量损失为 9m。管路尺寸相同。

(1) 若泵的效率为 70%，则泵的轴功率为多大?

(2) 若 A 点的压力表读数为 153kPa，则 B 点的真空表读数为多少?

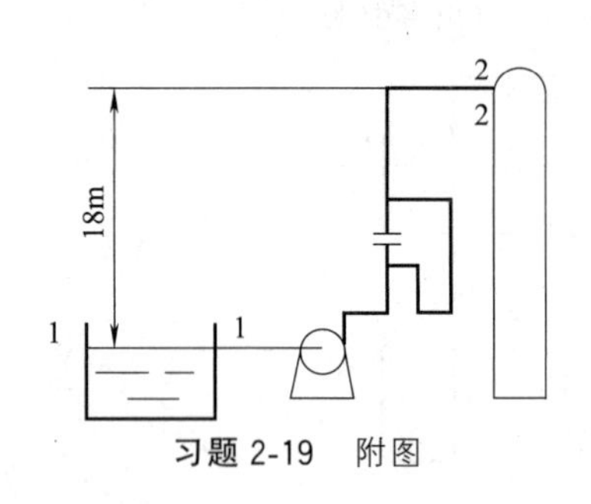

习题 2-19　附图

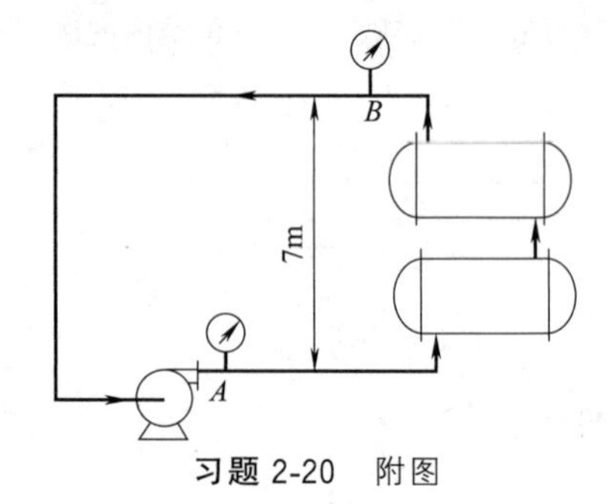

习题 2-20　附图

2-21　本题附图为一输水系统，高位槽的水面维持恒定，水分别从 BC 与 BD 两支管排出。AB 段管内径为 41mm、长为 36m；BC 段管内径 25mm、管长 15m；BD 段管内径 25mm、长 24m。各段管长均包括管件及阀门全开时的当量长度。设管内摩擦系数取为 0.03 不变，其他数据见附图，管路的绝对粗糙度为 0.15mm，水的密度为 1000kg/m^3、黏度为 $0.001\text{Pa}\cdot\text{s}$。试求：

(1) 当 BD 段阀门关闭、BC 段阀门全开时的流量；

(2) 当 BC 和 BD 段阀门都全开时各自的流量和总流量。

2-22　液体在圆形直管内作稳态层流流动，若管路尺寸及液体的物性均不变，而仅将液体的流量提高 20%，若此时仍为层流流动状态，问因流动阻力而产生的能量损失为原来的多少倍?

2-23　密度为 ρ 的液体在一垂直等径管中流过，其中高度差为 h 的两点 A、B 连在 U 形压差计上，若指示液密度为 ρ_0，并测得读数为 R，试求此时的流动阻力 $\sum h_{\text{fA-B}}$，以及 A、B 两点之间的压力差。

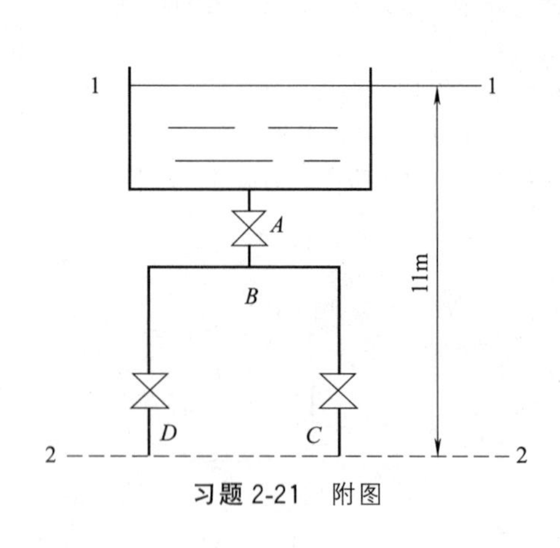

习题 2-21　附图

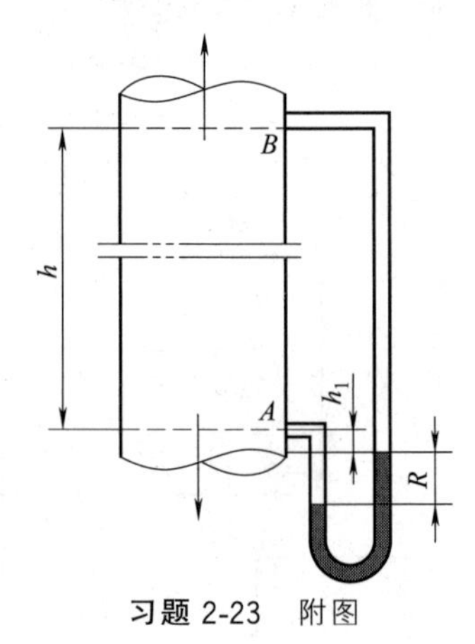

习题 2-23　附图

2-24　附图所示为一连续稳定的输水系统。已知水温为 20℃，流量为 $15\text{m}^3/\text{h}$，钢管尺寸为 $\phi57\text{mm}\times3.5\text{mm}$，管壁粗糙度为 0.3mm，90℃弯头和全开球心阀的局部阻力系数分别为 0.75 和 6，水槽出口到阀前压力测量点 A 间的管长 $l_1=30\text{m}$，阀后测压点 B 到管路出口间的管长 $l_2=10\text{m}$。试求：

(1) 高位槽中液面高出低位槽液面的高度 H，以及球心阀全开时两压力表 p_{A}、p_{B}的读数；

(2) 若高位槽中液面高度不变，而将阀门关小至其局部阻力系数为 20 时，p_{A}、p_{B}各为多少?

2-25　已知搅拌器在液体中转动时所需的功率 P 与液体的黏度 η、密度 ρ、搅拌器直径 d 和转速 n 有关，试用量纲分析法推导出功率和这些因素之间的函数关系。

2-26　如附图所示，用泵将 20℃ 水经总管分别打入 A、B 容器内，总管流量为 $176\text{m}^3/\text{h}$、内径为

ϕ168mm×5mm；测得分支点 C 处的压力为 193.3kPa（表压），求泵供给的压头 H_e 及 $\sum h_{fCA}$ 和 $\sum h_{fCB}$ 各为多少米？（忽略总管内的阻力）

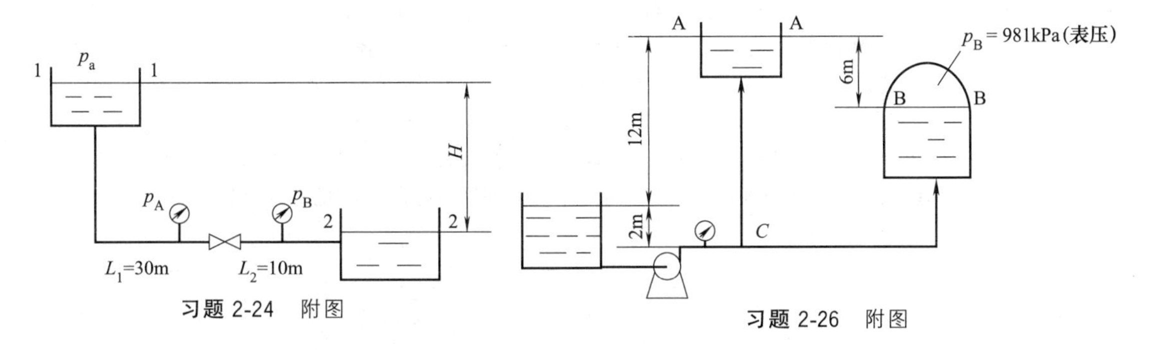

习题 2-24　附图

习题 2-26　附图

2-27　如附图所示，用高位槽向两贮槽供水，高位槽和两贮槽之间的水面均保持 10m 高差。总管和支管的内径均为 50mm。已知 AB 段管长为 6m；两支管的阀门同时开启时，BC 和 BD 段的长度分别为 50m 和 60m（均包括局部阻力的当量长度在内）。试求总管中水的流量是多少？（水的黏度为 1×10^{-3} Pa·s，密度为 1000kg/m^3，假设为完全湍流，摩擦系数为 0.025。）

2-28　如附图所示，贮槽内水位维持不变。槽的底部与内径为 100mm 的不锈钢管路相连，管路上有一个闸阀，距管路入口端 15m 处装有水银 U 形压差计，其一臂与管道相连、另一臂通大气。压差计连接管内充满了水，测压点与管路出口端之间的直管长度为 20m。

（1）当闸阀关闭时，测得 $R=600$mm，$h=1500$mm；当闸阀部分开启时，测得 $R=400$mm，$h=1400$mm。摩擦系数可取为 0.025，管路入口处的局部阻力系数取为 0.5。问水槽液面高出管路出口中心线的高度，以及每小时从管中流出的水量（m^3/h）。

（2）当闸阀全开时，测压点的压力为多少？闸阀全开时，$l_e/d\approx15$，摩擦系数仍可取为 0.025。

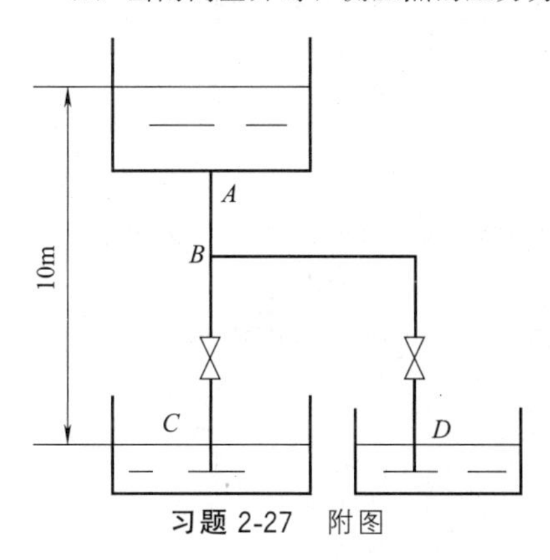

习题 2-27　附图

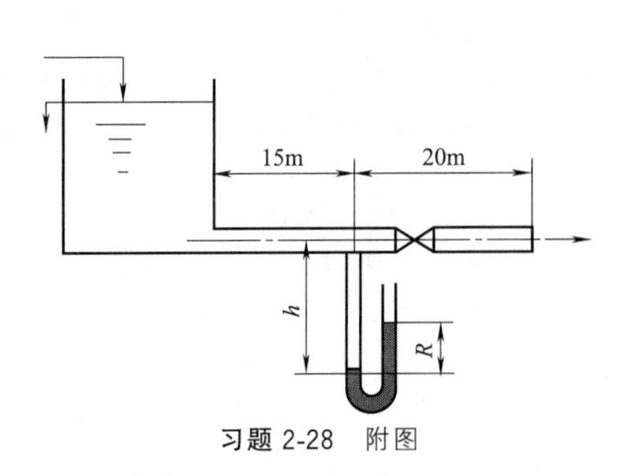

习题 2-28　附图

2-29　在内径为 300mm 的管道中，用毕托管测定二氧化碳气体的速度。管内气体的温度为 40℃、压力为 101.3kPa、黏度为 1.45×10^{-5} Pa·s。在管道同一截面上测得毕托管最大读数为 80mmH_2O，问此时管道内气体的平均速度为多少？

2-30　用泵将 20000kg/h 的溶液自反应器送至高位槽，反应器液面上方保持 25.9kPa 的真空度，高位槽液面上方为大气压，管道内径为 68mm，总长 35m；管线有两个全开的闸阀，一个局部阻力系数为 4 的孔板流量计，五个标准 90°弯头，反应器内液面与管路出口的距离为 17m，若泵的效率为 0.7，求泵的轴功率。已知溶液密度 1073kg/m^3、黏度为 6.3×10^{-4} Pa·s。管壁粗糙度为 0.3mm。

2-31　在一内径为 125mm 的管道上装一标准的孔板流量计，其孔口直径为 25mm，U 形管压差计读数为 220mmHg。操作条件下管内液体的密度为 1650kg/m^3，试计算液体的流量。

2-32　在某一输水管路中装有一只孔板流量计，其流量系数为 0.61，连接的 U 形压差计读数为 200mm。现用一喉径与孔板流量计孔口直径相同的文丘里流量计替代孔板流量计，其流量系数为 0.98，且

U 形压差计中的指示液相同。问此时文丘里流量计连接的压差计读数为多少？

2-33　附图所示为一用来标定孔板流量计的管路，高位水槽高出管路出口中心线 16m，管路尺寸为 ϕ57mm×3.5mm，管路全长 10m，孔板的孔径为 25mm。(1) 若调节球心阀，读得孔板的 U 形管压差计读数 R 为 200mmHg，而量得水流出的流量为 7.7m^3/h，试求此时孔板的孔流系数 C_0 为多少？(2) 若除球心阀和孔板外，其余的管路阻力均可忽略不计，而球心阀在全开时的阻力系数为 0.64，孔板的阻力为其前后压差的 90%，试计算当球心阀全开时水的流出量应为多少？[注：C_0 取 (1) 的计算值]

2-34　已知某离心泵的叶轮外径为 0.162m，叶轮出口宽度为 0.012m，叶片出口流动角度为 35°，泵的转速为 2900r/min，试推导出该泵的理论压头和理论流量之间的关系，并求泵的理论流量为 20m^3/h 时的理论压头。

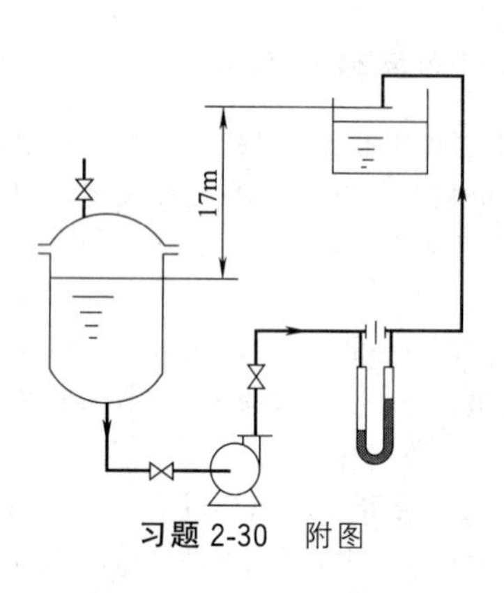

习题 2-30　附图

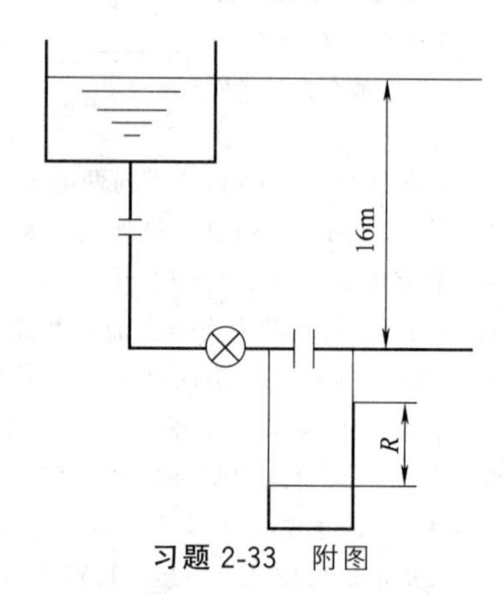

习题 2-33　附图

2-35　用离心泵将密度为 998kg/m^3 的水从水池打入高位水槽内，流量为 30m^3/h，流程如附图所示，高位水槽内压力表读数为 58.9kPa，泵的吸入管路阻力为 2mH_2O。泵排出管路阻力（包括出口阻力）为 5mH_2O。试求：

(1) 泵的扬程；

(2) 如泵的总效率为 60%，则泵的轴功率为多少？

(3) 若泵吸入管内流速为 1m/s，则泵入口真空表读数为多少？

2-36　在附图所示的装置上测定某离心泵输送液体的性能。当液体流量为 65m^3/h 时，泵出口压力表读数为 356kPa、真空表读数为 35.0kPa，两表之间的垂直距离为 0.3m。已知水的密度为998kg/m^3，泵的进出口管径相等，两个测压口间管路的流动阻力可忽略不计。如泵的效率为 65%，求该泵的轴功率。

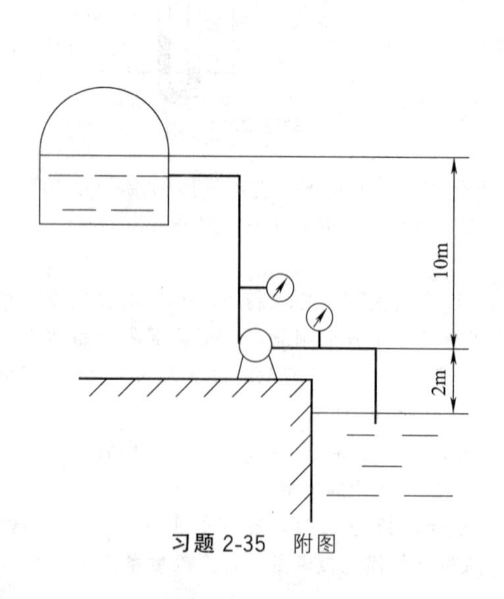

习题 2-35　附图

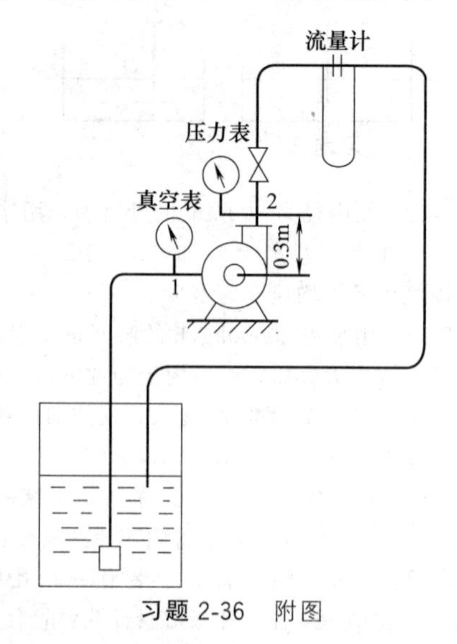

习题 2-36　附图

2-37 用水泵将水池中的水输送到B、C两高位水槽中，流程及其有关数据如附图所示。调节阀门的开度，使流量 $q_{V,1}=q_{V,2}=15.4\text{m}^3/\text{h}$。

已知操作条件下泵入口段的长度为30m（包括当量长度），内径 $d=75\text{mm}$；泵出口到分支点的长度80m（包括当量长度）；管段AB的长度 $l_1=50\text{m}$（包括除阀门之外的当量长度），内径 $d_1=50\text{mm}$；管段AC的长度 $l_2=50\text{m}$（包括当量长度），内径 $d_2=50\text{mm}$。水在各管路中的流动均属于阻力平方区，且摩擦系数皆为0.025。试求：

（1）泵的压头，有效功率与消耗在阀门上的机械能；

（2）若已知阀门全开时的阻力系数为7.05，同时测得此时泵的扬程为16m，则 $q_{V,1}/q_{V,2}=$？

2-38 某厂所用某离心泵，其叶轮直径为 $D=350\text{mm}$、转速 $n=1290\text{r/min}$。当流量 $q_V=100\text{L/s}$ 时压头 $H=16\text{m}$。当输送要求变为 $q_V=120\text{L/s}$、$H=20\text{m}$ 时：

（1）若通过提高转速，问泵的转速应提高到多少？

（2）若更换叶轮直径，问泵的叶轮直径应如何改变？

2-39 用离心泵将20℃水由贮槽输送至某处。在泵前后各装有一真空表和一压力表。已知泵的吸入管路总阻力和速度头之和为 $2\text{mH}_2\text{O}$。泵在操作条件下的必需汽蚀余量为5m，大气压强为110.3kPa，贮槽液面低于泵的吸入口距离为2m（见附图）。试求：

（1）真空表的读数为多少？

（2）当水温由20℃变为60℃时发现真空表与压力表读数骤然下降，此时出了什么故障？原因何在？怎样排除（要求定量说明）？

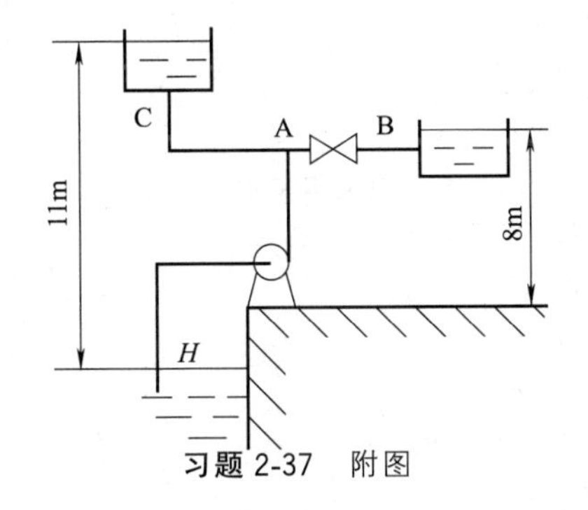

习题2-37 附图

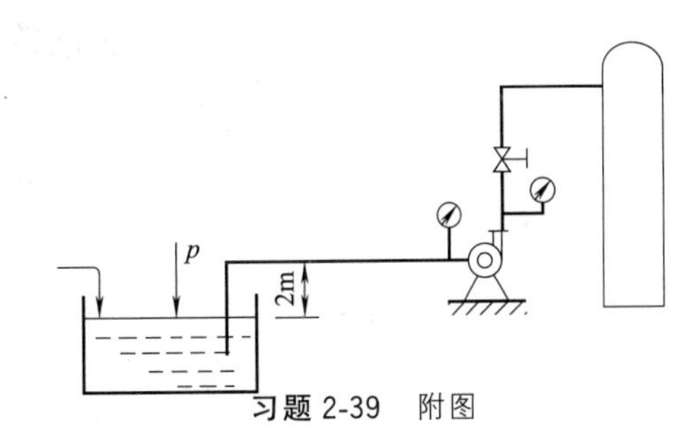

习题2-39 附图

2-40 在某一输送系统中，离心泵的特性曲线为 $H=30-0.01q_V^2(\text{m})$，阀门某开度下输水管路的特性曲线为 $L=10+0.05q_V^2(\text{m})$，式中 q_V 的单位均为 m^3/h。试求：

（1）该阀门开度下的输水量为多少？

（2）若要求输水量为 $15\text{m}^3/\text{h}$，应采取什么措施？采取措施后，系统的能量损失增加了多少？

2-41 如图用泵将高位贮罐中的液体输送到高位槽，高位槽中真空度为66.7kPa。泵位于地面上，吸入管总阻力为1.2m液柱，液体的密度为 986kg/m^3，已知该泵的NPSHr=4.2m，试问该泵的安装位置是否适宜？如不适宜应如何重新安排？

2-42 用离心泵将高位槽中的液体产品送至贮槽，如附图所示，已知液体流量为 $75\text{m}^3/\text{h}$，液体密度为 780kg/m^3、黏度为 $4.5\times10^{-4}\text{N}\cdot\text{s/m}^2$，塔底液面高度为0.6m。贮罐内压力为16.0kPa，泵的进口管尺寸

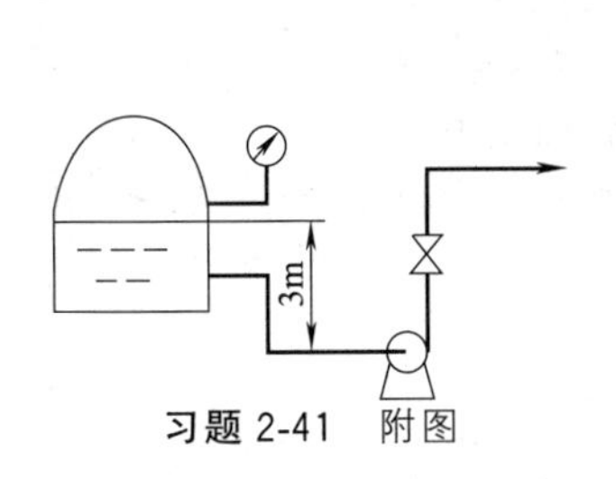

习题2-41 附图

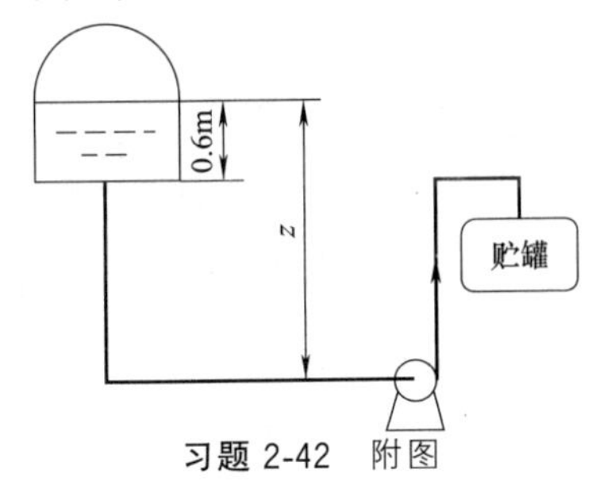

习题2-42 附图

为 ϕ60mm×3.5mm，泵的 $NPSH_r$为 3m。当 Re=3000～10000 时，摩擦系数 $\lambda = 0.32/Re^{0.25}$。试导出确定泵的允许安装高度［z］的计算公式？

2-43 如附图所示，从水池向高位槽送水，要求送水量为 40t/h，槽内压强 30.0kPa（表压），管路总阻力为 2.1m，拟选用 IH 型泵。试确定选用哪一种型号为宜？（查 IH 泵的型谱图）

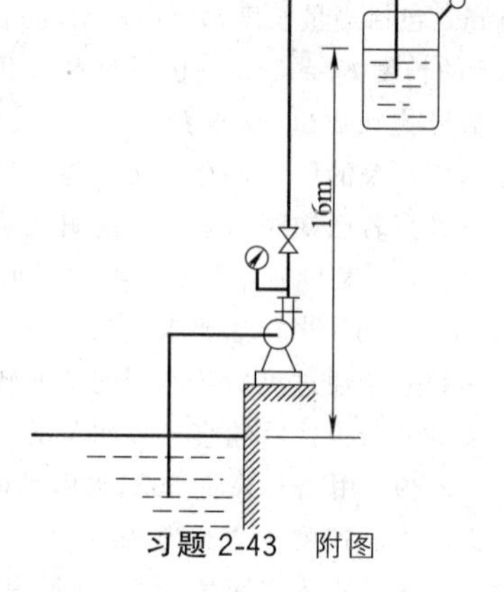

习题 2-43 附图

2-44 将相对密度为 1.5 的硝酸送入反应釜，流量为 8m³/h，升举高度为 8m。釜内压力为 400kN/m²，管路的压力降为 30kN/m²。试在附录的耐腐蚀泵性能表中选定一个型号，并估计泵的轴功率。

2-45 有两台型号相同的离心泵，其特性方程为 $H=25-6.0\times10^{-4}q_V{}^2$，管路特性方程为 $L=20+7.2\times10^{-4}q_V^2$，以上两式中的 q_V 单位均为 m³/h。为尽可能获得大的流量而对压头要求不高，试确定两台泵是并联还是串联。

2-46 某石油产品贮存在一常压贮槽内，已知贮存条件下油品的密度为 760kg/m³。现将该油品送入反应器内，输送管路内径为 53mm，液面到设备入口的垂直距离为 5m，流量为 15m³/h，反应器内压力为 148kPa（表压），管路的能量损失为 5m（不包括出口阻力）。试选用一台合适的油泵。

2-47 某车间需要输送温度为 200℃、密度为 0.75kg/m³的空气，要求输送流量为 12700m³/h、全风压为 1.18kPa。车间仓库中有一台风机，其铭牌上流量为 12700m³/h、全风压为 1.57kPa。问该风机是否可用？

本章符号说明

符号	意义与单位	符号	意义与单位
a	流体运动的加速度，m/s²	P	轴功率，W 或 kW
C_0	流量系数或孔流系数	P_e	有效功率，W 或 kW
C_V	文丘里流量计的流量系数	p_f	压力降，Pa
C_R	转子流量计的流量系数	p_T	风机的压头，m
d	直径，m	p	压力，Pa 或 N/m²
d_e	当量直径，m	p_k	动风压，Pa
Eu	欧拉数	p_m	平均压力，Pa
F	力，N；活塞面积，m²	p_p	静风压，Pa
f	活塞杆截面积，m²	p_T	全风压，J/m³= N/m²
G	质量流速，kg/(m²·s)	t	时间，s
g	重力加速度，m/s²	u	平均速度，m/s
H	泵压头（扬程），m	$\overline{u}$	时均速度，m/s
H_s	吸上真空度，m	u'	脉动速度，m/s
h	液柱高度，m	u_{max}	管中心处最大速度，m/s
h_f	压头损失，m	u_r	半径 r 处点速度，m/s
k	多变指数	V	体积，m³
L	管路系统压头，m	q_m	质量流量，kg/s 或 kg/h
l	管长，m	q_V	体积流量，m³/s 或 m³/h
l_e	管件或阀门的当量长度，m	q_{VT}	往复泵平均理论流量，m³/s
m	流体质点的质量，kg 或 g	R	U形压差计读数，m 或 mm；管道内半径，m
NPSH	汽蚀余量，m	Re	雷诺数
n	离心泵转速，r/min	Re_x	边界层雷诺数
n_r	活塞往复频率，1/min；	r_H	水力半径，m

符号	意义与单位	符号	意义与单位
S	活塞冲程，m；表面积，m^2	ζ	局部阻力系数
T	热力学温度，K	δ	边界层厚度，m 或 mm
v	比体积，m^3/kg；	δ_b	层流底层的厚度，m 或 mm
W_e	流体获得的机械能，J/kg	η	黏度，Pa·s；动量扩散系数，m^2/s；效率
W_s	往复压缩机理论轴功，J	η_a	表观黏度，Pa·s
x_0	进口段长度，m	η_e	涡流黏度，Pa·s
Z	往复泵缸数目；	η_P	压缩机多变总效率
z	几何高度，m	ρ	流体的密度，kg/m^3
$[z]$	允许安装高度，m	τ	剪应力，N/m^2 或 Pa
β_V	气体体积膨胀系数，K^{-1}	ν	运动黏度，m^2/s
γ	绝热指数	λ	摩擦系数；分子平均自由程
ε	管壁粗糙度，m 或 mm；余隙系数	λ_0	容积系数
ε_V	体积压缩性系数，Pa^{-1}		

第3章 机械分离及流态化

3.1 概述

自然界的物质可以分为纯物质和混合物，而混合物可分为均相混合物和非均相混合物。本章讨论的是非均相混合物，如悬浮液、乳浊液、泡沫液、含尘气体、含雾气体等。非均相混合物中，处于分散状态的物质（如分散在流体中的固体颗粒、液滴、气泡等）称为分散相或分散物质；包围着分散相而处于连续状态的物质（如气态非均相混合物中的气体、液态非均相混合物中的液体）称为连续相或分散介质。在流体与颗粒组成的非均相物系中，流体与颗粒间的相对运动可以分为以下三种：

① 颗粒在静止流体中运动，例如颗粒的沉降；

② 流体流过静止颗粒表面，例如流体通过静止的过滤层；

③ 流体与颗粒二者均处于运动状态但保持一定的相对速度，例如流化床。

就流体对颗粒的作用力来说，只要相对运动速度相同，上述三者之间并无本质区别。在化工生产中，经常遇到非均相混合物的分散相和连续相分离的问题，其中最常见的有：从含有粉尘或液滴的气体中分离出粉尘或液滴颗粒；从含有固体颗粒的悬浮液中分离出固体颗粒，如结晶操作后晶体产品与母液的分离；流体通过由大量固体颗粒堆集而成的颗粒床层的流动（如过滤、流化床操作等）。

以上这些分离过程均涉及流体相对于颗粒与颗粒群构成的床层流动时的基本规律，即利用非均相混合物中两相的物理性质的差异（如密度、颗粒尺寸、形状等），使两相发生相对运动实现机械分离。机械分离方法在工业生产应用中主要有以下几个方面：

① 收集分散物质。例如回收从气流干燥器或喷雾干燥器中排出的气体；回收从结晶器中出来的晶浆中的固体颗粒；回收从催化反应器排出的气体中所夹带的催化剂颗粒，以循环使用。

② 净化分离介质。对于某些催化反应，原料气中夹带杂质会降低催化剂活性，需在气体进反应器前清除。

③ 环境保护。近年来，工业污染对环境的危害愈加严重，利用机械分离方法处理工厂排出的废气、废液，对于保护环境有重要意义。

本章从颗粒性质及颗粒与流体间的相对运动规律入手，介绍一系列流体与颗粒进行机械分离的基本原理及设备。同时，许多单元操作与化学反应中经常采用的流态化技术同样涉及两相间的相对运动，都遵循流体力学的基本规律，因此本章还将简介流态化技术。

3.2 颗粒及颗粒床层的几何特性

流体相对于颗粒或颗粒床层的流动规律和分离过程既与流体性质有关，又与颗粒和流体间的相对运动状况有关，同时也与颗粒及颗粒床层本身的特性有关。因此，首先讨论颗粒及颗粒床层的几何特性。

3.2.1 颗粒的几何特性

描述颗粒几何特性的参数主要是大小（尺寸）、形状和表面积（或比表面积）。

对于形状规则的颗粒来说，其大小可用一个或几个特征尺寸表示，其体积和表面积等则可以用其特征尺寸表示。例如，球形颗粒的尺寸可用直径 d 表示，其体积为

$$V=\frac{\pi}{6}d^3 \tag{3.2.1}$$

颗粒比表面积 a 定义为：单位体积颗粒所具有的表面积，单位为 m^2/m^3。对于球形颗粒为

$$a=\frac{A}{V}=\frac{\pi d^2}{\frac{\pi}{6}d^3}=\frac{6}{d} \tag{3.2.2}$$

对于形状不规则的颗粒，其比表面积仍可定义为 $a=A/V$，但其形状与大小的表示较困难，需要人为加以定义，工程上常用球形度和当量直径表示。

(1) 球形度 ϕ

颗粒的形状可用形状系数表示，最常用的形状系数是球形度 ϕ，它的定义式为：

$$\phi=\frac{\text{与颗粒等体积的球形颗粒的表面积}}{\text{颗粒的表面积}}=\frac{A_s}{A} \tag{3.2.3}$$

式中 ϕ——颗粒的球形度，量纲为一；

A_s——与颗粒等体积的球形颗粒的表面积，m^2；

A——颗粒的表面积，m^2。

由于相同体积的不同形状颗粒中，球形颗粒的表面积最小，所以对非球形颗粒而言，总有 $\phi<1$，颗粒形状越接近球形，ϕ 越接近 1；当然，对于球形颗粒，$\phi=1$。

(2) 颗粒的当量直径 d_v 和 d_a

颗粒的尺寸可用与其某种几何量相等的球形颗粒的直径表示，称为当量直径。根据所用几何量的不同，常用的两种当量直径为：

① 等体积当量直径 d_v，即体积与颗粒体积相等的球形颗粒直径

$$d_v=\left(\frac{6V}{\pi}\right)^{1/3} \tag{3.2.4}$$

② 等比表面积当量直径 d_a，即比表面积与颗粒比表面积相等的球形颗粒直径，根据式(3.2.2) 有

$$d_a=\frac{6}{a} \tag{3.2.5}$$

根据球形度的定义，等体积当量直径 d_v 和等比表面积当量直径 d_a 的关系为：

$$d_a=\phi d_v \tag{3.2.6}$$

所以，非球形颗粒的等比表面积当量直径一定小于其等体积当量直径。

3.2.2 混合颗粒群的几何特性

化工生产中常遇到流体通过大小不等的混合颗粒群的流动，此时认为这些颗粒的形状一致，只考虑大小不同。常用筛分的方法测得其粒度分布，再求相应的平均直径。

(1) 颗粒的粒度分布

工业上常见的中等大小（尺寸大于 70μm）的混合颗粒，一般采用一套标准筛测量粒度分布，这种方法称为筛分分析。

标准筛有不同的系列，其中泰勒（Tyler）标准筛是较为常用的标准筛之一，是一种筛孔呈正方形的金属丝网，其筛孔的大小以每英寸长度筛网上所具有的筛孔数目表示，称为目。例如 200 目的筛子是指长度为 1in（2.54cm）的筛网上有 200 个筛孔。筛号越大，筛孔越小。此标准系列中各相邻筛号（按从大到小的顺序）的筛孔大小按筛孔的净宽度以 $\sqrt{2}$ 的倍数递增。

进行筛分分析时，将几个筛子按筛孔大小的顺序从上到下叠在一起，筛孔尺寸最大的放在最上面，尺寸最小的放在最下面，在它底下放一个无孔的底盘。将称量过的颗粒样品放在最上面的筛子上，用振荡器振动筛子，较小的颗粒依次通过各个筛的筛孔下落。称量各层筛网上的颗粒量，即得筛分分析的基本数据。表 3.2.1 列出了某混合颗粒的筛分分析结果，其中 d_{pi} 表示停留在第 i 层筛网上的颗粒平均直径，其值可按该层筛孔直径 d_i 与上一层筛孔直径 d_{i-1} 的平均值计算，即

$$d_{pi}=\frac{d_i+d_{i-1}}{2} \tag{3.2.7}$$

或

$$d_{pi}=\sqrt{d_{i-1}d_i} \tag{3.2.8}$$

表 3.2.1 混合颗粒群的筛分结果（颗粒总量为 500g）

序号	筛号	筛孔尺寸 d_i/mm	平均颗粒直径 d_{pi}/mm	筛网上颗粒量 /g	筛网上颗粒的质量分数, x_i
1	10	1.651	—	0	0
2	14	1.168	1.41	20.0	0.04
3	20	0.833	1.001	40.0	0.08
4	28	0.589	0.711	80.0	0.16
5	35	0.417	0.503	130	0.26
6	48	0.295	0.356	110	0.22
7	65	0.208	0.252	60.0	0.12
8	100	0.147	0.178	30.0	0.06
9	150	0.104	0.126	15.0	0.03
10	200	0.074	0.089	10.0	0.02
11	270	0.053	0.064	5.0	0.01

筛分分析的结果也可用图形表示，图 3.2.1 是一种最简单的图形表示方法，其中横坐标是各层筛网上颗粒的筛分尺寸，纵坐标为质量分数。

颗粒的筛分尺寸 d_{pi} 与颗粒的等体积当量直径或等比表面积当量直径间无任何内在的联系，但在某些条件下，可采用下述经验关系来确定第 i 层筛网上颗粒的等比表面积当量直

径 d_{ai}。

① 若颗粒的长径比较接近 1，则

$$d_{ai} \approx \frac{\phi+1}{2} d_{pi} \tag{3.2.9}$$

② 若颗粒在某方向上略长，且长短之比小于 2，则

$$d_{ai} \approx d_{pi} \tag{3.2.10}$$

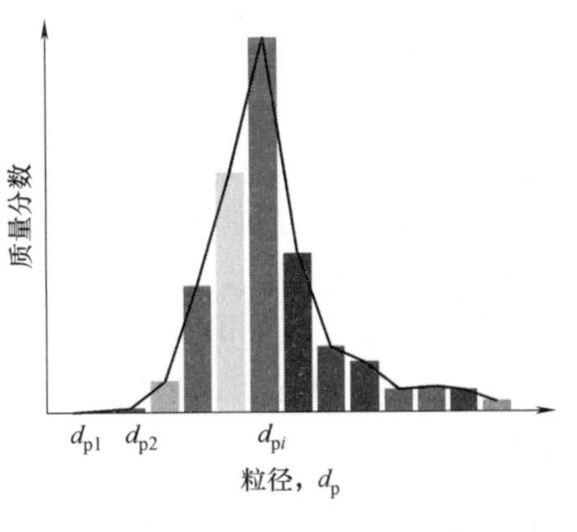

图 3.2.1　颗粒尺寸分布示意

(2) 颗粒群的平均直径

颗粒的平均粒径有不同的表示法，但对于流体与颗粒之间的相对运动过程，主要涉及流体与颗粒表面间的相互作用，即颗粒的比表面积起重要作用，因此通常用等比表面积当量直径来表示颗粒的平均直径。混合颗粒的平均比表面积 a_m 为

$$a_m = \sum x_i a_i = \sum x_i \frac{6}{d_{ai}} \tag{3.2.11}$$

由此可得颗粒群的比表面积平均当量直径 d_{am} 为

$$d_{am} = \frac{6}{a_m} = \frac{1}{\sum x_i \dfrac{1}{d_{ai}}} \tag{3.2.12}$$

式中　a_i——第 i 层筛网上颗粒的比表面积，m^2/m^3；

x_i——第 i 层筛网上颗粒的质量分数；

a_m——混合颗粒的平均比表面积，m^2/m^3；

d_{ai}——混合颗粒的等比表面积当量直径，m。

3.2.3　颗粒床层的几何特性

大量固体颗粒堆积在一起便形成了颗粒床层，当流体流过由颗粒群堆集成的床层时，与流动有关的颗粒床层的几何特性参数主要有空隙率、比表面积和自由截面积分率。

(1) 床层的空隙率 ε

床层中颗粒之间的孔隙体积与整个床层体积之比，即为床层的空隙率 ε

$$\varepsilon = \frac{\text{床层体积} - \text{颗粒所占体积}}{\text{床层体积}} \tag{3.2.13}$$

床层空隙率是颗粒床层的一个重要特性，它反映了床层中颗粒堆集的紧密程度，其大小主要与颗粒的形状、粒度分布、装填方法、床层直径等有关。

用大小均一的球形颗粒装填床层时，其最松排列时的空隙率为 0.48，最紧密排列时的空隙率为 0.26；用非球形的颗粒装填床层时的空隙率往往大于球形颗粒。一般颗粒床层的空隙率为 0.37～0.7。

粒度分布对床层空隙率的影响很大，由于小颗粒可以嵌入大颗粒间的空隙，所以粒径分布宽的混合颗粒的床层空隙率较小。

装填方法也直接影响床层空隙率的大小。装填床层时，若将颗粒直接装入容器内，则形成的床层较为紧密；若先在容器内充满适量水后再装填颗粒，让颗粒慢慢沉聚到一起（也称湿装法），则形成的床层较为松散。实际上，即使装填方法一样也很难保证两次装填所得的床层空隙率完全一致。床层空隙率在床层运行过程中也会发生一定的变化。

颗粒的尺寸 d_p与床层直径 D 之比也显著影响床层的空隙率，一般说来，d_p/D 的值越小，床层的空隙率也越小。

床层空隙率除主要受以上因素影响外，在颗粒床层的不同位置，床层空隙率的大小也有区别，紧靠容器壁面处的空隙率相对较大，这种效应称为壁效应。当流体流经这样的床层时，会产生流速分布不均现象，给操作带来不利的影响。若床层的直径比颗粒的直径大很多，则壁效应可忽略。

床层的空隙率可以用充水法或称量法测量。

① 充水法　取体积为 V 的颗粒层，加水至水到达床层表面，计量加入的水量为 V_1，则床层空隙率为：

$$\varepsilon=\frac{V_1}{V} \tag{3.2.14}$$

此法不适用于多孔性的颗粒，因为本节所指的空隙率并不包括颗粒内的孔隙。

② 称量法　取体积为 V 的颗粒层，称得其质量为 G，若颗粒的密度为 ρ_s，则：

$$\varepsilon=\frac{V-\frac{G}{\rho_s}}{V} \tag{3.2.15}$$

(2) 床层的比表面积 a_B

单位体积床层中颗粒的表面积称为床层的比表面积。若忽略因颗粒相互接触而减小的裸露面积，则床层的比表面积 a_B 与颗粒的比表面积 a 的关系为

$$a_B=(1-\varepsilon)a \tag{3.2.16}$$

床层的比表面积主要与颗粒尺寸及形状有关，颗粒尺寸越小，床层的比表面积越大。

(3) 床层的自由截面积分率 S_o

床层中某一床层截面上空隙所占的截面积（即流体可以通过的截面积）与床层截面积的比值称为床层的自由截面积分率，即

$$S_o=\frac{S-S_p}{S}=1-\frac{S_p}{S} \tag{3.2.17}$$

式中　S_o——床层自由截面积分率，量纲为 1；

S_p——颗粒所占截面积，m^2；

S——整个床层截面积，m^2。

对于乱堆的颗粒床层，颗粒的位向是随机的，所以堆成的床层可以近似认为各向同性。对于这样的床层，重要特性之一是床层自由截面积分率与空隙率相等。同样，由于壁效应的影响，壁面附近的床层自由截面积较大。

3.3 沉降

沉降是工业中常用的从含有固体颗粒的流体中将固液两相分离的操作。其基本原理是在某种力场中利用流体和颗粒之间的密度差，使颗粒与流体之间产生相对运动，实现分离。沉降操作的作用力可以是重力或离心力，故沉降可分为重力沉降和离心沉降。为了研究这一过程，首先介绍颗粒在流体中的相对运动及受力分析，然后再分别介绍重力沉降和离心沉降两种典型的沉降分离过程。

3.3.1 流体绕过颗粒的流动

当流体以一定速度绕过颗粒流动时，流体与颗粒之间的作用力大小相等、方向相反。定义流体作用于颗粒上的力为曳力，而颗粒作用于流体上的力为阻力。

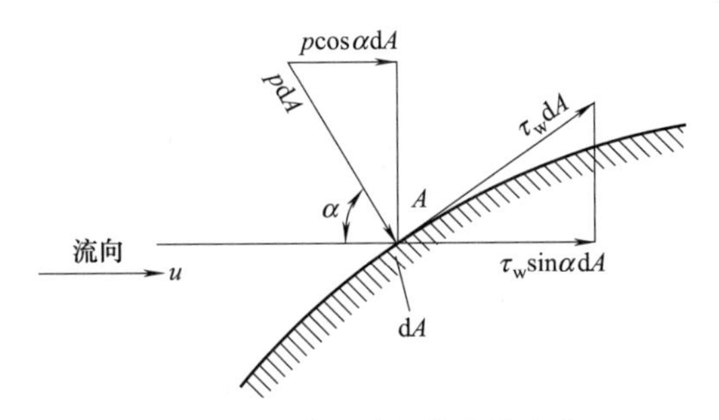

图 3.3.1 作用在颗粒上的曳力

(1) 曳力 F_D

图 3.3.1 表示当流体流过颗粒时，颗粒表面的受力情况。取固体壁面上微元面积 dA。假定流体接近颗粒时的速度为 u，则颗粒上 A 点受到两种力的作用：一是沿表面的剪应力 $\tau_w dA$，二是与表面垂直的压力 $p dA$，若 A 点的法向与流体流动方向的夹角为α，则在流动方向上流体作用于颗粒微元 dA 上的曳力为

$$dF_D = p\,dA\cos\alpha + \tau_w dA\sin\alpha \tag{3.3.1}$$

将上式沿整个颗粒表面积分，则可得总曳力为

$$F_D = \int_A p\cos\alpha\,dA + \int_A \tau_w \sin\alpha\,dA \tag{3.3.2}$$

其中 $\int_A p\cos\alpha\,dA$ 为压力改变所导致的曳力，主要由颗粒的形状和位向决定，称为形体曳力；而 $\int_A \tau_w \sin\alpha\,dA$ 则是由于流体和颗粒表面的摩擦所导致的曳力，主要由颗粒表面积的大小决定，称为表面曳力。这两种曳力均与流体的性质和流速有关。

工程上大都将形体曳力和表面曳力合在一起作为总曳力研究，由于总曳力的影响因素复杂，至今，只有几何形状简单的少数颗粒可以获得总曳力的理论计算公式。例如，黏性流体对圆球的低速绕流（也称爬流）总曳力的理论式为

$$F_D = 3\pi\eta d_p u \tag{3.3.3}$$

式中 F_D——颗粒所受总曳力，N；

d_p——圆球直径，m。

此式称为斯托克斯（Stokes）定律。当流速较高时（如 $Re>1$），此定律不成立。因此，对于一般流动条件下的球形和其他形状颗粒，总曳力的数值尚需通过实验和因次分析解决。对于光滑圆球，总曳力用下式表示

$$F_D = \zeta A_p \frac{1}{2}\rho u^2 \tag{3.3.4}$$

式中 A_p——颗粒在流动方向上的投影面积，m^2；

ζ——曳力系数，量纲为一；

ρ——流体的密度，kg/m^3；

u——流体与颗粒间的相对速度，m/s。

(2) 曳力系数 ζ

流体沿一定方位绕过形状一定的颗粒时，影响曳力的因素包括颗粒的特征尺寸（对于光滑球体，即为颗粒的直径 d_s）、流体流速、密度、黏度等。应用量纲分析可以得出与范宁公式和摩擦系数类似的关系式

$$\zeta=\frac{F_D}{\frac{1}{2}\rho u^2 A_p}=\Phi\left(\frac{d_s\rho u}{\eta}\right) \tag{3.3.5}$$

令颗粒运动雷诺数 Re_p 为

$$Re_p=\frac{d_s\rho u}{\eta} \tag{3.3.6}$$

则

$$\zeta=\Phi(Re_p) \tag{3.3.7}$$

上式说明 ζ 与 Re_p 的关系随颗粒形状及流体流动的相对方位而异，需实验测定。图 3.3.2 示出了几种颗粒的曳力系数 ζ 与颗粒运动雷诺数 Re_p 之间的关系。由图可见，球形颗粒的 $\zeta \sim Re_p$ 的关系大致可分成如下几个区域：

① 层流区（斯托克斯区）：$Re_p \leqslant 1$

$$\zeta=\frac{24}{Re_p} \tag{3.3.8}$$

在此区域内，流体在球表面上为层流流动，如图 3.3.3（a）所示，总曳力主要由表面曳力决定，总曳力与流体流速和黏度的一次方成正比。有的资料上划定此区域为 Re_p 小于 2 或 0.3。

② 过渡区：$1 < Re_p \leqslant 1000$

$$\zeta=\frac{18.5}{Re_p^{0.6}} \tag{3.3.9}$$

在此区域内，球面上开始发生边界层分离，如图 3.3.3（b）所示，颗粒的后部充满旋涡，称为尾流。尾流区内为极不稳定的湍流流动，由于存在大量流体质点的碰撞，能量损失很大，压力急剧下降，导致形体曳力增加，总曳力增加。

在此区内，曳力大致与流速的 1.4 次方成正比，与黏度的 0.6 次方成正比。

③ 湍流区：$1000 < Re_p \leqslant 2\times10^5$

$$\zeta=0.44 \tag{3.3.10}$$

在此区域内，由于流速增大，旋涡加强，形体曳力占主要地位，而表面曳力的影响几乎可以忽略，此时曳力系数不再随 Re_p 而变化，约恒定在 0.44 左右，曳力与流速的平方成正比。

④ 湍流边界层区：$Re_p > 2\times10^5$

若 Re_p 继续增大，边界层内的流动由层流转变为湍流，分离点向半球线后侧移动，如图 3.3.3（c）所示，尾流区缩小，形体曳力突然下降，曳力系数从 0.44 降为 0.1 左右，但实际生产中很少达到这个区域。

对于非球形颗粒，其曳力系数不但与 Re_p 有关，而且还和颗粒的位向有关。图 3.3.2 中的两条虚线分别表示圆盘形和圆柱形颗粒的曳力系数与 Re_p 之间的关系。其位向是圆柱体的轴线，圆盘形的平面与流体的流动方向垂直。在计算 Re_p 时均以等体积当量直径为其特征尺

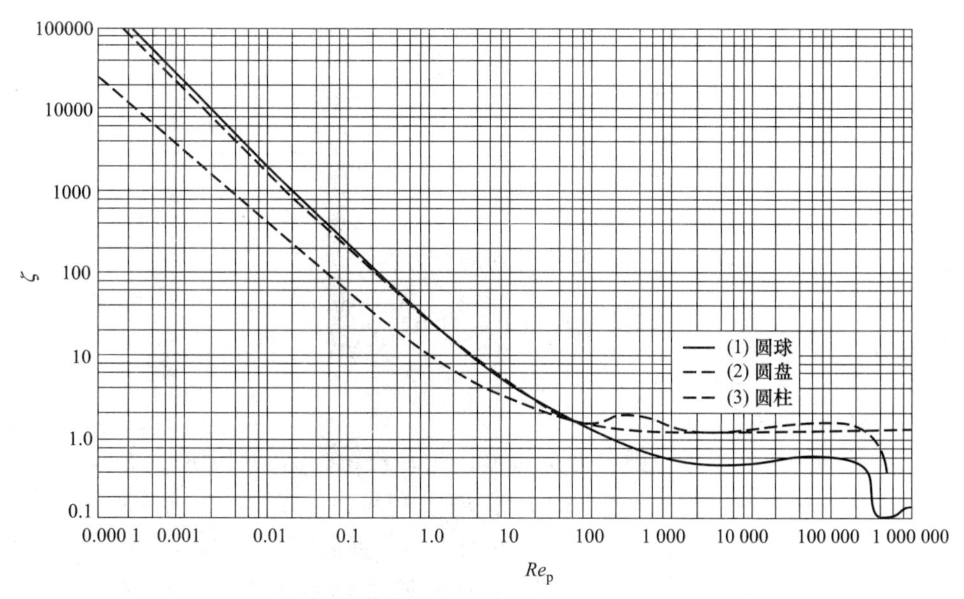

图 3.3.2 曳力系数 ζ 与 Re_p 的关系曲线

寸。非球形颗粒的曳力系数与 Re_p 的变化规律与球形颗粒基本相同。

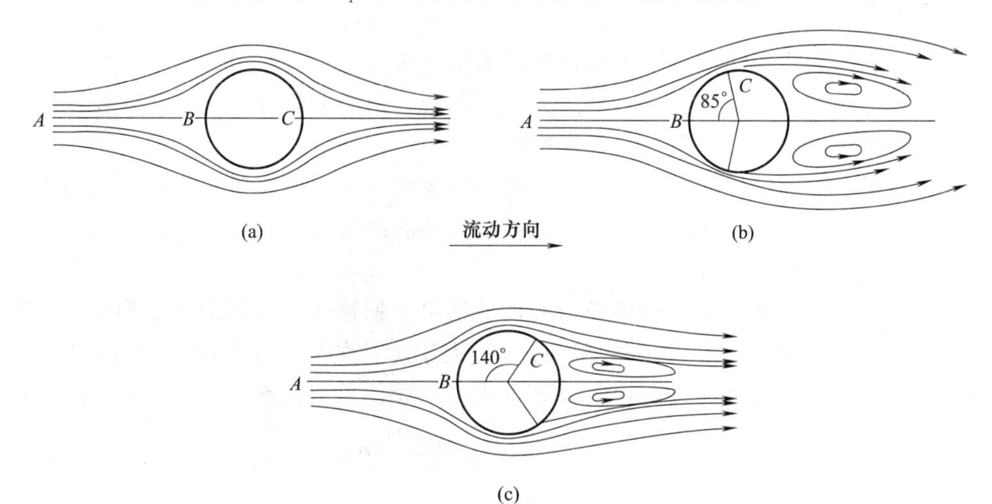

图 3.3.3 流体流过单个圆球体时边界层的分离与尾流的形成

3.3.2 颗粒在流体中的运动

流体中的颗粒通常受到三个力的作用：

(1) 质量力 $\boldsymbol{F}_e$

质量力通常为重力或离心力，其大小可表示为：

$$F_e = ma_e \tag{3.3.11}$$

式中 m——颗粒质量，kg；

a_e——力场加速度，m/s^2。

(2) 浮力 $\boldsymbol{F}_b$

依阿基米德定律，浮力在数值上等于同体积流体在力场中所受的场力，故

$$F_b=\frac{m\rho}{\rho_s}a_e \tag{3.3.12}$$

式中　ρ——流体的密度，kg/m³；

ρ_s——颗粒的密度，kg/m³。

(3) 曳力 F_D

可根据式（3.3.3）计算。

因此，依据牛顿运动第二定律，颗粒受到的合力为

$$\sum F=F_e+F_b+F_D=m\frac{du}{dt} \tag{3.3.13}$$

式中　t——时间，s；

u——颗粒运动速度，m/s。

如果颗粒的初始速度为零，则曳力也为零，此时若 $\rho_s>\rho$，则因 $F_e>F_b$，颗粒将沿着质量力的方向作加速运动；若 $\rho_s<\rho$，则 $F_e<F_b$，颗粒将沿浮力的方向作加速运动。随着颗粒运动速度的增大，颗粒所受的曳力也不断增大，若 F_e和 F_b为常数，必存在某一时刻使颗粒所受的诸力之和为零，即$\sum F=0$，颗粒运动的加速度 $du/dt=0$，颗粒将在流体中作匀速运动，此时颗粒的运动速度称为终端速度。

3.3.3 重力沉降

受地球重力场的作用而产生的沉降过程即为重力沉降。

由于在重力场中颗粒所受的重力和浮力均为常数，由上节的分析可知，颗粒在沉降过程中可分为两个阶段：一是加速段，二是恒速段。

一般加速段的时间很短，在整个沉降过程中可忽略不计，所以可将沉降过程视为在恒定速度下进行。该恒定的速度就是颗粒在重力场中运动的终端速度，称为沉降速度。

(1) 球形颗粒的自由沉降

以光滑球形颗粒在静止流体中沉降为例，考察单个颗粒的自由沉降（即颗粒的沉降速度不受器壁及其他颗粒的影响）。若颗粒的密度 ρ_s 大于流体的密度 ρ，则在颗粒沉降过程中，颗粒所受的曳力的方向与浮力方向相同，故将式（3.3.13）用在重力沉降的恒速段，可得：

$$g\left(\frac{\rho_s-\rho}{\rho_s}\right)-\zeta A_p\frac{\rho u^2}{2m}=0 \tag{3.3.14}$$

现以颗粒的沉降速度 u_t代替上式中的 u，得：

$$u_t=\sqrt{\frac{2g(\rho_s-\rho)m}{A_p\rho_s\zeta\rho}} \tag{3.3.15}$$

对于球形颗粒，在流动方向上的投影面积和质量分别为：

$$A_p=\frac{\pi}{4}d^2$$

$$m=\frac{\pi}{6}d^3\rho_s$$

故有

$$u_t=\sqrt{\frac{4}{3}\frac{dg(\rho_s-\rho)}{\zeta\rho}} \tag{3.3.16}$$

将不同 Re_p 范围内的曳力系数（前三个区域）代入上式可得如下三个计算式：

① 层流区，$Re_p \leqslant 1$，由 $\zeta=\frac{24}{Re_p}$ 得

$$u_t=\frac{d^2(\rho_s-\rho)g}{18\eta} \tag{3.3.17}$$

此式称为斯托克斯（Stokes）公式。一般沉降操作中，颗粒直径很小，Re_p 也较小，沉降在层流区进行，所以此式十分常用。

② 过渡区，$1< Re_p \leqslant 1000$，由 $\zeta=\frac{18.5}{Re_p^{0.6}}$ 得

$$u_t=0.27\sqrt{\frac{gd_s(\rho_s-\rho)Re_p^{0.6}}{\rho}} \tag{3.3.18a}$$

此式称为阿伦（Allen）公式，将式中的 Re_p 以 $d_s u_t \rho/\eta$ 代入，可得直接计算 u_t 的关系式：

$$u_t=0.78\frac{d_s^{1.143}(\rho_s-\rho)^{0.715}}{\rho^{0.286}\eta^{0.428}} \tag{3.3.18b}$$

③ 湍流区，$1000< Re_p \leqslant 2\times10^5$，由 $\zeta=0.44$ 得

$$u_t=1.74\sqrt{\frac{d(\rho_s-\rho)g}{\rho}} \tag{3.3.19}$$

此式称为牛顿（Newton）公式。

从上述三个公式可确定沉降速度与各种相关因素的关系，对于一定的物系，若物性参数 ρ_s、ρ、η 已知，则颗粒的沉降速度只与颗粒的直径有关，因此可通过这些公式由颗粒直径求沉降速度，也可在已知沉降速度的情况下求颗粒的直径。

利用式（3.3.17）～式（3.3.19）计算沉降速度时，必先知道沉降属于哪一区，用哪一个公式计算 u_t。但在没有求出 u_t 以前还无法确定沉降属于哪一区。因此应用上述公式计算沉降速度时需用试差法，其计算步骤为：先假设沉降属于某一区域，按此区内的公式求出 u_t，再核算 Re_p 以校验最初的假设是否正确，如不正确，需重新计算。

为避免试差，可利用其他方法来计算 u_t，下面介绍其中的判据法。此法将各区域计算沉降速度的公式分别代入 Re_p 中，并引入量纲为一的参数 k 作为判断 Re_p 范围的依据。例如，将斯托克斯公式代入 Re_p 中，整理可得

$$Re_p=\frac{1}{18}\frac{d_s^3 g\rho(\rho_s-\rho)}{\eta^2}$$

令

$$d_s\left[\frac{g\rho(\rho_s-\rho)}{\eta^2}\right]^{\frac{1}{3}}=k \tag{3.3.20}$$

则可得

$$Re_p=\frac{1}{18}k^3$$

因斯托克斯公式的适用范围是 $Re_p \leqslant 1$，由上式可求出 $k \leqslant 2.62$，故当 $k \leqslant 2.62$ 时，可用斯托克斯公式计算沉降速度。由于求 k 时不需要沉降速度 u_t，所以此法可避免试差计算。

同理可得到适用于阿伦公式和牛顿公式的 k 值范围如下：

$2.62<k\leqslant 60.1$ 采用阿伦(Allen)公式

$60.1 <k \leqslant 2364$ 采用牛顿(Newton)公式

(2) 非球形颗粒的自由沉降

对于非球形颗粒的自由沉降，其在流体中沉降时所受到的曳力还与颗粒的形状有关。一般说来，在同样的条件下，非球形颗粒的曳力系数较球形颗粒大，因此其沉降速度较小。图 3.3.4 表示了颗粒球形度和 Re_p 对沉降速度的影响。图 3.3.4 中的纵坐标是非球形颗粒与球形颗粒沉降速度的比值（在同样条件下），横坐标是 Re_p。由图 3.3.4 可见，当 Re_p 相同时，颗粒的球形度越小，纵坐标的数值越小，说明球形度越小的颗粒与球形颗粒相比，其沉降速度也越小。通过图 3.3.4 可近似计算非球形颗粒的沉降速度，即先假定颗粒为球形颗粒，按有关公式求出沉降速度后，再利用图 3.3.4 进行校正。

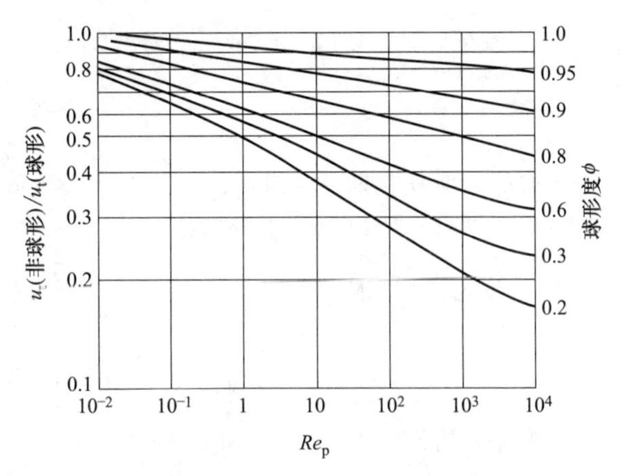

图 3.3.4 颗粒球形度和 Re_p 与沉降速度的关系

【例 3.1】 密度为 2000kg/m^3 的圆球在 20℃ 的水中沉降，试求其在服从斯托克斯范围内的最大直径和最大沉降速度。

解：查 20℃ 时水的密度 $\rho=998.2\text{kg/m}^3$，黏度为 $\eta=1.005\times10^{-3}\text{Pa}\cdot\text{s}$。在斯托克斯定律范围内

$$Re_p=\frac{d_s\rho u_t}{\eta}\leqslant1 \quad 即 \quad \frac{998.2d_su_t}{1.005\times10^{-3}}\leqslant1$$

取 $Re_p=1$，则

$$d_su_t=1.007\times10^{-6}\text{m}\cdot\text{m/s} \tag{a}$$

又

$$u_t=\frac{d_s^2(2000-998.2)\times9.81}{18\times1.005\times10^{-3}}=543264d_s^2 \tag{b}$$

解方程式（a）、式（b）得：最大直径 $d_s=1.23\times10^{-4}\text{m}=123\mu\text{m}$；最大沉降速度 $u_t=8.22\times10^{-3}\text{m/s}$。

(3) 大小不均匀颗粒的沉降

当大小不同、密度相同的颗粒在流体中沉降时，小颗粒的沉降速度较慢，为使颗粒与流体达到规定的分离程度，在计算沉降速度时，应以能够达到规定分离程度的最小颗粒的沉降速度为准。

(4) 影响沉降速度的其他因素

实际工业中的非均相体系中含有很多颗粒，沉降时颗粒相互影响，颗粒的实际沉降与自由沉降有所不同，当颗粒很小时，流体的分子运动也会对颗粒的沉降发生影响，此外还有端效应与壁效应等影响。

1）干扰沉降　当流体中颗粒的浓度较大时，相邻颗粒的运动改变了原来单个颗粒周围的流场，颗粒沉降时彼此影响，这种沉降称为干扰沉降。

与自由沉降不同，干扰沉降时一方面由于大量颗粒向下沉降使流体被置换而产生显著的向上流动，造成颗粒沉降速度小于其自由沉降速度，另一方面，大量颗粒的存在，使流体的表观密度和表观黏度（即混合物的密度和黏度）增大，所有这些因素都使颗粒的沉降速度减小。一般，颗粒的体积分数小于 0.001，沉降速度降低不超过 1%。

① 颗粒体积分数对沉降速度的影响　设颗粒在流体中作干扰沉降时，流体的体积分数为ε，其干扰沉降速度为 u_{tm}，颗粒沉降所造成的流体反向运动速度为 u_a，则

$$u_{tm}=u_t-u_a \tag{3.3.21}$$

式中　u_t——相同条件下，颗粒的自由沉降速度，m/s。

由于在单位水平截面上，颗粒沉降的体积流率为 $(1-\varepsilon)u_{tm}$，因此由其造成的流体反向运动速度为

$$u_a=\frac{(1-\varepsilon)u_{tm}}{\varepsilon} \tag{3.3.22}$$

则式（3.3.21）变为

$$u_{tm}=\varepsilon u_t \tag{3.3.23}$$

式（3.3.23）表明，颗粒的体积分数越大，干扰沉降速度越小。

② 流体表观黏度及表观密度对沉降速度的影响　流体的表观黏度及表观密度对沉降速度的影响，主要表现在对式（3.3.23）中 u_t的影响，即在计算干扰沉降速度时，所用的 u_t应以流体的表观黏度和表观密度为准。

流体的表观黏度可用下式计算

$$\eta_m=\frac{\eta}{\psi} \tag{3.3.24}$$

式中　η_m——流体的表观黏度；

η——纯流体的黏度；

ψ——经验校正因子。其值的大小与颗粒的体积分数（1−ε）有关，可按下式计算

$$\psi=\frac{1}{10^{1.82(1-\varepsilon)}} \tag{3.3.25}$$

流体的表观密度可按下式计算

$$\rho_m=(1-\varepsilon)\rho_s+\varepsilon\rho \tag{3.3.26}$$

式中　ρ_m——流体的表观密度；

ρ——纯流体的密度；

ρ_s——颗粒的密度。

计算干扰沉降速度时，可先按流体的表观物性，利用自由沉降速度的计算方法求出 u_t，再利用式（3.3.23）进行校正。

2）流体分子运动　当颗粒直径小到可与流体分子的平均自由程相当时（如 2～3μm 以下），颗粒可穿过流体分子的间隙，使沉降速度大于斯托克斯定律计算的数值。另一方面，当颗粒直径小于 0.1μm 时，沉降受到流体分子布朗运动的影响，前面计算沉降速度的公式不再适用。在此情况下，难以用重力沉降法实现颗粒在流体中的分离。

3）液滴和气泡的运动　与固体颗粒不同，液滴和气泡在流动中会变形和产生内部循环流动。液滴和气泡在流体中运动时受到形体曳力的作用而有被压扁的趋向，而表面张力的存在则会使其保持球形。当颗粒尺寸较小（如小于 0.5mm 左右）时，由于单位体积的表面能很大，几乎完全可以保持球形，则可用前述计算公式来求沉降或浮升速度；当颗粒尺寸较大时，由于液滴或气泡在曳力作用下的变形及其内部的流体产生循环运动，都将影响到曳力系数和沉降速度。此时，前述公式不再适用，应该参阅有关资料来考虑。

4）壁效应和端效应　当颗粒直径 d_p与容器直径 D 相比不算太小时，容器壁面会对颗粒的沉降产生影响，使其受到较大的曳力。一般 $d_p/D>0.01$ 时，就显出器壁的影响，使

沉降速度减小。工业应用中应考虑此效应的影响。

【例 3.2】 在温度为 20℃的玻璃小球与水形成的悬浮液中，小球的直径为 1.554×10^{-4}m，密度为 2467kg/m³，悬浮液中固体含量为 40%（质量）。试按干扰沉降求小球的沉降速度。

解： 查 20℃时水的密度 $\rho=998\text{kg/m}^3$，黏度为 $\eta=1.005\times10^{-3}\text{Pa}\cdot\text{s}$。

悬浮液中水的体积分数为

$$\varepsilon=\frac{60/998}{60/998+40/2467}=0.787$$

悬浮液的表观密度为

$$\rho_\text{m}=\varepsilon\rho+(1-\varepsilon)\rho_\text{s}=0.787\times998+0.213\times2467=1311\text{kg/m}^3$$

$$\psi=\frac{1}{10^{1.82\times0.213}}=0.409$$

悬浮液的表观黏度为

$$\eta_\text{m}=\frac{\eta}{\psi}=\frac{1.005\times10^{-3}}{0.409}=2.457\times10^{-3}\text{Pa}\cdot\text{s}$$

设沉降处于层流区，则代入斯托克斯公式有

$$u_\text{t}=\frac{d_\text{s}^2(\rho_\text{s}-\rho_\text{m})g}{18\eta_\text{m}}=\frac{(1.554\times10^{-4})^2\times(2467-1311)\times9.81}{18\times2.457\times10^{-3}}=6.192\times10^{-3}\text{m/s}$$

干扰沉降速度为

$$u_\text{tm}=\varepsilon u_\text{t}=0.787\times6.192\times10^{-3}=4.873\times10^{-3}\text{Pa}\cdot\text{s}$$

校验雷诺数

$$Re_\text{p}=\frac{d_\text{s}u_\text{t}\rho_\text{m}}{\eta_\text{m}}=\frac{1.554\times10^{-4}\times6.192\times10^{-3}\times1311}{2.457\times10^{-3}}=0.513<1$$

故以上计算正确。

3.3.4 重力沉降设备

重力沉降是颗粒在重力作用下的沉降运动，颗粒的直径越大、两相的密度差越大，沉降分离效果越好。通常情况下重力沉降速度较小，所需的沉降时间长，为使颗粒能分离出来，流体在设备内的停留时间也较长，因此这类设备的体积都较大。

(1) 降尘室

分离气体中尘粒的重力沉降设备称为降尘室。图 3.3.5 是典型的降尘室示意图。气体从降尘室入口流向出口的过程中，气体中的颗粒随气体向出口流动，同时向下沉降。如颗粒在到达降尘室出口前已沉到室底而落入集尘斗内，则颗粒从气体中分离出来，否则将被气体带出。

根据对降尘室内流动机理的分析，设降尘室为高 H、宽 b、长 L 的矩形方体设备（见图 3.3.6）。流量为 V 的气体进入室后，在入口端立刻均匀分布在降尘室整个截面上，并以均匀的速度 u 平行流向出口端，然后收缩进入出口管。

现讨论直径为 d_s的颗粒在降尘室中能被分离下来的条件。由图 3.3.6 可见，颗粒在降尘室中沉降的时间为

$$\tau_\text{t}=\frac{H}{u_\text{t}} \tag{3.3.27}$$

颗粒在降尘室中的停留时间为

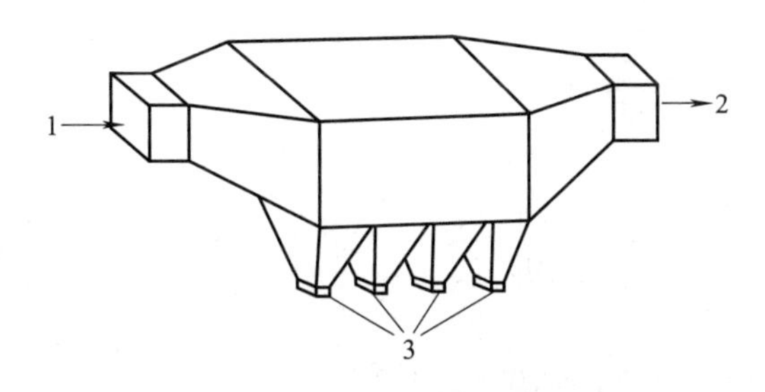

图 3.3.5 降尘室

1—气体入口；2—气体出口；3—集尘斗

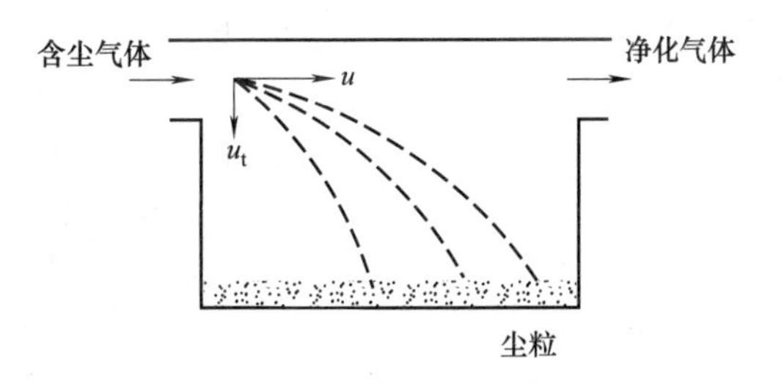

图 3.3.6 降尘室操作示意

$$\tau=\frac{L}{u}=\frac{L}{\frac{V}{Hb}}=\frac{LHb}{V} \tag{3.3.28}$$

显然，颗粒能被分离下来的条件为

$$\tau \geqslant \tau_t$$

即

$$\frac{L}{u} \geqslant \frac{H}{u_t} \tag{3.3.29}$$

化简后为

$$V \leqslant u_t bL \tag{3.3.30}$$

式（3.3.30）表明，降尘室的生产能力 V 仅与其底面积（bL）及颗粒的沉降速度 u_t 有关，与降尘室的高度无关。所以降尘室一般采用扁平的几何形状，以增加底面积；也可在室内加多层隔板，形成多层降尘室，如图 3.3.7 所示，多层降尘室能分离较细的颗粒且节省占地面积，但清灰比较麻烦。常用的隔板间距为 40～100mm。

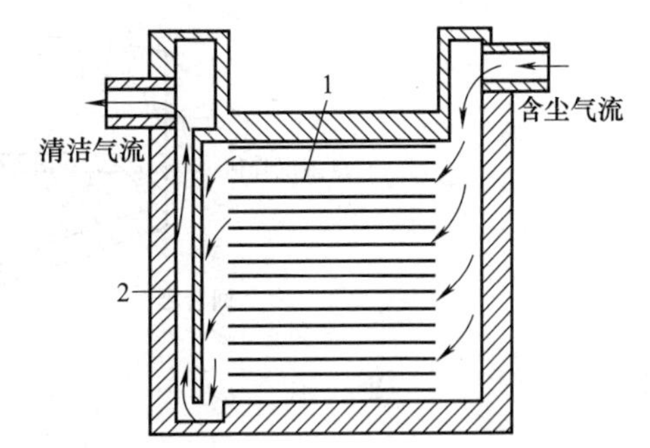

图 3.3.7 多层降尘室结构示意图

1—隔板；2—挡板

以上分析是基于颗粒处在降尘室顶端时能被分离的条件，显然，若满足此条件，则处于其他位置的同直径颗粒也都能被除去。由于所处理的气体中粉尘颗粒的大小不均，因此，沉降速度 u_t 应以所需完全分离的最小颗粒直径计算。同时，降尘室中的气体流速不能过高，防止将已沉降下来的颗粒重新卷起。一般降尘室内气体速度应不大于 3m/s，具体数值应根据要求除去的颗粒大小而定，对于易扬起的粉尘（如淀粉、炭黑等），气体速度应低于 1m/s。

降尘室结构简单、阻力小，但体积庞大、分离效率低，只适合于分离直径在 75mm 以上的粗粒，一般作预除尘用。

【例 3.3】 某降尘室高 2m、宽 2m、长 5m，用于矿石焙烧炉的炉气除尘。矿尘密度为 4500kg/m^3，其形状近于圆球；操作条件下气体流量为 $25000\text{m}^3/\text{h}$，气体密度为 0.6kg/m^3。黏度为 3×10^{-5} Pa·s。试求理论上能完全除去矿尘颗粒的最小直径。

解： 颗粒沉降速度 $u_t=\dfrac{25000/3600}{5\times2}=0.694\text{m/s}$

设沉降处于过渡区，则依阿伦公式

$$u_t=0.27\sqrt{\frac{gd_s(\rho_s-\rho)Re_p^{0.6}}{\rho}}$$

$$d_s^{1.6}=\frac{u_t^{1.4}\rho^{0.4}\eta^{0.6}}{0.0729g(\rho_s-\rho)}\approx\frac{0.694^{1.4}\times0.6^{0.4}\times(3\times10^{-5})^{0.6}}{0.0729\times9.81\times4500}=2.93\times10^{-7}$$

即 $d_s=82.7\times10^{-6}$ m$=82.7\mu$m。

校核　$Re_p=d_su_t\rho/\eta=82.7\times10^{-6}\times0.694\times0.6\div3\times10^{-5}=1.15$

Re_p 介于 1 与 1000 之间，故假设正确。颗粒的最小直径为 82.7μm。

(2) 沉降槽

沉降槽是利用重力沉降分离悬浮液或乳浊液并得到澄清液体的设备，在此仅介绍分离悬浮液的沉降槽。沉降槽通常只能用于分离出较大的颗粒，得到的是清液与含 50 %左右固体颗粒的增稠液，所以这种设备也称为增稠器。

沉降槽有间歇式和连续式两类，间歇沉降槽通常是带有锥底的圆槽，待处理的悬浮液在槽内静置足够时间后，增浓的沉渣由底部排出，清液则由槽上部排出管抽出。图 3.3.8 所示为一连续式沉降槽。它是一个大直径的浅槽，料浆由位于中央且伸入液面下的圆筒进料口送至液面以下，经一水平挡板折流后沿径向扩展，使速度减缓。随着颗粒的沉降，液体缓慢向上流动，经溢流堰流出得到清液。颗粒则向下沉至底部形成沉淀层，由缓慢转动的耙将其排出。连续沉降槽适合处理量大、浓度不高、颗粒粒径不太小的悬浮液，如常见的污水处理槽。

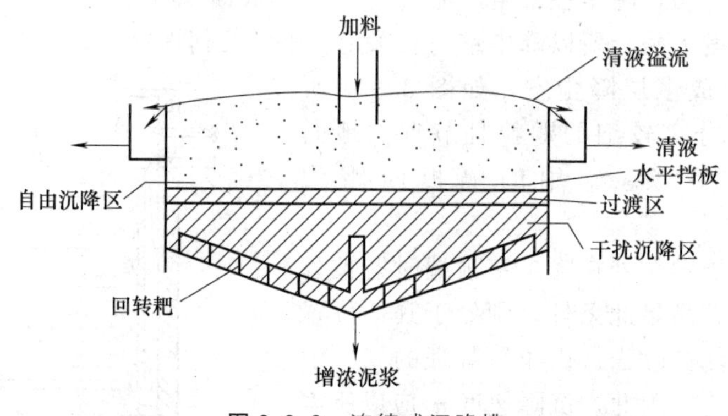

图 3.3.8　连续式沉降槽

沉降槽有澄清液体和增浓悬浮液的双重功能，为了获得澄清液体，必须有足够大的截面积，保证任何时刻液体向上的速度小于颗粒的沉降速度；为了保证沉渣的增浓程度，还需颗粒在沉降槽内有足够的停留时间。

工程上，若已知颗粒的沉降速度，可按以下方法近似计算沉降槽的截面积。假设沉降槽任一截面上液体对颗粒的质量比为 X（kg 液体/kg 颗粒），沉降槽底部泥浆中液体对颗粒的质量比为 X_w（kg 液体/kg 颗粒），进料中含颗粒量为 m（kg/h）。假定颗粒全从沉降槽底部排出，则依液体的质量衡算可得通过横截面积 A 向上流动的液体量为 $m(X-X_w)$。故该截面上流体向上流动速度为

$$u=\frac{m(X-X_w)}{A\rho} \tag{3.3.31}$$

式中　A——沉降槽截面积，m^2；

ρ——液体密度，kg/m^3。

若该截面处固体颗粒的沉降速度为 u_{tm}，则应使 $u<u_{tm}$，于是得沉降槽的最小截面积为

$$A=\frac{m(X-X_w)}{u_{tm}\rho} \tag{3.3.32}$$

A 的数值应在进料与底流之间的整个范围内进行计算，选出其中最大的 A 值，再乘以适当的安全系数，作为沉降槽的横截面积。直径在 5m 以下的沉降槽，安全系数取 1.5；直径在 30m 以上的沉降槽，安全系数取 1.2。

连续沉降槽压紧区的容积应等于底部泥浆的体积流量与上述压紧时间的乘积，而底部泥浆的体积流量则是其中固、液两相的流量之和，即压紧区高度为

$$h=\frac{m\tau_0}{A\rho_s}\left(1+\frac{\rho_s X_w}{\rho}\right) \tag{3.3.33}$$

式中 h——压紧区高度，m；

τ_0——压紧时间，s。

其他符号意义同前。

按上式计算出的压紧区高度，通常需附加 75% 的安全量。沉降槽的总高度则等于压紧区高度加上其他区域的高度，后者可取 1～2m。

3.3.5 离心沉降

离心沉降是利用沉降设备使流体和颗粒旋转，在离心力作用下，利用流体和颗粒间存在的密度差，使颗粒沿径向与流体产生相对运动，实现颗粒和流体分离（见图 3.3.9）。由于在高速旋转的流体中，颗粒所受的离心力比重力大得多，且可根据需要人为地调节，所以其分离效果好于重力沉降。

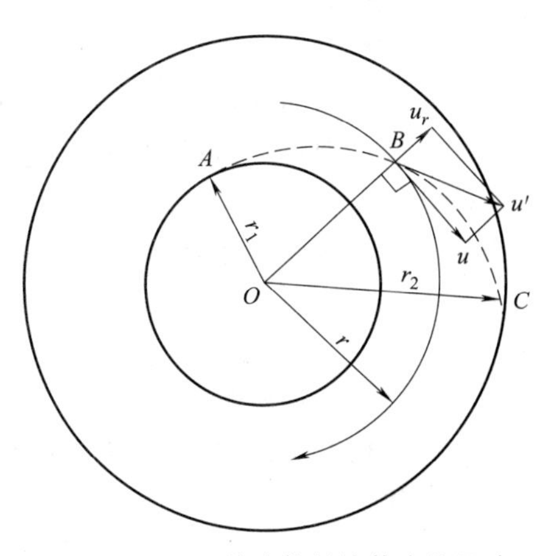

图 3.3.9 颗粒在旋转流体中的运动

在离心力场中，颗粒受到离心力、浮力及曳力的作用，但和重力场不同，颗粒所受的离心力除和质量有关，还和颗粒所处的位置有关。在沉降过程中，颗粒的运动速度不断变化，即 $du_r/dt\neq 0$，若将式（3.3.13）用于离心力场中，则得：

$$a_r\left(\frac{\rho_s-\rho}{\rho_s}\right)-\zeta A_p\frac{\rho u_r^2}{2m}=\frac{du_r}{dt} \tag{3.3.34}$$

式中 a_r——离心加速度，m/s^2。

其他符号同前。

在实际使用中，du_r/dt 与方程左边两项相比很小，一般可忽略不计，则有

$$u_r=\sqrt{\frac{2a_r(\rho_s-\rho)m}{A_p\rho_s\zeta\rho}} \tag{3.3.35}$$

若颗粒的旋转角速度为 ω，圆周运动线速度为 u，则离心加速度 a_r 可表示为：

$$a_r=\omega^2 r=\frac{u^2}{r} \tag{3.3.36}$$

式中 r——颗粒旋转半径，m。

将上式代入式（3.3.35）中，可得：

$$u_r=\sqrt{\frac{2\omega^2 r(\rho_s-\rho)m}{A_p\rho_s\zeta\rho}} \tag{3.3.37}$$

对于球形颗粒，又可简化为：

$$u_r=\sqrt{\frac{4}{3}\frac{d_s(\rho_s-\rho)r\omega^2}{\zeta\rho}} \tag{3.3.38}$$

将上式与重力沉降速度公式（3.3.16）对比可知，颗粒的离心沉降速度 u_r 与重力沉降速度 u_t 具有相似的关系，只是将式（3.3.16）中的重力加速度 g 改为离心加速度 $\omega^2 r$，且沉降的方向不是向下，而是向外，即背离旋转中心。u_r 与 u_t 还有一个更重要的区别，因离心力随旋转半径而变化，致使离心沉降速度 u_r 也随颗粒的位置而变，所以颗粒的离心沉降速度 u_r 本身就不是一个恒定的数值，而重力沉降速度 u_t 则是不变的。

在离心沉降过程中，一般颗粒的直径都比较小，基本上属于在层流区操作，所以可将 $\zeta=24/Re_p$ 代入式（3.3.38）中，得

$$u_r=\frac{d_s^2(\rho_s-\rho)\omega^2 r}{18\eta} \tag{3.3.39}$$

上式也可用颗粒圆周运动线速度 u 表示离心加速度，为：

$$u_r=\frac{d_s^2(\rho_s-\rho)u^2}{18\eta r} \tag{3.3.40}$$

式（3.3.39）和（3.3.40）说明，在角速度一定的情况下，离心沉降速度与颗粒旋转半径成正比；而在颗粒圆周运动的线速度恒定的情况下，离心沉降速度与颗粒旋转的半径成反比。

工程上，常将离心加速度和重力加速度的比值称为离心分离因数，用 K_C 表示：

$$\frac{a_r}{g}=\frac{u_r^2}{gr}=K_C \tag{3.3.41}$$

离心分离因数是离心分离设备的重要性能指标。某些高速离心机的分离因数可高达数十万。对于本节将要讨论的旋风分离器和旋液分离器来说，其效能较重力沉降设备要高很多。如当旋转半径 0.5m，颗粒旋转速度 $u=30\text{m/s}$，则分离因数 $K_C=183$。

3.3.6 离心沉降设备

工业上应用的离心沉降设备有两种形式：旋流器和离心沉降机。旋流器的特点是设备静止，流体在设备中作旋转运动产生离心作用，常用于气体非均相混合物分离的旋流器为旋风分离器；用于分离液体非均相混合物的旋流器为旋液分离器。离心沉降机的特点是盛装液体混合物的设备本身高速旋转并带动液体一起旋转，从而产生离心作用。

(1) 旋风分离器

旋风分离器是用离心力作用从气体中分离出颗粒的设备。在工业上应用已有近百年的历史，它结构简单、造价低廉、操作方便、分离效率高，目前仍是化工、采矿、冶金等领域常用的分离和除尘设备，一般用来除去气体中直径 5μm 以上的颗粒。

1）基本结构与操作原理

旋风分离器的基本结构如图 3.3.10 所示。它是一种最简单的旋风分离器，主要由进气管、上圆筒、下部的圆锥筒、中央升气管组成。

含尘气体从进气管沿切向进入，受圆筒壁的约束旋转，做向下的螺旋运动，气体中的粉

尘随气体旋转向下，同时在惯性离心力的作用下向器壁移动，沿器壁落下，沿锥底排入灰斗；气体旋转向下到达圆锥底部附近时转入中心升气管而旋转向上，最后从顶部排出。

图 3.3.10 示出了气流在器内的运动情况，通常，把下行的螺旋形气流称为外旋流，上行的称为内旋流（气芯），内、外旋流的旋转方向相同，外旋流的上部是主要除尘区。器内的水平截面上压力分布则是由器壁附近的最高往中心逐渐降低，气芯处可低于出口处压力。

2）旋风分离器的性能参数

旋风分离器性能指标主要是从气流中分离颗粒的效果及气体经过旋风分离器的压降来评价。

① 临界直径 d_c　旋风分离器能被完全分离出来的最小颗粒直径称为临界直径。临界直径是评价旋风分离器分离效率高低的重要依据。

临界直径的大小很难准确测定，一般可在下列的简化条件下推导出来：

第一，假设进入旋风分离器的气流严格按螺旋形路线作匀速运动，其切向速度恒等于进口气速 u；

第二，颗粒在沉降过程中，穿过气流的最大厚度为进气口宽度 B；

第三，颗粒径向沉降速度服从斯托克斯公式。

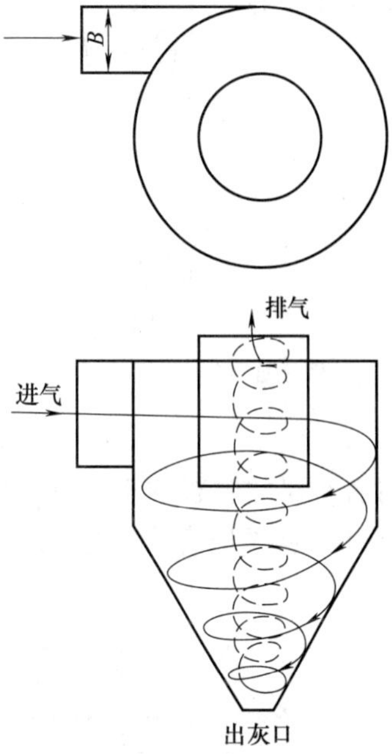

图 3.3.10　旋风分离器示意

依上面的假设，沉降速度可用式（3.3.34）计算，由于在气固系统中，颗粒的密度远大于气体的密度，即 $\rho_s \gg \rho$，故式（3.3.40）中的分子项中可忽略气体密度 ρ。现以气体进口气速 u 和颗粒平均旋转半径 r_m 代入，可得：

$$u_r=\frac{d_c^2\rho_s u^2}{18\eta r_m} \tag{3.3.42}$$

式中　d_c——临界直径，m。

颗粒的沉降时间为：

$$\tau_r=\frac{B}{u_r}$$

即

$$\tau_r=\frac{18\eta r_m B}{d_c^2\rho_s u^2} \tag{3.3.43}$$

式中，B 为旋风分离器进口宽度。若气体在筒内的旋转圈数为 N，则气体在旋风分离器中的运行距离为 $2\pi r_m N$，所以，气体在分离器内的停留时间为：

$$\tau=\frac{2\pi r_m N}{u}$$

令 $\tau_r=\tau$，可解得：

$$d_c=\sqrt{\frac{9\eta B}{\pi N u\rho_s}} \tag{3.3.44}$$

式中，圈数 N 与进口气速有关，对常用形式的旋风分离器，当风速在 12～25m/s 范围时，一般可取 $N=3\sim4.5$，风速越大，则 N 也越大。

一般旋风分离器都以圆筒直径 D 为参数，其他尺寸都与 D 成一定比例。在气体处理量一定的情况下，临界直径随分离器尺寸增大而增大。当气体处理量很大时，常将若干个小尺寸的旋风分离器并联成旋风分离器组（见图 3.3.11），以维持较高的除尘效果。

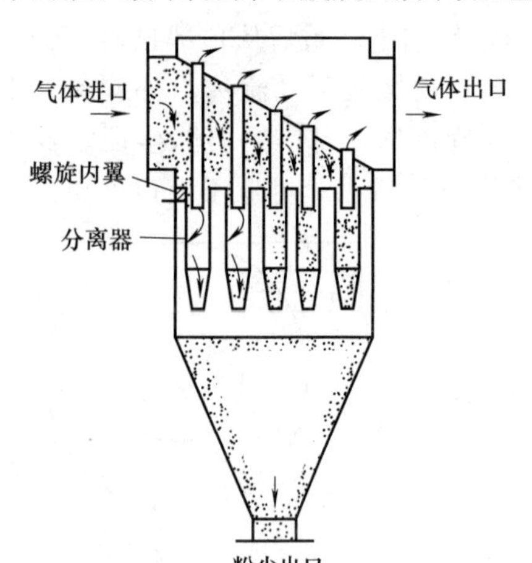

图 3.3.11　旋风分离器组

式（3.3.44）的前两个假设条件，虽然与实际情况差距较大，但因这个公式非常简单，只要定出合适的 N 值，结果尚可应用。

② 分离效率　旋风分离器的分离效率有两种表示方法，一是总效率，以 η 表示；二是分级效率，又称粒级效率，以 η_i 表示。

总效率即进入旋风分离器中的全部颗粒能被分离出来颗粒的质量分数，即

$$\eta=\frac{C_1-C_2}{C_1}\times 100\% \qquad (3.3.45)$$

式中，C_1、C_2 分别为旋风分离器入口和出口中的总含尘量，g/m^3。

总效率是工程上最常用的，也是最容易测定的分离效率，这种表示法的最大缺点是不能表明旋风分离器对各种尺寸颗粒的不同分离效果。

分级效率是按颗粒的粒度大小分别表示某一尺寸的颗粒被分离的效率，一般按质量分数计算。

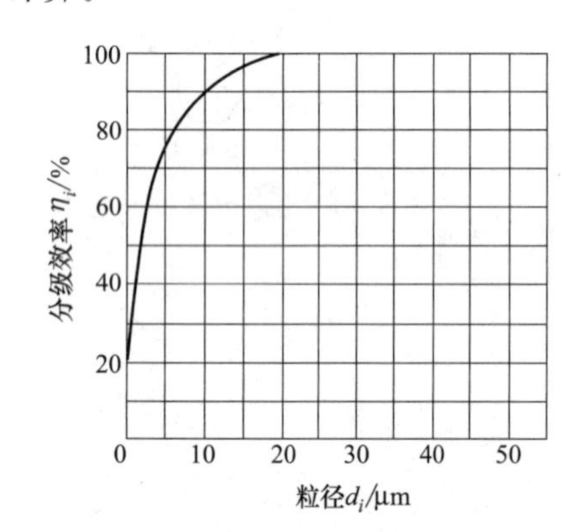

图 3.3.12　分级效率曲线

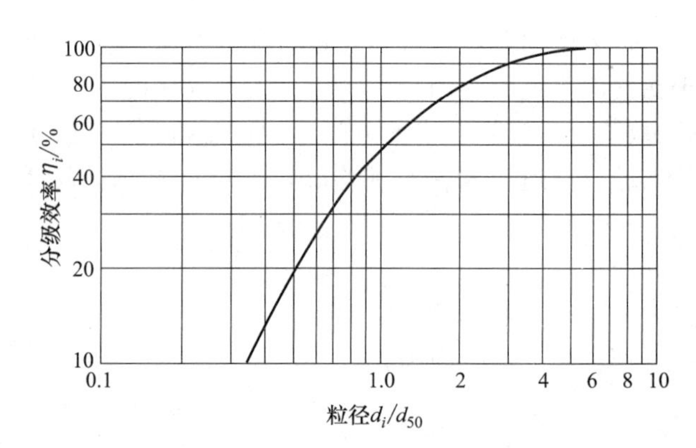

图 3.3.13　标准型旋风分离器的 $\eta_i \sim d_i/d_{50}$ 曲线

按临界直径的定义及式（3.3.42）之前的假设，凡直径小于 d_c 的颗粒，其分级效率均小于 100%；直径大于或等于 d_c 的颗粒，其分级效率为 100%。但是，由于颗粒的临界直径是按照颗粒的沉降距离等于进气口宽度的假设确定的，实际上，很多颗粒的沉降距离小于进气口宽度，因此，即使其直径小于 d_c，也有可能被完全分离出来；同时，直径大于 d_c 的颗粒中有一部分受气体涡流的影响没有到达筒壁，或到达筒壁后又被重新卷起，其分级效率也可能小于 100%。由于这些复杂因素的影响，实际上旋风分离器的分级效率一般由实验测定。图 3.3.12 所示即为某旋风分离器的实测分级效率曲线。

有时也把旋风分离器的分级效率 η_i 标绘成粒径比 d_i/d_{50} 的函数曲线，d_{50} 是分级效率恰为 50% 的颗粒直径，定义为分割粒径。图 3.3.13 所示为标准旋风分离器的 $\eta_i \sim d_i/d_{50}$ 曲线，对于同一型式且尺寸比例相同的旋风分离器，无论大小，皆可通用同一条曲线。

旋风分离器的总效率 η，不仅取决于各种尺寸颗粒的分级效率，而且取决于气流中所含尘粒的粒度分布。如果已知气流中尘粒的质量分数 x_i，且又知分级效率曲线，则可按下式

计算总效率，即：

$$\eta=\sum_{i=1}^{n}\eta_i x_i \tag{3.3.46}$$

③ 旋风分离器的阻力　阻力是评价旋风分离器性能好坏的重要指标。当气体流经旋风分离器时，由于进气管、排气管及主体器壁所引起的摩擦阻力、气体流动时的局部阻力及气体旋转运动所产生的动能损失等，造成气体的压力降。这种压力降可以看做与气体进口动能成正比，用下式表示：

$$\Delta p=\zeta\frac{\rho u^2}{2} \tag{3.3.47}$$

式中，u 为进口气速；ζ 为阻力系数。ζ 与旋风分离器的结构和尺寸有关，对于同一结构形式的旋风分离器，ζ 为常数。对于标准型旋风分离器（见图 3.3.12），其阻力系数 $\zeta=8.0$。也可由下面的经验式求得：

$$\zeta=\frac{16AB}{D_1^2} \tag{3.3.48}$$

式中　A——进口管高度，m；

B——进口管宽度，m；

D_1——气体排出口直径，m。

通常旋风分离器的阻力大约为 500～2000Pa。

3）常用旋风分离器的类型

旋风分离器的性能不仅与含尘系统的物性、含尘浓度、粒度分布以及操作条件有关，还与设备本身的结构尺寸密切相关。只有各部分的结构尺寸适当，才能获得较高的效率和较低的阻力。

旋风分离器的进气口有四种方式：切向进口、倾斜螺旋面进口、蜗壳形进口及轴向进口，如图 3.3.14 所示。由于切向进口方式简单，使用较多；倾斜面进口，便于使流体进入旋风分离器后产生向下的螺旋运动，但其结构较为复杂，设计制造都不太方便，近年来已较少使用；蜗壳形进口可以减小气体对筒体内气流的冲击干扰，有利于颗粒的沉降，加工制造也较为方便，因此也是一种较好的进口方式；轴向进口常用于多管式旋风分离器，为使气流产生旋转，在筒体与排气管之间设有各种形式的叶片。前三种进气口的截面形状多采用稍窄而高的矩形。

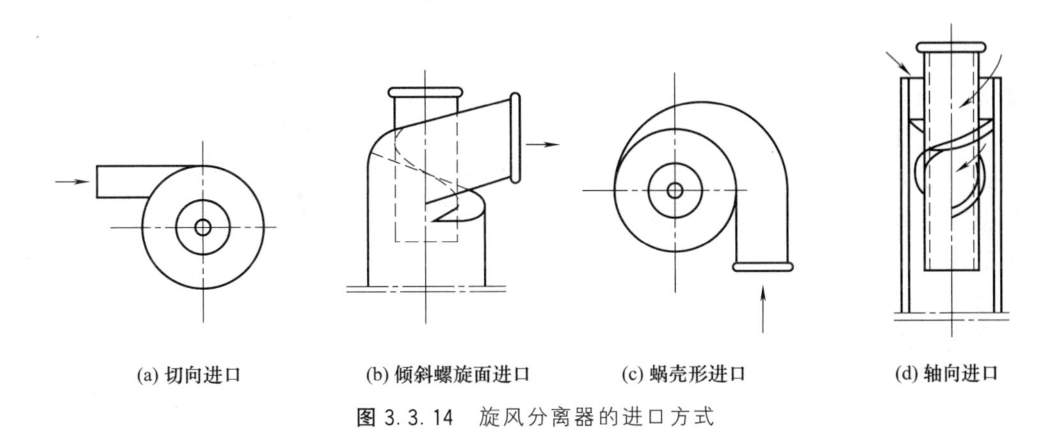

图 3.3.14　旋风分离器的进口方式

减小旋风分离器的器体直径可以增大离心力，增加器身长度可以延长气体停留时间，所以，细而长的器身形状有利于颗粒沉降而使分离效率提高，但超过一定限度时效果便不明显，陡然增大阻力；而且当器身过细时，易使下锥体锥角过小造成排灰不利，容易堵塞。

含尘气体由进气管进入旋风分离器后，一小部分向顶盖流动，然后沿排气管外侧向下流动，到达排气管下端汇入上升的内旋气流中，这部分气流称为上涡流。由于上涡流中的颗粒也随之排出，会降低分离效率。采用带有旁路分离器或采用异形进气管可以降低上涡流的影响；排气管和灰斗尺寸的合理设计也可使除尘效率提高。

我国对已定型的若干种旋风分离器编有标准系列，如标准型、CLT、CLT/A、CLP等形式，其详细尺寸及主要性能可查阅有关资料及手册。

(2) 旋液分离器

旋液分离器用于从液体中分离出固体颗粒，又称水力旋流器，其结构和操作原理与旋风分离器类似（见图 3.3.15）。悬浮液在旋液分离器中被分为顶部溢流和底部底流两部分，由于液体黏度大、密度也大，颗粒沉降分离比较困难，所以一般溢流中往往带有部分颗粒。旋液分离器可用于悬浮液的增稠或分级，也可用于液液萃取等操作中形成的乳浊液的分离，还可以用于不互溶液体的分离、气液分离以及雾化等工业操作生产中。

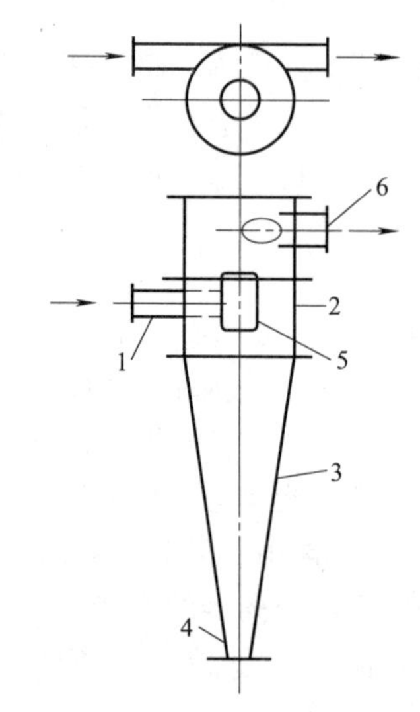

图 3.3.15 旋液分离器示意

1—悬浮液入口管；2—圆筒；3—锥形筒；4—底流出口；5—中心溢流管；6—溢流出口管

与旋风分离器相比，旋液分离器的特点是：形状细长、直径小，圆锥部分长，以利于分离；中心经常有一个处于负压的气柱，有利于提高分离效率。

旋液分离器结构简单，没有运动部件，体积小、处理量大；但由于颗粒沿器壁面高速运动，产生较大阻力，会造成严重设备磨损，应采用耐磨材料制造。

(3) 离心沉降机

离心沉降机用于液体非均相混合物（乳浊液或悬浮液）的分离，与旋流器比较，它的特点是其转速可以根据需要调整，即它的离心分离因数可以在很大幅度内调整，对难分离的混合物可以选用转速高、离心分离因数大的设备。

离心沉降机的种类很多，从操作方式上可分为连续操作离心机和间歇操作离心机。较常见的有转鼓式离心沉降机、蝶片式离心沉降机等。

1）转鼓式离心沉降机

图 3.3.16 为转鼓式离心沉降机的转鼓结构示意图。它的主体是上面带翻边的圆筒，由中心轴带动其高速旋转，由于惯性离心力的作用，筒内液体形成以上部翻边边缘为界的中空垂直圆柱体。悬浮液从沉降机底部进入，形成从下向上的液流，颗粒则随液体向上流动同时受离心力作用向筒壁沉降，如到顶端之前沉到筒壁，即可从液体中除去，否则仍随液体流出。

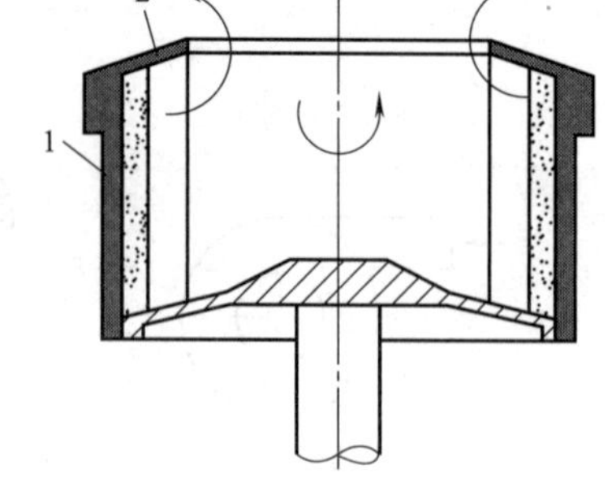

图 3.3.16 转鼓式离心沉降机的转鼓结构

1—固体；2—液体

2）碟片式离心沉降机

碟片式离心沉降机可用于分离乳浊液和从液体中分离

少量极细的固体颗粒。其分离原理如图 3.3.17 所示，机内有 50～100 片平行的倒锥形碟片，间距一般为 0.5～12.5mm，碟片的半腰处开有孔，各碟片上的孔串联成垂直的通道，碟片直径一般为 0.2～0.6m，它们由一垂直的轴带动高速旋转，转速在 4000～7000r/min，离心分离因数可达 4000～10000。

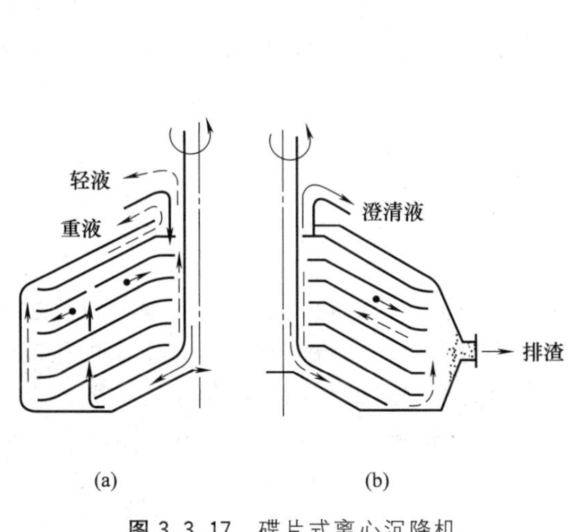

图 3.3.17 碟片式离心沉降机

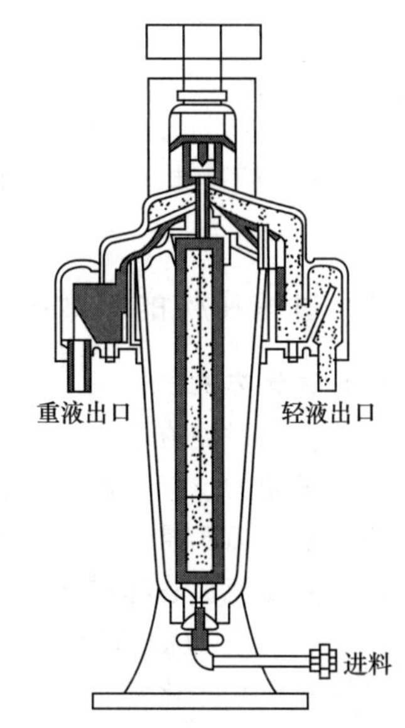

图 3.3.18 管式超速离心沉降机

在碟片式离心机中，待分离的液体混合物由空心转轴顶部进入，通过碟片半腰的开孔通道进入各碟片之间，并同碟片一起转动，在离心力作用下，密度大的液体趋向外周，到达机壳外壁后上升到上方从重液出口流出；轻液则趋向中心而向上方较靠近中央从轻液出口流出。各碟片的作用在于将液体分成许多薄层，缩短液滴沉降距离；液体在狭缝中流动所产生的剪切力也有助于破坏乳浊液。图 3.3.17（b）所示为澄清操作，这种碟片上不开孔，料液从四周进入碟片通道向轴心流动，固体颗粒在离心力作用下，向碟片外缘移动，沉积在转鼓内壁，可间歇地加以清除。

3）管式超速离心沉降机

超速离心沉降机的分离因数一般高达 15000～60000，转速高达 8000～50000r/min。为了减小转筒所受的应力，转筒设计成细长形，转筒直径 0.1～0.2m，管高 0.75～1.5m，图 3.3.18 为管式超速离心沉降机的示意图。乳浊液从下部引入，在管内自下而上运行过程中，因离心力作用下，由于密度不同分成内外两层，外层走重液，内层走轻液，分别从顶部的溢流口流出。若用于从液体中分离出极小量极细的固体颗粒则需将重液出口堵塞，只留轻液出口，附于管壁上的小颗粒可间歇地将管取出以清除之。

3.4 过滤

过滤是悬浮液中的液体在外力作用下通过多孔物质的孔道，而固体颗粒被截留，从而实现固液分离的一种操作。过滤所处理的悬浮液称为滤浆或料液，通过介质孔道的液体称为滤液，被截留的物质称为滤饼或滤渣，所用的多孔物质称为过滤介质（当过滤介质是织物时，也称为滤布）。过滤过程也是流体与颗粒相对运动的一种类型，被过滤的料液在外力作用下通过过滤介质，被截留的滤饼或滤渣构成的静止颗粒层，随着过滤过程的进行，颗粒层不断增加、变厚。

过滤操作的外力可以是压力差、重力或惯性离心力，在化工应用中多以压力差作为推动力进行过滤。过滤操作可获得洁净的液体或固相产品，是分离悬浮液最普遍且有效的单元操作之一。与沉降分离相比，过滤可使悬浮液的分离操作更迅速更彻底。

过滤过程作为工业过程的单元操作广泛应用于石化、化工、冶金、水处理、电力、食品、生物、轻工、核能、航空航天等领域，与传统的热力干燥、蒸发相比，可大大节省热能消耗。

3.4.1 过滤操作的基本概念

(1) 过滤方式

工业上的过滤方式基本上有两种：深层过滤和滤饼过滤。

深层过滤的特点是固体颗粒并不在过滤介质表面上形成滤饼，而是在较厚的粒状过滤介质内部沉积。由于悬浮液中的颗粒直径小于床层孔道直径，当流体在过滤介质曲折孔道内穿过时，颗粒随流体一起进入介质的孔道内，在表面力和静电的作用下黏附于孔道壁面上（见图 3.4.1）。这种过滤适用于悬浮液中颗粒含量极少的情况。如自来水厂用很厚的石英砂层作为过滤介质来净化水。

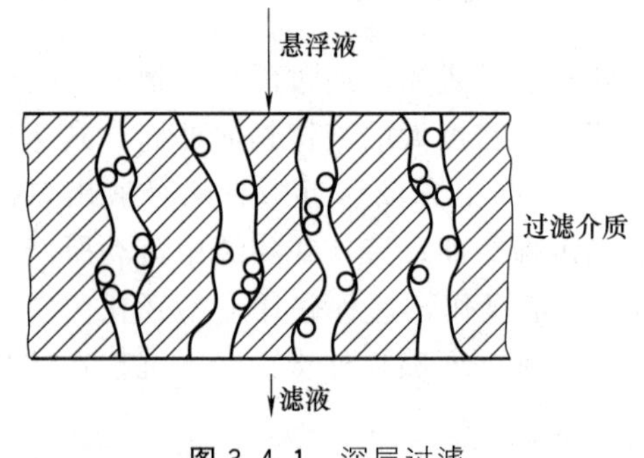

图 3.4.1 深层过滤

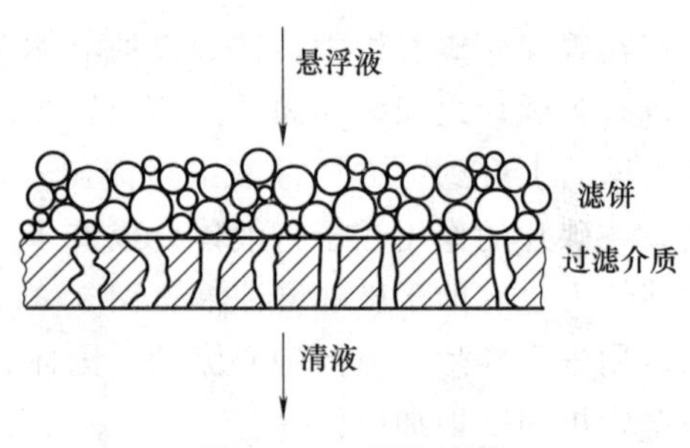

图 3.4.2 滤饼过滤

滤饼过滤的特点是固体颗粒呈饼层状沉积于过滤介质的上游一侧，形成滤饼层（见图 3.4.2）。当过滤刚开始进行时，特别小的颗粒可能会通过过滤介质，故得到的滤液呈混浊状；随着过滤过程的进行，较小的颗粒会在过滤介质的表面形成“架桥”现象（见图 3.4.3），形成滤饼层，其后，滤饼成为主要的“过滤介质”，发挥截留固体颗粒的作用，使通过滤饼层的液体变为清液，实现悬浮液中固体颗粒和液体的有效分离。

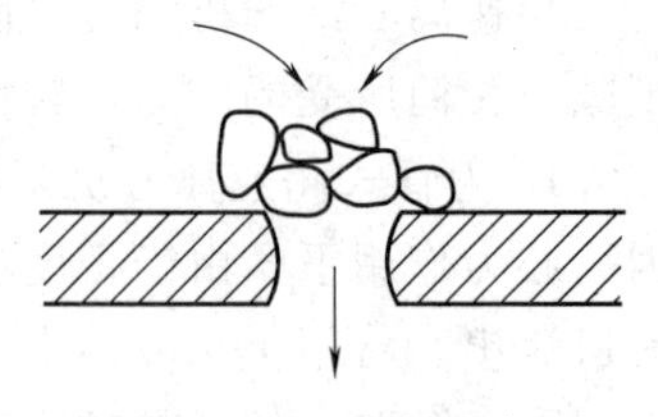

图 3.4.3 架桥现象

滤饼过滤适用于处理颗粒含量较高的悬浮液（固相体积分数大于 1%），是化工生产中的主要过滤方式。本节主要讨论滤饼过滤。

(2) 过滤介质

过滤过程中所选用的过滤介质应依不同的情况有所不同。但对其基本的要求是具有适宜的孔径、过滤阻力小，同时因过滤介质是滤饼的支撑物，应具有足够的机械强度和耐腐蚀性。工业上常用的过滤介质是棉麻或合成纤维的丝织物或金属丝织成的金属网，常称为滤布，这类介质能截留的最小颗粒直径为5～65μm。

除了此类织物类介质，还有多孔固体介质（如多孔陶瓷、多孔塑料等制成的管或板）、堆积介质（如石棉、硅藻土或非编织纤维堆积）和多孔膜（如醋酸纤维素和芳香聚酰胺等有机高分子膜和无机材料膜）也可用于过滤操作中。此外，还可通过在滤布表面涂敷聚合物多孔膜，可有效避免颗粒堵塞过滤介质孔道。

(3) 过滤推动力

在过滤过程中，流体在通过过滤介质和滤饼层时，都需要克服流动阻力，因此过滤过程必须施加外力，可以是重力、离心力或压力差，称为过滤推动力。由于流体所受的重力较小，所以一般重力过滤用于过滤阻力较小的场合。由于压力差可根据需要而定，故化工生产上常用的推动力是压力差。本节着重讨论以压力差为推动力的过滤过程，同时也涉及部分离心过滤的内容。

(4) 助滤剂

为降低可压缩滤饼的过滤阻力或防止过滤介质孔道被细小颗粒或高黏度悬浮液堵塞，可使用助滤剂。助滤剂是一种坚硬的粉状或纤维状的固体，能形成疏松结构。将其配成悬浮液，先在过滤介质表面形成一薄层助滤剂饼层，然后过滤，可以防止过滤介质孔道的堵塞，此法称为预涂法；若将助滤剂加入到待过滤的悬浮液中，可在过滤过程中形成空隙率较大的不可压缩性滤饼，有效地降低过滤阻力，此法称为预混法。

对助滤剂的要求：能较好地悬浮于料液中，且颗粒大小合适，可形成多孔饼层的刚性颗粒，在操作压力差范围内不可压缩，保证滤饼具有较高的空隙率、良好的渗透压及较低的流动阻力；此外，还要化学稳定，不与悬浮液发生化学反应，不溶于液相，以免污染滤液。常用于作助滤剂的物质有硅藻土、珍珠岩粉、碳粉和石棉粉等。当然，当滤饼是产品时不能使用助滤剂。

3.4.2 过滤过程的物料衡算

对给定的滤浆，进行过滤操作，假设所得滤液量为 V，所得滤饼体积为 V'。若对固体颗粒进行质量衡算，则有

$$[V\rho_L+\varepsilon V'\rho_L+V'(1-\varepsilon)\rho_s]w=V'(1-\varepsilon)\rho_s \tag{3.4.1}$$

式中 w——滤浆中固体颗粒的质量分数；

ε——滤饼的空隙率，近似为滤饼中含液体水的体积分数；

ρ_L——滤液的密度，kg/m^3；

ρ_s——颗粒的密度，kg/m^3。

式（3.4.1）的左边表示滤浆中固体颗粒的质量，右边为滤饼中固体颗粒的质量。由此可得单位体积滤液所形成的滤饼体积 v 为

$$v=\frac{V'}{V}=\frac{\rho_L w}{\rho_s(1-\varepsilon)(1-w)-\varepsilon\rho_L w} \tag{3.4.2}$$

若以滤饼为衡算范围，则滤饼总质量应等于滤饼中颗粒的质量与液体的质量之和

$$V'\rho'=\varepsilon\rho_L V'+(1-\varepsilon)\rho_s V' \tag{3.4.3}$$

由此可得滤饼的空隙率与滤饼实际密度 ρ' 的关系

$$\varepsilon=\frac{\rho_s-\rho'}{\rho_s-\rho_L} \tag{3.4.4}$$

3.4.3 过滤基本方程式

(1) 过滤速度与阻力

设过滤面积为 A，过滤到某一时刻时所得的累积滤液量为 V，则定义单位时间通过单位面积的滤液体积为过滤速度，可表示为 $u=\dfrac{dV}{Ad\tau}$，单位为 m/s。定义单位时间所得滤液量为过滤速率，可表示为$\dfrac{dV}{d\tau}$，单位为 m^3/s。

过滤速度实际上是滤液通过滤饼层的流速，由于滤饼的孔道很细，所以滤液通过滤布和滤饼的流速较低，其流动一般处于层流状态，因此可用康采尼方程（详见 3.5.1 节）表示流速与阻力的关系，即

$$u=\frac{dV}{Ad\tau}=\frac{\varepsilon^3}{k'a^2(1-\varepsilon)^2}\frac{\Delta p_1}{\eta L}$$

若令

$$r=\frac{k'a^2(1-\varepsilon)^2}{\varepsilon^3}$$

称 r 为滤饼的比阻，则过滤速度可表示为

$$u=\frac{dV}{Ad\tau}=\frac{\Delta p_1}{r\eta L} \tag{3.4.5}$$

式中，Δp_1 为滤饼两侧的压力差，是过滤过程的推动力，而 $r\eta L$ 是滤饼所造成的过滤阻力。式（3.4.5）说明了过滤速度等于过滤推动力与过滤阻力的比值。用式（3.4.5）表述过滤速度，优点在于同电路中的欧姆定律具有相同的形式，在串联过程中的推动力和阻力分别具有加和性。

式（3.4.5）仅考虑了由滤饼造成的阻力。然而，在实际过程中，过滤介质的阻力有时也不可忽略，尤其在过滤初期，滤饼较薄时更是如此。过滤介质的阻力与其自身的材质、结构及厚度有关。为方便计算，常将介质的阻力折合成厚度为 L_e的滤饼阻力 $r\eta L_e$（称为当量介质阻力）。若过滤介质两侧的压力差为 Δp_2，则过滤速度也可表示为

$$u=\frac{dV}{Ad\tau}=\frac{\Delta p_2}{r\eta L_e} \tag{3.4.6}$$

结合式（3.4.5）和式（3.4.6）可得

$$u=\frac{dV}{Ad\tau}=\frac{\Delta p}{r\eta(L+L_e)} \tag{3.4.7}$$

式中的 $\Delta p=\Delta p_1+\Delta p_2$，为过滤操作的总压力差，过滤总阻力为 $r\eta$（$L+L_e$），即滤饼阻力与过滤介质阻力之和。

(2) 过滤基本方程式

设每获得 $1m^3$滤液的滤饼体积为 $v m^3$，则得到体积为 $V(m^3)$ 滤液时的滤饼厚度为

$$L=\frac{vV}{A} \tag{3.4.8}$$

相应地，可得到过滤介质阻力的当量厚度为

$$L_e=\frac{vV_e}{A} \tag{3.4.9}$$

式中，V_e表示为获得与过滤介质阻力相当的滤饼厚度所得的滤液量，称为介质的当量滤液量。将式（3.4.8）和式（3.4.9）代入式（3.4.7）得到

$$\frac{dV}{d\tau}=\frac{A^2\Delta p}{\eta r v(V+V_e)} \tag{3.4.10}$$

式中，滤饼的比阻 r 反映了滤饼的特性，它显示了滤饼结构对过滤速度的影响，一般有两种情况：

① 不可压缩滤饼　组成这种滤饼的颗粒质地坚硬，在压差的作用下不变形，所以 r 与 Δp 无关；

② 可压缩滤饼　当颗粒较软时，在压差的作用下会发生变形，滤饼的空隙率 ε 将变小，r 将随着 Δp 的增大而增大，一般有如下的经验关系：

$$r=r_0\Delta p^s \tag{3.4.11}$$

式中，r_0和 s 均为实验常数，其中的 r_0为单位压差下的滤饼比阻，单位为 m^{-2}；s 称为压缩指数，一般 $s=0\sim1$，对特定的物料可查有关资料或通过实验确定；对于不可压缩滤饼，$s=0$。将式（3.4.11）代入式（3.4.10）可得

$$\frac{dV}{d\tau}=\frac{A^2\Delta p^{1-s}}{\eta r_0 v(V+V_e)} \tag{3.4.12}$$

令

$$k=\frac{1}{\eta r_0 v} \tag{3.4.13}$$

则有

$$\frac{dV}{d\tau}=\frac{kA^2\Delta p^{1-s}}{V+V_e} \tag{3.4.14}$$

式（3.4.14）称为过滤基本方程，式中 k 是反映过滤物料特性的常数，称为滤饼常数，其值与滤液的性质、滤浆的浓度及滤饼的特性有关。

需要注意的是，当量滤液量 V_e不是真正的滤液量，其值与过滤介质的性质，滤饼及滤浆的性质有关，可由实验确定。

应用过滤基本方程式时，需针对具体的操作方式积分式（3.4.14），确定过滤所得滤液量与过滤时间和压差等的关系。

3.4.4 过滤过程的计算

在过滤操作中，随着过滤过程的进行，滤液量不断增加，滤饼层的厚度会不断增大，故过滤阻力也不断增大。若维持过滤压差不变，那么过滤速度就会不断下降，而若要维持过滤速度不变，就要不断增大过滤压差。在过滤计算中，将过滤在恒定压力差下进行的操作称为恒压过滤，将维持过滤速度恒定的操作方式称为恒速过滤。这是工业生产上两种典型的过滤操作方式。

(1) 恒压过滤

恒压过滤是最常见的过滤方式，连续过滤机上进行的过滤都是恒压过滤，间歇过滤机上进行的过滤也多是恒压过滤。恒压过滤时，滤饼不断变厚使过滤阻力逐渐增加，但推动力保持不变，因而过滤速度将不断变小。对于一定的悬浮液和过滤介质，当 Δp 不变时，由式（3.4.14）可得

$$\int_0^V(V+V_e)dV=kA^2\Delta p^{1-s}\int_0^\tau d\tau$$

令

$$K=2k\Delta p^{1-s} \tag{3.4.15}$$

则

$$V^2+2VV_e=KA^2\tau \quad (3.4.16)$$

忽略介质阻力，则有

$$V^2=KA^2\tau \quad (3.4.17)$$

以上各式中的 K 称为过滤常数，其单位是 m^2/s。K 的大小与 k 和 Δp 及 s 有关。K 在恒压下为一常数，其值可由实验确定。由式（3.4.17）可知，如以 τ_e 表示滤出滤液量 V_e 所需的时间，称为当量过滤时间，则 V_e 和 τ_e 间的关系为

$$V_e^2=KA^2\tau_e \quad (3.4.18)$$

将式（3.4.16）与式（3.4.18）相加得

$$(V+V_e)^2=KA^2(\tau+\tau_e) \quad (3.4.19)$$

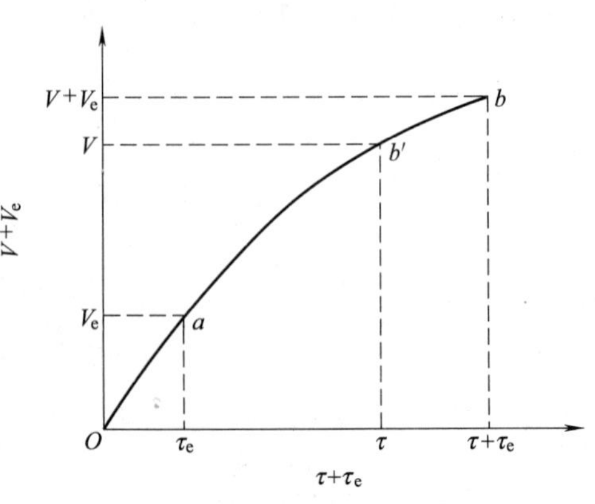

图 3.4.4　滤液量和过滤时间的关系

该式及式（3.4.16）均称为恒压过滤方程。由于式中的 K 与 A 均为常数，故恒压过滤方程为抛物线方程，如图 3.4.4 所示。

滤出的当量滤液量 V_e 和当量过滤时间 τ_e 之间的关系如图中的 Oa 线，实际过滤中的滤液量 V 与过滤时间 τ 的关系为图中的 ab 段。若不计过滤介质的阻力，即 $V_e=0$，则实际过滤过程中 V 与 τ 的关系为图中的 Ob' 段。

现给出恒压过滤方程的另一种表示法。令 $q=V/A$，$q_e=V_e/A$，分别称为单位面积上的滤液量和单位面积上的当量滤液量。则可得更为简单的恒压过滤方程

$$q^2+2qq_e=K\tau \quad (3.4.20)$$

$$(q+q_e)^2=K(\tau+\tau_e) \quad (3.4.21)$$

$$q_e^2=K\tau_e \quad (3.4.22)$$

如果恒压过滤是在已经得到滤液量 V_1，即滤饼已累积到厚度为 L_1 的条件下进行，则根据式（3.4.14）积分时，时间从 τ_1 到 τ，滤液量应从 V_1 到 V

$$\int_{V_1}^{V}(V+V_e)\mathrm{d}V=kA^2\Delta p^{1-s}\int_{\tau_1}^{\tau}\mathrm{d}\tau$$

$$(V^2-V_1^2)+2V_e(V-V_1)=KA^2(\tau-\tau_1) \quad (3.4.23)$$

或

$$(q^2-q_1^2)+2q_e(q-q_1)=K(\tau-\tau_1) \quad (3.4.24)$$

应用以上各式，可进行恒压过滤的各种计算。

① 设计型计算：已知要求处理的悬浮液量及操作压差 Δp，求所需的过滤面积 A。

② 操作型计算：已知过滤面积 A 和操作压差 Δp，求处理的悬浮液量，或已知过滤面积和悬浮液处理量，求所需的操作压差 Δp。

(2) 恒速过滤

恒速过滤时，过滤速度保持恒定，而过滤压差则要不断增大。依式（3.4.14）有：

$$\frac{\mathrm{d}V}{\mathrm{d}\tau}=\frac{kA^2\Delta p^{1-s}}{V+V_e}=\text{常数} \quad (3.4.25)$$

即

$$\frac{V}{\tau}=\frac{kA^2\Delta p^{1-s}}{V+V_e}$$

于是可得下列方程

$$V^2+VV_e=kA^2\Delta p^{1-s}\tau \quad (3.4.26)$$

或

$$q^2+qq_e=k\Delta p^{1-s}\tau \quad (3.4.27)$$

式中的符号意义与前相同。

(3) 先恒速后恒压过滤

这是一种复合操作方式，如果在恒速阶段结束时获得滤液量为 V_1，相应的过滤时间为 τ_1，此后在恒定压差 Δp 下开始进行恒压过滤，若恒压过滤一段时间后得到的累积总滤液量为 V，累积操作总过滤时间为 τ，则可用式（3.4.23）或式（3.4.24）进行计算，式中的符号意义同恒压过滤。

【例 3.4】 用一台过滤面积为 $10m^2$ 的过滤机来过滤某种悬浮液。已知悬浮液中含固体颗粒的量为 $80kg/m^3$，固体密度为 $1600kg/m^3$。通过小型试验测得滤饼的比阻为 $4\times10^{11}m^{-2}$，压缩指数 $s=0.3$，滤饼含水的质量分数为 0.30，滤液可看作 20℃的水。为防止开始阶段滤布被颗粒堵塞，采用先恒速后恒压的操作方式。恒速过滤进行了 10min 后保持恒压操作 30min，得到的总滤液量为 $8m^3$，试求最后的操作压差应为多大？恒速阶段所得滤液量是多少？滤布阻力不计，水的黏度为 1mPa·s。

解： 设恒速过滤阶段终了时得到的滤液量为 V_1，则根据过滤基本方程式

$$\frac{dV}{d\tau}=\frac{kA^2\Delta p^{1-s}}{V+V_e}=\frac{kA^2\Delta p^{1-s}}{V_1}$$

则

$$V_1=\tau\times\frac{kA^2\Delta p^{1-s}}{V_1}$$

故有

$$V_1^2=\tau kA^2\Delta p^{1-s} \quad (a)$$

查 20℃水的密度 $\rho=998.2kg/m^3$。v 可根据物料衡算求得：取 $1m^3$ 悬浮液为基准，所形成的滤饼中含固体重 80kg，含水为 $y$kg，则依题意

$$\frac{y}{80+y}=0.3$$

解得

$$y=34.3kg$$

滤饼体积为

$$\frac{80}{1600}+\frac{34.3}{998.2}=0.084m^3$$

滤液体积为

$$1-0.084=0.916m^3$$

故

$$v=\frac{0.084}{0.916}=0.0917m^3\text{滤饼}/m^3\text{滤液}$$

$$k=\frac{1}{r_0\mu v}=\frac{1}{4\times10^{11}\times1\times10^{-3}\times0.0917}=2.73\times10^{-8}$$

代入式（a）中，得

$$V_1^2=(10\times60)\times2.73\times10^{-8}\times10^2\times\Delta p^{0.7}=1.638\times10^{-3}\Delta p^{0.7} \quad (b)$$

在恒压过滤阶段，因开始时已有滤饼积累，故应用式（3.4.23）得

忽略过滤介质阻力，$2V_e(V-V_1)=0$，因此 $(V^2-V_1^2)+2V_e(V-V_1)=KA^2(\tau-\tau_1)$

$$\begin{aligned}8^2-V_1^2&=2\times2.73\times10^{-8}\times10^2\times(30\times60)\Delta p^{0.7}\\&=0.982\times10^{-2}\Delta p^{0.7}\end{aligned} \quad (c)$$

式（c）/式（b）

$$\frac{64-V_1^2}{V_1^2}=\frac{0.982}{0.1638}=6.0$$

所以 $$V_1=3.02\mathrm{m}^3$$
代入式（b）解得 $$\Delta p=2.3\times10^5\mathrm{Pa}$$

（4）过滤常数的测定

用实验测定过滤常数是进行过滤计算的基础，有时也可用已有的生产数据计算。实验测定一般在恒压下进行。根据恒压过滤方程式（3.4.20）可知，只要测得两个过滤时间下的滤液量，即可获得两个方程式，求出过滤常数 K 和 q_e。但这样做会产生较大的误差，为减少误差，需在恒压下测得一组数据来确定 K 和 q_e。

将式（3.4.20）两侧各项均除以 qK，得

$$\frac{\tau}{q}=\frac{1}{K}q+\frac{2}{K}q_e \tag{3.4.28}$$

式（3.4.28）表明，在恒压过滤时，τ/q 与 q 呈直线关系，直线的斜率为 $1/K$，截距为 $2q_e/K$。由此可知，只要测出不同过滤时间时单位过滤面积所得的滤液量，即可由式（3.4.28）求得 K 和 q_e。

又

$$K=2k\Delta p^{1-s}$$

上式两侧取对数得

$$\lg K=\lg(2k)+(1-s)\lg\Delta p \tag{3.4.29}$$

上式说明，如在直角坐标中将 $\lg K$ 对 $\lg\Delta p$ 作图可得一直线，该直线的斜率为（$1-s$），截距为 lg（$2k$），因此在不同的压差下进行恒压过滤，求出不同压差下的 K，即可由式（3.4.29）求出过滤常数 k 与压缩指数 s。

工业上所使用的过滤机大多为间歇式，不宜于在整个过程中都采用恒压过滤或恒速过滤。因为在恒压操作开始阶段，过滤介质表面还没有滤饼层生成，较小的颗粒会穿过介质，得到的是混浊的滤液，或使介质的孔道堵塞，造成较大的阻力；而在恒速过滤操作的后期，为维持恒定的过滤速度，必须将过滤压力增大到较大值，这会导致设备的泄漏或动力设备超负荷。为克服这些问题，可在过滤开始时采用较小的压力进行恒速过滤，待压力提高至预定值后，则在恒压下进行恒压过滤。这种组合操作方式称为先恒速后恒压过滤。此外，工业上也有既非恒压也非恒速的过滤操作，如离心泵向压滤机输送浆液。

3.4.5 滤饼的洗涤

为了回收滞留在颗粒缝隙间的滤液，或净化构成滤饼的颗粒，需要洗涤滤饼。洗涤过程计算的内容主要是确定使用一定量洗涤液时所需要的洗涤时间。为此需要确定洗涤速度或洗涤速率。洗涤速度是单位时间通过单位面积的洗涤液量，用 $\left(\frac{\mathrm{d}V}{A\,\mathrm{d}\tau}\right)_\mathrm{w}$ 表示；洗涤速率是单位时间通过的洗涤液量，用 $\left(\frac{\mathrm{d}V}{\mathrm{d}\tau}\right)_\mathrm{w}$ 表示。

如果洗涤液量为 V_w，则滤饼的洗涤时间为

$$\tau_\mathrm{w}=\frac{V_\mathrm{w}}{\left(\frac{\mathrm{d}V}{\mathrm{d}\tau}\right)_\mathrm{w}} \tag{3.4.30}$$

洗涤液用量取决于对滤渣的质量要求或对滤液的回收要求。洗涤过程中，滤饼的厚度不再增加，所以洗涤速率为常数，不再有恒压和恒速的区别。洗涤速率的大小与洗涤液的性质

及洗涤方法有关，而后者又与所用的过滤设备结构有关。

3.4.6 过滤设备

工业生产需要分离的悬浮液的性质有很大的不同，生产工业对过滤的要求也各不相同，为适应不同的需求，过滤设备的形式多种多样。过滤设备按照操作方式可分为间歇过滤机和连续过滤机；按照推动力方式可分为压滤、吸滤和离心过滤。典型的过滤设备包括板框式压滤机、叶滤机、转筒过滤机和离心过滤机，其中板框式压滤机和叶滤机是以压力差为推动力的间歇过滤机，转筒过滤机是以压力差为推动力的连续过滤机。本节以介绍压力差为推动力的过滤机为主，从设备结构、操作过程入手，计算设备的生产能力、阐述设备优缺点。并在最后对离心过滤机进行简要介绍。

3.4.6.1 板框式压滤机

(1) 主要结构及操作

板框式压滤机是历史最久、至今沿用不衰的一种过滤机。它由许多块滤板和滤框交替排列组合而成（见图 3.4.5）。滤板和滤框共同支承在两侧的架上并可在架上滑动，用一端的压紧装置将它们压紧。

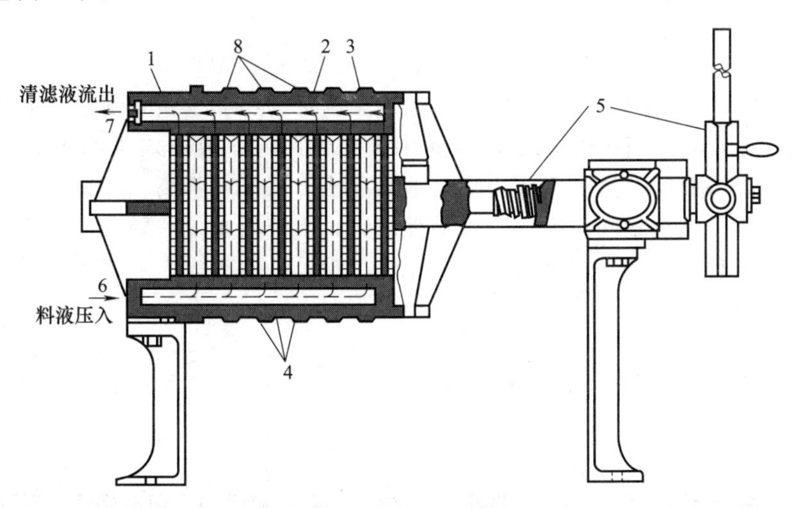

图 3.4.5 板框式压滤机简图

1—固定架；2—滤板；3—滤框；4—滤布；5—压紧装置；
6—料液压入；7—清滤液流出；8—滤渣积聚在滤框中

滤板和滤框一般制成正方形，结构如图 3.4.6 所示。在板与框的角上均开有孔，组合后即构成供滤浆和洗涤水流通的孔道。滤框上角的孔有小通道与框内的空间相通，为滤浆的进入口。滤框的两侧以滤布覆盖，围成容纳滤浆和滤饼的空间。滤板有洗涤板和非洗涤板两种，它们的结构与作用有所不同，图 3.4.6（a）所示为非洗涤板，图 3.4.6（c）所示为洗涤板，非洗涤板右下角的孔与板面两侧相通，可排出洗涤液；洗涤板左上角的孔与板面的两侧相通，洗涤液可以由此进入。

板框式压滤机的操作是间歇的，每个操作循环由组装、过滤、洗涤、卸渣、清理滤布 5 个阶段组成。过滤时将板与框交替地置于架上，板的两侧用滤布包起，压紧装置使板与框紧密接触。滤浆被泵压入机内，经滤浆通道由滤框上角的孔道并行进入各个滤框［图 3.4.7（a)］，滤液分别穿过滤框两侧的滤布，沿滤板板面的沟道流至滤液出口排出。固体颗粒则在

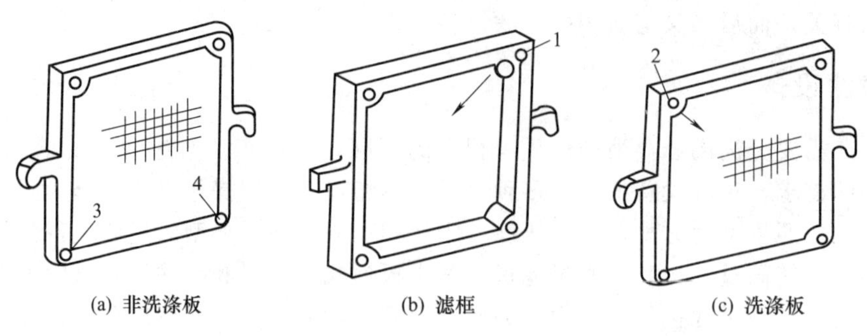

图 3.4.6 滤板和滤框

1—悬浮液通道；2—洗涤液入口通道；3—滤液通道；4—洗涤液出口通道

框内沉积形成滤饼，直到整个框的空间都被填满，停止过滤。当需要对滤饼进行洗涤时，先将洗涤板上的滤液出口关闭，洗涤液经洗涤板上角的斜孔进入板侧，穿过滤布到达滤框，然后穿过整个滤饼及另一侧的滤布，再经过非洗涤板下角的斜孔排出［图 3.4.7（b）］。这种洗涤方法称为横穿洗涤法。它的特点是洗涤液穿过的途径正好是过滤终了时滤液穿过途径的两倍。洗涤结束后，松开板框，进入卸渣、清理滤布阶段，取出滤饼并清洗滤布及板、框，准备下一个循环。

板框式压滤机的板、框可用铸铁、碳钢、不锈钢、铝、塑料、木材等制造，操作压力一般为 0.3～0.5MPa，最高可达 1.5MPa。根据我国制定的压滤机系列规格：框的厚度为25～50mm，框的每边长 320～1000mm，框数随生产能力而定。板框式压滤机的优点是结构简单、制造容易、设备紧凑、过滤面积大而占地面积小、操作压强高、滤饼含水量少、对各种物料的适应能力强；缺点是间歇操作，劳动强度大，生产效率低。随着大型压滤机的自动化与机械化发展，各种自动操作板框式压滤机相继出现，一定程度上克服了压滤机装卸、清洗劳动强度大的缺点。

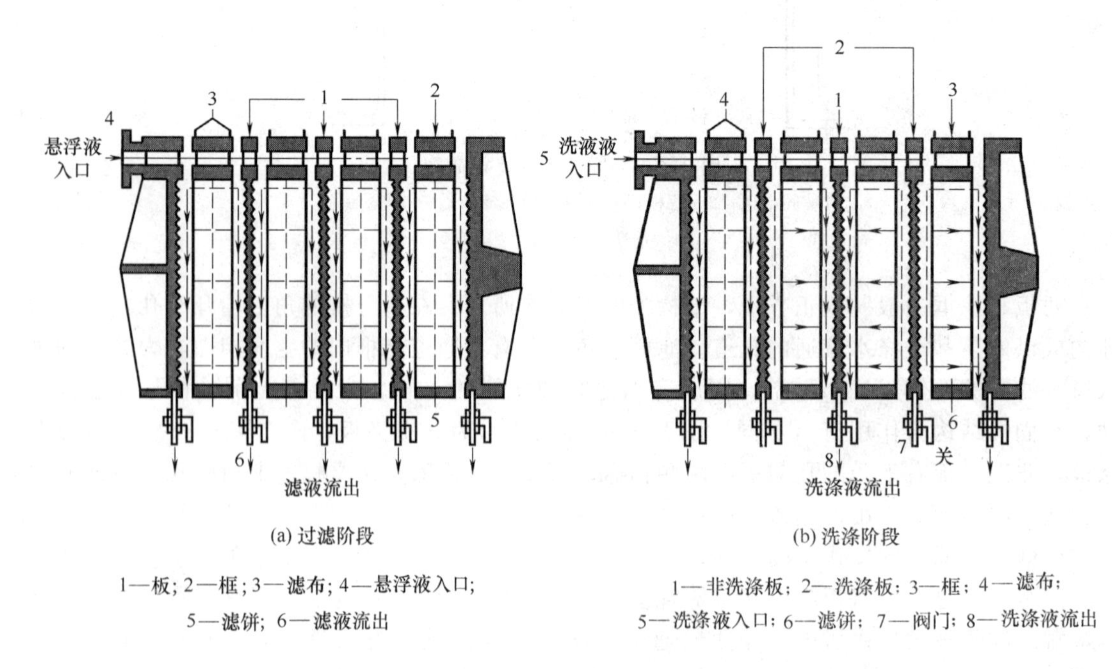

图 3.4.7 板框式压滤机操作简图

(2) **板框式压滤机的生产能力**

过滤机的生产能力可用单位时间内所得的滤液量或滤渣量表示。板框式过滤机是间歇式设备，其生产能力应以一个操作周期（包括过滤时间 τ、洗涤时间 τ_w 和由卸渣、整理、重装等过程组成的辅助时间 τ_D）为基准进行计算。若在一个操作周期内获得的滤液量为 V，则生产能力可表示为

$$V_h=\frac{V}{\tau+\tau_w+\tau_D} \tag{3.4.31}$$

如前所述，板框式压滤机常用横穿洗涤法，其洗涤面积是过滤面积的 1/2，洗涤液流经长度约为过滤终了时滤液流动路径的 2 倍。若洗涤压差与最终过滤压差相同，洗涤液黏度与滤液黏度相近，则洗涤面积的减少使洗涤速率降为最终过滤速率的 1/2，而洗涤时滤饼厚度的增加又使洗涤速率降到最终过滤速率的 1/2，因此，洗涤速率将变为最终过滤速率的 1/4，即

$$\left(\frac{dV}{d\tau}\right)_w=\frac{1}{4}\left(\frac{dV}{d\tau}\right)_E \tag{3.4.32}$$

最终过滤速率可用式（3.4.14）计算得到

$$\left(\frac{dV}{d\tau}\right)_E=\frac{kA^2\Delta p^{1-s}}{V+V_e}=\frac{KA^2}{2(V+V_e)}$$

则有

$$\left(\frac{dV}{d\tau}\right)_w=\frac{KA^2}{8(V+V_e)} \tag{3.4.33}$$

以 a_w 表示洗涤液量 V_w 与最终过滤所得总滤液量 V 的比值

$$a_w=\frac{V_w}{V}$$

则洗涤时间为

$$\tau_w=\frac{8a_w(V^2+VV_e)}{KA^2} \tag{3.4.34}$$

若滤布的阻力可忽略不计，则有

$$\tau_w=\frac{8a_wV^2}{KA^2}=8a_w\tau \tag{3.4.35}$$

(3) **最佳操作周期**

在一个过滤操作周期中，认为过滤装置的拆装、清理滤布、重装等所占的辅助时间 τ_D 是固定的。与生产关系不大，而过滤及洗涤时间却要随产量的增加而增加。若一个操作周期中过滤时间短，形成的滤饼薄，过滤速率大，但如果非过滤时间所占的比例相对较大，生产能力不一定就大。相反，过滤时间长，形成的滤饼则厚，过滤速率小，生产能力也可能小。所以，一个操作周期中，过滤时间应有一最佳值，使生产能力达到最大值。在此最佳过滤时间内所形成的滤饼厚度，是设计压滤机时决定框厚度的依据。

对于恒压操作的板框式压滤机，依式（3.4.16）可知，过滤时间为

$$\tau=\frac{V^2+2VV_e}{KA^2} \tag{3.4.36}$$

将该式及式（3.4.34）代入式（3.4.31），得

$$V_h=\frac{V}{\dfrac{V^2+2VV_e}{KA^2}+\dfrac{8a_w(V^2+VV_e)}{KA^2}+\tau_D} \tag{3.4.37}$$

将上式微分，并取$\frac{dV_h}{dV}=0$，则可得

$$(1+8a_w)\frac{V^2}{KA^2}=\tau_D \tag{3.4.38}$$

显然满足上式条件时，压滤机的生产能力最大。由式（3.4.17）可知，若过滤介质的阻力可忽略不计，则

$$\frac{V^2}{KA^2}=\tau$$

有

$$(1+8a_w)\tau=\tau_D \tag{3.4.39}$$

上式表明：在过滤介质阻力不计（$V_e \approx 0$）的情况下，若过滤时间和洗涤时间之和等于辅助时间，则压滤机的生产能力最大，即

$$\tau+\tau_w=\tau_D \tag{3.4.40}$$

【例 3.5】 某板框式压滤机滤框内空间尺寸为635mm×635mm×25mm，总框数为26个。用此过滤一种含固体颗粒为25kg/m³的悬浮液，在操作压差下，得湿滤饼的密度为1950kg/m³。已知滤液为水，固体颗粒的密度为2900kg/m³。每次过滤到滤饼充满滤框为止，然后用清水洗涤滤饼，清水温度与滤浆温度同为20℃，洗涤压差与过滤压差相同，洗涤水体积为滤液体积的10%，每次卸渣、清理、组装等辅助时间为20min。求此板框式压滤机的生产能力，并讨论此机是否在最佳状态下操作。已知过滤压差下的恒压过滤方程为

$$q^2+0.06q=2.06\times10^{-4}\tau$$

解： 总过滤面积 $A=2\times0.635\times0.635\times26=21\text{m}^2$

滤框总容积 $0.635^2\times0.025\times26=0.262\text{m}^3$

（1）求过滤时间 τ　设1m³滤饼中含水为$x$kg，滤饼质量1950kg，则对滤饼作物料衡算

$$\frac{1950-x}{2900}+\frac{x}{1000}=1$$

解得

$$x=500\text{kg}$$

故1m³滤饼中固体颗粒的质量为1950−500=1450kg，1m³滤浆中含水的质量为

$$\left(1-\frac{25}{2900}\right)\times1000=991.4\text{kg}$$

产生1m³滤饼需滤浆的质量为

$$1450\times\frac{991.4+25}{25}=58951\text{kg}$$

1m³滤饼得滤液体积

$$(58951-1950)/1000=57.00\text{m}^3$$

故滤饼全部充满滤框时得滤液体积

$$V=57.00\times0.262=14.93\text{m}^3$$

过滤终了时单位面积滤液量

$$q=V/A=14.93/21.0=0.711\text{m}^3/\text{m}^2$$

将此q值代入恒压过滤方程，解出过滤时间

$$\tau=\frac{0.711^2+0.06\times0.711}{2.06\times10^{-4}}=2661\text{s}=44.4\text{min}$$

（2）求洗涤时间 τ

$$\tau_w = 8a_w \frac{q^2 + qq_e}{K}$$

由恒压过滤方程知 $K = 2.06 \times 10^{-4} m^2/s$，$q_e = 0.03 m^3/m^2$，且 $a_w = 0.1$，则

$$\tau_w = 8 \times 0.1 \times \frac{0.711^2 + 0.711 \times 0.03}{2.06 \times 10^{-4}} = 2046s = 34.1min$$

(3) 求生产能力 V_h 及最佳操作周期

$$V_h = \frac{V}{\tau + \tau_w + \tau_D} = \frac{14.93 \times 60}{44.4 + 34.1 + 20} = 9.10 m^3/h$$

最佳操作周期为

$$(1 + 8a_w)\frac{V^2}{KA^2} = (1 + 8 \times 0.1) \times \frac{0.711^2}{2.06 \times 10^{-4}} = 4417s = 73.6min$$

$$\tau_D = 20min$$

即 $\tau + \tau_w > \tau_D$

这说明实际所用的过滤时间太长，为提高生产能力，应缩短过滤时间。

3.4.6.2 叶滤机

(1) 主要结构及操作

叶滤机的主要构件是矩形或圆形的滤叶。滤叶由金属丝网组成的框架上覆以滤布构成，如图 3.4.8 所示。将若干个平行排列的滤叶组装成一体，安装在密闭的机壳内，即构成叶滤机，如图 3.4.9 所示。滤叶可以垂直放置，也可以水平放置。

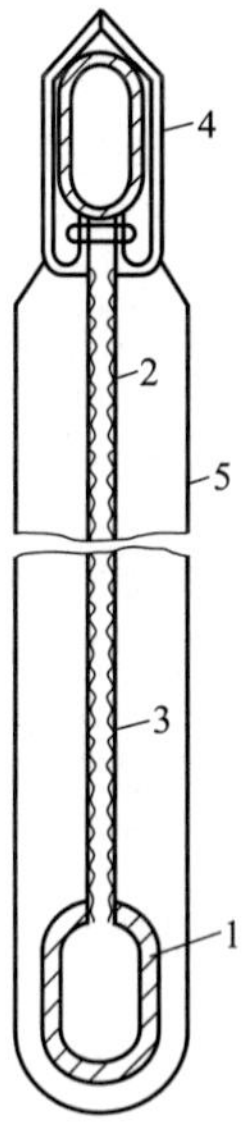

叶滤机是间歇过滤设备。过滤时，滤浆由泵压入或用真空泵吸入，将滤叶浸没，在压力差的作用下，滤液穿过滤布进入滤叶内部，再从排出管引出，滤饼则沉积于滤叶外部表面。当滤饼积到一定厚度后，停止过滤。通常滤饼厚度为 5～35mm，视滤浆性质而定。若滤饼需要洗涤，则在过滤完成后，在机壳内改充洗涤液。洗涤液沿着与滤液相同的途径通过滤饼，进行洗涤操作。这种洗涤方法称为置换洗涤法。最后，打开机壳下半部，滤饼可用振荡器使其脱落，或用压缩空气吹下、排出。

图 3.4.8 滤叶的构造
1—空框；2—金属网；3—滤布；4—顶盖；5—滤饼

叶滤机设备紧凑，密闭操作，劳动条件较好，每次循环滤布不需装卸，劳动力较省。缺点是结构相对较复杂，滤液更换麻烦，且整个装置造价较高。

(2) 叶滤机的生产能力

叶滤机的生产能力也可用式 (3.4.31) 计算。其中过滤时间和辅助时间的确定均和板框式压滤机类似。但是，由于叶滤机的洗涤方法为置换洗涤法，当洗涤压差与过滤压差相同、洗涤液黏度与滤液黏度相近时，有

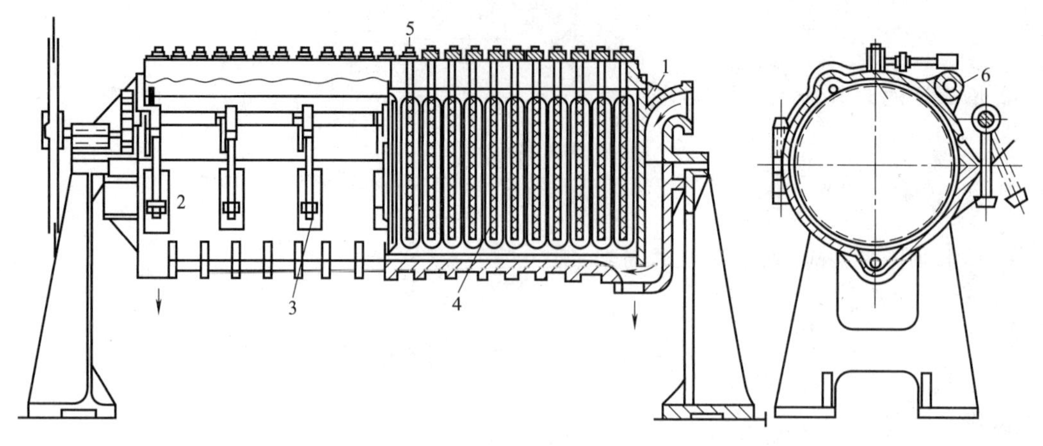

图 3.4.9 加压叶滤机

1—外壳上半部；2—外壳下半部；3—活节螺钉；4—滤液；5—滤液排出管；6—滤液汇集管

$$\left(\frac{\mathrm{d}V}{\mathrm{d}\tau}\right)_{\mathrm{w}}=\left(\frac{\mathrm{d}V}{\mathrm{d}\tau}\right)_{\mathrm{E}}=\frac{KA^2}{2(V+V_{\mathrm{e}})} \tag{3.4.41}$$

即洗涤速率和最终过滤速率相同，将上式代入式（3.4.30），并令

$$a_{\mathrm{w}}=\frac{V_{\mathrm{w}}}{V}$$

得

$$\tau_{\mathrm{w}}=\frac{2a_{\mathrm{w}}(V^2+VV_{\mathrm{e}})}{KA^2} \tag{3.4.42}$$

若过滤介质阻力可忽略不计，则有

$$\tau_{\mathrm{w}}=\frac{2a_{\mathrm{w}}V^2}{KA^2}=2a_{\mathrm{w}}\tau \tag{3.4.43}$$

(3) 最佳操作周期

与板框式压滤机相同，对于叶滤机也存在最佳操作周期。利用同样的方法可得叶滤机满足如下关系时其生产能力最大

$$(1+2a_{\mathrm{w}})\frac{V^2}{KA^2}=\tau_{\mathrm{D}} \tag{3.4.44}$$

当过滤介质阻力可忽略不计时，上式变为

$$(1+2a_{\mathrm{w}})\tau=\tau_{\mathrm{D}} \tag{3.4.45}$$

与板框式压滤机相同，过滤时间与洗涤时间之和等于辅助时间时，叶滤机的生产能力最大。

3.4.6.3 回转真空过滤机

(1) 主要结构和工作原理

回转真空过滤机是工业上应用最广的一种连续操作的过滤设备。图 3.4.10 是整个装置的示意图。回转真空过滤机依靠真空系统造成的转筒内外压差进行过滤。其主体是能转动的圆筒，安装在中空的转轴上（见图 3.4.11），筒的表面围以金属网，网上覆以滤布，筒的下部浸入滤浆，其浸没的面积占整个转筒表面积的 30%～40%，转筒的转速为 0.1～3r/min。转筒沿圆周分隔成若干个互不相通的扇形格，每格都有单独的孔道与分配头的转动盘上相应的孔相连。圆筒旋转时，其表面的每一格，可以依次与处于真空下的滤液罐或鼓风机（正压下）相通。每旋转一周，转筒表面的每一部分都依次经历过滤、洗涤、吸干、吹松、卸渣等阶段；对任何一部分表面来说，都经历了一个操作循环。

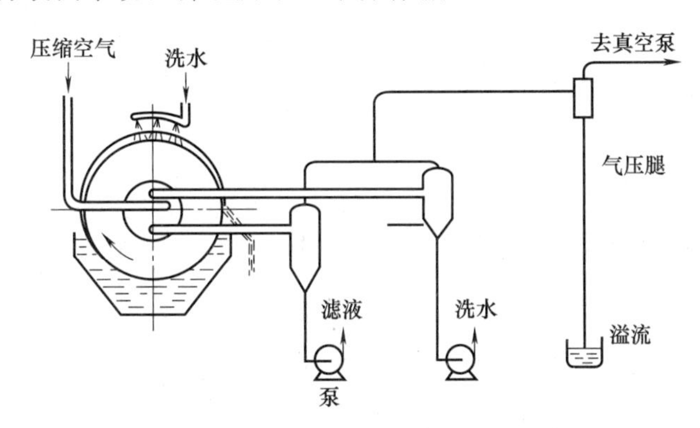

图 3.4.10　回转真空过滤机装置示意

分配头由紧密相对贴合的转动盘和固定盘构成（见图 3.4.12）。转动盘与转盘做成一体随着转筒一起旋转，转动盘上的每一孔各与转筒表面的一格相通。固定盘固定在机架上，它与转动盘贴合的一面有相应的凹槽，分别与通至滤液罐、洗液罐的两个真空管路及鼓风机稳定罐的吹气管路连通。当转动盘上的某几个孔与固定盘上的凹槽 1、2 相遇时，则转筒表面与这些孔相连的几格便与滤液罐相通，滤液可以从这几格吸入，同时滤饼沉积于其上，转动盘转动使这几个小孔与凹槽 3 相遇，则相应的几格表面便与洗液罐连通，吸入洗水。与凹槽 4 相遇则连通鼓风机，空气吹向转筒的这部分表面，将沉积其上的滤饼吹松。随着转筒的转动，这些滤饼又被刮刀刮下。这部分表面再向前转，重新浸入滤浆中，开始下一个循环。

回转真空过滤机的优点是操作连续、自动。缺点是转筒体积庞大而过滤面积不大，且真空操作所形成的推动力有限，悬浮液温度也不可过高。此外，转筒过滤机的滤饼难以充分洗涤。回转真空过滤机对于处理固体物含量大的悬浮液的过滤比较合适。

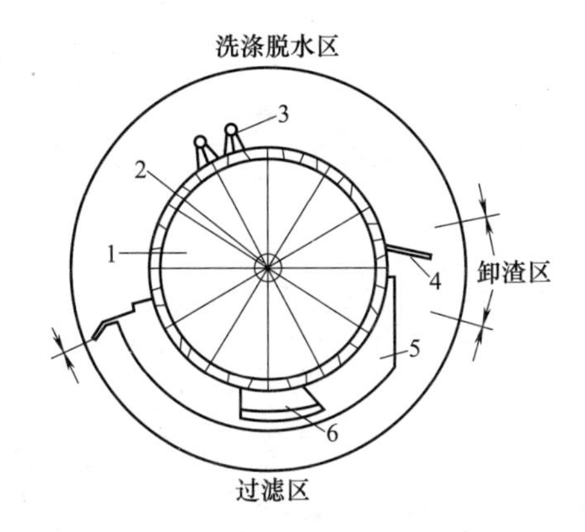

图 3.4.11　回转真空过滤机操作简图

1—转筒；2—分配头；3—洗涤液喷嘴；4—刮刀；5—悬浮液槽；6—抖动搅拌器

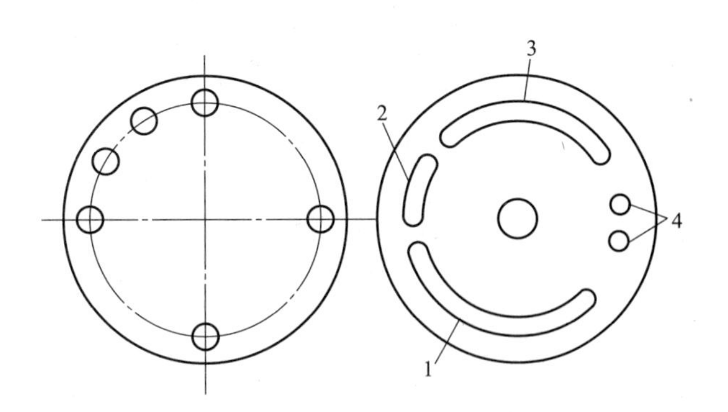

图 3.4.12　回转真空过滤机的分配头

1，2—与滤液贮槽相通的槽；3—与洗液相通的槽；4—通压缩空气的孔

工业上所使用的回转真空过滤机也有内滤式，与上述回转真空过滤机不同的是，其过滤表面设在筒内。操作时悬浮液被泵送入筒内后随转筒一起旋转。这种过滤机适合于处理含固

体颗粒粗细不等且易于沉降的悬浮液。

(2) 回转真空过滤机的生产能力

回转真空过滤机是连续过滤设备，其每一部分都顺序地经过过滤、脱水、洗涤、卸料四个区域，转筒每旋转一周即完成一个操作循环。

设滤筒的浸没面积占全筒面积的分率为 φ，转筒的转速为 n（s^{-1}），则每转一周任一过滤面积的过滤时间为

$$\tau=\frac{\varphi}{n} \tag{3.4.46}$$

若转筒总过滤面积为 A，则由恒压过滤方程式（3.4.19）及式（3.4.46），可得出每转一周的滤液量为

$$V=\sqrt{KA^2(\tau+\tau_e)}-V_e=A\sqrt{K\left(\frac{\varphi}{n}+\tau_e\right)}-V_e \tag{3.4.47}$$

于是每小时的滤液量（即生产能力）为

$$V_h=3600nV=3600\left[A\sqrt{K(n\varphi+n^2\tau_e)}-nV_e\right] \tag{3.4.48}$$

若忽略介质阻力，则得

$$V_h=3600A\sqrt{Kn\varphi} \tag{3.4.49}$$

上式表明：提高转筒的浸没分率 φ 及转速 n 均可提高其生产能力，但这种提高只能在一定范围内施行。若转速过大，则每一周期中的过滤时间更短，以致滤饼太薄，不易从鼓面卸料。又若浸没分率提高，则剩余的洗涤、吸干、吹松等区域的分率相应减小，过分提高浸没分率会导致操作上的困难。

【例 3.6】 采用一回转真空过滤机恒压过滤某水悬浮液，滤饼不可压缩，介质阻力可忽略，要求它的生产能力为 $6m^3$（滤液）/h，已知过滤常数 $K=4.1\times10^{-5}m^2/s$，转鼓沉浸角 120°，转速为 0.5r/min。

(1) 求过滤机所需的过滤面积；

(2) 现将真空度增加 20%，转速提高为 1r/min，则生产能力是原来的多少倍？

解：(1) 介质阻力不计时，回转真空过滤机的生产能力

$$V_h=3600A\sqrt{Kn\varphi}$$

$$A=\frac{V_h}{3600\sqrt{Kn\varphi}}=\frac{6}{3600\times\sqrt{4.1\times10^{-5}\times\frac{0.5}{60}\times\frac{120}{360}}}=4.94m^2$$

(2) 真空度增加 20%，则过滤压差为原压差的 1.2 倍（滤饼不可压缩，$s=0$），则

$$\frac{K'}{K}=\frac{2k\Delta p'^{1-s}}{2k\Delta p^{1-s}}=1.2$$

故

$$\frac{V_h'}{V_h}=\sqrt{\frac{K'n'}{Kn}}=\sqrt{1.2\times\frac{1}{0.5}}=1.55$$

即生产能力变为原来的 1.55 倍。

3.4.7 离心过滤

离心过滤是利用惯性离心力，使送入离心机转鼓内的滤浆与转鼓一起旋转时产生径向压力差，并以此作为过滤的推动力来分离液相非均相混合物的方法。离心机的转鼓上有许多小

孔，内壁衬有滤布，操作过程中，滤液穿过滤布排出，颗粒则沉积于转鼓内壁，形成滤饼。

根据离心分离因数的大小，可将离心机分为以下三类：

常速离心机　　$K_C<3000$（一般为 600～1200）

高速离心机　　$K_C=3000\sim50000$

超速离心机　　$K_C>50000$

最新的离心机，其分离因数可高达 500000 以上，用于分离胶体颗粒等。离心分离因数的极限值取决于转动部件的材料强度。

3.4.7.1　离心过滤计算

与转鼓离心沉降相仿，在离心力作用下，滤浆在转鼓内形成一中空的垂直圆筒状液柱，如图 3.4.13 所示。在距半径 R 处取厚度为 dR 的薄圆筒形液体，作用在其上的离心力为

$$\mathrm{d}F_c=2\pi Rh(\mathrm{d}R)\rho(\omega^2R)$$

由此产生的径向压力为

$$\mathrm{d}p=\frac{\mathrm{d}F_c}{2\pi Rh}=\rho\omega^2R(\mathrm{d}R)$$

转鼓内由液面半径 R_1 到转鼓半径 R_2 处的压力差为

$$\Delta p=\int_{p_1}^{p_2}\mathrm{d}p=\int_{R_1}^{R_2}\rho\omega^2R\,\mathrm{d}R=\frac{1}{2}\rho\omega^2(R_2^2-R_1^2) \tag{3.4.50}$$

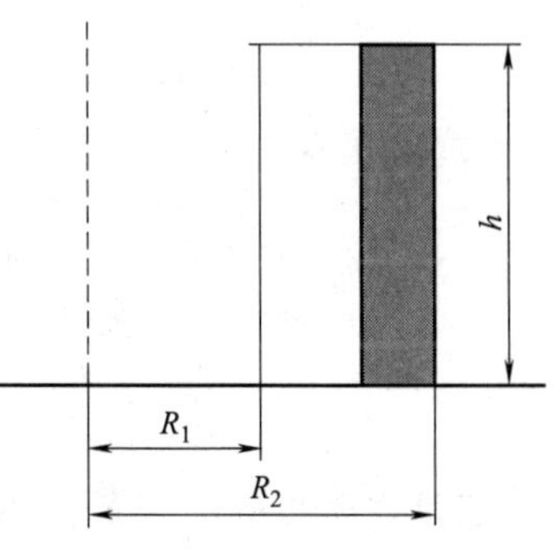

图 3.4.13　离心过滤计算示意

由于转鼓外壁面处的压力与转鼓内垂直液面 R_1 处的压力相同，所以，若滤饼厚度与转鼓半径 R_2 相比可忽略不计时，由式（3.4.50）确定的 Δp 即为离心过滤的推动力。

为简化计算，假设过滤介质的阻力可忽略不计，则过滤基本方程式（3.4.14）变为

$$\frac{\mathrm{d}V}{\mathrm{d}\tau}=\frac{\Delta pA^2}{\eta rvV} \tag{3.4.51}$$

若滤饼厚度相对转鼓半径可忽略不计时，则过滤面积可视为常数，将式（3.4.50）代入式（3.4.51）可得

$$\frac{\mathrm{d}V}{\mathrm{d}\tau}=\frac{\rho\omega^2(R_2^2-R_1^2)A^2}{2\eta rvV}$$

令

$$K'=\frac{\rho\omega^2(R_2^2-R_1^2)}{\eta rv}$$

积分上式得

$$V^2=K'A^2\tau \tag{3.4.52}$$

3.4.7.2　离心过滤机型式及操作

离心过滤机有多种型式，也有间歇与连续之分，还可以根据转鼓轴线的方向将离心过滤机分为立式和卧式。下面介绍几种典型的离心过滤机。

(1) 三足式离心机

三足式离心机是一种常用的人工卸料的间歇式离心机（图 3.4.14）。离心机的主要部件是转鼓，壁面钻有许多小孔，内壁衬有金属丝网及滤布。整个机座和外罩借三根拉杆弹簧悬挂于三足支柱上，以减轻运转时的振动。料液加入转鼓后，滤液穿过转鼓上的滤布，在机座

下部排出，滤渣则沉积于转鼓内壁。等一批料液处理完毕，或转鼓内滤渣量达到设备允许值时，可停止加料，继续转动一段时间，沥干滤液。必要时，也可于滤饼表面浇以清水进行洗涤，然后卸料，清洗设备。

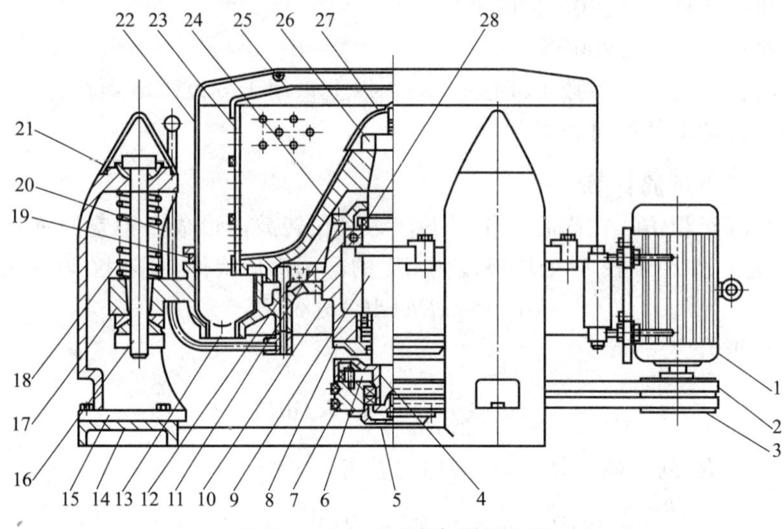

图 3.4.14 三足式离心机示意

1—电动机；2—V带；3—主动轮；4—起步轮；5—闷盖；6—离心块；7—被动轮；8—下轴承盖；9—主轴；10—轴承座；11—上轴承盖；12—制动环；13—出水口；14—三角底座；15—柱脚；16—摆杆；17—底盘；18—缓冲弹簧；19—密封面；20—制动手柄；21—柱脚罩；22—外壳；23—转鼓筒体；24—转鼓底；25—拦液板；26—主轴螺母；27—主轴罩；28—轴承

三足式离心机的转鼓直径一般在 1m 左右，转速不高（<2000r/min），过滤面积约 0.6～2.7m^2。其优点是构造简单、制造方便、适应性强、运转平稳等。一般可用于间歇生产中的小批量物料处理，尤其适用于各种盐类结晶的过滤和脱水，晶体不易受到损伤。缺点是卸料时的劳动强度大，生产能力低。近年来已出现自动卸料和可连续生产三足式离心机。

(2) 刮刀卸料式离心机

刮刀卸料式离心机的结构如图 3.4.15 所示。悬浮液从加料管进入连续运转的卧式转鼓，机内设有耙齿以使沉积的滤渣均布于转鼓内壁，待滤饼形成一定厚度时，停止加料，进行洗涤、沥干，然后借液压传动的刮刀逐渐向上移动，将滤饼卸出机外。继而清洗转鼓，进入下一个操作周期。整个周期的运转均采用自动控制的液压操作。

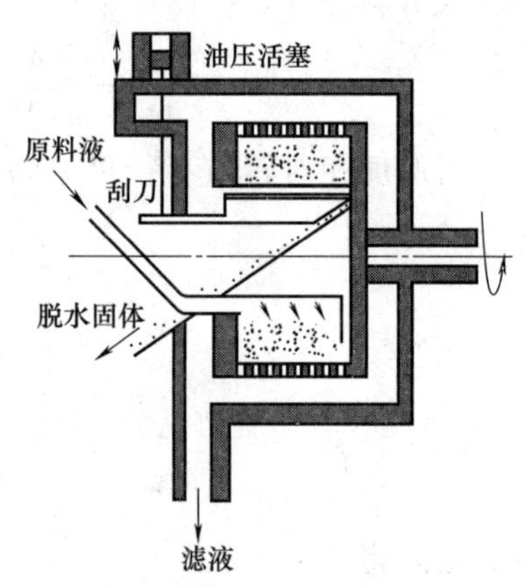

图 3.4.15 刮刀卸料式离心机

刮刀卸料式离心机的每一操作周期约 35～90s，连续运转，生产能力较大，劳动条件好，适宜于连续过滤生产过程中直径在 0.1mm 以上的颗粒。这种离心机不适于细、黏颗粒的过滤，过滤时间过长，不够经济，而且刮刀卸渣不彻底，颗粒破碎严重。

(3) 活塞往复式卸料离心机

如图 3.4.16 所示为活塞往复式卸料离心机，它也是一种自动操作离心机。在平卧的转鼓内衬以金属网板，由水平轴带动转动。料浆由加料管送到一个旋转的圆锥形漏斗中，此斗将滤浆加速后送到滤筐内。沉积在筐壁上的固体物迅速脱水，形成饼状物。一个往复运动的推渣器将固体渣向筐边缘推送 30～50mm，然后退回以空出新的过滤面来接纳新送到的滤浆。锥形加料斗与推渣器一齐作往复运动。滤渣在推到筐边缘落下之前，有喷头向其洒水进行洗涤。

活塞往复式卸料离心机的转速多在1000r/min以内，适用于颗粒直径较大（>0.15mm），浓度大（>30%）的滤浆，适用于食盐、硫酸铵、尿素等的生产中。活塞往复式卸料离心机在卸料时对晶体的损害较小。

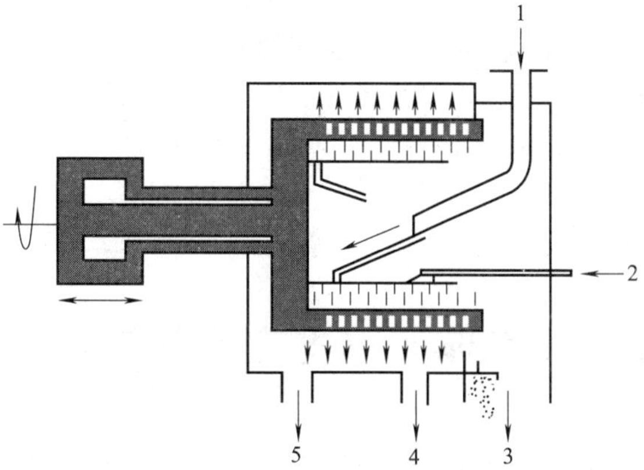

图 3.4.16 活塞往复式卸料离心机

1—原料液；2—洗涤液；3—脱液固体；4—洗出液；5—滤液

3.4.8 过滤过程的节能与强化

能源、水处理、环保等领域的过滤过程处理量通常很大，需要大型化、大功率、自动连续的过滤分离设备。因此，开发节能型的过滤设备，强化过滤过程非常重要。

(1) 节能型压榨式过滤过程

对于普通过滤过程，在过滤后期仍不断向滤室内加入悬浮液，充满滤饼层的滤室内继续挤进固体颗粒、排出滤液，滤饼层颗粒间隙的存液空间越来越小，降低滤饼含液率，操作时间较长，效率较低。

隔膜压榨在过滤后期，停止进料，向隔膜腔内输入压缩空气或其他高压流体，推动隔膜压榨滤饼层，可以快速完成滤饼的脱液。其优点是脱液速度快、效果好。与普通过滤相比，带有压榨隔膜的厢式压滤机，在过滤后期再经由隔膜进一步挤压滤饼以降低滤饼含湿量。在压榨脱液操作中，隔膜的质量是关键。不同压榨压力和压榨起始点是节能效果的关键参数，图 3.4.17 所示为加压过滤后进一步由隔膜压榨得到的滤液量 V 与时间 t 的关系曲线。

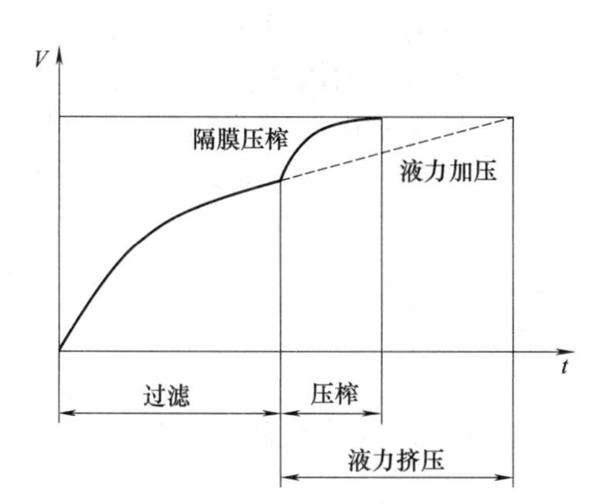

图 3.4.17 节能型隔膜压榨过滤与普通过滤过程的对比

(2) 难过滤物料及强化过滤

难过滤物料主要指高黏度、高分散性、高可压缩、颗粒极细小的物料。难过滤物料的形状特征为胶状物（不定型物质），软体粒子、针状微粒，形态多变为乳化物、蛋白、淀粉、糖类、脂类等。难过滤物料成分复杂，分离要求高，固体颗粒小，分散度高，形成的滤饼可压缩，液相黏稠。过滤时速度很慢，脱液效果不好；当含有胶体粒子、高可压缩性、尺寸极小或针状粒子时，容易堵塞孔隙，使操作压力逐步升高；过滤滤材孔隙被小颗粒塞住则需经常清洗，有可能导致滤材寿命缩短；滤材无法阻挡极微小的颗粒、致使滤液达不到分离要求。

此时，需要通过强化过滤提高过滤分离效率，主要方法包括：物料预处理（预增浓、絮凝和凝聚）；加入助滤剂助过滤；加入表面活性剂；薄层滤饼过滤（限制滤饼层增厚）。其中加入表面活性剂，目的在于降低界面张力，使颗粒表面疏水化。颗粒表面越疏水，所形成的疏水毛细管壁的黏附功就越小，流体流动阻力小，滤液通过的流速快。同时，加入表面活性剂可以破坏或减薄固体表面的水化膜，毛细管直径加大，提高滤液的流通量；采用限制滤饼增长的薄层滤饼过滤可使过滤过程在薄层运动状态下进行，限制滤饼厚度，减少阻力，运动状态下过滤可降低物料黏度，同时可连续加料、过滤、卸渣。

此外，还可将上述强化过滤技术集成，利用各自工艺的优势达到强化过滤，提高分离效率的目的。

3.5 流体通过固定床的流动及流态化

在许多化工单元操作中还会遇到流体通过由大量颗粒群装填而成的颗粒床层的流动，如悬浮液的过滤、流体通过填料层或固体催化剂床层的流动。在这类问题中，当流体以较小的流速从床层的空隙中流动时，由于颗粒所受的曳力较小而保持静止状态，这样的床层称为固定床。本节讨论流体通过固定床的流动规律，介绍流体流经固定床的阻力计算方法，然后再介绍固体流态化过程。

3.5.1 流体通过固定床的流动

3.5.1.1 固定床的床层简化模型

流体通过固定床的阻力数值上等于床层中所有颗粒所受曳力的总和。但由于流体在颗粒床层中流动时，流道曲折多变，流速快慢不一，流动状态各异，情况十分复杂，所以流体通过颗粒床层的流动是一个十分复杂的过程，而且流体通过颗粒床层的阻力与很多因素有关，因此若从各个颗粒所受曳力入手解决流体流动的阻力问题较为复杂，必须通过实验确定。

目前比较通用的是采用模型化的方法，即把流体通过颗粒床层的流动看成是通过具有一组平行细管、当量直径为d_e的床层的流动。认为流体通过床层的阻力与通过这些小管的阻力相等，即用简化的模型来代替床层内的真实流动，以便于用数学方法来处理，然后再通过实验加以校正。

设床层内为乱堆颗粒，床层各向同性，壁效应和端效应可忽略不计，仿照流体在管道中流动的情况，将实际颗粒床层简化为下面的简单模型（见图 3.5.1）：

① 颗粒床层由许多平行的细管组成，孔道长度与床层高度成正比；

② 孔道内表面积之和等于全部颗粒的表面积，孔道内全部流动空间等于床层空隙的容积。

根据以上假设，可求得孔道的水力半径r_H为：

$$r_H=\frac{\text{流通截面积}}{\text{润湿周边长度}}=\frac{\text{床层内流动空间体积}}{\text{孔道全部内表面积}}=\frac{\varepsilon}{a(1-\varepsilon)}=\frac{\varepsilon}{a_B}=\frac{d_a\varepsilon}{6(1-\varepsilon)} \tag{3.5.1}$$

孔道的当量直径为

$$d_e=\frac{4}{6}\times\frac{d_a\varepsilon}{1-\varepsilon} \tag{3.5.2}$$

式中 r_H——孔道水力半径，m；

a——颗粒比表面积，m^2/m^3；

ε——床层空隙率；

a_B——床层比表面积，m^2/m^3；

d_e——床层当量直径，m；

d_a——颗粒等比表面积当量直径，m。

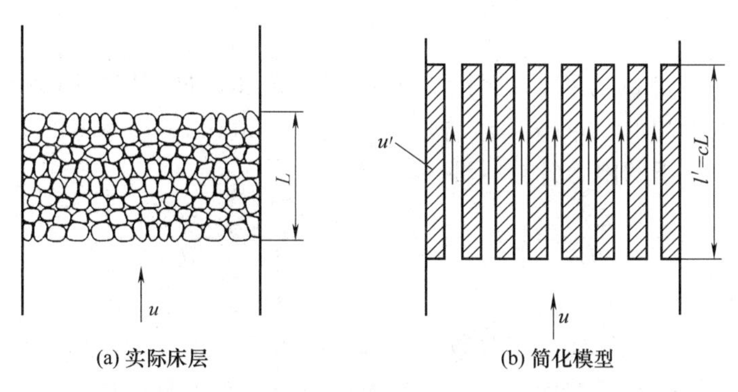

图 3.5.1 固定床床层及其简化模型

孔道长度 $l'=cL$，L 为床层高度，c 为比例系数

3.5.1.2 流体通过固定床层的阻力

根据以上简化模型，可将流体通过固定床层的流动看做是直管内的流动问题。因此，当流体处于层流流动时，其通过床层的阻力可用哈根-泊谡叶（Hagen-Poiseuille）方程表示，即

$$\Delta p_f=\frac{32\eta cLu'}{d_e^2} \tag{3.5.3}$$

式中 Δp_f——流体流过床层的阻力，Pa；

L——床层高度，m；

η——流体黏度，Pa·s；

u'——床层孔道中的流速，m/s。

实际上，流体在床层中的真实流速 u' 是不易测出的量，故常以床层的空床流速 u（流体体积流量除以空床截面积）表示，两者的关系为

$$u'=\frac{u}{\varepsilon} \tag{3.5.4}$$

将式（3.5.2）、式（3.5.4）代入式（3.5.3），则得

$$\frac{\Delta p_f}{L}=\frac{2\times 36c\eta u\ (1-\varepsilon)^2}{d_a^2\varepsilon^3}$$

通过实验可知，上式中的常数 $2\times 36c=150$，则上式变为

$$\frac{\Delta p_f}{L}=150\frac{(1-\varepsilon)^2}{\varepsilon^3}\times\frac{\eta u}{d_a^2} \tag{3.5.5}$$

此式称为 Blake-Kozeny 方程，仅适用于层流流动，且床层空隙率 $\varepsilon\leqslant 0.5$ 的情况。

若床层内的流动为高度湍流，则该条件下的摩擦系数 λ 为常数，于是液体通过床层的阻力可表示为

$$\Delta p_f=\lambda\frac{cL}{d_e}\times\frac{u'^2\rho}{2}$$

同样用空床流速 u 来代替流体的实际流速 u'，即 $u'=u/\varepsilon$，于是可得

$$\frac{\Delta p_f}{L}=\lambda c\ \frac{6(1-\varepsilon)}{4d_a\varepsilon}\times\frac{\rho u^2}{2\varepsilon^2}=\frac{6}{4}\lambda\ \frac{c(1-\varepsilon)}{\varepsilon^3}\times\frac{\rho u^2}{2d_a}$$

实验证明，$\frac{6}{4}\lambda c=3.5$，由此可得

$$\frac{\Delta p_f}{L}=1.75\frac{(1-\varepsilon)}{\varepsilon^3}\times\frac{\rho u^2}{d_a} \tag{3.5.6}$$

该式称为 Burke-Plummer 方程，适用于高度湍流下流体通过床层的阻力计算。

若将层流条件下的 Blake-Kozeny 方程与 Burke-Plummer 方程简单叠加，所得的计算式适用于各种流动条件下的阻力计算，即

$$\frac{\Delta p_f}{L}=150\frac{(1-\varepsilon)^2}{\varepsilon^3}\times\frac{\eta u}{d_a^2}+1.75\frac{\rho u^2(1-\varepsilon)}{d_a\varepsilon^3} \tag{3.5.7}$$

此式称为欧根（Ergun）方程。

欧根方程的结果能较好地与实验数据吻和，故得到了广泛的应用。但它不适用于细长颗粒、拉西环及鞍形填料堆集的床层。在实际应用时还应根据具体情况对方程中的常数进行校正。此外，气体流经填充床时，如果压力变化不超过进出床层压力平均值的 10%，则可取平均压力下的密度值按不可压缩流体计算；但若压力变化太大，则必须按可压缩流体处理。

3.5.1.3 欧根方程的其他形式

将欧根方程改写成如下形式

$$\frac{\Delta p_f}{\rho u^2}\times\frac{d_a}{L}\times\frac{\varepsilon^3}{1-\varepsilon}=150(1-\varepsilon)\frac{\mu}{\rho u d_a}+1.75$$

且令

$$\frac{\Delta p_f}{\rho u^2}\times\frac{d_a}{L}\times\frac{\varepsilon^3}{1-\varepsilon}=f_F \tag{3.5.8}$$

$$Re_p=\frac{d_a u\rho}{\eta} \tag{3.5.9}$$

则有

$$f_F=150(1-\varepsilon)Re_p^{-1}+1.75 \tag{3.5.10}$$

式中，f_F为量纲为一数群，现以 f_F对 $Re_p/(1-\varepsilon)$ 标绘，可得图 3.5.2 所示的曲线。

由图 3.5.2 可以看出，当 $Re_p/(1-\varepsilon)<10$ 时，式（3.5.10）右边第一项远大于 1.75，若此时忽略 1.75，则有

$$f_F=150(1-\varepsilon)Re_p^{-1} \tag{3.5.11}$$

依 f_F的定义，并以 $d_a=6/a$ 代入，式（3.5.11）又可改写为

$$\frac{\Delta p_f}{L}=k'\frac{(1-\varepsilon)^2a^2\eta u}{\varepsilon^3} \tag{3.5.12}$$

该式称为康采尼（Kozeny）方程，式中 k'称为康采尼常数。

当 $Re_p/(1-\varepsilon)>1000$ 时，式（3.5.10）右边第一项远小于 1.75，可忽略不计，此时有

$$f_F=1.75 \tag{3.5.13}$$

3.5.2 固体流态化

依靠流体流动的作用使固体颗粒悬浮在流体中或随流体一起流动，从而使颗粒群具有类似于流体的某些表观特征的过程称为固体流态化。目前，固体流态化技术在化学加工，气固催化反应，固体物料干燥、加热和冷却，吸附和浸取等传质分离、固体物料输送等过程中已

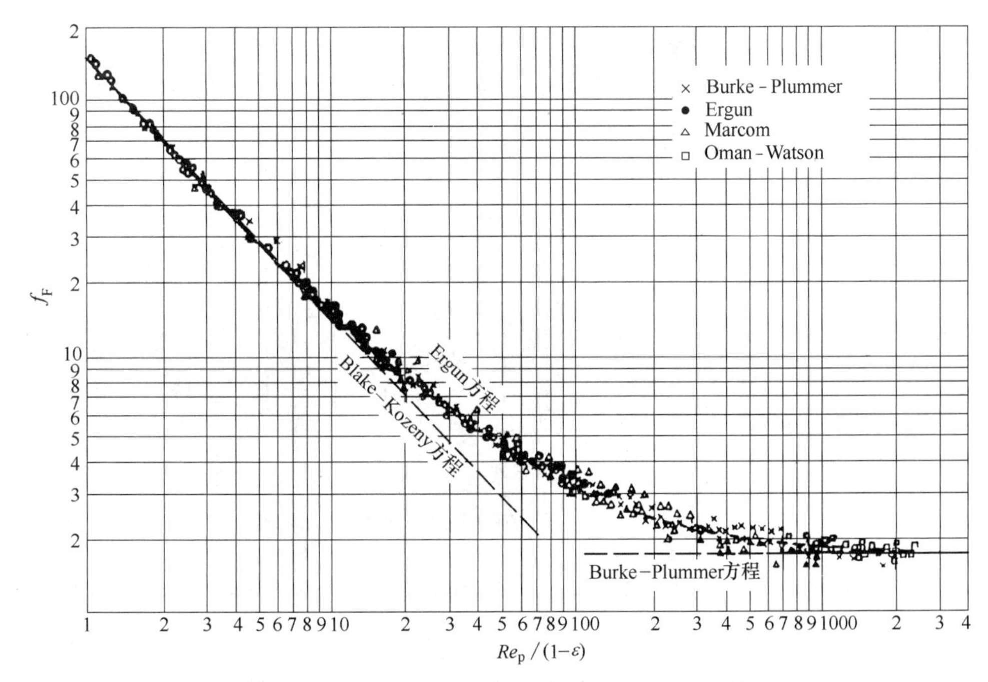

图 3.5.2 式(3.5.10)中 f_F 与 $Re_p/(1-\varepsilon)$ 的关系

取得广泛应用。固体流态化可以用气体或液体进行，目前工业上用得较多的是气体，在此主要介绍气固系统的流态化。

3.5.2.1 床层的流态化过程

在垂直装填有固体颗粒的床层中，流体自下而上通过颗粒床层，随着流速从小到大增加，床层将出现下述三种不同阶段（见图 3.5.3）。

(1) 固定床阶段

当流体通过床层的流速较低时，流体对颗粒的曳力较小，颗粒之间紧密相接，静止不动，如图 3.5.3 (a) 所示。在固定床阶段，床层高度不变，流体通过床层的阻力随流速的增加而增大，其关系可以用欧根方程表示。

(2) 流化床阶段

当流体流速增加到一定值时，流体对颗粒的曳力增加到等于颗粒的重力与浮力之差，颗粒开始浮动，但仍未脱离原来的位置，如图 3.5.3 (b) 所示。此时流体在床层空隙中的流速等于颗粒的沉降速度。若在此状态时再稍稍增大流速，颗粒便互相分离，床层的高度也开始增加。此时的状态称为起始流化状态或临界流化状态，对应的流速称为起始流化速度或最小流化速度 u_{mf}。

在临界流化状态时，若继续增大流速，则颗粒间的距离增大，颗粒在床层中剧烈地随机运动，称为流化床阶段。随着流体空床流速的增加，床层高度增高，床层的空隙率也增大，使颗粒间的流体流速保持不变；同时，床层的阻力却几乎保持不变，等于单位截面床层的重量。流化床阶段还有一个特点是床层有明显的上界面，如图 3.5.3 (c)、(d) 所示。

(3) 气力（或液力）输送阶段

当流体的空床流速（表观流速）增加到等于颗粒的沉降速度时，颗粒被流体带出器外，床层的上界面消失，此时的流速称为流化床的带出速度，流速高于带出速度后为流体输送［气力（或液力）输送］阶段，如图 3.5.3 (e) 所示。

3.5.2.2 流化床的类似液体的特性

流化床中的流-固整体运动很像沸腾的液体，表现出类似于液体的性质，如图 3.5.4 所示。密度比床层密度小的物体能浮在床层的上面［图 3.5.4 (a)］；床层倾斜，床层表面仍能保持水平［图 3.5.4 (b)］；床层中任意两截面间的压差可用静力学关系式表示（$\Delta p=\rho gL$，其中 ρ 和 L 分别为床层的密度和高度），见图 3.5.4 (c)；有流动性，颗粒能像液体一样从器壁小孔流出［图 3.5.4 (d)］；联通两个高度不同的床层时，床层能自动调整平衡［图 3.5.4 (e)］。

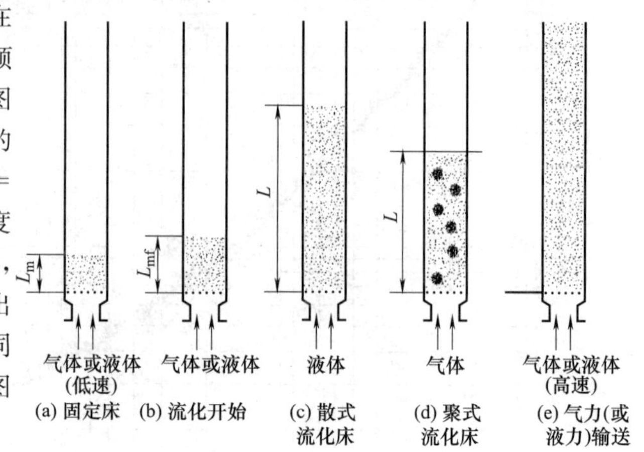

图 3.5.3 不同流速下床层状态的变化

利用流化床的这种似液性，可以设计出不同的流-固接触方式，易于实现过程的连续化与自动化。

3.5.2.3 流体通过流化床的阻力

流体通过颗粒床层的阻力与流体表观流速（空床流速）之间的关系可由实验测得。图 3.5.5 所示为以空气通过砂粒堆积的床层测得的床层阻力与空床气速之间的关系。由图可见，最初流体流速较小时，床层内固体颗粒静止不动，属固定床阶段，在此阶段，床层阻力与流体流速间的关系符合欧根方程；当流体流速达到最小流化速度后，床层处于流化床阶段，在此阶段，床层阻力基本上保持恒定。作为近似计算，可以认为流化颗粒所受的总曳力与颗粒所受的净重力（重力与浮力之差）相等，而总曳力等于流体流过流化床的阻力与床层截面积之积，即

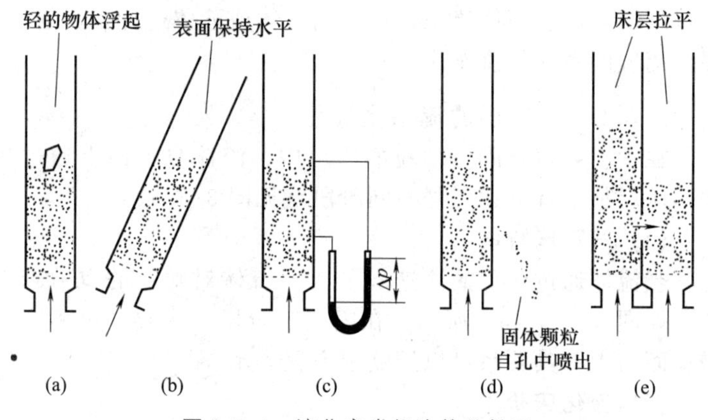

图 3.5.4 流化床类似液体的性质

$$\Delta p_f A = AL(1-\varepsilon)(\rho_s-\rho)g$$

式中 A——床层截面积，m^2；

L——床层高，m；

ε——床层空隙率；

ρ_s——固体颗粒的密度，kg/m^3；

ρ——流体密度，kg/m^3。

所以，单位高度流化床层的阻力可表示为

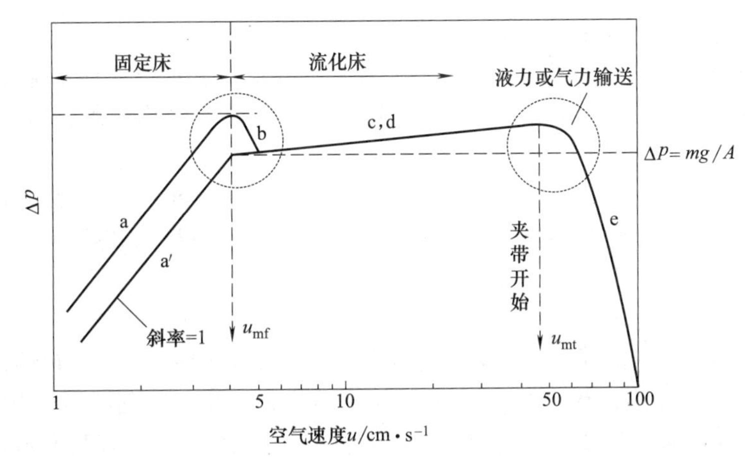

图 3.5.5 流化床阻力与流速的关系（空气-砂粒系统）

a、b、c、d、e 与图 3.5.3 相对应

$$\frac{\Delta p_{\mathrm{f}}}{L}=(1-\varepsilon)(\rho_{\mathrm{s}}-\rho)g \tag{3.5.14}$$

对于气-固流化床，由于颗粒与流体的密度差较大，故又可近似表示为

$$\Delta p_{\mathrm{f}}=L(1-\varepsilon)\rho_{\mathrm{s}}g \tag{3.5.15}$$

上式表明，气体通过流化床的阻力与单位截面床层颗粒所受的重力相等。

3.5.2.4 流化床的流化类型与不正常现象

由于流体与颗粒的性质、颗粒的尺寸及床层结构、流体流速等条件的不同，流化床中可以出现两种流化类型：散式流化和聚式流化。

(1) 散式流化

散式流化的特点是固体颗粒均匀地分散在流动的流体中。当流速增大时，床层逐渐膨胀而没有气泡产生，颗粒彼此分开，床层中各处的空隙率均匀增大，床层高度上升，并有一稳定的上界面。通常两相密度差小的系统趋向散式流化，故大多数液-固流化属于散式流化。

(2) 聚式流化

聚式流化的特点是床层中存在两个不同的相：一个是固体浓度大而分布比较均匀的连续相，称为乳化相；另一个是夹带少量固体颗粒以气泡形式通过床层的不连续的气泡相。一般来说，超过流化所需最小气量的那部分气体以气泡形式通过流化床层，气泡在床层上界面处破裂，造成上界面的波动，因此床层也不像散式流化那样平稳，流体通过床层的阻力的波动也较大。随着气体流量的增大，通过乳化相的流体流速几乎不变，增加的气量都以气泡的形式通过床层，随着气泡的尺寸和生成频率增加，床层上界面和阻力的波动增大。一般气-固流态化系统多为聚式流化。

一般可用弗鲁特数（Fr）作为判断流化形式的依据

散式流化：$Fr<1$

聚式流化：$Fr>1$

式中，$Fr=u_{\mathrm{mf}}^2/(gd_{\mathrm{s}})$，为临界条件下的弗鲁特数，其中 u_{mf} 为临界流化速度（按空床截面积计算）；d_{s} 为颗粒直径；g 为重力加速度。

当设计不当或操作不当时，流化床还会出现两种不正常现象：腾涌现象和沟流现象。

(1) 腾涌现象

腾涌现象主要发生在气-固流化床中，如果床层高度与直径的比值过大，或气速过高，或气体分布不均时，就会发生小气泡合并成为大气泡的现象。当气泡直径长到与床层直径相等时，则将床层分成几段，形成相互分开的气泡和颗粒层。颗粒层像活塞那样被气泡向上推动，在达到床层上界面后气泡崩裂，颗粒分散下落，这种现象称为腾涌现象。如图 3.5.6 所示。

出现腾涌现象时，气体通过床层的阻力大幅度波动，床层也起伏波动很大，器壁被颗粒的磨损加剧，引起设备振动，甚至将床中构件冲坏。因此，在设计和操作时，应避免发生腾涌现象。

(2) 沟流现象

沟流是指气体通过床层时形成短路，大量气体没有能与固体颗粒很好地接触即穿过沟道上升（见图 3.5.7）。发生沟流现象时，床层内密度分布不均匀，而且气、固接触不良，不利于气、固相间的传质、传热及化学反应；同时部分床层变成死床，这部分床层的空隙率很大，颗粒不悬浮在气流中，故气体通过床层的压降较正常值（即单位床层截面的重量）低。

沟流现象的出现主要与颗粒的特性、堆积情况、床层直径及气体分布板的结构等有关。粒度过细、密度大、易于黏结的颗粒，以及床径大，或气体分布初始不均匀等都容易引起沟流。

通过测定流化床的压降并观察其变化情况，可以帮助判断操作是否正常。流化床正常操作时的阻力波动较小，若发现床层阻力比正常值低，则说明发生了沟流现象；若发现压降直线上升，然后又突然下降，则表明发生了腾涌现象。

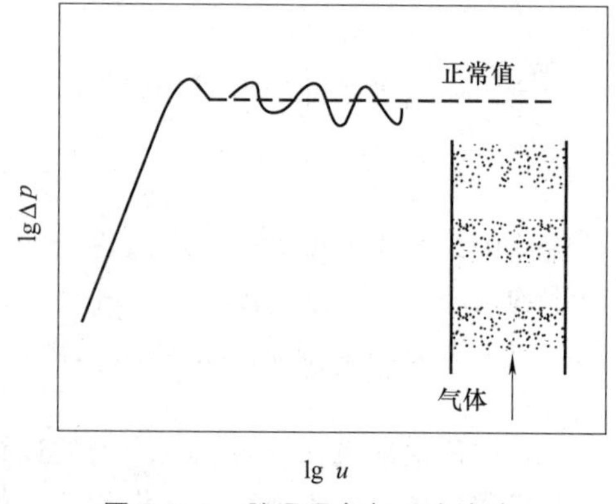

图 3.5.6　腾涌现象与压降波动

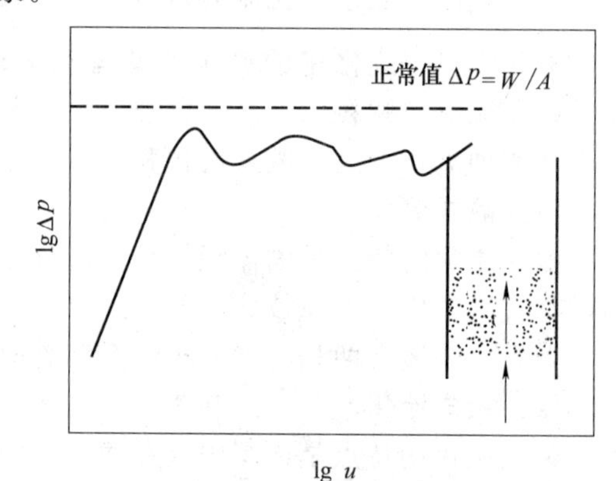

图 3.5.7　沟流现象与压降的降低

3.5.2.5　流化床的操作范围

流化床的正常操作范围为气速高于临界流化速度 u_{mf}，低于颗粒的带出速度 u_t（即沉降速度）。

(1) 临界流化速度 u_{mf}

确定临界流化速度的方法有实测法和计算法两种。实测法是既准确又可靠的一种方法，但在此仅介绍计算法。

由于临界点是固定床与流化床的共同点，故临界点的压降既符合流化床的规律也符合固定床的规律。因此有

$$\frac{\Delta p_f}{L_{mf}}=(1-\varepsilon_{mf})(\rho_s-\rho)g$$

$$\frac{\Delta p_f}{L_{mf}}=1.75\frac{(1-\varepsilon_{mf})}{\varepsilon_{mf}^3}\frac{\rho u_{mf}^2}{d_a}+150\frac{(1-\varepsilon_{mf})^2}{\varepsilon_{mf}^3}\frac{\eta u_{mf}}{d_a^2}$$

式中　L_{mf}——起始流化点处的床层高度，m；

ε_{mf}——起始流化点处的床层空隙率。

将上两式联立，并以等体积当量直径代替等比表面积当量直径，则有

$$\frac{1.75}{\phi\varepsilon_{mf}^3}Re_{mf}^2+\frac{150(1-\varepsilon_{mf})}{\phi^2\varepsilon_{mf}^3}Re_{mf}-\frac{d_v^3\rho(\rho_s-\rho)g}{\eta^2}=0 \tag{3.5.16}$$

式中

$$Re_{mf}=\frac{d_v u_{mf}\rho}{\eta}$$

若已知 ε_{mf} 和颗粒球形度 ϕ，则可根据式（3.5.16）求得最小流化速度。但实际上，ε_{mf} 和 ϕ 的可靠数据不易获得，所以一般可由实验确定 $\frac{1}{\phi\varepsilon_{mf}^3}$ 和 $\frac{1-\varepsilon_{mf}}{\phi^2\varepsilon_{mf}^3}$。对于工业上常见的流化床来说，一般有下述关系

$$\frac{1}{\phi\varepsilon_{mf}^3}\approx 14 \tag{3.5.17}$$

$$\frac{1-\varepsilon_{mf}}{\phi^2\varepsilon_{mf}^3}\approx 11 \tag{3.5.18}$$

将以上两式代入式（3.5.16）中，有

$$Re_{mf}=\left[(33.7)^2+0.0408\frac{d_v^3\rho(\rho_s-\rho)g}{\eta^2}\right]^{1/2}-33.7 \tag{3.5.19}$$

上式在 Re_{mf} 为 0.001～4000 范围内的平均偏差为±25%。

在实际使用时，上式可做适当简化处理，如当 Re_{mf} 较小时，式（3.5.16）中左边第一项常可忽略，则有

$$u_{mf}=\frac{d_v^2(\rho_s-\rho)g}{1650\eta} \tag{3.5.20}$$

当 Re_{mf} 较大时，式（3.5.16）中左边第二项可忽略，于是有

$$u_{mf}^2=\frac{d_v(\rho_s-\rho)g}{24.5\rho} \tag{3.5.21}$$

上述简单的处理方法只适用于粒度分布较为均匀的混合颗粒床层，对粒度差异很大的颗粒群用此方法误差较大。必要时，应以实验的方法确定 u_{mf} 较为可靠。

（2）带出速度

流化床的带出速度等于颗粒在流体中的沉降速度，因此可用式（3.3.17）～式（3.3.19）计算。

需要指出的是，当粒度不均匀的混合颗粒进行流化时，计算临界流化速度时应用颗粒的平均直径，而计算带出速度时，则必须用较小颗粒的直径。

（3）流化床的操作范围

流化床的操作范围，可用 u_t/u_{mf}（称为流化数）来衡量。对于细颗粒，由式（3.3.17）和式（3.5.20）可得

$$u_t/u_{mf}\approx 91.6$$

对于大颗粒，有

$$u_t/u_{mf}\approx 9$$

实际上，对于不同的生产工艺过程，流化数 u_t/u_{mf} 可在很大的幅度上变化，有些流化

床的流化数可高达数百，远远超过上述 u_t/u_{mf}的最高理论值。

【例 3.7】 某固体颗粒床由球形度为 $\phi=0.88$、密度为 1200kg/m³、等体积当量直径为 0.12mm 的颗粒组成，已知床层的总截面积为 0.3m²，颗粒量为 300kg，床层空隙率为 0.05。现用绝压为 200kPa、25℃的空气进行流化操作，且已知临界流化时床层的空隙率为 0.42，试计算：

(1) 流化床的最小高度及阻力；

(2) 流化床的操作范围。

解：(1) 设静止床层高度为 L_1，床层截面积为 A，空隙率为 ε_1，则由物料衡算有

$$AL_1(1-\varepsilon_1)\rho_s=AL_{mf}(1-\varepsilon_{mf})\rho_s=300$$

将已知数据代入：$A=0.3$m，$\varepsilon_{mf}=0.42$，$\varepsilon_1=0.05$，$\rho_s=1200$kg/m³，则静止床层高度为

$$L_1=\frac{300}{0.3\times1200\times(1-0.05)}=0.88\text{m}$$

流化床最小高度

$$L_{mf}=\frac{L_1(1-\varepsilon_1)}{1-\varepsilon_{mf}}=\frac{0.88\times(1-0.05)}{1-0.42}=1.44\text{m}$$

由于 $\rho_s\gg\rho$，故流化床阻力为

$$\Delta p_f\approx L_{mf}(1-\varepsilon_{mf})\rho_s g=1.44\times(1-0.42)\times1200\times9.81=9832\text{Pa}$$

(2) 求空床气速的操作范围，即求最小流化速度和颗粒的带出速度。

① 先求最小流化速度 u_{mf}

200kPa、25℃空气的黏度为 $\eta=0.01845$mPa·s，密度 $\rho=2.374$kg/m³。将有关数据代入式 (3.5.16) 得

$$26.8Re_{mf}^2+1516.4Re_{mf}-141.59=0$$

$$Re_{mf}=0.09322$$

则有

$$u_{mf}=\frac{Re_{mf}\eta}{d_v\rho}=\frac{0.09322\times1.845\times10^{-5}}{0.00012\times2.374}=0.00604\text{m/s}$$

由于计算出的Re_{mf}很小，故式 (3.5.16) 中的 Re_{mf}^2项可忽略不计，此时有

$$Re_{mf}=\frac{141.59}{1516.4}=0.09337$$

从而有

$$u_{mf}=0.00605\text{m/s}$$

可见，当 Re_{mf}很小时，忽略 Re_{mf}^2项所带来和误差很小。若按式 (3.5.19) 计算，则得到的结果为

$$u_{mf}=0.00554\text{m/s}$$

其偏差为 8.4%。

② 求颗粒的带出速度 u_t

先假定颗粒沉降处于过渡区，其沉降速度可用阿伦公式计算

$$u_t=0.78\frac{d_v^{1.143}(\rho_s-\rho)^{0.715}}{\rho^{0.286}\eta^{0.428}}\approx0.78\times\frac{0.00012^{1.143}\times1200^{0.715}}{2.374^{0.286}\times(1.845\times10^{-5})^{0.428}}=0.339\text{m/s}$$

复核 Re_{mf}

$$Re_{mf}=\frac{d_v\rho u_t}{\eta}=\frac{0.00012\times2.374\times0.339}{1.845\times10^{-5}}=5.23$$

计算出的雷诺数介于 1 与 1000 之间，故以上计算有效。所以有

$$\frac{u_t}{u_{mf}}=\frac{0.339}{0.00605}=56.03$$

在选择操作速度时，不应太接近于这一允许气速范围的任一端。

3.5.2.6 流化床的直径与高度

流化床的直径与高度是流化床设备的两个主要尺寸。床径由操作气速确定，床高由两段高度决定，即由流化床床层本身（床层上界面以下的床层，也称浓相区）和床层上界面以上的分离高度（称为稀相区）组成。

(1) 流化床的直径

确定好流化床的操作气速后，即可根据气体的处理量确定流化床所需的直径 D

$$D=\sqrt{\frac{4V}{\pi u}} \tag{3.5.22}$$

式中 V——气体的处理量，m^3/s；

u——流化床的实际操作气速，m/s。

(2) 床层高度（浓相区高度）

流化床的浓相区高度与气体的实际速度，也即与床层的空隙率有关。即当气体速度大于最小流化速度时，流速越大，则床层也越高。由于床层内颗粒质量是恒定的，所以浓相区高度 L 与床层的起始流化高度 L_{mf} 之间有如下关系

$$AL_{mf}(1-\varepsilon_{mf})\rho_s=AL(1-\varepsilon)\rho_s$$

式中 A——床层截面积，m^2；

L——浓相区高度，m；

ε——流化床空隙率；

ε_{mf}——流化床起始流化时的空隙率。

所以

$$\frac{L}{L_{mf}}=\frac{1-\varepsilon_{mf}}{1-\varepsilon} \tag{3.5.23}$$

由此可见，流化床的浓相区高度与空隙率有关。

也可以将流化床中流体流动近似看作通过具有相同空隙率的固定床的流体流动，在 Re_p 较小的情况下，床层流动阻力可表示为

$$f_F=150(1-\varepsilon)Re_p^{-1}$$

而处于流化阶段的床层阻力为

$$\frac{\Delta p_f}{L}=(1-\varepsilon)(\rho_s-\rho)g$$

所以可得到

$$u=\frac{\phi^2 d_v^2(\rho_s-\rho)g}{150\eta}\times\frac{\varepsilon^3}{1-\varepsilon}$$

令

$$k=\frac{\phi^2 d_v^2(\rho_s-\rho)g}{150\eta}$$

则

$$u=k\,\frac{\varepsilon^3}{1-\varepsilon} \tag{3.5.24}$$

式中，k 是反映物系特性的系数。式（3.5.24）表明了流化床操作的空床气速与床层空隙率的关系。由式（3.5.23）及式（3.5.24）即可将流化床操作气速、床层空隙率及浓相区高度关联起来，得到

$$\frac{L}{L_{mf}}=\frac{1-\varepsilon_{mf}}{k\varepsilon^3}u \tag{3.5.25}$$

应当注意，式（3.5.24）和式（3.5.25）只是近似地表示流化床空床气速与床层空隙率及浓相区高度之间的关系。对于 $\varepsilon<0.8$ 的液-固流化床，误差不大，但对于气-固流化床，则有较大的误差。

(3) 分离高度

气体通过流化床时，气泡在床层表面上破裂并将固体颗粒抛向空中，因大部分颗粒沉降速度远大于气体流速，因此这些颗粒在达到一定高度后就落回床层，离开床面距离越远，固体颗粒的浓度就越小，到床层表面一定距离以后，固体浓度基本不变。从床层上界面至固体颗粒浓度保持不变的最小距离称为分离高度，这个区域称稀相区。

分离高度主要取决于颗粒的粒度分布、密度和气体的密度、黏度以及床层的结构尺寸和气速等，目前尚无可靠的计算公式，一般来说气速愈大，分离高度愈大。

3.5.2.7 气力输送

当流体自下而上通过颗粒床层时，如果流体的流速增加到流体对颗粒的曳力大于颗粒所受的净重力，则颗粒将被流体从床层带出而与流体一起流动，这种过程称为颗粒的流体输送。利用气体流动进行颗粒输送的过程即为气力输送，它最早用在谷物的输送与装卸，目前已广泛用于化工和其他行业中。

利用气体进行颗粒输送的过程即为气力输送，最常用的输送介质是空气，对于易燃、易爆的物料，可用氮气等惰性气体输送。

气力输送的主要优点是：

① 系统密闭，避免物料飞扬、污染、受潮，减少物料损失，改善劳动条件；

② 输送管线受地形与设备布置的限制小，在无法铺设道路或安装输送机械的地方选择气力输送尤为适宜；

③ 设备紧凑，易于实现过程的连续化与自动化，便于与连续的生产过程衔接；

④ 在物料输送的同时易于进行干燥、加热、冷却等操作。

气力输送的缺点是动力消耗大、颗粒尺寸受一定限制，在输送过程中颗粒易破碎，管壁也会有一定程度的磨损；对含水量大、有黏附性或高速运动时易产生静电的物料不宜用气力输送。

根据颗粒在管内的密集程度不同，可将气力输送分为稀相输送和密相输送。一般用固气比的大小来衡量颗粒在管内的密集程度，固气比 R 的表达式为

$$R=\frac{G_s}{G} \tag{3.5.26}$$

式中 G_s——单位管道面积上单位时间内加入的固体质量，$kg/(s\cdot m^2)$；

G——气体质量流速，$kg/(s\cdot m^2)$。

(1) 稀相输送

固气比在 25 以下（通常为 0.1～5）时的气力输送为稀相输送。它的输送距离不长，一般为 100m 以下。在稀相输送中气流的速度较高（一般为 18～30m/s），颗粒呈悬浮状态。稀相输送目前在我国应用较多，其装置主要有真空吸引式和低压压送式两种。

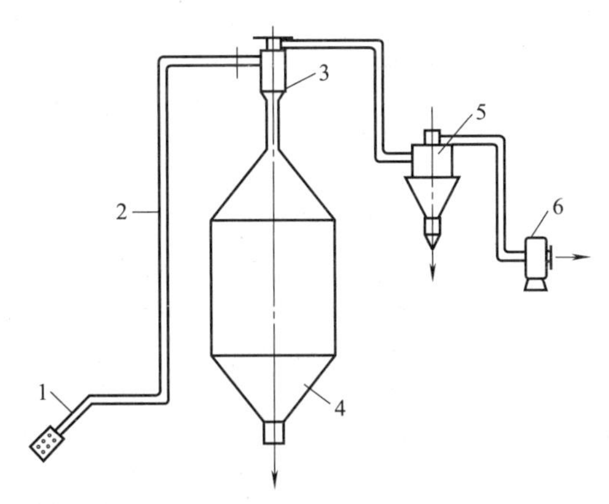

图 3.5.8　真空吸引式稀相输送

1—吸嘴；2—输送管；3—一次旋风分离器；
4—料仓；5—二次旋风分离器；6—风机

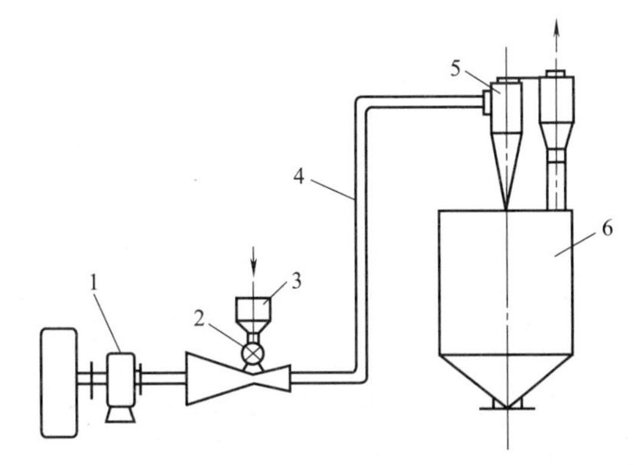

图 3.5.9　低压压送式稀相输送

1—罗茨鼓风机；2—回转加料机；3—加料斗；
4—输送管；5—旋风分离器；6—料仓

真空吸引式的典型装置流程如图 3.5.8 所示，这种装置的入口处常设有带吸嘴的挠性管以将分散于各处的散装物料收集于储仓，根据气源真空度高低可分为低真空与高真空两类。

低真空吸引　气源真空度＜13kPa

高真空吸引　气源真空度＜0.06kPa

低压压送式的典型流程见图 3.5.9，一般气源表压为 0.05～0.2MPa，它可将同一个粉料储仓内的物料分别输送到几个供料点。

(2) 密相输送

固气比大于 25 的输送为密相输送，其特点是低风量高风压，此类装置的输送能力大，输送距离可达 100～1000m。它用高压气体压送物料，气源表压可高达 0.7MPa，常用的设备分充气式和脉冲式两种。图 3.5.10 所示为脉冲式密相输送流程，一股压缩空气通过罐内的喷气环将物料吹松，另一股表压为 150～300kPa 的气流通过脉冲发生器以 20～40 次/min 的频率间断地吹入输料管的入口处，将物料切割成料柱与气柱相间的状态，依靠空气的压差推动料柱在管道中向前移动。

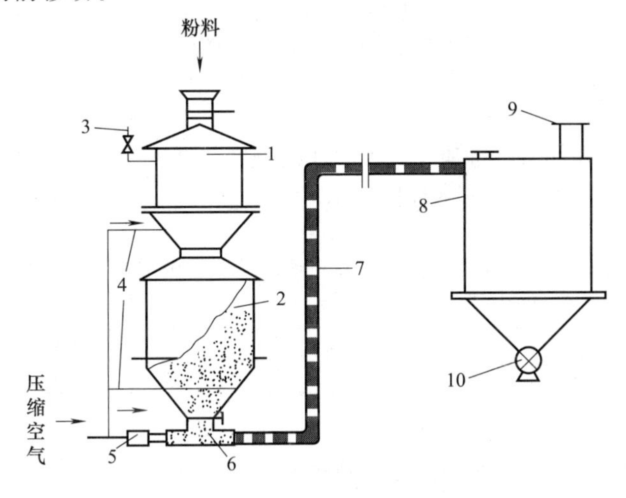

图 3.5.10　脉冲式密相输送

1—上罐；2—下罐；3—放空阀；4—吹气管；5—脉冲发生器；
6—柱塞成形器；7—输送管；8—受槽；9—袋滤器；10—旋转阀

习　题

3-1　一填充床由直径为 20mm，高 30mm 的圆柱形颗粒堆成，已知床层的表观密度为 980kg/m^3（床层体积)，固体颗粒密度为 1500kg/m^3（固体体积)。试求：

（1）颗粒的球形度、等体积当量直径和等比表面积当量直径、比表面积；

（2）床层空隙率。

3-2　一填充床含有不同大小的颗粒，经筛分分析得到颗粒分布（质量分数）为：10mm 的占 15%，20mm 的占 25%；40mm 的占 40%，70mm 的占 20%。颗粒尺寸为平均值，设球形度均为 0.74，试计算平均等比表面积当量直径。

3-3　一圆柱形烟囱高 30m，直径 1.0m，当风速以每小时 50km 横向掠过时，试求曳力系数与该烟囱所受的曳力。设空气温度为 25℃。

3-4　求下列固体颗粒在 30℃常压空气中的自由沉降速度。已知固体颗粒的密度为 2670kg/m^3。(1) 直径为 20μm 的球形颗粒；(2) 直径为 0.5mm 的球形颗粒。

3-5　求直径为 60μm 的石英颗粒，密度为 2600kg/m^3，(1) 在 20℃水中的沉降速度；(2) 在 20℃空气中的沉降速度。

3-6　某矿砂经粉碎后用水洗去泥沙，已知：矿粒密度 $\rho_s = 6400$kg/m^3，需要沉降的矿粒最小直径（视为球形）$d_s = 0.08$mm，泥沙的密度和大小均较上述 ρ_s、d_s 小得多，水的密度为 1000kg/m^3，黏度为 1cP。

（1）试求沉降矿粒（以 $d_s = 0.08$mm 考虑）所需的时间；

（2）试问水的流速 u 应控制在什么界限？过大或过小会发生什么情况？

3-7　一种测定黏度的仪器由一钢球及玻璃筒组成，测试时筒内充被测液体，记录钢球下落一定距离的时间。球的直径为 6mm，下落距离为 200mm。测试一种糖浆的黏度时记下的时间间隔为 7.32s。此糖浆的密度为 1300kg/m^3，钢的密度为 7900kg/m^3，求此糖浆的黏度。

3-8　试求密度为 2000kg/m^3 的球形粒子在 15℃空气中自由沉降时服从斯托克斯定律的最大粒径及服从牛顿定律的最小颗粒。

3-9　直径为 0.1mm 的石英球形颗粒，密度为 2600kg/m^3，在 15℃的水中形成了 54%（质量分数）的悬浮液，试按干扰沉降求其沉降速度。

3-10　某一锅炉房的烟气沉降室，长×宽×高为 11m×6m×4m，沿沉降室高度的中间加一层隔板，故尘粒在沉降室内的降落高度为 2m。烟气温度为 150℃，沉降室烟气流量 12500m^3/h（标准状况），试核算沉降室能否沉降 35μm 以上的尘粒。已知 $\rho_{尘粒} = 1600$kg/m^3，$\rho_{烟气} = 1.29$kg/m，$\eta_{烟气} = 0.0225$cP。

3-11　采用降尘室除去出口炉气中含有的粉尘，要求将直径大于 100μm 的粉尘全部除去。已知操作条件下气体的处理量为 20000m^3/h，气体的密度为 0.6kg/m^3、黏度为 2×10^{-5} Pa·s，粉尘的密度为 2800kg/m^3。试求：

（1）所需降尘室的底面积及高度；

（2）炉气中直径大于 75μm 的尘粒能否除去；若能，能除去多少？

（3）用上述计算确定的降尘室，要求将炉气中直径 75μm 的尘粒完全除掉，则炉气的最大处理量为多少？

3-12　要将固相浓度为 236kg/m^3 的石灰料浆在一连续沉降槽中增稠至 600kg/m^3。由间歇沉降试验求得颗粒的表观沉降速度与悬浮液中固相浓度的关系数据如下：

固相质量浓度 ρ/kg·m^{-3}	236	358	425	525	600	714
颗粒的表观沉降速度 u_t/m·h^{-1}	0.157	0.05	0.0278	0.0127	0.00646	0.00158

已知石灰的密度为 2100kg/m^3，液体密度为 1000kg/m^3，若每小时处理的料浆中固体质量为 5000kg，沉渣压紧所需时间为 6h，试确定沉降槽的截面积和高度。

3-13　已知含尘气体中尘粒的密度为 2300kg/m^3，气体流率为 1000m^3/h，密度为 0.674kg/m^3、黏度为 3.6×10^{-5}N·s/m^2。采用标准型旋风分离器进行除尘。若分离器的直径为 400mm，试估算临界粒径及气体的阻力损失。

3-14　原用一个旋风分离器分离炉气中的灰尘，因分离效率不够高，拟改用三个并联，其形式及各部分尺寸的比例不变，每个的直径减小到使气体进口速度 u 与以前一样。试求：

（1）各个旋风分离器的直径应为原来的几倍；

（2）可分离的临界粒径为原来的几倍。

3-15　在一过滤机上过滤由水与固体颗粒组成的悬浮液。已知每获得 $1m^3$ 滤液的同时可获得滤饼 $0.05m^3$，实验测得滤饼的表观密度为 $\rho'=1150kg/m^3$，颗粒和水的密度分别为 $1600kg/m^3$ 和 $1000kg/m^3$，试求：

（1）滤饼的空隙率；

（2）悬浮液中固体颗粒的质量分数。

3-16　某悬浮液在一过滤面积为 $500cm^2$ 的过滤机内进行实验。所用真空度为 66.7kPa，在 10min 内获得滤液为 500mL，求过滤常数 K 及 k（滤饼不可压缩，滤布阻力忽略不计）。

3-17　有一过滤机，在恒压过滤某种水悬浮液实验时，得到如下的过滤方程 $q^2+20q=250\tau$，式中 q 单位为 L/m^2；τ 单位为 min。在实验操作中，先在 5min 内作恒速过滤，此时过滤压强自零升至上述试验压强，此后即维持此压强不变作恒压过滤。全部过滤时间为 20min。试求每一循环中每平方米过滤面积可得的滤液量（L）。

3-18　一小型板框式压滤机有 5 个框，长宽各为 0.2m，在 300kPa（表压）下恒压过滤 2h，滤饼充满滤框，且得滤液 80L，每次洗涤与装卸时间各为 0.5h。若滤饼不可压缩，且过滤介质阻力可忽略不计。试计算：

（1）洗涤速率为多少 $[m^3/(m^2 \cdot h)]$？

（2）若操作压强增加一倍，其他条件不变，过滤机的生产能力为多少？

3-19　某过滤机过滤面积为 $4.5m^2$，在 2×10^5Pa（表压）下用某种料浆进行恒压过滤实验，测得以下数据

过滤时间 τ/s	300	600	900	1200	1500	1800
过滤量 V/m^3	0.45	0.80	1.05	1.25	1.43	1.58

试求过滤常数 K、q_e 及 τ_e。

3-20　用压滤机在 1.5atm（表压）下恒压过滤某种悬浮液，1.6h 后得滤液 $25m^3$，介质阻力可忽略不计。

（1）如果压力提高一倍（指表压的数值），滤饼的压缩系数 s 为 0.3，则过滤 1.6h 后可得多少滤液？

（2）设其他情况不变，将操作时间缩短一半，所得滤液为多少？

3-21　某板框压式滤机在恒压下过滤 1h 之后，共获得滤液 $11m^3$，停止过滤后用 $3m^3$ 清水（其黏度与滤液相同）于同样压力下对滤饼进行洗涤。设滤布阻力可忽略。求洗涤时间。

3-22　拟用一板框压式滤机在恒压下过滤某一悬浮液，要求经过 3h 能获得 $4m^3$ 滤液，若已知过滤常数 $K=1.48\times10^{-3}m^2/h$，滤布阻力可以忽略不计，试求：

（1）若滤框尺寸为 1000mm×1000mm×30mm，则需要滤框和滤板各几块？

（2）过滤终了用水进行洗涤，洗涤水黏度与滤液相同，洗涤压力与过滤压力相同，若洗涤水量为 $0.4m^3$，试求洗涤时间；

（3）若辅助时间为 1h，试求该压滤机的生产能力。

3-23　某悬浮液用叶滤机进行恒压过滤实验，过滤常数 $K=1000m^2/h$，过滤介质的当量滤液体积为 $0.8m^3/m^2$，每次过滤需辅助时间 2h，试问：

（1）此过滤机过滤时间应为多少才可使生产能力达到最大值。

（2）若不计滤布阻力，则过滤时间为多少时可使过滤机的生产能力最大？

3-24　一回转真空过滤机，其直径和长度均为 1m，用来过滤某悬浮液。原工况下每转一周需时 1min，操作真空度为 4.9kPa，每小时可得滤液 $60m^3$，滤饼厚度为 12mm，新工况下要求生产能力提高 1 倍，操作真空度提高至 6.37kPa，已知滤饼不可压缩，介质阻力可忽略。试求：

（1）新工况过滤机的转速应为多少？

（2）新工况所生成的滤饼厚度为多少？

3-25 某回转真空压滤机用以过滤含固体（质量分数 17.6%，下同）的悬浮液，处理量为 $11.9m^3/h$，滤渣内最终含水量为 3.4%，操作条件真空度为 80kPa，转鼓转一周需时间 64s。实验室用同一压滤机进行过滤，真空度为 70kPa，转速相同，此时过滤常数 $K=1.12\times10^{-4}m^2/s$，$q_e=6\times10^{-4}m^3/m^2$。悬浮液的密度为 $1120kg/m^3$，滤液的密度为 $1000kg/m^3$，转鼓沉浸度 $\varphi=35\%$，滤渣不可压缩，试求压滤机的过滤面积。

3-26 一板框式压滤机共用 38 个框，滤框空间长与宽均为 810mm，厚 25mm。在 2×10^5 Pa 表压下恒压过滤某种悬浮液，经 45min 滤框被充满，此期间共得滤液 $6m^3$。每次过滤后的清卸、重装等辅助时间为 45min，滤渣不洗涤。为减轻操作人员的劳动强度，拟用一回转真空过滤机代替上述压滤机。此回转真空过滤机的转鼓直径为 1.75m，长 0.98m，沉浸角度 120°，操作真空度为 8.0×10^5 Pa。试问此过滤机的转速应为多少才能达到上述板框式压滤机相同的生产能力？设以上计算中滤渣均为不可压缩，滤布阻力可忽略。

3-27 一填充床装有直径和高均为 12.7mm 的圆柱形颗粒，394.3K 的热空气，压力为 2.23×10^5 Pa（绝压），以 $2.45kg/(m^2\cdot s)$ 的质量流率（按空床截面积计）通过床层。已知床层空隙率为 0.40；床层高度为 3.66m，试计算空气通过床层的阻力。

3-28 流化床干燥器中颗粒的直径为 5mm，密度为 $1400kg/m^3$，静床层高为 0.3m。热空气通过床层的平均温度为 200℃，试求流化床的阻力和起始流化速度。假设颗粒可视为球形，$\varepsilon_{mf}=0.4$。

3-29 流化床中的颗粒密度为 $1200kg/m^3$，大小为 0.10mm，球形度为 0.86。以 25℃、202.65kPa（绝压）的空气进行流化，在最小流化状态时的空隙率为 0.43。床层直径为 0.60m，固体颗粒量为 300kg。

（1）试计算流化床层的最小高度、最小流化状态时的床层阻力和最小流化速度；

（2）若取操作流化速度为最小流化速度的 4 倍，试估算床层的空隙率。

本章符号说明

符号	意义与单位
A	颗粒表面积，m^2；沉降槽截面积，m^2；旋风分离器进口高度，m；过滤面积，m^2
A_p	颗粒在运动方向上的投影面积，m^2
A_s	球形颗粒的表面积，m^2
a	颗粒比表面积，m^2/m^3
a_B	颗粒床层的比表面积，m^2/m^3
a_m	颗粒群的平均比表面积，m^2/m^3
a_r	离心加速度，m/s^2
a_s	球形颗粒的比表面积，m^2/m^3
a_w	洗涤液量与滤液量的比值 m^3（洗涤液）/m^3（滤液）
B	旋风分离器入口宽度，m
D	旋风分离器直径及床层直径，m
d_a	颗粒的等比表面积当量直径，m
d_{ai}	第 i 层筛网上颗粒的等比表面积当量直径，m
d_{am}	颗粒群平均等比表面积当量直径，m
d_c	临界直径，m
d_e	床层孔道当量直径，m
d_s	球形颗粒的直径，m
d_{pi}	第 i 层筛网的筛孔尺寸，m
d_v	颗粒的等体积当量直径，m
F_b	浮力，N
F_D	曳力，N
F_e	质量力，N
g	重力加速度，m/s^2
H	降尘室高度，m
K	过滤常数，m^2/s
K_C	离心分离因数
L	降尘室长度，m；床层高度，m；滤饼厚度，m；颗粒的特征尺寸，m
L_e	滤布阻力折合的滤饼厚度，m
l'	床层孔道的长度，m
m	质量，kg
n	回转真空过滤机转筒的转速，1/s；转速，r/min
p	压力，Pa
Δp	过滤压力差，Pa
Δp_f	颗粒床层的阻力，Pa
Re_p	颗粒运动雷诺数
r	颗粒旋转半径，m；滤饼的比阻
r_m	颗粒旋转的平均半径，m
r_H	床层孔道的水力半径，m
S	床层截面积，m^2
s	滤饼的压缩指数
S_o	床层自由截面积分率
S_p	床层中颗粒所占截面积，m^2

符号	意义与单位
u	流体的流速，m/s；颗粒运动的圆周速度，m/s；过滤速度，m/s
u_a	颗粒沉降中流体反向运动速度，m/s
u_{mf}	最小流化速度，m/s
u_r	离心沉降速度，m/s
u_t	重力沉降速度，m/s
u_{tm}	干扰沉降速度，m/s
u'	床层孔隙中流体的流速，m/s
V	颗粒体积，m^3；滤液体积，m^3
V_B	颗粒床层体积，m^3
V_e	过滤介质阻力的当量滤液量，m^3
V_h	过滤机的生产能力，m^3/h
V_w	洗涤液用量，m^3
V'	滤饼体积，m^3
v	单位体积滤液所形成的滤饼体积，m^3（滤饼）/m^3（滤液）
w_i	某颗粒的质量分率
X	沉降槽某截面上液体对颗粒的质量比，kg（液体）/kg（颗粒）

符号	意义与单位
X_w	沉降槽底部液体对颗粒的质量比，kg（液体）/kg（颗粒）
ε	床层空隙率
ζ	曳力系数
η	流体黏度，Pa·s
η_m	流体的表观黏度，Pa·s
ρ	流体密度，kg/m^3
ρ_m	流体的表观密度，kg/m^3
ρ_s	颗粒的密度，kg/m^3
τ	过滤时间，s
τ_D	过滤辅助时间，s
τ_r	离心沉降时间，s
τ_t	重力沉降时间，s
τ_w	表面曳力，N/m^2；洗涤时间，s
τ_0	沉降槽操作的压紧时间，s
ϕ	颗粒球形度
φ	回转真空过滤机转鼓的浸没分率。

第4章 传热过程与换热器

4.1 传热过程概述

4.1.1 热量传递的基本方式

传热（Heat Transfer）是指由温度差引起的热量传递。根据热力学第二定律，只要有温度差存在，热量就会自发地从高温物体传向低温物体，或从物体的高温部分传向低温部分。热量传递是自然界和工程技术领域中极其普遍的一种传递现象，广泛应用于能源、化工、动力、机械、建筑、电子等工业生产、科学研究和日常生活。

化工生产中，许多物理和化学过程都涉及热量传递。传热问题可归纳为强化传热、削弱传热、温度控制以及能量优化等几种类型。例如，为了强化气体自然对流传热而广泛采用的翅片式换热器，可以减小换热器尺寸、降低能耗；化工生产设备的保温或保冷要求尽可能地削弱传热；为控制化学反应或者蒸发、蒸馏和干燥等单元操作的温度，需要向反应器或者相应设备输入或移出热量；生产过程中热量的合理利用、废热回收，可以提高能量的利用率。因此，传热是化工生产过程中非常重要的单元操作。

热量传递有三种基本方式：导热（Conduction）、热对流（Convection）和辐射传热（Radiation），它们的传热机理不同。导热时，物体各部分之间不发生相对位移，仅借分子、原子、自由电子等微观粒子的热运动进行热量传递。热对流是流体特有的传热方式，流体质点之间发生宏观相对位移引起热量传递。除温度差以外，热流量还与流体的流动状况密切相关。化工传热过程中，经常遇到流体与固体壁面之间的对流传热，即紧贴壁面的流体层以导热方式传热，而在流体的其他部分则是热对流伴随导热。辐射传热是一种通过电磁波传递能量的传热方式，不需要通过任何介质来传播。辐射传热在传递热量的同时，伴随着物体的热力学能与电磁波能等不同能量形式的转化。当物体发出具有一定波长范围的热射线时，物体的部分热力学能转化为电磁波能。这种电磁波能投射到其他物体时，被吸收的部分能量又转化为该物体的热力学能。在实际过程中，热量传递常是上述三种方式中的一种或几种共同作用的结果。在无外功输入时，净的热量传递方向总是从高温传向低温。

就传热系统温度与时间的依变关系而言，热量传递过程可分为稳态传热（又称定常传热）与非稳态传热（又称非定常传热）两类。凡是传热系统中各点的温度不随时间而改变的传热过程为稳态传热，若传热系统中各点的温度既随位置改变又随时间改变，则为非稳态传热。例如各种换热设备在持续不变工况下运行时的热量传递过程属于稳态传热，而在起动、停机、变工况时所经历的热量传递过程为非稳态传热。各种换热设备的设计通常是以额定功率下持续不变工况的运行作为主要依据，所以本章主要介绍稳态传热过程。

4.1.2 间壁式传热过程的传热速率方程

化工生产中经常遇到间壁式传热过程，即冷、热流体分别在一固体壁的两侧流动，不相混合。例如，管式换热器中冷、热流体通过管壁的传热，反应釜内的液体被釜外夹套中的水蒸气加热，暖气片内侧的热水将热量传递给暖气片外侧的空气，房间内、外的空气通过房屋墙壁的热量传递，水蒸气通过蒸汽管道壁及保温层的热损失等都是间壁式传热过程。尽管在不同实例中，流体的种类及流动状况不同，固体壁的形状及尺寸不同，但它们都可以看作热流量在几层顺序相连的介质中依次传递的传热过程。如图 4.1.1 所示的间壁式传热过程，冷、热流体通过管壁的传热过程依次为：热流体将热量传递给固体壁；热量从固体壁的热侧面传递给冷侧面；热量从固体壁的冷侧面传递给冷流体。稳态传热时，热流体传递给冷流体的热量可以用传热速率方程计算

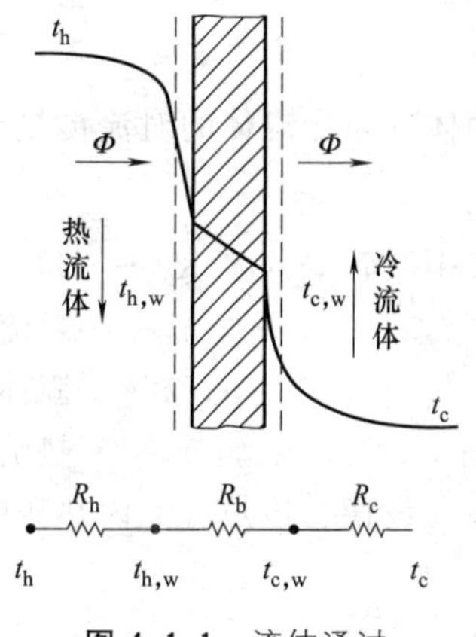

图 4.1.1 流体通过固体壁的热量传递

$$\Phi=KA\Delta t=KA(t_h-t_c) \tag{4.1.1}$$

或者

$$q=K\Delta t=K(t_h-t_c) \tag{4.1.2}$$

式中 Φ——传热速率（又称热流量或热负荷），指单位时间内通过总传热面的热量，W；

q——热流通量（又称热流密度），指单位时间内通过单位传热面的热量，W/m^2；

K——总传热系数，简称传热系数，$W/(m^2\cdot ℃)$ 或 $W/(m^2\cdot K)$；

A——传热面积，m^2；

Δt 或 (t_h-t_c)——总传热温差，指热、冷流体间的温度差，℃或 K。

式（4.1.1）和式（4.1.2）称为总传热速率方程。

传热速率表示热量传递的快慢，是传热过程的基本参数。确定传热速率是传热过程的核心问题。与其他传递过程类似，传热速率与传热推动力成正比，与传热阻力成反比。传热推动力为传热过程的温度差，传热阻力通常称为热阻，即式（4.1.1）和式（4.1.2）可以改写为

$$\Phi=\frac{\Delta t}{\dfrac{1}{KA}}=\frac{\Delta t}{R} \tag{4.1.3}$$

$$q=\frac{\Delta t}{\dfrac{1}{K}}=\frac{\Delta t}{r} \tag{4.1.4}$$

式中 R——总传热面的热阻，K/W；

r——单位传热面的热阻，$(m^2\cdot K)/W$。

对于图 4.1.1 所示的间壁式传热过程，每一层介质的传热速率均可用这一层内的传热温差与传热热阻的比值表示，即

热流体与固体壁的对流传热 $$\Phi_1=\frac{\Delta t_1}{\dfrac{1}{h_1A_1}}=\frac{\Delta t_1}{R_1}=\frac{t_h-t_{h,w}}{R_1} \tag{4.1.5}$$

固体壁内的导热 $$\Phi_b=\frac{\Delta t_b}{\dfrac{b}{\lambda A_m}}=\frac{\Delta t_b}{R_b}=\frac{t_{h,w}-t_{c,w}}{R_b} \tag{4.1.6}$$

固体壁与冷流体的对流传热 $$\Phi_2=\frac{\Delta t_2}{\dfrac{1}{h_2A_2}}=\frac{\Delta t_2}{R_2}=\frac{t_{c,w}-t_c}{R_2} \tag{4.1.7}$$

式中 Φ_i，A_i，R_i——每一层介质中的传热速率、传热面积和传热热阻，W、m^2、K/W；

h_i——对流传热的表面传热系数，W/(m^2·℃) 或 W/(m^2·K)；

b，λ——固体壁的厚度和热导率，m、W/(m·K)；

t_h，$t_{h,w}$，$t_{c,w}$，t_c——热流体、固体壁的热侧面和冷侧面、冷流体的温度，℃或 K。

设稳态传热、无内热源时，热量没有积累，因此通过每一层介质的传热速率相等，即

$$\Phi=\Phi_1=\Phi_b=\Phi_2 \tag{4.1.8}$$

则

$$\Phi=\frac{\Delta t}{R}=\frac{\Delta t_1}{R_1}=\frac{\Delta t_b}{R_b}=\frac{\Delta t_2}{R_2} \tag{4.1.9}$$

$$\begin{aligned}\Phi&=\frac{\Delta t_1+\Delta t_b+\Delta t_2}{R_1+R_b+R_2}=\frac{\Delta t_1+\Delta t_b+\Delta t_2}{\dfrac{1}{h_1A_1}+\dfrac{b}{\lambda A_m}+\dfrac{1}{h_2A_2}}\\&=\frac{(t_h-t_{h,w})+(t_{h,w}-t_{c,w})+(t_{c,w}-t_c)}{\dfrac{1}{AK}}=\frac{t_h-t_c}{\dfrac{1}{AK}}=\frac{\Delta t}{\dfrac{1}{AK}}\end{aligned} \tag{4.1.10}$$

由式（4.1.10）可知，对于稳态传热，当热流量在几层顺序相连的介质中依次传递时，总传热温差为各层介质中传热温差的加和，传热过程的总热阻为各层介质中传热热阻的加和。因此可以采用与电学中的欧姆定律类似的方法分析传热过程的温差和热阻，如图 4.1.1 所示。

$$\frac{1}{AK}=\frac{1}{h_1A_1}+\frac{b}{\lambda A_m}+\frac{1}{h_2A_2} \tag{4.1.11}$$

$$\frac{1}{K}=\left(\frac{1}{h_1A_1}+\frac{b}{\lambda A_m}+\frac{1}{h_2A_2}\right)A \tag{4.1.12}$$

不同几何尺寸的传热壁面，可以具有不同的传热面积 A。当各层的传热面积相等（例如平壁）时，式（4.1.12）改写为

$$\frac{1}{K}=\frac{1}{h_1}+\frac{b}{\lambda}+\frac{1}{h_2} \tag{4.1.13}$$

当各层的传热面积不相等（例如圆筒壁）时，传热面积可以用某一层的传热面积表示，例如，用 A_1表示传热面积时，传热系数可以表示为

$$\frac{1}{K}=\frac{1}{h_1}+\frac{A_1}{A_m}\left(\frac{b}{\lambda}\right)+\frac{A_1}{A_2}\left(\frac{1}{h_2}\right) \tag{4.1.14}$$

可以看出，采用不同的传热面积基准，相应的传热系数的数值也会随之发生变化。

由上述分析可知，传热系数的数值实际上反映传热过程的总热阻。欲求传热速率，关键在于求出传热过程的热阻；欲提高传热速率从而降低换热器的传热面积（即强化传热），关键在于减小传热过程的热阻；通过对传热过程中各层介质热阻数值大小的分析，找到最大热阻，可以确定强化传热的最有效途径。

不同传热方式的传热机理不同，传热热阻的计算方法和具体表达式也不相同。因此，本章将逐一介绍导热、对流传热、辐射传热等不同传热方式的传热机理及其传热热阻的计算方法，进而计算传热速率并探讨强化传热的途径。

4.1.3 热量衡算方程

无内热源、不计热损失时，热流体放出的热量将全部被冷流体吸收，因此热流体传递给冷流体的热流量（传热速率）除了用传热速率方程计算以外，也可以通过对冷、热流体分别作热量衡算获得。

对于没有内热源的稳态传热过程，忽略热损失，其热流量衡算关系为

(热流体放出的热流量)=(冷流体吸收的热流量)

对于有、无相变化的传热过程，其热量衡算方程又有所区别。

(1) 无相变传热过程

$$\Phi=q_{m,h}c_{p,h}(t_{h1}-t_{h2})=q_{m,c}c_{p,c}(t_{c2}-t_{c1}) \tag{4.1.15}$$

式中 Φ——冷流体吸收或热流体放出的热流量，W；

$q_{m,h}$，$q_{m,c}$——热、冷流体的质量流量，kg/s；

$c_{p,h}$，$c_{p,c}$——热、冷流体的定压比热容，kJ/(kg·℃)；

t_{h1}，t_{c1}——热、冷流体的进口温度，℃；

t_{h2}，t_{c2}——热、冷流体的出口温度，℃

(2) 有相变的传热过程

间壁式传热过程中，其中一侧流体发生相变化，例如饱和蒸汽冷凝时，其热量衡算可表示为

$$\Phi=q_{m,c}c_{p,c}(t_{c2}-t_{c1})=D_h r_h \tag{4.1.16}$$

当两侧流体均发生相变，如固体壁一侧是饱和蒸汽冷凝，另一侧是饱和液体沸腾的传热过程

$$\Phi=D_h r_h=D_c r_c \tag{4.1.17}$$

式中 r_h，r_c——流体的相变热，J/kg；

D_h，D_c——相变流体的质量流量，kg/s。

当过冷或过热流体发生相变时，热流量应按以上方法进行分段加和计算。例如冷凝液的温度低于饱和温度，式（4.1.17）变为

$$\Phi=q_{m,c}c_{p,c}(t_{c2}-t_{c1})=D_h[r_h+c_{p,h}(t_{hs}-t_{h2})] \tag{4.1.18}$$

式中 $c_{p,h}$——冷凝液的定压比热容，kJ/(kg·℃)；

t_{hs}——冷凝液的饱和温度，℃。

传热速率方程、热量衡算方程以及不同传热方式的传热热阻计算方程，构成了计算间壁式传热问题的基本方程组。它们是计算传热过程中的传热速率、传热温差、传热面积以及所需流体流量等重要参数的依据，也是换热器设计和操作的基本计算方法。

本章首先介绍三种传热方式的机理及其传热热阻的计算方法，然后着重阐述间壁式传热过程的计算及强化传热方法，最后介绍传热设备的类型及其设计型和操作型计算。

4.2 导热

本节将介绍关于导热的基本规律：傅里叶定律和导热微分方程，重点研究一维稳态导热

物体的热流量以及温度分布的计算方法和应用。

4.2.1 导热的基本概念

(1) 固、液、气体的导热机理

导热又称热传导，是一种由于物体内部分子、原子、自由电子等微观粒子的热运动而引起的热量传递现象。导热发生时，导热介质内不发生宏观相对位移。导热在固体、液体和气体中均可发生。但在引力场中，单纯的导热一般只发生在密实固体中，而液体和气体可能出现热对流。导热是固体的主要传热方式。

从微观角度讲，气体、液体、导电固体和非导电固体导热的机理各不相同。在气体中，由于分子无规则热运动，温度不同的分子互相碰撞的结果，使温度较高的分子将热能传给温度较低的分子，从而使热量由气体的高温区向低温区持续传递。液体与气体导热的机理有所不同，情况要更为复杂，但仍然是由于分子运动的强弱而传递热量。液体中的分子比气体中的分子密集，分子间的作用力对分子碰撞过程中的能量交换影响很大。固体的导热是通过相邻的分子、原子发生碰撞或电子的迁移而实现的。这种碰撞和迁移，类似于分子运动。在金属中自由电子的扩散运动对于导热起主导作用，即良好的导电体也是良好的导热体。因此，导热基本上可以看做是一种以温度差为推动力的分子能量传递现象，没有物质的宏观位移。

(2) 温度场和等温面

系统内存在温度差是导热发生的必要条件。存在一定温度分布的空间，称为温度场。温度场内任意一点的温度是空间位置和时间的函数，其数学表达式为

$$t=f(x,y,z,\tau) \tag{4.2.1}$$

式中 t——温度，℃；

x，y，z——温度场中任意一点的空间坐标；

τ——时间，s。

式（4.2.1）所表示的温度场为非稳态温度场，各点的温度随时间发生变化。反之，若温度场内各点的温度不随时间发生变化，则为稳态温度场，其数学表达式为

$$t=f(x,y,z) \tag{4.2.2}$$

或

$$\frac{\partial t}{\partial \tau}=0 \tag{4.2.3}$$

若稳态温度场内各点的温度仅沿一个方向发生变化，称为一维稳态温度场，其数学表达式为

$$t=f(x) \tag{4.2.4}$$

或

$$\frac{\partial t}{\partial \tau}=0,\ \frac{\partial t}{\partial y}=\frac{\partial t}{\partial z}=0 \tag{4.2.5}$$

温度场中同一瞬间、相同温度各点连成的线或者面称为等温线或者等温面。在任何一个二维截面上的等温面即表现为等温线。温度场习惯用等温面图或等温线图表示，如图 4.2.1 所示为加热炉壁面的等温线图。等温线（面）可以直观地表示出温度场中的温度分布。不同的等温线、等温面彼此不相交。

(3) 温度梯度

如图 4.2.2 所示，在温度场内的同一等温面上，温度处处相等，因此没有热量传递，即温度在等温面的切线方向的变化率为 0；而从等温面上的微元面积 dA 出发，沿着与等温面相交的任何方向移动时，温度将发生变化，即有热量传递。这种温度随距离的变化率在微元面积 dA 的法线方向最大。因此，任一等温面与相邻等温面的温度差 Δt 与两等温面垂直距

离 Δn 之比的极限称为温度梯度，用 $\mathrm{grad}t$ 或$\dfrac{\partial t}{\partial n}$表示，即

$$\mathrm{grad}t=\frac{\partial t}{\partial n}=\lim_{\Delta n\to 0}\frac{\Delta t}{\Delta n} \tag{4.2.6}$$

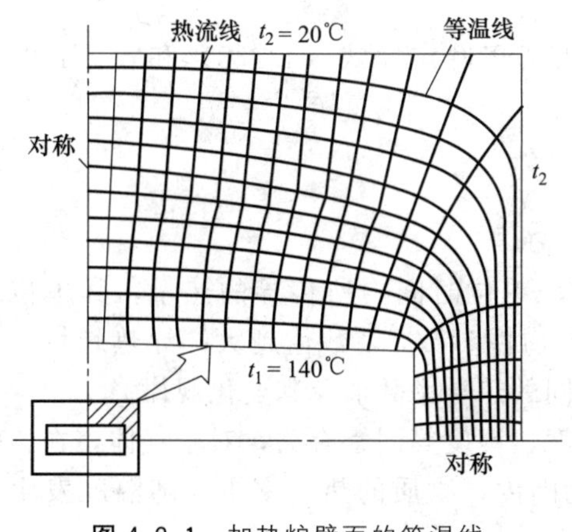

图 4.2.1　加热炉壁面的等温线

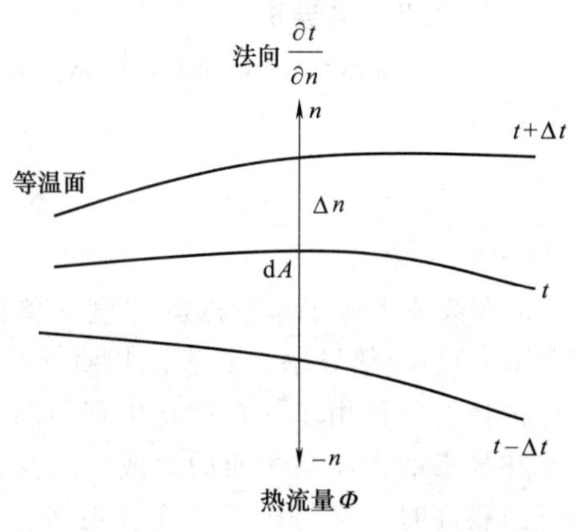

图 4.2.2　等温面、温度梯度与热流方向

温度梯度是矢量，其方向垂直于等温面，并以温度增加的方向为正方向。式（4.2.6）对稳态温度场及非稳态温度场均适用。

对于温度仅沿 x 方向变化的一维稳态温度场，温度梯度可表示为

$$\mathrm{grad}t=\frac{\mathrm{d}t}{\mathrm{d}x}=\lim_{\Delta x\to 0}\frac{\Delta t}{\Delta x} \tag{4.2.7}$$

4.2.2　傅里叶定律和热导率

4.2.2.1　傅里叶定律

傅里叶定律（Fourier's Law）是导热的基本定律，表明导热速率（即热流量）与温度梯度成正比、与导热面积成正比，即

$$\Phi=-\lambda A\frac{\partial t}{\partial n} \tag{4.2.8}$$

或者

$$q=\frac{\Phi}{A}=-\lambda\frac{\partial t}{\partial n} \tag{4.2.9}$$

式中　Φ——导热速率（或热流量），即单位时间内通过导热传递的热量，W；

q——单位时间、单位导热面积所传导的热量，称为热流密度或热流通量，$\mathrm{W/m^2}$；

A——导热面积，指垂直于热流方向的物体截面积，$\mathrm{m^2}$；

$\dfrac{\partial t}{\partial n}$——温度梯度，℃/m 或 K/m；

λ——比例系数，称为热导率，W/(m·K) 或 W/(m·℃)。

式中的负号表示热流量方向与温度梯度的方向相反（见图 4.2.2)。

对于一维稳态导热，傅里叶定律可以表示为

$$\Phi=-\lambda A\frac{\mathrm{d}t}{\mathrm{d}n} \tag{4.2.10}$$

或者

$$q=\frac{\Phi}{A}=-\lambda\frac{\mathrm{d}t}{\mathrm{d}n} \tag{4.2.11}$$

傅里叶定律是1822年由法国数学、物理学家傅里叶（Joseph Fourier，1768—1830年）提出的实验定律。它通过大量实验将导热的微观机理归纳为宏观规律性，表明导热速率与温度梯度以及导热面积成正比，定律中的热导率 λ 即是物体微观粒子运动特性的宏观体现。

4.2.2.2 热导率

热导率（Thermal Conductivity）的定义式可由傅里叶定律式（4.2.8）和式（4.2.9）改写而成

$$\lambda=-\frac{\Phi}{A\frac{\partial t}{\partial n}}=-\frac{q}{\frac{\partial t}{\partial n}} \tag{4.2.12}$$

λ 在数值上等于单位温度梯度、单位导热面积、单位时间内所传导的热量，其单位为W/(m·℃)。热导率 λ 是表征物质导热性能的一个物性参数，λ 数值越大，导热越快。固体、液体、气体由于导热微观机理不同，表现出不同的热导率数值及其变化规律。

热导率的大小与物质的组成、结构、密度、温度、湿度等因素有关，对于气体，在压强很低或很高时，又与压强的变化有关。工程应用范围内，物质的热导率主要随温度发生变化，因此经常取其平均温度下的热导率数值。

各种物质的热导率通常由实验测定，其数值差别很大。一般地，金属固体的热导率最大，非金属固体次之，液体的热导率较小，而气体的热导率最小。各类物质热导率的大致范围见表4.2.1。

表4.2.1 热导率的大致范围

物质种类	纯金属	金属合金	液态金属	非金属固体	非金属液体	绝热材料	气体
热导率 λ/W·m^{-1}·℃$^{-1}$	100～1400	50～500	30～300	0.05～50	0.5～5	0.05～1	0.005～0.5

工程中常见物质的热导率可从有关手册中查得。本书附录中列出了某些物质的热导率，供查用。

(1) 气体的热导率

在气体中，由于分子无规则热运动，温度不同的分子互相碰撞的结果，使温度较高的分子将热能传递给温度较低的分子，从而使热量由气体的高温区向低温区持续传递。图4.2.3所示为几种常用气体热导率与温度的关系。温度升高时，气体分子热运动强度增加，热导率增大。不同种类的气体中，氢气具有较高的热导率，随着气体分子量的增加，分子活动能力降低，因而热导率随之降低。压力对气体的热导率影响不大，只有在压强过高或过低（如大于202.6MPa或低于2.67kPa）时，气体的热导率才随压力增加而增大。

在不同状态的物体中，气体的热导率最小，对导热不利，但有利于绝热、保温。工业上所用的具有较大孔隙率的保温材料皆因含有大量空气而使热导率很小。

常压下气体混合物的热导率可用下式估算

$$\lambda_{\mathrm{m}}=-\frac{\sum\lambda_i y_i M_i{}^{1/3}}{\sum y_i M_i{}^{1/3}} \tag{4.2.13}$$

式中 y——气体混合物中组分的摩尔分率；

M——组分的分子量，kg/mol。

(2) 液体的热导率

液体同样是由于分子运动的强弱而传递热量。但液体分子比气体分子密集，分子间的作用力对分子碰撞过程中的能量交换影响很大，导热情况比气体更为复杂。图4.2.4所示为几种常用液体热导率与温度的关系。除水和甘油外，绝大多数液体的热导率随温度升高而略有减小。一般地，纯液体的热导率比其溶液的热导率大。

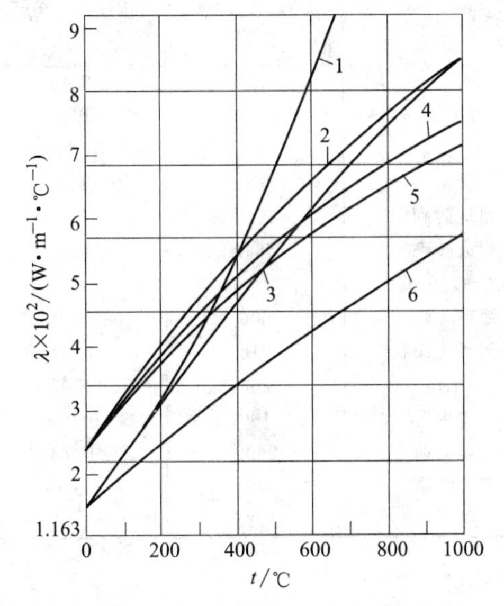

图 4.2.3　几种常用气体热导率与温度的关系

1—水蒸气；2—氧气；3—二氧化碳；
4—空气；5—氮气；6—氩气

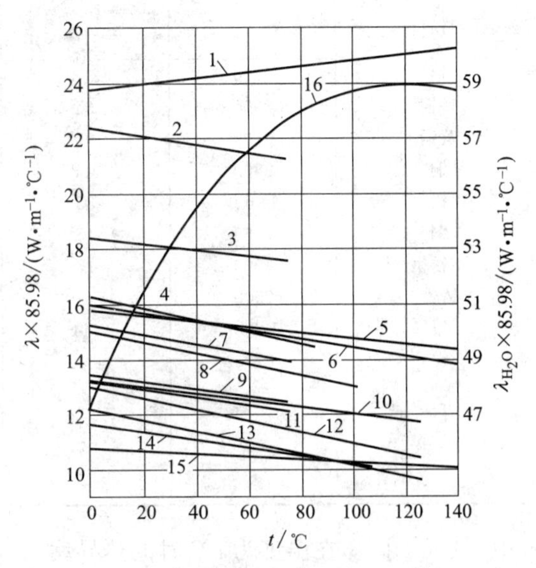

图 4.2.4　几种常用液体热导率与温度的关系

1—无水甘油；2—甲酸；3—甲醇；4—乙醇；5—蓖麻油；
6—苯胺；7—醋酸；8—丙酮；9—丁醇；10—硝基苯；
11—异丙苯；12—苯；13—甲苯；14—二甲苯；
15—凡士林油；16—水（用右边的坐标）

(3) 固体的热导率

固体的导热是通过晶格振动或自由电子迁移实现的。通常情况下，电子迁移比晶格振动传递热量的能力强得多，因此良好的导电体通常也是良好的导热体，金属的热导率通常高于非金属。常用固体材料的平均热导率见表 4.2.2。在金属材料中，纯金属的热导率一般随温度升高而降低，随金属纯度增加而升高，因此合金的热导率一般低于纯金属。绝热材料多选用非金属及多孔介质，利用孔道内气体较低的热导率降低传热速率。非金属建筑材料或绝热材料的热导率与温度、组成以及结构的致密程度有关，通常随密度增加而增加，随温度升高而增大。

习惯上把热导率小的材料称为保温材料（又称隔热材料或绝热材料）。我国国家标准规定，凡平均温度不高于 350℃时热导率不大于 0.12W/(m·℃) 的材料称为保温材料。高效保温材料大都是蜂窝状多孔性结构的材料。高温时，这些保温材料中热量传递的方式包括蜂窝固体结构的导热以及穿过介质孔隙中微小气孔的导热；在更高温度时，穿过微小气孔不仅有导热，同时还有辐射传热。为了达到设备极高的保温要求，如温度高达 1000℃的反应炉或者温度低至－250℃液氮贮罐，一种有效的方法是采用具有多层间隔的结构（每厘米厚度上多达十余层）。间隔材料的反射率很高，可减少辐射换热；夹层中抽真空可削弱通过导热而造成的热损失。采用上述措施，尽量降低设备与外界环境之间的传热速率，提高保温效果。像上述多层抽真空结构的超级保温材料，以及木材、石墨等，它们各向的结构不同，因此热导率在不同方向上的差别很大，这些材料称为各向异性材料。对于各向异性材料，必须指明热导率数值的方向才有意义。

对于大多数均质固体，热导率与温度近似呈线性关系，可用下式表示

$$\lambda=\lambda_0(1+a_\lambda t) \tag{4.2.14}$$

表 4.2.2　常用固体材料在 0～100℃ 时的平均热导率

金属材料			建筑和绝热材料		
材料	ρ/kg・m^{-3}	热导率 λ/W・m^{-1}・℃$^{-1}$	材料	ρ/kg・m^{-3}	热导率 λ/W・m^{-1}・℃$^{-1}$
铝	2700	204	石棉	600	0.15
紫铜	8000	65	混凝土	2300	1.28
黄铜	8500	93	绒毛毡	300	0.046
铜	8800	383	松木	600	0.14～0.38
铅	11400	35	建筑砖砌	1700	0.7～0.8
钢	7850	45	耐火砖砌	1840	1.05
不锈钢	7900	17	(800～1100℃)		
铸铁	7500	45～90	绝热砖砌	600	0.12～0.21
银	10500	411	85%氧化镁粉	216	0.07
镍	8900	88	锯木屑	200	0.07
			软木	160	0.043
			普通玻璃	2600	0.78
			玻璃纤维	32	0.038
			硅砖	1925	$\lambda=0.93+0.0007t$

式中　λ——固体在温度为 t℃时的热导率，W/(m・℃)；

λ_0——固体在 0℃时的热导率，W/(m・℃)；

a_λ——温度系数，1/℃，对大多数金属材料，a_λ 为负值；对大多数非金属材料，a_λ 为正值。

4.2.3　导热微分方程式

傅里叶定律表明导热速率（即热流量）与温度梯度及导热面积成正比，因此求解物体的温度分布，是计算导热速率的关键。导热微分方程即是导热物体内部温度分布的函数表达式。本节推导导热微分方程的一般形式，并讨论其在稳态、非稳态及不同方向导热过程中的特定形式，然后根据已知的边界条件确定物体的温度分布。

4.2.3.1　导热微分方程的推导

如图 4.2.5 所示，在导热物体内部任取一微元立方体，直角坐标系下，其边长分别为 dx、dy、dz，从 x、y、z 三个方向导入的热流量分别为 Φ_x、Φ_y、Φ_z，对此微元体进行热量衡算为

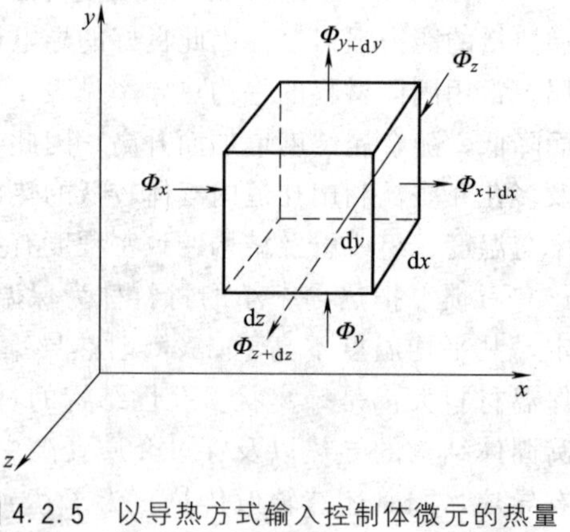

图 4.2.5　以导热方式输入控制体微元的热量

$$\text{导入净热流量}+\text{内热源产生的热流量}=\text{热力学能(即内能)增量} \tag{4.2.15}$$

以 x 方向为例，当微元体左侧以导热方式输入的热流量为 Φ_x 时，右侧以导热方式输出的热流量可以表示为

$$\Phi_{x+dx}=\Phi_x+\frac{\partial \Phi_x}{\partial x}dx \tag{4.2.16}$$

从 x 方向导入微元体的净热流量为

$$\Phi_x-\Phi_{x+dx}=-\frac{\partial \Phi_x}{\partial x}dx \tag{4.2.17}$$

同理，从 y 和 z 方向导入微元体的净热流量分别为

$$\Phi_y - \Phi_{y+dy} = -\frac{\partial \Phi_y}{\partial y}dy \tag{4.2.18}$$

$$\Phi_z - \Phi_{z+dz} = -\frac{\partial \Phi_z}{\partial z}dz \tag{4.2.19}$$

于是，以导热方式输入微元体的净热流量为

$$\Phi_x + \Phi_y + \Phi_z - \Phi_{x+dx} - \Phi_{y+dy} - \Phi_{z+dz} = -\frac{\partial \Phi_x}{\partial x}dx - \frac{\partial \Phi_y}{\partial y}dy - \frac{\partial \Phi_z}{\partial z}dz \tag{4.2.20}$$

导热速率可以由傅里叶定律（4.2.8）计算，对于各向同性的物体，有

$$\Phi_x = -\lambda dy dz \frac{\partial t}{\partial x} \tag{4.2.21a}$$

$$\Phi_y = -\lambda dx dz \frac{\partial t}{\partial y} \tag{4.2.21b}$$

$$\Phi_z = -\lambda dx dy \frac{\partial t}{\partial z} \tag{4.2.21c}$$

式中，$dydz$，$dxdz$，$dxdy$ 分别 x、y、z 方向上微元体的相应传热面积。把式（4.2.21）代入式（4.2.20）中整理，即得到

$$输入微元体的净热流量 = \left[\frac{\partial}{\partial x}\left(\lambda \frac{\partial t}{\partial x}\right) + \frac{\partial}{\partial y}\left(\lambda \frac{\partial t}{\partial y}\right) + \frac{\partial}{\partial z}\left(\lambda \frac{\partial t}{\partial z}\right)\right]dx dy dz \tag{4.2.22}$$

设物体具有内热源，例如进行化学反应、核反应等时会有热量释放或吸收，电热元件通电时本身放热等，都可视为具有内热源的物体。能够使物体热力学能增加的内热源为正内热源，反之为负内热源。可用内热源强度 $\dot{q}$ 表示内热源的强弱程度，单位为 W/m^3。

$$式(4.2.15)中，微元体中内热源产生的热流量 = \dot{q}\, dx dy dz \tag{4.2.23}$$

$$微元体热力学能(即内能)的增量 = \rho c \frac{\partial t}{\partial \tau} dx dy dz \tag{4.2.24}$$

式中 ρ——微元体的密度，kg/m^3；

c——微元体的比热容，kJ/(kg・℃)；

τ——时间，s。

将式（4.2.22）、式（4.2.23）、式（4.2.24）代入式（4.2.15），整理得

$$\rho c \frac{\partial t}{\partial \tau} = \frac{\partial}{\partial x}\left(\lambda \frac{\partial t}{\partial x}\right) + \frac{\partial}{\partial y}\left(\lambda \frac{\partial t}{\partial y}\right) + \frac{\partial}{\partial z}\left(\lambda \frac{\partial t}{\partial z}\right) + \dot{q} \tag{4.2.25}$$

式（4.2.25）即为导热微分方程的一般形式，表示连续的、各向同性的、不可压缩的三维非稳态导热物体内部的温度分布。式（4.2.25）左侧是单位时间内微元体热力学能的增量（或称非稳态项）；右侧的前三项是由于边界面的导热而使微元体在单位时间内增加的能量（或称扩散项），因此对于某一特定的导热问题，其温度分布受边界条件限定；右侧的最后一项是由于物体内部放（吸）热而产生的热量（或称源项）。

4.2.3.2 导热微分方程的特定形式

对于某一特定的导热问题，导热微分方程可根据具体情况加以简化。

热导率为常数（或称常物性）时，式（4.2.25）简化为

$$\frac{\partial t}{\partial \tau}=a\left(\frac{\partial^2 t}{\partial x^2}+\frac{\partial^2 t}{\partial y^2}+\frac{\partial^2 t}{\partial z^2}\right)+\frac{\dot{q}}{\rho c} \tag{4.2.26}$$

式中 $a=\frac{\lambda}{\rho c_p}$，称为热扩散系数或导温系数，单位为 m^2/s，表明物体内部温度趋于均匀一致的能力，在非稳态导热中具有重要的意义。

常物性、无内热源存在时，式（4.2.25）简化为傅里叶场方程（Fourier's Field Equation）或傅里叶第二导热定律

$$\frac{\partial t}{\partial \tau}=a\left(\frac{\partial^2 t}{\partial x^2}+\frac{\partial^2 t}{\partial y^2}+\frac{\partial^2 t}{\partial z^2}\right) \tag{4.2.27}$$

常物性、稳态导热时，式（4.2.25）简化为泊松（Poisson）方程

$$\left(\frac{\partial^2 t}{\partial x^2}+\frac{\partial^2 t}{\partial y^2}+\frac{\partial^2 t}{\partial z^2}\right)=-\frac{\dot{q}}{\lambda} \tag{4.2.28}$$

对于常物性、无内热源的稳态导热，式（4.2.25）简化为拉普拉斯（Laplace）方程

$$\left(\frac{\partial^2 t}{\partial x^2}+\frac{\partial^2 t}{\partial y^2}+\frac{\partial^2 t}{\partial z^2}\right)=0 \tag{4.2.29}$$

4.2.3.3 柱坐标系与球坐标系的导热微分方程

在某些场合，应用柱坐标系或球坐标系来表达导热微分方程更为方便。例如在研究圆管内的导热问题时，应用柱坐标系求解较为方便；而研究球形物体的导热问题时，用球坐标系求解则更为便利。

柱坐标系或球坐标系如图 4.2.6 所示。采用与直角坐标相类似的分析方法，可以推导出柱坐标系和球坐标系的导热微分方程。

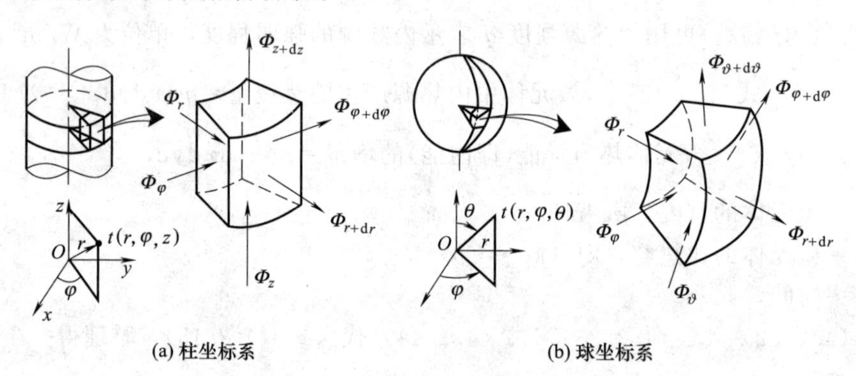

图 4.2.6 柱坐标系和球坐标系

柱坐标系中的导热微分方程为

$$\rho c\frac{\partial t}{\partial \tau}=\frac{1}{r}\frac{\partial}{\partial r}\left(\lambda r\frac{\partial t}{\partial r}\right)+\frac{1}{r^2}\frac{\partial}{\partial \varphi}\left(\lambda\frac{\partial t}{\partial \varphi}\right)+\frac{\partial}{\partial z}\left(\lambda\frac{\partial t}{\partial z}\right)+\dot{q} \tag{4.2.30}$$

式中 r——径向坐标；

φ——方位角；

z——轴向坐标。

球坐标系中的导热微分方程为

$$\rho c\frac{\partial t}{\partial \tau}=\frac{1}{r^2}\frac{\partial}{\partial r}\left(\lambda r^2\frac{\partial t}{\partial r}\right)+\frac{1}{r^2\sin\theta}\frac{\partial}{\partial \theta}\left(\lambda\sin\theta\frac{\partial t}{\partial \theta}\right)+\frac{1}{r^2\sin^2\theta}\frac{\partial}{\partial \varphi}\left(\lambda\frac{\partial t}{\partial \varphi}\right)+\dot{q} \tag{4.2.31}$$

式中　r——矢径；

θ——方位角；

φ——余纬度。

4.2.3.4　傅里叶定律和导热微分方程的局限性

傅里叶定律是假设物体微观粒子热运动的传递速率无限大而获得的实验定律。对于一般的工程技术中发生的非稳态导热问题，热流密度不是很高，过程作用时间足够长，过程发生的尺度范围足够大，傅里叶定律以及基于该定律而建立起来的导热微分方程是完全适用的。但是当导热物体的温度接近绝对零度（0K）（温度效应），或者过程的作用时间与材料本身固有的时间尺度相接近（时间效应），或者过程发生的空间尺度极小，与微观粒子的平均自由程相接近（尺度效应）时，傅里叶定律以及导热微分方程是不适用的。大量实验证实，通过厚度为纳米级的薄膜的导热，薄膜的热导率明显低于常规尺度材料的热导率数值。凡是傅里叶定律不适用的导热问题统称为非傅里叶导热。对于这类导热问题的研究是近代纳米传热学的一个重要内容。

4.2.4　无内热源的一维稳态导热

如果在直角坐标内，物体的温度仅沿 x 方向发生变化，或者在柱坐标系和球坐标系内，物体的温度仅为径向距离的函数，而与方位角或轴向距离无关，这些导热问题是一维的。工程上，许多导热问题可简化为一维导热来处理。例如方形燃烧炉的炉壁、蒸汽管的管壁、列管式换热器的管壁以及球状压力容器等。严格来讲，这些实例中的导热是二维甚至三维导热，但是其他方向的导热量与某一方向相比往往小到可以忽略，因此在工程允许的误差范围内按照一维导热处理，可以最大限度地简化计算。

如前所述，对于无内热源的一维稳态导热，当热导率 λ 为常数时，直角坐标系下的导热微分方程，即式（4.2.25）可以简化为

$$\frac{\mathrm{d}^2 t}{\mathrm{d}x^2}=0 \tag{4.2.32}$$

同理，对于柱坐标系为

$$\frac{\mathrm{d}}{\mathrm{d}r}\left(r\frac{\mathrm{d}t}{\mathrm{d}r}\right)=0 \tag{4.2.33}$$

对于球坐标系为

$$\frac{\mathrm{d}}{\mathrm{d}r}\left(r^2\frac{\mathrm{d}t}{\mathrm{d}r}\right)=0 \tag{4.2.34}$$

4.2.4.1　平壁的一维稳态导热

(1) 单层平壁的一维稳态导热

如图 4.2.7 所示，设平壁的厚度为 b，两侧外表面积均为 A，温度分别保持 t_1 和 t_2 不变。当平壁的厚度远小于其长或宽时（如厚度小于 10 倍的长或宽），可以近似按照一维稳态导热处理，即认为平壁内的温度仅沿厚度方向（即 x 方向）变化，忽略其长或宽方向的热量传递。式（4.2.32）即为描述该导热过程的微分方程

$$\frac{\mathrm{d}^2 t}{\mathrm{d}x^2}=0$$

边界条件为

$x=0$ 时，$t=t_1$

$x=b$ 时，$t=t_2$

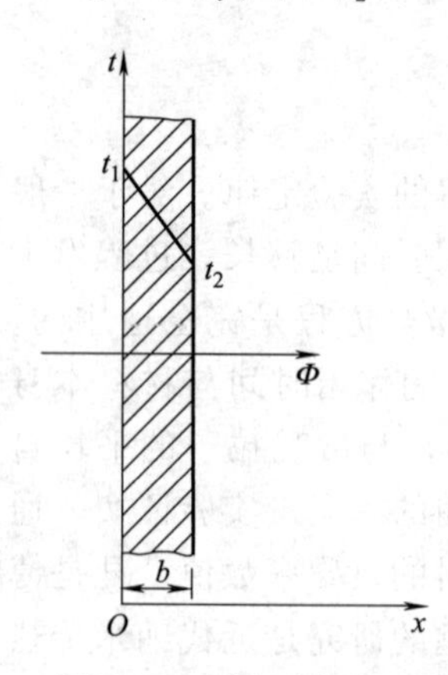

图 4.2.7　单层平壁的一维稳态导热

求解上述定解问题，可得到此情况下平壁内的温度分布

$$t=t_1-\frac{t_1-t_2}{b}x \tag{4.2.35}$$

由式（4.2.35）可知，平壁内的温度分布为一条直线。

根据傅里叶定律式（4.2.25），通过平壁 x 方向的一维稳态导热的热流量 Φ 可表示为

$$\Phi=-\lambda A\ \frac{\mathrm{d}t}{\mathrm{d}x} \tag{4.2.36}$$

当热导率不随温度发生变化时，将式（4.2.35）代入式（4.2.36），得

$$\Phi=\frac{\lambda}{b}A(t_1-t_2) \tag{4.2.37}$$

式（4.2.37）又可改写为

$$\Phi=\frac{t_1-t_2}{\dfrac{b}{\lambda A}}=\frac{\Delta t}{R} \tag{4.2.38}$$

式（4.2.38）也可通过将傅里叶定律分离变量积分得出。式（4.2.38）为导热速率（即热流量）与其过程推动力及阻力间关系的一般表达式。导热过程的推动力为平壁两侧的壁面温度差 $\Delta t=t_1-t_2$，单位为℃；导热过程的阻力为 $R=\dfrac{b}{\lambda A}$，称为导热的热阻，单位为K/W。

由式（4.2.38）可见，通过平壁的导热量与平壁两侧的壁面温度差成正比，与平壁内的导热热阻呈反比。在给定温度差下，改变壁面材质、厚度及面积可以调节通过平壁的导热热阻和热流量；反之，在一定热流量下，改变壁面材质、厚度及面积可以造成平壁两侧不同的温度差。

对于单位面积的平壁，热流密度可写为

$$q=\frac{t_1-t_2}{\dfrac{b}{\lambda}}=\frac{\Delta t}{R'} \tag{4.2.39}$$

上式中的 $R'=\dfrac{b}{\lambda}$，称为单位面积壁面的导热热阻，单位为 $\mathrm{m^2\cdot K/W}$。其意义与 R 类似，差别是 $R'=AR$，使用时应注意不同的热阻表达式与 Φ 或 q 的对应关系。

【例 4.1】 对于大多数均质固体，当热导率 λ 与温度呈线性关系，即 $\lambda=\lambda_0$（$1+a_\lambda t$）时，试求平壁一维稳态导热时的热流通量表达式，并证明此表达式中的热导率为 t_1 和 t_2 算术平均温度下的值 λ_m，即 $\lambda_m=\lambda_0\left(1+a_\lambda\ \dfrac{t_1+t_2}{2}\right)$。

已知平壁两侧壁面处的温度为：$x=0$，$t=t_1$；$x=b$，$t=t_2$。

解： 当 $\lambda=\lambda_0$（$1+a_\lambda t$）时，平壁一维稳态导热的傅里叶定律可写为

$$q=-\lambda_0(1+a_\lambda t)\frac{\mathrm{d}t}{\mathrm{d}x}$$

分离变量并积分

$$q\int_0^b \mathrm{d}x=-\lambda_0\int_{t_1}^{t_2}(1+a_\lambda t)\mathrm{d}t$$

整理得单位面积热流量为

$$q=\lambda_0\left(1+a_\lambda\frac{t_1+t_2}{2}\right)\frac{t_1-t_2}{b}$$

上式中的$\lambda_0\left(1+a_\lambda\dfrac{t_1+t_2}{2}\right)$恰为$t_1$和$t_2$算术平均温度下的热导率，即当热导率随温度呈线性变化时，只要将其中的λ值用平壁两侧算术平均温度下的值来代替，则仍可直接应用式(4.2.37) 计算热流量，这是工程上常用的计算物性参数的方法。但要注意，此时温度分布为曲线，与热导率为常数的线性温度分布不同。假设壁厚为x处壁面的温度为t，则不定积分为

$$q\int_0^x \mathrm{d}x=-\lambda_0\int_{t_1}^{t}(1+a_\lambda t)\mathrm{d}t$$

此时温度分布为

$$t=\left[\left(\frac{1}{a_\lambda}+t_1\right)^2-\frac{2q}{a_\lambda\lambda_0}(x-x_1)\right]^{\frac{1}{2}}-\frac{1}{a_\lambda}$$

【例 4.2】 计算通过厚度为 0.5m，内、外两侧壁面温度分别为$t_1=36℃$和$t_2=20℃$的硅砖墙的单位面积的热损失。

解：由【例 4.1】可知，为求硅砖的平均热导率，需要先计算硅砖的平均温度

$$t_\mathrm{m}=\frac{1}{2}(t_1+t_2)=\frac{1}{2}\times(36+20)=28℃$$

查表 4.2.2 得，硅砖的平均热导率为$\lambda_\mathrm{m}=0.93+0.0007t_\mathrm{m}=0.9496\mathrm{W/(m\cdot ℃)}$

单位面积的热损失即为热流密度。由式 (4.2.39) 可知

$$q=\frac{t_1-t_2}{\dfrac{b}{\lambda}}=\frac{36-20}{\dfrac{0.5}{0.9496}}=30.4\mathrm{W/m^2}$$

(2) 多层平壁的一维稳态导热

工业上常遇到由多层不同材料组成的平壁，称为多层平壁。如图 4.2.8 所示，为不同厚度、不同热导率的材料组成的三层平壁。设各层厚度分别为b_1、b_2和b_3，热导率分别为λ_1、λ_2和λ_3，传热面积均为A。假设层与层之间接触良好，即接触的两表面温度相同。各层表面温度分别为t_1、t_2、t_3和t_4。且$t_1>t_2>t_3>t_4$，则各层的温度差分别为$\Delta t_1=t_1-t_2$、$\Delta t_2=t_2-t_3$和$\Delta t_3=t_3-t_4$。

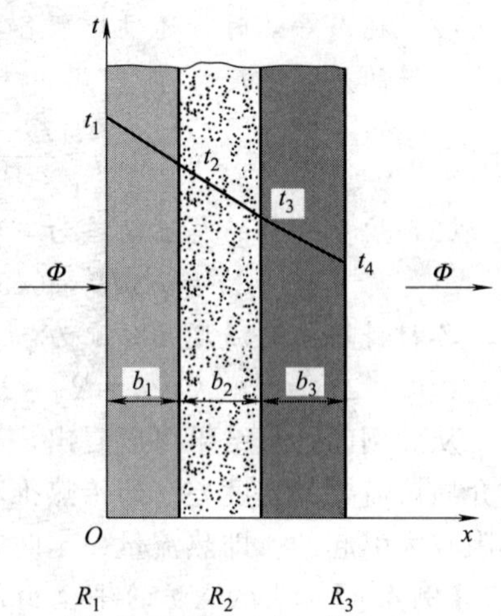

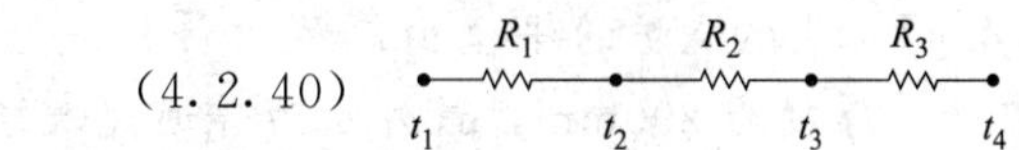

图 4.2.8 多层平壁的一维稳态导热

对于无内热源的一维稳态导热，通过各层的热流量均等于Φ，按式 (4.2.38) 可得

$$\Phi=\frac{\Delta t_1}{R_1}=\frac{\Delta t_2}{R_2}=\frac{\Delta t_3}{R_3} \qquad (4.2.40)$$

从而可得

$$\Phi=\frac{\Delta t_1+\Delta t_2+\Delta t_3}{R_1+R_2+R_3}=\frac{t_1-t_4}{\dfrac{b_1}{\lambda_1 A}+\dfrac{b_2}{\lambda_2 A}+\dfrac{b_3}{\lambda_3 A}} \tag{4.2.41}$$

同理，对 n 层平壁则为

$$\Phi=\frac{t_1-t_{n+1}}{\sum_{i=1}^{n}R_i}=\frac{t_1-t_{n+1}}{\sum_{i=1}^{n}\dfrac{b_i}{\lambda_i A}} \tag{4.2.42}$$

如表示为热流密度，则

$$q=\frac{t_1-t_{n+1}}{\sum_{i=1}^{n}R'_i}=\frac{t_1-t_{n+1}}{\sum_{i=1}^{n}\dfrac{b_i}{\lambda_i}} \tag{4.2.43}$$

由上可见，对于多层平壁的稳态导热，其总推动力为总温度差（即各层温度差的叠加），而总热阻为各层热阻之和。这与电工学中串联电路的欧姆定律类似，相应的热阻网络也标绘在图 4.2.8 中。热阻概念的建立对复杂传热过程的分析带来很大的便利，可以借用比较熟悉的串、并联电路的电阻计算公式来计算传热过程的总热阻。

【例 4.3】 某炉壁由耐火砖、保温砖和建筑砖三种材料组成。相邻材料之间接触密切，各层材料的厚度和热导率依次为：耐火砖 $\delta_1=250\text{mm}$，$\lambda_1=1.4\text{W/(m·K)}$；保温砖 $\delta_2=130\text{mm}$，$\lambda_2=0.15\text{W/(m·K)}$；建筑砖 $\delta_3=200\text{mm}$，$\lambda_3=0.8\text{W/(m·K)}$。已测得耐火砖与保温砖接触面上的温度 $t_2=820℃$，保温砖和建筑砖接触面上的温度 $t_3=260℃$，试求：(1) 各种材料层以单位面积计的热阻；(2) 通过炉壁的热流密度；(3) 炉壁导热的总温度差及其在各材料层中的分配。

解：(1) 各种材料层以单位面积计的热阻为

耐火砖 $R'_1=\dfrac{b_1}{\lambda_1}=\dfrac{0.25}{1.4}=0.179\text{m}^2\cdot\text{K/W}$

保温砖 $R'_2=\dfrac{b_2}{\lambda_2}=\dfrac{0.13}{0.15}=0.867\text{m}^2\cdot\text{K/W}$

建筑砖 $R'_3=\dfrac{b_3}{\lambda_3}=\dfrac{0.2}{0.8}=0.25\text{m}^2\cdot\text{K/W}$

(2) 稳态导热时，通过炉壁各层材料的热流密度相等，因此采用通过保温砖的热流密度计算炉壁的热流密度

$$q=\frac{t_2-t_3}{R'_2}=\frac{820-260}{0.867}=645.9\text{W/m}^2$$

(3) 炉壁导热的总温度差为

$$\Delta t=q\sum R'=645.9\times(0.179+0.867+0.25)=837.1℃$$

各材料层中的温度差分配为

$$\Delta t_1:\Delta t_2:\Delta t_3=R'_1:R'_2:R'_3=0.179:0.867:0.25=1:4.8:1.4$$

从此例的计算结果可以看出，稳态导热时通过各层介质的热流量为常数，因此热阻越大的介质层需要的温度差（即传热推动力）越大；反之，温度差较大的介质层必然是由于其中热阻较大引起的。即热流量一定时，导热物体的温度差与热阻呈正比。

【例 4.4】 某燃烧炉的平壁由三种材料构成。最内层为耐火砖，厚度为 150mm，中间层为绝热砖，厚度为 290mm，最外层为普通建筑砖，其厚度为 228mm。已知炉内、外壁表面温度分别为 1016℃和 34℃，假设各层接触良好，试求耐火砖和绝热砖间及绝热砖和普通

砖间界面的温度。

解：在求解本题时，需要知道各层材料的热导率λ，但λ值与各层的平均温度有关，即又需知道各层间的界面温度，而界面温度正是题目中所要求的，所以采用试差法。

设耐火砖和绝热砖间界面的温度$t_2=956.5℃$，绝热砖和普通建筑砖间界面的温度$t_3=151.4℃$，又已知$t_1=1016℃$，$t_4=34℃$，则由平均温度查表4.2.2，求各层的热导率。

由$\frac{t_1+t_2}{2}=\frac{1016+956.5}{2}=986.3℃$ 求得耐火砖$\lambda_1=1.05W/(m\cdot℃)$；

由$\frac{t_2+t_3}{2}=\frac{956.5+151.4}{2}=554.0℃$ 求得绝热砖$\lambda_2=0.15W/(m\cdot℃)$；

由$\frac{t_3+t_4}{2}=\frac{151.4+34}{2}=92.7℃$ 求得普通建筑砖$\lambda_3=0.81W/(m\cdot℃)$。

由式(4.2.43)得

$$q=\frac{t_1-t_4}{\frac{b_1}{\lambda_1}+\frac{b_2}{\lambda_2}+\frac{b_3}{\lambda_3}}=\frac{1016-34}{\frac{0.15}{1.05}+\frac{0.29}{0.15}+\frac{0.228}{0.81}}=\frac{982}{0.1429+1.933+0.2815}=416.5W/m^2$$

再根据每层平壁的热流密度与温度差及热阻之间的关系得

$$\Delta t_1=R'_1q=0.1429\times416.5=59.5℃$$

所以

$$t_2=t_1-\Delta t_1=1016-59.5=956.5℃$$

$$\Delta t_2=R'_2q=1.933\times416.5=805.1℃$$

所以

$$t_3=t_2-\Delta t_2=956.5-805.1=151.4℃$$

$$\Delta t_3=t_3-t_4=151.4-34=117.4℃$$

所求t_2、t_3与假设值相等，说明正确；若所求值与假设值相差很大，应重新假设。各层的温度差和热阻如下：

材料	温度差Δt/℃	热阻R'/($m^2\cdot℃\cdot W^{-1}$)
耐火砖	59.5	0.1429
绝热砖	805.1	1.933
普通砖	117.4	0.2815

【例4.5】 在加热炉以及建筑砖墙中经常采用不同结构的复合平壁，根据复合平壁的不同材质可将其简化。对于如图4.2.9所示的建筑砖墙复合平壁，砖墙的热导率$\lambda_1=0.79W/(m\cdot K)$，空心部分的当量热导率$\lambda_2=0.29W/(m\cdot K)$。复合平壁两侧的温度分别为10℃和26℃，尺寸如图所示，试求通过该复合平壁厚度方向的热流量。

解：可以利用热阻图求解复合平壁的总热阻。如图4.2.10所示，该复合平壁高度方向可划分为并联的七层，四个相同的砖墙层和三个砖墙-空气层。

其中每个砖墙层的热阻为

$$R_1=\frac{\delta_1}{\lambda_1A_1}=\frac{0.115}{0.79\times0.03\times1}=4.85℃/W$$

每个砖墙层-空气层的热阻为

$$R_2=2R_3+R_4=2\frac{\delta_3}{\lambda_1A_3}+\frac{\delta_4}{\lambda_2A_4}=\frac{2\times0.0325}{0.79\times0.09\times1}+\frac{0.05}{0.29\times0.09\times1}=2.83℃/W$$

该复合平壁的总导热热阻为

$$R=\frac{1}{4\frac{1}{R_1}+3\frac{1}{R_2}}=\frac{1}{\frac{4}{4.85}+\frac{3}{2.83}}=0.53℃/W$$

该复合平壁厚度方向的热流量$\Phi=\Delta tR=0.53\times(26-10)=8.48W$

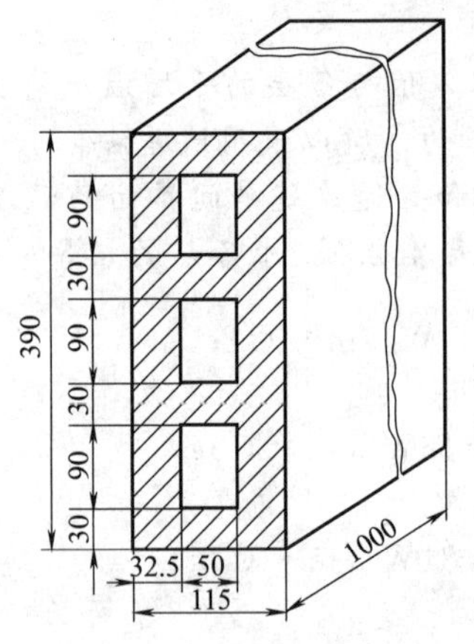

图 4.2.9　一种建筑砖墙复合平壁

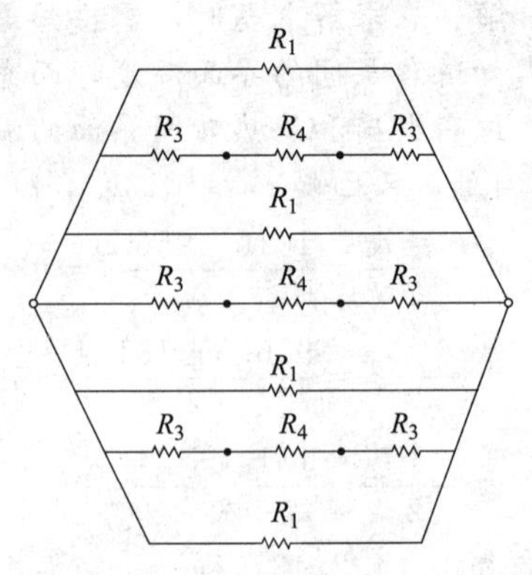

图 4.2.10　复合平壁的导热总热阻

值得注意的是，当复合平壁中各种材质的热导率相差较大时，会由于墙壁厚度方向的导热速率不同而在 y 方向产生温度差，形成二维温度场。此时，可以采用校正系数对一维导热的计算结果加以校正，或者采用数值计算法求解。

4.2.4.2　长圆筒壁的一维稳态导热

(1) 单层长圆筒壁的一维稳态导热

热量沿管式换热器、蒸汽管道、设备外壳等的管壁厚度方向的导热，属于圆筒壁的导热问题。如图 4.2.11 所示，设圆筒壁的内、外半径分别为 r_1 和 r_2，长度为 L，内、外表面分别维持恒定温度 t_1 和 t_2。如果圆筒壁的长度大大超过其外径（如长径比>10）时，由于圆筒沿轴向和圆周方向的温度梯度均很小，因此可以忽略沿轴向和圆周方向的导热，认为温度仅沿半径方向变化，即为长圆筒壁一维稳态导热。

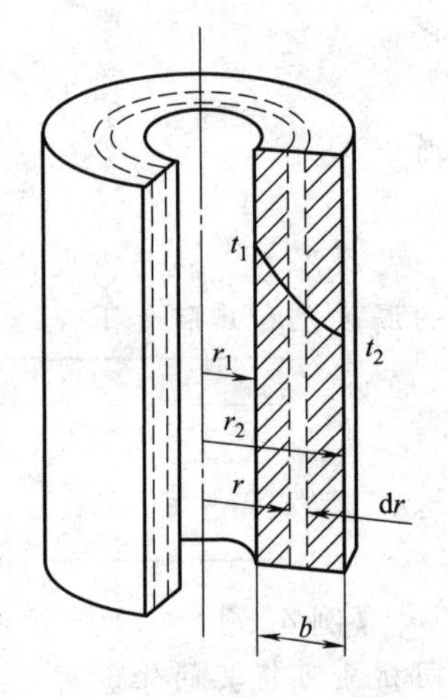

图 4.2.11　单层圆筒壁的一维稳态导热

与平壁导热不同，圆筒壁的传热面积随半径变化，不再是常数。因此无内热源、稳态导热时，虽然热流量恒定，但是热流密度将沿半径变化，即

$$\Phi = 2\pi r_1 L q_1 = 2\pi r_2 L q_2 = 2\pi r L q \qquad (4.2.44)$$

式中，q_1、q_2 分别为半径 r_1、r_2 处的热流密度，W/m^2。

求解圆筒壁的径向导热问题时，应用柱坐标系比较方便。描述热导率为常数、无内热源、一维稳态导热的导热微分方程为

$$\frac{d}{dr}\left(r\frac{dt}{dr}\right)=0$$

边界条件为

① $r=r_1$，$t=t_1$

② $r=r_2$，$t=t_2$

满足上述边界条件，求解圆筒壁径向的温度分布为

$$t=t_1-\frac{t_1-t_2}{\ln(r_2/r_1)}\ln\frac{r}{r_1} \qquad (4.2.45)$$

上式表明，通过筒壁进行径向导热时，温度分布是半径 r 的对数函数。

通过半径为 r 的圆筒壁处的导热速率，可由傅里叶定律求出

$$\Phi=-\lambda A\ \frac{\mathrm{d}t}{\mathrm{d}r} \tag{4.2.46}$$

式中　A——圆筒壁的传热面积，$A=2\pi rL$，m^2；

$\frac{\mathrm{d}t}{\mathrm{d}r}$——半径 r 处的温度梯度。

将圆筒壁内温度分布式（4.2.45）代入式（4.2.46），可得

$$\Phi=2\pi\lambda L\ \frac{t_1-t_2}{\ln\dfrac{r_2}{r_1}}=\frac{t_1-t_2}{\dfrac{\ln\dfrac{r_2}{r_1}}{2\pi\lambda L}}=\frac{t_1-t_2}{R} \tag{4.2.47}$$

式中，$R=\dfrac{\ln\dfrac{r_2}{r_1}}{2\pi\lambda L}$为圆筒壁的导热热阻。

式（4.2.47）即为单层圆筒壁稳态导热速率方程式，该式还可以写成下列形式：

$$\Phi=\frac{2\pi L(r_2-r_1)\lambda(t_1-t_2)}{(r_2-r_1)\ln\dfrac{2\pi r_2L}{2\pi r_1L}}=\frac{(A_2-A_1)\lambda(t_1-t_2)}{(r_2-r_1)\ln\dfrac{A_2}{A_1}}=\lambda A_{\mathrm{m}}\ \frac{t_1-t_2}{b}=\frac{t_1-t_2}{\dfrac{b}{\lambda A_{\mathrm{m}}}}=\frac{\Delta t}{R} \tag{4.2.48}$$

式中　b——圆筒壁的厚度，$b=r_2-r_1$，m；

R——圆筒壁的导热热阻，$R=\dfrac{b}{\lambda A_{\mathrm{m}}}$，℃/W；

A_{m}——对数平均面积，$A_{\mathrm{m}}=\dfrac{A_2-A_1}{\ln\dfrac{A_2}{A_1}}$，$\mathrm{m}^2$。

可见，圆筒壁导热与平壁导热一样，可以将热流量写成温度差与热阻的比值，并且热阻的计算方法类似。只是由于圆筒壁的传热面积 A 沿径向变化，因此采用对数平均面积 A_{m} 代替。

当$\dfrac{A_2}{A_1}\leqslant 2$ 时，上述各式中的对数平均值可用算术平均值代替。

以上均假定热导率 λ 为与温度无关的常数。当 λ 为温度 t 的线性函数时，上述各式中的热导率 λ 亦可采用 t_1、t_2 算术平均温度下的值 λ_{m} 来代替。

(2) 多层长圆筒壁的一维稳态导热

对于层与层间紧密接触的多层圆筒壁，设以三层为例，如图 4.2.12 所示，各层的热导率分别为 λ_1、λ_2 和 λ_3，厚度分别为 b_1、b_2 和 b_3，根据串联热阻叠加的原则，三层圆筒壁导热的导热速率方程为

$$\Phi=\frac{\Delta t_1+\Delta t_2+\Delta t_3}{R_1+R_2+R_3}=\frac{t_1-t_4}{\dfrac{b_1}{\lambda_1 A_{\mathrm{m},1}}+\dfrac{b_2}{\lambda_2 A_{\mathrm{m},2}}+\dfrac{b_3}{\lambda_3 A_{\mathrm{m},3}}}=\frac{t_1-t_4}{\sum\limits_{i=1}^{3}\dfrac{b_i}{\lambda_i A_{\mathrm{m},i}}} \tag{4.2.49}$$

或

$$\Phi=\frac{t_1-t_4}{\dfrac{\ln(r_2/r_1)}{2\pi L\lambda_1}+\dfrac{\ln(r_3/r_2)}{2\pi L\lambda_2}+\dfrac{\ln(r_4/r_3)}{2\pi L\lambda_3}}=\frac{t_1-t_4}{\sum\limits_{i=1}^{3}\dfrac{\ln(r_{i+1}/r_i)}{2\pi L\lambda_i}} \tag{4.2.50}$$

由式（4.2.49）、式（4.2.50）可见，其导热的推动力仍为总温度差，总热阻仍为各层热阻之

和，但由于各层的传热面积不相等，应采用各层相应的平均面积。

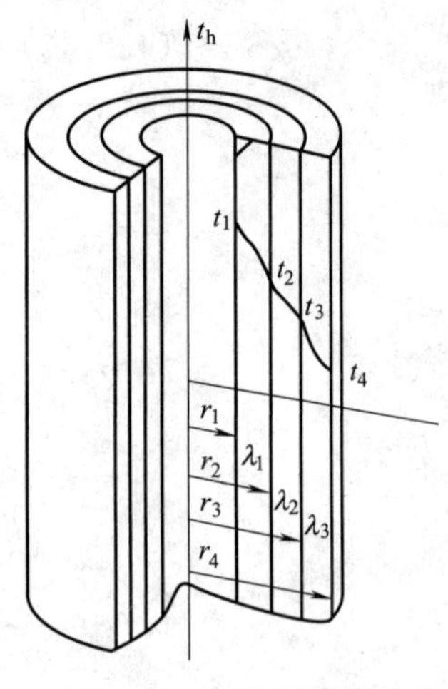

图 4.2.12 多层圆筒壁的一维稳态导热

【例 4.6】 为了减少热损失和保证安全的工作条件，在外径为 133mm 的蒸汽管道外包裹一层厚度为 48mm 的保温层，保温材料的热导率 $\lambda=0.2\text{W/(m}\cdot℃)$。蒸汽管外壁温度为 180℃，要求保温层外侧温度为 50℃，试求每米管长的热损失以及保温层中的温度分布。

解：此题为圆筒壁的一维稳态导热，已知

$$r_1=\frac{0.133}{2}=0.0665\text{m}$$

$$t_1=180℃$$

$$r_2=0.0665+0.048=0.1145\text{m}$$

$$t_2=50℃$$

由式（4.2.47）可得每米管长的热损失为

$$\frac{\Phi}{L}=\frac{2\pi\lambda(t_1-t_2)}{\ln\dfrac{r_2}{r_1}}=\frac{2\times3.14\times0.2\times(180-50)}{\ln\dfrac{0.1145}{0.0665}}=300\text{W/m}$$

设半径 r 处，温度为 t，代入上式

$$\frac{2\pi\times0.2\times(180-t)}{\ln\dfrac{r}{0.0665}}=300\text{W/m}$$

整理得 $t=-239\ln r-467℃$ （r 的单位为 m）

计算结果表明，即使热导率为常数时，圆筒壁的温度分布也不是直线，而是 r 的对数函数。

【例 4.7】 在外半径为 r_1 的不锈钢管外，包裹两种不同材料的组合保温层。两保温层的厚度相等，均为 b。保温层的热导率分别为 $\lambda_1=0.25\text{W/(m}\cdot℃)$，$\lambda_2=0.04\text{W/(m}\cdot℃)$。试问将哪一种保温材质放置在内层，组合保温层的总热阻较大？

解：内、外两层保温层的半径分别为

$$r_2=r_1+b$$

$$r_3=r_2+b=r_1+2b$$

将热导率较小的保温材质放在内层时，组合保温层每米管长的总热阻为

$$\sum R=\frac{1}{2\pi\lambda_1}\ln\frac{r_2}{r_1}+\frac{1}{2\pi\lambda_2}\ln\frac{r_3}{r_2}$$

将热导率较大的保温材质放在内层时，组合保温层每米管长的总热阻为

$$\sum R'=\frac{1}{2\pi\lambda_2}\ln\frac{r_2}{r_1}+\frac{1}{2\pi\lambda_1}\ln\frac{r_3}{r_2}$$

两种情况下，每米管长总热阻的差值为

$$\begin{aligned}\sum R-\sum R'&=\left(\frac{1}{2\pi\lambda_1}\ln\frac{r_2}{r_1}+\frac{1}{2\pi\lambda_2}\ln\frac{r_3}{r_2}\right)-\left(\frac{1}{2\pi\lambda_2}\ln\frac{r_2}{r_1}+\frac{1}{2\pi\lambda_1}\ln\frac{r_3}{r_2}\right)\\&=\left(\frac{1}{2\pi\lambda_1}-\frac{1}{2\pi\lambda_2}\right)\ln\frac{r_2^2}{r_1r_3}\\&=\left(\frac{1}{2\pi\lambda_1}-\frac{1}{2\pi\lambda_2}\right)\ln\frac{(r_1+b)^2}{r_1(r_1+2b)}\\&=\left(\frac{1}{2\pi\lambda_1}-\frac{1}{2\pi\lambda_2}\right)\ln\frac{r_1^2+2r_1b+b^2}{r_1^2+2r_1b}>0\end{aligned}$$

因此，两种厚度相同的保温材质用于设备或管道保温时，将绝热性能好（即热导率小）的材质放在内层，组合保温层每米管长的总热阻较大。当其他条件不变时，可以获得较好的保温效果。

4.2.4.3 圆球壁的一维稳态导热

设空心球壁的内、外半径分别为 r_1、r_2，温度只沿半径方向变化，内、外表面的温度分别为 t_1、t_2，如图 4.2.13 所示。与圆筒类似，空心圆球壁的等温面为各同心圆球面，故可作为通过球壁的一维稳态导热处理。与圆筒壁类似，圆球壁的传热面积不是常数，随半径变化。

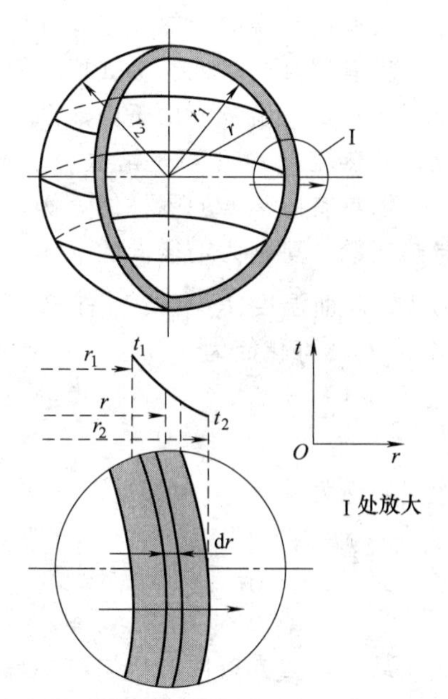

图 4.2.13 单层球壁的导热

求解圆球壁的径向导热问题时，应用球坐标系比较方便。描述热导率为常数、无内热源、一维稳态导热的导热微分方程为

$$\frac{\mathrm{d}}{\mathrm{d}r}\left(r^2\frac{\mathrm{d}t}{\mathrm{d}r}\right)=0$$

边界条件为

① $r=r_1$，$t=t_1$

② $r=r_2$，$t=t_2$

满足上述边界条件的解为

$$t=t_1-\frac{t_1-t_2}{\left(\frac{1}{r_1}-\frac{1}{r_2}\right)}\left(\frac{1}{r_1}-\frac{1}{r}\right) \tag{4.2.51}$$

上式表明，通过圆球壁进行径向导热时，温度分布是非线性的。

通过半径为 r 的圆球壁处的传热速率，由傅里叶定律求出

$$\Phi=-\lambda A\frac{\mathrm{d}t}{\mathrm{d}r}$$

式中 A——圆球壁的传热面积，$A=4\pi r^2$，m^2；

$\frac{\mathrm{d}t}{\mathrm{d}r}$——该处的温度梯度。

将式（4.2.51）代入，可得

$$\Phi=4\pi\lambda\frac{t_1-t_2}{\left(\frac{1}{r_1}-\frac{1}{r_2}\right)}=\frac{t_1-t_2}{\frac{1}{4\pi\lambda}\left(\frac{1}{r_1}-\frac{1}{r_2}\right)}=\frac{t_1-t_2}{R} \tag{4.2.52}$$

式中，$R=\frac{1}{4\pi\lambda}\left(\frac{1}{r_1}-\frac{1}{r_2}\right)$为圆球壁的导热热阻。

式（4.2.52）即为单层圆筒壁稳态导热速率方程式。该式还可以写成下列形式

$$\Phi=\lambda 4\pi r_1 r_2\frac{t_1-t_2}{r_2-r_1}$$

或

$$\Phi=\lambda A_{\mathrm{m}}\frac{t_1-t_2}{b}=\frac{t_1-t_2}{\frac{b}{\lambda A_{\mathrm{m}}}} \tag{4.2.53}$$

式中，$A_{\mathrm{m}}=4\pi r_1 r_2=\sqrt{A_1A_2}$，即 A_{m}为内、外侧球面的几何平均值；$b=r_2-r_1$。

由此可见，平壁、圆筒壁、圆球壁的一维稳态导热中，热阻具有相同的形式。热流量的

计算式均与傅里叶定律一致。

4.2.5 具有内热源的一维稳态导热*

具有内热源的导热设备，如管式固定床反应器、核反应堆的铀棒、电热棒等柱体换热设备。带有翅片的管式、板式换热器，也可将周围介质的热量输入看作内热源，计算翅片中的温度分布及热流量。由于内热源的吸（放）热作用，将使热流量沿热量传递方向不断发生变化，即热流量 Φ 不再是常数。

以具有内热源的圆柱体为例，若柱体很长，且温度分布沿轴向对称，在此情况下的稳态导热问题，可视为沿径向的一维稳态导热。设圆柱体的热导率 λ 为常数，外半径为 R，长度为 L，表面温度 t_w 恒定，任意半径 r 处的内热源强度为 $\dot{q}_r$，柱坐标下的导热微分方程(4.2.30) 可化简为

$$\frac{1}{r}\frac{d}{dr}\left(r\frac{dt}{dr}\right)+\frac{\dot{q}_r}{\lambda}=0 \tag{4.2.54}$$

边界条件为

① $r=R$，$t=t_w$

② $r=0$，$\frac{dt}{dr}=0$

其中，边界条件②根据对称性得出。

分离变量并假定内热源强度恒定，积分式（4.2.54）得

$$r\frac{dt}{dr}=-\frac{\dot{q}}{2\lambda}r^2+C_1 \tag{4.2.55}$$

将边界条件②代入上式得，$C_1=0$

再分离变量积分式（4.2.55），得

$$t(r)=-\frac{\dot{q}}{4\lambda}r^2+C_2 \tag{4.2.56}$$

将边界条件①代入式（4.2.56）得

$$C_2=t_w+\frac{\dot{q}R^2}{4\lambda}$$

把 C_1和 C_2代入式（4.2.56）中，得到温度分布为

$$t=t_w+\frac{\dot{q}R^2}{4\lambda}\left[1-\left(\frac{r}{R}\right)^2\right] \tag{4.2.57}$$

显然最高温度在圆柱中心处，即

$$t_{max}=t\,|_{r=0}=t_0=t_w+\frac{\dot{q}R^2}{4\lambda} \tag{4.2.58}$$

上式也可写成无量纲形式，即

$$\frac{t-t_w}{t_0-t_w}=1-\left(\frac{r}{R}\right)^2 \tag{4.2.59}$$

计算通过半径为 r 的圆筒壁的热流量，可将式（4.2.57）的温度分布带入傅里叶定律得到

$$\Phi=-\lambda A\frac{dt}{dr}=-\lambda\times 2\pi rL\times\left(-\frac{\dot{q}}{2\lambda}r\right)=\pi r^2L\dot{q} \tag{4.2.60}$$

由式（4.2.60）可见，与无内热源的圆筒壁相比，由于内热源的作用，使热流量随半径发生变化，即热流量 Φ 不再是常数，而随半径变化。

【例 4.8】 铀燃料紧密充装于锆锡合金制成的圆管中，管子的内径为 $d_i = 8.25\text{mm}$，表面温度为 1000K，此温度下铀棒的热导率可取为 $\lambda = 3.9\text{W/(m·K)}$，铀燃料产生的功率为 $\dot{q} = 8.73 \times 10^8 \text{W/m}^3$。试确定铀棒向锆锡合金管壁的散热量以及铀棒的最高温度。

解：

由式（4.2.60）得，每米铀棒向锆锡合金管壁的散热量为

$$\Phi = \pi R^2 L\dot{q} = \frac{1}{4}\pi d^2 L\,\dot{q} = \frac{1}{4} \times 3.14 \times (8.25 \times 10^{-3})^2 \times 1 \times 8.37 \times 10^8 = 44.72\text{kW}$$

因为铀燃料与锆锡合金圆管紧密接触，并忽略锆锡合金圆管壁的导热热阻，则铀棒表面的温度可取为 1000K。由式（4.2.58）得，铀棒中心处具有最高温度为

$$t_{\max} = t_w + \frac{\dot{q}R^2}{4\lambda} = 1000 + \frac{8.37 \times 10^8 \times (8.25 \times 10^{-3}/2)^2}{4 \times 3.9} = 1913.0\text{K}$$

4.2.6 多维稳态导热和非稳态导热简介 *

稳态导热时，当实际导热物体中某一方向的温度梯度远大于其他两个方向的温度梯度时，可以采用一维导热模型计算导热热流量和温度分布，如 4.2.4 节所述。但是，当物体中两个或三个方向的温度梯度具有相同数量级时，如带有保温层的短蒸汽管或炉膛壁、房屋的墙角、短翅片等，热量在两个甚至三个方向上传递的速率相当。采用一维分析方法会带来较大的误差，必须采用多维导热的分析方法。

非稳态导热时，物体的温度随时间而变化。化工生产中许多间歇操作过程存在非稳态导热，如用饱和蒸汽通过夹套加热反应釜内的反应物、间歇精馏等。即使是连续稳态操作的传热设备，在其启动、停机以及变动工况时，也必然会经历一个非稳态传热过程，才能达到新的稳态传热。确定物体内部的温度场随时间的变化规律，或者其内部温度达到某一限定值所需的时间，以及在某一段时间内所传递的总热量，具有重要的实际意义。

解决多维以及非稳态导热问题的基本方法仍然是傅里叶定律和导热微分方程。但是导热过程的维数增加或者引入时间变量，会使分析求解的复杂性和难度大为增加。本书仅对多维稳态导热以及非稳态导热物体的温度分布作简单介绍，更多内容可以参考传热学的相关教材及文献。

对于许多工程问题，计算的主要目的是获得通过导热所传递的热流量。根据傅里叶定律可知，求解热流量的关键是要获得物体内部的温度分布。求解导热物体的温度分布主要有分析解法、数值解法、形状因子法、类比法等。

（1）分析解法

分析解法是对导热微分方程在规定的边界条件下的积分求解。最重要的分析解法是分离变量法。如本书 4.2.4 节对一维稳态导热的计算，就是基于分离变量法。但是，分析解法只能计算较简单的情况，如求解几何形状及边界条件比较简单、物体的热物性参数为常数等。尽管如此，分析解法大大促进了传热学科的发展，并在工程技术中得到了广泛应用。如近似的分析解法——积分法已经可以应用于较复杂的求解区域。

（2）数值解法

随着计算机的发展，通过计算机获得导热问题的数值解的方法迅速发展。对物理问题进行数值求解的基本思想可以概括为：把原来在时间、空间坐标系中连续的物理量场，如导热

物体的温度场，用有限个离散点上的物理量值的集合代替，通过求解按一定方法建立起来的关于这些物理量值的代数方程，获得离散点上被求物理量的值。这些离散点上被求物理量值的集合称为该物理量的数值解。这些数值方法包括有限差分法、有限元法及边界元法等。尽管数值解法得到的并不是物体中温度场的函数表达式，而只是相应于某个计算条件下物体中一些代表性点上的温度值，但是数值解法可以应用于复杂的求解区域、边界条件及变化的热物性参数，因此应用日益广泛。

4.3 对流传热

对流传热，即流体与固体壁面之间的热量传递过程，由热对流和导热共同作用。其中，热对流是流体特有的传热方式，流体质点发生宏观流动而将热量从高温处带到低温处。由于热对流总是伴随着流体分子的导热共同作用，要将两者分开处理是非常困难的。因此，化工传热过程中，经常着重讨论具有实际意义的对流传热。对流传热时，紧靠壁面的层流流体仍依靠导热方式传热，而在湍流层则主要依靠热对流方式传热，热流量及温度分布与流体的流动状况密切相关。

本节讨论对流传热的相关概念和机理，重点研究对流传热表面传热系数的计算问题。

4.3.1 热边界层

与第 1 章讨论流动边界层类似，在对流传热条件下，壁面附近存在热边界层（又称温度边界层）。如图 4.3.1（a）、（b）所示，当温度为 t_∞ 的流体在表面温度为 t_w 的平壁上流过时（$t_\infty \neq t_w$），流体和壁面间发生对流传热，在壁面的法线方向上产生温度梯度。实验发现，靠近壁面的一薄层流体内，流体温度在壁面法线方向上发生显著变化，这个区域称为热边界层或温度边界层。若 t 表示随平壁壁面垂直距离而变的流体层温度，则一般取 $\dfrac{t_w-t}{t_w-t_\infty}=0.99$ 处与壁面的垂直距离为热边界层厚度，用 δ_t 表示。热边界层的厚度，在平壁前缘处为零，随流体向前流动不断传热而增厚。热边界层及流动边界层的厚度与两种边界层发展的速度相关，不一定相等。

热边界层将对流传热问题的温度场分为两个区域：热边界层区和主流区。在主流区，流体的温度梯度可视为零，因此无热量传递。而热边界层区则是温度差和热阻集中的区域，对流传热主要集中在热边界层区内进行。热边界层内的温度分布与流动边界层内流体的流动状况密切相关。图 4.3.1（c）、（d）所示为流动边界层逐渐由层流发展为湍流时，热边界层内法向温度梯度也逐渐向近壁处集中。表明温度差相同时，流体的流动增大了壁面处的温度梯度，使壁面热流密度增加。在湍流边界层内，紧靠壁面的层流底层中，热量传递通过导热进行，服从傅里叶定律。温度分布几乎为直线，由于大多数流体的热导率较小，造成较大的温度梯度。在缓冲层内，导热与热对流共同作用，温度梯度减小。在湍流中心，质点充分混合，热对流加剧，温度梯度更小。可见，近壁处的层流底层是对流传热温度差及热阻最集中的地方，改善流动条件，减薄热边界层厚度，尤其是层流底层厚度，可以减小对流传热的总热阻，当流体与壁面间温度差恒定时，提高近壁处的温度梯度和传热速率；而当传热速率恒定时，可以减小由于对流传热造成的温差损失，因此对强化传热具有十分重要的作用。

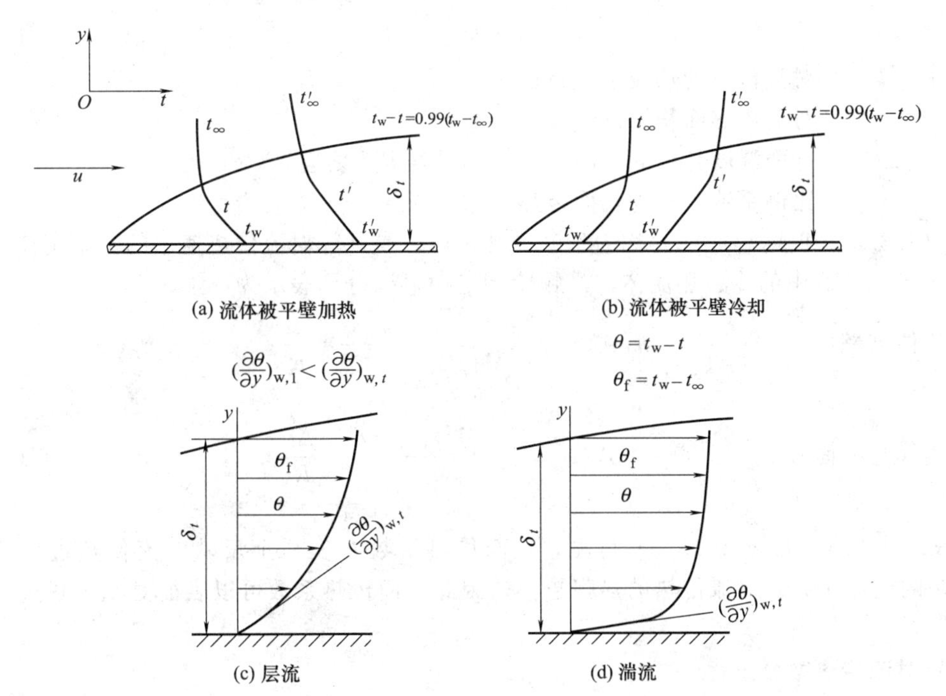

图 4.3.1　热（温度）边界层示意

4.3.2　对流传热的传热速率

(1) 对流传热的虚拟膜模型

在图 4.3.2 所示的间壁式换热过程中，冷、热两流体分别与固体壁面进行对流传热。以靠近壁面处的热边界层内的流体为例，其温度分布情况如下：在湍流区内温度变化很小，在缓冲区中变化平缓，而层流底层中温度发生急剧变化，即主要温度差和热阻都集中在层流底层中。可以将这一物理模型作如下简化：设热流体的温度 t_h 与壁面的温度 $t_{h,w}$之差全部集中在厚度为 δ'_1的虚拟膜内，虚拟膜内仅以导热方式传递热量。虚拟膜的厚度介于热边界层厚度 δ_t 与层流底层厚度 δ_{L_1}之间。根据傅里叶定律，热流体与壁面间传热的传热速率（热流量）为

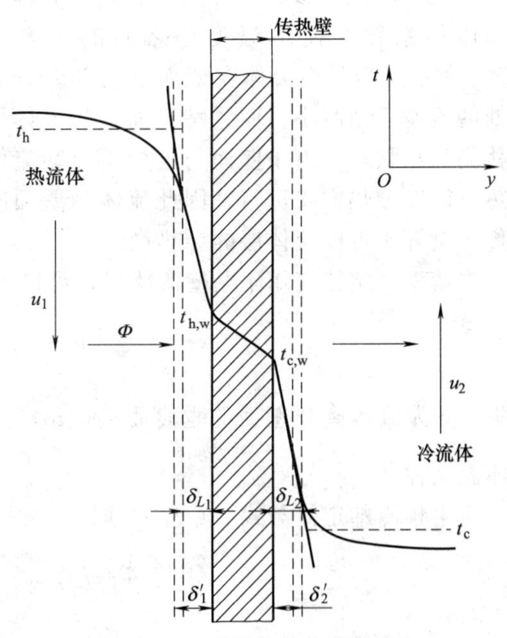

图 4.3.2　对流传热的温度分布

$$\Phi=\frac{\lambda_1 A(t_h-t_{h,w})}{\delta'_1} \qquad (4.3.1)$$

但是，虚拟膜的厚度 δ'_1受到流体物性、流动状况以及流道形状、尺寸等诸多因素影响，不易实验测定，大大限制了虚拟膜模型的应用。

(2) 牛顿冷却定律

牛顿在大量实验的基础上，归纳出对流传热速率的基本关系式

$$\Phi=hA\Delta t \qquad (4.3.2)$$

或者 $$q=h\Delta t \tag{4.3.3}$$

式中 Φ——对流传热的热流量，W；

A——对流传热面积，m^2；

Δt——壁面温度与壁面法向上流体的平均温度之差，℃；

h——比例系数，称为表面传热系数，$W/(m^2 \cdot ℃)$。

式（4.3.2）和式（4.3.3）称为牛顿冷却定律，是计算对流传热速率的基本定律。

对于图 4.3.2 中的冷、热流体，牛顿冷却定律可以分别表示为

热流体与壁面 $$\Phi=h_h A(t_h-t_{h,w})=\frac{t_h-t_{h,w}}{\dfrac{1}{h_h A}}=\frac{\Delta t_h}{R_h} \tag{4.3.4}$$

冷流体与壁面 $$\Phi=h_c A(t_{c,w}-t_c)=\frac{t_{c,w}-t_c}{\dfrac{1}{h_c A}}=\frac{\Delta t_c}{R_c} \tag{4.3.5}$$

由式（4.3.4）和式（4.3.5）可见，表面传热系数 h 实质上反映对流传热过程的热阻大小，h 的数值越大，对流传热的热阻越小，因此表面传热系数可以表征对流传热过程的强弱程度。

(3) 对流传热微分方程

由牛顿冷却定律可知，表面传热系数是计算对流传热速率的关键参数。对流传热微分方程表明了表面传热系数与流体温度场之间的关系。如图 4.3.3 所示，当黏性流体在壁面上流动时，靠近壁面处的流速逐渐减小，而紧贴壁面处的流体处于无滑移的静止状态。由于壁面与这层不流动流体间的传热只能以导热方式进行，因此流体与壁面间的对流传热量等于近壁流体层的导热量。

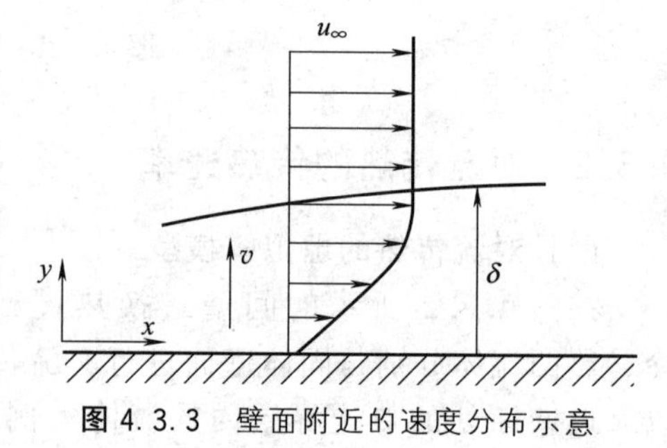

图 4.3.3 壁面附近的速度分布示意

将傅里叶定律应用于贴壁流体层，可得

$$\Phi=-\lambda A\left.\frac{\partial t}{\partial y}\right|_{y=0} \tag{4.3.6}$$

式中，y 为流体离开壁面的垂直距离，m；$\left.\dfrac{\partial t}{\partial y}\right|_{y=0}$ 为近壁（$y=0$）处沿法线（y）方向的流体温度梯度。

将牛顿冷却定律与式（4.3.6）联立，得

$$\Phi=hA\Delta t=-\lambda A\left.\frac{\partial t}{\partial y}\right|_{y=0}$$

整理得 $$h=-\frac{\lambda}{\Delta t}\left.\frac{\partial t}{\partial y}\right|_{y=0} \tag{4.3.7}$$

式（4.3.7）称为对流传热微分方程，它把对流传热的表面传热系数与流体的温度场联系起来，是求解表面传热系数的必要方程。由式（4.3.7）可知，采用分析法求解表面传热系数时，必须首先获得流体内的温度分布。

对于给定的流体和传热温度差，即 λ 和 Δt 一定时，h 的大小仅取决于近壁处的温度梯度，反映出表面传热系数与热边界层以及流体流动状况的内在联系。随着流体湍动程度的加剧，热边界层的厚度减薄，温度差相同时热边界层内的温度梯度增大，使得 h 随之提高，

对流传热过程的热阻减小、对流传热的强度增加。

对比虚拟膜模型［式(4.3.1)］和牛顿冷却定律［式(4.3.2)］，可以发现表面传热系数与虚拟膜厚度间的关系，即

$$h=\frac{\lambda}{\delta'} \tag{4.3.8}$$

因此，表面传热系数 h 与虚拟膜厚度 δ' 一样，形式虽然简单，但却将影响对流传热的所有复杂因素都包含在其中，是流体的物性、流动状态，流动空间的形状、尺寸及位置等许多因素的综合反映。求解表面传热系数 h 成为对流传热研究的核心问题。

4.3.3 对流传热的研究方法

研究对流传热的方法，即获得表面传热系数 h 的表达式的方法大致有分析法、实验法、类比法和数值法等四种，下面分别作简要介绍。

(1) 分析法

分析法是指对描述某一类对流传热问题的微分方程组及其相应的边界条件进行数学求解，从而获得速度场、温度场以及表面传热系数的方法。微分方程组包括动量微分方程、连续性方程（求解流体中的速度场）、能量微分方程（与速度场联立求解流体中的温度场）、对流传热微分方程（与温度场联立求解表面传热系数）等。由于其中一些方程的高度非线性化，以及湍流传热中温度、速度等的无规则高频脉动，使得数学上求解上述微分方程组变得非常困难。目前只能解决一些简单的层流传热问题，如流体在管内以及外掠平板的强制层流传热等。然而，分析法能够深刻地揭示各个物理量对表面传热系数的依变关系，也是评价其他方法所得结果的标准与依据。

(2) 实验法

通过实验获得表面传热系数的计算式仍然是目前工程设计的主要依据。采用相似理论或者量纲分析，归纳出对流传热的无量纲影响因素，然后通过实验确定具体的函数关系式。实验法是本章研究对流传热的主要方法。

(3) 类比法

类比法是通过研究动量传递和热量传递的共性或类似特性，如牛顿黏性定律和傅里叶定律均可表示由于分子扩散引起的动量或热量传递等，以建立表面传热系数与阻力系数之间的相互关联的方法。应用类比法，可以根据比较容易实验测定的流体阻力系数的数值，获得相应的表面传热系数的计算公式。这一方法曾被广泛应用于湍流传热的计算，它所依据的动量传递与热量传递在机理上的类似性，对于理解与分析对流传热过程很有帮助。

(4) 数值法

对流传热的数值求解方法在近 30 年内得到了迅速发展，并日益显示出其重要作用。它的基本思想与导热的数值解法相同，即通过求解流体温度场中各个离散点上的温度，表达温度场中的温度分布。但是与导热的数值解法相比，对流传热的数值求解增加了两个难点，即对流项的离散及动量方程中压力梯度项的数值处理。这两个难点的解决要涉及许多专门的数值方法，具体方法可查阅有关专著。

上述四种计算对流传热表面传热系数的方法各有其适用范围和局限性。本章将针对工程上普遍采用的实验研究法进行详细介绍。其他几种方法可查阅传热学的相关专著。

4.3.4 对流传热过程的量纲分析

量纲分析（Dimensional Analysis）的理论形成于 19 世纪末到 20 世纪初，当时的工业

发展急需获得对流传热表面传热系数的计算公式。由于对流传热的影响因素多，如何通过有限的实验次数获得具有通用性的规律就显得尤为重要，量纲分析就是在这样的工业发展背景下产生的。本节首先介绍影响对流传热的因素，然后通过量纲分析的方法确定相应特征数（又称无量纲数群或无量纲准数）之间的关系，进而通过实验确定对流传热表面传热系数的经验公式，用于对流传热设计和操作计算。

4.3.4.1 表面传热系数的影响因素

影响对流传热的因素就是影响流动的因素以及影响流体中热量传递的因素。这些因素归纳起来可以分为以下五个方面。

(1) 流体流动的状态

流体流动的状态分为层流和湍流，可根据 Re 数的大小来判断。从 4.3.1 节热边界层的讨论可知，Re 数通过影响热边界层从而影响表面传热系数。在其他条件相同时，增大流速，可以增加 Re 数，使表面传热系数 h 随之增大。所以，湍流流动时的对流传热效果强于层流流动状态。但是，流速的增大将使流动阻力和能量消耗随之增加，故需要根据经济核算选择某一适宜的流速。

(2) 流体流动的原因

流体流动的原因可分为强制对流和自然对流两大类。强制对流是流体在受迫条件下流过壁面的传热，例如流体在泵或风机的驱使下，或在位头、压头作用下的流动。自然对流是由于流体内部存在温度差而引起密度差异所产生的流动。例如，由于暖气片的加热作用，使其外部的空气受热，密度小于远离暖气片的空气而上升，即为自然对流；而暖气片内部热水的流动则为强制对流。强制对流的流速一般高于自然对流，故表面传热系数较大。当然，在强制对流的同时，不可避免地伴随不同程度的自然对流。当强制流动的速度较大时，自然对流的影响可忽略不计。

(3) 流体的物理性质

对表面传热系数影响较大的流体物性有比热容、热导率、密度和黏度。显然，流体的热导率 λ 越大，对传热越有利，表面传热系数 h 越大；单位体积流体的热容量 ρc_p 越大，意味着温度变化 1℃所能吸收或放出的热量越大，表面传热系数 h 越大；黏度越大，Re 越小，对流动和传热都不利，故表面传热系数 h 越小。但是应该注意，在分析这些物性的影响时，应综合考虑各物性的影响，如单纯考虑某一物性，就可能导致错误的结论。

流体的物性是温度的函数，一般是按某一特征温度来确定物性，从而将物性作为常量处理，这一特征温度称为定性温度。

(4) 传热面的形状、位置和大小

传热面的几何因素不同，如传热管、板、管束等不同的传热面的形状，管子的不同排列方式如水平或垂直放置，管径、管长或板的高度等，将直接影响表面传热系数 h。通常采用对表面传热系数有决定性影响的特征尺寸 l 作为计算依据，这样的特征尺寸 l 又称定型尺寸。图 4.3.4 (a) 所示为流体分别在管内、外强制流动时的流动边界层，图 4.3.4 (b) 所示为自然对流的水平壁，热面朝上的散热流动与热面朝下的散热流动截然不同，它们的传热规律也不一样。

(5) 相变化的影响

在传热过程中，若流体有相变化（如沸腾和冷凝）发生，流体相变热（潜热）的释放或吸收常常起主要作用，影响表面传热系数的因素也会增加，机理更为复杂。例如，蒸发热或表面张力等物性，以及传热表面的状况对沸腾传热会产生较大的影响。尤其值得注意的是有

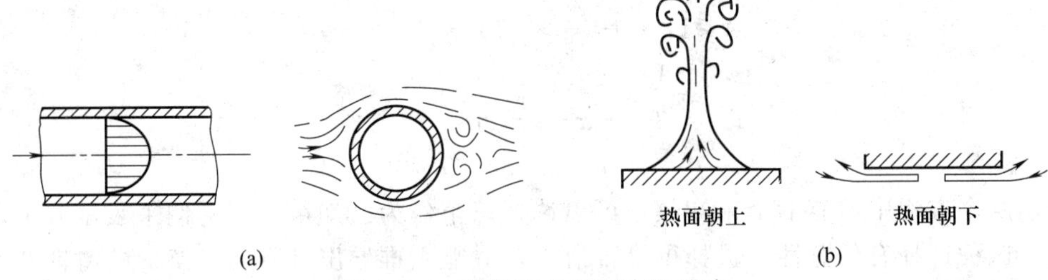

图 4.3.4 传热面几何因素的影响

相变化时的表面传热系数比无相变化时大得多。

由以上分析可见，影响表面传热系数的因素多而且复杂，获得适用于工程计算的对流传热表面传热系数的计算公式，有必要按照其主要的影响因素分门别类地加以研究。目前常用的对流传热的分类方法如图 4.3.5 所示。

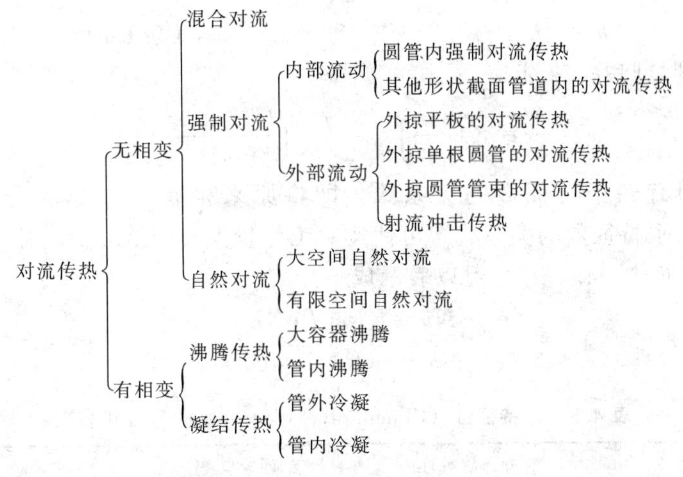

图 4.3.5 对流传热的分类方法

4.3.4.2 无相变对流传热的量纲分析

根据前面的分析可知，单相流体流过特定传热面时的表面传热系数 h 与下列因素有关：设备的定型尺寸 l、流速 u、流体的密度 ρ、黏度 η、定压比热容 c_p、热导率 λ 及升浮力 $\rho g\beta\Delta t$（其中 β 为体积膨胀系数）。可将表面传热系数表示为

$$h=\Phi(u,l,\eta,\lambda,\rho,c_p,\rho g\beta\Delta t) \tag{4.3.9}$$

在一定范围内，此函数可以用一个简单的指数函数表示：

$$h=Ku^a l^b \eta^c \lambda^d \rho^e c_p^f (\rho g\beta\Delta t)^i \tag{4.3.10}$$

式中各物理量可以用 4 个基本量纲，即长度 L、质量 M、时间 T 和温度 Θ 表示为：

h 表面传热系数	$\mathrm{M\Theta^{-1}T^{-3}}$	λ 热导率	$\mathrm{MLT^{-3}\Theta^{-1}}$
u 流速	$\mathrm{LT^{-1}}$	ρ 密度	$\mathrm{ML^{-3}}$
l 设备的定型尺寸	L	c_p 定压比热容	$\mathrm{L^2T^{-2}\Theta^{-1}}$
η 黏度	$\mathrm{ML^{-1}T^{-1}}$	$\rho g\beta\Delta t$ 升浮力	$\mathrm{ML^{-2}T^{-2}}$

将式（4.3.10）写成量纲等式

$$\mathrm{M\Theta^{-1}T^{-3}=K(LT^{-1})^a\ (L)^b\ (ML^{-1}T^{-1})^c\ (MLT^{-3}\Theta^{-1})^d\ (ML^{-3})^e\ (L^2T^{-2}\Theta^{-1})^f(ML^{-2}T^{-2})^i} \tag{4.3.11}$$

根据量纲一致性原则，等式两边的量纲相同，所以

$$
\begin{aligned}
&\mathrm{M}: 1=c+d+e+i\\
&\Theta: -1=-d-f\\
&\mathrm{T}: -3=-a-c-3d-2f-2i\\
&\mathrm{L}: 0=a+b-c+d-3e+2f-2i
\end{aligned}
$$

上述四个方程中，有七个未知数，可以选择三个作为已知量，用它们来表示其他四个未知指数。这种选择有任意性，选择得是否恰当，对能否推导出具有明确意义的特征数有很大影响。这里选 a、f、i 为已知量，可解得

$$
\begin{aligned}
&b=a+3i-1\\
&c=f-a-2i\\
&d=1-f\\
&e=a+i
\end{aligned}
$$

代入（4.3.10）得

$$h=Ku^{a}l^{a+3i-1}\eta^{f-a-2i}\lambda^{1-f}\rho^{a+i}c_p{}^{f}(\rho g\beta\Delta t)^{i}$$

将指数相同的物理量归并在一起，得

$$\frac{hl}{\lambda}=K\left(\frac{lu\rho}{\eta}\right)^{a}\left(\frac{c_p\eta}{\lambda}\right)^{f}\left(\frac{l^3\rho^2 g\beta\Delta t}{\eta^2}\right)^{i} \tag{4.3.12}$$

式（4.3.12）为具有四个特征数的关系式，即将原来含有 8 个变量之间的函数关系式（4.3.9）减少为 4 个特征数的关系式，可使实验工作量大幅度地减少。各特征数的名称和含义见表 4.3.1。因而式（4.3.12）可以表示成

$$Nu=KRe^{a}Pr^{f}Gr^{i}$$

或

$$Nu=f(Re,Pr,Gr) \tag{4.3.13}$$

表 4.3.1 特征数（Dimentionless Group）的符号和意义

特征数式	特征数名称	符号	含义
$\frac{hl}{\lambda}$	努塞尔(Nusselt)数	Nu	表面传热系数的特征数
$\frac{lu\rho}{\eta}$	雷诺(Reynolds)数	Re	表示流动状态影响的特征数
$\frac{c_p\eta}{\lambda}$	普朗特(Prandtl)数	Pr	表示物性影响的特征数
$\frac{l^3\rho^2 g\beta\Delta t}{\eta^2}$	格拉晓夫(Grashof)数	Gr	表示自然对流影响的特征数

4.3.4.3 特征数的物理意义

理解上述特征数的物理意义，对于深入理解对流传热的本质是十分必要的。

(1) 努塞尔数（Nusselt Group）

根据对流传热微分方程式（4.3.7），当 λ 和 Δt 一定时，对流传热的强弱程度（即 h 的大小）仅取决于壁面处的温度梯度。

$$h=-\frac{\lambda}{\Delta t}\frac{\mathrm{d}t}{\mathrm{d}y}\bigg|_{y=0}$$

将上式移项，并在两侧各乘以定型尺寸 l，得

$$Nu=\frac{hl}{\lambda}=\frac{-\left.\dfrac{\mathrm{d}t}{\mathrm{d}y}\right|_{y=0}}{\dfrac{\Delta t}{l}} \tag{4.3.14}$$

由此可见，Nu 为壁面处温度梯度与平均温度梯度的比值。在平均温度梯度 $\dfrac{\Delta t}{l}$ 一定的条件下，壁面处的温度梯度越大，Nu 越大，所以努塞尔数反映了对流传热的强弱程度。因为壁面处的温度梯度恒大于平均温度梯度，故努塞尔数恒大于 1，甚至远大于 1。

由于 Δt、l 均为常量，令 $\dfrac{\mathrm{d}t}{\Delta t}=\mathrm{d}t^*$，$\dfrac{\mathrm{d}y}{l}=\mathrm{d}y^*$，即将温度、壁面尺寸无量纲化（变为量纲为 1 的量），于是

$$Nu=\frac{hl}{\lambda}=-\left.\frac{\dfrac{\mathrm{d}t}{\Delta t}}{\dfrac{\mathrm{d}y}{l}}\right|_{y=0}=-\left.\frac{\mathrm{d}t^*}{\mathrm{d}y^*}\right|_{y=0} \tag{4.3.15}$$

即

$$h=\frac{\lambda}{l}Nu=-\frac{\lambda}{l}\left.\frac{\mathrm{d}t^*}{\mathrm{d}y^*}\right|_{y=0} \tag{4.3.16}$$

由式（4.3.16）可知，Nu 表示壁面处无量纲温度梯度的大小，可以反映边界层内对流传热的强度。

(2) 雷诺数（Reynolds Group）

雷诺数表示惯性力与黏滞力的比值。在对流传热中，Re 反映流体的流动状态对表面传热系数的影响。Re 小，表示黏滞力起控制作用，抑制流体的扰动；随 Re 增大，惯性力增加，流体扰动程度增大，层流底层减薄，壁面处的温度梯度加大，从而使表面传热系数提高，有利于传热。

(3) 普朗特数（Prandtl Group）

普朗特数由三个物性参数组成，表示物性对表面传热系数的影响。进一步整理，则 Pr 等于运动黏度与导温系数之比，即

$$Pr=\frac{c_p\eta}{\lambda}=\frac{\eta/\rho}{\dfrac{\lambda}{\rho c_p}}=\frac{\nu}{a} \tag{4.3.17}$$

式中，ν 为运动黏度，反映流体动量传递的能力，$\mathrm{m^2/s}$；a 称为导温系数，反映流体热量传递的能力，$\mathrm{m^2/s}$。

因此，Pr 是流体动量和热量传递能力的相对大小的量度，反映了流动边界层与热边界层发展速度、边界层厚度之间或相应速度分布和温度分布之间的对比关系。$Pr=1$，流动边界层与热边界发展速度相等，因此流动边界层厚度与热边界层厚度相等；$Pr>1$，流动边界层厚度大于热边界层厚度；$Pr<1$，流动边界层厚度小于热边界层厚度。

(4) 格拉晓夫数（Grashof Group）

格拉晓夫数是反映自然对流特征的一个特征数，又称升浮力特征数。例如，当 $t_\mathrm{w}>t_\infty$ 时，在垂直壁面附近存在自然对流，由于温度分布的不均匀使流体密度发生变化，其平均密度差近似为 $\dfrac{(\rho_\infty-\rho_\mathrm{w})}{2}$，其中 ρ_∞ 及 ρ_w 分别为主流温度 t_∞ 及壁温 t_w 下的流体密度。所以近

壁处流体的升浮力为$\frac{(\rho_\infty-\rho_w)g}{2}$，若忽略流体自然对流的流动阻力损失，并作能量衡算，则升浮力所做的功近似等于流体所获得的动能，即

$$\frac{1}{2}(\rho_\infty-\rho_w)gl=\frac{1}{2}\rho_\infty u_b{}^2 \tag{4.3.18}$$

又根据膨胀系数β的定义得

$$\beta=\frac{(\rho_\infty-\rho_w)}{\rho_w\Delta t} \tag{4.3.19}$$

即

$$(\rho_\infty-\rho_w)g=\rho_w g\beta\Delta t \tag{4.3.20}$$

将式（4.3.20）代入式（4.3.18），得

$$u_b=\sqrt{\frac{lg\beta\rho_w\Delta t}{\rho_\infty}}\approx\sqrt{lg\beta\Delta t} \tag{4.3.21}$$

于是

$$Gr=\frac{l^3\rho^2 g\beta\Delta t}{\eta^2}=\frac{l^2u_b{}^2\rho^2}{\eta^2}=Re_b{}^2 \tag{4.3.22}$$

式中，$Re_b=\frac{lu_b\rho}{\eta}$为表示自然对流的雷诺数。$Re_b$和$Re$意义相当，所以，$Gr$反映了自然对流的强弱程度。

【例 4.9】 把不锈钢管通以直流电，加热管内的水流。已知单位传热面的电功率为$q=2000\text{W/m}^2$，管子的内径为$d_i=60\text{mm}$，管内的水流量为$q_m=0.01\text{kg/s}$，水的进口温度$t_i=20℃$，要求管出口水的温度为$t_o=80℃$，平均壁温为122℃，求管长l，以及管内平均表面传热系数。

解：水的平均温度为$t_c=\frac{20+80}{2}=50℃$，在此温度下水的物性：$c_p=4174\text{J/(kg·K)}$，$\lambda=0.648\text{W/(m·K)}$，$\eta=5.49\times10^{-4}\text{Pa·s}$。

电加热时，热流量恒定，由热量衡算得

$$\Phi=qA=q\pi d_i l=q_m c_p(t_o-t_i)$$

所以

$$l=\frac{q_m c_p(t_o-t_i)}{q\pi d_i}=\frac{0.01\times4174\times(80-20)}{2000\times3.14\times0.06}=6.65\text{m}$$

由牛顿冷却定律得

$$q=h(t_w-t_c)$$

所以

$$h=\frac{q}{t_w-t_c}=\frac{2000}{122-50}=27.8\text{W/(m}^2\cdot\text{K)}$$

4.3.5 无相变化的对流表面传热系数

由式（4.3.13）可知，流体无相变化时描述表面传热系数特征数之间的关系为

$$Nu=f(Re,Pr,Gr) \tag{4.3.13}$$

式（4.3.13）表示流体无相变化对流传热的普遍关系，既包括强制对流，也包括自然对流。但在惯性力与升浮力相差较大的情况下，强制对流时Gr的作用可以忽略不计；而自然对流时Re的作用可以忽略不计。这样，式（4.3.13）可进一步简化

强制对流：

$$Nu=f(Re,Pr) \tag{4.3.23}$$

自然对流：

$$Nu=f(Gr,Pr) \tag{4.3.24}$$

混合对流：

$$Nu=f(Re,Pr,Gr) \tag{4.3.13}$$

一般认为$\frac{Gr}{Re^2}\leqslant 0.1$时，就可以忽略自然对流的影响；$\frac{Gr}{Re^2}\geqslant 10$时，则按单纯的自然对流处理。介于其间的情况称为混合对流，有专门研究。本节按强制对流和自然对流两大类，介绍工程上常用的流体无相变化时的表面传热系数经验关联式。

4.3.5.1 管内强制对流传热

强制对流传热特征数之间的关联式（4.3.23），通常写成如下的幂函数形式

$$Nu=CRe^mPr^n \tag{4.3.25}$$

式中，系数 C 和指数 m、n 将按不同情况，通过实验确定。

这种按照幂函数形式整理实验数据的方法有一个突出的优点，即在双对数坐标（纵、横坐标都取对数）图上可以得到一条直线。例如对式（4.3.25）方程两侧分别取对数，得到如下的直线方程

$$\lg Nu=\lg C+m\lg Re+n\lg Pr \tag{4.3.26}$$

确定式（4.3.26）中的 C、m、n 三个常数，在实验数据的整理上可分两步进行。通常首先实验测得同一 Re 数下不同种类流体的实验数据，确定 n 值。如图 4.3.6 所示为管内湍流传热时，不同种类流体 $Nu\sim Pr$ 的双对数坐标图，按照式（4.3.27）确定直线的斜率（例如对于管内湍流传热，流体被加热时 n 约为 0.4）。

$$\lg Nu=\lg C'+n\lg Pr \tag{4.3.27}$$

然后再在双对数坐标图上以 $Nu/Pr^{0.4}$ 为纵坐标，根据不同 Re 数的管内湍流传热实验数据（见图 4.3.7），按照式（4.3.26）确定 C 和 m（例如对于管内湍流传热，C 约为 0.023，m 约为 0.8）。

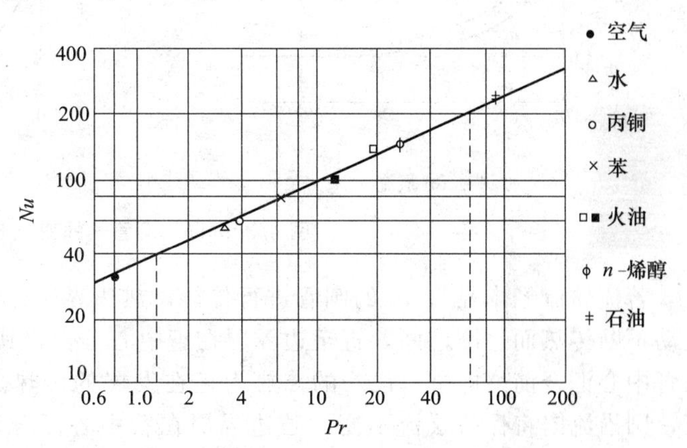

图 4.3.6　Pr 数对管内湍流强制对流传热的影响

图 4.3.7 所示为流体在圆形直管中作强制对流时，根据实验数据绘成的 Nu、Pr 和 Re 之间的规律性，可以分为三个不同的区域。$Re<2300$ 为层流状态，$Re>10^4$ 为湍流状态，$2300\leqslant Re\leqslant 10^4$ 为过渡状态。湍流状态时，$\frac{Nu}{Pr^{0.4}}$与 Re 的关系在对数坐标系中为一直线，其斜率较大，说明 Re 数的影响大且稳定，因此可以忽略自然对流 Gr 的影响。过渡状态由于其流型不稳定，很难得到准确的关联式，而层流状态时，强制对流的强弱程度还与 Gr 有关，实验关联时必须加以考虑。

需要指出的是，上述流动状态下特征数之间的关系曲线是在流动为充分发展的情况下取得的，对于未充分发展之前的情况，讨论如下。

理论和实验研究表明，在管内进行对流传热时，流体刚进入管内的一段距离内，局部表面传热系数 h_x（或 Nu_x）变化很大。如图 4.3.8 所示，在进口处（$x=0$），热边界层的厚

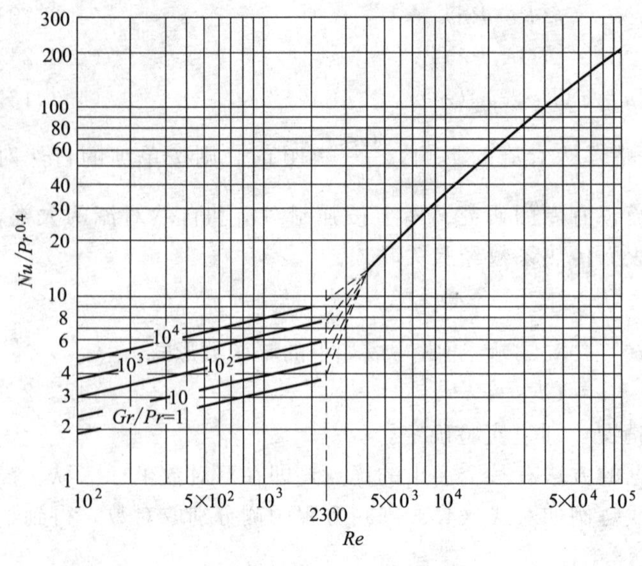

图 4.3.7 管内强制对流$\frac{Nu}{Pr^{0.4}}$与 Re 的关系

度为 0，此时温度梯度和表面传热系数均最大。随着流动距离 x 的增加，热边界层厚度增加，壁面处的温度梯度和局部表面传热系数 h_x（或 Nu_x）迅速下降，然后趋近于某一极限值。h_x 或 Nu_x 不断变化的这段距离称为进口段，用 x_{ent} 表示。进口段内局部表面传热系数的变化与流体流动状况密切相关，如图 4.3.8（b）所示，当进口段内流体流动由层流向湍流过渡时，由于流体扰动程度大大提高，使 h_x 或 Nu_x 显著提高，而后随着湍流边界层的厚度增加而降低。

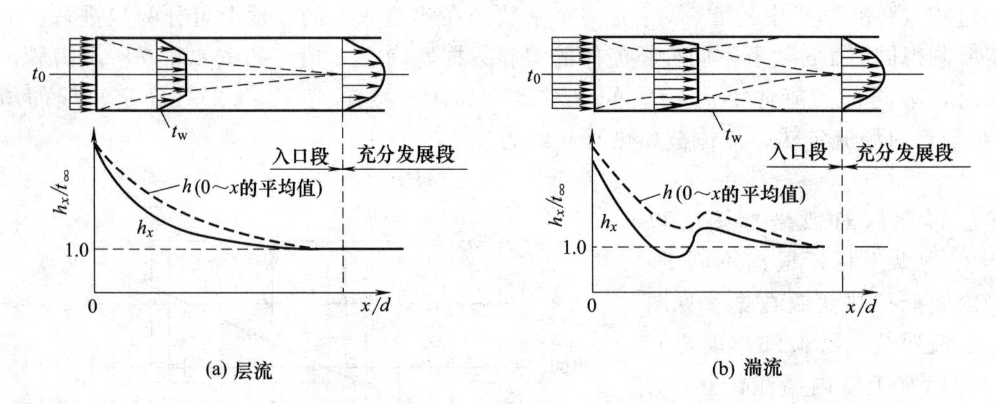

图 4.3.8 h_x 沿管长的变化趋势

若流体流经内径为 d_i 的圆管进行传热，热边界层厚度从管子进口处为零，随流体沿管流动不断传热而逐渐增厚，直至边界层在管中心汇合，其后边界层厚度不再改变。热边界层在管中心汇合前（即进口段）的传热为正在发展的传热。若边界层在管中心汇合时处于层流，则沿流向将保持层流不变，若边界层在管中心汇合时已达湍流，则其后将保持湍流不变。显然，充分发展了的传热，无论层流或是湍流，其热边界层厚度均等于圆管的内半径，即 $\delta_t=\frac{d_{\mathrm{i}}}{2}$。

进口段 x_{ent} 的大小与流体的物性、流动状态及管子的几何尺寸有关。一般可以按照下列经验关联式进行估算。

层流时，若壁温 t_{w} 为常数，则

$$\frac{x_{\mathrm{ent}}}{d_{\mathrm{i}}}=0.05RePr \tag{4.3.28}$$

湍流时，一般取

$$\frac{x_{\mathrm{ent}}}{d_{\mathrm{i}}}=50(\text{或 }40\sim60) \tag{4.3.29}$$

式中，d_i 为管的内径。

工程上所求的一般是全管长 l 上的平均表面传热系数。当 $x_{ent} \ll l$ 时，进口段的传热对全管长传热的影响可忽略不计，总的平均表面传热系数与充分发展条件下的局部表面传热系数非常吻合。若进口段的影响不能忽略，则应引入管径、管长之比加以修正。

下面分别讨论不同情况下，管内强制对流时表面传热系数的经验关联式。

(1) 流体在圆形直管内作强制湍流

工业上的传热过程大多在湍流条件下进行。对于低黏度的流体，普遍采用下式（Dittus-Boelter 公式）计算表面传热系数。

$$Nu=0.023Re^{0.8}Pr^{n} \tag{4.3.30a}$$

或

$$h_i=0.023\frac{\lambda}{d_i}\left(\frac{d_i u\rho}{\eta}\right)^{0.8}\left(\frac{c_p\eta}{\lambda}\right)^{n} \tag{4.3.30b}$$

适用条件：$Re>10^4$，$0.6<Pr<160$，管长与管径之比 $\frac{l}{d_i}>50$；流体的黏度 $\eta<2\times10^{-3}\,\mathrm{Pa\cdot s}$；流体与壁面具有中等以下温差（如对于气体不超过 50℃，对于水不超过 20～30℃，对于油类不超过 10℃等）。特征尺寸取管的内径 d_i，定性温度取流体进、出口温度的算术平均值；式中 Pr 的指数 n 与热流方向有关，即

流体被加热时：$n=0.4$

流体被冷却时：$n=0.3$

式（4.3.30）中，限定流体与壁面间的温差，以及加热与冷却时 Pr 的指数数值不同，主要原因是由于流体热物性参数（主要是黏度）随温度变化，从而影响管截面的流体速度分布，进而影响热量传递过程。如图 4.3.9 所示，当管壁与流体间存在温差时，管径向上的流体温度是不均匀的，造成流体的黏度变化。因此管截面上流体的速度分布与等温流动时的速度分布有所不同。图 4.3.9 中的曲线 1 为等温流动（即不考虑温度差引起流体黏度不均）时，管截面上的流体速度分布。对于液体，黏度随温度升高而降低。因此液体被加热时，近壁处的流体黏度较管中心处低，造成近壁处流体的速度高于管中心处（如曲线 3）。近壁处流速增加会减薄层流底层的厚度，强化传热。由于大多数液体的 $Pr>1$，即 $Pr^{0.4}>Pr^{0.3}$，故液体被加热时 n 取 0.4，被冷却时 n 取 0.3。对于气体，黏度随温度的升高而增加，因此气体被加热的情况类似于液体被冷却（如曲线 2）。气体温度升高时，会造成近壁处流速降低，减薄层流底层的厚度，削弱传热。因为大多数气体的 $Pr<1$，即 $Pr^{0.4}<Pr^{0.3}$，因此，气体被加热时 n 取 0.4，被冷却时 n 取 0.3。

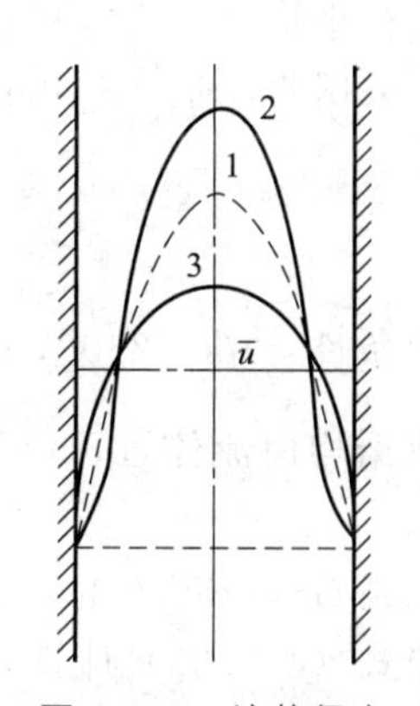

图 4.3.9　流体径向温度变化对管内速度分布的影响

1—等温流动；2—液体被冷却或气体被加热；3—液体被加热或气体被冷却

当流体与固体壁面间存在较大温度差时，只靠 Pr 数的修正已经不能充分反映物性（如黏度）变化的影响。因此对于黏度较高的流体，采用如下修正公式

$$Nu=0.027Re^{0.8}Pr^{0.33}\left(\frac{\eta}{\eta_w}\right)^{0.14} \tag{4.3.31}$$

式中，η_w 为壁温下的液体黏度，$\mathrm{Pa\cdot s}$；η 为定性温度下的液体黏度，$\mathrm{Pa\cdot s}$。

适用范围：$Re>10^4$，$0.7<Pr<16700$，$\frac{l}{d_i}>60$。

由于引入了壁温，使计算较为繁琐。因此在工程计算中，常按以下数值近似估算。

当流体被加热时，取$\left(\frac{\eta}{\eta_w}\right)^{0.14}=1.05$；当流体被冷却时，取$\left(\frac{\eta}{\eta_w}\right)^{0.14}=0.95$。

对于流体通过$\frac{l}{d_i}<50$的短管进行传热，其全部或部分的管段处于热边界层尚未充分发展的进口段，因此表面传热系数较传热充分发展管段的表面传热系数大，所以，采用式（4.3.30）或式（4.3.31）计算时均应在等式右侧乘以大于1的短管修正系数φ_i，即

$$\varphi_i=[1+(d_i/l)^{0.7}] \tag{4.3.32}$$

（2）流体在圆形直管内作强制层流

管内流动时进口段的流态常为层流。随着科技的发展，管内层流传热的应用也日益增多，如一些小型或微型换热设备、电器或仪表的气流加热或冷却，其流态也常为层流。圆形直管内强制层流传热的情况比较复杂，计算表面传热系数时应考虑进口段以及附加的自然对流传热的影响。因为在层流流动的状态下热边界层发展较慢，由式（4.3.28）可知，当流体的Pr接近1，Re接近2000时，则进口段长度x_{ent}大约为管径的100倍，当流体的Pr大于1，其x_{ent}可能超过管内径的几千倍或上万倍，使得整个管长均在进口段范围内。另外，在流速低、管径粗或温差大的情况下，很难维持纯粹的强制流动，自然对流的影响不可忽略。

在小管径、流体和壁面的温差不大的情况下，即$Gr<25000$，可以忽略自然对流的影响，采用西德尔（Sieder）和塔特（Tate）关联式，即

$$Nu=1.86\left(RePr\frac{d_i}{l}\right)^{\frac{1}{3}}\left(\frac{\eta}{\eta_w}\right)^{0.14} \tag{4.3.33}$$

适用条件：$Re<2300$，$0.6<Pr<6700$，$RePr\frac{d_i}{l}>10$。η_w为壁温下流体的黏度。其余物性数据均由流体进、出口温度的算术平均值确定。式中，特征尺寸取管的内径d_i，l为管长。

当$Gr>25000$时，强制层流的温度差引起的自然对流对传热的影响不可忽略，可以先按照式（4.3.33）计算h，然后再乘以修正系数f

$$f=0.8(1+0.015Gr^{\frac{1}{3}}) \tag{4.3.34}$$

（3）流体在圆形直管内呈过渡流

管内流动处于过渡状态时，即$2300\leqslant Re\leqslant 10^4$的范围内，传热情况复杂多变，如图4.3.10所示。过渡状态时，很难找到一个简便而精确的公式计算其表面传热系数。通常先按湍流时的公式计算，然后将计算结果乘以小于1的修正系数f

$$f=1-\frac{6\times10^5}{Re^{1.8}} \tag{4.3.35}$$

（4）流体在弯管内作强制对流

如图4.3.11所示，流体流经弯管时，流体将受到离心力的作用。这种离心力将使横截面上的流体形成二次环流，结果使流体产生螺旋式的复杂运动，导致扰动加剧，层流底层变薄，表面传热系数加大。这种情况下的表面传热系数的计算方法，是先按圆形直管的经验关系式计算h，再乘以大于1的修正系数，即可得到弯管中的表面传热系数h'，即

$$h'=\left(1+1.77\frac{d_i}{R}\right)h \tag{4.3.36}$$

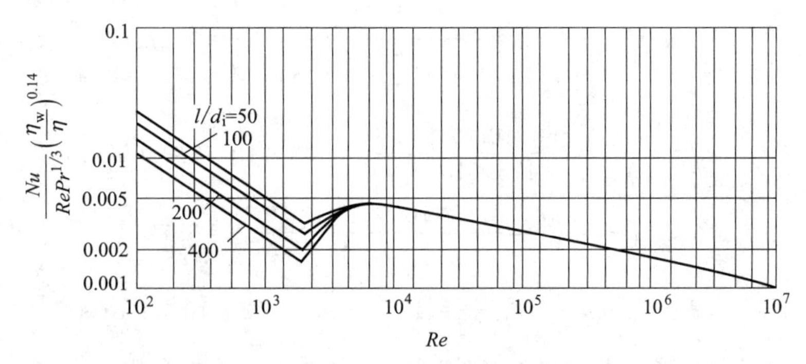

图 4.3.10 过渡流时的对流传热

式中，$\frac{d_i}{R}$为管子半径与弯管曲率半径之比。

(5) 流体在非圆形管内作强制对流

流体在非圆形管内呈强制湍流、层流以及过渡流时，上述有关的圆形管内的经验式均适用，只要将管内径 d_i 改为当量直径 d_e 即可，d_e 可按第 2 章介绍的公式求得。这种方法比较简单，但计算结果的准确性欠佳。因此对一些常用的非圆形管道，宜采用直接根据实验得到的关联式，如套管环隙的强制湍流条件下的表面传热系数关联式为

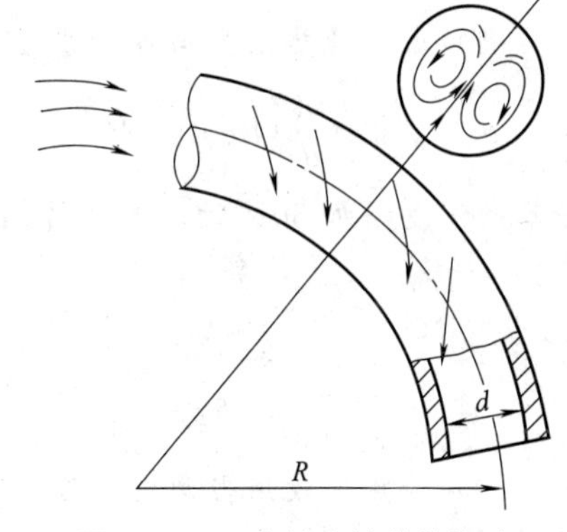

图 4.3.11 弯管内流体的流动

$$\frac{hd_e}{\lambda}=0.02\left(\frac{d_2}{d_1}\right)^{0.53}Re^{0.8}Pr^{\frac{1}{3}} \qquad (4.3.37)$$

式中，d_1 为内管外径，m；d_2 为外管内径；m；d_e 为套管环隙当量直径，m。

根据当量直径 d_e 定义式求得

$$d_e=\frac{4\left[\frac{\pi}{4}(d_2^2-d_1^2)\right]}{\pi(d_1+d_2)}=d_2-d_1$$

该式的适用条件：$Re=1.2\times10^4\sim2.2\times10^5$，$\frac{d_2}{d_1}=1.65\sim17$。

【例 4.10】 在一列管式换热器中用饱和水蒸气加热苯。换热器由 60 根管长 $l=3$m 的 ϕ25mm×2.5mm 的钢管组成。苯在管内流动，由 20℃被加热到 80℃，苯的流量为 13kg/s。试求：(1) 苯在管内的表面传热系数；(2) 若苯的流量增加 50%，拟提高表面传热系数维持原来的出口温度，求此时的表面传热系数；(3) 若换热器改用当量内直径 $d_e=38$mm 的椭圆管加热流量相同的苯，求此时的表面传热系数；(4) 若用此换热器将流量为 13kg/s 的水由 20℃加热到 80℃，求此时的表面传热系数。

解：(1) 苯的进出口平均温度 $t_m=\frac{(20+80)}{2}=50$℃

该温度下苯的物性数据为

$$\rho=860\text{kg/m}^3,\qquad c_p=1.80\text{kJ/(kg·℃)}$$

$$\eta=4.5\times10^{-4}\text{Pa·s},\qquad \lambda=0.14\text{W/(m·℃)}。$$

管内苯的流速为

$$u=\frac{q_m}{\rho\frac{\pi}{4}d_i^{\ 2}n}=\frac{13}{860\times\frac{\pi}{4}\times0.02^2\times60}=0.8\text{m/s}$$

$$Re=\frac{\rho d_i u}{\eta}=\frac{860\times0.02\times0.8}{4.5\times10^{-4}}=3.06\times10^4>10^4\text{（湍流）}$$

$$Pr=\frac{c_p\eta}{\lambda}=\frac{1.8\times10^3\times4.5\times10^{-4}}{0.14}=5.79$$

因为 $Re>10^4$，$0.6<Pr<160$，$\frac{l}{d_i}=\frac{3}{0.02}=150>50$，$\eta<2\times10^{-3}\text{Pa}\cdot\text{s}$

故可用管内强制湍流公式，即式（4.3.30），计算表面传热系数。

$$h_i=0.023\frac{\lambda}{d_i}(Re)^{0.8}(Pr)^{0.4}=0.023\times\frac{0.14}{0.02}\times(3.06\times10^4)^{0.8}\times(5.79)^{0.4}=1260\text{W/(m}^2\cdot℃)$$

（2）表面传热系数与各物性参数、流速、管径之间的关系为

$$h_i=0.023\frac{\lambda}{d_i}(Re)^{0.8}(Pr)^{0.4}=0.023\frac{\lambda}{d_i}\left(\frac{d_i u\rho}{\eta}\right)^{0.8}\left(\frac{c_p\eta}{\lambda}\right)^{0.4}=0.023\frac{(\rho u)^{0.8}c_p^{0.4}\lambda^{0.6}}{d_i^{0.2}\eta^{0.4}}$$

当苯的流量增加50%时，表面传热系数 h_i' 为

$$\frac{h_i'}{h_i}=\left(\frac{u'}{u}\right)^{0.8}$$

$$h_i'=h_i\left(\frac{u'}{u}\right)^{0.8}=1260\times1.5^{0.8}=1743\text{W/(m}^2\cdot℃)$$

（3）换热器改用当量内直径 $d_e=38\text{mm}$ 的椭圆管，苯的流量相同时，流速变为

$$\frac{u'}{u}=\left(\frac{d_i}{d_i'}\right)^2$$

$$\frac{h_i'}{h_i}=\left(\frac{u'}{u}\right)^{0.8}\left(\frac{d_i'}{d_i}\right)^{-0.2}=\left(\frac{d_i}{d_i'}\right)^{1.8}$$

$$h_i'=h_i\left(\frac{d_i}{d_i'}\right)^{1.8}=1260\times\left(\frac{20}{38}\right)^{1.8}=1260\times0.32=396.8\text{W/(m}^2\cdot℃)$$

（4）水在50℃下的物性数据如下

$\rho=998.1\text{kg/m}^3$　　　$c_p=4.174\text{kJ/(kg}\cdot℃)$

$\eta=5.494\times10^{-4}\text{Pa}\cdot\text{s}$　　　$\lambda=0.648\text{W/(m}\cdot℃)$

管内水的流速为

$$u=\frac{q_m}{\rho\frac{\pi}{4}d_i^2 n}=\frac{13}{998.1\times\frac{\pi}{4}\times0.02^2\times60}=0.696\text{m/s}$$

$$Re=\frac{\rho d_i u}{\eta}=\frac{998.1\times0.02\times0.696}{5.494\times10^{-4}}=2.505\times10^4>10^4\text{（湍流）}$$

$$\frac{h_i'}{h_i}=\frac{\frac{(u'\rho')^{0.8}c_p'^{0.4}\lambda'^{0.6}}{\eta'^{0.4}}}{\frac{(u\rho)^{0.8}c_p^{0.4}\lambda^{0.6}}{\eta^{0.4}}}=\frac{\left(\frac{u'\rho}{u\rho}\right)^{0.8}\left(\frac{c_p'}{c_p}\right)^{0.4}\left(\frac{\lambda'}{\lambda}\right)^{0.6}}{\left(\frac{\eta'}{\eta}\right)^{0.4}}=\frac{\left(\frac{0.696\times988.1}{0.8\times860}\right)^{0.8}\left(\frac{4.174}{1.8}\right)^{0.4}\left(\frac{0.648}{0.14}\right)^{0.6}}{\left(\frac{5.494}{4.5}\right)^{0.4}}$$

$=2.90$

$$h_i'=2.90h_i=1260\times2.90=3654\text{W/(m}^2\cdot℃)$$

由上例可知，流体流过固体壁面的对流传热表面传热系数，与流体的流动状况、传热面

尺寸以及物性参数密切相关。对于特定种类的流体，提高流体的流速、减小传热管的尺寸是换热器强化传热的重要途径。当然，此时传热管中的流体流动阻力也会相应增大，导致输送设备的动力消耗增加。

【例 4.11】 常压下的空气在内径为 50mm，长 0.5m 的水平管内流过，入口温度为 15℃，出口温度为 39℃，其平均流速为 0.5m/s；管壁温度维持在 110℃，试求空气在管内流动时的表面传热系数。

解： 空气的平均温度 $t_m=\frac{1}{2}\times(15+39)=27℃$，该温度下空气的物性数据如下

$$\rho=1.18\text{kg/m}^3,\qquad c_p=1.013\text{kJ/(kg·℃)}$$

$$\eta=1.84\times10^{-5}\text{Pa·s},\qquad \lambda=0.0265\text{W/(m·℃)}。$$

$\beta=\frac{1}{273+27}(1/℃)=3.33\times10^{-3}(1/℃)$（对理想气体 $\beta=1/T$，液体或蒸气的 β 由实验测定）

$$Re=\frac{\rho d_i u}{\eta}=\frac{1.18\times0.05\times0.5}{1.84\times10^{-5}}=1603<2300(\text{层流})$$

$$Pr=\frac{c_p\eta}{\lambda}=\frac{1.013\times10^3\times1.84\times10^{-5}}{0.0265}=0.703$$

$$Gr=\frac{\rho^2 g\beta\Delta t d_i^3}{\eta^2}=\frac{1.18^2\times9.81\times3.33\times10^{-3}\times(110-27)\times0.05^3}{(1.84\times10^{-5})^2}$$

$$=1.39\times10^6>25000$$

$$\frac{RePrd_i}{l}=\frac{1603\times0.703\times0.05}{0.5}=112.7$$

又

$$\eta_w=2.235\times10^{-5}\text{Pa·s}$$

Re，Pr 及 $Re\cdot Pr\cdot d_i/l$ 均在式（4.3.33）的应用范围内，故可用该式计算 h_i'，又 $Gr>25000$，尚需考虑自然对流的影响，将依据（4.3.33）计算出的 h_i' 乘以自然对流影响的修正系数 f，即可求出空气的表面传热系数 h。

$$h'=1.86\frac{\lambda}{d_i}\left(RePr\frac{d_i}{l}\right)^{\frac{1}{3}}\left(\frac{\eta}{\eta_w}\right)^{0.14}=1.86\times\frac{0.0265}{0.05}\times(112.7)^{\frac{1}{3}}\times\left(\frac{1.84}{2.235}\right)^{0.14}$$

$$=4.63\text{W/(m}^2\text{·℃)}$$

根据（4.3.34）

$$f=0.8(1+0.015Gr^{\frac{1}{3}})=0.8\times[1+0.015\times(1.39\times10^6)^{\frac{1}{3}}]=2.14$$

故

$$h=h'f=4.63\times2.14=9.91\text{W/(m}^2\text{·℃)}$$

【例 4.12】 流量为 $0.17\text{m}^3/\text{s}$ 的油品用列管式换热器进行预热。换热器由 80 根管长 $l=6\text{m}$ 的 $\phi32\text{mm}\times1.0\text{mm}$ 的钢管组成。管外用饱和蒸汽加热，可将油品预热至指定温度。现欲提高油品的预热温度，将加热管数增至 400 根，管长及其他条件不变，问出口油温能否提高？已知油品在进、出口平均温度下的物性为 $\rho=800\text{kg/m}^3$，$c_p=1.80\text{kJ/(kg·℃)}$，$\lambda=0.12\text{W/(m·℃)}$，$\eta=7.2\times10^{-3}\text{Pa·s}$。

解： 在原换热器中，$u=\frac{q_V}{\frac{\pi}{4}d_i^2 n}=\frac{0.17}{\frac{\pi}{4}\times0.03^2\times80}=3.0\text{m/s}$

$$Re=\frac{\rho d_i u}{\eta}=\frac{800\times0.03\times3.0}{7.2\times10^{-3}}=1.0\times10^4\ (\text{湍流})$$

$$Pr=\frac{c_p\eta}{\lambda}=\frac{1.8\times10^3\times7.2\times10^{-3}}{0.12}=108$$

因为油品的黏度较高，因此根据式（4.3.31）计算表面传热系数

$$h_i=0.027\frac{\lambda}{d_i}Re^{0.8}Pr^{0.33}\left(\frac{\eta}{\eta_w}\right)^{0.14}$$

在新换热器中，$u'=\dfrac{q_V}{\dfrac{\pi}{4}d_i^2n'}=\dfrac{0.17}{\dfrac{\pi}{4}\times0.03^2\times400}=0.6\text{m/s}$

$$Re'=\frac{\rho d_i u'}{\eta}=\frac{800\times0.03\times0.6}{7.2\times10^{-3}}=2000(\text{层流})$$

$$h_i'=1.86\frac{\lambda}{d_i}\left(Re'Pr\frac{d_i}{l}\right)^{\frac{1}{3}}\left(\frac{\eta}{\eta_w}\right)^{0.14}$$

所以

$$\frac{h_i'}{h_i}=\frac{1.86\dfrac{\lambda}{d_i}\left(Re'Pr\dfrac{d_i}{l}\right)^{\frac{1}{3}}\left(\dfrac{\eta}{\eta_w}\right)^{0.14}}{0.027\dfrac{\lambda}{d_i}Re^{0.8}Pr^{0.33}\left(\dfrac{\eta}{\eta_w}\right)^{0.14}}=\frac{1.86Re'^{\frac{1}{3}}\left(\dfrac{d_i}{l}\right)^{\frac{1}{3}}}{0.027Re^{0.8}}=\frac{1.86\times2000^{\frac{1}{3}}\times\left(\dfrac{0.03}{6}\right)^{\frac{1}{3}}}{0.027\times10000^{0.8}}=0.09$$

因为$\dfrac{h_i'}{h_i}<\dfrac{A}{A'}=\dfrac{80}{400}=\dfrac{1}{5}$

所以，采用新换热器后，虽然传热面积提高到原来的5倍，但油品的出口温度不但不能升高，反而有所降低。在设计和选用换热器时，不能盲目采用增加管数的方法增大传热面积。如管数过多，管内出现层流状态，使表面传热系数急剧下降，反而得不偿失。

4.3.5.2 管外强制对流传热

流体在管外强制对流传热属于外部流动传热，即传热壁面上的流动边界层与热边界层能够自由发展，不会受到邻近通道壁面存在的限制。因此在外部流动中常常存在一个边界层以外的区域，其中无论是速度梯度还是温度梯度都可以忽略。

实际生产过程中，流体在管外流动并与管外壁进行对流传热是常见的传热形式。流体在管外流动时分为如下三种情况：流体的流动方向与单管或管束之间相互平行、相互垂直（又称横向流动）或垂直与平行交替。在列管式换热器中，壳程中的流体与管壁间的传热多数属于最后一种情况。流体在管外平行于管长的流动传热，其传热规律及特征数关联式均与流体在管内强制对流相同，只是定型尺寸应改为当量直径。下面将讨论流体横向流过单管和管束时的流动和传热特征。

(1) 流体横向流过单管

如图4.3.12所示，当流体垂直流过单根圆管外表面时，由于流体沿圆柱周长（或方位角φ）各点的流动情况不同，因而各点的局部表面传热系数h_φ或局部努塞尔数Nu_φ也随之而异。如果流体的初始状态不同，则流体流经各点的情况也随之变化，从而导致圆管沿圆周方向上局部h_φ或Nu_φ分布发生相应变化，见图4.3.13。

从图4.3.13中Nu_φ的分布曲线可见，流体横向流过单管时，管子前半周和后半周的情况完全不同。在管子的前半周，与流体流过平壁时的情况大体相仿，从驻点（$\varphi=0$）处开始，随φ值的增加，边界层逐渐增厚，引起Nu_φ逐渐下降。当φ增至80°左右时，因产生边界层分离，扰动加剧，使Nu_φ在达到最低点后转为缓慢地上升。在这种情况下，只有大约

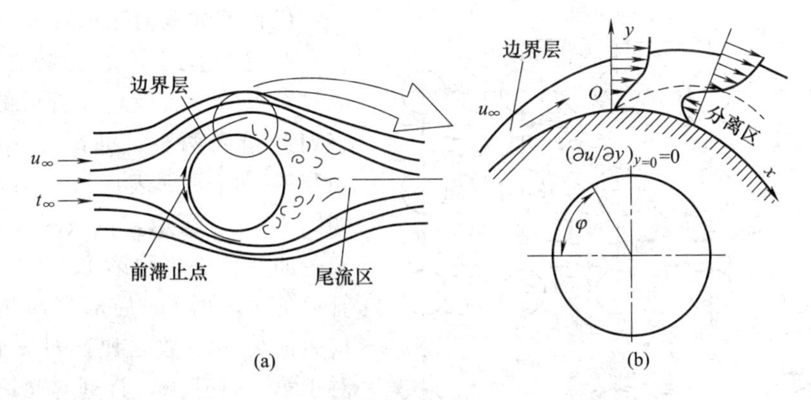

图 4.3.12 流体横向流过单根圆管时的流动情况

50%管面受到流体的直接冲刷，其余部分则处于复杂的旋涡之中。当 Re 较小（$Re=70800\sim101300$）时，为层流边界层，边界层脱离的位置靠前；当 Re 较大（$Re=140000\sim219000$）时，脱离的位置靠后，并且在 Nu_φ 的分布曲线上会出现两个最低点。第一个最低点相应于由层流边界层转变为湍流边界层。第二个最低点相应于边界层的脱离点，即在湍流边界层发展过程中，由于压力及剪应力的阻碍，使层流底层随 φ 的加大迅速增厚，使 Nu_φ 达到某一最大值后又急剧下降；当 φ 增至约 140°时，因发生边界层的分离，形成大量的旋涡，扰动加剧，从而使 Nu_φ 再度回升，出现第二个最低点。

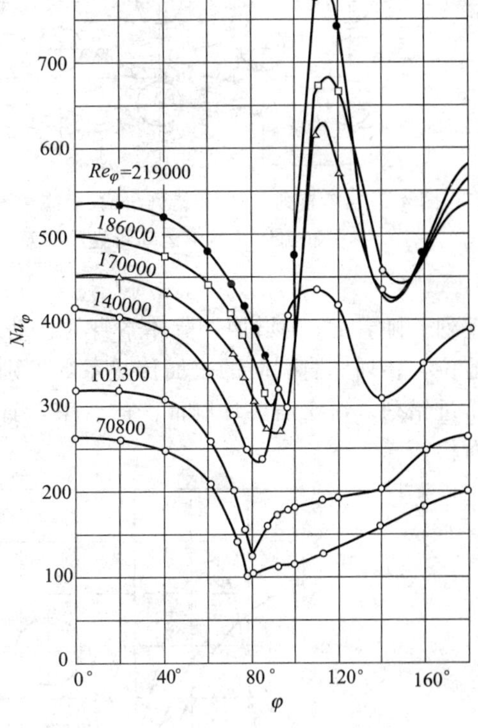

图 4.3.13 不同 Re 下流体横向流过圆管时局部努塞尔数的变化

Nu_φ 沿管周向的分布，对确定处于高温流体中的管壁温度分布及管壁的最高局部温度是很有意义的。但在一般换热器计算中，需要的只是沿整个管周的平均表面传热系数。平均表面传热系数可用以下经验关联式计算：

$$Nu=\frac{hd_o}{\lambda}=C\,Re^n\,Pr^{\frac{1}{3}} \qquad (4.3.38)$$

式中，常数 C 和指数 n 见表 4.3.2。定性温度为边界层内流体的平均温度 $(t_w+t_\infty)/2$，特征尺寸为管外径 d_o，流速取流体主体的流速 u_∞。

表 4.3.2 流体沿整个管周流动时的 **C** 和 **n** 值

Re	0.4～4	4～40	40～4000	4000～40000	40000～400000
C	0.989	0.911	0.683	0.193	0.0266
n	0.330	0.385	0.466	0.618	0.805

横向流过圆管时，由于周边比较短，边界层不可能发展得很厚，又由于流体扰动的影响，其表面传热系数一般比管内要大得多。

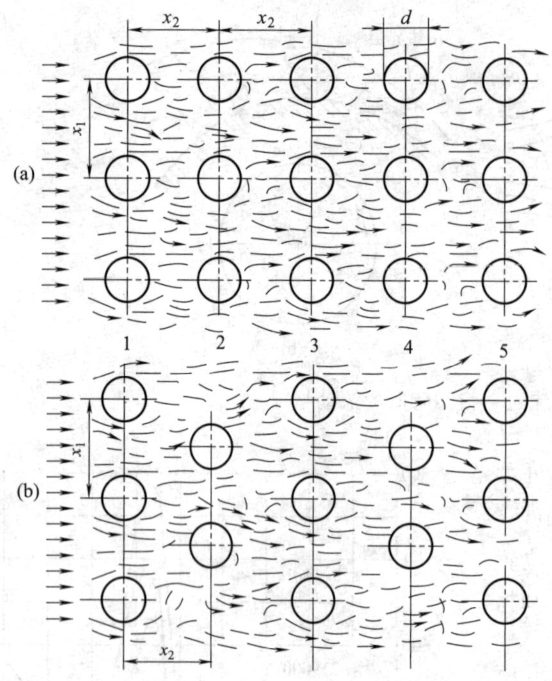

图 4.3.14　直列（a）和错列（b）管束中管子的排列和流体在其中运动特性的示意

(2) 流体横向流过管束

在化工生产中大量遇到的是流体横向流过管束的传热设备。管束的排列可分为直列和错列两种，如图 4.3.14 所示。直列与错列时局部表面传热系数 h_φ 的分布如图 4.3.15 所示，在该图（a）、(b）中的三条曲线分别表示第 1、第 2 和第 3～7 排管束的 h_φ/h（即局部表面传热系数与平均表面传热系数之比）对 φ 的分布曲线。对于第一排管子，直列与错列时的换热情况与单管时相类似，两者局部表面传热系数的分布基本相似。而第二排管由于两者的相邻管子相互影响而明显不同，导致其局部表面传热系数的分布相差很大。从第三排以后，两者管间影响基本相同，其局部表面传热系数的分布又基本相似。错列时流体在管间交替收缩和扩张的弯曲通道中流动，比直列时的流体扰动剧烈，因此一般地说，错列时的换热比直列时强。当然，也应注意到错列管束的阻力损失大于直列。随着 Re 的增加，流体本身的扰动逐渐加强，而流体通过管束的扰动已逐渐退居次要地位，错列和直列时的表面传热系数差别减小。当 Re 很高时，直列的表面传热系数有可能超过错列。对于需要冲刷清洗的管束，直列有易于清洗的优点，所以错列、直列的选择要全面权衡。

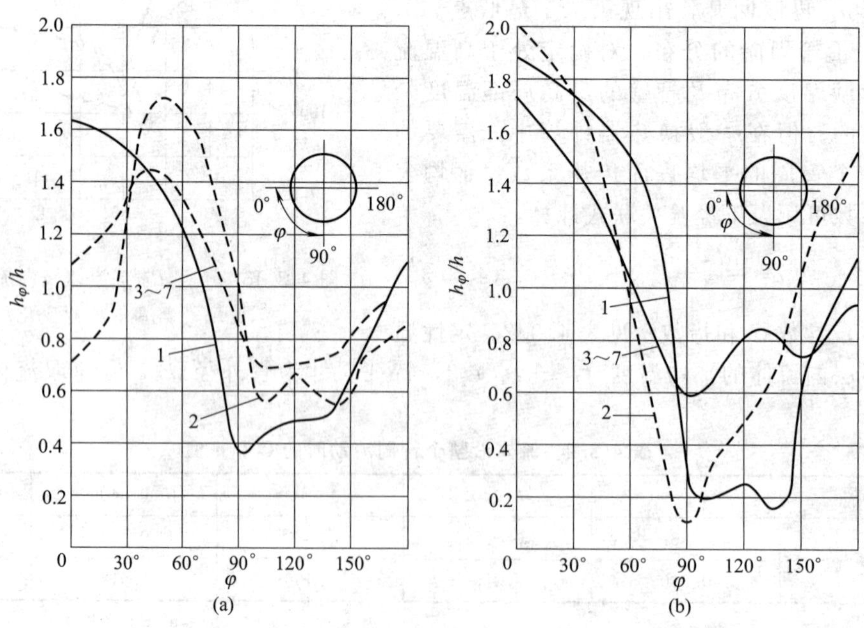

图 4.3.15　直列（a）和错列（b）管束中，不同排数的圆管上局部 h_φ 沿周向的变化（$Re=1.4\times10^4$，空气）

由于管束间的相互影响，流体横向流过管束的传热过程较单管复杂得多。流体连续地从一根管子流向另一根管子时，不断经历着边界层重新发展和脱离的过程，同时又由于流道截面的不断变化加剧了流体的扰动。因此，管束的几何条件，即管径、管间距、排数和排列方式等与表面传热系数有密切关系。

流体横向流过管束时，对每一排管的平均表面传热系数可按下式计算

$$Nu = C\varepsilon Re^n Pr^{0.4} \tag{4.3.39}$$

式中，C、ε 及 n 值如表 4.3.3 所示。

表 4.3.3　流体垂直流过管束时的 C、ε 和 n 值

排数	直列		错列		C
	n	ε	n	ε	
1	0.6	0.171	0.6	0.171	$x_1/d=1.2\sim3$ 时 $C=1+0.1(x_1/d)$ $x_1/d>3$ 时 $C=1.3$
2	0.65	0.151	0.6	0.228	
3	0.65	0.151	0.6	0.290	
4	0.65	0.151	0.6	0.290	

式（4.3.39）适用条件为：$Re=5000\sim70000$，$x_1/d=1.2\sim5$，$x_2/d=1.2\sim5$。物性常数由管束进、出口流体温度的算术平均值确定。特征尺寸为管外径，通过各排管的流速取该排最小流通截面上的流速。

整个管束的平均表面传热系数 h 可由下式求得

$$h=\frac{\sum_{i=1}^{n} h_i A_i}{\sum_{i=1}^{n} A_i}(i=1,2,\cdots,n) \tag{4.3.40}$$

式中　h_i——第 i 排的平均表面传热系数，$W/(m^2 \cdot ℃)$；

A_i——第 i 排的总传热面积，m^2。

如需大致估算管束外的表面传热系数，也可用以下关联式

$$Nu = 0.33Re^{0.6}Pr^{\frac{1}{3}} \tag{4.3.41}$$

上式定性温度及流速的确定方法同上。

(3) 流体在列管式换热器管壳间的传热

在列管式换热器中，由于壳体是圆筒，各排具有不同的管子数目，并常装有不同型式的折流挡板。如图 4.3.16 所示为装有圆缺形折流挡板的列管式换热器。

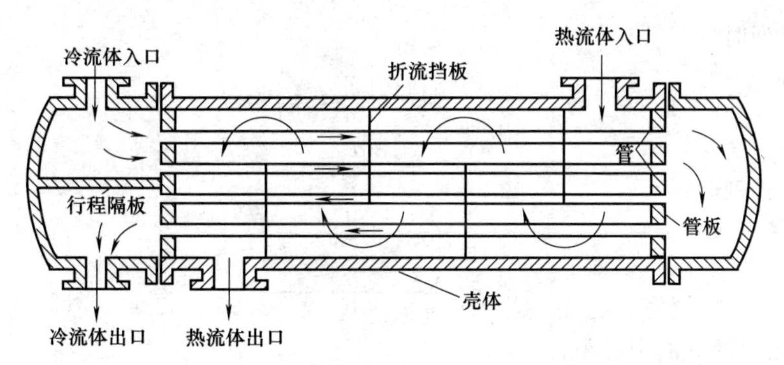

图 4.3.16　装有圆缺形折流挡板的列管式换热器

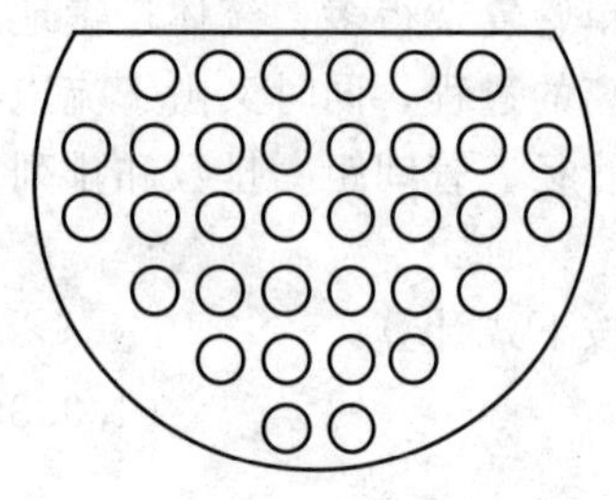

图 4.3.17 圆缺形折流挡板示意

上述圆缺形（或弓形）折流挡板，是一种常用的折流挡板。如图 4.3.17 所示，割去的弓形高常为直径的 25%左右，也有 15%、35%和 45%等规格的弓形折流挡板。当横卧换热器壳程有气、液两相流动时，为便于排液，折流挡板应左、右排列，割去的弓形高度可取 50%的直径。在管间安装折流挡板，可加大流速，不断改变流动方向，使流体易于达到湍流，从而增大表面传热系数，但流体阻力将随之增加。如果挡板和壳体间、挡板和管束之间的间隙过大，会造成部分流体从间隙中流过，这股流体称为旁流。旁流严重时反而使表面传热系数减小。

流体在装有圆缺形折流挡板的管间流动时有时垂直于管束，而当绕过挡板时又转为平行于管束的流动（见图 4.3.16）。由于流向和流速均不断地变化，因而在 $Re>100$ 时即可能达到湍流。对于装有圆缺形折流挡板的列管换热器，可以由图 4.3.18 求得管外的表面传热系数。当 $Re=2\times10^3\sim10^6$，且管外有 25%圆缺形挡板时，也可采用以下关联式

$$Nu=0.36Re^{0.55}Pr^{1/3}\left(\frac{\eta}{\eta_w}\right)^{0.14} \tag{4.3.42}$$

或

$$\frac{hd_e}{\lambda}=0.36\left(\frac{d_e u\rho}{\eta}\right)^{0.55}\left(\frac{c_p\eta}{\lambda}\right)^{1/3}\left(\frac{\eta}{\eta_w}\right)^{0.14} \tag{4.3.43}$$

图 4.3.18 及式（4.3.43）中，定性温度均取流体进、出温度的算术平均值，η_w 为壁温下的流体黏度。特征尺寸为当量直径 d_e，其大小应视管子的排列方式而定，如图 4.3.19 所示。

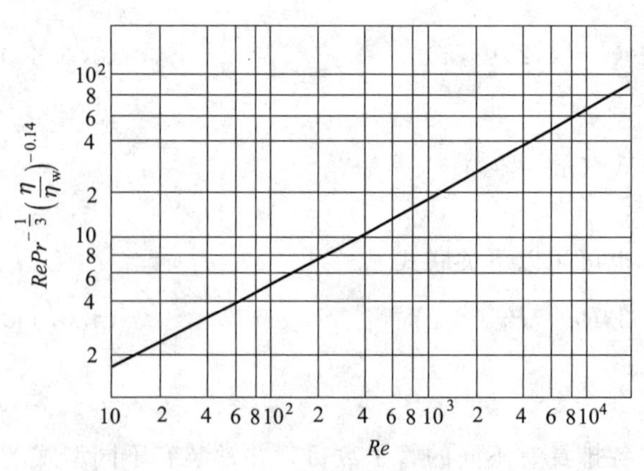

图 4.3.18 管壳式换热器壳程表面传热系数计算曲线

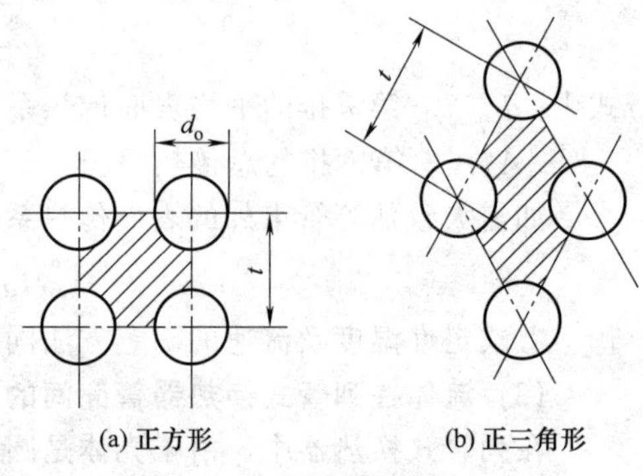

图 4.3.19 管子的排列方式

正方形排列时

$$d_e=\frac{4\left(t^2-\frac{\pi}{4}d_o{}^2\right)}{\pi d_o} \tag{4.3.44}$$

正三角形排列时

$$d_e=\frac{4\left(\frac{\sqrt{3}}{2}t^2-\frac{\pi}{4}d_o{}^2\right)}{\pi d_o} \tag{4.3.45}$$

式中 t——相邻两管的中心距，m；

d_o——管外径，m。

管外的流速 u 按流体流过管间最大截面积 S 计算

$$S=BD\left(1-\frac{d_o}{t}\right) \tag{4.3.46}$$

式中 B——两挡板间的距离，m；

D——换热器的外壳内径，m。

如果列管式换热器无折流挡板，则管外流体可按平行于管束的流动考虑，仍可应用管内强制对流时的公式计算，但需将式中的管内径改用管间的当量直径。

【例 4.13】 空气流过 5 排管组成的直列管束加热器。已知每排管为 20 根，管长为 1.5m，管外径为 25mm，$x_1=50$mm，$x_2=37.5$mm。空气进、出管束时的温度分别为 15℃ 和 35℃，空气的流量为 5000m³/h（标准状况）。试求第一、第二排管子的平均表面传热系数，以及整个管束的平均表面传热系数。

解： 空气的平均温度 $t_m=\frac{1}{2}\times(15+35)=25℃$

由附录查得，该温度下空气的物性数据如下

$\rho=1.185\text{kg/m}^3$　　$c_p=1.005\text{kJ/(kg}\cdot℃)$

$\eta=18.35\times10^{-6}\text{Pa}\cdot\text{s}$　　$\lambda=0.0263\text{W/(m}\cdot℃)$

空气的体积流量为

$$q_V=5000\times\frac{273.15+25}{273.15}=5370\text{m}^3/\text{h}$$

相邻两管间最窄处的流通截面积为

$$S=l(x_1-d)=1.5\times(0.05-0.025)=0.0375\text{m}^2$$

最窄处的流速

$$u=\frac{q_V}{\sum S}=\frac{5370}{20\times0.0375\times3600}=1.99\text{m/s}$$

$$Re=\frac{\rho d_o u}{\eta}=\frac{1.185\times0.025\times1.99}{18.35\times10^{-6}}=3303$$

$$Pr=\frac{c_p\eta}{\lambda}=\frac{1.005\times10^3\times18.35\times10^{-6}}{0.0263}=0.701$$

查表 4.3.3，当 $x_1/d=2$ 时　　$C=1+0.1(x_1/d)=1+0.1\times2=1.2$

对于第一排直列，$n=0.6$，$\varepsilon=0.171$

$$Nu_1=C\varepsilon Re^n Pr^{0.4}=1.2\times0.171\times3303^{0.6}\times0.701^{0.4}=23.0$$

$$h_1=\frac{Nu_1\lambda}{d_o}=\frac{23.0\times0.0263}{0.025}=24.2\text{W/(m}^2\cdot\text{K)}$$

对于第二排直列，$n=0.65$，$\varepsilon=0.151$

$$Nu_2=C\varepsilon Re^n Pr^{0.4}=1.2\times0.151\times3303^{0.65}\times0.701^{0.4}=30.46$$

$$h_2=\frac{Nu_2\lambda}{d_o}=\frac{30.46\times0.0263}{0.025}=32.04\text{W/(m}^2\cdot\text{K)}$$

可见，由于第一排管的扰动作用，使第二排管的平均表面传热系数增加。直列排管时，第一排管的扰动对其后各排管的作用相当，因此第三、四、五排管的平均表面传热系数与第二排管相同。

按照式（4.3.40）计算整个管束的平均表面传热系数

$$h=\frac{\sum_{i=1}^{n}h_iA_i}{\sum_{i=1}^{n}A_i}=\frac{30.46+32.04\times 4}{5}=31.73\text{W}/(\text{m}^2\cdot\text{K})$$

4.3.5.3 大空间自然对流传热

不依靠泵或风机等外力推动，由流体自身温度场的不均匀所引起的流动称为自然对流。不均匀温度场会造成不均匀密度场，由此产生的升浮力成为流体流动的推动力。在各种对流传热方式中，自然对流的流速较低，因此表面传热系数较低。但由于这种传热方式固有的安全、经济、无噪声等特点，仍然被广泛地应用于多种工业技术中。如电子器件的冷却，家用冰箱冷冻（藏）室中的气流流动、暖气管道的散热等都是自然对流。

自然对流传热可以分为大空间自然对流和有限空间自然对流等两种情况。大空间自然对流是指流体边界层发展不受空间限制或干扰的自然对流传热，如沉浸式换热器、换热设备或管道热表面向周围大气的对流散热等。流体沿壁面自然对流传热时，不均匀的温度场使靠近壁面处形成流动边界层和热边界层。图 4.3.20 表示了冷流体沿垂直壁面自然对流传热时，边界层内的速度、温度分布以及局部表面传热系数 h_x 的变化情况。当冷流体与热壁接触时，靠近换热壁面的薄层内流体温度升高，使流体的密度降低，产生向上的浮力，造成流体流动。紧靠壁面处流体的温度等于壁面温度，在离开壁面的方向（图 4.3.20 中的 y 方向）上流体温度逐渐降低，边界层外流体主体的温度恒定。壁面的黏性作用使贴壁流体的流速为零，在热边界层外缘，由于温度不均匀作用消失也使流体流速降为零，而在接近边界层的中间处出现一个速度极大值。在壁面下部，流动刚刚开始，形成有规则的层流，局部表面传热系数随着层流边界层的厚度增加而降低。若壁面足够高，则壁面上部流动会转变为湍流，使局部表面传热系数有所提高，湍流充分发展时的局部表面传热系数几乎是个常量。

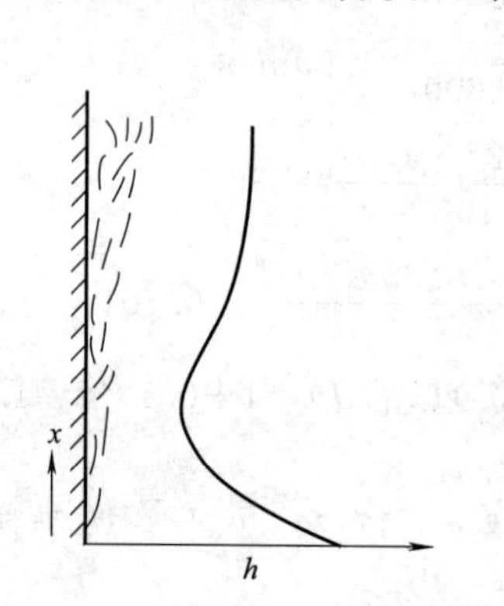

(a) 竖直壁上表面传热系数的分布

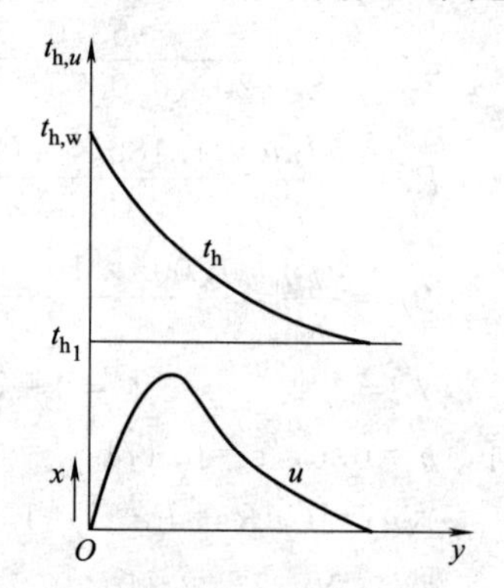

(b) 近壁处温度与流速的分布

图 4.3.20　冷流体沿竖壁的大空间自然对流流动和传热

自然对流表面传热系数的大小与流体的物性、传热面的大小、形状及位置等有关，情况比较复杂。大空间内流体沿垂直或水平壁面进行自然对流传热时，通常采用 $GrPr$ 作为判断层流向湍流转变的判据。Nu 与（$GrPr$）可以写为如下的函数关系

$$Nu=C\,(GrPr)^n \tag{4.3.47}$$

或

$$h=C\,\frac{\lambda}{L}\left(\frac{\rho^2 g\beta\Delta tL^3}{\eta^2}\times\frac{c_p\eta}{\lambda}\right)^n \tag{4.3.48}$$

式（4.3.47）或式（4.3.48）的系数 C 及指数 n 如表 4.3.4 所示。特征尺寸对于竖板或竖

管取其垂直高度 L、水平管取其外径 d_o；Δt 为壁温与流体主体温度之差；定性温度取边界层内流体的平均温度，即壁温与流体主体温度的算术平均值。

表 4.3.4 式（4.3.47）、式（4.3.48）中的 C，n 值

传热面的形状及位置	流动图示	$GrPr$	C	n	特征长度
竖直的平板及圆筒(管)面		$10^{-1}\sim10^4$ $10^4\sim10^9$ $10^9\sim10^{13}$	查图 4.3.21(a) 0.59 0.1	查图 4.3.21(a) 1/4 1/3	高度 L
水平圆柱面		$0\sim10^{-5}$ $10^{-5}\sim10^4$ $10^4\sim10^9$ $10^9\sim10^{11}$	0.4 查图 4.3.21(b) 0.53 0.13	0 查图 4.3.21(b) 1/4 1/3	外径 d_o
水平板热面朝上或水平板冷面朝下		$2\times10^4\sim8\times10^6$ $8\times10^6\sim10^{11}$	0.54 0.15	1/4 1/3	矩形两边平均值 圆盘取 $0.9d$ 狭长条取短边
水平板热面朝下或水平板冷面朝上		$10^5\sim10^{11}$	0.58	1/5	

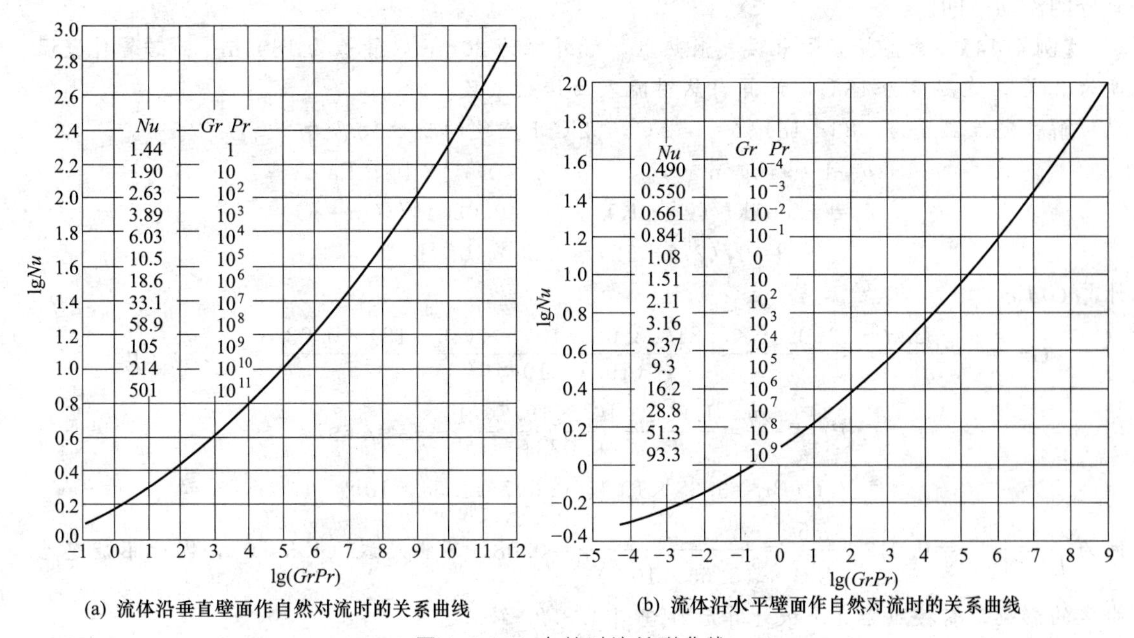

(a) 流体沿垂直壁面作自然对流时的关系曲线

(b) 流体沿水平壁面作自然对流时的关系曲线

图 4.3.21 自然对流关联曲线

值得注意的是，当 $GrPr>10^9$ 时，$n=\dfrac{1}{3}$，由式（4.3.48）可得

$$h=C\lambda\left(\frac{\rho^2 g\beta\Delta t}{\eta^2}\times\frac{c_p\eta}{\lambda}\right)^{\frac{1}{3}} \tag{4.3.49}$$

此时表面传热系数 h 与传热面的特征尺寸 L（或 d）无关。利用这一特点，可以采用缩小的实验模型对实际传热过程进行实验研究，这种特征称为自动模化现象。

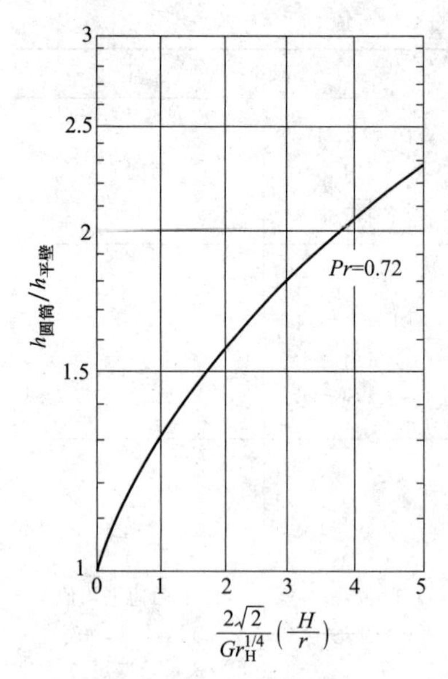

图 4.3.22 竖直圆筒（管）自然对流传热系数的修正系数

表 4.3.4 中将竖直圆筒（管）外表面的自然对流传热计算按照竖直平板处理，是一种有条件的简化处理。实际上，曲率将影响边界层的形成与发展，使竖直圆筒（管）表面形成环形边界层，有利于边界层的扩展，可以减薄边界层的厚度，起到强化传热的作用。研究表明，只有当竖直圆筒的直径与高度之比满足式（4.3.50）时，才能忽略曲率的影响，按照竖直平板计算。

$$\frac{d_{\mathrm{o}}}{L} \geqslant \frac{35}{Gr^{\frac{1}{4}}} \tag{4.3.50}$$

当$\frac{d_{\mathrm{o}}}{L}$不满足式（4.3.50）时，对于空气（$Pr=0.72$）在按照竖直平板自然对流计算后，再乘以图 4.3.22 所示的修正系数，即为竖直圆筒（管）自然对流表面传热系数。

在自然对流传热时，如流体的自然对流受到周围其他物体的阻碍，称为有限空间的自然对流。有限空间的自然对流传热过程比大空间自然对流传热过程复杂，这里不予讨论。但有一点必须注意，在需要依靠自然对流进行传热的情况下，设计时应注意必须留有充分的流动空间。

【例 4.14】 新型竖直管束暖气散热器，管外径为 30mm，管长为 1800mm。若管外壁温度为 86℃，室温度为 18℃，计算自然对流表面传热系数。

解： 定性温度为 (86+18)/2 = 52℃，52℃下空气的物性数据为

$$\rho=1.094\mathrm{kg/m^3} \qquad \eta=19.7\times10^{-6}\mathrm{Pa\cdot s}$$

$$c_p=1.005\mathrm{kJ/(kg\cdot K)} \qquad \lambda=0.0284\mathrm{W/(m\cdot ℃)}$$

$$\beta=1/(273+52)=3.08\times10^{-3}\mathrm{K^{-1}}$$

计算 $GrPr$

$$Gr=\frac{\rho^2 g\beta\Delta t d^3}{\eta^2}=\frac{1.094^2\times9.81\times3.08\times10^{-3}\times(86-18)\times0.03^3}{(19.7\times10^{-6})^2}=3.65\times10^{10}$$

$$Pr=\frac{c_p\eta}{\lambda}=\frac{1.005\times10^3\times19.7\times10^{-6}}{0.0284}=0.697$$

$$GrPr=3.65\times10^{10}\times0.697=2.54\times10^{10}$$

因为$\frac{d_{\mathrm{o}}}{L}=\frac{30}{1800}=0.017$，$\frac{35}{Gr^{\frac{1}{4}}}=\frac{35}{(3.65\times10^{10})^{\frac{1}{4}}}=0.08$，不满足式（4.3.50），因此不能忽略曲率的影响，需按照竖直平板计算后再查图 4.3.22 修正。

由表 4.3.4 查得 $C=0.1$，$n=1/3$，于是得

$$Nu=0.1(GrPr)^{1/3}$$

$$Nu=0.1\times(2.54\times10^{10})^{1/3}=294$$

$$h=\frac{\lambda}{d}Nu=\frac{0.0284}{1.8}\times294=4.64\mathrm{W/(m^2\cdot K)}$$

计算图 4.3.22 的横坐标数值

$$\frac{2\sqrt{2}}{Gr^{\frac{1}{4}}}\left(\frac{L}{r}\right)=\frac{2\sqrt{2}}{(3.65\times10^{10})^{\frac{1}{4}}}\times\frac{1.8}{0.015}=0.78$$

查图 4.3.22，修正系数为 1.25。

因此，该竖直管束暖气散热器的自然对流表面传热系数为

$$h'=1.25h=1.25\times4.64=5.8\text{W}/(\text{m}^2\cdot\text{K})$$

从本例看出，竖直管束暖气散热器的自然对流传热得到强化，表面传热系数比竖直平板有了较大提高，采用竖直管还有利于减少散热器的金属消耗量和占地面积。另外可见，自然对流表面传热系数的数量级比强制对流小得多。

4.3.6 有相变化的对流表面传热系数

有相变化的对流传热可分蒸气冷凝和液体沸腾两种情况。由于它们在流体与壁面间传热的同时又有相变化发生，因此比无相变化时的对流传热更为复杂。其表面传热系数的大小除了受壁面与流体间传热速率的控制以外，更与壁面上液滴的冷凝或气泡的生成情况有关。蒸气冷凝与液体沸腾的表面传热系数通常比无相变化时大得多，因此在化工生产中应用广泛，相应的换热器可称为冷凝器或蒸发器、再沸器等。本节将讨论相变传热过程的机理，并介绍其表面传热系数的计算方法。

4.3.6.1 蒸气冷凝传热

(1) 蒸气冷凝方式

蒸气与低于其饱和温度的冷壁接触时，将冷凝成为液体，释放出汽化热。用蒸气冷凝进行加热时，由于饱和蒸气具有恒定的温度，操作易于控制。另外，蒸气冷凝的表面传热系数比无相变化流体大得多。

蒸气冷凝有两种方式，即膜状冷凝和滴状冷凝（又称珠状冷凝），如图 4.3.23 所示。若冷凝液能够很好地润湿壁面，在壁面上铺展成液膜并连续向下流动，称为膜状冷凝。膜状冷凝时，壁面总是被一层液膜覆盖，冷凝放出的相变热（潜热）必须穿过液膜才能传递到冷壁面上。这时，液膜层集中了传热的主要热阻。若冷凝液不能很好地润湿壁面，仅在其上冷凝成小液滴，此后长大或合并成较大的液滴而脱落，即称为滴状冷凝。如水蒸气遇到有油壁面的冷凝即为滴状冷凝。凝液润湿壁面的能力取决于其表面张力和对壁面的附着力。附着力大于表面张力时会形成膜状冷凝；反之，则形成滴状冷凝。呈滴状冷凝时，冷凝液在壁面上不能形成完整的液膜将蒸气与壁面隔开，大部分冷壁直接暴露于蒸气中，因此热阻小得多。实验结果表明，滴状冷凝的表面传热系数比膜状冷凝的表面传热系数大 5～10 倍。但是目前为止，滴状冷凝的关键问题是在常规金属表面上难以产生和长久维持。例如在工业冷凝器中即使采用了表面涂层和蒸汽添加剂等促进滴状冷凝的措施，也不能达到持久的滴状冷凝。所以从设计的观点出发，为保证稳定的冷凝效果，通常用膜状冷凝的计算式作为设计的依据。

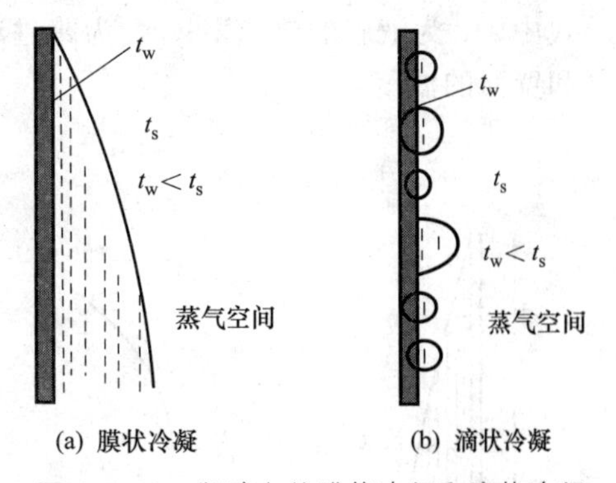

图 4.3.23 竖壁上的膜状冷凝和滴状冷凝

(2) 竖直壁面上膜状冷凝层流流动时的对流表面传热系数

1916 年，努塞尔首先提出了纯净蒸气层流膜状冷凝的分析解。他提出了液体膜层的导热热阻是冷凝过程的主要热阻，忽略次要因素，从理论上揭示了有关物理参数对冷凝传热的影响，长期以来被公认为运用理论分析求解传热问题的一个典范。

如图 4.3.24 所示，当饱和蒸气在低于饱和温度的竖直壁面上冷凝后，凝液在重力作用下呈膜状沿壁面向下流动。图中 x 为离竖壁顶端的距离。当 x 较小时，冷凝液量较少，冷凝液膜厚度较薄，呈层流流动。随着 x 的增加，蒸气不断冷凝，液膜不断增厚，从而表面传热系数随之减小。若壁面足够高，冷凝液量足够大，随着 x 的继续增加，液膜表面将开始出现波动，进而形成湍流，使得表面传热系数又逐渐增大。因此蒸气冷凝的传热机理随液膜是层流还是湍流而异。从层流到湍流的临界 Re 值约为 2000。

膜层为层流时（即 $Re \leqslant 2000$），努塞尔提出了膜状冷凝的简化物理模型，有如下假设

① 冷凝液膜呈层流流动，传热方式仅为通过液膜进行的导热，膜内温度分布为线性。

② 蒸气静止不动，对液膜无摩擦阻力。

③ 液膜和蒸气的物性为常量，壁面温度恒定，膜表面温度等于饱和蒸气温度。

④ 忽略液膜的过冷度，蒸气冷凝成液体时所传递的热流量仅仅是冷凝热，忽略饱和液体过冷后放出的显热。

根据上述假定，可对液膜在竖直壁面上的稳态流动与传热过程列出传热速率、质量和热量衡算以及流动的有关方程，努塞尔膜状冷凝简化模型如图 4.3.25 所示。

在距离竖直壁顶端任一距离 x 处，膜厚为 δ，则该处的热流量 q_x 和局部表面传热系数 h_x 存在如下关系

$$q_x = \lambda \frac{\Delta t}{\delta} = h_x \Delta t$$

得

$$h_x = \frac{\lambda}{\delta} \tag{4.3.51}$$

式中，λ 为液膜的热导率；Δt 为跨过液膜的温度差，即 $\Delta t = t_s - t_w$；t_s、t_w 分别为饱和蒸气和壁面的温度。

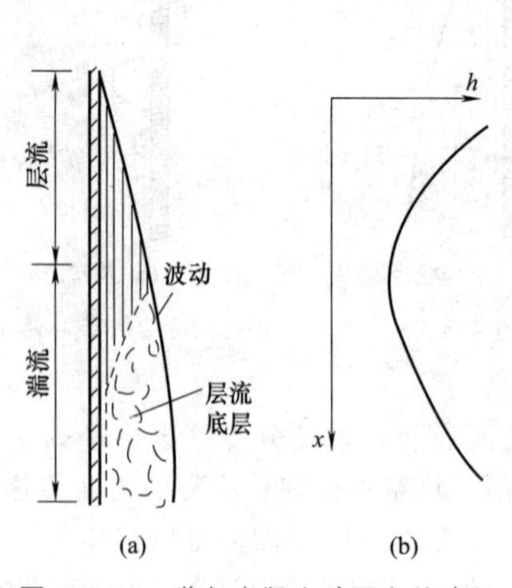

图 4.3.24 蒸气在竖直壁面上的冷凝

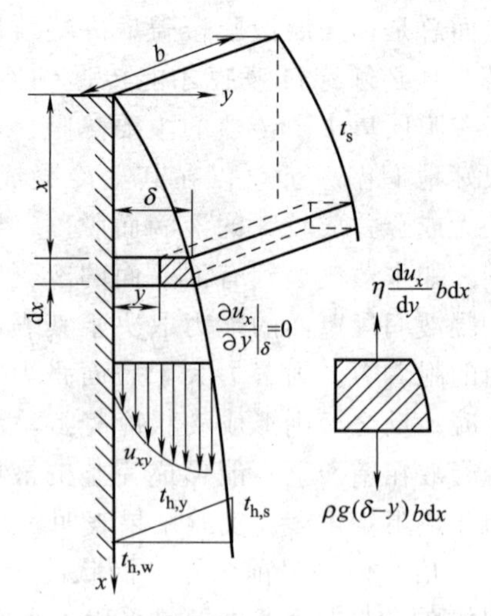

图 4.3.25 努塞尔膜状冷凝简化模型

可以通过如下方法计算冷凝膜内的速度分布。

在竖直向下作层流流动的冷凝膜内取一微元体，设壁面宽度为 b，其体积为 $(\delta-y)b\mathrm{d}x$。忽略蒸气与冷凝液膜界面上的摩擦力，对该微元体作力的衡算，稳态下，微元体向下作用的重力和微元体与相邻液体的摩擦阻力相平衡，即

$$\rho g(\delta-y)b\mathrm{d}x=\eta\frac{\mathrm{d}u_x}{\mathrm{d}y}b\mathrm{d}x$$

将上式整理可得

$$\frac{\mathrm{d}u_x}{\mathrm{d}y}=\frac{g}{\eta}(\delta-y)\rho \tag{4.3.52}$$

式中，ρ 为冷凝液膜的密度；η 为冷凝液的黏度。

将式（4.3.52）积分可得

$$u_x=\frac{g}{\eta}\rho(\delta y-\frac{y^2}{2})+C_1 \tag{4.3.53}$$

应用边界条件，当 $y=0$ 时，$u_x=0$，则 $C_1=0$，于是式（4.3.53）可写成

$$u_x=\frac{\rho g}{\eta}\left(\delta y-\frac{y^2}{2}\right) \tag{4.3.54}$$

上式表明 u_x 为 y 及 δ 的函数。在液膜厚度 δ 内的平均流速 u 为

$$u=\int_0^\delta\frac{u_x b\mathrm{d}y}{\delta b}=\int_0^\delta\frac{\rho g}{\delta\eta}\left(\delta y-\frac{1}{2}y^2\right)\mathrm{d}y=\frac{\rho g}{\delta\eta}\left(\frac{\delta^3}{2}-\frac{\delta^3}{6}\right)=\frac{\rho g\delta^2}{3\eta} \tag{4.3.55}$$

对液膜作质量衡算和热量衡算如下。

在 x 处，膜厚为 δ，液膜的平均流速为 u，则流过截面积 $S=\delta b$ 的质量流量为

$$q_m=\rho u(\delta b)=\frac{\rho^2 g\delta^3 b}{3\eta} \tag{4.3.56}$$

若液膜向下的流动由 x 至 $x+\mathrm{d}x$ 时，膜厚增为 $\delta+\mathrm{d}\delta$，对式（4.3.56）微分，得到因膜厚度变化引起的质量流量的增量为

$$\mathrm{d}q_m=\frac{b\rho^2 g\delta^2\mathrm{d}\delta}{\eta}$$

又因 $\mathrm{d}q_m$ 冷凝所放出的冷凝热必将通过厚度为 δ 的膜传导给壁面，所以

$$r\mathrm{d}q_m=\lambda(b\mathrm{d}x)\frac{\Delta t}{\delta}$$

或

$$\frac{rb\rho^2 g\delta^3\mathrm{d}\delta}{\eta}=\lambda(\Delta t)b\mathrm{d}x$$

式中，r 为蒸气的冷凝热。对上式进行整理并积分

$$\int_0^\delta\delta^3\mathrm{d}\delta=\frac{\eta\lambda\Delta t}{r\rho^2 g}\int_0^x\mathrm{d}x$$

得

$$\delta=\left(\frac{4\eta\lambda x\Delta t}{r\rho^2 g}\right)^{\frac{1}{4}}$$

代入式（4.3.51）得离壁面顶部 x 处的局部表面传热系数

$$h_x=\frac{\lambda}{\delta}=\left(\frac{r\rho^2 g\lambda^3}{4\eta x\Delta t}\right)^{\frac{1}{4}} \tag{4.3.57}$$

若竖壁总高为 L，则其平均表面传热系数为

$$h=\frac{1}{L}\int_0^L h_x \mathrm{d}x=\frac{1}{L}\int_0^L\left(\frac{r\rho^2 g\lambda^3}{4\eta\Delta t}\right)^{\frac{1}{4}}\frac{\mathrm{d}x}{x^{\frac{1}{4}}}=\frac{4}{3}\left(\frac{r\rho^2 g\lambda^3}{4\eta L\Delta t}\right)^{\frac{1}{4}}$$

即

$$h=0.943\left(\frac{r\rho^2 g\lambda^3}{\eta L\Delta t}\right)^{\frac{1}{4}} \tag{4.3.58}$$

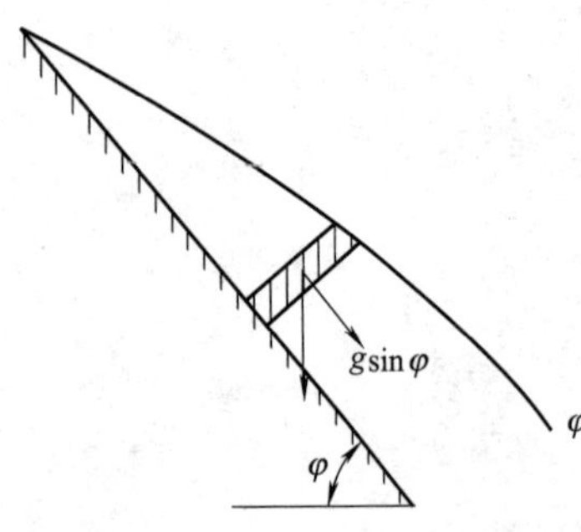

图 4.3.26　蒸气在斜壁上的冷凝

式（4.3.58）为饱和蒸气在竖直平壁或圆管外膜状冷凝并呈层流流动时平均表面传热系数的理论解。式中 L 为竖壁或圆管的高度，蒸气的冷凝热 r 取饱和温度 t_s 下的数值，其余物性数据均取定性温度即液膜平均温度 $t_m=(t_s+t_w)/2$ 下的数值。

对具有水平夹角为 φ 的斜壁，如图 4.3.26 所示。只要将上述推导过程中的自由落体加速度 g 改用 $g\sin\varphi$ 代入方程中，同理可得蒸气在斜壁上膜状冷凝时的平均表面传热系数为

$$h=0.943\left(\frac{r\rho^2 g\lambda^3\sin\varphi}{\eta L\Delta t}\right)^{\frac{1}{4}} \tag{4.3.59}$$

(3) 努塞尔方程的无量纲化

仍以图 4.3.25 所示竖壁考虑，前已述及 S 为液膜流过的横截面积，q_m 为质量流量，竖壁宽度 b 可表示液膜流动的湿润周边。于是，液膜流动的雷诺数即为

$$Re=\frac{d_e\rho u}{\eta}=\frac{(4S/b)(q_m/S)}{\eta}=\frac{4(q_m/b)}{\eta}$$

令 $M=\frac{q_m}{b}$ [kg/(m·s)]，表示单位润湿周边上的凝液质量流量，称为冷凝负荷，则

$$Re=\frac{4M}{\eta}$$

由于 $h=\frac{\Phi}{A\Delta t}=\frac{q_m r}{bL\Delta t}=\frac{Mr}{L\Delta t}$，得 $\frac{r}{L\Delta t}=\frac{h}{M}$，代入（4.3.58），并整理得

$$h=0.943\left(\frac{\rho^2 g\lambda^3}{\eta}\times\frac{h}{M}\right)^{\frac{1}{4}}=0.943\left(\frac{\rho^2 g\lambda^3}{\eta^2}\times\frac{4h}{Re}\right)^{\frac{1}{4}} \tag{4.3.60}$$

于是可解得

$$h=1.47\left(\frac{\rho^2 g\lambda^3}{\eta^2}\right)^{\frac{1}{3}}Re^{-\frac{1}{3}}$$

令 $h^*=h\left(\frac{\eta^2}{\rho^2 g\lambda^3}\right)^{\frac{1}{3}}$，为量纲为一特征数，称为量纲为一冷凝表面传热系数。于是上式写为

$$h^*=h\left(\frac{\eta^2}{\rho^2 g\lambda^3}\right)^{\frac{1}{3}}=1.47Re^{-\frac{1}{3}} \tag{4.3.61}$$

式（4.3.61）称为量纲为一努塞尔方程。

若为竖直管外冷凝，亦可采用式（4.3.61），只是 Re 中的润湿周边 b 需用 pd_o 代替，d_o 为竖管外径。

(4) 层流理论分析解的实验验证

对于竖壁外膜状冷凝，水蒸气的实验具有代表性，如图 4.3.27 所示。当 $Re<20$ 时，

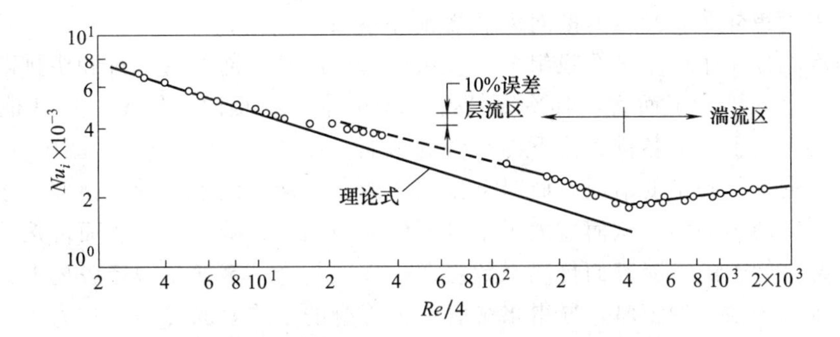

图 4.3.27　竖壁上水蒸气膜状冷凝的理论和实验结果的比较

实验结果与理论式符合得很好；当 $Re>20$ 时，实验值越来越高于理论式，到层流向湍流转折点（$Re\approx2000$）时偏离大于 20%。这种偏离主要是由于推导中所作的假设不能完全成立，例如蒸气速度不为零，导致膜层表面有波动，或者蒸气与液膜之间存在摩擦力等。因此，工程上使用时通常将理论式的系数增加 20%，得到修正公式为

$$h_{竖直}=1.13\left(\frac{r\rho^2 g\lambda^3}{\eta L\Delta t}\right)^{\frac{1}{4}} \tag{4.3.62}$$

或

$$h^*=1.88Re^{-\frac{1}{3}} \tag{4.3.63}$$

(5) 湍流时的实验关联式

若膜层为湍流时（$Re>2000$），由实验关联得

$$h^*=0.0077Re^{0.4} \tag{4.3.64}$$

或

$$h=0.0077\left(\frac{\rho^2 g\lambda^3}{\eta^2}\right)^{\frac{1}{3}}\left(\frac{4Lh\Delta t}{r\eta}\right)^{0.4} \tag{4.3.65}$$

式中

$$Re=\frac{4(q_m/b)}{\eta}=\frac{4hA\Delta t/r}{b\eta}=\frac{4hbL\Delta t}{rb\eta}=\frac{4Lh\Delta t}{r\eta}$$

比较式（4.3.63）与式（4.3.65）可以看出，当 Re 值增加时，层流的 h 值减小；而湍流的 h 值增大。

(6) 水平单管外膜状冷凝时的对流表面传热系数

水平单管外的冷凝，可以看成是由不同角度的倾斜壁组成的，如图 4.3.28 所示。将式（4.3.59）中的 φ 由 0°～180°进行数值积分，可求得水平管外平均表面传热系数为

$$h_{水平}=0.725\left(\frac{r\rho^2 g\lambda^3}{\eta d_o\Delta t}\right)^{\frac{1}{4}} \tag{4.3.66}$$

式中，d_o为管外径。应指出，对水平单管，实验结果和由理论公式求得的结果相近。

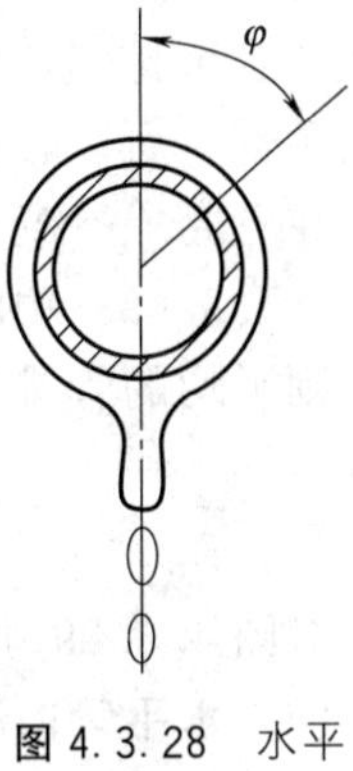

图 4.3.28　水平圆管外的膜状冷凝

由式（4.3.66）可以看出，在其他条件相同时，单根水平圆管的表面传热系数和竖直圆管的表面传热系数之比是

$$\frac{h_{水平}}{h_{竖直}}=0.64\left(\frac{L}{d_o}\right)^{\frac{1}{4}} \tag{4.3.67}$$

对于 $L=1.5\mathrm{m}$，$d_o=20\mathrm{mm}$ 的圆管，水平放置的表面传热系数约为竖直放置的两倍。因此，工业中常采用卧式冷凝器。

(7) 水平管束外膜状冷凝时的对流表面传热系数

工业用冷凝器多半由水平管束组成，管束中管子的排列通常有直排和错排两种。无论哪一种排列，就第一排管子而言，其冷凝情况与单根水平管相同。但是，对其他各排管子来说，冷凝情况必受到其上各排管流下冷凝液的影响。如图 4.3.29 所示，图中（a）为竖直排列或正方形排列水平管束的情况。此时上排管子的冷凝液流到下排管子顶部，于是下排管子顶部的液膜厚度即不为零，从而增大了下排管的液膜厚度，减小了其表面传热系数，故竖直排列管组中各排管子的冷凝表面传热系数将逐排依次下降。努塞尔假定脱离上排管子时的液膜厚度为下排管子顶部的膜厚，导得水平管束外冷凝的平均表面传热系数为

$$h=0.725\left(\frac{r\rho^{2}g\lambda^{3}}{\eta n d_{\mathrm{o}}\Delta t}\right)^{\frac{1}{4}} \tag{4.3.68}$$

式中，n 为管束在垂直方向上的管排数。实际上，这样的估算过于保守，因为冷凝液下流时不可避免地要产生撞击和飞溅，使下排液膜扰动增强。考虑到扰动的影响，如将式（4.3.68）中的 nd_{o}代之以 $n^{2/3}d_{\mathrm{o}}$，会更符合实际结果，即

$$h=0.725\left(\frac{r\rho^{2}g\lambda^{3}}{\eta n^{2/3} d_{\mathrm{o}}\Delta t}\right)^{\frac{1}{4}} \tag{4.3.69}$$

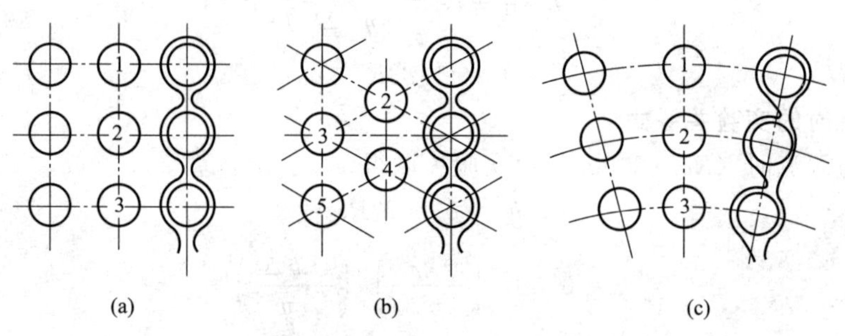

图 4.3.29　水平管束的管子排列及其对冷凝液膜厚度的影响

此外，如按图 4.3.29（a）的排列将整体设备转动 45°，或采用如图 4.3.29（b）、（c）所示的管束排列，就可不同程度地减少冷凝液对下层管束传热的影响，从而提高管束的表面传热系数。所以，许多冷凝器中管束的布置情况，更多的是采用后面几种方式。

在管壳式冷凝器中，管束在垂直方向上各列的管子排数不等，可用平均的管排数 $n_{\mathrm{a,v}}$代替式（4.3.68）中的 n 来计算管束的平均 h 值。设各列的管子排数分别为 n_1，n_2，n_3，…，n_z，则平均的管排数 $n_{\mathrm{a,v}}$可按下式确定。

$$n_{\mathrm{a,v}}=\left(\frac{n_1+n_2+n_3+\cdots+n_z}{n_1^{0.75}+n_2^{0.75}+n_3^{0.75}+\cdots+n_z^{0.75}}\right)^4 \tag{4.3.70}$$

该式对图 4.3.29 中的三种排列方式均适用。

(8) 水平管内冷凝时的对流表面传热系数

在化学工程中常遇到蒸气在管内冷凝，与管外冷凝的区别在于尚需考虑蒸气流速的影响。在蒸气流速不大且凝液能够顺畅排出时，无论竖直管内或水平管内，冷凝表面传热系数均可近似地按管外冷凝公式进行估算。

对于水平管内冷凝，当蒸气流速相当高时，气速的影响很大，将会出现各种型式的气、液两相流动，此时努塞尔理论模型将不再适用。不同研究者所得结果差别很大，应用有关资料时要慎重。

【例 4.15】 绝对压强为 $4.76\times10^5\,\mathrm{Pa}$ 的饱和蒸气在单根圆管外冷凝，管外径为

100mm，管长为1000mm，壁温维持在110℃，试求：(1) 圆管竖直放置时的平均表面传热系数；(2) 圆管水平放置时的平均表面传热系数；(3) 将管长增加一倍，竖直放置时的平均表面传热系数。

解：绝对压强为4.76×10^5Pa的饱和蒸气的温度为150℃，所以膜温为(150+110)/2=130℃时，冷凝液的物性为$\rho=934.8\text{kg/m}^3$；$\eta=21.77\times10^{-5}\text{Pa}\cdot\text{s}$；$\lambda=0.6856\text{W/(m}\cdot\text{℃)}$；$t_s=150$℃，$r=2118.5\text{kJ/kg}$

(1) 先假定液膜为层流，由式(4.3.62)求得竖直管外冷凝时的表面传热系数

$$h_{竖直}=1.13\left(\frac{r\rho^2 g\lambda^3}{\eta L\Delta t}\right)^{\frac{1}{4}}=1.13\times\left(\frac{2118.5\times934.8^2\times9.81\times0.6856^3}{21.77\times10^{-5}\times1\times(150-110)}\right)^{\frac{1}{4}}=5.75\times10^3\text{W/(m}^2\cdot\text{K)}$$

检验液膜是否为层流

$$Re=\frac{4Lh\Delta t}{r\eta}=\frac{4\times1\times5.75\times10^3\times(150-110)}{2118.5\times10^3\times21.77\times10^{-5}}=1996<2000$$

故假定层流是正确的。

(2) 圆管水平放置时，由式(4.3.66)可知

$$h_{水平}=0.725\left(\frac{r\rho^2 g\lambda^3}{\eta d_o\Delta t}\right)^{\frac{1}{4}}=0.725\times\left(\frac{2118.5\times934.8^2\times9.81\times0.6856^3}{21.77\times10^{-5}\times0.1\times(150-110)}\right)^{\frac{1}{4}}$$
$$=6.55\times10^3\text{W/(m}^2\cdot\text{K)}$$

因此，当液膜流动呈层流时，竖直放置圆管的平均表面传热系数小于水平放置，两者的比值为

$$\frac{h_{水平}}{h_{竖直}}=0.64\left(\frac{L}{d_o}\right)^{\frac{1}{4}}=0.64\times\left(\frac{1}{0.1}\right)^{\frac{1}{4}}=1.14$$

(3) 将管长增加一倍，圆管竖直放置时，液膜流动将转变为湍流状态。由式(4.3.65)得

$$h_{湍流}=0.0077\left(\frac{\rho^2 g\lambda^3}{\eta^2}\right)^{\frac{1}{3}}\left(\frac{4Lh_{湍流}\Delta t}{r\eta}\right)^{0.4}$$

$$h_{湍流}^{0.6}=0.0077\times\left[\frac{934.8^2\times9.81\times0.6856^3}{(21.77\times10^{-5})^2}\right]^{\frac{1}{3}}\times\left[\frac{4\times2\times(150-110)}{2118.5\times10^3\times21.77\times10^{-5}}\right]^{0.4}$$
$$h_{湍流}=1.045\times10^4\text{W/(m}^2\cdot\text{K)}$$

当液膜流动从层流转变为湍流状态时，冷凝表面传热系数将急剧增加。因此，当冷凝管较长，液膜流动转变为湍流时，一般来说竖直放置的平均表面传热系数将大于水平放置。

(9) 冷凝传热的影响因素

① 冷凝液膜两侧的温度差　冷凝液膜两侧的温度差为$\Delta t=(t_s-t_w)$。尤其是当液膜呈层流流动时，若Δt加大，则蒸气冷凝速率增加，因而液膜层厚度增厚，使冷凝表面传热系数降低。

② 流体物性的影响　由膜状冷凝的表面传热系数计算式可知，液膜的密度、黏度及热导率都影响h值。此外，蒸气的冷凝热也影响h值。

③ 不凝性气体的影响　以上讨论仅限于纯蒸气的冷凝。实际上，工业用蒸气中总会含有微量的不凝性气体，即使含量极微，也会对冷凝传热产生十分有害的影响。例如当蒸气中含有1%的空气时，冷凝表面传热系数降低约60%。在连续运转过程中，不凝性气体将在冷凝空间积聚。随着蒸气的冷凝，靠近液膜表面的蒸气分压减小而不凝性气体的分压增大。

蒸气在抵达液膜表面进行冷凝前，必须以扩散方式穿过聚集在界面附近的不凝结气膜，导致传热、传质的阻力增加，使表面传热系数大幅度下降。同时蒸气分压下降，也使相应的饱和冷凝温度降低，削弱冷凝温差。沸点相差较大的多组分混合物蒸气的部分冷凝，与纯蒸气的冷凝有显著差异，遵循不同的规律，表面传热系数也较纯蒸气冷凝为小。

④ 蒸气过热的影响　过热蒸气与固体表面的传热过程中，当壁温 $t_{h,w}$ 高于蒸气饱和温度时，壁面上无冷凝发生，此时的传热过程与普通的对流传热完全相同。若壁温低于蒸气的饱和温度，则不论蒸气过热与否，壁面上必有冷凝。实验证实，只要把计算式中的相变热改用过热蒸气与饱和液体的焓差，仍可使用饱和蒸气的实验关联式来计算过热蒸气的冷凝表面传热系数。

⑤ 蒸气流速的影响　当蒸气的流速不大时，蒸气与冷凝液膜之间的作用力可以忽略，因而努塞尔理论模型忽略了蒸气流速的影响。但当蒸气流速较大时（例如对于水蒸气流速大于 10m/s），蒸气流速对液膜表面会产生明显的黏滞应力，影响液膜的流动和传热。一般来说，蒸气和液膜流向相同，蒸气将加速冷凝液的流动，使液膜厚度减薄，冷凝表面传热系数增大。反之，当蒸气与冷凝液逆向流动时，冷凝表面传热系数减小。如果蒸气速度增大到可以撕破液膜，使部分壁面直接暴露于蒸气中，会导致冷凝表面传热系数增大。通常，蒸气入口设在换热器的上部，避免蒸气与冷凝液逆向流动。

(10) 冷凝传热的强化方法

通过分析冷凝传热的影响因素可知，蒸气膜状冷凝时，热阻取决于通过冷凝液膜层的导热。因此，工业上强化冷凝传热的方法大多集中在尽量减薄液膜厚度，具体措施如下。

① 及时排放传热表面上产生的冷凝液，可以强化冷凝传热过程，使表面传热系数成倍增加。例如对于竖直壁面，在其上开若干纵向沟槽或者沿竖直壁装若干条金属丝[图 4.3.30 (a)]，使冷凝液在表面张力的作用下，沿沟槽或金属丝流下，可减薄其余壁面上的液膜厚度。或者在凝液下流的过程中分段排泄[图 4.3.30 (b)]，有效地控制液膜的厚度。图 4.3.30 (c) 所示卧式冷凝器中的泄流板，可使布置在该板上部水平管束上的冷凝液不会集聚到其下部的其他管束上。对于竖直管内冷凝，采用适当的内插物（如螺旋圈）可分散冷凝液，减小液膜厚度从而提高表面传热系数。

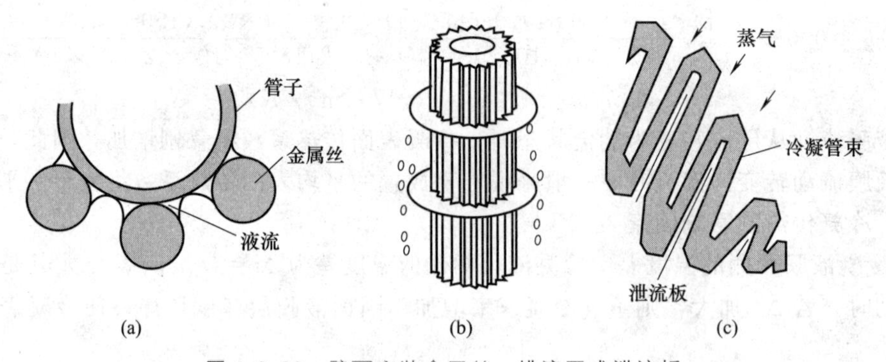

图 4.3.30　壁面安装金属丝、排液圈或泄流板

② 减薄蒸气冷凝时直接黏滞在固体表面上的液膜。例如对冷凝表面进行表面处理，减少凝液对冷凝面的浸润能力，使之形成滴状冷凝。或者利用表面张力减薄液膜厚度，如图 4.3.31 所示的低翅片管，翅片上的液膜受表面张力的作用而变薄，因此翅片管的强化传热效果比单纯由于面积增加要大得多。

③ 及时排放不凝性气体。前已述及，工业用蒸气中含有的微量不凝性气体，会在冷凝

壁面附近积累形成气膜，增加传热、传质的阻力，同时降低蒸气的分压，导致传热推动力下降。因此在各种与蒸气冷凝有关的换热装置中，为减少不凝性气体的不良影响，都设有排放口，定期排放不凝性气体。

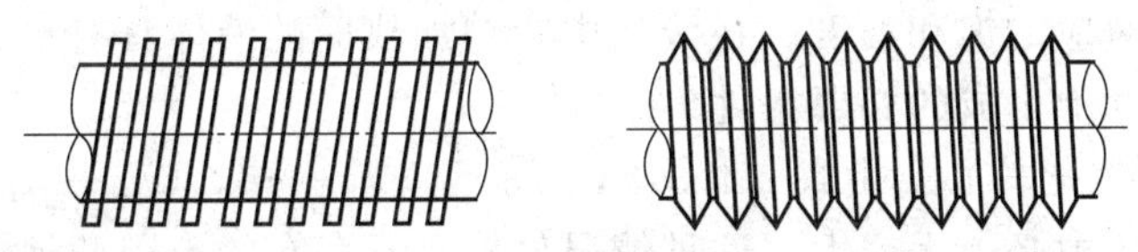

图 4.3.31　低翅片管

4.3.6.2　液体沸腾传热

(1) 液体沸腾的方式

沸腾传热最主要的特征是液体内部有气泡产生。液体在加热面上的沸腾，按设备的尺寸和形状可分为大容积沸腾（或称池式沸腾）和管内沸腾（或称强制对流沸腾）两类。所谓大容积沸腾是将加热器或加热表面浸没在液层中，在加热壁面形成的气泡长大到一定尺寸后，脱离壁面自由上浮，至液层表面逸出。而管内沸腾是液体在管内或沿加热表面强制流动的同时，被加热沸腾。管内沸腾时壁面形成的气泡不能自由浮动，而是和液体混杂在一起强制流动，产生复杂的两相流，沸腾和流动两种现象相互影响，因此管内沸腾要比大容积沸腾复杂得多。

根据管内液体的主体温度是否达到相应压力下的饱和温度，沸腾传热还可以分为过冷沸腾与饱和沸腾。若液体主体温度低于饱和温度，由于加热面温度很高，在加热面上产生气泡，当其进入液体主体时将会迅速冷凝，这种沸腾称为过冷沸腾；若液体主体达到饱和温度或略高于饱和温度，则气泡经液体主体不再冷凝，这种沸腾即为饱和沸腾。

本节只讨论大容积饱和沸腾。

(2) 液体沸腾的机理

① 气泡的生成和过热度　沸腾传热的主要特征是液体内部有气泡产生，气泡的生成过程如图 4.3.32（a）所示。假定气泡是球形的，气泡内部的压力为 p_v，周围液体的压力为 p_l，液体的表面张力为 σ，如图 4.3.32（b）所示。将半径为 r 的气泡剖成两半，对其中的一半作受力衡算可得

$$\pi r^2(p_v-p_l)=2\pi r\sigma$$

或

$$p_v-p_l=\frac{2\sigma}{r} \tag{4.3.71}$$

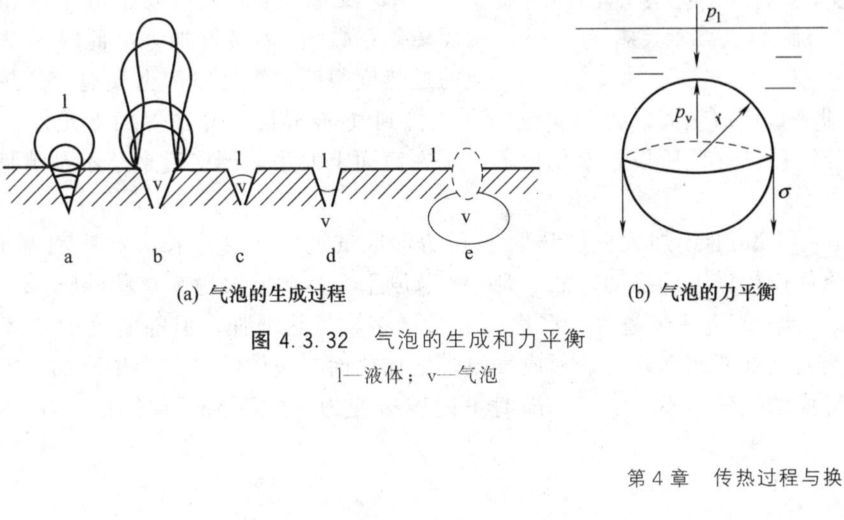

(a) 气泡的生成过程　　(b) 气泡的力平衡

图 4.3.32　气泡的生成和力平衡

l—液体；v—气泡

对于单组分的液体，一定压力对应于一定的饱和温度。由式（4.3.71）可见，由于表面张力的作用，要求气泡内的蒸气压力大于液体的压力。而气泡形成和长大都需要从周围液体中吸收热量，要求压力较低的液相温度高于气相温度，故液体必须过热，即液体的温度必须高于气泡内压力所对应的饱和温度。在液相中紧贴加热面的液体具有最大的过热度。液体的过热是新相——小气泡生成的必要条件。

② 粗糙表面的汽化核心　由式（4.3.71）可见，当 $r \to 0$，$(p_v - p_l) \to \infty$ ，即开始形成气泡时，气泡内的压力必须无穷大。这种情况显然是不存在的，因此纯净的液体在绝对光滑的加热面上不可能产生气泡。实验发现，液体沸腾时气泡只能在粗糙加热面的若干点上产生，这种点称为汽化核心。汽化核心是一个复杂的问题，它与表面粗糙程度、氧化情况、材料的性质及其不均匀性等多种因素有关，至今尚未完全弄清。目前，比较一致的看法认为，粗糙表面的细小凹缝易于成为汽化核心，如图 4.3.32（a）所示。空穴底部往往吸附着微量的空气或蒸气，当液体被加热时，空穴中的蒸气增多，形成气泡，随着气泡长大并脱离壁面，在空穴中残存的蒸气又成为下一个气泡的核心。

由式（4.3.71）还可看出，如果加热面比较光滑，则汽化核心少且曲率半径小，必须有很大的过热度才能使气泡生成。因此一定的过热度下只有大于某一直径的空穴才能产生气泡。随着过热度的增加，直径更小的空穴也能产生气泡，气化核心增多，沸腾加剧。

与无相变的对流传热一样，沸腾传热的热阻也主要集中在紧贴加热表面的液体薄层内。但沸腾传热时，气泡的生成和脱离对该薄层液体产生强烈的扰动，使热阻大为降低。同时在气泡上浮过程中，过热液体和气泡表面间仍在不断传热，沸腾传热的强度之所以高于无相变的对流传热，原因就在于此。其表面传热系数可高达 $2\times10^5\ W/(m^2 \cdot K)$ 左右。

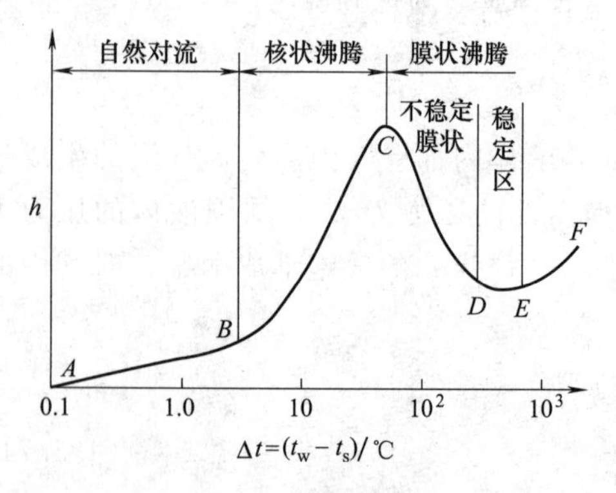

图 4.3.33　沸腾温度差和表面传热系数的关系

另一方面，沸腾加剧的程度还和气泡生成的频率有关。随着壁温升高，气泡长大的速度加快，脱离壁面的频率增大，有利于沸腾加剧。

③ 大容积饱和沸腾曲线　由前述可知，沸腾传热与壁面和液体间的温度差密切相关。以大气压下水在金属表面上进行的沸腾实验为例，当壁温升高时，可得到如图 4.3.33 所示的几个明显不同的区域。图中横坐标 $\Delta t = t_w - t_s$，为壁温和液体饱和温度之差，纵坐标为表面传热系数。

***AB* 段**　当壁温刚刚高于液体饱和温度时，表面传热系数随 Δt 缓慢加大，此时紧贴加热面液体的过热度很低，不足以产生气泡，传热依靠自然对流进行，即热量从加热面以自然对流的方式传到气-液界面，并在界面上蒸发。这一阶段称为自然对流阶段。在此阶段，汽化现象只是在液面上发生，严格说来还不是沸腾，而是表面汽化。

***BC* 段**　当 Δt 继续加大，加热面上开始形成气泡，在气泡长大和脱离壁面的过程中，壁面附近流体产生很大的扰动，故 h 随 Δt 急剧上升。此阶段称为核状沸腾。

***CD* 段**　当 Δt 进一步增大，汽化核心数增多，传热增强，但随着气泡增多，部分气泡在脱离加热面之前便相互连接，形成气膜，把加热面与液体隔开，产生附加热阻，将削弱传热。开始形成的气膜是不稳定的，随时可能破裂变为大气泡离开加热面。随着 Δt 的增大，

气膜趋于稳定，因气体热导率远小于液体，故表面传热系数反而下降。此阶段称为不稳定膜状沸腾。从核状沸腾变为膜状沸腾的转折点称为临界点（C 点）。此时汽化核心增多，加强传热的影响和气泡覆盖表面削弱传热的影响相互抵消，在该点出现 h 的最大值。临界点所对应的温度差即称临界温差，这时的热流密度称为临界热负荷。与有机液体相比，水具有较大的临界热负荷。

***DEF* 段**　Δt 进一步增大，加热面上形成一层稳定的气膜，把液体和加热面完全隔开。继续加大 Δt，将使壁温愈来愈高，辐射传热的作用愈来愈大，故表面传热系数回升，随 Δt 增大而增大，此阶段的沸腾为稳定膜状沸腾。

在上述液体饱和沸腾的各个不同阶段中，核状沸腾具有表面传热系数大、壁温低的优点，故工业设备常维持在核状沸腾下操作。为保证沸腾装置在核状沸腾状态下工作，必须控制 Δt 不大于其临界值 Δt_c；否则，核状沸腾将转变为膜状沸腾，使 h 急剧下降，造成壁温急剧上升，可能使加热壁面瞬时过热而烧毁。因此核状沸腾变为膜状沸腾的临界点也称为烧毁点，沸腾传热设备的热流通量设计值必须低于烧毁点所对应的热流通量数值。不适当地加大壁面处的过热度，反而会使沸腾装置的效率降低，设备的传热性能反而将急剧下降，甚至产生烧毁设备的严重事故。

(3) 影响沸腾传热的因素

沸腾传热过程极其复杂，其影响因素大致可分为以下四个方面。

① 液体和蒸气的性质。主要包括表面张力 σ、黏度 η、热导率 λ、定压比热容 c_p、汽化热 r、液体与蒸气的密度 ρ_l 和 ρ_v 等。一般情况下，h 随 λ，ρ 的增加而提高，随 η、σ 的增加而减少。

② 操作压力的影响。提高沸腾压力相当于提高液体的饱和温度，使液体的表面张力和黏度均下降，有利于气泡的生成和脱离，强化了沸腾传热。在相同的壁面过热度 Δt 下，提高压力，h 和热流密度 q 都增大。

③ 壁面过热度 Δt 的影响。壁面过热度 Δt 的影响如沸腾曲线图 4.3.33 所示。值得注意的是，在不同沸腾阶段其影响迥然不同，在临界温差 Δt_c 下，h、q 具有最大值。水在常压沸腾，$\Delta t_c = 22℃$，临界热负荷 q_c 为 1100W/m^2，Δt 是影响沸腾传热的重要参数。

④ 加热壁面的影响。加热壁面的材料和粗糙度对沸腾传热有重要的影响。一般新的或洁净的加热面 h 较高。当壁面被油脂玷污后，会使 h 急剧下降。壁面愈粗糙，汽化核心愈多，愈有利于沸腾传热。此外，加热面的布置情况，对沸腾传热也有明显的影响。例如在水平管束外沸腾时，其上升气泡会覆盖上方管的一部分加热面，导致平均 h 下降。

(4) 沸腾传热的强化

水的沸腾表面传热系数远高于水的强制对流，一般情况下无须强化。而像制冷剂等低沸点工质的沸腾表面传热系数较低［约为 500～2000W/(m^2·℃)］，需要予以强化。

在沸腾传热中，气泡的产生和运动情况对传热过程影响极大。气泡的生成和运动与加热表面状况及液体的性质两方面因素有关。因此，沸腾传热的强化也可以从加热表面和液体沸腾两方面入手。

首先，液体沸腾应保持在核状沸腾阶段工作，避免加热面的过热及表面传热系数大幅度下降，这样才能保证有较高的表面传热系数。其次，粗糙加热表面可提供更多汽化核心，使气泡运动加剧，传热过程得以强化。因此，可采用机械加工或腐蚀的方法将金属表面粗糙化，或者将细小的金属颗粒（如铜）通过钎焊或烧结固定于金属板或金属管上所制成多孔金属表面，如图 4.3.34 所示。据报道，多孔金属表面可提供大量汽化核心点、减薄金属壁与气泡间的液膜厚度、又可由于毛细管作用使液体强烈循环，因此这种多孔金属表面可使沸腾表面传热系数提高十几倍。

强化沸腾传热的另一种方法是在沸腾液体中加入某种气体或适宜的液体作为添加剂，用以增加汽化核心，或改变沸腾液体的物性，例如表面张力，使气泡容易脱离壁面，可将表面传热系数提高20%～100%。同时，添加剂还可以提高沸腾液体的临界热负荷。

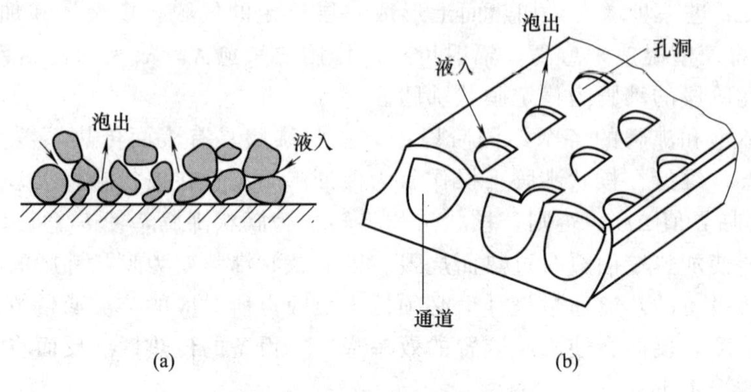

图 4.3.34 多孔表面的沸腾

(5) 管内沸腾传热简介

流体在管式蒸发器、再沸器等换热设备中的沸腾，属于管内沸腾传热。由于沸腾空间的限制，沸腾产生的蒸气和液体混在一起，出现多种不同形式的气液两相流结构，换热机理较复杂。因此，管内沸腾时，沸腾状态随流体流向而不断变化。如图 4.3.35 所示为垂直管内沸腾可能出现的流动类型及换热类型。刚进入管内的液体，由于温度低于饱和温度，与管壁间为单相液体的对流传热；向前流动的液体在壁面附近最先加热到饱和温度，壁面上开始产生气泡。此时液体主流尚未达到饱和温度，处于过冷状态，这时的沸腾为过冷沸腾；继续加热，使液体在整个截面上达到饱和温度时，进入饱和核状沸腾区。核状沸腾区依次经历气泡小而分散的泡状流和小气泡合并而成的块状流，当汽含量增长到一定程度，大汽块进一步合并，在管中心形成汽芯，把液体排挤到壁面，呈环状液膜，称为环状流。此时，换热进入液膜对流沸腾区。环状液膜受热蒸发，逐渐减薄，一直到完全汽化，使换热进入单相蒸气流的对流传热过程。此时会使壁温迅速升高，对安全造成威胁。水平管内沸腾，在流速较高时与垂直管基本相同。但当流速较低时，由于重力影响，气液两相将分别趋于集中在管的上半部和下半部。进入环状流后，局部不能被液体润湿，传热较差，如图 4.3.36 所示的部位（3）。

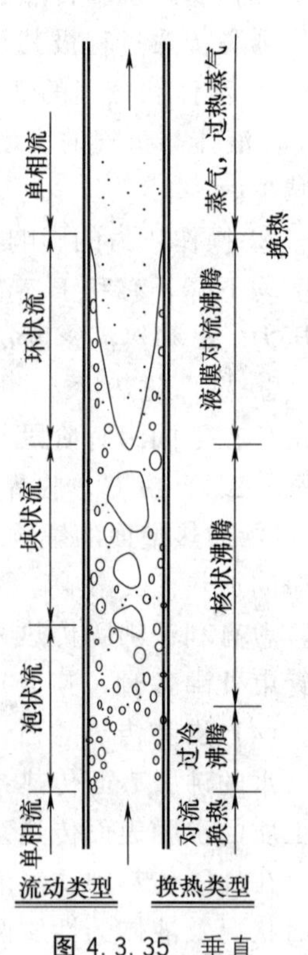

图 4.3.35 垂直管内沸腾

(6) 沸腾传热的对流表面传热系数

由于沸腾传热过程复杂，虽然提出的经验式很多，但分歧较大或不够完善，至今还未总结出普遍适用的公式。下面仅介绍两个可用于大容积核状沸腾表面传热系数估算的经验公式。

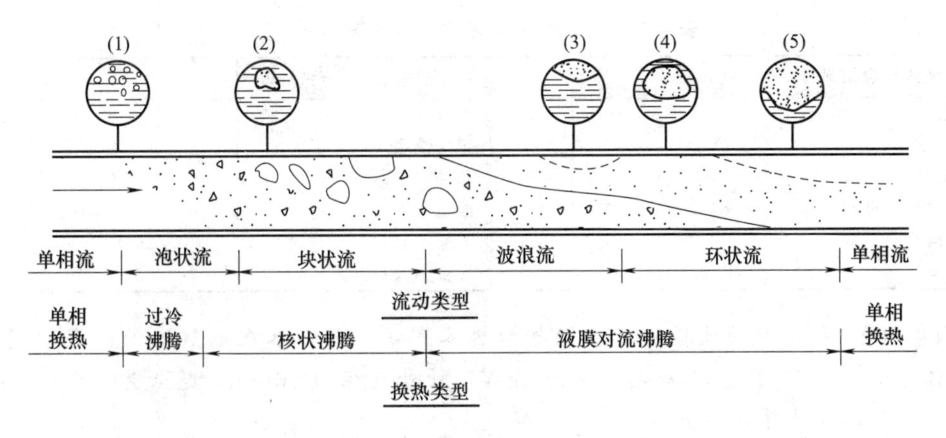

图 4.3.36　水平管内沸腾

① 水在 $10^5 \sim 4\times10^6$ Pa 压力下的核状沸腾，米海耶夫（Михеев）推荐可用下式计算：

$$h=0.5335q^{0.7}p^{0.15} \quad \text{W/(m}^2\cdot℃) \tag{4.3.72}$$

由 $q=h\Delta t$，上式又可改写为

$$h=0.12315\Delta t^{2.33}p^{0.5} \quad \text{W/(m}^2\cdot℃) \tag{4.3.73}$$

式中　p——沸腾绝对压力，Pa；

q——热流密度，W/m²；

Δt——沸腾温差（t_w-t_s），即过热度，℃。

② 对于不同液体在不同清洁壁面上的核状沸腾，罗塞诺（Rohsenow）提出可用如下关联式计算沸腾热流密度 q 或沸腾温差 Δt

$$\frac{c_p\Delta t}{r\,Pr^n}=c_{wl}\left[\frac{q}{\eta r}\sqrt{\frac{\sigma}{g(\rho_l-\rho_v)}}\right]^{\frac{1}{3}} \tag{4.3.74}$$

$$q=h\Delta t$$

式中　Δt——沸腾温度差（t_w-t_s），℃；

q——热流密度，W/m²；

c_p——饱和液体的定压比热容，J/(kg·℃)；

η——饱和液体的黏度，Pa·s；

Pr——饱和液体的普朗特数；

ρ_l——饱和液体的密度，kg/m³；

ρ_v——饱和蒸汽的密度，kg/m³；

r——饱和温度下的汽化热，J/kg；

σ——液体-蒸气界面上的表面张力，N/m；

g——自由落体加速度，m/s²；

n——液相普朗特指数，其值见表 4.3.5；

c_{wl}——取决于加热表面与液体组合情况的经验常数，参见表 4.3.5。

式（4.3.74）适用于单组分饱和液体在清洁表面上的核状沸腾。

根据沸腾的液相及加热面材料，从表 4.3.5 中选定 c_{wl} 及 n，代入式（4.3.74）求得 q，即可按 $h=q/\Delta t$ 求得表面传热系数 h。此外，也可根据给定的条件，参考专著及相关资料选择更适宜的计算公式进行估算。

表 4.3.5　几种表面-液体组合情况的 c_{wl} 值

表面-液体组合情况	c_{wl}	n	表面-液体组合情况	c_{wl}	n
水-铜(铂)	0.013	1	乙醇-铬	0.00207	1.7
			正戊烷-铬	0.015	1.7
水-镍(黄铜)	0.006	1	苯-铬	0.010	1.7
水-腐蚀或磨光的不锈钢	0.0132～0.0133	1.7	四氯化碳-铜	0.013	1.7
正丁醇-铜	0.00305	1.7	35% K_2CO_3-铜	0.0054	1.7
异丙醇-铜	0.0025	1.7	50% K_2CO_3-铜	0.0027	1.7

【例 4.16】 一横放的试验用不锈钢电加热蒸汽发生器，水在电热器外的大空间沸腾，绝对压强为 1.96×10^5 Pa。已知电功率为 5kW，管外直径为 16mm，总长为 3.2m，求沸腾表面传热系数，并计算它的壁温。

解： 热流通量　$q=\dfrac{\Phi}{\pi d_o l}=\dfrac{5000}{3.14\times0.016\times3.2}=3.11\times10^4\,\mathrm{W/m^2}$

由式 (4.3.72) 得

$$h=0.5335q^{0.7}p^{0.15}=0.5335\times(3.11\times10^4)^{0.7}\times(1.96\times10^5)^{0.15}=4633.5\mathrm{W/(m\cdot K)}$$

绝对压强为 1.96×10^5 Pa 时，水的饱和温度为 110℃，由 $q=h(t_w-t_s)$ 得

$$t_w=\frac{q}{h}+t_s=\frac{3.11\times10^4}{4633.5}+110=6.7+110=116.7℃$$

4.4 辐射传热

辐射传热是热量传递的三种基本方式之一。辐射传热是许多高温设备的主要传热方式，如原油加热炉和锅炉中的燃烧加热、高温设备的散热等。许多温度不太高的情况，例如暖气片向室内散热，设备的热损失等，辐射传热量与对流传热量相当，不可忽略。本节将主要讨论有关辐射传热的基本概念、基本定律以及辐射传热计算的基本方法。

4.4.1 辐射传热的基本概念

(1) 热辐射

物体以电磁波的形式向外发射能量的过程称为热辐射。任何物体只要温度在热力学零度以上，都能向外发射电磁波。电磁波的波长范围极广，其中能被物体吸收而转变为物体热力学能的辐射线称为热射线。如图 4.4.1 所示，热射线的波长范围为 0.38～100μm，包括全部可见光、大部分红外线以及小部分紫外线。其中，可见光的波长范围为 0.36～0.76μm，仅占很小一部分，只有在很高温度下才能觉察其热效应。热辐射的能力与温度有关。随着温度的升高，热辐射的作用增大。高温时，热辐射将起决定性作用。温度较低时，如果对流传热不是太弱，热辐射的作用相对较小，可以忽略。但是，对于气体的自然对流传热或低气速的强制对流传热，即使在较低温度下，热辐射的作用也不能忽视。

导热和对流传热都是依靠物体直接接触传递热量，而热辐射不需任何介质作媒介，可以在真空中传播，太阳向地球表面辐射能量就是一个例子。物体之间的辐射传热是通过两次能量形式的转化来完成的：物体向外发射热射线时，物体的热力学能转化成电磁波能；当热射线投射到另一个物体时，部分或者全部被另一个物体吸收，转化成其热力学能。

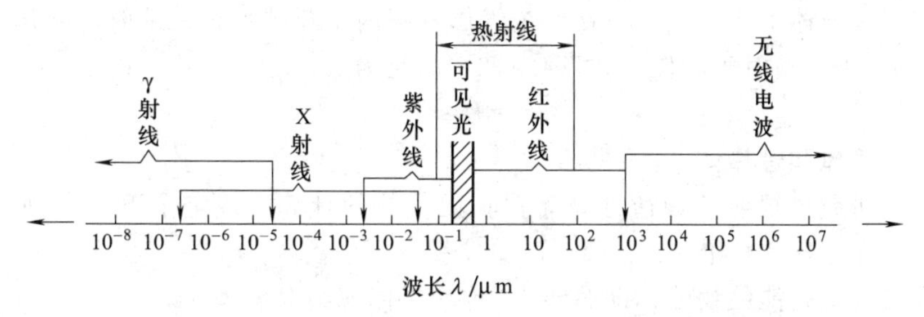

图 4.4.1 电磁波谱

(2) 热辐射的特性

热辐射与可见光一样，具有反射、折射和吸收的特性，服从光的反射和折射定律，能在均匀介质中作直线传播。如图4.4.2所示，假设单位时间投射到某一物体上的总辐射能为 Φ，一部分能量 Φ_A 被吸收，一部分能量 Φ_R 被反射，余下的能量 Φ_D 透过物体。根据能量守恒定律可得

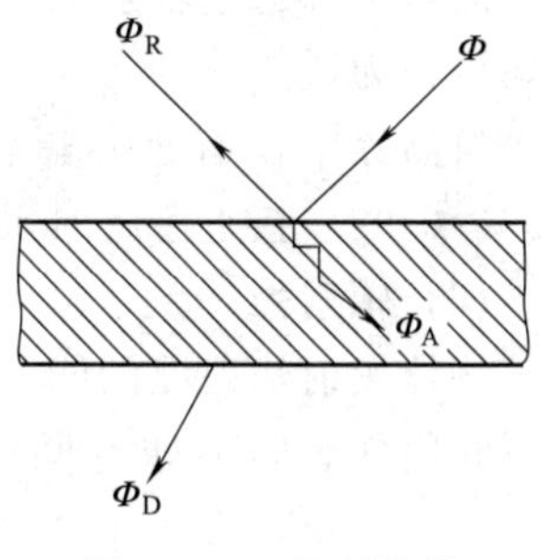

图 4.4.2 辐射能的吸收、反射和透射

$$\Phi_A+\Phi_R+\Phi_D=\Phi$$

即

$$\frac{\Phi_A}{\Phi}+\frac{\Phi_R}{\Phi}+\frac{\Phi_D}{\Phi}=1 \tag{4.4.1}$$

或

$$A+R+D=1 \tag{4.4.2}$$

式中，$A=\Phi_A/\Phi$ 为物体的吸收率，量纲为1；$R=\Phi_R/\Phi$ 为物体的反射率，量纲为1；$D=\Phi_D/\Phi$ 为物体的透射率，量纲为1。

吸收率 A、反射率 R 和透射率 D 的大小取决于物体的性质、温度、表面状况和辐射线的波长等。大多数固体和液体具有表面辐射特性，即热辐射进入固体或液体表面后，在极薄的表面层内即被完全吸收。例如对于金属导体，薄层只有1μm的数量级；对于大多数非导电体材料，厚度也小于1mm。实用工程材料的厚度都大于这些数值，因此可以认为固体和液体不允许热辐射穿透，即 $D=0$。于是，对于固体和液体，式（4.4.2）简化为

$$A+R\approx 1 \tag{4.4.3}$$

固、液体的表面状况对其辐射特性的影响至关重要。一般来说，表面粗糙的物体吸收率较大，则其反射率就小。这里所指的粗糙程度是相对于热辐射的波长而言的。如图4.4.3所示，当表面的不平整尺寸小于投射辐射的波长时，形成镜面反射，此时入射角等于反射角，如高度磨光的金属板。当表面的不平整尺寸大于投射辐射的波长时，形成漫反射。漫反射的射线是不规则的，一般工程材料的表面都形成漫反射。

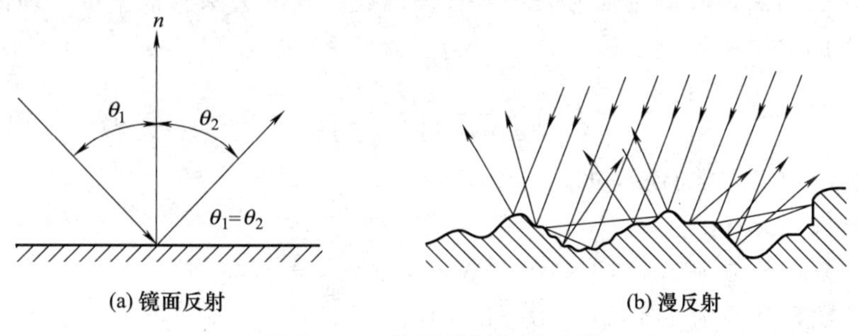

图 4.4.3 镜面反射和漫反射

气体则与固、液体不同，热射线在整个气体容积内不断被吸收、透射，而几乎没有反射能力，即 $R=0$。于是，对于气体，式（4.4.2）简化为

$$A+D\approx 1 \tag{4.4.4}$$

(3) 黑体、镜体和透热体

为了更好地研究热辐射的规律性，简化辐射传热的计算，规定了下面几种理想化的物体，作为实际物体的比较标准。

能够全部吸收辐射能的物体，即 $A=1$，称为黑体或绝对黑体。

能够全部反射辐射能的物体，即 $R=1$，称为镜体或绝对白体（漫反射时）。

能够全部透过辐射能的物体，即 $D=1$，称为透热体。一般单原子气体和对称双原子气体均可视为透热体。

自然界中没有绝对黑体和绝对白体。但是某些物体，如没有光泽的黑漆表面，$A=0.96\sim0.98$，接近于绝对黑体。表面磨光的铜 $R\approx0.97$，接近于绝对白体。

(4) 辐射力

物体发射辐射能的能力用辐射力来表示。辐射力指物体在一定温度下，单位发射面积、单位时间内，向半球空间所有方向所发出的全部波长的总能量，用 E 表示，其单位为 W/m^2。

物体的单色辐射力是指在单位发射面积、单位时间内所发出的某一波长的总能量，用 E_λ 表示，单位为 $W/(m^2\cdot\mu m)$。物体的定向辐射力为单位发射面积、单位时间内，向给定方向（与辐射表面的法向夹角为 θ）所发射的全部波长的总能量，用 $E(\theta)$ 表示。

辐射力与单色辐射力之间存在如下关系

$$E=\int_0^\infty E_\lambda \mathrm{d}\lambda \tag{4.4.5}$$

黑体的辐射力 E_b 和黑体的单色辐射力 $E_{\lambda,b}$ 之间的关系为

$$E_b=\int_0^\infty E_{\lambda,b} \mathrm{d}\lambda \tag{4.4.6}$$

4.4.2 黑体辐射基本定律

黑体在热辐射的分析计算中具有重要作用。在相同温度的物体中，黑体发射辐射能的能力最大。同时，黑体也是吸收热射线能力最强的物体。研究热辐射的方法通常是首先研究黑体的热辐射特性，然后将其他物体与黑体作比较，进行修正计算。

(1) 普朗克定律

普朗克定律表明黑体的单色辐射力与波长及温度之间的关系。根据量子理论得到的普朗克定律可用如下的数学关系式表达

$$E_{\lambda,b}=\frac{c_1\lambda^{-5}}{\exp(c_2/\lambda T)^{-1}} \tag{4.4.7}$$

式中，T——黑体的热力学温度，K；

λ——波长，μm；

c_1——常数，其值为 $3.7418\times10^{-16}\,W\cdot m^2$；

c_2——常数，其值为 $1.4388\times10^{-2}\,m\cdot K$。

将式（4.4.7）所表达的普朗克定律描绘在图 4.4.4 上。由图可见，在同一温度下，黑

体发射各种波长辐射能的能力是不同的：黑体发射的可见光能（$\lambda=0.4\sim0.8\mu m$）仅占很小一部分；发射的辐射能主要集中在 $0.8\sim10\mu m$ 的波长范围内，且存在一个极大值 $(E_{\lambda,b})_{max}$。用图 4.4.4 中每一温度下单色辐射力分布曲线对波长做积分（即该曲线下的面积），即得到该温度下黑体的辐射力 E_0。从图 4.4.4 中还可看出，黑体的辐射力与温度有关。温度升高时，黑体发射辐射能的能力增加。黑体单色辐射力的最高值随着温度升高而向波长较短的方向移动。

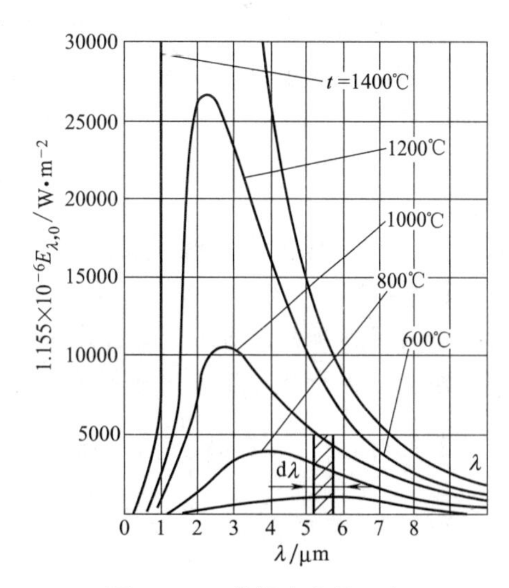

图 4.4.4 普朗克定律示意

对应于最大单色辐射力的波长 λ_m 和热力学温度 T 的关系可以用维恩位移定律表示

$$\lambda_m T=2897.8\mu m\cdot K \tag{4.4.8}$$

式（4.4.8）表明，黑体最大单色辐射力对应的波长 λ_m 与热力学温度 T 成反比。维恩位移定律是光谱测温的基础，利用此定律可以方便地估算物体的大致温度范围。如根据太阳的 λ_m 约为 $0.48\mu m$，估算太阳表面的温度大致为 6000K 左右。

实际物体的单色辐射力按波长分布的规律与普朗克定律存在类似之处。例如加热金属时可以观察到：随着温度的升高，金属发射的热辐射中可见光及可见光中短波的比例不断增加。当金属温度低于 800K 时，由于没有可见光辐射，不能察觉到金属的颜色变化。随着温度不断升高，金属相继出现暗红、鲜红、橘黄等颜色，当温度超过 1500K 时出现白炽。金属在不同温度下呈现的各种颜色，说明随着温度的升高，热辐射中可见光及可见光中短波的比例不断增加。

【例 4.17】 分别计算温度为 400K、2000K 和 6000K 的黑体的最大单色辐射力所对应的波长。

解： 由维恩位移定律得

$$T_1=400K\text{ 时},\lambda_{m,1}=\frac{2897.8}{T_1}=\frac{2897.8}{400}=7.24\mu m$$

$$T_2=2000K\text{ 时},\lambda_{m,2}=\frac{2897.8}{T_2}=\frac{2897.8}{2000}=1.45\mu m$$

$$T_3=6000K\text{ 时},\lambda_{m,3}=\frac{2897.8}{T_3}=\frac{2897.8}{6000}=0.48\mu m$$

上例的计算表明，温度等于太阳表面温度（约 6000K）的黑体辐射，其最大单色辐射力的波长位于可见光区。工业上一般高温范围内（2000K）的黑体辐射，其最大单色辐射力的波长位于红外线区。表面温度低于 400K 的物体，即使在黑暗空间也看不到可见光，但利用红外成像仪可以迅速探测其位置。

(2) 斯特藩-玻耳兹曼定律

根据普朗克定律式（4.4.7），黑体的辐射力可写成如下形式

$$E_b=\int_0^{\infty}E_{\lambda,b}d\lambda=\int_0^{\infty}\frac{c_1\lambda^{-5}}{\exp(c_2/\lambda T)^{-1}}d\lambda=\sigma T^4 \tag{4.4.9}$$

式中，σ 为斯特藩-玻耳兹曼常数，其值为 $5.670\times10^{-8}W/(m^2\cdot K^4)$。

上式即为物理学上著名的斯特藩-玻耳兹曼定律。它表明黑体的辐射力与其表面热力学温度的四次方成正比，因此也称为四次方定律。为了工程计算方便，通常将式（4.4.9）写为如下的形式

$$E_b = C_0\left(\frac{T}{100}\right)^4 \tag{4.4.10}$$

式中　C_0——黑体的发射系数，其值为 5.670W/($m^2 \cdot K^4$)。

【例 4.18】 一黑体表面置于室温为 27℃的厂房中，试求热平衡条件下黑体表面的辐射力。如将黑体加热到 327℃，它的辐射力变为升温前的多少倍？

解： 热平衡条件下，黑体的表面温度等于室温，由斯特藩-玻耳兹曼定律可得

27℃时，$E_{b1} = C_0\left(\frac{T_1}{100}\right)^4 = 5.67\times\left(\frac{27+273.15}{100}\right)^4 = 460.19\text{W/m}^2$

327℃时，$E_{b2} = C_0\left(\frac{T_2}{100}\right)^4 = 5.67\times\left(\frac{327+273.15}{100}\right)^4 = 7355.67\text{W/m}^2$

$$\frac{E_{b2}}{E_{b1}} = \frac{7355.67}{460.19} = 15.98\text{倍}$$

因为辐射力与黑体热力学温度的四次方成正比，所以随着温度的升高，辐射力急剧增大。上例表明，虽然黑体升温后热力学温度仅为原来的 2 倍，而辐射力却提高至原来的约 16 倍。

(3) 兰贝特余弦定律

前面所定义的辐射力 E，指明了物体在一定温度下，单位发射面积、单位时间内，向半球空间所有方向发出的全部波长的总能量，但没有指明物体发射的辐射能在半球空间不同方向上的能量分布。黑体发射的热辐射能在空间不同方向上的分布规律，可以用兰贝特定律表示。

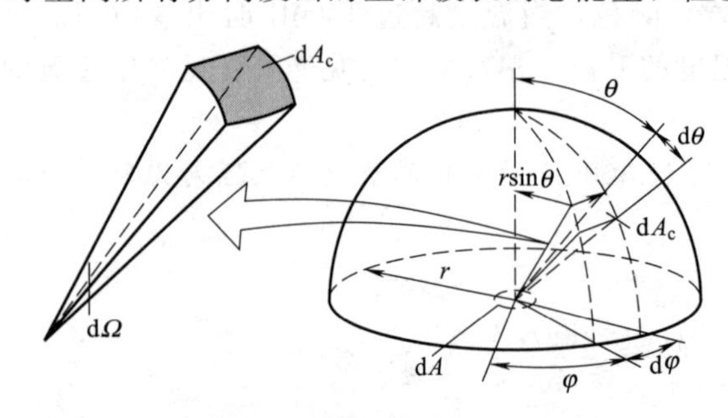

图 4.4.5　立体角的定义

为了说明辐射能量在空间不同方向上的分布规律，首先要引入立体角的概念。立体角为一空间角度，其量度与平面角的量度类似。如图 4.4.5 所示，以微元面积 dA（即立体角的角端）为中心作一半径为 r 的半球，将半球表面上被微元立体角 $d\Omega$ 所切割的面积 dA_c，除以半径的平方 r^2，即得微元立体角的量度为

$$d\Omega = \frac{dA_c}{r^2} \tag{4.4.11}$$

立体角的单位为球面度，sr。

若整个半球的面积为 A_c，则半球空间对应的立体角为

$$\Omega = \frac{A_c}{r^2} = 2\pi \tag{4.4.12}$$

立体角也可以用球坐标中相应的纬度微元角 $d\theta$ 和经度微元角 $d\varphi$ 表示为

$$d\Omega = \frac{dA_c}{r^2} = \frac{r d\theta \cdot r\sin\theta d\varphi}{r^2} = \sin\theta d\theta d\varphi \tag{4.4.13}$$

微元面积 dA 向空间不同方向上发射的辐射能，可以用定向辐射强度表示。单位时间内、单位发射投影面积上，发射到单位立体角上的辐射能称为定向辐射强度，用 $I(\theta)$ 表

示，单位为 W/(m² · sr)，可用下式表示为

$$I(\theta)=\frac{\mathrm{d}\Phi}{\mathrm{d}A\cos\theta\,\mathrm{d}\Omega} \tag{4.4.14}$$

式中　$\mathrm{d}\Phi$——微元面积 $\mathrm{d}A$ 发射的辐射能，W/m²；

$\mathrm{d}A\cos\theta$——微元面积 $\mathrm{d}A$ 在其发射方向（与 $\mathrm{d}A$ 法线方向的夹角为 θ）上的投影面积；

$\mathrm{d}\Omega$——微元面积 $\mathrm{d}A$ 发射的辐射能所覆盖的立体角。

黑体辐射的定向辐射强度与方向无关，也即黑体向半球空间各个方向发射的定向辐射强度相等。定向辐射强度与方向无关的规律称为兰贝特定律（Lambert），可表示为

$$I(\theta_1)=I(\theta_2)=I(\theta_n)=\text{常数} \tag{4.4.15}$$

服从兰贝特定律的表面称为漫辐射表面。由式（4.4.14）和式（4.4.15）可得

$$I(\theta)\cos\theta=\frac{\mathrm{d}\Phi}{\mathrm{d}A\,\mathrm{d}\Omega} \tag{4.4.16}$$

式（4.4.16）表明，单位发射面积发出的辐射能，投落到空间不同方向的单位立体角内的能量不相等，其值正比于该方向与辐射面法线方向夹角的余弦，所以兰贝特定律又称为余弦定律。余弦定律表明，黑体的辐射力在空间不同方向的分布是不均匀的，法线方向最大，切线方向为零。

对于服从兰贝特定律的辐射，其定向辐射强度 $I(\theta)$ 与辐射力 E 之间，数值上存在简单的倍数关系。将式（4.4.16）两端各乘以 $\mathrm{d}\Omega$，然后在整个半球范围（$\Omega=2\pi$）内积分，即得辐射力 E

$$E=\int_{\Omega=2\pi}\frac{\mathrm{d}\Phi}{\mathrm{d}A}=I(\theta)\int_{\Omega=2\pi}\cos\theta\,\mathrm{d}\Omega=\pi I(\theta) \tag{4.4.17}$$

式（4.4.17）表明，服从兰贝特定律的辐射，其辐射力 E 等于定向辐射强度 $I(\theta)$ 的 π 倍。

4.4.3　实际固体和液体的辐射特性

(1) 灰体

实际物体的辐射不同于黑体。实际物体的辐射力往往随波长作不规则的变化。图 4.4.6 所示为同温度下某实际物体和黑体的发射光谱。可以看出，黑体的辐射力和吸收能力都是最大的，因此其发射率和吸收率均可定义为 1。实际物体的单色辐射力随波长的变化规律与黑体类似，而对不同波长辐射能的吸收率相差不多。工程上，常把实际物体简化成灰体，即凡能以相同吸收率 A 吸收全部波长辐射能的物体，称为灰体。灰体有如下特点：

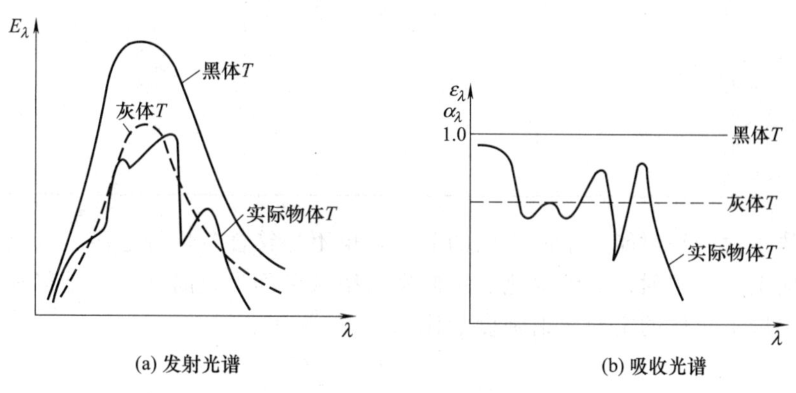

图 4.4.6　实际物体、黑体及灰体的发射和吸收光谱

① 它的吸收率 A 不随辐射线的波长而变化；

② 它是不透热体，$D=0$，所以 $A+R=1$。

像黑体一样，灰体也是一种理想物体。工业上通常遇到的热辐射，其主要波长区段位于红外辐射范围内。在此范围内，把大多数工程材料当做灰体处理引起的误差是可以接受的，而这种简化处理给辐射传热分析与计算带来很大的方便。

(2) 发射率

经实验证明，斯特藩-玻耳兹曼定律也可以应用于实际物体，即实际物体的辐射力

$$E=C\left(\frac{T}{100}\right)^4 \tag{4.4.18}$$

式中，C 为实际物体的发射系数，$W/(m^2 \cdot K^4)$。

实际物体的辐射力与同温度下黑体的辐射力的比值，称为实际物体的发射率（或黑度），用 ε 表示

$$\varepsilon=\frac{E}{E_b}=\frac{C}{C_0} \tag{4.4.19}$$

由式（4.4.18）和式（4.4.19）可得

$$E=\varepsilon C_0\left(\frac{T}{100}\right)^4 \tag{4.4.20}$$

事实上，实际物体的辐射力并不严格地与热力学温度的四次方成正比。但为了方便计算，在工程上仍认为一切实际物体的辐射力都与热力学温度的四次方成正比，而把由此引起的误差通过发射率进行修正。因此物体的发射率除了取决于物体的种类、表面情况外，还与物体的温度存在依变关系。发射率 ε 是反映物体辐射特性的一个重要的物性参数，只与发射辐射能的物体本身有关，而不涉及外界条件。发射率越大，表明物体发射辐射能的能力越强。黑体的发射率为 1，实际物体的发射率均小于 1。发射率的数值可以通过实验测定，常用工业材料的发射率（黑度）见表 4.4.1。已知物体的发射率，就可以通过式（4.4.20）计算该物体的辐射力。

表 4.4.1　常用工业材料的发射率（黑度）

材　　料	温度 t/℃	黑度 ε
红砖	20	0.93
耐火砖	—	0.8～0.9
钢板(氧化的)	200～600	0.8
钢板(磨光的)	940～1100	0.55～0.61
铸铁(氧化的)	200～600	0.64～0.78
铜(氧化的)	200～600	0.57～0.87
铜(磨光的)	—	0.03
铝(氧化的)	200～600	0.11～0.19
铝(磨光的)	225～575	0.039～0.057

实际物体发射的辐射能按空间方向的分布，也不尽符合兰贝特定律。可以用定向发射率表明不同方向上定向辐射强度的变化。定向发射率（又称为定向黑度）是实际物体的定向辐射强度与同温度下黑体的定向辐射强度的比值，即

$$\varepsilon(\theta)=\frac{I(\theta)}{I_b(\theta)}=\frac{I(\theta)}{I_b} \tag{4.4.21}$$

图 4.4.7 所示为一些有代表性的金属导体和非导电体材料的定向发射率。对于服从兰贝

特定律的辐射，定向发射率应是个半圆。而金属导体和非导电体材料的定向发射率在不同方向上特性不同。对于金属材料，θ 角在 0°～40°范围内，$\varepsilon(\theta)$ 可以看作常数。然后随 θ 角的增加先是增大，在80°左右达到最大，然后迅速下降，并在接近90°时趋于零。对于非导电体材料，当 θ 超过60°以后，$\varepsilon(\theta)$ 才会明显减小，直至 $\theta=90°$ 时 $\varepsilon(\theta)$ 降为零。尽管实际物体的定向发射率存在上述变化，但并不显著影响定向发射率在半球空间的平均值即 ε。大量实验表明，物体的半球平均发射率 ε 与法向发射率 ε_n 的比值，对于高度磨光的金属表面约为 1.0～1.20，对其他具有光滑表面的物体约为 0.95～1.0，对表面粗糙的物体约为 0.98。因此往往不考虑 $\varepsilon(\theta)$ 的变化细节，而近似地认为大多数工程材料也服从兰贝特定律。

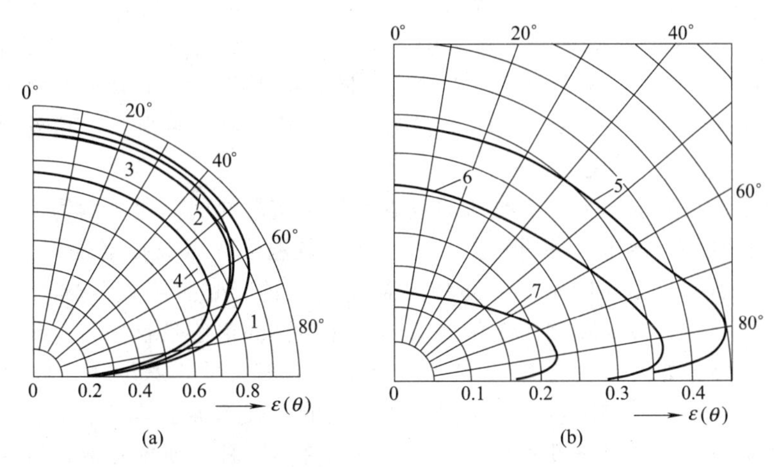

图 4.4.7　实际物体在各个方向上的定向发射率

【例 4.19】 试计算温度为 1000℃的磨光钢板表面的辐射力。

解： 查表 4.4.1 得，磨光钢板的发射率为 0.6，代入式（4.4.20）得，

$$E=\varepsilon C_0\left(\frac{T}{100}\right)^4=0.6\times5.67\times\left(\frac{1000+273}{100}\right)^4=8.93\times10^4\,\mathrm{W/m^2}$$

(3) 克希霍夫定律

克希霍夫（Kirchhoff）定律表明物体的发射率与吸收率之间的关系。如图 4.4.8 所示，两块平行平板相距很近，于是从一块板发出的辐射能全部投落到另一块板上。设壁面 1 为灰体，壁面 2 为黑体。壁面 1 的辐射力、吸收率和温度分别为 E、A 和 T_1；壁面 2 的辐射力、吸收率和温度分别为 E_b、A_b 和 T_2。两壁面之间为透热体，该系统与外界绝热。讨论在单位表面积、单位时间内两壁面之间的辐射传热情况。壁面 1 发出的辐射能 E_1 投射到黑体壁面 2 时被全部吸收，黑体壁面 2 发出的辐射能 E_b 投射到灰体表面 1 时一部分（AE_b）被吸收，其余部分（$1-A$）E_b 被反射回去，并被壁面 2 全部吸收。壁面 1 发射和吸收的能量之差即为两壁面间的净辐射传热热流密度

$$q=E-AE_b \tag{4.4.22}$$

当两壁面间的辐射传热达到热平衡（即 $T_1=T_2$）时，壁面 1 发射和吸收的能量必相等，即

$$E=AE_b \tag{4.4.23}$$

或

$$\frac{E}{A}=E_b \tag{4.4.24}$$

将式（4.4.19）与式（4.4.24）比较可得

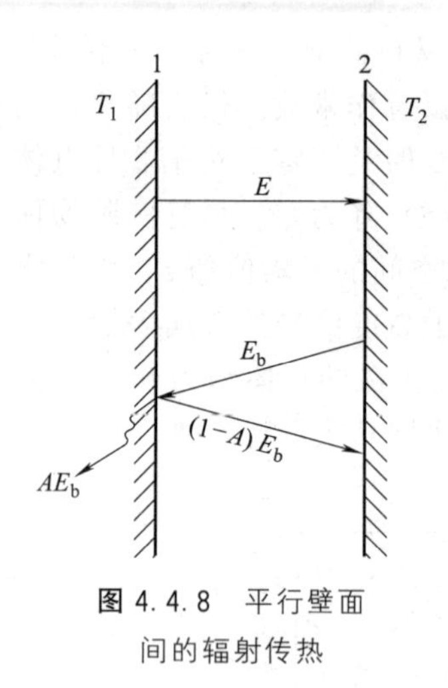

图 4.4.8　平行壁面间的辐射传热

$$A=\varepsilon=\frac{E}{E_b} \tag{4.4.25}$$

式（4.4.24）和式（4.4.25）为克希霍夫定律的两种表达形式，表明在热平衡的条件下，物体的辐射力与吸收率的比值恒等于同温度下黑体的发射率，并且只和温度有关。在同一温度下，物体的吸收率和发射率（或黑度）在数值上相等。

严格来讲，克希霍夫定律中物体的吸收率等于发射率，只有当"物体与黑体投射辐射处于热平衡"的条件下才能成立。而进行工程辐射传热计算时，投射辐射既非黑体辐射，也不会处于热平衡。但是对于漫射（包括自身辐射和反射辐射）的灰体表面，可以证明相同温度下其吸收率等于发射率。因此，对于漫射灰体表面而言，辐射力越强的物体，其吸收辐射能的能力也越强。

灰体假设和克希霍夫定律为确定物体的吸收率带来实质性的简化。因为实际物体的吸收率取决于两方面的因素：物体本身的种类、表面状况及温度，以及投射辐射能的物体种类、表面状况及温度。如图 4.4.9 所示，不同种类物体的单色吸收率随投射辐射能的波长而异（即物体的吸收选择性）。将实际物体简化为灰体，即物体的单色吸收率与波长无关，则不管投射辐射能的能量分布如何，吸收率 A 是一个常数。此时吸收率只取决于物体本身性质而与投射辐射无关。克希霍夫定律表明，漫射灰体表面的吸收率等于其发射率。而物体的发射率只与其本身性质有关，可以通过实验测定，并可在许多工程手册中查取，进而可以根据克希霍夫定律确定物体的吸收率。

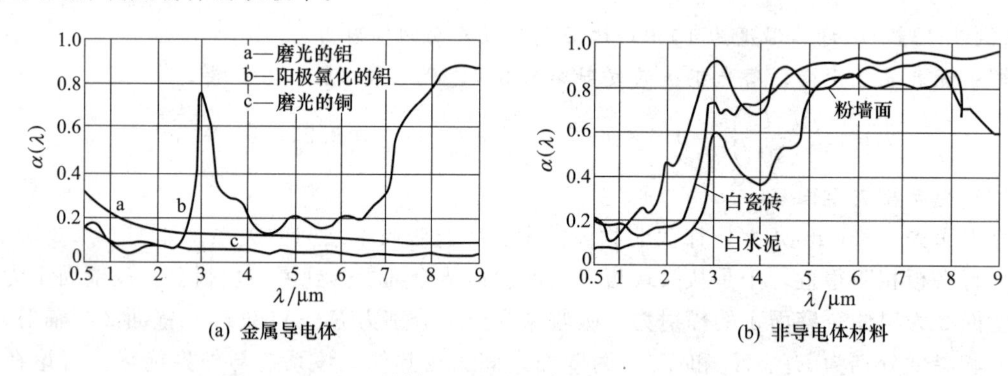

图 4.4.9　不同材料的单色吸收率与投射辐射波长的关系

随着太阳能应用技术的发展，对具有吸收选择性的材料的研究日益增多。如广泛应用于农业生产的温室大棚，以及太阳能电池的关键部件集热器。吸收太阳能时，一般不能把物体看作灰体。例如，玻璃对波长小于 2.5μm 的热射线（太阳辐射多集中在此波长范围），吸收率为 0.1，透射率为 0.9，即玻璃可以允许大量太阳辐射透入室内。同时，玻璃对波长大于 2.5μm 的热射线（室温下物体发射的热射线波长多集中在此范围内），吸收率为 0.95，透射率几乎为 0，即室内热量不易通过辐射散失，这就是玻璃的温室效应。在太阳能集热器的研究中，要求集热器的表面涂层对太阳辐射（即对短波辐射）的吸收率高，同时涂层本身温度下的发射率低（多属于长波辐射），以减少散热损失。目前已开发出的涂层材料的吸收率与发射率之比可高达 8～10，详细内容可参考相关文献。

4.4.4 两固体间的辐射传热

化工生产中常遇到两固体壁面之间的辐射传热，这些固体壁面可按灰体处理。

如图 4.4.10 所示，以两个无限大的灰体平行壁面间的辐射传热为例。设壁面Ⅰ的温度为 T_1，从壁面Ⅰ自身发出的辐射能为 E_1；壁面Ⅱ投射到壁面Ⅰ上的总辐射能为 E_2'，其中被壁面Ⅰ反射的辐射能为 $E_2'(1-A_1)$。将壁面本身的辐射能与反射的辐射能之和称为有效辐射。由此可得壁面Ⅰ的有效辐射 E_1' 为

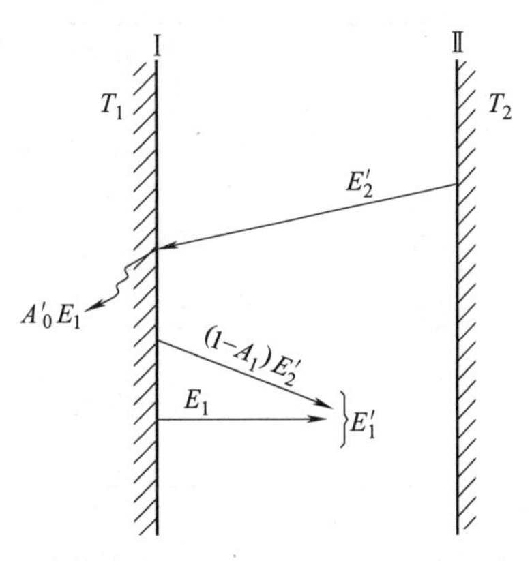

图 4.4.10 两固体壁面间的有效辐射

$$E_1'=E_1+(1-A_1)E_2' \tag{4.4.26}$$

同理，若壁面Ⅱ自身发出的辐射能为 E_2，其有效热辐射 E_2' 为

$$E_2'=E_2+(1-A_2)E_1' \tag{4.4.27}$$

假定壁面Ⅰ和壁面Ⅱ之间的距离相当小，每一壁面所发射的辐射能均完全被另一壁面所拦截。并假设两壁面之间不存在导热和对流传热，则两壁面之间净的辐射传热量等于两者有效辐射之差，若 T_1 大于 T_2，则单位辐射面的传热量，即热流密度为

$$q_{1\text{-}2}=E_1'-E_2'$$

联立式（4.4.26）及式（4.4.27），得

$$q_{1\text{-}2}=\frac{E_1A_2-E_2A_1}{A_1+A_2-A_1A_2} \tag{4.4.28}$$

再代入 $E_1=\varepsilon_1C_0\left(\frac{T_1}{100}\right)^4$，$E_2=\varepsilon_2C_0\left(\frac{T_2}{100}\right)^4$，及 $A_1=\varepsilon_1$，$A_2=\varepsilon_2$，整理得

$$q_{1\text{-}2}=\frac{C_0}{\frac{1}{\varepsilon_1}+\frac{1}{\varepsilon_2}-1}\left[\left(\frac{T_1}{100}\right)^4-\left(\frac{T_2}{100}\right)^4\right] \tag{4.4.29}$$

令 $C_{1\text{-}2}=\frac{C_0}{\frac{1}{\varepsilon_1}+\frac{1}{\varepsilon_2}-1}=\frac{1}{\frac{1}{C_1}+\frac{1}{C_2}-\frac{1}{C_0}}$，称为总发射系数，则式（4.4.29）可改写为

$$q_{1\text{-}2}=C_{1\text{-}2}\left[\left(\frac{T_1}{100}\right)^4-\left(\frac{T_2}{100}\right)^4\right] \tag{4.4.30}$$

若平行壁面的面积为 A，则辐射传热的热流量

$$\Phi_{1\text{-}2}=C_{1\text{-}2}A\left[\left(\frac{T_1}{100}\right)^4-\left(\frac{T_2}{100}\right)^4\right] \tag{4.4.31}$$

当平行壁面间距离与壁面面积相比不是很小时，从一个壁面所发射的辐射能只有一部分到达另一壁面。通常将一个物体发射的辐射能投落到另一个物体上的百分数定义为角系数，用 φ 表示。在式（4.4.31）中引进角系数 φ，可得到如下普遍适用的形式：

$$\Phi_{1\text{-}2}=C_{1\text{-}2}\varphi A\left[\left(\frac{T_1}{100}\right)^4-\left(\frac{T_2}{100}\right)^4\right] \tag{4.4.32}$$

式中，φ 为壁面Ⅰ对壁面Ⅱ辐射的角系数。角系数是一个几何参数，仅与两物体的尺寸、间距及相对位置有关，而与物体的辐射力无关。对于简单的几何形状，可以根据角系数的定义

计算；对于复杂的情况，一般由实验确定。几种简单情况下的 φ 值和总发射系数 C_{1-2} 值见表 4.4.2 及图 4.4.11。

表 4.4.2 角系数与总发射系数计算式

序号	辐射情况	面积 A	角系数 φ	总发射系数 C_{1-2}
1	极大的两平行面	A_1 或 A_2	1	$\dfrac{C_0}{\dfrac{1}{\varepsilon_1}+\dfrac{1}{\varepsilon_2}-1}$
2	面积有限的两相等平行面	A_1	<1①	$\varepsilon_1\varepsilon_2 C_0$
3	很大的物体Ⅱ包住物体Ⅰ	A_1	1	$\varepsilon_1 C_0$
4	物体Ⅱ恰好包住物体Ⅰ $A_2 \approx A_1$	A_1	1	$\dfrac{C_0}{\dfrac{1}{\varepsilon_1}+\dfrac{1}{\varepsilon_2}-1}$
5	在 3、4 两种情况之间	A_1	1	$\dfrac{C_0}{\dfrac{1}{\varepsilon_1}+\dfrac{A_1}{A_2}\left(\dfrac{1}{\varepsilon_2}-1\right)}$

① 此处 φ 值由图 4.4.11 查得。

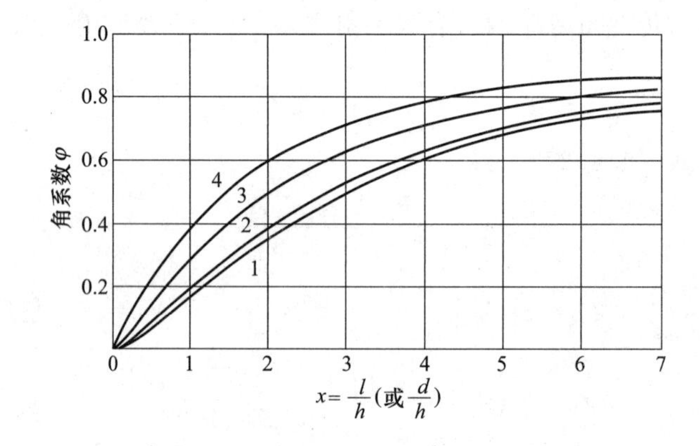

图 4.4.11 平行壁面间辐射传热的角系数

$\dfrac{l}{h}$ 或 $\dfrac{d}{h}=\dfrac{\text{边长（长方形用短的边长）或直径}}{\text{辐射面间的距离}}$

1—圆盘形；2—正方形；3—长方形（边长之比为 2∶1）；4—长方形（狭长）

【例 4.20】 某车间内有一高和宽各为 3m 的铸铁炉门，表面温度为 450℃，室温为 27℃。为了减少热损失，在距炉门 50mm 处放置一块与炉门大小相同的铝制遮热板，试求放置铝板前后因铸铁炉门辐射而损失的热流量。已知铸铁的发射率为 0.75，铝的发射率为 0.15。

解：（1）放置铝质遮热板前，炉门为车间四壁所包围，故 $\varphi=1$，由式（4.4.32）得

$$\Phi_{1-2}=C_{1-2}\varphi A\left[\left(\frac{T_1}{100}\right)^4-\left(\frac{T_2}{100}\right)^4\right]$$

又

$$C_{1-2}=\varepsilon_1 C_0=0.75\times 5.67=4.25\text{W/(m}^2\cdot\text{K}^4)$$

因此，铸铁炉门的辐射散热热流量为

$$\Phi_{1-2}=4.25\times 1\times 3\times 3\times\left[\left(\frac{450+273}{100}\right)^4-\left(\frac{27+273}{100}\right)^4\right]=1.01\times 10^5\text{W}$$

（2）放置遮热板后，由于炉门与遮热板的距离很小，两者之间的辐射传热可视为两个无限大平行面间的相互辐射，即 $\varphi=1$。按照表 4.4.2 计算总发射系数

$$C_{1\text{-}3}=\frac{C_0}{\dfrac{1}{\varepsilon_1}+\dfrac{1}{\varepsilon_3}-1}=\frac{5.67}{\dfrac{1}{0.75}+\dfrac{1}{0.15}-1}=0.810$$

设铝板的温度为 T_3，则炉门与遮热板间的辐射传热的热流量为

$$\Phi_{1\text{-}3}=C_{1\text{-}3}\varphi A\left[\left(\frac{T_1}{100}\right)^4-\left(\frac{T_3}{100}\right)^4\right]=0.810\times1\times3\times3\times\left[\left(\frac{450+273}{100}\right)^4-\left(\frac{T_3}{100}\right)^4\right]$$

遮热板与车间四周墙壁的辐射传热的热流量为

$$\Phi_{3\text{-}2}=\varepsilon_3 C_0 A\left[\left(\frac{T_3}{100}\right)^4-\left(\frac{T_2}{100}\right)^4\right]=0.15\times5.67\times3\times3\times\left[\left(\frac{T_3}{100}\right)^4-\left(\frac{27+273}{100}\right)^4\right]$$

稳态传热的情况下，$\Phi_{1\text{-}3}=\Phi_{3\text{-}2}$，整理后可得

$$T_3=609\text{K 即 }336℃$$

所以，放置铝质遮热板后，炉门的辐射散热热流量为

$$\Phi_{1\text{-}3}=0.810\times1\times3\times3\times\left[\left(\frac{450+273}{100}\right)^4-\left(\frac{609}{100}\right)^4\right]=9.89\times10^3\,\text{W}$$

放置铝板后炉门的辐射热损失减少的百分率为

$$\frac{\Phi_{1\text{-}2}-\Phi_{1\text{-}3}}{\Phi_{1\text{-}2}}\times100\%=\frac{101000-9890}{101000}\times100\%=90.2\%$$

由以上计算结果可见，设置遮热板是减少辐射散热的有效方法。遮热板材料的发射率愈低，遮热板的数量越多，则热损失越少。

4.4.5　气体的辐射传热

不同种类的气体，吸收和发射辐射能的能力不同。单原子气体和分子结构对称的双原子气体，如氢气、氧气、氮气和空气等几乎没有吸收和发射能力，可视为完全透热体。而不对称的双原子和多原子气体，如水蒸气、二氧化碳、一氧化碳、二氧化硫、甲烷、烃类和醇类等气体，则具有相当大的发射率和吸收率。当这类气体出现在高温传热场合时，就要涉及气体和固体间的辐射传热问题。由于燃油、燃煤和气体燃料的燃烧产物中通常包含有一定浓度的二氧化碳和水蒸气，所以这两种气体的辐射在工程计算中特别重要。

（1）气体热辐射的特点

① 气体辐射对波长有选择性　固体能发射和吸收全部波长范围的辐射能，而气体只能发射和吸收某些波长范围内的辐射能，即气体对波长具有选择性。通常把这种具有辐射能力的波长区段称为光带。在光带以外，气体既不辐射也不吸收，对热辐射呈现透热体的性质。表 4.4.3 所示为二氧化碳和水蒸气的主要吸收光带。可以看出，这些光带均位于红外线的波长范围，而且二氧化碳和水蒸气的光带有两处是重叠的。由于气体辐射对波长具有选择性的特点，气体不是灰体。

② 气体的容积辐射特性　固体、液体的辐射和吸收在其表面进行，而气体的辐射和吸收在整个气体容积内进行，具有容积辐射特性。就吸收辐射而言，当热射线穿过气体层时，其辐射能量将被沿途射线行程内的气体分子吸收而逐渐减少。就发射辐射能而言，气体层界面上所能感受到的辐射为整个容积内气体发射的辐射能到达气体层界面上的那部分总和。因此，气体的吸收和辐射与气体层的形状和容积有关。

表 4.4.3 二氧化碳和水蒸气的主要吸收光带

光带	H_2O		CO_2	
	波长自 $\lambda_1-\lambda_2/\mu m$	$\Delta\lambda/\mu m$	波长自 $\lambda_1-\lambda_2/\mu m$	$\Delta\lambda/\mu m$
第一光带	2.24～3.27	1.03	2.36～3.02	0.66
第二光带	4.8～8.5	3.7	4.01～4.8	0.79
第三光带	12～25	13	12.5～16.5	4.0

气体辐射虽然在整个容积内进行，但气体的辐射力同样定义为单位表面上、单位时间内气体所发射的总能量，用 E_g表示。工程计算时，可用实验方法直接求得气体的总辐射力和总发射系数。通常为了方便计算，气体的辐射力与热力学温度仍可按四次方定律计算，只是把误差归到 ε_g中去进行修正，故气体的辐射力为

$$E_g=\varepsilon_g C_0\left(\frac{T_g}{100}\right)^4 \tag{4.4.33}$$

在一定温度 T_g下，气体的辐射力不仅与气体的体积和形状有关，而且与表面各点所处的位置有关，这是因为辐射能到达各点的射线行程不相等。

不同形状气体在不同表面位置的平均射线行程 l(m)，也称气体层的平均厚度，可由下式估算

$$l=3.6\frac{V}{A} \tag{4.4.34}$$

式中 V——气体体积，m^3；

A——包围气体的固体表面积，m^2。

表 4.4.4 所列为几种不同形状气体层的平均厚度。

表 4.4.4 几种不同形状气体层的平均厚度

气体的形状	平均厚度 l
直径为 d 的球体	$0.60d$
每边长度为 a 的立方体	$0.60a$
直径为 d 的无限长圆柱体	$0.90d$
高度等于直径,即 $h=d$ 的圆柱体对侧表面的辐射	$0.60d$
高度等于直径,即 $h=d$ 的圆柱体对底面中心的辐射	$0.77d$
$h=\infty$,半径为 r 的半圆柱体对平侧面的辐射	$1.26d$
间距为 δ 的两无限大平面之间的辐射	1.8δ
直径为 d,管子中心距为 t 的管束:	
1. 三角形排列:$t=2d$	$2.8(t-d)$
2. 三角形排列:$t=3d$	$3.8(t-d)$
3. 正方形排列:$t=2d$	$3.5(t-d)$

由于气体的辐射和吸收在整个容积内进行，气体的发射率 ε_g与气体层的平均射线行程 l、气体的浓度（以分压 p 表示）以及气体的温度 T_g有关，即

$$\varepsilon_g=f(T_g,p,l) \tag{4.4.35}$$

函数的具体形式可由实验确定。如图 4.4.12 所示为水蒸气在总压 101325Pa 下的发射率随温度的变化关系。

当气体层中包含多种辐射性气体，如高温烟道气需要同时考虑二氧化碳和水蒸气的辐射能力。计算混合气体的发射率时，不能将不同气体的发射率进行简单加和，而需要进行光带重叠修正和压强修正。具体计算方法见相关传热学教材和专著。

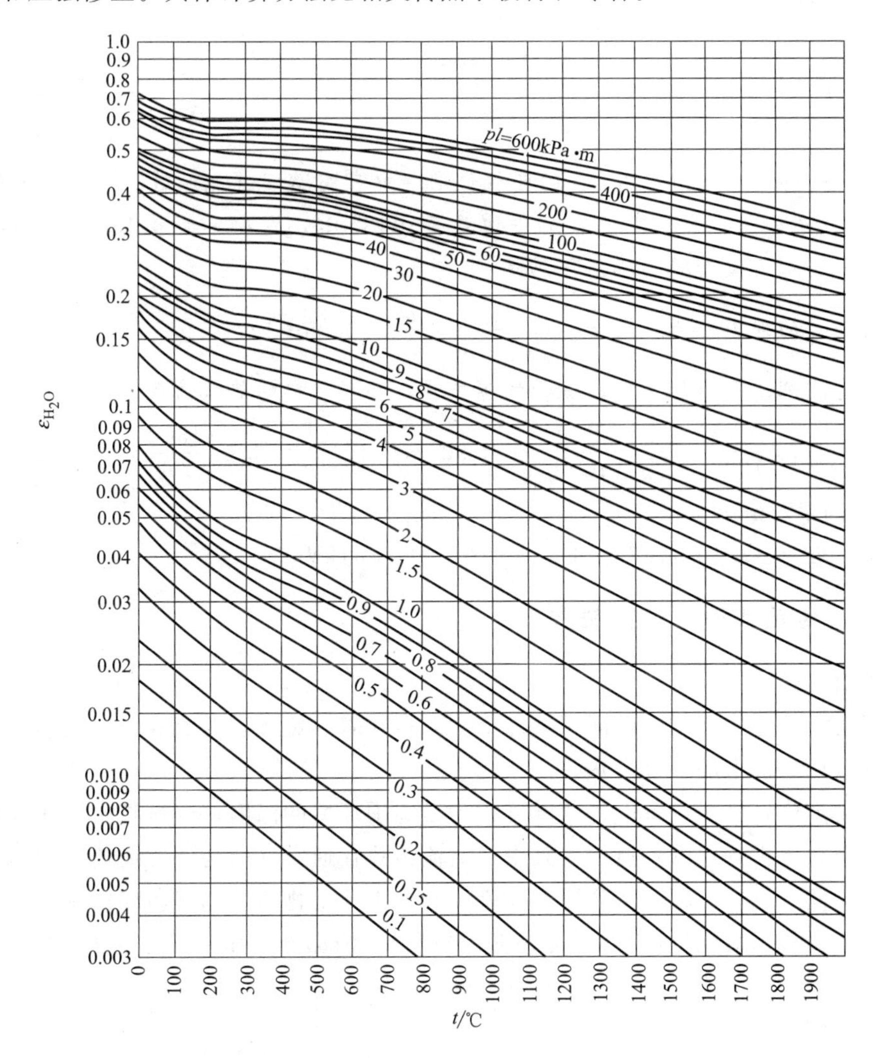

图 4.4.12 水蒸气的发射率与温度的关系（总压为 101325Pa）

气体不是灰体，它们选择性地吸收某些波长的辐射能，因此气体的吸收率与其发射率不相等。气体的吸收率不仅与本身状况有关，还与投射辐射有关，但仍可表示为

$$A_g=\varphi(T_g,p,l) \tag{4.4.36}$$

因此，气体吸收率的数值也可以将气体发射率进行适当的修正获得。

(2) 气体和容器壁间的辐射传热

设容器壁的温度为 T_w，气体温度为 T_g，当器壁为黑体时，气体以辐射方式传递给器壁的净热流密度为

$$q=C_0\left[\varepsilon_g\left(\frac{T_g}{100}\right)^4-A_g\left(\frac{T_w}{100}\right)^4\right] \tag{4.4.37}$$

式中 ε_g——气体在温度 T_g下的发射率；

A_g——气体对温度为 T_w的壁面所发射能量的吸收率。

在工程上，气体周围的容器壁多数为灰体，其发射率 ε_w 一般在 0.8～1.0 之间，气体与灰体器壁间的辐射传热较黑体更为复杂。当器壁的发射率 $\varepsilon_w > 0.8$ 时，气体对灰体器壁的热流密度常用下式计算

$$q=\varepsilon_w' C_0\left[\varepsilon_g\left(\frac{T_g}{100}\right)^4-A_g\left(\frac{T_w}{100}\right)^4\right] \tag{4.4.38}$$

式中　$\varepsilon_w'=\frac{1}{2}(\varepsilon_w+1)$。

【例 4.21】 在直径 1m、高 2m 的圆柱形烟道中有高温烟道气通过。烟道壁面的平均温度为 800K，发射率为 0.85。烟道气的平均温度为 1300K，发射率为 0.15，吸收率为 0.22。试确定烟道气与烟道壁面间的辐射传热量。

解： 修正后的发射率为：$\varepsilon_w'=\frac{1}{2}(\varepsilon_w+1)=\frac{1}{2}\times(0.85+1)=0.925$

如果不考虑烟道气辐射从烟道底面的损失量，辐射传热的热流密度为

$$q=\varepsilon_w' C_0\left[\varepsilon_g\left(\frac{T_g}{100}\right)^4-A_g\left(\frac{T_w}{100}\right)^4\right]=0.925\times5.67\times\left[0.15\times\left(\frac{1300}{100}\right)^4-0.22\times\left(\frac{800}{100}\right)^4\right]$$

$$=17.74\text{kW/m}^2$$

热流量为 $\Phi=qA=q\pi dl=17.74\times3.14\times1\times2=111.41\text{kW}$

4.4.6　复合传热和设备的热损失

(1) 复合传热

所谓复合传热是指在物体的同一表面上同时存在着热传导、对流和辐射传热三种传热方式中的两种或两种以上的综合传热。

在化工生产中，许多设备的外壁温度常高于周围环境的温度，热量将由壁面以对流和辐射两种传热形式散失到周围环境中。其中，对流传热在通常壁面与环境流体（常为透热性气体，如空气）间进行，而辐射传热通常在壁面和周围环境物体（如房屋墙壁等）间进行。设备损失的热流量等于对流传热量 Φ_C 与辐射传热量 Φ_R 两部分之和，即总散热流量为

$$\Phi=\Phi_C+\Phi_R \tag{4.4.39}$$

由于对流散失的热流量 Φ_C 为

$$\Phi_C=h_C A_w(t_w-t) \tag{4.4.40}$$

由于辐射散失的热流量 Φ_R 为

$$\Phi_R=C_{1\text{-}2}\varphi A_w\left[\left(\frac{T_w}{100}\right)^4-\left(\frac{T_{am}}{100}\right)^4\right] \tag{4.4.41}$$

习惯上，将辐射传热用对流传热的形式表示，即将式（4.4.41）改写成与式（4.4.40）类似的形式为

$$\Phi_R=h_R A_w(t_w-t) \tag{4.4.42}$$

设备外壁向周围环境散热时，角系数 $\varphi=1$，由式（4.4.41）和式（4.4.42）可得

$$h_R=\frac{C_{1\text{-}2}\left[\left(\frac{T_w}{100}\right)^4-\left(\frac{T_{am}}{100}\right)^4\right]}{t_w-t} \tag{4.4.43}$$

以上各式中，h_C 为对流传热的表面传热系数，W/(m^2·℃)；h_R 为辐射传热的表面传热系数，W/(m^2·℃)；T_w、t_w 为设备外壁的热力学温度和摄氏温度；t 为周围环境流体的

摄氏温度；T_{am}为周围环境物体的热力学温度；A_w为包围气体的固体表面积，m^2。

将式（4.4.40）和式（4.4.42）代入式（4.4.39）中，则总的散热损失为

$$\Phi=(h_C+h_R)A_w(t_w-t)$$

或

$$\Phi=h_TA_w(t_w-t) \tag{4.4.44}$$

式中，h_T为对流辐射联合表面传热系数，W/(m² · K)。

上述对流和辐射联合传热属于复合传热，在化工生产中普遍存在，且总是发生于气体和壁面之间。

(2) 对流辐射联合表面传热系数经验式

对于有保温层的设备、管道等的外壁对周围环境散热的联合表面传热系数 h_T，可用下列近似公式估算。

① 空气自然对流时

在平壁保温层外

$$h_T=9.8+0.07(t_w-t) \tag{4.4.45}$$

在管道或圆筒壁保温层外

$$h_T=9.4+0.052(t_w-t) \tag{4.4.46}$$

上两式适用于 $t_w<150℃$

② 空气沿粗糙表面强制对流时

空气流速 $u\leqslant 5m/s$

$$h_T=6.2+4.2u \tag{4.4.47}$$

空气流速 $u>5m/s$

$$h_T=7.8u^{0.78} \tag{4.4.48}$$

【例 4.22】 保温层外径为 300mm 的蒸汽管道横穿过室温为 25℃的空调房间，保温层外壁温度为 100℃，试确定单位管长上的热损失。若管道内输送液氨时保温层外壁温度为 15℃，此时单位管长上的传热量变为多少。

解： 因为空气自然对流具有与辐射传热相当的表面传热系数，因此本例应按照对流和辐射联合传热计算管道的热损失。

选用圆筒壁保温层外空气自然对流的对流辐射联合表面传热系数经验式，计算表面传热系数：

$$h_T=9.4+0.052(t_w-t)=9.4+0.052\times(100-25)=13.3\text{W/(m}^2\cdot\text{K)}$$

单位管长壁面向外散失的热流量为：

$$\frac{\Phi}{l}=h_TA_w(t_w-t)=h_T\pi d(t_w-t)=13.3\times3.14\times300\times10^{-3}\times(100-25)=939.7\text{W/m}$$

当管道内输送液氨时，保温层外壁温度为 15℃，室温为 25℃。此时，复合传热的方向发生改变，从室内空气向保温层外壁传热，表面传热系数变为：

$$h'_T=9.4+0.052(t_w-t)=9.4+0.052\times(15-25)=8.88\text{W/(m}^2\cdot\text{K)}$$

通过单位管长壁面的热流量为：

$$\frac{\Phi'}{l}=h'_TA_w(t_w-t)=h'_T\pi d(t_w-t)=8.88\times3.14\times300\times10^{-3}\times(15-25)=-83.6\text{W/m}$$

其中，负号表示复合传热的方向是从室内空气向保温层外壁。

本例表明，复合传热时，对流传热与辐射传热并不总是加和关系。应该根据壁温与环境气体温度的相对数值，确定壁面与周围环境间的对流传热与辐射传热的方向。

(3) 绝热层的临界半径

在化工生产中，当圆管内部流体温度较高或低温时，常常在管壁外包绝热层（保温层），以避免热量或冷量的散失。这时通过圆筒壁及绝热层的导热、绝热层外表面与环境间的对流和辐射传热同时存在，是一种复合传热现象。外包绝热层对流体通过圆筒壁的热流量存在两种相反的作用：一方面绝热层可以增加壁面的导热热阻从而减小热流量，另一方面绝热层会增大壁面与周围流体间对流与辐射传热的传热面积而使热流量增加。因此，本节将介绍外包绝热层是否一定能绝热，怎样才能保证起绝热作用。

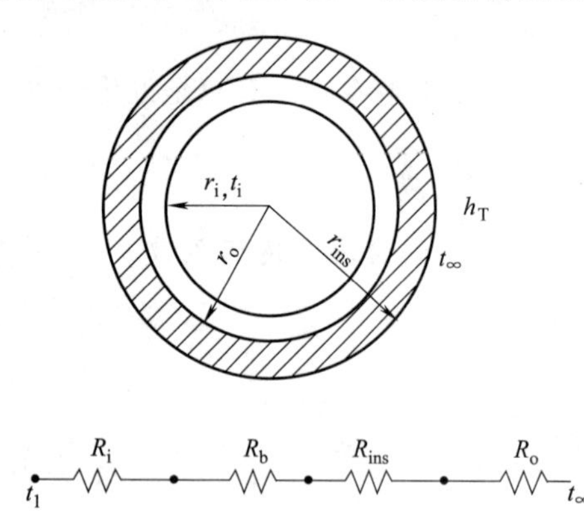

图 4.4.13 绝热层的热阻分析示意

如图 4.4.13 所示，设稳态传热，管长为 L，管道的内、外半径分别为 r_i 和 r_o，绝热层的外半径为 r_{ins}，管壁和绝热层的热导率分别为 λ 和 λ_{ins}。管内流体温度为 t_i，周围流体的温度为 t_∞。管外壁与周围环境间对流与辐射传热的复合传热表面传热系数为 h_T。

未加绝热层时，管内流体向周围环境复合传热损失的热流量为

$$\Phi=\frac{t_i-t_\infty}{\dfrac{1}{2\pi r_i L h_i}+\dfrac{\ln(r_o/r_i)}{2\pi L\lambda}+\dfrac{1}{2\pi r_o L h_T}} \tag{4.4.49}$$

包裹绝热层后，管内流体向周围环境复合传热损失的热流量变为

$$\Phi=\frac{t_i-t_\infty}{\dfrac{1}{2\pi r_i L h_i}+\dfrac{\ln(r_o/r_i)}{2\pi L\lambda}+\dfrac{\ln(r_{ins}/r_o)}{2\pi L\lambda_{ins}}+\dfrac{1}{2\pi r_{ins} L h_T}}=\frac{t_i-t_\infty}{\sum R} \tag{4.4.50}$$

比较式（4.4.49）和式（4.4.50）可见，加包绝热层后，总热阻中增加了绝热层的导热热阻，有利于保温（保冷）；但绝热层也使管道向环境散热的外表面积加大，从而降低复合传热的热阻，不利于保温（保冷）。因此，r_{ins} 的变化对保温（保冷）既有利又有弊。随 r_{ins} 变化，损失热流量 Φ 或总热阻 ΣR 将出现一个极值。设 λ_{ins}、h_T 近似为常数，总热阻 ΣR 对 r_{ins} 求导数，为

$$\frac{d(\sum R)}{dr_{ins}}=\frac{1}{2\pi L r_o\lambda}-\frac{1}{2\pi L r_o^2 h_T} \tag{4.4.51}$$

令导数等于零，求极值。这时的绝热层外半径称为临界半径，用 r_c 表示，为

$$r_c=\frac{\lambda_{ins}}{h_T} \tag{4.4.52}$$

将 $r_{ins}=r_c=\dfrac{\lambda_{ins}}{h_T}$ 代入二阶导数中，为

$$\frac{d(\sum R)}{dr_{ins}{}^2}=\frac{1}{2\pi L\lambda_{ins}(\lambda_{ins}/h_T)}+\frac{1}{\pi L h_T\ (\lambda_{ins}/h_T)^3}=\frac{h_T^2}{2\pi\lambda_{ins}{}^3}>0 \tag{4.4.53}$$

所以在 $r_{ins}=r_c$ 时，热阻具有极小值，即此时的热损失为最大值，如图 4.4.14 所示。

由式（4.4.52）可见，绝热层的临界半径 r_c 只与绝热材料的热导率 λ_{ins} 以及绝热外表面与环境的联合表面传热系数 h_T 有关，而与未包绝热层时管道的外半径 r_o 无关。但因为绝热层内半径即为管道的外半径，因此在为管道选择绝热层时，仍然可以用管道的外半径作为选择依据。如图 4.4.14 所示，当管道外半径 $r_o<r_c$ 时（如图中的 r_{o1}），加包绝热层会使热损失先增加到最大值，然后再下降。此时只有当绝热层厚度极厚（大于 r_{o3}）时，热损失才会下降到小于不加绝热层。因此，当管道外半径 $r_o<r_c$ 时，虽然通过选择适宜的绝热层厚度，可以起到保温（或保冷）作用，但此时的绝热层过厚、不经济。而当管道外半径 $r_o>r_c$ 时（如图中的 r_{o2}），此时加包绝热层只会使热损失减小。因此，通常以管道外半径 $r_o>r_c$ 作为判断依据，在此条件下可以保证加包绝热层一定可以保温。

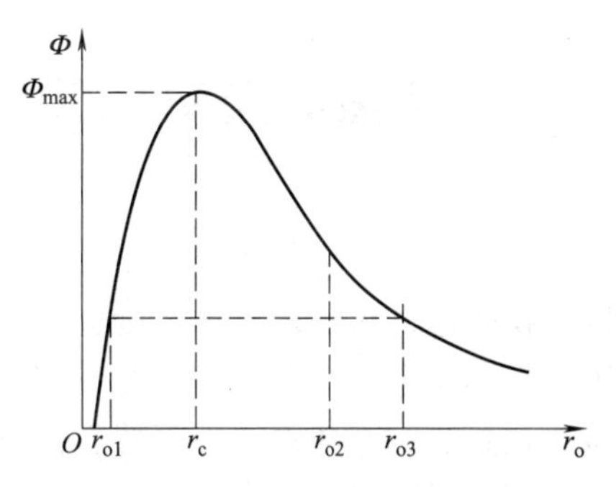

图 4.4.14　热损失与绝热层外半径的关系

一般而言，工程上常用保温材料的热导率 λ_{ins} 均很小，很容易满足绝热层的临界半径 r_c 小于常用管道外半径的保温要求。而且随着绝热层的厚度增加，热损失减小，保温（或保冷）效果增加。但是为了节省材料，绝热层的厚度不能无限制地增加，通常其值由经济核算确定。

【例 4.23】 欲在两种管道外加包热导率为 0.15W/(m・K) 的绝热（缘）层。当环境温度为 25℃，绝热层表面与环境间的复合表面传热系数为 10W/(m²・K) 时，要求管道外表面温度不超过 70℃，求加包绝热层后每米管长的热损失。

（1）外半径为 5.0mm，绝缘层厚度为 1.0mm 的铝电线；

（2）外半径为 23.5mm，绝热层厚度为 100mm 的蒸气管。

解： 绝热（缘）层的临界半径 $r_c=\dfrac{\lambda_{ins}}{h_T}=\dfrac{0.15}{10}=0.015\text{m}$

（1）铝电线加包绝缘层后，每米铝电线的散热量为

$$\frac{\Phi'}{L}=\frac{70-25}{\dfrac{\ln(r_{ins}/r_o)}{2\pi\lambda_{ins}}+\dfrac{1}{2\pi r_{ins}h_T}}=\frac{70-25}{\dfrac{\ln[(5.0+1.0)/5.0]}{2\times3.14\times0.15}+\dfrac{1}{2\times3.14\times(5.0+1.0)\times10^{-3}\times10}}$$
$$=15.80\text{W/m}$$

对电线来说，由于其外半径小于绝热层的临界半径，加包绝缘层将会增大散热量，这种情况有利于防止电线过热。

（2）蒸气管的外半径大于绝热层的临界半径，因此加包绝热层后，热损失将减小。

加包绝热层后，每米管长热损失为

$$\frac{\Phi'}{L}=\frac{70-25}{\dfrac{\ln(r_{ins}/r_o)}{2\pi\lambda_{ins}}+\dfrac{1}{2\pi r_{ins}h_T}}$$
$$=\frac{70-25}{\dfrac{\ln[(23.5+100)/23.5]}{2\times3.14\times0.15}+\dfrac{1}{2\times3.14\times(23.5+100)\times10^{-3}\times10}}=23.81\text{W/m}$$

4.5 换热器及其传热速率

在工业生产中，需要采用一定的设备实现热量的交换，此种交换热量的设备统称为换热器。换热器是化工、石油、动力、轻工、机械、冶金、交通、制药及其他许多工业部门的通用设备，在生产中占有重要地位。工业生产中所用的换热器按其用途可分为加热器、预热器、过热器、冷却器、冷凝器、蒸发器和再沸器（蒸馏过程的专业设备，用于加热已被冷凝的液体，使之再受热汽化）等，应用极为广泛。换热器的种类很多，但根据冷、热流体热量交换的原理和方式基本上可分为三大类，即间壁式、直接接触式（混合式）、蓄热式。

间壁式换热器，也称为表面式换热器或间接式换热器。在此类换热器中，冷、热流体被固体壁面隔开，互不接触，热量由热流体通过壁面传给冷流体。该类型换热器适用于冷、热流体不允许混合的场合。间壁式换热器应用广泛，形式多样，各种管壳式和板式结构的换热器均属于间壁式换热器。

直接接触式换热器，也称为混合式换热器。在此类换热器中，冷、热流体直接接触，相互混合传递热量。该类型换热器结构简单，传热效率高，适用于冷、热流体允许直接混合的场合。常见的设备有凉水塔、洗涤塔、文氏管及喷射冷凝器等。

蓄热式换热器，也称为回流式换热器或蓄热器。此类换热器是借助于热容量较大的固体蓄热材料，将热量由热流体传递给冷流体。当热流体流过时，蓄热材料吸收并储蓄热量，温度升高。经过一段时间后与冷流体接触，蓄热材料放出热量加热冷流体，从而达到传热的目的。如锅炉中的回转式空气预热器、全热回收式空气调节器等。此类换热器结构简单，可耐高温，常用于高温气体热量的回收或冷却。其缺点是设备体积庞大，而且不能完全避免两种流体的混合。

在上述三类换热器中，间壁式换热器应用最多，以下将讨论此类换热器的类型、计算、设计和选型等。

4.5.1 间壁式换热器的结构形式

4.5.1.1 管式换热器的结构形式

(1) 列管式换热器

列管式换热器又称为管壳式换热器，是最典型的间壁式换热器。它在工业上的应用历史悠久，至今仍占据主导地位。它的突出优点是单位体积设备所能提供的传热面积大，传热效果也较好。由于结构坚固，而且可以选用的结构材料范围也比较宽广，故适应性较强，操作弹性较大。尤其在高温、高压和大型装置中采用更为普遍。

管壳式换热器主要由壳体、管束、管板和封头等部分组成（图 4.5.1）。它的传热面由管束构成，管束两端固定于管板上，管束与管板再用封头封装在圆筒形的壳体内。在管壳式换热器内进行换热的两种流体，一种流体从封头上的接管流入，在管内流动，其行程称为管程；另一种流体从壳体上的接管流入，在壳体与管束之间流动，其行程称为壳程。管束的壁面即为传热面。

为了提高壳程流体流速，往往在壳体内安装一定数目与管束相垂直的折流挡板（简称挡板）或称折流板。折流挡板不仅可防止流体短路、增加流体速度，还迫使流体按规定路径多次错流通过管束，使湍动程度大为增加（图 4.5.2）。常用的挡板有圆缺形和圆盘形两种，

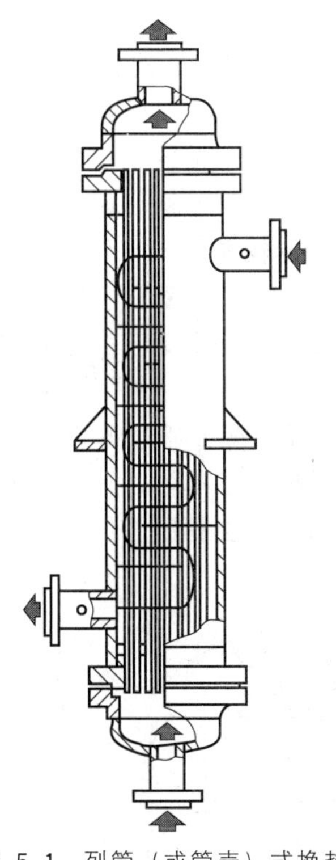

图 4.5.1 列管（或管壳）式换热器

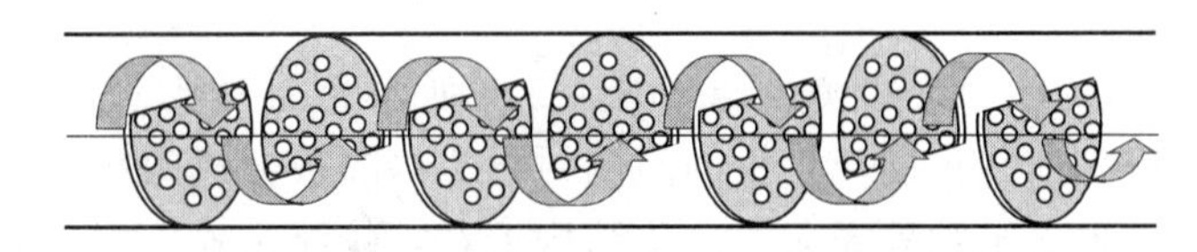

(a) 单壳程水平圆缺形折流板管壳式换热器流体在壳内的流动

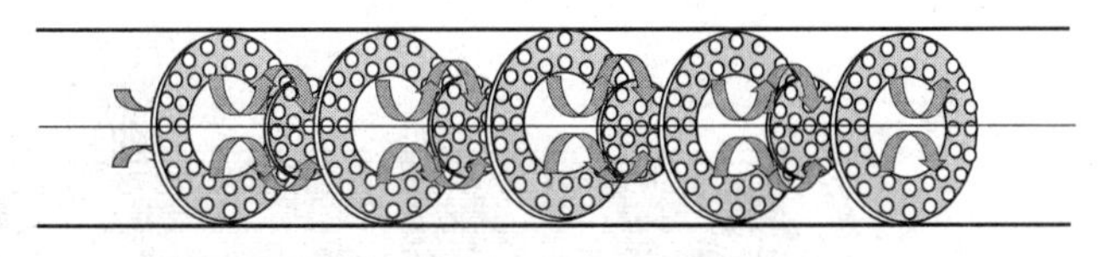

(b) 单壳程圆盘形折流板管壳式换热器流体在壳内的流动

图 4.5.2 液体在壳内的折流

其中圆缺形挡板应用更为广泛。

流体在管内每通过管束一次称为一个管程，每通过壳体一次称为一个壳程。图 4.5.1 所示为单壳程单管程换热器，通常称为 1-1 型换热器。为提高管内流体的速度，可在两端封头内设置适当隔板，将全部管子平均分隔成若干组。这样，流体可每次只通过部分管子而往返管束多次，称为多管程。同样，为提高管外流速，可在壳体内安装纵向挡板使流体多次通过壳体空间，称多壳程。图 4.5.3 所示为两壳程四管程即 2-4 型换热器。

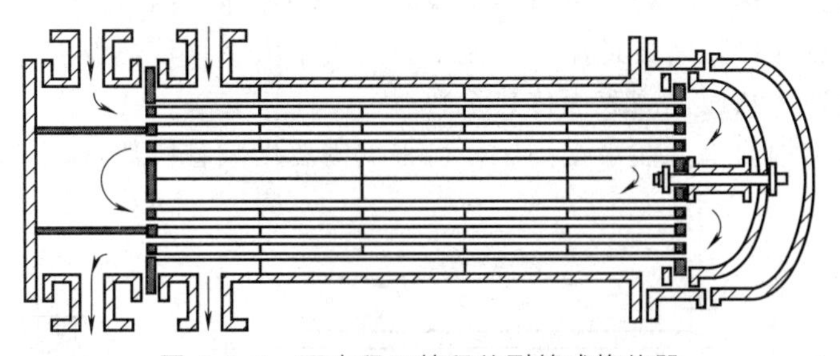

图 4.5.3 两壳程四管程的列管式换热器

列管式换热器操作时，由于冷热两流体温度不同，使壳体和管束的温度不同，其热膨胀程度就不相同。如果两者温差超过 50℃，就可能引起设备变形，甚至扭弯或破裂，对此，必须从结构上考虑热膨胀的影响，采用各种补偿办法消除或减小热应力。根据所采取的温差补偿措施，列管式换热器可分为以下几种主要型式。

① 固定管板式　当冷热两流体温差不大时，可采用固定管板的结构型式，如图 4.5.1 所示，即两端管板和壳体是连为一体的。这种换热器的特点是结构简单，制造成本低。但由于壳程不易清洗或检修，管外物料应是比较清洁、不易结垢的。对于温差较大而壳体承受压

力不太高时，可在壳体壁上安装膨胀节以减小热应力。

② 浮头式换热器　这种换热器中两端的管板，有一端不与壳体相连，可以沿管长方向自由浮动，故称浮头，如图 4.5.3 所示。这样，当壳体和管束因温差较大而热膨胀不同时，管束连同浮头就可在壳体内自由伸缩，从而解决热补偿问题。而另外一端的管板又是以法兰与壳体相连接的，因此，整个管束可以由壳体中拆卸出来，便于清洗和检修。所以，浮头式换热器是应用较多的一种，但结构比较复杂，金属耗量多，造价也较高。

我国生产的浮头式换热器有两种型式。管束采用 ϕ19mm×2mm 的管子，管中心距为 25mm；管束采用 ϕ25mm×2.5mm 的管子，管中心距为 32mm。管子可按正三角形或正方形排列。

③ U 形管式换热器　图 4.5.4 所示为一 U 形管式换热器，每根管子都弯成 U 形，进出口分别安装在同一管板的两侧，封头以隔板分成两室。这样，每根管子都可以自由伸缩，且与其他管子和外壳无关。从结构上看，较浮头式简单，同样可用于高温高压。但管程不易清洗，只适用于洁净而不易结垢的流体，如高压气体的换热。

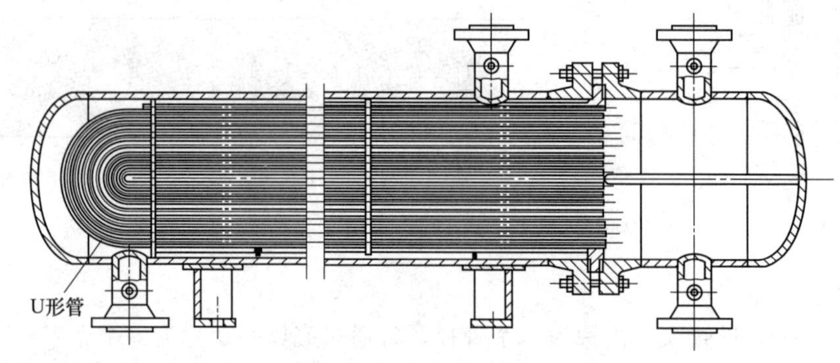

图 4.5.4　U 形管式换热器

(2) 套管式换热器

如图 4.5.5 所示，将两种直径大小不同的直管装成同心套管，并可用 U 形肘管把管段串联起来，每一段直管称作一程。进行热交换时，一种流体在内管流过，另一种则在套管间的环隙中流过。两流体可始终按逆流方向流动，达到最大平均传热温度差。并且两种流体都可以达到较高的流速，从而提高表面传热系数。

套管式换热器结构简单，能承受高压，可根据需要增减管段数目，应用方便。特别是由

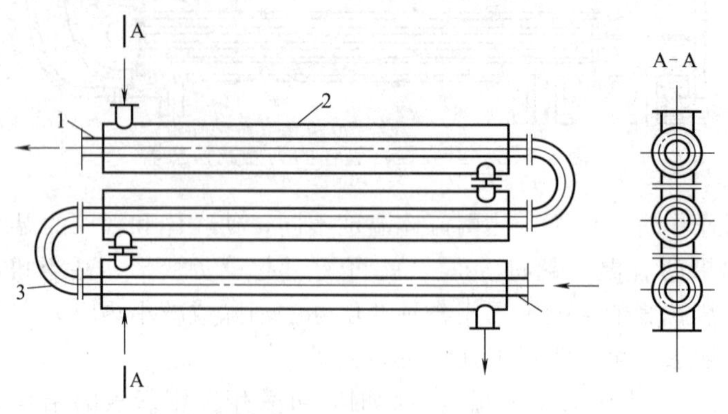

图 4.5.5　套管式换热器

1—内管；2—外管；3—U 形肘管

于套管式换热器同时具备传热系数大、传热推动力大及能够承受高压强的优点，在超高压生产过程（例如操作压力为300MPa的高压聚乙烯生产过程）中所用的换热器几乎全部是套管式。其缺点是管间接头多，易泄漏，占地较大，单位传热面消耗的金属量大。因此套管式换热器适用于流量不大，所需传热面积不多而要求压强较高的场合。

(3) 夹套式换热器

夹套式换热器主要用于反应过程的加热或冷却，是在容器外壁安装夹套制成，如图4.5.6所示，结构简单，但其传热面受容器壁面限制，传热系数不高。为提高传热系数且使釜内液体受热均匀，可在釜内安装搅拌器。当夹套中通入冷却水或无相变的加热剂时，也可在夹套中加设螺旋隔板或其他增加湍动的措施，以提高夹套一侧的表面传热系数。为补充传热面的不足，也可在釜内部安装蛇管。

(4) 沉浸式蛇管换热器

这种换热器多以金属管子绕成，或制成各种与容器相适应的形状，如图4.5.7所示，并沉浸在容器内的液体中。这种换热器的优点是结构简单，便于防腐，能承受高压，但由于容器体积比管子的体积大得多，因此管外流体的表面传热系数较小。为提高传热系数，容器内可安装搅拌器。

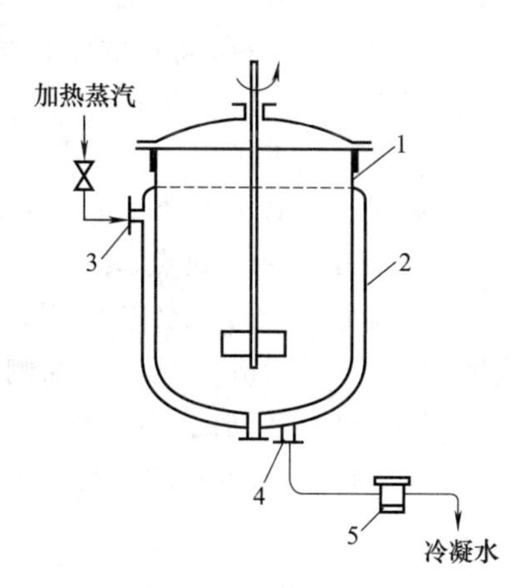

图4.5.6　夹套式换热器

1—釜；2—夹套；3—蒸汽进口；
4—冷凝水出口；5—冷凝水排除器

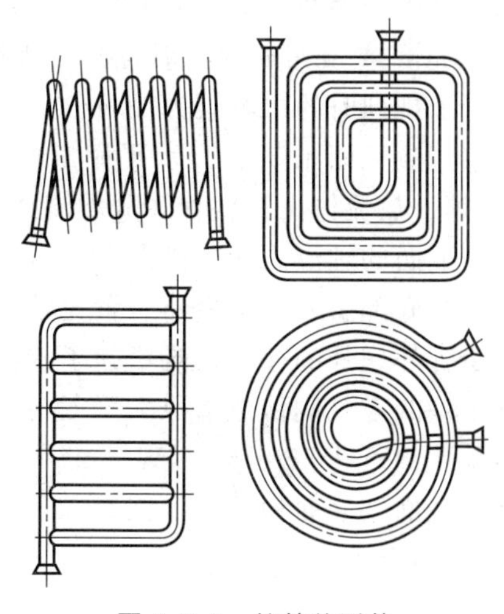

图4.5.7　蛇管的形状

(5) 喷淋式换热器

这种型式的换热器多用于冷却管内的热流体。将管子成排地固定于钢架上，如图4.5.8所示，被冷却的流体在管内流动，冷却水由管上方的喷淋装置中均匀淋下，故又称喷淋式冷却器。喷淋式换热器的管外是一层湍动程度较高的液膜，管外表面传热系数较沉浸式增大很多。另外，这种换热器大多放置在空气流通处，冷却水的蒸发也带走一部分热量，起到降低冷却水温度、增大传热推动力的作用。因此，传热效果比沉浸式为好，且便于检修和清洗，因此对冷却水水质的要求也就可以视具体条件而适当降低。其缺点是喷淋不易均匀。

(6) 空气冷却器

空气冷却器，简称空冷器，最初用于炼油厂，以空气为冷却剂来冷却热流体。这对于缺水地区是很适用的。为了解决较为普遍存在的工业用水问题，目前以空冷器代替水冷器的趋

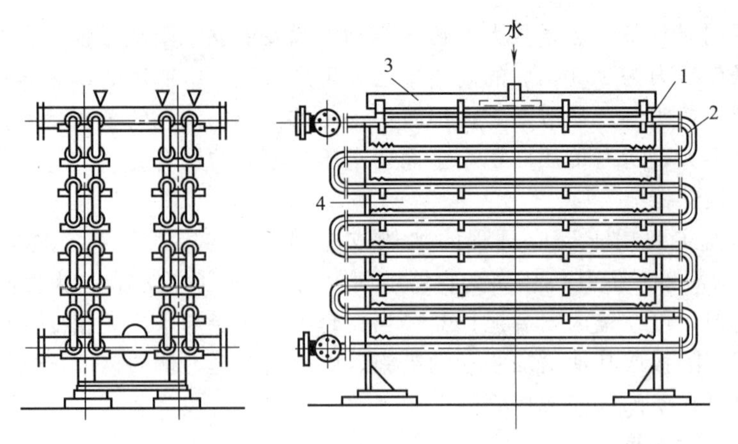

图 4.5.8　喷淋式冷却器

1—直管；2—U 形肘管；3—水槽；4—齿形檐板

势日益发展，在各类化工装置中也已被广泛采用。

空冷器主要由翅片管束构成，常用水平横向翅片管。管材本身大都仍用碳钢，但翅片多为铝制，可以用缠绕、镶嵌的办法将翅片固定在管子的外表面上，也可以焊接固定。常用的管子为 25mm 或 38mm 的圆形直管，翅片高为 8～16mm，每 25mm 长的管子绕有 7～11 片翅片。管子排列时的中心距为 50～65mm。图 4.5.9 所示为一卧式空冷器装置的结构情况。翅片管束（参见图 4.5.14）水平固定在铁架上部，按系列标准，管束长为 2.5～9m，通常为 4～8 排。热流体由物料管线分配流入各管束，冷却后由排出管汇集排出。冷空气由安装在管束排下面的轴流式通风机向上吹过管束及其翅片间；通风机也可以安装在管束上面，而将冷空气由底部引入。空冷器装置比较庞大，占空间多，动力消耗大是其缺点。

由于管外翅片的存在，既增强了湍流程度，更极大地增加了管外表面的传热面积，从而使原来很差的空气侧传热情况大为改善。例如当空气速度为 1.5～4.0m/s 时，空气侧的表面传热系数约可达 550～1100W/(m^2・℃)，这是以光管外表面积为基准的，如果以包括翅片在内的全部外表面积计算，则为 35～70W/(m^2・℃)。可见，较之无翅片的情况，h 至少提高了 20 倍以上。

图 4.5.9　卧式空冷器装置的结构

1—翅片管束；2—物料进口分配管；3—物料流出集液管；4—支架；5—风机

4.5.1.2　板式换热器的结构形式

在传统的间壁式换热器中，除夹套式外，几乎都是管式换热器（蛇管、套管、管壳等）。但是，在流动面积相等的条件下，圆形通道表面积最小，而且管子之间不能紧密排列，故管式换热器的共同缺点是结构不紧凑，单位换热器体积所提供的传热面积小，金属消耗量大。随着工业的发展，陆续出现了不少高效紧凑的换热器并逐渐趋于完善。这些换热器除了在管式换热器的基础上加以改进外，另一类是采用各种板状换热表面。

板式换热表面可以紧密排列，因此各种板式换热器都具有结构紧凑、材料消耗低、传热系数大的特点。这类换热器一般不能承受高压和高温，但对于压力较低、温度不高或腐蚀性强而须用贵重材料的场合，各种板式换热器都显示出更大的优越性。

(1) 平板式换热器

平板式换热器简称为板式换热器。板式换热器最早于20世纪20年代开始用于食品工业，50年代逐渐用在化工及其相近工业部门，现已发展成为一种传热效果较好、结构紧凑的重要化工换热设备。

板式换热器是由一组金属薄板、相邻薄板之间衬以垫片并用框架夹紧组装而成。图4.5.10所示为矩形板片，其上四角开有圆孔，形成流体通道。冷、热流体交替地在板片两侧流过，通过板片进行换热。板片厚度为0.5～3mm，通常压制成各种波纹形状，如图4.5.11所示，既增加刚度，又使流体分布均匀，加强湍动，提高传热系数。板片尺寸常见的宽度为200～1000mm，高度最大可达2m。两块板片之间的距离通常为4～6mm。板片数目可以根据工艺条件的变化，增加或减少。板片材料一般用不锈钢，也有用其他耐腐蚀合金材料的。

板式换热器具有许多优点：流体在板片间流动湍动程度高，而且板片厚度又薄，故传热系数 K 大。例如，在板式换热器内，水对水的传热系数可达1500～4700W/(m^2·℃)；单位体积设备提供的传热面积大，每立方米体积可具有250m^2以上的传热面积，甚至高达1000m^2，而列管式换热器一般约为40～150m^2之间；可以根据需要调节板片数目以增减传热面积，或者调节流道长短适应冷、热流体流量和温度变化的要求，操作灵活性大；板片很薄，一般为1～2mm，金属耗量较之列管式约可减少一半以上；板片加工制造比较容易，检修清洗也较方便。

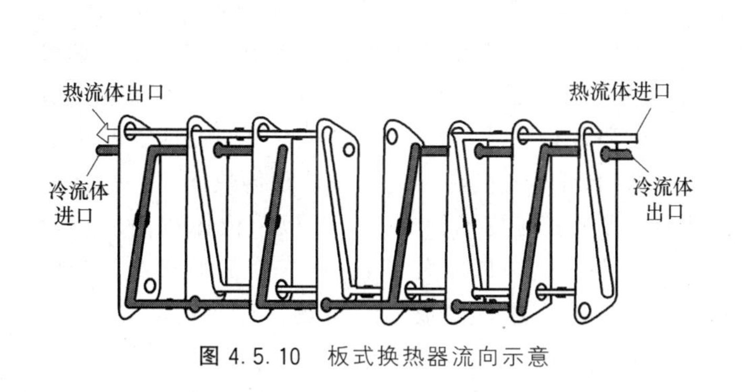

图 4.5.10 板式换热器流向示意

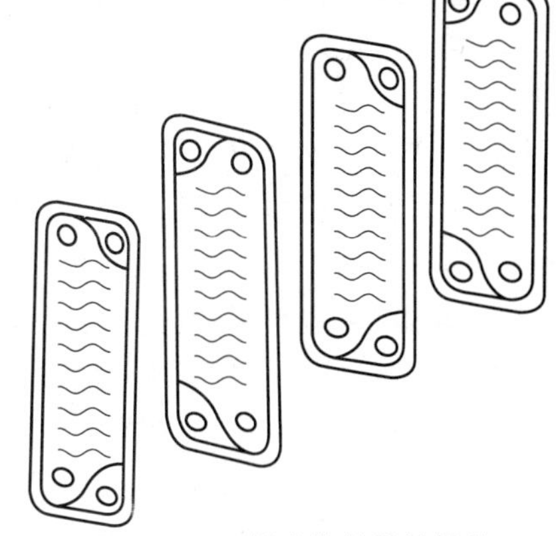
图 4.5.11 板式换热器的板片和板面波纹形状

但是，板式换热器受到板片刚度及垫圈密封能力的限制，允许操作压力一般低于1.5MPa，最高不超过2.0MPa；操作温度受到垫片耐热性能的限制，如合成橡胶垫圈不超过130℃，压缩石棉垫圈应低于250℃；因板间距离仅几毫米，流通截面及流速较小，因而处理量不大。

(2) **螺旋板式换热器**

螺旋板式换热器主要由两张平行的薄钢板卷制而成，构成一对互相隔开的螺旋形流道。冷热两流体以螺旋板为传热面相间流动，两板之间焊有定距柱以维持流道间距，同时也可增加螺旋板的刚度。在换热器中心设有中心隔板，使两个螺旋通道隔开。在顶、底部分别焊有盖板或封头和两流体的出、入接管。如图 4.5.12 所示，一般有一对进、出口是设在圆周边上（接管可为切向或径向），而另一对则设在圆鼓的轴心上。

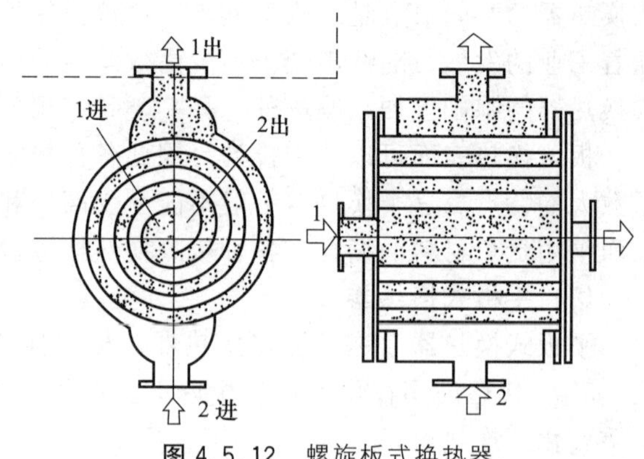

图 4.5.12　螺旋板式换热器

螺旋板式换热器具有许多优点：由于离心力的作用和定距柱的干扰，流体湍动程度高，表面传热系数大。例如，水对水的传热系数可达到 2000～3000W/(m^2·℃)，而管壳式换热器一般为 1000～2000W/(m^2·℃)；由于离心力的作用，流体中悬浮的固体颗粒被抛向螺旋形通道的外缘而被流体本身冲走，故螺旋板式换热器不易堵塞，适于处理悬浮液体及高黏度介质；冷、热流体可作纯逆流流动，传热平均推动力大；结构紧凑，单位体积的传热面约为列管式的 3 倍，可节约金属材料。

但螺旋板换热器的操作压力和温度不能太高，一般压力不超过 2MPa，温度不超过 300～400℃；整个换热器卷制焊接为一整体，一旦发生中间泄漏或其他故障，就很难检修；流道长，其间又受定距柱和螺旋流动的影响，流体阻力较大，在同样物料和流速条件下，约比直管要大 2～3 倍。

4.5.1.3　交叉流换热器的结构形式

交叉流换热器是间壁式换热器的一种主要型式，根据换热表面的不同结构可分为管束式、管翅式及板翅式交叉流换热器。在图 4.5.13 (a) 所示的管束式换热器中，管内流体在各自管子内流动，管与管间不相互掺混，而管外流体可以自由掺混，如锅炉装置中的蒸汽过热器、省煤器、空气预热器大多采用管束式交叉流换热器。而在图 4.5.13 (b) 所示的管翅式换热器中，不仅管内流体不相掺混，管外流体被翅片分隔也不能自由掺混。如汽车发动机的散热器，其中换热管（一般为椭圆管或扁管）外布置了多层翅片以强化空气侧的换热。板翅式换热器如图 4.5.13 (c) 所示，由平隔板和各种型式的翅片构成板束组装而成，其中的两种流体都不能自由掺混。板翅式换热器多属于紧凑式换热器，单位体积传热面积一般能达到 2500m^2/m^3，最高可达 4000m^2/m^{3}以上。（在工程技术领域中，常以单位体积内所包含的换热面积作为衡量换热器紧凑程度的指标，并把这一指标大于 700m^2/m^{3}的换热器称为紧凑式）。由于翅片增加传热面积、破坏层流底层的作用，使板翅式换热器传热系数非常高，据报道空气强制对流时的传热系数是 35～350W/(m^2·℃)，油类是 116～175W/(m^2·℃)。板翅式换热器适用于换热、冷凝和蒸发，适合逆流、并流、错流或错逆流结合等操作，也可用于多种不同介质在同一个设备内进行换热。广泛应用于低温工程，以及宇航、电子、石化等领域，作为冷箱或者散热冷却器等。

4.5.1.4　换热器的强化结构

在管式或板式换热器中采取强化措施，目的是提高传热效果。强化措施主要是管或板的

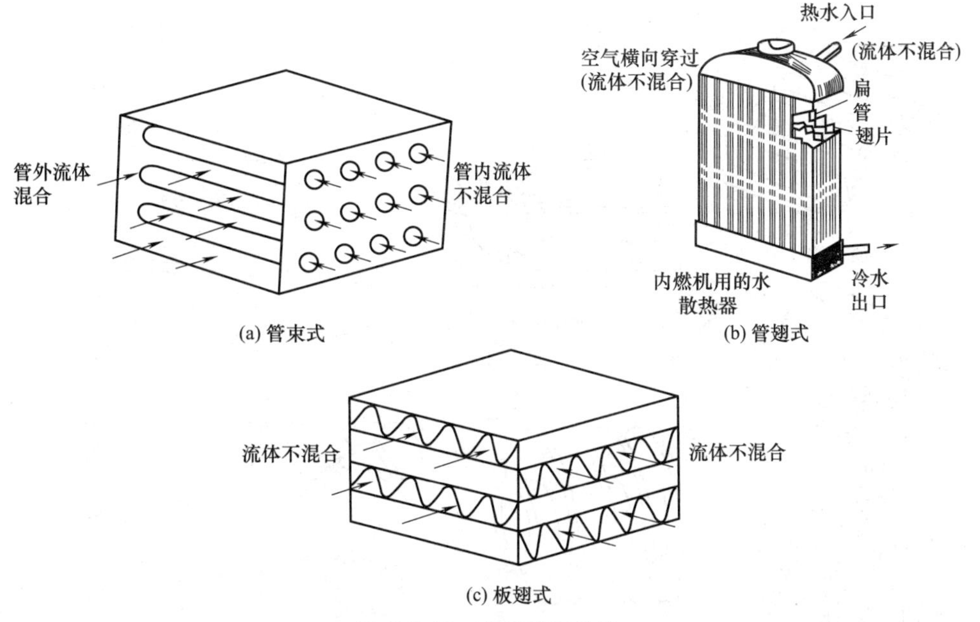

图 4.5.13 交叉流换热器

翅片化、改变管子的形状，以及流道中安装各种形式的插入物等。这些措施不仅增大了传热面积，而且增加了流体的湍动程度，使传热过程得到强化。

(1) 管或板的翅片化

对于间壁式传热过程，如果固体壁两侧与流体之间的表面传热系数相差比较悬殊，热阻会集中在表面传热系数较小的一侧。在这一侧采用翅片（或称肋片）的形式，用增加传热面积和促进流体扰动的办法弥补表面传热系数较低的缺陷，可以有效地降低传热热阻，强化传热效果显著。制冷装置的冷凝器、散热器、空气加热（或冷却）器等管翅式或板翅式换热器，在化工生产中应用非常广泛。

图 4.5.14 (a)、(b) 所示为几种翅片管或翅片板的结构形式，翅片与基体的连接应紧密无间，否则连接处的接触热阻很大，影响传热效果。常用的连接方法有热套、镶嵌、张力缠绕、钎焊及焊接等，其中焊接和钎焊最为紧密，但加工费用较高。此外，翅片管也可采用整体轧制、整体铸造和机械加工的方法制造。

(2) 改变管子形状

改变管子形状，如图 4.5.14 (c)、(d) 所示，将直管改为螺旋槽纹管、缩放管等形式。研究表明，螺旋槽纹的引导作用，使靠近壁面的部分流体顺槽旋流，有利于减薄层流底层的厚度，增加扰动，强化传热。缩放管由依次交替的收缩段和扩张段组成的波形管道，使流体径向扰动大大增加，因而在同样流动阻力下，具有比光管更好的传热性能。

(3) 流道中安装插入物

在管内或管外安装插入物，如金属螺旋环、麻花铁、翼形物，可以增强流体扰动、减薄流动边界层，强化传热。在流道进口安装静态混合器，使流体在一定压力下从切线方向进入管内做剧烈的旋转运动，产生二次环流，强化传热。如图 4.5.14 (e) 所示。

4.5.1.5 其他换热器的结构形式

(1) 热管换热器

热管是一种新型传热元件。最典型的热管是在一根装有毛细吸芯的金属管内充以定量的

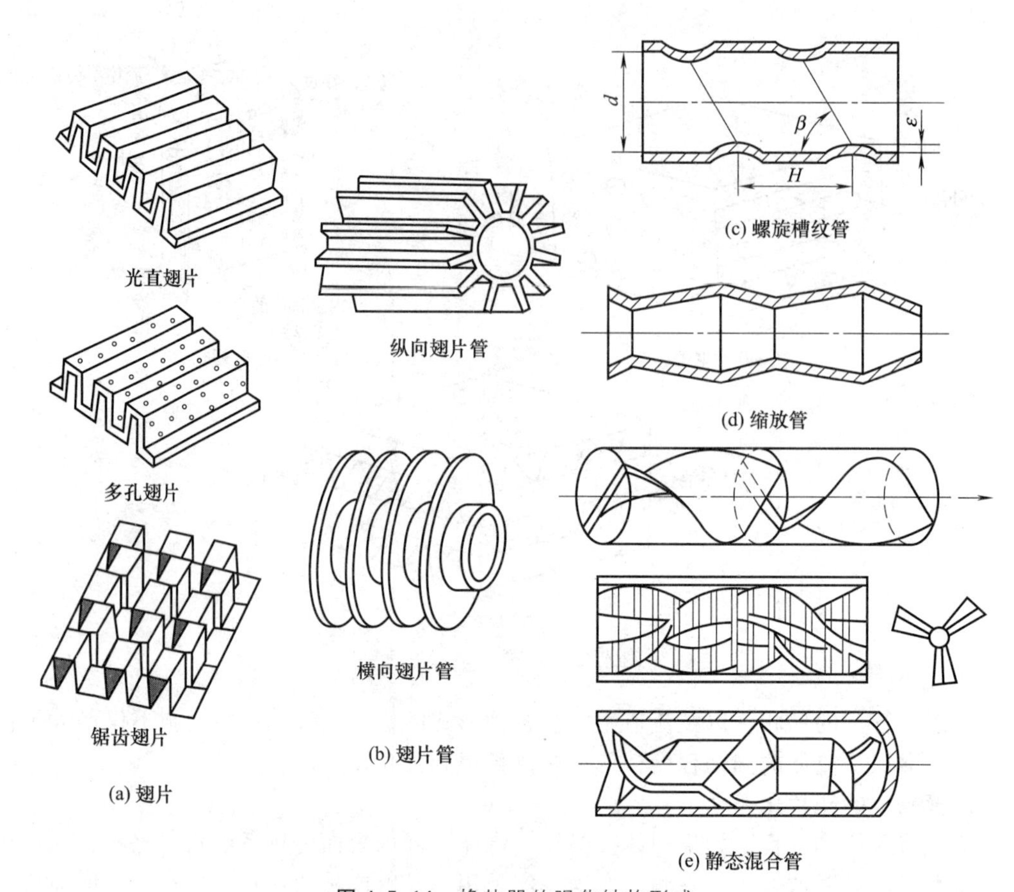

图 4.5.14　换热器的强化结构形式

某种工作液体，然后封闭并抽除不凝性气体（图 4.5.15）。当加热段受热时，工作液体遇热沸腾，产生的蒸气流至冷却段遇冷后冷凝放出潜热。冷凝液沿具有毛细结构的吸液芯在毛细管力的作用下回流至加热段再次沸腾。如此过程反复循环，热量则由加热段传至冷却段。

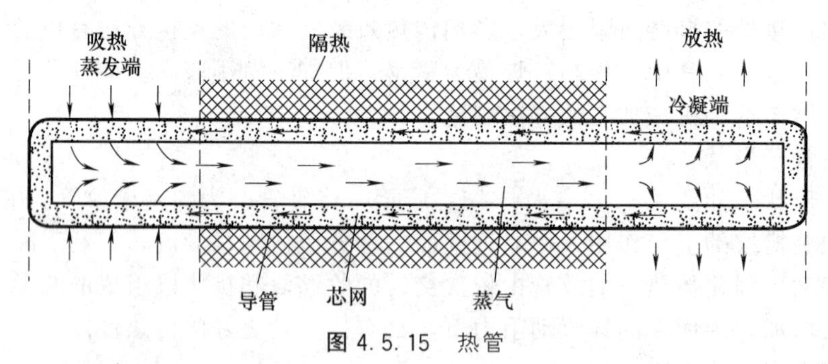

图 4.5.15　热管

在热管内部，热量的传递是通过沸腾-冷凝过程。由于沸腾和冷凝表面传热系数皆很大，蒸气流动的阻力很小，因此管壁温度相当均匀。由热管的传热量和相应的管壁温差折算而得的表观热导率，是最优良金属导热体的 10^2 ～10^3 倍。因此，热管对于某些等温性要求较高的场合，尤为适用。此外，热管还具有传热能力大，应用范围广，结构简单，工作可靠等一系列其他优点。

在传统的管式换热器中，热量是穿过管壁在管内、外表面间传递的。管外可采用翅片化的方法加以强化，而管内虽可安装内插物，但强化程度远不如管外。热管把传统的内、外表面间的传热巧妙地转化为管外表面的传热，使冷、热两侧皆可采用加装翅片的方法进行强化。因此，用热管制成的换热器，对冷、热两侧传热系数皆很小的气-气传热过程特别有效。近年来，热管换热器广泛地应用于回收锅炉废热、太阳能集热器等，取得很大经济效益。

(2) 流化床换热器

图 4.5.16 所示为流化床换热器，其外形与常规的立式管壳式换热器相似。管程内的流体由下往上流动，使众多的固体颗粒（切碎的金属丝如同数以百万计的刮片）保持稳定的流化状态，对换热器管壁起到冲刷、洗垢作用。同时，使流体在较低流速下也能保持湍流，大大强化了传热速率。固体颗粒在换热器上部与流体分离，并随着中央管返回至换热器下部的流体入口通道，形成循环。中央管下部设有伞形挡板，以防止颗粒向上运动。流化床换热器已在海水淡化蒸发器、塔器再沸器、润滑油脱蜡换热等场合取得实用成效。

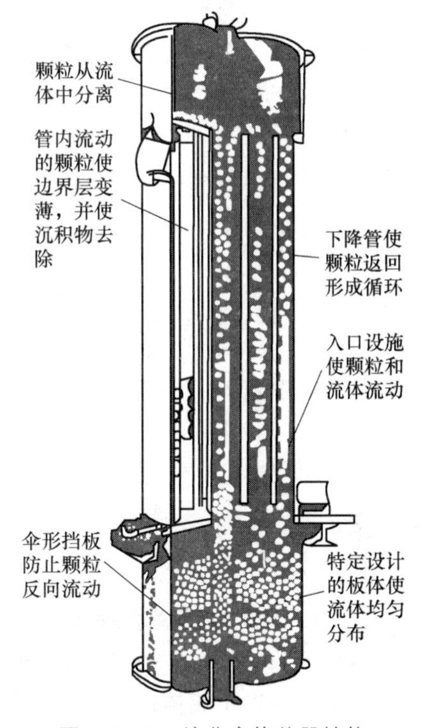

图 4.5.16 流化床换热器结构

4.5.2 换热器的传热速率

换热器的传热计算主要为设计型和操作型两类问题。设计型计算是根据给定生产要求的热流量和工艺条件等，确定换热设备的传热面积及其结构尺寸，从而设计或选用合适的换热器。操作型计算是根据所给定换热器的结构参数以及物系操作条件，通过计算确定其传热效果，以判断其是否满足生产任务的要求或预测生产过程中某些参数的变化对换热器传热能力的影响，从而改进换热设备的操作条件。这两类问题均需要以总传热速率方程和热流量衡算为计算基础。

4.5.2.1 总传热速率方程

总传热速率方程是以冷、热流体温度差为推动力的传热速率方程。该方程可以直接使用已知的冷、热流体的温度进行传热速率计算，从而避免采用导热速率方程和对流传热速率方程时所必需的壁温测算。

以冷、热两流体通过圆管壁进行传热为例，如图 4.5.17 所示，热流体走管内，温度为 t_h，冷流体走管外，温度为 t_c，管壁两侧温度分别为 $t_{h,w}$ 和 $t_{c,w}$，壁厚为 b，其热导率为 λ，内外两侧流体与固体壁面间的表面传热系数分别为 h_i 和 h_o。根据牛顿冷却定律及傅里叶定律分别列出对流传热及导热的速率方程。

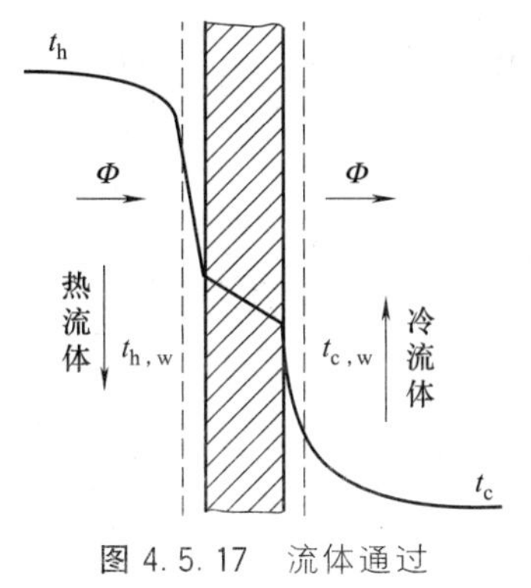

图 4.5.17 流体通过圆筒壁的传热

管内侧
$$\Phi_i=h_iA_i(t_h-t_{h,w})=\frac{t_h-t_{h,w}}{\dfrac{1}{h_iA_i}} \tag{4.5.1}$$

管壁
$$\Phi_m=\lambda A_m\frac{(t_{h,w}-t_{c,w})}{b}=\frac{(t_{h,w}-t_{c,w})}{\dfrac{b}{\lambda A_m}} \tag{4.5.2}$$

管外侧
$$\Phi_o = h_o A_o (t_{c,w} - t_c) = \frac{t_{c,w} - t_c}{\dfrac{1}{h_o A_o}} \tag{4.5.3}$$

以上各式中，A_i、A_o为管内、外壁传热面积，m^2；A_m为管壁平均导热面积，m^2。

理论上，通过式（4.5.1）、式（4.5.2）或者式（4.5.3）均可以计算两流体间的传热速率，但应用以上各式计算时必须知道壁温，而实际上壁温往往是未知的。为此将以上各式进行整理，对于稳态传热，$\Phi_i = \Phi_m = \Phi_o = \Phi$ 可得：

$$\Phi = \frac{(t_h - t_{h,w})}{\dfrac{1}{h_i A_i}} = \frac{t_{h,w} - t_{c,w}}{\dfrac{b}{\lambda A_m}} = \frac{t_{c,w} - t_c}{\dfrac{1}{h_o A_o}} \tag{4.5.4}$$

或
$$\Phi = \frac{t_h - t_c}{\dfrac{1}{h_i A_i} + \dfrac{b}{\lambda A_m} + \dfrac{1}{h_o A_o}} = \frac{\Delta t}{\Sigma R} \tag{4.5.5}$$

总热阻 ΣR 常用下式表示

$$\Sigma R = \frac{1}{KA} = \frac{1}{h_i A_i} + \frac{b}{\lambda A_m} + \frac{1}{h_o A_o} \tag{4.5.6}$$

代入式（4.5.5）得

$$\Phi = KA(t_h - t_c) \tag{4.5.7}$$

式（4.5.7）称为总传热速率方程，K 为总传热系数，简称传热系数，$W/(m^2 \cdot K)$；A 为传热面积，m^2；$(t_h - t_c)$ 为总传热温差，℃。

由于换热器中流体的温度、物性沿管长方向发生变化，故传热温差 $(t_h - t_c)$ 和传热系数 K 也将随之改变。在工程计算中通常用平均传热温差 Δt_m代替 $(t_h - t_c)$，于是得到总的传热速率方程的表达式：

$$\Phi = KA\Delta t_m \tag{4.5.8}$$

下面分别讨论 Φ、K 及 Δt_m的计算。

4.5.2.2 热流量的计算

换热器的热流量又称为热负荷，可以通过传热速率方程式（4.5.8）求得，也可通过热量衡算求得。如本章4.1.3节所述，采用热量衡算方程分别对冷、热流体进行热量衡算得出反映两流体在换热过程中温度变化的相互关系。不计热损失时，不同传热过程的热量衡算方程表达式为：

（热流体放出的热流量）=（冷流体吸收的热流量）

（1）无相变传热过程

$$\Phi = q_{m,h} c_{p,h} (t_{h1} - t_{h2}) = q_{m,c} c_{p,c} (t_{c2} - t_{c1}) \tag{4.5.9}$$

式中 Φ ——冷流体吸收或热流体放出的热流量，W；

$q_{m,h}$、$q_{m,c}$——热、冷流体的质量流量，kg/s；

$c_{p,h}$，$c_{p,c}$——热、冷流体的定压比热容，kJ/(kg·℃)；

t_{h1}、t_{c1}——热、冷流体的进口温度，℃；

t_{h2}、t_{c2}——热、冷流体的出口温度，℃。

（2）有相变的传热过程

当一侧物流发生相变化，例如饱和蒸汽冷凝时，其热流量衡算可表示为

$$\Phi=q_{m,c}c_{p,c}(t_{c2}-t_{c1})=D_h r_h \tag{4.5.10}$$

当两侧物流均发生相变，如一侧饱和蒸汽冷凝，另一侧饱和液体沸腾的传热过程

$$\Phi=D_h r_h=D_c r_c \tag{4.5.11}$$

式中　r_h、r_c——物流相变热，J/kg；

D_h、D_c——相变物流量，kg/s。

当过冷或过热物流发生相变时，则应按以上方法分段进行加和计算。例如，过热蒸汽冷凝的热量衡算方程为

$$\Phi=q_{m,c}c_{p,c}(t_{c2}-t_{c1})=D_h[r_h+c_{p,h}(t_{h2}-t_{hs})] \tag{4.5.12}$$

式中　$c_{p,h}$——过热蒸汽的定压比热容，kJ/(kg·℃)；

t_{hs}——饱和蒸汽的温度，℃。

4.5.2.3　总传热系数

(1) 总传热系数 K 的计算

总传热系数 K 表示传热过程的总热阻，是反映换热设备性能的极为重要的参数，是进行传热计算的依据。K 的大小取决于流体的物性、传热过程的操作条件及换热器的类型等，K 值通常由实验测定，或取生产实际的经验数据，也可以通过分析计算求得，下面重点介绍 K 值的计算方法。

传热系数 K 可利用式（4.5.6）进行计算。但传热系数 K 应和所选的传热面积 A 相对应，假设与传热面积 A_i、A_m 和 A_o 相对应的传热系数 K 分别为 K_i、K_m 和 K_o，则其相互关系为

$$\frac{1}{K_oA_o}=\frac{1}{K_iA_i}=\frac{1}{K_mA_m}=\frac{1}{h_iA_i}+\frac{b}{\lambda A_m}+\frac{1}{h_oA_o} \tag{4.5.13}$$

在工程上，一般以圆管外表面积 A_o 为基准计算总传热系数 K_o，除加以说明外，常将 A_o、K_o 分别以 A、K 表示，由式（4.5.13）可得

$$\frac{1}{K}=\frac{1}{K_o}=\frac{1}{h_i}\times\frac{A_o}{A_i}+\frac{b}{\lambda}\times\frac{A_o}{A_m}+\frac{1}{h_o} \tag{4.5.14}$$

式（4.5.14）又可改写为

$$\frac{1}{K}=\frac{1}{K_o}=\frac{1}{h_i}\times\frac{d_o}{d_i}+\frac{b}{\lambda}\times\frac{d_o}{d_m}+\frac{1}{h_o} \tag{4.5.15}$$

式中　d_i，d_o，d_m——圆管的内径、外径、管壁的平均直径。

同理，按管内表面积（或 d_i）和管子平均面积（或 d_m）为基准亦可求得 K_i 及 K_m，即

$$\frac{1}{K_i}=\frac{1}{h_i}+\frac{b}{\lambda}\times\frac{d_i}{d_m}+\frac{1}{h_o}\times\frac{d_i}{d_o} \tag{4.5.16}$$

及

$$\frac{1}{K_m}=\frac{1}{h_i}\times\frac{d_m}{d_i}+\frac{b}{\lambda}+\frac{1}{h_o}\times\frac{d_m}{d_o} \tag{4.5.17}$$

(2) 污垢热阻

换热器的传热表面在经过一段时间运行后，壁面往往积一层污垢，对传热形成附加的热阻，称为污垢热阻，这层污垢热阻在计算传热系数 K 时一般不容忽视。由于污垢层的厚度及其热导率不易估计，通常根据经验确定污垢热阻。若管壁内、外侧表面上的污垢热阻分别用 $R_{d,i}$ 和 $R_{d,o}$ 表示，根据串联热阻叠加原则，式（4.5.13）变为

$$\frac{1}{K}=\frac{1}{K_o}=\frac{1}{h_i}\times\frac{d_o}{d_i}+R_{d,i}\frac{d_o}{d_i}+\frac{b}{\lambda}\times\frac{d_o}{d_m}+R_{d,o}+\frac{1}{h_o} \tag{4.5.18}$$

即

$$K_o=\frac{1}{\frac{1}{h_i}\times\frac{d_o}{d_i}+R_{d,i}\frac{d_o}{d_i}+\frac{b}{\lambda}\times\frac{d_o}{d_m}+R_{d,o}+\frac{1}{h_o}} \tag{4.5.19}$$

污垢热阻的大致范围见表 4.5.1。

污垢热阻对换热器的操作会造成很大影响，需要采取措施防止或减少污垢的积累或定期清洗。

表 4.5.1　污垢热阻 R_d 的大致范围

流体	污垢热阻 R_d/($m^2 \cdot ℃ \cdot kW^{-1}$)	流体	污垢热阻 R_d/($m^2 \cdot ℃ \cdot kW^{-1}$)	流体	污垢热阻 R_d/($m^2 \cdot ℃ \cdot kW^{-1}$)
水（$u<1$m/s，$t<47$℃）		已处理的锅炉用水	0.26	有机物	0.176
蒸馏水	0.09	硬水、井水	0.58	燃料油	1.056
海水	0.09	水蒸气		焦油	1.76
清净的水	0.21	优质—不含油	0.052	气体	
未处理的凉水塔用水	0.58	劣质—不含油	0.09	空气	0.26～0.53
已处理的凉水塔用水	0.26	往复机排出液体	0.176	溶剂蒸气	0.14
		处理过的盐水	0.264		

在进行换热器的传热计算时，常需先估计传热系数 K 的值，表 4.5.2 列出了列管式换热器的 K 值的大致范围。

表 4.5.2　列管式换热器中 K 值大致范围

热流体	冷流体	传热系数 K/($W \cdot m^{-2} \cdot ℃^{-1}$)	热流体	冷流体	传热系数 K/($W \cdot m^{-2} \cdot ℃^{-1}$)
水	水	850～1700	低沸点烃类蒸气冷凝（常压）	水	455～1140
轻油	水	340～910	高沸点烃类蒸气冷凝（减压）	水	60～170
重油	水	60～280	蒸气冷凝	水沸腾	2000～4250
气体	水	17～280	蒸气冷凝	轻油沸腾	455～1020
水蒸气冷凝	水	1420～4250	蒸气冷凝	重油沸腾	140～425
水蒸气冷凝	气体	30～300			

(3) 壁温的计算

在计算自然对流、强制对流、冷凝和沸腾表面传热系数，以及在选用换热器类型和管材时都需要知道壁温。根据式（4.5.1）、式（4.5.2）及式（4.5.3）可求壁温，即

$$t_{h,w}=t_h-\frac{\Phi}{h_iA_i} \tag{4.5.20}$$

$$t_{c,w}=t_{h,w}-\frac{b\Phi}{\lambda A_m} \tag{4.5.21}$$

或

$$t_{c,w}=t_c+\frac{\Phi}{h_oA_o} \tag{4.5.22}$$

由以上各式可见，壁温接近表面传热系数 h 较大一侧的流体温度。

当热流体在管外、冷流体在管内流动时，式（4.5.20）、式（4.5.21）及式（4.5.22）

要进行相应的调整。

【例 4.24】 在废热锅炉中用水回收高温气体中的热量，管内通高温气体，流量为 420kg/h，温度由 700℃降至 480℃，其平均温度下的比热容为 1.3kJ/(kg·℃)，管外为水沸腾，绝对压强为 2.55MPa。由 ϕ25mm×2.5mm 锅炉钢管组成，管长 l=6m，热导率45W/(m·℃)。已知高温气体一侧 h_i=252W/(m^2·℃)，沸腾水一侧 h_o=10000W/(m^2·℃)，若忽略管壁结垢所产生的热阻，试求废热锅炉中的对流传热量以及锅炉钢管两侧的壁温。

解： 通过热量衡算计算废热锅炉中的对流传热量

$$\Phi = q_{m,h} c_{p,h} (t_{h1} - t_{h2}) = \frac{420 \times 1.3 \times 10^3 \times (700 - 480)}{3600} = 3.34 \times 10^4 \text{W}$$

高温气体的平均温度 $t_h = (700 + 480)/2 = 590℃$

2.55MPa 下水的饱和温度 $t_c = 227℃$

由式（4.5.22）得水一侧的钢管壁温为

$$t_{c,w} = t_c + \frac{\Phi}{h_o A_o} = 227 + \frac{33400}{10000 \times \pi \times 0.025 \times 6} = 234.1℃$$

由式（4.5.21）得高温气体一侧的壁温为

$$t_{h,w} = t_{c,w} + \frac{b\Phi}{\lambda A_m} = 234.1 + \frac{0.0025 \times 33400}{45 \times \pi \times 0.0225 \times 6} = 238.5℃$$

也可由式（4.5.20）求得高温气体一侧的壁温为

$$t_{h,w} = t_h - \frac{\Phi}{h_i A_i} = 590 - \frac{33400}{252 \times \pi \times 0.02 \times 6} = 238.2℃$$

可见，由于水侧以及管壁的热阻均很小，造成的温差亦很小，故热阻主要集中在高温气体与壁面之间，所以钢管两侧的温度均接近于水温。虽然高温气体的温度较高，但这一侧的壁温不高，故可采用一般的锅炉钢管。

4.5.2.4 平均温度差

间壁两侧流体平均温度差的计算方法与换热器中两流体的相互流动方向有关，而两流体的温度变化情况可分为恒温传热和变温传热。

(1) 恒温传热时的平均温度差

冷、热量流体的温度沿换热器管长恒定为常数时，传热温度差（$t'_h - t'_c$）不变，即

$$\Delta t_m = t'_h - t'_c \tag{4.5.23}$$

换热器的间壁两侧流体均有相变化时，可视为恒温传热。例如在蒸发器中，间壁的一侧，液体在恒定的沸腾温度 t'_c下进行蒸发；间壁的另一侧，饱和蒸气在恒定的冷凝温度t'_h下进行冷凝的传热过程中，冷、热流体的温差恒定。

(2) 变温传热时的平均温度差

变温传热时，冷、热流体的温度差与两流体的相互流动方向相关。

逆流和并流时的平均温度差 如图 4.5.18、图 4.5.19 所示，在换热器中，冷、热两流体平行而同向流动称为并流；两流体平行而反向流动称为逆流。由图可见，两流体的温度差沿管长不断变化，故需求出平均温度差。现以逆流为例推导平均温度差的计算。

取微元传热面积 dA，热流量为 dΦ，传热速率方程为

$$d\Phi = K \Delta t dA$$

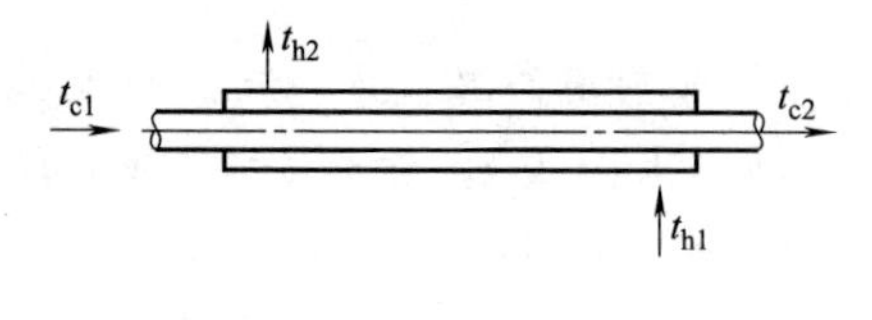

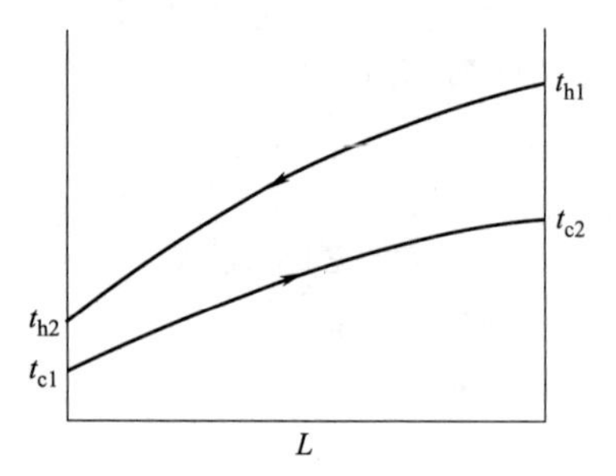

图 4.5.18　逆流流动沿管长冷、热流体的温度变化

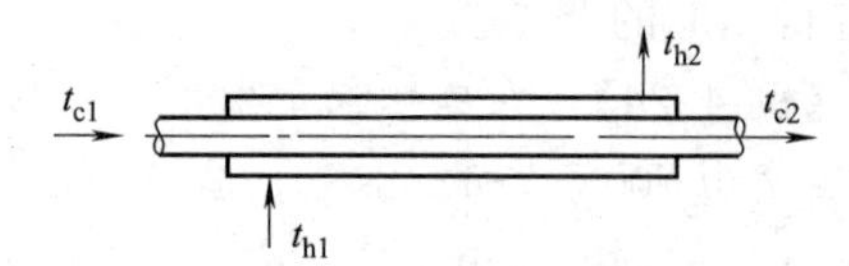

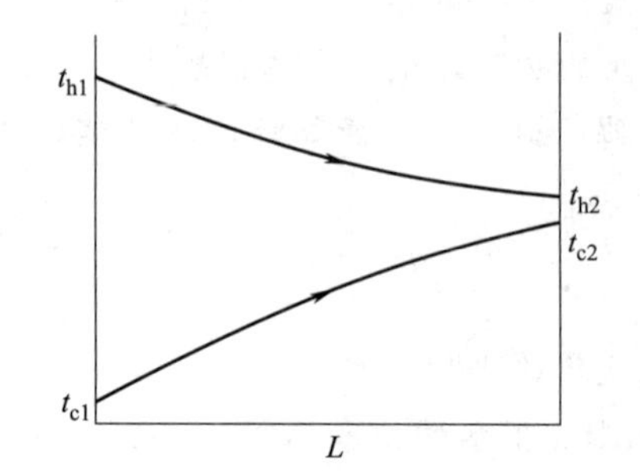

图 4.5.19　并流流动沿管长冷、热流体的温度变化

热量衡算方程为

$$\mathrm{d}\Phi=q_{m,\mathrm{h}}c_{p,\mathrm{h}}\mathrm{d}t_{\mathrm{h}}=q_{m,\mathrm{c}}c_{p,\mathrm{c}}\mathrm{d}t_{\mathrm{c}}$$

稳态传热时，$q_{m,\mathrm{h}}$、$q_{m,\mathrm{c}}$是常数，流体平均温度下的定压比热容也可看做常数。因此由上式可得

$$\mathrm{d}\Phi/\mathrm{d}t_{\mathrm{h}}=q_{m,\mathrm{h}}c_{p,\mathrm{h}}=\text{常数}$$

即 Φ 和热流体的温度呈直线关系，如图 4.5.20 所示。

同理 $\mathrm{d}\Phi/\mathrm{d}t_{\mathrm{c}}=q_{m,\mathrm{c}}c_{p,\mathrm{c}}=$常数，即 Φ 和冷流体的温度也呈直线关系。

显然，Φ 和冷、热两流体之间的温度差 $\Delta t=t_{\mathrm{h}}-t_{\mathrm{c}}$也呈直线关系，而且这一直线的斜率是

$$\frac{\mathrm{d}(\Delta t)}{\mathrm{d}\Phi}=\frac{\Delta t_1-\Delta t_2}{\Phi} \tag{4.5.24}$$

式中　$\Delta t_1=t_{\mathrm{h1}}-t_{\mathrm{c2}}$；$\Delta t_2=t_{\mathrm{h2}}-t_{\mathrm{c1}}$

将传热速率方程 $\mathrm{d}\Phi=K\mathrm{d}A\Delta t$ 代入式（4.5.24）得

$$\frac{\mathrm{d}(\Delta t)}{K\mathrm{d}A\Delta t}=\frac{\Delta t_1-\Delta t_2}{\Phi}$$

或

$$\frac{\mathrm{d}(\Delta t)}{K\Delta t}=\frac{\Delta t_1-\Delta t_2}{\Phi}\mathrm{d}A$$

设换热器中各点的 K 值视为常数，并将上式积分

$$\frac{1}{K}\int_{\Delta t_2}^{\Delta t_1}\frac{\mathrm{d}(\Delta t)}{\Delta t}=\frac{\Delta t_1-\Delta t_2}{\Phi}\int_0^A\mathrm{d}A$$

$$\frac{1}{K}\ln\frac{\Delta t_1}{\Delta t_2}=\frac{\Delta t_1-\Delta t_2}{\Phi}A$$

于是得

$$\Phi=KA\frac{\Delta t_1-\Delta t_2}{\ln\dfrac{\Delta t_1}{\Delta t_2}} \tag{4.5.25}$$

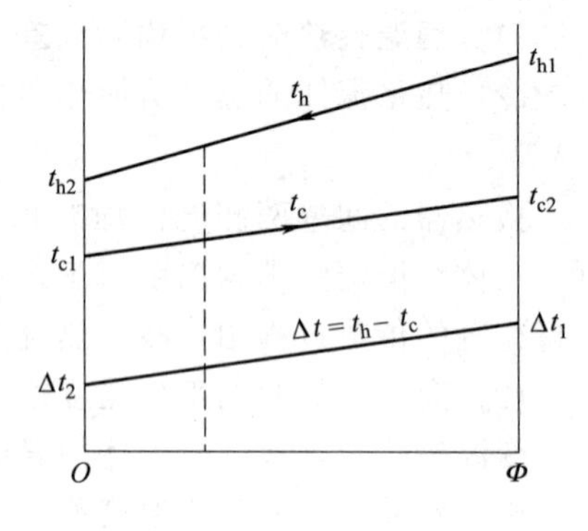

图 4.5.20　平均温度差推导

将式（4.5.25）和传热速率方程 $\Phi=KA\Delta t_{\mathrm{m}}$ 比较，可见传热温度差的平均值为进、出口处温度差的对数平均值，即

$$\Delta t_{\mathrm{m}}=\frac{\Delta t_1-\Delta t_2}{\ln\dfrac{\Delta t_1}{\Delta t_2}} \tag{4.5.26}$$

式中　Δt_{m}——对数平均温度差。

在工程计算中，当 $\Delta t_1>\Delta t_2$，且 $\dfrac{\Delta t_1}{\Delta t_2}<2$ 时，可以用算术平均温度差 $\left(\dfrac{\Delta t_1+\Delta t_2}{2}\right)$ 代替对数平均温度差。

若换热器中两流体为并流流动，也可导出式（4.5.26），因此式（4.5.26）是计算逆流和并流时的平均温度差 Δt_{m} 的通式。

【例 4.25】 在套管式换热器中，当冷、热两流体分别采用并流或逆流两种不同的流程时，传热温差分别为多少？（1）两流体均无相变化，热流体由120℃冷却到90℃，冷流体由30℃加热到70℃；（2）热流体为133.3℃的饱和水蒸气冷凝，冷流体为常压下100℃的水沸腾；（3）热流体为133.3℃的饱和水蒸气冷凝，冷流体由30℃加热到70℃；（4）冷、热流体的热容量流率（流量和比热容的乘积）相等。

解：（1）

	逆流	并流
t_{h}	120→90	120→90
t_{c}	70←30	30→70
Δt_1，Δt_2	50，60	90，20

$$\Delta t_{\mathrm{m},逆}=\frac{(90-30)-(120-70)}{\ln\dfrac{90-30}{120-70}}=54.9℃$$

$$\Delta t_{\mathrm{m},并}=\frac{(120-30)-(90-70)}{\ln\dfrac{120-30}{90-70}}=46.5℃$$

（2）两侧流体均发生相变时为恒温传热

$$\Delta t_{\mathrm{m}}=t'_{\mathrm{h}}-t'_{\mathrm{c}}=133.3-100=33.3℃$$

（3）一侧流体发生相变时

$$\Delta t_{\mathrm{m},逆}=\Delta t_{\mathrm{m},并}=\frac{(133.3-30)-(133.3-70)}{\ln\dfrac{133.3-30}{133.3-70}}=81.7℃$$

（4）由已知条件可知　　$q_{m,\mathrm{h}}c_{p,\mathrm{h}}=q_{m,\mathrm{c}}c_{p,\mathrm{c}}$

根据热量衡算方程　　$q_{m,\mathrm{h}}c_{p,\mathrm{h}}\Delta t_{\mathrm{h}}=q_{m,\mathrm{c}}c_{p,\mathrm{c}}\Delta t_{\mathrm{c}}$

则温度差 Δt 沿整个换热器是常数，此时 $\Delta t_1=\Delta t_2=\Delta t_{\mathrm{m}}$

由本例可知，两侧流体都变温时，虽然两流体的进、出口温度相同，但逆流时的 Δt_{m} 比并流的大。所以在换热器的热流量 Φ 及总传热系数 K 值相同的条件下，逆流操作可以节省传热面积；一侧流体变温时，并流和逆流的对数平均温度差相等；两侧流体均发生相变时，温差恒定；冷、热流体的热容量流率相等时，温差沿整个换热器管长为常数。图 4.5.21 所示为流体温度沿管长发生不同变化时的传热温差。

逆流操作的另一个优点是可以节省冷却剂或加热剂的用量。因为并流时，t_{c2} 总是小于 t_{h2}，而逆流时，t_{c2} 却可以大于 t_{h2}，所以逆流冷却时，冷却剂的温升 $t_{\mathrm{c2}}-t_{\mathrm{c1}}$ 可比并流操作时大些，在相同热流量的情况下，冷却剂用量就可以少些。同理，逆流加热时，加热剂本身温度下降 $t_{\mathrm{h1}}-t_{\mathrm{h2}}$ 可比并流操作时大些，即加热剂的用量可以少些。

由此可见，逆流比并流有利，因而工业生产中换热器大多采用逆流操作。但在某些生产工艺的要求下，若对流体的温度有所限制，例如规定冷流体被加热时不得超过某一温度，或热流体被冷却时不得低于某一温度，则宜采用并流操作。

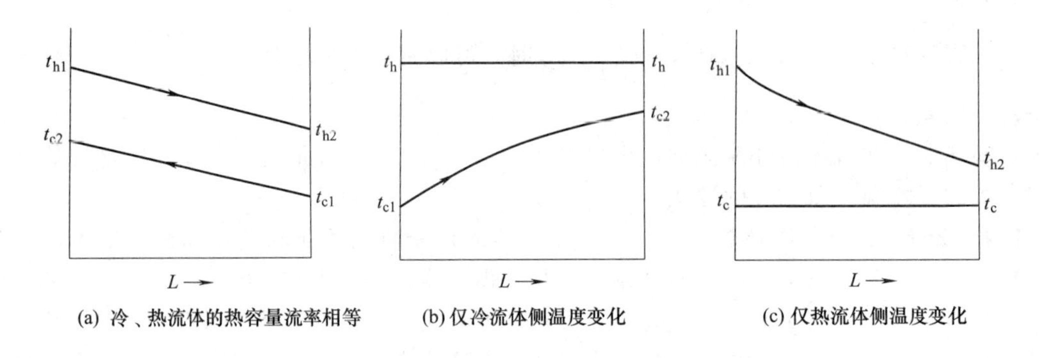

图 4.5.21 流体温度沿管长发生不同变化时的传热温差

(3) 错流和折流时的平均温度差

流体在换热器中的流动方式，除逆流或并流以外，考虑到影响传热系数的多种因素以及换热器的结构是否紧凑合理等因素，还有其他多种形式。如图 4.5.22 所示，流动方式有逆流、并流、相互垂直的交叉流动，以及复杂的多程流动。两流体的流向互相垂直，称为错流［见图 4.5.22（c）］；一流体只沿一个方向流动，而另一流体反复折流，称为简单折流［见图 4.5.22（f）］；若两股流体均作折流，或既有折流又有错流，则称为复杂折流［见图 4.5.22（d）、(e)］。

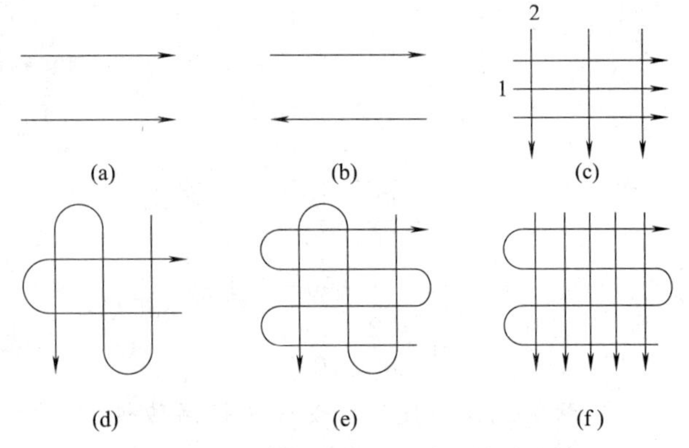

图 4.5.22 流体在换热器中的流动方式

对于错流和折流时的平均温度差，可采用安德伍德（Underwood）和鲍曼（Bowman）提出的图算法。该法是先按纯逆流计算对数平均温度差 $\Delta t_{m,逆}$，然后再根据实际流动情况乘以校正系数 $\varepsilon_{\Delta t}$，即

$$\Delta t_m = \varepsilon_{\Delta t} \Delta t_{m,逆} \tag{4.5.27}$$

校正系数 $\varepsilon_{\Delta t}$ 与冷热两流体的温度变化有关，是 R 和 P 两参数的函数，即

$$\varepsilon_{\Delta t} = f(R, P) \tag{4.5.28}$$

$$R = \frac{t_{h1} - t_{h2}}{t_{c2} - t_{c1}} = \frac{热流体的温降}{冷流体的温升} \tag{4.5.29}$$

$$P = \frac{t_{c2} - t_{c1}}{t_{h1} - t_{c1}} = \frac{冷流体的温升}{两流体的最初温差} \tag{4.5.30}$$

校正系数 $\varepsilon_{\Delta t}$ 值可根据 R 和 P 两参数查图获得。图 4.5.23（a）、(b)、(c)、(d) 即为几种对数平均温差校正系数图，分别适用于壳程为 1～4，管程为 2，4，6，8 等多管程的列管

式换热器（内部均有折流挡板）。对于其他流向的换热器，可由手册查得其相应的校正系数值。

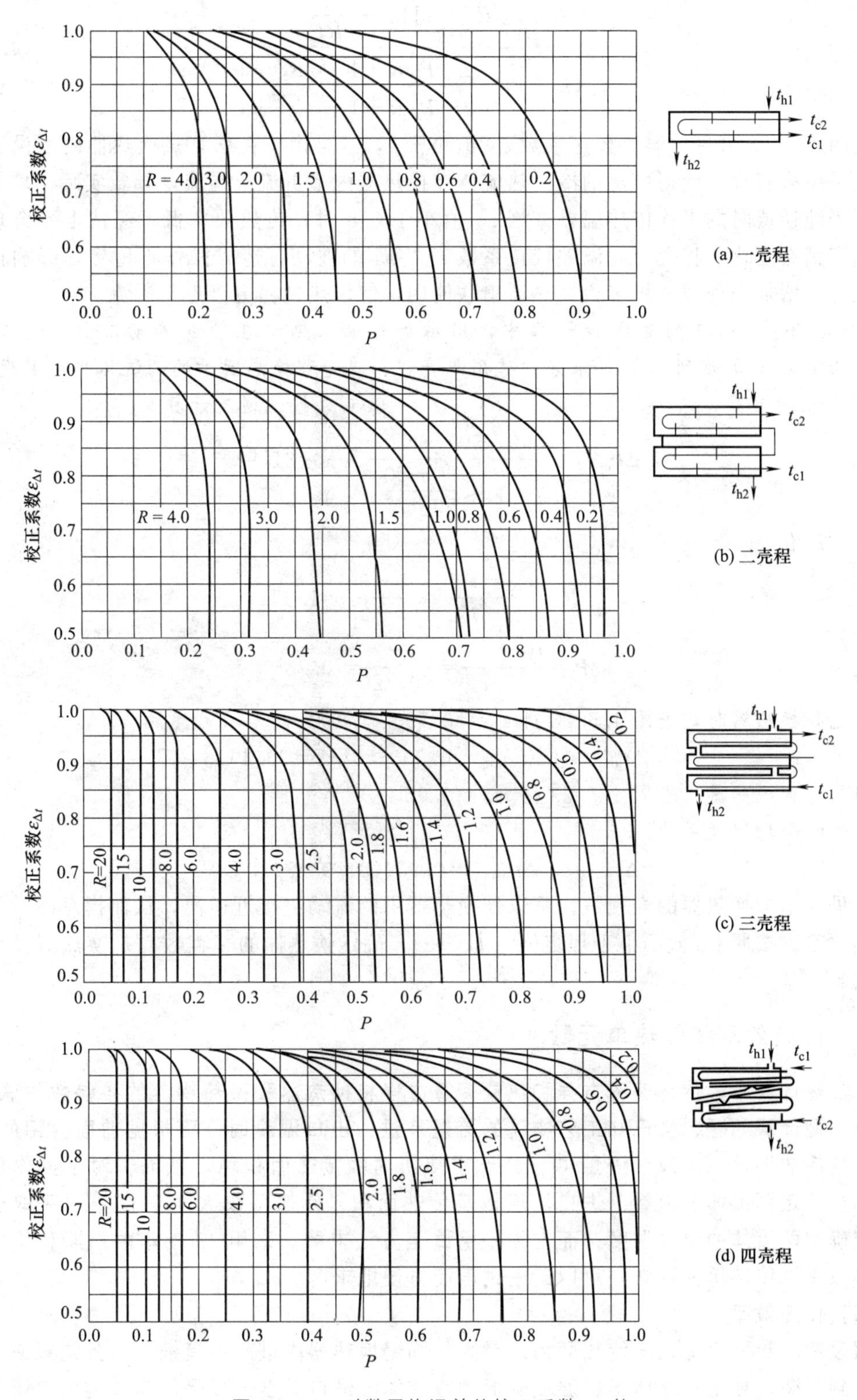

图 4.5.23　对数平均温差的校正系数 $\varepsilon_{\Delta t}$ 值

对于单壳程，多管程（2，4，6，8）列管式换热器的温差校正系数 $\varepsilon_{\Delta t}$ 可按下式计算

$$\varepsilon_{\Delta t}=\frac{\sqrt{R^2+1}\left(\ln\frac{1-P}{1-RP}\right)}{(R-1)\ln\frac{2-P(R+1-\sqrt{R^2+1})}{2-P(R+1+\sqrt{R^2+1})}} \tag{4.5.31}$$

由图 4.5.23 可见，温差校正系数 $\varepsilon_{\Delta t}$ 恒小于 1，这是由于在列管式换热器内增设了折流挡板及采用多管程，使得换热的冷、热流体在换热器内呈折流或错流，导致实际平均传热温差恒低于纯逆流时的平均传热温差。当 $\varepsilon_{\Delta t}$ 值小于 0.8 时，传热效率低，经济上不合理，若操作温度稍有变化，将会引起温差校正系数 $\varepsilon_{\Delta t}$ 急剧的波动，造成操作不稳定，影响正常生产，此时应增加壳程数或将多台换热器串联使用，使传热过程更接近于逆流。

【例 4.26】 拟在列管式换热器中，用水加热油，热水在管内流动，由 90℃ 冷却至 50℃，油由 25℃ 加热到 50℃，求分别选用单壳程、双壳程换热器时的两流体平均温度差。

解： $t_{h1}=90℃$，$t_{h2}=50℃$；$t_{c1}=25℃$，$t_{c2}=50℃$，按纯逆流计算

$$\Delta t_{m,逆}=\frac{(90-50)-(50-25)}{\ln\frac{90-50}{50-25}}=31.9℃$$

计算 R、P 值

$$R=\frac{t_{h1}-t_{h2}}{t_{c2}-t_{c1}}=\frac{90-50}{50-25}=1.6$$

$$P=\frac{t_{c2}-t_{c1}}{t_{h1}-t_{c1}}=\frac{50-25}{90-25}=0.385$$

选用单壳程换热器时，查图 4.5.23 得 $\varepsilon_{\Delta t}=0.795$

$$\Delta t_m=\varepsilon_{\Delta t}\Delta t_{m,逆}=0.795\times31.9=25.4℃$$

若选用双壳程换热器，查图 4.5.23 得 $\varepsilon_{\Delta t}=0.95$

故两流体的平均温度差为

$$\Delta t_m=\varepsilon_{\Delta t}\Delta t_{m,逆}=0.95\times31.9=30.3℃$$

可见，增加换热器的壳程数，可以使换热器中的流动更接近逆流，从而提高冷、热流体的传热效率。按照 $\varepsilon_{\Delta t}$ 值不小于规定值（如 0.8），确定换热器的壳程数，是换热器设计的常用方法。

4.5.3 传热效率和传热单元数 *

在传热计算中，传热速率方程和热量衡算方程将换热器和换热物流的各参数关联起来。对于设计型计算问题，当已知工艺物流的流量及进、出口温度时，可根据前面介绍的方法，计算平均传热温差 Δt_m 及热流量 Φ，从而求得所需的传热面积 A。然而，对于操作型计算问题，当给定两流体的流量、进口温度以及传热面积、传热系数 K 时，却难以采取解析方法直接确定两流体的出口温度，而常需采用试差方法求解。采用 1955 年由凯斯和伦敦导出的传热效率及传热单元数法，可以避免试差而方便地求解。

(1) 传热效率

假设冷、热两流体在一传热面为无穷大的间壁换热器内进行逆流换热，其结果必然会有一端达到平衡，或是热流体出口温度降低到冷流体的进口温度；或是冷流体的出口温度升高到热流体的进口温度，如图 4.5.24 (b) 及图 4.5.24 (c) 所示。理论上，热流体能被冷却

到的最低温度为冷流体的进口温度 t_{c1}，而冷流体则至多能被加热到热流体的进口温度 t_{h1}，其最大可能的温度变化为（$t_{h1}-t_{c1}$）。然而哪一侧流体能获得最大的温度变化，取决于两流体热容量流率（$q_m c_p$）的相对大小。由热量衡算方程式（4.5.9）得

$$\Phi = q_{m,h} c_{p,h}(t_{h1}-t_{h2}) = q_{m,c} c_{p,c}(t_{c2}-t_{c1})$$

可见，只有热容量流率相对小的流体才有可能获得较大的温度变化，将该流体的热容量流率以 $(q_m c_p)_{min}$ 表示，而相对大的热容量流率表示为 $(q_m c_p)_{max}$。

将换热器实际热流量 Φ 与其无限大传热面时的最大可能热流量 Φ_{max} 之比称为换热器的传热效率 ε。当热流体的热容量流率相对较小时，其传热效率可表示为

$$\varepsilon_h = \frac{\Phi}{\Phi_{max}} = \frac{(q_{m,h} c_{p,h})_{min}(t_{h1}-t_{h2})}{(q_{m,h} c_{p,h})_{min}(t_{h1}-t_{c1})} = \frac{t_{h1}-t_{h2}}{t_{h1}-t_{c1}} \tag{4.5.32}$$

同理，当冷流体的热容量流率相对较小时，则传热效率可表示为

$$\varepsilon_c = \frac{t_{c2}-t_{c1}}{t_{h1}-t_{c1}} \tag{4.5.33}$$

当冷、热流体在无限大传热面的换热器内进行并流传热时，两流体最终的出口温度必将达到一致，如图 4.5.25（b）所示。并流传热时，温度变化最大者仍为热容量流率相对较小的流体，其最大可能的温度变化仍为（$t_{h1}-t_{c1}$）。可以推出，传热效率表达式与逆流相同。

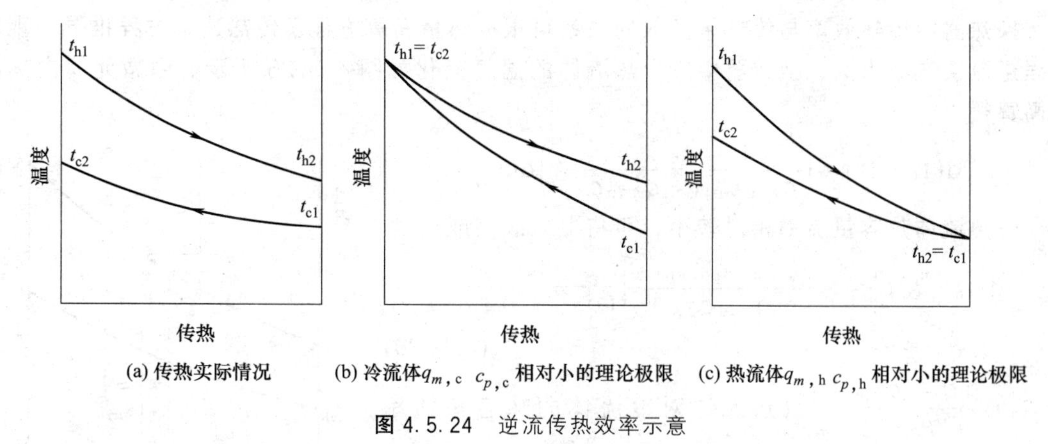

图 4.5.24　逆流传热效率示意

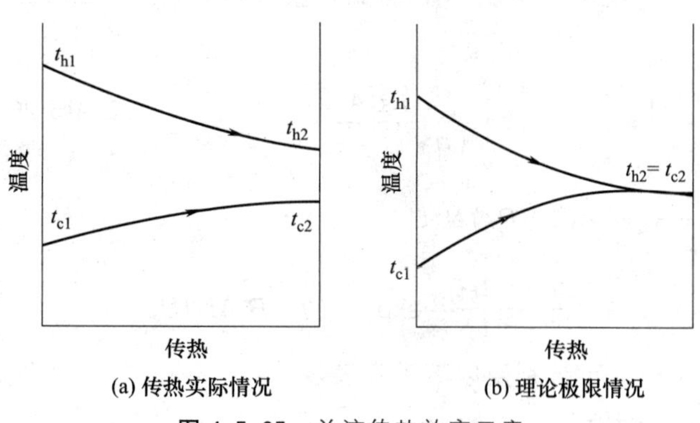

图 4.5.25　并流传热效率示意

(2) 传热单元数

在换热器中，取微元传热面积 dA，由热量衡算方程和传热速率方程可得：

$$d\Phi = q_{m,h}c_{p,h}dt_h = q_{m,c}c_{p,c}dt_c = K(t_h - t_c)dA \tag{4.5.34}$$

对于热流体，则有

$$\frac{dt_h}{t_h - t_c} = \frac{KdA}{q_{m,h}c_{p,h}} \tag{4.5.35}$$

将上式积分得到表示换热器传热能力的参数，用 NTU_h表示，称为传热单元数，即

$$NTU_h = \int_{t_{h2}}^{t_{h1}} \frac{dt_h}{t_h - t_c} = \int_0^A \frac{KdA}{q_{m,h}c_{p,h}} \tag{4.5.36}$$

若传热温差（$t_h - t_c$）取平均值 Δt_m，热流体热容量流率（$q_{m,h}c_{p,h}$）近似取为常数，于是可得

$$NTU_h = \frac{t_{h1} - t_{h2}}{\Delta t_m} = \frac{KA}{q_{m,h}c_{p,h}} \tag{4.5.37}$$

同样，对于冷流体，换热器的传热单元数 NTU_c可表示为

$$NTU_c = \frac{t_{c2} - t_{c1}}{\Delta t_m} = \frac{KA}{q_{m,c}c_{p,c}} \tag{4.5.38}$$

由式（4.5.37）及式（4.5.38）可见，传热单元数在数值上等于单位传热推动力引起流体温度变化的大小，表明换热器传热能力的强弱。

（3）传热效率与传热单元数的关系

换热器中传热效率与传热单元数的关系可根据热量衡算方程及传热速率方程推导。现以单程逆流换热器为例，换热器中冷、热流体的温度变化如图 4.5.26 所示。由微元体内热流量衡算得

$$d(t_h - t_c) = \left(\frac{1}{q_{m,h}c_{p,h}} - \frac{1}{q_{m,c}c_{p,c}}\right)d\Phi$$

设热流体热容量流率相对较小，可将上式改写成

$$d(t_h - t_c) = \left[1 - \frac{(q_{m,h}c_{p,h})_{min}}{q_{m,c}c_{p,c}}\right]\frac{d\Phi}{(q_{m,h}c_{p,h})_{min}} \tag{4.5.39}$$

令 $R_h = \dfrac{(q_{m,h}c_{p,h})_{min}}{q_{m,c}c_{p,c}}$（热流体对冷流体的热容量流率比），将 $d\Phi = K(t_h - t_c)dA$ 代入式（4.5.39）整理后积分得

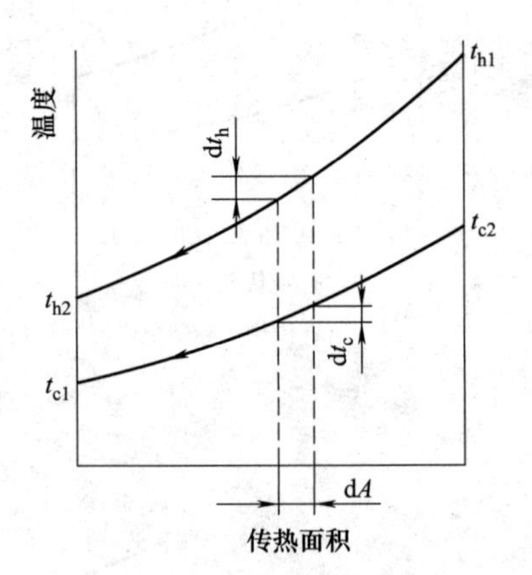

图 4.5.26　单程逆流换热器流体温度分布

$$\int_{t_{h2}-t_{c1}}^{t_{h1}-t_{c2}} \frac{d(t_h - t_c)}{t_h - t_c} = (1 - R_h)\int_0^A \frac{KdA}{(q_{m,h}c_{p,h})_{min}}$$

即
$$\ln\frac{t_{h1} - t_{c2}}{t_{h2} - t_{c1}} = (1 - R_h)NTU_h$$

或
$$\frac{t_{h2} - t_{c1}}{t_{h1} - t_{c2}} = \exp[-(1 - R_h)NTU_h] \tag{4.5.40}$$

又 $t_{h2} - t_{c1}$和 $t_{h1} - t_{c2}$可分别用以下关系表示

$$t_{h2} - t_{c1} = t_{h1} - \frac{t_{h1} - t_{h2}}{t_{h1} - t_{c1}}(t_{h1} - t_{c1}) - t_{c1} = (1 - \varepsilon_h)(t_{h1} - t_{c1})$$

$$t_{h1} - t_{c2} = t_{h1} - \frac{t_{c2} - t_{c1}}{t_{h1} - t_{h2}} \times \frac{t_{h1} - t_{h2}}{t_{h1} - t_{c1}}(t_{h1} - t_{c1}) - t_{c1}$$

$$= t_{h1} - \frac{q_{m,h}c_{p,h}}{q_{m,c}c_{p,c}} \times \frac{t_{h1}-t_{h2}}{t_{h1}-t_{c1}}(t_{h1}-t_{c1}) - t_{c1}$$
$$= (1-R_h\varepsilon_h)(t_{h1}-t_{c1})$$

将以上关系代入式（4.5.40）整理得

$$\varepsilon_h = \frac{1-\exp[-NTU_h(1-R_h)]}{1-R_h\exp[-NTU_h(1-R_h)]} \tag{4.5.41}$$

当冷流体热容量流率相对较小时，冷流体对热流体的热容量流率比为

$$R_c = \frac{(q_{m,c}c_{p,c})_{min}}{q_{m,h}c_{p,h}}$$

同理可得出相应的关系式

$$\varepsilon_c = \frac{1-\exp[-NTU_c(1-R_c)]}{1-R_c\exp[-NTU_c(1-R_c)]} \tag{4.5.42}$$

对于单程并流换热器及单壳程多管程的折流换热器，经上述的类似推导，也可得出 ε 与 NTU、R 之间的关系。

单程并流换热器

$$\varepsilon_i = \frac{1-\exp[NTU_i(1+R_i)]}{1+R_i} \tag{4.5.43}$$

单壳程多管程（2，4，6，…）折流换热器

$$\varepsilon_i = 2\left[1+R_i+B_i\frac{1+\exp(-NTU_iB_i)}{1-\exp(-NTU_iB_i)}\right]^{-1} \tag{4.5.44}$$

$$B_i = (1+R_i^2)^{\frac{1}{2}} \tag{4.5.45}$$

式中 $i=h$，c。

为便于工程计算，将 ε、NTU、R 三者之间的关系绘制成曲线，如图 4.5.27、图 4.5.28 及图 4.5.29 所示。

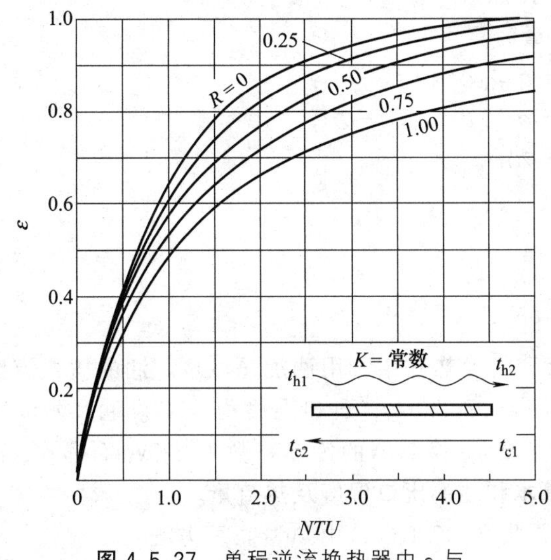

图 4.5.27 单程逆流换热器中 ε 与 NTU 和 R 间的关系

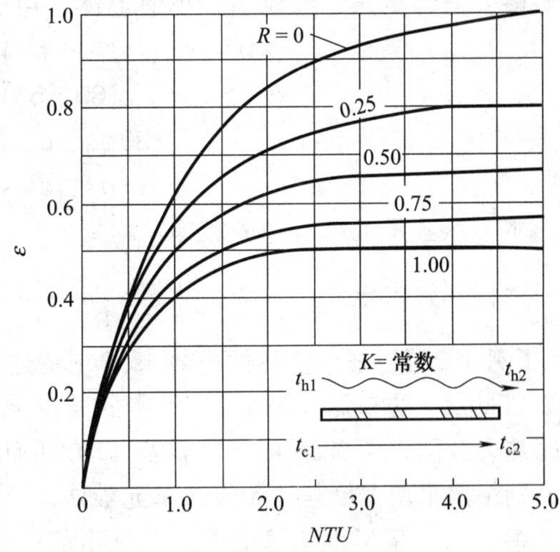

图 4.5.28 单程并流换热器中 ε 与 NTU 和 R 间的关系

比较图 4.5.27 和图 4.5.28 可见，在传热单元数相同时，逆流时换热器的传热效率总是大于并流时的。

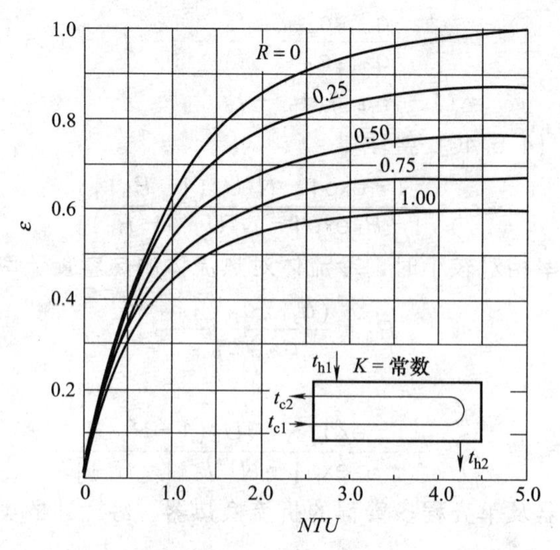

图 4.5.29　折流换热器中 ε 与 NTU 和 R 间的关系

传热单元数是衡量传热能力的一个参数。对一组串联的换热器 1,2,3,…,n 而言，其传热单元数可表示为

$$NTU_{\mathrm{h}}=\frac{K_1A_1+K_2A_2+K_3A_3+\cdots+K_nA_n}{q_{m,\mathrm{h}}c_{p,\mathrm{h}}}=\sum_{i=1}^{n}(NTU_{\mathrm{h}})_i \tag{4.5.46}$$

或

$$NTU_{\mathrm{c}}=\frac{K_1A_1+K_2A_2+K_3A_3+\cdots+K_nA_n}{q_{m,\mathrm{c}}c_{p,\mathrm{c}}}=\sum_{i=1}^{n}(NTU_{\mathrm{c}})_i \tag{4.5.47}$$

式中　$K_1,K_2,K_3,\cdots,K_n$——各换热器的传热系数，一般可视为常数；

$A_1,A_2,A_3,\cdots,A_n$——各换热器传热面积。

【例 4.27】　在一套管换热器中，用热水加热苯。苯由 20℃ 加热到 40℃，热水由 80℃ 冷却至 50℃，设热损失可忽略，试计算换热器的传热效率。

解： 先确定热容量流率较小值流体，由热量衡算可知

$$q_{m,\mathrm{h}}c_{p,\mathrm{h}}(t_{\mathrm{h1}}-t_{\mathrm{h2}})=q_{m,\mathrm{c}}c_{p,\mathrm{c}}(t_{\mathrm{c2}}-t_{\mathrm{c1}})$$

$$q_{m,\mathrm{h}}c_{p,\mathrm{h}}(80-50)=q_{m,\mathrm{c}}c_{p,\mathrm{c}}(40-20)$$

$$30q_{m,\mathrm{h}}c_{p,\mathrm{h}}=20q_{m,\mathrm{c}}c_{p,\mathrm{c}}$$

因此

$$q_{m,\mathrm{h}}c_{p,\mathrm{h}}<q_{m,\mathrm{c}}c_{p,\mathrm{c}}$$

即热水为热容量流率较小的流体。

由传热效率定义

$$\boldsymbol{\varepsilon}=\frac{t_{\mathrm{h1}}-t_{\mathrm{h2}}}{t_{\mathrm{h1}}-t_{\mathrm{c1}}}=\frac{80-50}{80-20}=0.5$$

【例 4.28】　在一传热面积为 15.8m² 的逆流套管换热器中，用油加热冷水。油的质量流量为 2.85kg/s、进口温度为 110℃；水的质量流量为 0.667kg/s，进口温度为 35℃。油和水的平均比热容分别为 1.9kJ/(kg·℃) 及 4.18kJ/(kg·℃)。换热器的传热系数为 320W/(m²·℃)，试分别采用平均温度差法和传热单元数法，计算水和油的出口温度及热流量。

解：(1) 采用平均温度差法，设水的出口温度为 90.8℃，由热量衡算方程

$$q_{m,\mathrm{h}}c_{p,\mathrm{h}}(t_{\mathrm{h1}}-t_{\mathrm{h2}})=q_{m,\mathrm{c}}c_{p,\mathrm{c}}(t_{\mathrm{c2}}-t_{\mathrm{c1}})$$

得到油的出口温度为

$$t_{\mathrm{h2}}=t_{\mathrm{h1}}-\frac{q_{m,\mathrm{c}}c_{p,\mathrm{c}}(t_{\mathrm{c2}}-t_{\mathrm{c1}})}{q_{m,\mathrm{h}}c_{p,\mathrm{h}}}=110-\frac{0.667\times4.18\times(90.8-35)}{2.85\times1.9}=81.3℃$$

$$\Delta t_{\mathrm{m}}=\frac{\Delta t_1-\Delta t_2}{\ln\dfrac{\Delta t_1}{\Delta t_2}}=\frac{(81.3-35)-(110-90.8)}{\ln\dfrac{81.3-35}{110-90.8}}=30.8℃$$

为检验假设温度的准确性，分别由热量衡算方程和传热速率方程计算换热器的热流量

$$\Phi_1=q_{m,\mathrm{c}}c_{p,\mathrm{c}}(t_{\mathrm{c2}}-t_{\mathrm{c1}})=0.667\times4.18\times(90.8-35)=155.6\mathrm{kW}$$

$$\Phi_2=KA\Delta t_{\mathrm{m}}=320\times15.8\times30.8=155.7\mathrm{kW}$$

因为 $\Phi_1\approx\Phi_2$，所以水和油的出口温度假设正确。

(2) 本题用 ε-NTU 法计算，可避免试差。

$$q_{m,\mathrm{h}}c_{p,\mathrm{h}}=2.85\times1900=5415\mathrm{W/℃}$$

$$q_{m,\mathrm{c}}c_{p,\mathrm{c}}=0.667\times4180=2788\mathrm{W/℃}$$

故冷流体水为热容量流率较小的流体

$$R_{\mathrm{c}}=\frac{(q_{m,\mathrm{c}}c_{p,\mathrm{c}})_{\min}}{q_{m,\mathrm{h}}c_{p,\mathrm{h}}}=\frac{2788}{5415}=0.515$$

$$(NTU)_{\min}=\frac{KA}{q_{m,\mathrm{c}}c_{p,\mathrm{c}}}=\frac{320\times15.8}{2788}=1.8$$

查图 4.5.29 得 $\varepsilon=0.73$

传热效率
$$\varepsilon_{\mathrm{c}}=\frac{t_{\mathrm{c2}}-t_{\mathrm{c1}}}{t_{\mathrm{h1}}-t_{\mathrm{c1}}}=0.73$$

$$t_{\mathrm{c2}}=0.73\times(110-35)+35=89.8℃$$

即水的出口温度 89.8℃。

热流量　$\Phi=q_{m,\mathrm{c}}c_{p,\mathrm{c}}(t_{\mathrm{c2}}-t_{\mathrm{c1}})=0.667\times4180\times(89.8-35)=152.8\mathrm{W}$

由热量衡算方程，油的出口温度为

$$t_{\mathrm{h2}}=t_{\mathrm{h1}}-\frac{q_{m,\mathrm{c}}c_{p,\mathrm{c}}(t_{\mathrm{c2}}-t_{\mathrm{c1}})}{q_{m,\mathrm{h}}c_{p,\mathrm{h}}}=110-\frac{0.667\times4.18\times(89.8-35)}{2.85\times1.9}=81.8℃$$

显然，对操作型计算问题，传热单元法可以避免试差，比平均温度差法方便。由于两种方法都采用了不同程度的近似，因此计算结果存在差别。

4.5.4 换热器传热过程的强化

工程中的传热问题常需要强化传热过程，即采取措施提高换热设备单位传热面积的传热量，从而缩小设备尺寸、节省金属材料，或者提高热效率、节能降耗，或者使受热元件得到有效的冷却、保证设备安全运行。如何强化现有传热设备，开发新型高效的传热设备，以便在较小的设备上获得更大的生产能力和效益，成为现代工业发展的一个重要问题。

研究强化传热过程的途径，可从传热速率方程着手分析。根据传热速率方程

$$\Phi=KA\Delta t_{\mathrm{m}}$$

可见，为提高热流量 Φ，提高 K、A、Δt_{m} 三项中的任意一项，均可达到强化传热的目的。

4.5.4.1 提高传热系数 K

提高传热系数是强化传热的积极措施，影响传热系数 K 的因素较为复杂，由式 (4.5.19) 得

$$K=K_{\mathrm{o}}=\frac{1}{\dfrac{1}{h_{\mathrm{i}}}\times\dfrac{d_{\mathrm{o}}}{d_{\mathrm{i}}}+R_{\mathrm{d,i}}\dfrac{d_{\mathrm{o}}}{d_{\mathrm{i}}}+\dfrac{b}{\lambda}\times\dfrac{d_{\mathrm{o}}}{d_{\mathrm{m}}}+Rd_{\mathrm{o}}+\dfrac{1}{h_{\mathrm{o}}}}\tag{4.5.48}$$

由上式可见，传热系数反映传热过程中的各项热阻的总和。要提高 K 值，就必须减小各项热阻。但因各项热阻所占的比例不同，设法减小对 K 值影响较大的热阻，可以取得最显著的强化传热效果。减小热阻的方法有：

(1) 降低污垢热阻

换热设备金属壁的热导率 λ 较大，管壁的热阻一般可以忽略。但在运行中，当壁上生成污垢后，由于污垢的热导率一般较小，即使厚度不大，对传热过程也十分不利。例如，1mm 厚的水垢相当于 40mm 厚钢板的热阻，1mm 厚的烟灰渣层相当于 400mm 厚钢板的热阻。因此，必须注意清除污垢，如保持一定流速冲刷管壁防止污垢的沉积，以及采用化学或机械的方法来抑制污垢的生长。经一定运转周期应及时清洗管壁。

(2) 提高表面传热系数 h

当忽略管壁导热热阻、清除污垢以后，式（4.5.48）可简化为

$$K=\frac{1}{\frac{1}{h_{\mathrm{i}}}\frac{d_{\mathrm{o}}}{d_{\mathrm{i}}}+\frac{1}{h_{\mathrm{o}}}} \tag{4.5.49}$$

当 h_{i}、h_{o}相差悬殊时，如 $h_{\mathrm{o}}\gg h_{\mathrm{i}}$ 或者 $h_{\mathrm{i}}\gg h_{\mathrm{o}}$，热阻主要集中在 h 较小的一侧。此时改善 h 较小一侧的工况、提高其表面传热系数，对提高 K 值最为有效。例如气-液型换热器或者有相变-无相变型换热器，热阻主要集中在气体侧或者无相变流体侧，应采取措施强化其对流传热过程；但当 h_{i}、h_{o}相差不大时，如液-液型或者气-气型换热器，则需同时强化两侧的对流传热过程。无相变对流传热和有相变传热的规律不同，强化表面传热系数的方法也不同。

对于无相变的对流传热，在前面对流传热的分析中已提到，对流表面传热系数的大小与流体的流动状况、物性参数以及壁面的定性尺寸等诸多因素相关。以工业生产常用的湍流操作条件为例，当流体被加热时，按照式（4.3.30b）得

$$h_i=0.023\frac{\lambda}{d_{\mathrm{i}}}(Re)^{0.8}(Pr)^{0.4}=0.023\frac{(\rho u)^{0.8}c_p^{0.4}\lambda^{0.6}}{d_{\mathrm{i}}^{0.2}\eta^{0.4}} \tag{4.5.50}$$

式（4.5.50）表明湍流流体被加热时，表面传热系数与流体的流速、定性尺寸以及物性参数的具体函数关系。提高表面传热系数的具体措施即可归纳为这三个方面。

1）改善流体流动状况

当流动处于湍流状态、对流传热温差 Δt 一定时，对流传热的强度主要取决于层流底层的厚度。所以，提高表面传热系数的关键在于如何减小层流底层的厚度，可以采取以下措施：

① 提高流速。提高流体流速的目的在于增大 Re，使湍流加剧。由式（4.5.50）可知，物性近似为常数时，$h\propto u^{0.8}/d^{0.2}$。即 h 与流速 u 的 0.8 次方呈正比，与管径 d 的 0.2 次方呈反比。由流体力学计算可知，其流动阻力 Δp 约与 $u^{1.75\sim2}$ 呈正比。因此，提高流速 u，一方面可使表面传热系数增大，但同时阻力也将随之增大，并且增加得更快。所以，采用增加流速的办法来提高表面传热系数，只有在压力降允许的条件下才可行。

提高流速的具体措施，对于非工艺物流可采用提高其流量的方法，但同时需要兼顾换热器的动力消耗和流体阻力；对于工艺物流只能采取缩小流通截面积的方法。如对于管内流体可减少管子根数而增加管长，对于管外则采用增加折流挡板等方法来实现。

② 增强流体扰动。可采用扰动元件，如在管道内、外装入麻花铁、螺旋圈或金属丝片等添加物，或者将传热面做成波纹状等措施，或者在流道进口装静态混合器，以及采用射流方法喷射传热面，均可以增强流体扰动、破坏层流底层、强化传热。

③ 制造人工的粗糙表面，可使近壁处的流体产生边界层分离和漩涡，尤其在粗糙顶峰处流动加剧，使层流底层减薄，此外，粗糙表面比光滑表面还具有更大的表面积，这些都可使得传热得以增强。但对于层流流动或粗糙峰仍埋在湍流的层流底层时，这种方法就不起作用。

2）改变流体物性

由式（4.5.50）可知，流体的物性参数是影响对流传热强度的重要因素。在流体中加入一些添加剂，改变流体的某些热物性参数，可以达到强化传热的效果。如在气体中添加少量石墨、黄砂、玻璃球等固体颗粒，可以提高气体的比热容和热容量，同时也可增强气流扰动和辐射传热。

3）改变传热面的形状和尺寸

由式（4.5.50）可知，物性近似为常数时，$h \propto d^{-0.2}$。即 h 与管径 d 的 0.2 次方呈反比。采用小直径管子或者用椭圆管代替圆管是换热器设计时可以采取的措施。此外，自然对流传热时以竖管代替竖壁，冷凝传热中多采用水平管等，也可强化传热。

有相变的对流传热，即蒸气的冷凝和液体的沸腾传热，其表面传热系数远大于无相变化时的表面传热系数，热阻主要集中在无相变化传热一侧的流体中。但不少有机蒸气的冷凝及其液体的沸腾表面传热系数都远低于水的 h 值，这时，有相变对流传热的强化还是十分有意义的。而相变传热过程强化的原理与无相变时基本一致，已经在本章 4.3.6 节中进行了详细介绍，下面只作简单归纳。

对于蒸气冷凝，设法减小液膜厚度是强化冷凝传热的有效措施。可以采用垂直壁面开沟槽、装金属丝，垂直管内加内插物（如螺旋圈）等，利用其引流或者分散冷凝液的作用，减小液膜厚度。另外，改变冷凝表面性质，使之形成滴状冷凝的措施也正在大力研究之中。

液体沸腾应保持在核状阶段工作。气泡的产生和运动情况对沸腾传热过程影响极大，可以从加热表面和液体沸腾温差两方面入手进行强化。采用机械加工或腐蚀的方法将金属表面粗糙化，可提供更多汽化核心，使气泡运动加剧，强化沸腾传热。在沸腾液体中加入某种气体或适宜的液体作为添加剂，用以增加汽化核心，或改变沸腾液体的物性，例如表面张力，使气泡容易脱离壁面，可将表面传热系数提高 20%～100%。提高液体沸腾温差，增加液体过热度，可以增加气泡产生和更新的速度，加剧液体沸腾。

4.5.4.2 提高传热推动力 Δt_m

提高传热推动力常常会受到工艺条件的限制。但有时也是可行的，如加热或冷却某一物流时，其加热或冷却所用的热源和冷源为公用工程提供的加热蒸汽及冷却水，其进口温度可以选择，不受系统工艺条件的限制，如适当地提高加热蒸汽的压力，降低冷却水的进口温度或加大冷却水的流量，从而可提高 Δt_m 以强化传热过程。当间壁换热器两侧流体均有相变化时，如一侧冷凝，另一侧为沸腾的传热过程，在允许的范围内可适当调整操作压力，即适当地降低液体沸腾侧的操作压力，或适当提高蒸汽冷凝侧的压力均能达到提高传热推动力的目的。

4.5.4.3 改变传热面积 A

关于传热面积 A 的改变，不以增加换热器台数，改变换热器的尺寸来加大传热面积 A，而是通过对传热面的改造，增加单位体积换热设备的传热面积，高效紧凑。如开槽及加翅片、以不同异形管代替光滑圆管等措施来加大传热面积以强化传热过程。工程上常用的强化传热管的形式如本章 4.5.1 节图 4.5.14 所示。

需要指出，强化传热的方法常会导致流体流动阻力的增加。因此，对一种强化传热方法的评价，应综合考虑传热效果、流动阻力、成本或运行费用等因素。例如，可以在输送功耗相等的条件下，比较传热系数，考虑它们在不同 Re、Pr 和强化方法下传热系数的大小，作为评价传热强化效果的方法，即

$$\left(\frac{K}{K_o}\right)_P = f(Re, Pr, \text{强化方法}) \tag{4.5.51}$$

式中 K——强化后的传热系数；

K_o——未强化时的传热系数；

下标 P——在输送功耗相等的条件下进行比较。

当 $\left(\frac{K}{K_o}\right)_P > 1$，说明传热强化取得了积极的效果，它是传热强化的目标函数。

应予指出，$\left(\frac{K}{K_o}\right)_P$ 是一个重要的评价指标，但不是唯一的标准。由于在换热器的应用中往往有不同的要求，因此，传热强化不能单独追求高的传热强度，在制订方案时，需要根据实际情况综合考虑。

【例 4.29】 在列管式换热器中，用 297kPa（绝压）的饱和水蒸气预热水。已知水走管程，流速为 0.3m/s，换热管由 ϕ25mm×2.5mm 的钢管组成，管长为 3mm，热导率为 45W/(m·℃)。蒸汽侧的污垢热阻忽略不计，蒸汽冷凝表面传热系数为 10000W/(m²·℃)。试求：(1) 换热器刚投入运行时，能将水由 20℃加热到 80℃，求此时换热器的对流传热量和钢管两侧的壁温；(2) 换热器运行一年后，由于水侧污垢积累，出口水的温度只能升至 70℃，求此时水侧的传热系数和污垢热阻。

解：(1) 297kPa（绝压）的饱和水蒸气的温度为 133.3℃

水的定性温度为 (20+80)/2=50℃，

在该温度下，水的物性数据为

$$\rho = 998.1\text{kg/m}^3 \qquad c_p = 4.174\text{kJ/(kg}\cdot\text{℃)}$$

$$\eta = 5.494\times10^{-4}\text{Pa}\cdot\text{s} \quad \lambda = 0.648\text{W/(m}\cdot\text{℃)}$$

$$Re = \frac{\rho d_i u}{\eta} = \frac{998.1\times0.02\times0.3}{5.494\times10^{-4}} = 10799.8 > 10^4 \text{（湍流）}$$

$$Pr = \frac{c_p \eta}{\lambda} = \frac{4.174\times10^3\times5.494\times10^{-4}}{0.648} = 3.536$$

空气侧的表面传热系数

$$h_i = 0.023\frac{\lambda}{d_i}(Re)^{0.8}(Pr)^{0.4} = 0.023\times\frac{0.648}{0.02}\times(10799.8)^{0.8}\times(3.536)^{0.4}$$

$$= 2081.3\text{W/(m}^2\cdot\text{℃)}$$

由式 (4.5.19) 计算总传热系数

$$K_o = \frac{1}{\frac{1}{h_i}\times\frac{d_o}{d_i}+\frac{b}{\lambda}\times\frac{d_o}{d_m}+\frac{1}{h_o}} = \frac{1}{\frac{1}{2081.3}\times\frac{0.025}{0.02}+\frac{0.0025}{45}\times\frac{0.025}{0.0225}+\frac{1}{10000}} = 1311.8\text{W/(m}^2\cdot\text{℃)}$$

冷、热流体的平均温差为

$$\Delta t_m = \frac{\Delta t_1 - \Delta t_2}{\ln\frac{\Delta t_1}{\Delta t_2}} = \frac{(133.3-20)-(133.3-80)}{\ln\frac{133.3-20}{133.3-80}} = 80\text{℃}$$

换热器的对流传热量

$$\Phi=K_{\mathrm{o}}A_{\mathrm{o}}\Delta t_{\mathrm{m}}=1311.8\times(\pi\times0.025\times3)\times80=2.47\times10^{4}\,\mathrm{W}$$

钢管两侧的壁温计算如下。

将式（4.5.20）作相应调整，得钢管在水蒸气侧的壁温为

$$t_{\mathrm{h,w}}=t_{\mathrm{h}}-\frac{\Phi}{h_{\mathrm{o}}A_{\mathrm{o}}}=133.3-\frac{2.47\times10^{4}}{10000\times\pi\times0.025\times3}=122.8℃$$

由式（4.5.21）得，钢管在水侧的壁温为

$$t_{\mathrm{c,w}}=t_{\mathrm{h,w}}-\frac{b\Phi}{\lambda A_{\mathrm{m}}}=122.8-\frac{0.0025\times2.47\times10^{4}}{45\times\pi\times0.0225\times3}=116.3℃$$

钢管在水侧的壁温，也可将式（4.5.22）作相应调整得

$$t_{\mathrm{c,w}}=t_{\mathrm{c}}+\frac{\Phi}{h_{\mathrm{i}}A_{\mathrm{i}}}=50+\frac{2.47\times10^{4}}{2081.3\times\pi\times0.02\times3}=113.0℃$$

可见，管壁温度接近表面传热系数较大（即热阻较小）的一侧的流体温度。因为稳态传热时温度差与热阻成正比。由于水蒸气侧以及管壁的热阻均很小，造成的温差也很小，故壁温接近蒸汽温度。热阻主要集中在水与壁面间的对流传热，造成较大温差。

(2) 换热器的热流量可以分别通过传热速率方程和热量衡算方程计算。忽略热损失时，两方程计算的热流量相等，即 $\Phi=K_{\mathrm{o}}A_{\mathrm{o}}\Delta t_{\mathrm{m}}=q_{m,\mathrm{c}}c_{p,\mathrm{c}}(t_{\mathrm{c},2}-t_{\mathrm{c},1})$

运行一年后，水侧结垢，传热系数降低，造成换热器热流量减小。则水在相同流量下，出口温度为 70℃。

$$\Delta t'_{\mathrm{m}}=\frac{\Delta t'_1-\Delta t'_2}{\ln\dfrac{\Delta t'_1}{\Delta t'_2}}=\frac{(133.3-20)-(133.3-70)}{\ln\dfrac{133.3-20}{133.3-70}}=86℃$$

由
$$\frac{\Phi'}{\Phi}=\frac{K'_{\mathrm{o}}A_{\mathrm{o}}\Delta t'_{\mathrm{m}}}{K_{\mathrm{o}}A_{\mathrm{o}}\Delta t_{\mathrm{m}}}=\frac{q_{m,\mathrm{c}}c_{p,\mathrm{c}}(t'_{\mathrm{c},2}-t_{\mathrm{c},1})}{q_{m,\mathrm{c}}c_{p,\mathrm{c}}(t_{\mathrm{c},2}-t_{\mathrm{c},1})}$$

则
$$\frac{K'_{\mathrm{o}}}{K_{\mathrm{o}}}=\frac{t'_{\mathrm{c},2}-t_{\mathrm{c},1}}{t_{\mathrm{c},2}-t_{\mathrm{c},1}}\times\frac{\Delta t_{\mathrm{m}}}{\Delta t'_{\mathrm{m}}}=\frac{70-20}{80-20}\times\frac{80}{86}=0.775$$

$$K'_{\mathrm{o}}=0.775K_{\mathrm{o}}=0.775\times1311.8=1016.6\,\mathrm{W/(m^2\cdot ℃)}$$

已知蒸汽冷凝表面传热系数不变，若忽略水温度变化对物性参数的影响，则水的对流表面传热系数也不变，传热系数的变化仅由水侧污垢热阻引起，由

$$K'_{\mathrm{o}}=\frac{1}{\dfrac{1}{h_{\mathrm{i}}}\times\dfrac{d_{\mathrm{o}}}{d_{\mathrm{i}}}+R_{\mathrm{d,i}}\dfrac{d_{\mathrm{o}}}{d_{\mathrm{i}}}+\dfrac{b}{\lambda}\times\dfrac{d_{\mathrm{o}}}{d_{\mathrm{m}}}+\dfrac{1}{h_{\mathrm{o}}}}$$

得
$$R_{\mathrm{d,i}}=\left(\frac{1}{h_{\mathrm{i}}}\times\frac{d_{\mathrm{o}}}{d_{\mathrm{i}}}+\frac{b}{\lambda}\times\frac{d_{\mathrm{o}}}{d_{\mathrm{m}}}+\frac{1}{h_{\mathrm{o}}}\right)K'_{\mathrm{o}}\frac{d_{\mathrm{i}}}{d_{\mathrm{o}}}$$

$$=\left[\frac{1}{1016.6}-\left(\frac{1}{2081.3}\times\frac{0.025}{0.02}+\frac{0.0025}{45}\times\frac{0.025}{0.0225}+\frac{1}{10000}\right)\right]\times\frac{0.02}{0.025}$$

$$=1.77\times10^{-4}\,\mathrm{m^2\cdot ℃/W}$$

换热器运行一段时间后，表面会有污垢沉积，使热阻增加、传热系数降低。外在表现为热流体的出口温度上升，或者冷流体的出口温度下降。污垢热阻的数值难以直接测量，可按本例的方法进行估算。

【例 4.30】 现有一单程列管式换热器，管子尺寸为 ϕ25mm×2.5mm，管长为 4.8m，

共40根，拟用来将流量为1.7×10^4kg/h的苯从30℃加热到70℃，壳程（管外）为120℃饱和水蒸气冷凝，水蒸气冷凝的表面传热系数$h_o=1\times10^4\text{W}/(\text{m}^2\cdot\text{K})$。考虑管内苯侧污垢热阻$R_{d,i}=8.33\times10^{-4}\text{m}^2\cdot\text{K/W}$，管外侧污垢热阻及热损失均忽略不计，试求：

(1) 传热系数，并判断该换热器是否合适；

(2) 若将苯的流量提高20%，并维持其出口温度不变，该换热器是否适用？若仍使用上述换热器，则实际操作时苯的出口温度；

(3) 在操作过程中，可采取什么措施使苯流量提高20%后的出口温度达到原工艺要求，并就一种措施加以定量说明。

已知：管材的热导率$\lambda=45\text{W}/(\text{m}\cdot\text{K})$

操作范围内苯的物性数据可视为不变：

$$\rho=900\text{kg/m}^3 \qquad \eta=0.47\times10^{-3}\text{Pa}\cdot\text{s}$$

$$c_p=1.80\text{kJ}/(\text{kg}\cdot℃) \qquad \lambda=0.14\text{W}/(\text{m}\cdot℃)$$

解：(1) 先求管内的表面传热系数h_i

$$Re=\frac{d_i u\rho}{\eta}=\frac{d_i G}{\eta}=\frac{0.02\times\dfrac{1.7\times10^4}{3600\times\dfrac{\pi}{4}\times0.02^2\times40}}{0.47\times10^{-3}}=1.6\times10^4>10^4$$

$$Pr=\frac{c_p\eta}{\lambda}=\frac{1.8\times10^3\times0.47\times10^{-3}}{0.14}=6.04>0.6$$

$$\frac{l}{d_i}=\frac{4.8}{0.02}=240>50$$

由以上条件可采用以下公式计算空气表面传热系数h_i

$$Nu=0.023Re^{0.8}Pr^{0.4}$$

$$h_i=0.023\frac{\lambda}{d_i}Re^{0.8}Pr^{0.4}=0.023\times\frac{0.14}{0.02}\times(16000)^{0.8}(6.04)^{0.4}=763\text{W}/(\text{m}^2\cdot\text{K})$$

$$\begin{aligned}\frac{1}{K}&=\frac{1}{h_i}\times\frac{d_o}{d_i}+\frac{1}{h_o}+\frac{b}{\lambda_m}\times\frac{d_o}{d_m}+R_{d,i}\frac{d_o}{d_i}\\&=\frac{1}{763}\times\frac{25}{20}+\frac{1}{10^4}+\frac{0.025}{45}\times\frac{25}{22.5}+8.33\times10^{-4}\times\frac{25}{20}\\&=2.84\times10^{-3}\end{aligned}$$

$$K=352.1\text{W}/(\text{m}^2\cdot\text{K})$$

判断换热器合适否？

$$\Delta t_m=\frac{(120-30)-(120-70)}{\ln\dfrac{120-30}{120-70}}=68.1℃$$

热流量 $\Phi=q_{m,2}c_{p,2}(t_{c2}-t_{c1})=\dfrac{1.7\times10^4}{3600}\times1.8\times10^3\times(70-30)=3.4\times10^5\text{W}$

所需的换热面积为A_o

$$A_o=\frac{\Phi}{K\Delta t_m}=\frac{3.4\times10^5}{352.1\times68.1}=14.2\text{m}^2$$

换热器的实际面积为 A_p

$$A_p = n\pi d_o l = 40\times3.14\times0.025\times4.8 = 15.1\text{m}^2 > A_o$$

所以该换热器是合适的。

(2) 若将苯的流量提高 20%，则管内表面传热系数将增大，设为 h'_i，则

$$\frac{h'_i}{h_i} = \left(\frac{u'_i}{u_i}\right)^{0.8} = 1.2^{0.8} = 1.157$$

$$h'_i = 1.157\times763 = 882.8\text{W/(m}^2\cdot\text{K)}$$

此时传热系数为 K'，则

$$\begin{aligned}\frac{1}{K'} &= \frac{1}{h'_i}\times\frac{d_o}{d_i} + \frac{1}{h_o} + \frac{b}{\lambda_m}\times\frac{d_o}{d_m} + R_{d,i}\frac{d_o}{d_i}\\ &= \frac{1}{882.8}\times\frac{25}{20} + \frac{1}{10^4} + \frac{0.0025}{45}\times\frac{25}{22.5} + 8.33\times10^{-4}\times\frac{25}{20}\\ &= 2.62\times10^{-3}\end{aligned}$$

$$K' = 381.7\text{W/(m}^2\cdot\text{K)}$$

热流量 $$\Phi' = 1.2\Phi = 1.2\times3.4\times10^5 = 4.08\times10^5\text{W}$$

此时所需的换热面积为 A'_o。

$$A'_o = \frac{\Phi}{K'\Delta t_m} = \frac{4.08\times10^5}{381.7\times68.1} = 15.7\text{m}^2 > A_p$$

所以若将苯的流量提高 20%，并维持其出口温度不变，则该换热器不合适。

若仍使用上述换热器，设实际操作时苯的出口温度为 t'_{c2}

则 $$\Phi = K'A_p\Delta t'_m = q'_{m,2}c_{p,2}(t'_{c2} - t_{c1})$$

即 $$381.7\times15.1\times\frac{(120-30)-(120-t'_{c2})}{\ln\dfrac{120-30}{120-t'_{c2}}} = \frac{1.2\times1.7\times10^4}{3600}\times1.8\times10^3\times(t'_{c2}-30)$$

整理 $$\ln\frac{120-30}{120-t'_{c2}} = 0.565$$

解得 $$t'_{c2} = 68.9℃$$

即苯流量增加 20%，仍使用上述换热器时苯的出口温度为 68.9℃。

(3) 在操作过程中，可采取提高加热水蒸气压力即提高加热水蒸气温度的方法使苯流量提高 20%后仍达到原工艺要求。设提压后水蒸气的温度为 t'_{h1}

$$K'A_p\Delta t''_m = q'_{m,2}c_{p,2}(t_{c2} - t_{c1})$$

$$\Delta t''_m = \frac{q'_{m,2}c_{p,2}(t_{c2}-t_{c1})}{K'A_p} = \frac{\dfrac{1.2\times1.7\times10^4}{3600}\times1.8\times10^3\times(70-30)}{381.7\times15.1} = 70.8℃$$

又 $$\Delta t''_m = \frac{(t'_{h1}-30)-(t'_{h1}-70)}{\ln\dfrac{t'_{h1}-30}{t'_{h1}-70}} = 70.8℃$$

解得 $$t'_{h1} = 122.6℃$$

即加热蒸汽温度提高到 122.6℃。

4.5.5 列管式换热器的设计和选型

4.5.5.1 列管式换热器的型号与系列标准

列管式换热器是一种传统的标准换热设备，在工业应用中居主导地位，为便于设计、制造、安装和使用，有关部门已制定了列管式换热器系列标准。

(1) 列管式换热器的基本参数

列管式换热器的基本参数包括：

① 公称换热面积 SN；

② 公称直径 DN；

③ 公称压力 PN；

④ 换热管长度 L；

⑤ 换热管规格；

⑥ 管程数 N_p。

(2) 列管式换热器型号表示方法

列管式换热器的型号由五部分组成：

××× ×－×－×－×－×Ⅰ（或Ⅱ）

1 2 3 4 5 6

1—换热器代号（三个字母分别代表前端管箱、壳体和后端结构的型式）；2—公称直径 DN，mm；3—管/壳程设计压力，MPa，压力相当时只写管程；4—公称换热面积，m^2；5—公称长度，m/换热管外径，mm；6—管/壳程数，单壳程时只写管程数；Ⅰ、Ⅱ—Ⅰ级或Ⅱ级换热器，分别采用较高级和普通级冷拔传热管。

例如 AES500-1.6-54-6/25-2Ⅱ表示浮头式换热器，平盖管箱，公称直径为 500mm，管程和壳程设计压力均为 1.6MPa，公称换热面积为 $54m^2$，管长为 6m，外径为 25mm，2 管程单壳程，使用较低级冷拔传热管。

(3) 列管式换热器的系列标准

固定管板式换热器及浮头式换热器的系列标准列于附录 24 中，其他形式的列管式换热器的系列标准可参考有关手册。

4.5.5.2 列管式换热器设计和选用应考虑的问题

列管式换热器设计和选用所需考虑的一些问题和计算步骤，基本上是一致的。一般在设计新的列管式换热器时，如能以系列标准为参考，而对某些参数进行适当的调整，则较为简便，在设计和选用换热器时需考虑以下问题。

(1) 冷、热流体流动通道的选择

在换热器中，哪一种流体流经管程，哪一种流经壳程，下列几点可作为选择的一般原则。

① 不洁净或易结垢的液体宜在管程，因管内清洗方便。

② 腐蚀性流体宜在管程，以免管束和壳体同时受到腐蚀。

③ 压力高的流体宜在管内，以免壳体承受压力。

④ 饱和蒸气宜走壳程，因饱和蒸气比较清净，表面传热系数与流速无关而且冷凝液容易排出。

⑤ 流量小而黏度大（$\eta>1.5\times10^{-3}\sim2.5\times10^{-3}Pa\cdot s$）的流体一般以壳程为宜，因在壳程 $Re>100$ 即可达到湍流。但这不是绝对的，如流动阻力损失允许，将这类流体通入管内并采用多管程结构，亦可得到较高的表面传热系数。

⑥ 若两流体温差较大，对于刚性结构的换热器，宜将表面传热系数大的流体通入壳程，以减小热应力。

⑦ 需要被冷却物料一般选壳程，便于散热。

以上各点常常不可能同时满足，应抓住主要方面，例如首先从流体的压力、防腐蚀及清洗等要求来考虑；然后再从对阻力降或其他要求予以校核选定。

(2) 流速的选择

流体在管程或壳程中的流速，不仅直接影响表面传热系数，而且影响污垢热阻，从而影响传热系数的大小，特别对于含有泥沙等较易沉积颗粒的流体，流速过低甚至可能导致管路堵塞，严重影响到设备的使用，但流速增大，又将使流体阻力增大。因此选择适宜的流速是十分重要的。

根据经验，表 4.5.3 及表 4.5.4 列出一些工业上常用的流速范围，以供参考。

表 4.5.3　列管换热器内常用的流速范围

流体种类	流速 μ/m·s^{-1}	
	管程	壳程
一般液体	0.5～3	0.2～1.5
易结垢液体	>1	>0.5
气体	5～30	3～15

表 4.5.4　液体在列管换热器中的流速（在钢管中）

液体黏度 $\eta\times10^3$/Pa·s	>1500	1000～500	500～100	100～53	35～1	>1
最大流速 μ_{max}/m·s^{-1}	0.6	0.75	1.1	1.5	1.8	2.4

(3) 冷却介质（或加热介质）终温的选择

在换热器的设计中，进、出换热器物料的温度一般是由工艺确定的，而冷却介质（或加热介质）的进口温度一般为已知，出口温度则由设计者确定。如用冷却水冷却某种热流体，水的进口温度可根据当地气候条件作出估计，而出口温度需经过经济权衡确定。为了节约用水，可使水的出口温度高些，但所需传热面积加大；反之，为了减小传热面积，则可增加水量，降低出口温度。一般来说，设计时冷却水的温度差可取 5～10℃。缺水地区可选用较大温差，水源丰富地区可选用较小的温差。若用加热介质加热冷流体，可按同样的原则选择加热介质的出口温度。

(4) 换热管规格、管间距和排列的选择

① 管子规格　换热管直径越小，换热器单位体积的传热面积越大。因此，对于洁净的流体管径可取小些。但对于不洁净或易结垢的流体，管径应取得大些，以免堵塞。考虑到制造和维修的方便，加热管的规格不宜过多。目前我国试行的系列标准规定采用 ϕ25mm×2.5mm 和 ϕ19mm×2mm 两种规格，对一般流体是适应的。此外，还有 ϕ38mm×2.5mm，ϕ57mm×2.5mm 的无缝钢管和 ϕ25mm×2mm，ϕ38mm×2.5mm 的耐酸不锈钢管。

按选定的管径和流速确定管子数目，再根据所需传热面积，求得管子长度。实际所取管长应根据出厂的钢管长度合理截用。我国生产的钢管长多为 6m、9m，故系列标准中管长有 1.5m、2m、3m、4.5m、6m 和 9m 六种，其中以 3m 和 6m 更为普遍。同时，管子的长度又应与壳径相适应，一般管长与壳径之比，即 L/D 约为 4～6。

② 管间距　管子的中心距 t 称为管间距，管间距小，有利于提高传热系数，且设备紧凑。但由于制造上的限制，一般 $t=1.25\sim1.5d_o$，d_o为管子的外径。常用的 t 与 d_o的对应关系见表 4.5.5。

表 4.5.5　列管式换热器 t 与 d_o的关系

换热管外径 d_o/mm	10	14	19	25	32	38	45	57
换热管中心距 t/mm	14	19	25	32	40	48	57	72

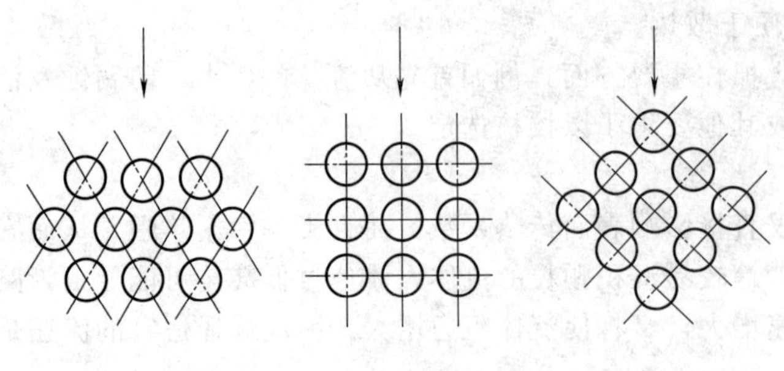
(a) 正三角形排列　(b) 正方形排列　(c) 正方形错列

图 4.5.30　管子在管板上的排列

③ 管子的排列　管子的排列方式有等边三角形和正方形两种，如图 4.5.30（a)、图 4.5.30（b）所示。与正方形相比，等边三角形排列比较紧凑，管外流体湍动程度高，表面传热系数大。正方形排列虽比较松散，传热效果也较差，但管外清洗方便，对易结垢流体更为适用。如将正方形排列的管束斜转 45°安装，如图 4.5.30（c）所示，可在一定程度上提高表面传热系数。

(5) 管程和壳程数的确定

除逆流和并流之外，在列管式换热器中冷、热流体还可以作各种多管程多壳程的复杂流动。当流量一定时，管程或壳程数越多，表面传热系数越大，对传热过程越有利。但是，采用多管程或多壳程必导致流体流动阻力增加，即输送流体的动力费用增加，同时，使 Δt_m减小。因此，在决定换热器的程数时，需权衡传热和流体输送两方面的得失。

当采用多管程或多壳程时，列管式换热器内的流动形式复杂，对数平均值的温差要加以修正，具体修正方法见 4.5.2 节。同时多程会使平均温度差下降，设计时应权衡考虑。列管式换热器系列标准中管程数有 1、2、4、6 四种。采用多程时，通常应使每程的管子数相等。

另外，换热器壳程数 N_s的确定，可首先按工艺条件作出逆流传热温差分布图，如图 4.5.31 所示。然后，从一端开始，在两曲线之间作梯级，所获得的水平线数（含不完整的梯级水平线）即为所设计换热器的壳程数 N_s，图 4.5.31 中的水平线数为 2，故该换热器的壳程数为 2，按此方法确定的壳程数，避免了在同一壳程内冷、热流体温度变化的交叉。可保证温差校正系数 $\varepsilon_{\Delta t}$ 的值一般在 0.8～0.9 范围内。多壳程可通过安装与管束平行的隔板来实现。流体在壳内流经的次数称壳程数。但由于壳程隔板在制造、安装和检修方面都很困难，常用的方法是将几个换热器串联使用，以代替多壳程。

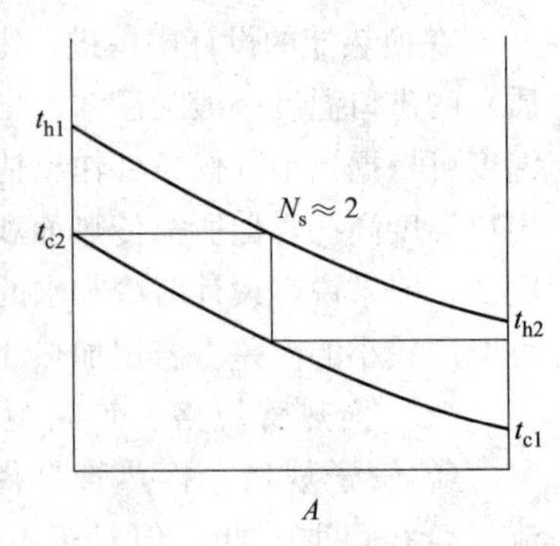

图 4.5.31　图解求壳程数

(6) 折流挡板的选用

安装折流挡板的目的是为提高管外表面传热系数，为取得良好效果，挡板的形状和间距必须适当。

对圆缺形挡板而言，弓形缺口的大小对壳程流体的流动情况有重要影响。由图 4.5.32 可以看出，弓形缺口太大或太小都会产生“死区”，既不利于传热，又往往增加流体阻力。

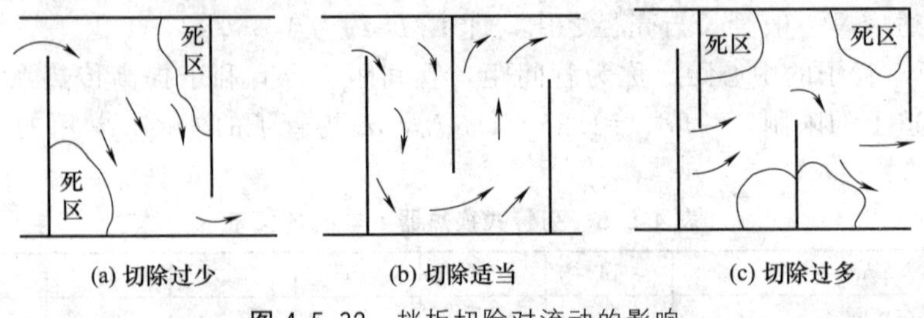

(a) 切除过少　(b) 切除适当　(c) 切除过多

图 4.5.32　挡板切除对流动的影响

挡板的间距对壳程的流动亦有重要的影响。间距太大，不能保证流体垂直流过管束，使管外表面传热系数下降；间距太小，不便于制造和检修，阻力损失亦大。一般取挡板间距为壳体内径的0.2～1.0倍。我国系列标准中采用的挡板间距为：固定管板式有100mm、150mm、200mm、300mm、450mm、600mm、700mm7种；浮头式有100mm、150mm、200mm、250mm、300mm、350mm、450mm（或480mm）、600mm八种。

(7) 外壳直径的确定

换热器壳体的直径可采用作图法确定，即根据计算出的实际管数、管长、管中心距及管子的排列方式等，通过作图得出管板直径，换热器壳体的内径应等于或稍大于管板的直径。但当管数较多又需要反复计算时，用作图法就太麻烦。一般在初步设计中，可参考壳体系列标准或通过估算初选外壳直径，待全部设计完成后，再用作图法画出管子的排列图。为使管子排列均匀，防止流体走“短路”，可以适当地增加一些管子或安排一些拉杆。

初步设计可用下式估算外壳内径

$$D=t(N_{TC}-1)+2b' \tag{4.5.52}$$

式中 D——壳体内径，m；

t——管中心距，m；

N_{TC}——位于管束中心线上的管数；

b'——管束中心线上最外层管的中心至壳体内壁的距离，一般取 $b'=(1\sim1.5)d_o$，m。

N_{TC}值可由下式估算：

管子按正三角形排列 $$N_{TC}=1.1\sqrt{N_T} \tag{4.5.53}$$

管子按正方形排列 $$N_{TC}=1.19\sqrt{N_R} \tag{4.5.54}$$

式中 N_T——换热器的每一壳程的总管数。

应予指出，按上述方法计算出外壳内径后应圆整，壳体内径标准常用的有159mm、273mm、400mm、500mm、600mm、800mm、1000mm、1100mm、1200mm等。

4.5.5.3 流体通过换热器时阻力（压降）的计算

换热器管程及壳程的流动阻力，常常控制在一定允许范围内。若计算结果超过允许值时则应修改设计参数或重新选择其他规格的换热器。按一般经验，对于液体常控制在10^4～10^5Pa范围内，对于气体则以10^3～10^4Pa为宜。此外，也可依据操作压力不同而采用适当值。可参考表4.5.6。

表 4.5.6 换热器操作允许压降Δp

换热器操作压力 p/Pa	$<10^5$(绝压)	$0\sim10^5$(表压)	$>10^5$(表压)
允许压降 Δp/Pa	0.1	0.5	$>5\times10^4$

(1) 管程阻力

管程阻力可按一般摩擦阻力计算式求得。但管程总的阻力（压降）Δp_t应是各程直管摩擦阻力Δp_i、每程回弯阻力Δp_r以及进出口阻力Δp_N三项之和。而Δp_N对比之下常可忽略不计。因此可用下式计算管程总阻力Δp_t

$$\Delta p_t=(\Delta p_i+\Delta p_r)F_t N_s N_p \tag{4.5.55}$$

式中 Δp_i——每程直管摩擦阻力 $\Delta p_i=\lambda\dfrac{l}{d}\times\dfrac{\rho u^2}{2}$；

Δp_r——每程回弯阻力 $\Delta p_r=3\times\frac{\rho u^2}{2}$；

F_t——管程阻力结构校正系数，量纲为 1，对于 ϕ25mm×2.5mm 的管子，$F_t=1.4$，对于 ϕ19mm×2mm 的管子，$F_t=1.5$；

N_s——串联的壳数，指串联的换热器数；

N_p——管程数。

因为在流体流量一定的条件下，管内流速与 N_p呈正比，所以由式（4.5.55）可以看出，管程阻力（或压降）正比于管程数 N_p的三次方，即

$$\Delta p_t=N_p^3 \tag{4.5.56}$$

对同一换热器，若由单管程改为两管程，阻力剧增为原来的 8 倍，而强制对流传热、湍流条件下的表面传热系数只增为原来的 1.74 倍；若由单管程改为四管程，阻力增至为原来的 64 倍，而表面传热系数只增为原来的 3 倍。由此可见，在选择换热器管程数目时，应该兼顾传热与流体压降两方面的得失。

(2) 壳程阻力

对于壳程阻力的计算，由于流动状态比较复杂，提出的计算公式较多，所得计算结果相差不少。下面为埃索法计算壳程阻力的公式

$$\Delta p_s=[\Delta p_o+\Delta p_{ip}]F_sN_s \tag{4.5.57}$$

式中 Δp_s——壳程总阻力，N/m²；

Δp_o——流过管束的阻力，N/m²；

Δp_{ip}——流过折流板缺口的阻力，N/m²；

F_s——壳程阻力结构校正系数，对液体可取 $F_s=1.15$，对气体或可凝蒸气取 $F_s=1.0$；

N_s——壳程数。

又管束阻力

$$\Delta p_o=Ff_oN_{TC}(N_B+1)\frac{\rho u_o^2}{2} \tag{4.5.58}$$

折流板缺口阻力

$$\Delta p_{ip}=N_B\left(3.5-\frac{2B}{D}\right)\frac{\rho u^2}{2} \tag{4.5.59}$$

式中 N_B——折流板数目；

N_{TC}——横过管束中心的管子数，见式（4.5.53）、式（4.5.54）；

B——折流挡板间距，m；

D——壳体直径，m；

u_o——按壳程最大流通截面积计算所得的壳程流速，m/s；

F——管子排列形式对压降的校正系数，对三角形排列 $F=0.5$，对正方形排列 $F=0.3$，对正方形斜转 45°$F=0.4$；

f_o——壳程流体摩擦系数，根据$Re_o=\frac{d_ou_o\rho}{\eta}$，由图 4.5.33 求出（图中 t 为管中心距离），当 $R_o>500$ 亦可由下式求出

$$f_o=5.0Re_o^{-0.228} \tag{4.5.60}$$

因（N_B+1）$=\frac{l}{B}$，u_o正比于$\frac{1}{B}$，由式（4.5.58）可知，管束阻力 Δp_o基本上正比于$\left(\frac{1}{B}\right)^3$，即

$$\Delta p_{o} \propto \left(\frac{1}{B}\right)^{3} \tag{4.5.61}$$

若挡板间距减小一半，Δp_o剧增8倍，而表面传热系数h_o只增加1.46倍。因此，在选择挡板间距时，亦应兼顾传热与流体压降两方面的得失。同理，壳程数的选择也应如此。

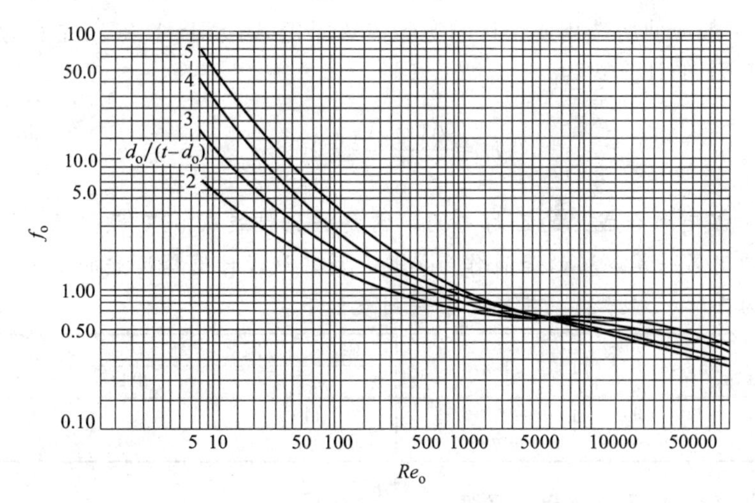

图 4.5.33　壳程摩擦系数 f_o 与Re_o 的关系

4.5.5.4　列管式换热器设计和选用的计算步骤

设有流量为$q_{m,h}$的热流体，需从温度t_{h1}冷却至t_{h2}，可用的冷却介质温度为t_{c1}，出口温度选定为t_{c2}。由此已知条件可算出换热器的热流量Φ和逆流操作平均推动力$\Delta t'_m$。根据传热基本方程

$$\Phi = KA\Delta t_m = KA\varepsilon_{\Delta t}\Delta t'_m \tag{4.5.62}$$

当Φ和$\Delta t'_m$已知时，要求取传热面积A必须知道K和$\varepsilon_{\Delta t}$；而K和$\varepsilon_{\Delta t}$则是由传热面积A的大小和换热器结构决定的。可见，在冷、热流体的流量及进、出口温度皆已知的条件下，选用或设计换热器必须通过试差计算。此试差计算可按下列步骤进行。

(1) 初选换热器的规格尺寸

① 初步选定换热器的流动方式，由冷、热流体的进、出口温度计算温差修正系数$\varepsilon_{\Delta t}$。$\varepsilon_{\Delta t}$的数值应大于0.8，否则应改变流动方式，重新计算。

② 计算热流量Φ及对数平均温度差Δt_m，根据经验（或由表4.5.2）估计传热系数$K_{估}$，初估传热面积$A_{估}$。

③ 选取管程适宜流速（参见表4.5.3，表4.5.4），估算管程数，并根据$A_{估}$的数值，参照系列标准选定换热管直径、长度及排列；如果是选用，可根据$K_{估}$在系列标准中选择适当的换热器型号。

(2) 计算管、壳程阻力

在选定管程流体与壳程流体以及初步确定了换热器主要尺寸的基础上，就可以计算管、壳程流速和阻力损失，看是否合理。或者先选定流速以确定管程数N_p和折流板间距B，再计算压力降是否合理。这时N_p与B是可以调整的参数，如果仍不能满足要求，可另选壳径再进行计算，直到合理为止。

(3) 核算总传热系数

分别计算管、壳程表面传热系数，确定污垢热阻（可参见表4.5.1），由式（4.5.19）

求出总传热系数 $K_{计}$，并与估算时所取用的传热系数 $K_{估}$进行比较。如果相差较多，应重作估算。

(4) 计算传热面积并求裕度

根据计算的 $K_{计}$值、热流量 Φ 及平均温度差 Δt_m，由总传热速率方程式（4.5.8）计算传热面积 A_o，一般应使所选用或设计的实际传热面积 A_p大于 A_o 20%左右为宜，即裕度为20%左右，裕度 H 的计算式为

$$H=\frac{A_p-A_o}{A_o}\times 100\% \tag{4.5.63}$$

【例 4.31】 某有机合成厂的乙醇车间，需要将原料液从95℃预热至128℃。为回收系统内的热量，拟用第一萃取塔的釜液作为加热介质，试设计选择适宜的列管换热器。已知原料液及釜液均为乙醇、水溶液，其操作条件列表如下：

物料	q_m/kg·h^{-1}	$x_{乙醇}$	温度 t/℃		操作压力 p/MPa
			进口	出口	
釜液	109779	3.3%	145		0.9
原料液	102680	7%	95	128	0.53

解：(1) 热流量 Φ 及釜液出口温度 t_{h2}

根据混合物的物性数据计算方法，求取乙醇、水混合物的黏度、热导率、密度、定压比热容：

混合物黏度 η_m　　$\eta_m^{1/3}=x_1\eta_1^{1/3}+x_2\eta_2^{1/3}$　　cP

混合物热导率 λ_m　　$\lambda_m=0.9(\lambda_1\omega_1+\lambda_2\omega_2)$　　W/(m·℃)

混合物密度 ρ_m　　$\frac{1}{\rho_m}=\frac{\omega_1}{\rho_1}+\frac{\omega_2}{\rho_2}$　　(kg/m^3)

混合物平均定压比热容 c_{pm}　　$c_{p,m}=c_{p,1}\omega_1+c_{p,2}\omega_2$　　kJ/(kg·℃)

式中，x_i 为组分 i 的摩尔分数；w_i 为组分 i 的质量分数；其他符号意义同前。

原料液平均温度 $t_m=\frac{(95+128)}{2}=111.5$℃下，乙醇、水及原料液的物性参数列表如下：

组分	黏度 η/cP	热导率 λ/W·m^{-1}·℃$^{-1}$	密度 ρ/kg·m^{-3}	定压比热容 c_p/kJ·kg^{-1}·℃$^{-1}$
乙醇	0.29	0.149	700	3.182
水	0.26	0.685	949.4	4.237
混合物	0.262	0.539	879.9	4.067

以原料液为基准，并计入5%的热损失，则所需传递的热流量 Φ 为：

$$\begin{aligned}\Phi&=1.05q_{m,c}c_{p,c}(t_{c2}-t_{c1})\\&=1.05\times 102680\times 4.067\times(128-95)\\&=1.447\times 10^7\text{kJ/h}=4019\text{kW}\end{aligned}$$

假设 $t_{h2}=113$℃，则定性温度为

$$t_m=\frac{(t_{h1}+t_{h2})}{2}=\frac{(145+113)}{2}=129℃$$

由上述混合物的物性数据计算公式，或根据 t_m 查传热手册，得到乙醇、水及釜液的物性参数为：

组分	黏度 η/cP	热导率 λ/W·m^{-1}·℃$^{-1}$	密度 ρ/kg·m^{-3}	定压比热容 c_p/kJ·kg^{-1}·℃$^{-1}$
乙醇	0.222	0.144	678.0	2.617
水	0.224	0.686	935.6	4.267
釜液	0.224	0.578	908.03	4.135

由热量衡算得

$$t_{h2}=t_{h1}-\frac{\Phi}{q_{m,h}c_{p,h}}$$
$$=145-1.447\times10^7/(109779\times4.135)$$
$$=113.1℃$$

(2) 换热器壳程数及流程

采用图解方法确定壳程数 N_s。对于无相变的多管程换热器，由冷、热物流进出口温度，即工艺条件，按逆流流动给出传热温差分布，如图 4.5.34 所示。所用水平线数为 2，确定该换热器的壳程 N_s为 2。操作上，可以选用两台相同的单壳程换热器串联操作，或在同一换热器壳体内加隔板，显然前者比较方便。

冷、热流体的物性及流量均相近。为减少热损失，现选择热流体（釜液）走管程，冷流体（原料液）走壳程，如图 4.5.35 所示。

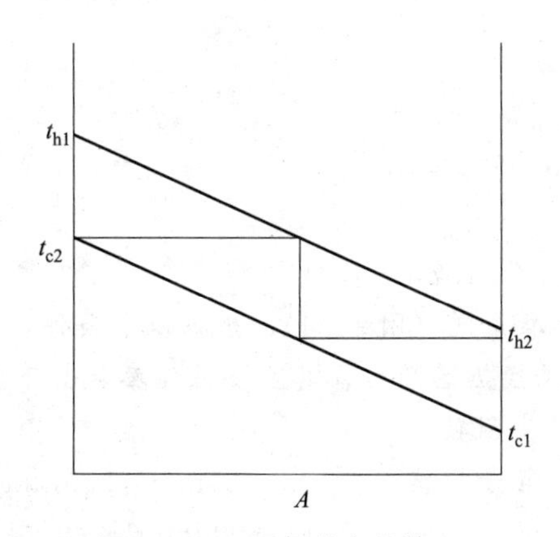

图 4.5.34　图解求壳程数 N_s

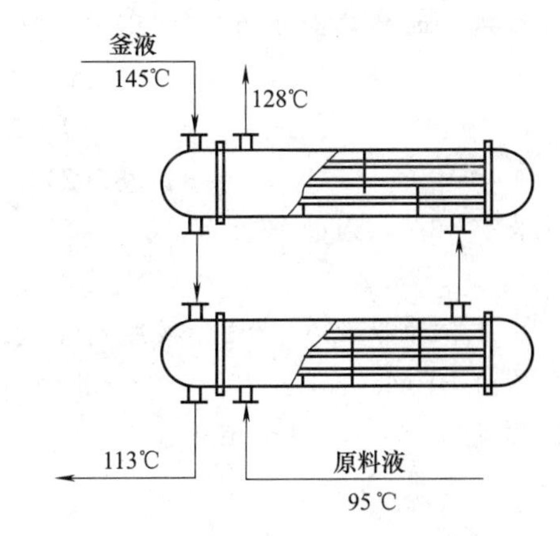

图 4.5.35　流程示意

(3) 估算传热面 A

釜液与原料液呈逆流流动时，传热温差 $\Delta t'_m$为

$$\Delta t_m'=[(t_{h1}-t_{c2})-(t_{h2}-t_{c1})]/\ln\left(\frac{t_{h1}-t_{c2}}{t_{h2}-t_{c1}}\right)$$
$$=[(145-128)-(113-95)]/\ln\left(\frac{145-128}{113-95}\right)$$
$$=17.5℃$$

当冷、热两流体并非逆流，如加设折流板或多管程，以上 $\Delta t'_m$应加以校正：

$$R=\frac{t_{h1}-t_{h2}}{t_{c2}-t_{c1}}=\frac{145-113}{128-95}=0.97$$

$$P=\frac{t_{c2}-t_{c1}}{t_{h1}-t_{c1}}=\frac{128-95}{145-95}=0.66$$

由 R、P 及壳程数 N_s查图 4.5.23（b）得：温差校正系数 $\varepsilon_{\Delta t}=0.84$，于是传热温差为

$$\Delta t_m = \varepsilon_{\Delta t}\Delta t_m' = 0.84 \times 17.5 = 14.7℃$$

根据冷、热流体在换热器中有无相变化及其物性等，选取传热系数 $K=800\text{W}/(\text{m}^2\cdot℃)$，可求所需传热面积 A 为

$$A = \frac{\Phi}{K\Delta t_m} = \frac{1.447\times10^7\times10^3}{800\times3600\times14.7} = 341.8\text{m}^2$$

(4) 换热器选型

换热器类型，应根据传热温差、传热介质以及结垢、清洗要求等条件选择。为保证传热时流体适宜流动状态，还需估算管程数。

管程热流体（釜液）的体积流量为

$$q_{V,\text{h}} = \frac{q_{m,\text{h}}}{\rho_\text{h}} = \frac{109779}{3600\times908.03} = 0.03358\text{m}^3/\text{s}$$

选用规格为 $\phi25\text{mm}\times2.5\text{mm}$ 的钢管，设管内的流速 $u=0.5\text{m/s}$，则单管程所需管子根数 n'

$$q_{V,\text{h}} = n'\frac{\pi}{4}d_\text{i}^2u_\text{i}$$

$$n' = 4q_{v,\text{h}}/(\pi d_\text{i}^2 u_\text{i}) = 4\times0.03358/(\pi\times0.02^2\times0.5) = 214\ 根$$

设单台换热器的传热面积为 A'，则单台传热面积为

$$A' = A/2 = n\pi d_\text{o}L$$

$$L = A/(2n\pi d_\text{o})$$

$$L = 341.8/(2\times214\times\pi\times0.025) = 10.2\text{m}$$

选取管长 $l=6\text{m}$，则管程数 N_p 为

$$N_\text{p} = L/l = 10.2/6.0 = 1.7$$

故应选取管程数 N_p 为 2。按照列管式换热器标准系列（附录 24），根据以上条件，初步选取型号为 BEM800-1.6-205-6/25-2Ⅱ的固定管板式换热器两台，其主要性能参数如下：

公称直径	800mm	壳程数	1
公称压力	1.6MPa	管子规格	$\phi25\text{mm}\times2.5\text{mm}$
公称面积	205m^2	管长	6000mm
壳体内径	800mm	管间距	32mm
计算面积	208.5m^2	排列方式	正三角形
管程数	2	总管数	405 根

(5) 换热器的核算

计算管程和壳程流体的流速及雷诺数。

管程：流通截面积

$$S_\text{i} = \frac{n}{2}\times\frac{\pi}{4}\times d_\text{o}^2 = \frac{488}{2}\times\frac{3.14}{4}\times0.02^2 = 0.0766\text{m}^2$$

式中　n——总管数。

管内流速　$$u_\text{i} = \frac{q_{m,\text{i}}}{3600S_\text{i}\rho_\text{i}} = \frac{109779}{3600\times0.0766\times908.03} = 0.438\text{m/s}$$

式中　u_i——管程流速，m/s；

$q_{m,\text{i}}$——釜液流率，kg/h；

ρ_i——釜液平均密度，kg/m^3。

管内雷诺数 $$Re_i=\frac{d_i u_i \rho_i}{\eta_i}=\frac{0.02\times0.438\times908.03}{0.224\times10^{-3}}=35510$$

式中 d_i——管内径，m；

η_i——釜液平均黏度，Pa·s。

壳程：选折流板间距 $B=300mm$

壳程流通截面积 $$S_o=BD_i\left(1-\frac{d_o}{t}\right)=0.3\times0.8\times\left(1-\frac{25}{32}\right)=0.0525m^2$$

式中 D_i——壳体内径，m；

d_o——管内径，m；

t——管间距，m。

流速 $$u_o=\frac{q_{m,o}}{3600S_o\rho_o}=\frac{102680}{3600\times0.0525\times897.9}=0.605m/s$$

式中 u_o——壳程流速，m/s；

S_o——壳程横截面积；

ρ_o——原料液平均密度，kg/m^3；

$q_{m,o}$——原料液流率，kg/h。

当量直径

$$d_e=\frac{4\left[\frac{\sqrt{3}}{2}t^2-\frac{\pi}{4}d_o^2\right]}{\pi d_o}=\frac{4\times\left[\sqrt{\frac{3}{2}}\times0.032^2-0.785\times0.025^2\right]}{\pi\times0.025}=0.02m$$

雷诺数 Re_o

$$Re_o=\frac{d_e u_o \rho_o}{\eta_o}=\frac{0.02\times0.605\times897.9}{0.262\times10^{-3}}=41468$$

式中 η_o——原料液平均黏度，Pa·s。

根据以上计算结果，两流体在换热器中流动均能达到湍流，有利于传热。

1）管、壳程压力降

① 管程压力降 Δp_t

取管壁绝对粗糙度：$\varepsilon=0.2mm$

相对粗糙度：$\varepsilon/d_i=0.2/20=0.01$

根据 $Re_i=35510$，查得直管壁摩擦系数 $\lambda=0.04$，则单管程压力降为

$$\Delta p_i=\lambda\frac{L}{d_i}\times\frac{\rho_i u_i^2}{2}=0.04\times\frac{6}{0.02}\times\frac{0.438^2\times908.03}{2}=1045Pa$$

回弯压降

$$\Delta p_r=\xi\frac{\rho_i u_i{}^2}{2}=3\times\frac{908.03\times0.438^2}{2}=261.3Pa$$

式中 ξ——阻力系数。

管程总压力降 $\Delta p_t=(\Delta p_i+\Delta p_r)F_t N_s N_p$

校正系数 $F_t=1.5$，管程数 $N_p=2$，串联的壳程数 $N_s=2$（即串联的换热器数），则

$$\Delta p_t=(1045+261.3)\times1.5\times2\times2=7838\text{Pa}=0.00784\text{MPa}$$

② 壳程压力降 Δp_s

管束压降

$$\Delta p_o=Ff_oN_{TC}(N_B+1)\times\frac{1}{2}\rho_o u_o^2$$

三角形排列 $F=0.5$。壳程流体摩擦系数

$$f_o=5.0\times Re_o^{-0.228}=5.0\times(41468)^{-2.228}=0.443$$

$$N_{TC}=1.1\times(n)^{0.5}=1.1\times(488)^{0.5}=24.3$$

折流板数 $N_B=18$，则

$$\Delta p_o=0.5\times0.443\times24.3\times(18+1)\times\frac{0.605^2\times897.9}{2}=16805\text{Pa}=0.0168\text{MPa}$$

折流板缺口压降

$$\Delta p_{ip}=N_B(3.5-\frac{2B}{D_i})\times\frac{1}{2}\rho_o u_o^2=18\times\left(3.5-\frac{2\times0.3}{0.8}\right)\times\frac{1}{2}\times897.9\times0.605^2$$

$$=8134.2\text{Pa}=0.00813\text{MPa}$$

壳程总压力降

$$\Delta p_s=(\Delta p_o+\Delta p_{ip})F_sN_s$$

壳程压力降结构校正系数 $F_s=1.15$

壳程数 $N_s=2$，则

$$\Delta p_s=(16805+8134.2)\times1.15\times2=57360\text{Pa}=0.0573\text{MPa}$$

2）传热系数 K

① 管程表面传热系数 h_i

管内雷诺数 $Re_i=35510>10^4$

普朗特数 $Pr_i=c_{p,i}\eta_i/\lambda_i=\frac{4.135\times10^3\times0.224\times10^{-3}}{0.578}=1.6>0.6$

管长与管内径比 $L/d_i=6000/0.02=3.0\times10^5>50$

式中 $c_{p,i}$——釜液平均定压比热容，kJ/(kg·℃)；

λ_i——釜液平均热导率 W/(m·℃)。

$$h_i=0.023\frac{\lambda_i}{d_i}Re_i^{0.8}Pr_i^{0.3}=0.023\times\frac{0.578}{0.02}\times35510^{0.8}\times1.6^{0.3}=3343\text{W/(m}^2\cdot℃)$$

② 管外表面传热系数 h_o

管外雷诺数 $Re_o=41468$

普朗特数 $Pr_o=\frac{c_{p,o}\eta_o}{\lambda_o}=\frac{4.067\times10^3\times0.262\times10^{-3}}{0.539}=1.977$

式中 $c_{p,o}$——原料液平均定压比热容，kJ/(kg·℃)；

η_o——原料液平均黏度 Pa·s；

λ_o——原料液平均热导率 W/(m·℃)。

$$h_o=0.36\times\frac{\lambda_o}{d_e}Re_o^{0.55}\times Pr_o^{\frac{1}{3}}=0.36\times\frac{0.539}{0.02}\times41468^{0.55}\times1.977^{0.33}=4210.0\text{W/(m}^2\cdot℃)$$

③ 污垢及管壁热阻

管壁内外侧污垢热阻均取 2.6×10^{-4} m²·℃/W。

钢管壁热导率 $\lambda=45$W/(m·℃)，则管壁热阻为

$$\frac{b}{\lambda}=\frac{2.5\times10^{-3}}{45}=5.56\times10^{-5}\text{m}^2\cdot\text{℃/W}$$

④ 传热系数 K_o。

$$\frac{1}{K_o}=\frac{1}{h_o}+R_{d,o}+\frac{b}{\lambda}\times\frac{d_o}{d_m}+R_{d,i}\frac{d_o}{d_i}+\frac{1}{h_i}\times\frac{d_o}{d_i}$$

$$=\frac{1}{4210.0}+2.6\times10^{-4}+5.56\times10^{-5}\times\frac{25}{22.5}+2.6\times10^{-4}\times\frac{25}{20}+\frac{1}{3343}\times\frac{25}{20}$$

$$=1.26\times10^{-3}$$

得

$$K_o=793.7\text{W/(m}^2\cdot\text{℃)}$$

式中 $R_{d,o}$——管外污垢热阻，$m^2\cdot$℃/W；

$R_{d,i}$——管内污垢热阻，$m^2\cdot$℃/W；

b——管壁厚，m；

d_m——管壁平均直径，m。

所需传热面积 A_o。

$$A_o=\frac{\Phi}{K_o\Delta t_m}=\frac{1.447\times10^4\times10^3}{793.7\times3600\times14.7}=344.5\text{m}^2$$

所选换热器实际传热面积 A_p

$$A_p=2\times227=454\text{m}^2$$

换热器传热面积裕度

$$H=\frac{A_p-A_o}{A_o}=\frac{454-344.5}{344.5}\times100\%=31.8\%$$

由校核可知，所选换热器的换热能力及各项性能均可满足生产需要，所选换热器合用。

习　题

4-1　平壁由厚度为 225mm 的建筑砖组成，长 5m、高 3m，热导率为 0.7W/(m·K)，当两侧壁温分别为 36℃和 20℃时，求通过平壁的热流量。

4-2　平壁外包一层保温材料，厚度为 265mm。在距离保温材料外表面 215cm、15cm 处装有温度计，测得温度分别为 700℃和 100℃。已知保温材料的热导率为 0.16W/(m·℃)，试求该平壁单位面积上的热损失及保温层外表面的温度。

4-3　已知壁面的热导率为 18W/(m·℃)，两侧表面温度分别为 800℃和 780℃，试计算下列三种形状壁面的平均热流密度及壁中心处的温度：(1) 厚度为 20mm 的无限大平壁；(2) 内直径为 200mm，壁厚为 20mm 的长圆筒壁；(3) 内直径为 200mm，壁厚为 20mm 的空心圆球壁。

4-4　由内层耐火砖和外层红砖砌成的炉壁，已知炉内、外壁的温度分别为 820℃和 115℃。为减少热损失，在红砖层外又加包一层厚度为 50mm 的石棉层，热导率为 0.22W/(m·K)，此时测得炉内壁以及石棉层内外两侧的温度分别为 820℃、415℃和 80℃，求包石棉层前、后单位壁面上的热损失分别为多少。

4-5　炉壁内表面温度为 $t_1=1350$℃，与第一层耐火砖直接接触，耐火砖热导率 λ_1 为 1.7W/(m·℃)，允许最高温度为 1450℃。第二层为绝热砖，热导率 λ_2 为 0.35W/(m·℃)，允许最高温度为 1100℃。第三层是铁板，热导率 λ_3 为 40.7W/(m·℃)，厚度 δ_3 为 6mm，炉壁外表壁温 t_4 为 22.0℃。在稳定状态下通过炉壁的热流密度 q 为 4652W/m²。试问各层应为多厚时才能使壁的总厚度最小？

4-6　如附图所示，将某种保温材料装入同心套管的环隙内，测定其热导率，管内用电热丝加热。已知管长 $l=1.0$m，$r_1=10$mm，$r_2=13$mm，$r_3=$

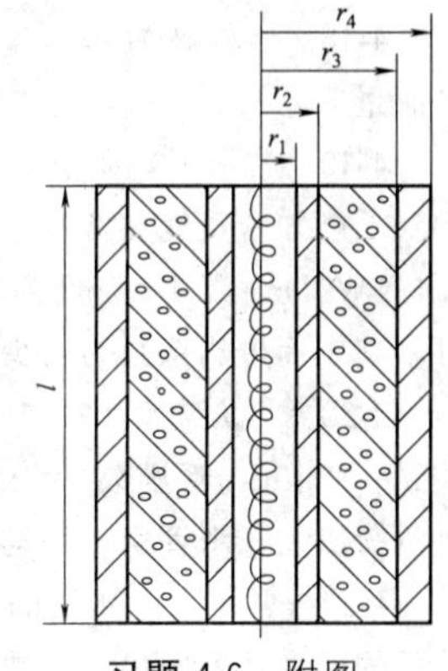

习题 4-6　附图

23mm，$r_4=27$mm，金属壁的热导率为 50W/(m·℃)。当电功率为 1.0kW 时，测得内管的内壁温度为 900℃，外管的外壁温度为 100℃，试求该保温材料的热导率。若忽略金属壁热阻，会引起多大误差？

4-7 铝铜合金钢管的内壁温度－110℃，尺寸为 ϕ 60mm×3mm，热导率近似与钢相同。管外依次包裹 30mm 厚的软木和 30mm 厚的保温灰（85％氧化镁），保温材料外表面温度为 10℃。求钢管散失的冷量。若保持管内壁温度及保温层外表温度不变，将两层绝热材料位置互换，则每米管长的散热损失将为多少？

4-8 机油在内径为 25mm 的管内流动，机油温度为 160℃、流速为 0.3m/s，管壁温度为 150℃。若平均温度下机油的物性为：$\lambda=0.132$W/(m·℃)，$Pr=84$，$\eta=4.513\times10^{-3}$kg/(m·s)，$\rho=805.89$kg/m^3，壁温下的黏度 $\eta_w=5.518\times10^{-3}$kg/(m·s)，试求管长为 2m 及 6m 时的表面传热系数各为多少？

4-9 水在内径为 5cm 的光滑管内从 10℃被加热至 30℃，水的流速为 5kg/s，管壁温度为 80℃，试求所需管道的长度。

4-10 空气在内径为 75mm，长为 6m 的管内被加热，空气入口温度为 250℃，流速为 0.5kg/s，管内壁温度为 200℃，试求空气的出口温度。

4-11 精馏塔顶的冷凝器由 60 根、长 2m，规格为 ϕ25mm×2.5mm 的冷却水管组成。蒸气在管外冷凝，管内冷却水的流速为 1m/s，冷却水进、出温度分别为 20℃、40℃，试求：(1) 管壁对冷水的表面传热系数；(2) 管内壁温度；(3) 有一台与上述冷凝器传热面相同，但管数为 50 根，规格仍为 ϕ25mm×2.5mm 的换热器作为备用品，若水的物性可视为不变，用量相同，问能用否？

4-12 一定流量的水流过套管换热器的内管时，表面传热系数为 1000W/(m^2·℃)，温度可由 20℃升到 80℃。试求：(1) 若加热相同流量的苯，设为湍流，苯的平均温度为 60℃，则表面传热系数为多少？(2) 若将水的流量增加一倍，仍要求水的出口温度不变，套管长度应为原来的多少倍？(3) 若将内管由 ϕ19mm×2mm 改为 ϕ25mm×2.5mm，仍保持水的流量和进口温度不变，保持管壁温度为 100℃，并忽略水的物性变化，求水的出口温度？

4-13 预热器由一束长度为 1.5m，ϕ89mm×1.5mm 的错列直立钢管所组成，常压空气在管外垂直流过，从 10℃预热至 50℃，沿流动方向共有 20 排管，每排有 20 列，排间、列间的管的中心距均为 110mm，空气通过管间最窄处的流速为 8m/s，管内有饱和蒸汽冷凝。试求管壁对空气的表面传热系数。

4-14 冷水在套管换热器的环隙内流动，用以冷却内管中的高温气体。水的流速为 0.3m/s，入口温度为 20℃，出口温度为 40℃。套管换热器的内管为 ϕ25mm×1mm，外管为 ϕ38mm×1.5mm。试求环隙内的表面传热系数。

4-15 甲烷以 4.6m/s 流速平行管束方向流经换热器的管间。该换热器管束由 37 根 ϕ18mm×2mm 的钢管所组成，壳体内径为 190mm，甲烷压力为 5MPa（表压）、平均温度为 75℃。试求甲烷与管束间表面传热系数。

4-16 换热器管长为 3m，保温层外直径为 0.8m，保温层外表面温度为 60℃，周围空气温度为 22℃，求此换热器水平放置与垂直放置时的热损失？

4-17 一根水平管道设置在室内，管道外直径为 152mm，表面温度为 171℃，室内空气温度为 21℃，求每米管道的自然对流热损失。

4-18 竖板高为 0.3m，宽为 0.2m，壁面温度为 50℃，放置于 10℃的空气中，试求其表面传热系数及热流量。

4-19 常压下，苯蒸气在单根垂直管外冷凝，管长为 3m，管规格为 ϕ25mm×2.5mm，管壁温度为 60℃。已知苯蒸气在常压下冷凝温度为 80℃，膜温下的凝液的黏度 $\eta=0.34\times10^{-3}$Pa·s，热导率 $\lambda=0.131$W/(m·℃)，密度为 830kg/m^3，(1) 试计算苯蒸气冷凝时的表面传热系数。(2) 若此管改水平放置时，其表面传热系数为多少？

4-20 压力为 0.021MPa（绝压）的饱和水蒸气自上而下流过冷凝器的水平管束，在管外冷凝，管的外径 $d=19$mm，管排数 $n=12$，管外表面温度为 30℃，试确定冷凝器的平均表面传热系数、每米管束的平均热负荷以及每米管束的平均凝液量。

4-21 常压下，水锅的产汽量为 101kg/h，锅底由一直径为 $D=34$cm 铜质圆形平板制成。试求其锅底平板的温度及表面传热系数 h。

4-22 水平蒸发器的管壁温度为113.9℃，常压下水在管壁上作饱和沸腾，试求其表面传热系数 h。

4-23 保温瓶胆为夹层结构，夹层抽真空且两侧壁面均镀银，发射率均为0.02，内、外两侧壁面的温度分别为100℃和20℃，试求单位面积上辐射换热损失。

4-24 在两平行大平板中间放置一块辐射遮热板。平板的发射率分别为0.3和0.5，表面温度分别为250℃和40℃，遮热板的两侧面发射率均为0.05，(1) 试计算辐射传热量和遮热板的表面温度（不计导热和对流传热）。(2) 如果不用遮热板，辐射传热量为多少？

4-25 在晴朗的夜晚，假定室外空气与聚集在草叶上的露水间的对流表面传热系数为28W/(m^2·K)，露水的发射率为1.0，忽略露水的蒸发及导热作用，设天空的有效辐射温度为－70℃，试计算室外空气温度至少多高，才能防止霜冻？

4-26 机油在 $\phi108\times6$ 的钢管中流动，设油的平均温度为150℃，对管壁的对流表面传热系数为350W/(m^2·K)，污垢和管壁的热阻忽略不计，大气温度为10℃，(1) 试求每米管长的热损失。(2) 若外包热导率为0.058W/(m·K)，厚20mm玻璃布，热损失将减少多少？

4-27 蒸汽管道的管规格为 ϕ25mm×2.5mm，蒸汽温度为110℃，管道外侧空气温度为20℃。管道外覆盖绝热材料，其外表面与周围介质的表面传热系数 h_T＝12W/(m^2·℃)，应如何选择绝热材料？若采用热导率为0.116W/(m·℃) 的石棉作为绝热层，要求绝热层外表面温度不超过50℃，绝热层厚度为多少？

4-28 在温度为 T_0 的环境中，有一个半径为 R_0、外包热导率为 λ 绝热材料的球体，球表面与环境的表面传热系数为 h_0，试导出球体绝热临界半径的表达式。并与圆管的绝热临界半径的表达式进行比较。

4-29 某厂欲将环丁砜水溶液由105℃加热至115℃，溶液的流量为200m^3/h，密度 ρ 为1080kg/m^3，定压比热容 c_p 为2.93kJ/(kg·℃)。采用0.2MPa（表压）的饱和蒸汽作为加热介质，试求蒸汽消耗量。若换热器的传热系数 K 为700W/(m^2·K)，试求所需的传热面积。

4-30 单管程列管式换热器的壳程通入120℃的饱和水蒸气，管程通入流量为1.5kg/s的冷水，水的进、出口温度分别为25℃和60℃。管程和壳程的对流表面传热系数分别为1100W/(m^2·K) 和10000W/(m^2·K)，若冷水的流量不变，而将管程改为双管程，总管数不变，试求：

(1) 水的出口温度和换热器的热流量；

(2) 仍将水的出口温度控制为60℃，加热蒸汽的压强为多少？

4-31 欲将流量为450kg/h的 CO_2 由20℃加热至115℃，采用绝对压力为0.25MPa的饱和水蒸气作为加热介质，若忽略热损失，试求：

(1) 蒸气的消耗量；

(2) 若选定双管程单壳程的管壳式换热器，CO_2 气体走管程，管规格为 ϕ25mm×2.5mm，管子总数30根，$l/d>50$，水蒸气侧、管壁及污垢热阻均可忽略，试求所需的管长；

(3) 若保证 CO_2 气出口温度不变，用水蒸气将 CO_2 流量减少到原流量的70%，通过计算说明在操作上应采用的措施？

4-32 列管换热器的传热面积为80m^2，管外温度为120℃的饱和蒸汽冷凝量为567kg/h，汽化热 r＝2205kJ/kg。管内空气流量为2.5×10^{4}kg/h，进口温度为30℃，定压比热容 c_p 为1.0×10^{3}J/(kg·℃)。若忽略热损失，试求：

(1) 空气的出口温度及换热器的传热系数；

(2) 空气的质量流量增大到多少，才能使测得空气的出口温度变为76℃（设空气的物性常数保持不变）？

4-33 来自分馏器的80℃饱和苯蒸气，汽化潜热为394.5×10^{3}J/kg，定压比热容为1758J/(kg·℃)，传热系数为1140W/(m^2·℃)。采用流量为5kg/s，温度为13℃的水冷却。试比较分别采用逆流、并流时，使1kg/s的苯蒸气冷凝并过冷到47℃所需的传热面积。

4-34 热油在套管式换热器中从150℃被冷却到80℃，冷却水的进口温度为20℃，水和油的定压比热容分别为4.18J/(kg·℃) 和1.2J/(kg·℃)，流量均为216kg/h。试比较换热器分别采用并流和逆流流程时的平均温差和经济性。

4-35 在列管式换热器中，壳程冷水从10℃被加热至65℃，管程热水由80℃被冷却至60℃，总传热量为 605kW，传热系数 $K=1100\mathrm{W/(m^2 \cdot ℃)}$。分别采用单壳程双管程或者双壳程四管程时，试求所需传热面积。

4-36 透平油在单壳程双管程的冷油器中被冷却。透平油的温度为 58.7℃，流量为 9.52kg/s，定压比热容为 1.95kJ/(kg·℃)。冷却水的流量为 13.25kg/s，进口温度为 33℃。冷油器的传热面积为 $51.5\mathrm{m^2}$，传热系数 $K=313\mathrm{W/(m^2 \cdot ℃)}$。求油和水的出口温度。

4-37 列管式水预热器中，水在 ϕ25mm×2.5mm 的钢管内以 0.6m/s 的速度流动，进、出口温度分别为 20℃和 80℃，水的污垢热阻为 $0.6\times10^{-3}\mathrm{m^2 \cdot ℃/W}$。0.2MPa（表压）的饱和水蒸气在管间冷凝，取水蒸气冷凝表面传热系数为 $10000\mathrm{W/(m^2 \cdot ℃)}$，忽略管壁热阻，试求：

（1）传热系数 K；

（2）由于水垢积累，操作一年后换热能力下降。如果水流量不变，进口温度仍为 20℃，而出口温度仅能升至 70℃，试求此时的传热系数 K 与污垢热阻。

4-38 在一水平列管式换热器中，将 15000kg/h 纯异丁烷蒸气冷凝，冷凝温度为 58.7℃，凝液膜温下的物性为：$\lambda=0.13\mathrm{W/(m \cdot K)}$，$\rho=508\mathrm{kg/m^3}$，$\eta=0.000136\mathrm{Pa \cdot s}$，$r=286\mathrm{kJ/kg}$。冷却水进口温度为 28℃，水侧污垢热阻为 $5.0\times10^{-4}\mathrm{m^2 \cdot K/W}$，试选用一台适宜的列管式换热器。

4-39 拟将流量为 37.5kg/s 的原油从 22℃加热至 57℃。采用精馏塔塔底产品为加热介质，流量为 29.6kg/s，温度由 147℃降至 107℃。现有单壳程、双管程列管式换热器，管束由 324 根 ϕ19mm×2.1mm、长为 3.65m 的钢管所组成，管心距 25.4mm，正方形排列，弓形挡板切割度为 25%，挡板间距为 230mm。换热器壳体内直径为 0.6m。已知操作条件下原油及塔底产品物性数据分别为：原油 $c_p=1.986\mathrm{kJ/(kg \cdot ℃)}$，$\eta=0.0029\mathrm{Pa \cdot s}$，$\lambda=0.136\mathrm{W/(m \cdot ℃)}$，$\rho=824\mathrm{kg/m^3}$；塔底产品 $c_p=2.2\mathrm{kJ/(kg \cdot ℃)}$，$\eta=0.0052\mathrm{Pa \cdot s}$，$\lambda=0.119\mathrm{W/(m \cdot ℃)}$，$\rho=867\mathrm{kg/m^3}$。若原油走管程，塔底产品走壳程，试判断该换热器是否适用。

本章符号说明

符号	意义与单位
A	传热面积，$\mathrm{m^2}$；吸收率
A_g	气体吸收率
A_p	实际传热面积，$\mathrm{m^2}$
a	导温系数，$\mathrm{m^2/s}$
B	换热器折流板间距，m
C	发射系数，$\mathrm{W/(m^2 \cdot K^4)}$；表面传热系数关联式系数
$C_{1\text{-}2}$	总发射系数，$\mathrm{W/(m^2 \cdot K^4)}$
C_0	黑体发射系数，$\mathrm{W/(m^2 \cdot K^4)}$
c_p	定压比热容，J/(kg·℃)
D	换热器壳体直径，mm
d	换热管直径，mm
E	灰体发射能力，$\mathrm{W/m^2}$
E_0	黑体发射能力，$\mathrm{W/m^2}$
$E_{\lambda,0}$	黑体单色发射能力，$\mathrm{W/m^2}$
F	管排列形式对压降影响因数
F_s	壳程阻力结构校正系数
F_t	管程阻力结构校正系数
f_c	壳程流体摩擦因数
G_r	格拉晓夫（Grashof）数
h	表面传热系数，$\mathrm{W/(m^2 \cdot ℃)}$
K	传热系数，$\mathrm{W/(m^2 \cdot ℃)}$
L	换热器单程管总长，m
l	换热器管长，m
N_s	换热器壳程数
N_T	管束总管数
N_{TC}	管束中心处管子数
NTU	传热单元数
Nu	努塞尔（Nusselt）数
n	单管程管数目
Pr	普朗特（Prandtl）数
p	压力，Pa
Δp	压力降，Pa
Δp_r	换热器回弯处压降，Pa
Δp_t	换热器管程总压降，Pa
Δp_{ip}	管束折流板缺口处压降，Pa
q	热流密度或面积热流量，$\mathrm{W/m^2}$
q_m	流体质量流量，kg/s
q_V	流体体积流量，$\mathrm{m^3/s}$
R	热阻，$\mathrm{m^2 \cdot K/W}$；反射率
Re	雷诺（Reynolds）数
S	流通截面积，$\mathrm{m^2}$
t	管中心距，m
t_c	冷流体温度，℃

符号	意义与单位	符号	意义与单位
t_h	热流体温度,℃	η	黏度，Pa·s
u	流速，m/s	λ	热导率，W/(m·K)；波长，μm
χ_i	混合物各组分摩尔分数	ρ	密度，kg/m^3
β	体积膨胀系数，K^{-1}	σ	表面张力，N/m
δ	边界层厚度，m	σ_0	黑体发射常数或斯忒藩-玻耳兹曼常数，$W/(m^2 \cdot K^4)$
ε	管外对流表面传热系数关联系数；发射率；传热效率	Φ	热流量，W
ξ	流动阻力系数	φ	角系数
$\varepsilon_{\Delta t}$	传热温差校正系数	ω_i	混合物各组分质量分数

下标	含义	下标	含义
c	冷流体	s	壳程
h	热流体	t	管程
i	管内	1	流入
o	管外	2	流出
m	平均值或混合		

第5章

蒸　发

5.1 概述

5.1.1 蒸发及其分类

将含有非挥发性物质的稀溶液加热沸腾，使溶剂汽化，溶液浓缩得到浓溶液的单元操作称为蒸发（Evaporation）。蒸发操作广泛用于化工、医药、食品等工业领域，主要用于以下场合：①将溶液浓缩后，冷却结晶，以获得固体，如烧碱、抗生素、糖等；②浓缩溶液获得纯净的溶剂产品，如海水淡化；③获得浓缩的溶液产品。

蒸发过程的目的是使溶剂和溶质分离，为化工分离过程。但是就蒸发过程的机理看，溶剂的分离是靠供给溶剂汽化需要的热量，使溶剂变成蒸气，而从溶液中分离出来。溶剂分离出来的量和速率取决于供热量和速率，因此蒸发属传热过程。

蒸发过程有以下多种分类方法。

(1) 间歇蒸发和连续蒸发

若蒸发过程中，原料液连续进入蒸发器，浓缩液连续离开蒸发器，则为连续蒸发，否则为间歇蒸发。工业上大量物料的蒸发通常是连续的稳态过程；间歇蒸发适合于小规模多品种的生产过程。

(2) 加压蒸发、常压蒸发和真空蒸发

按蒸发器操作时分离室的压力情况，将蒸发过程分为加压蒸发、常压蒸发和真空蒸发。真空（减压）蒸发因可在低沸点下得到蒸发产品而常用于热敏性料液的浓缩。真空操作有以下特点：

① 使溶液在低沸点下沸腾，防止热敏性料液变质；

② 当加热介质温度一定时，由于沸点降低，使传热平均推动力增加，传热面积可以减少；

③ 由于沸点降低，可利用低压蒸汽作为加热介质，同时有利于降低系统的热损失；

④ 由于溶液沸点降低，液体黏度增大，导致传热阻力增加；

⑤ 需增加真空设备和动力消耗。

显然，对于热敏性物料，如抗生素溶液、果汁等应在减压下进行。而高黏度物料可采用加压、高温热源加热（如热导油、熔盐等）进行蒸发。

(3) 单效蒸发（Single-effect Evaporation）**和多效蒸发**（Multiple-effect Evaporation）

根据二次蒸汽是否作为另一蒸发器的加热热源，又形成了单效蒸发和多效蒸发方式。二次蒸汽直接被冷凝而不再利用，称为单效蒸发。二次蒸汽作为下一蒸发器的热源而被再次利用，便形成了多效蒸发，效数与二次蒸汽的利用次数有关，一般为2～5效。

5.1.2　蒸发操作的特点

从以上对蒸发过程的介绍可知，常见的蒸发是间壁两侧分别为蒸汽冷凝和液体沸腾的传热过程，蒸发器也就是一种换热器。但和一般的传热过程相比，蒸发操作又有如下特点。

① 传热壁面两侧均有相变，一侧为加热蒸汽冷凝，另一侧为溶液沸腾汽化。

② 溶液沸点升高。蒸发的溶液中含有不挥发的溶质，由于溶质的存在，溶液的蒸气压较同温度下纯溶剂的蒸气压低，因此在相同压力下，溶液的沸点高于纯溶剂的沸点，这种现象称为溶液的沸点升高。由于溶液的沸点升高，当加热蒸汽温度一定时，蒸发溶液时的传热温差必定比加热纯溶剂时的小，且溶液的浓度越高，这种影响越显著。

③ 蒸发的溶液本身具有某些特性。例如有些物料在浓缩时可能析出结晶，或易于结垢；有些热敏性物料由于沸点升高更易于分解或变质；有些则具有较大的黏度或较强的腐蚀性，等等。因此，需要根据物料的特性和工艺要求，选择适宜的蒸发流程和设备。

④ 能量的利用与回收。蒸发时汽化的溶剂量较大，需要消耗大量的加热蒸汽。如何充分利用热量，提高加热蒸汽的利用率，是蒸发要考虑的另一个问题。

本章将结合上述特点，介绍蒸发流程和设备。由于工业生产中被蒸发的溶液大多为水溶液，因此本章仅讨论水溶液的蒸发。

5.2　单效蒸发

5.2.1　单效蒸发流程

以硝酸铵水溶液的蒸发为例，其流程如图5.2.1所示，包括蒸发器和冷凝器。常用的蒸发器由加热室和蒸发室组成。蒸发器的下部为由多根加热管组成的加热室，管外通入加热蒸汽，蒸汽冷凝放出热量，供管内溶液加热，使之沸腾汽化；上部为蒸发室，用于除去溶剂蒸气中夹带的雾沫和液滴。稀硝酸铵溶液（料液）经预热后进入蒸发器，在加热室中被加热汽化，浓缩后的溶液（常称为完成液）从蒸发器底部排出，产生的溶剂蒸气（称为二次蒸汽）通过蒸发室及其顶部的除沫器，与所夹带的液沫分离，经冷凝器冷凝后排出。蒸发过程所用的加热介质通常为蒸汽（即加热蒸汽，也称为生蒸汽），当溶液沸点很高时，可采用联苯、熔融盐等其他高温载热体作为热源。

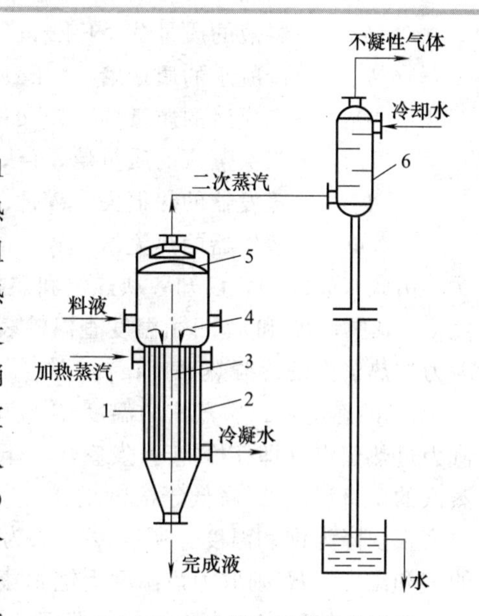

图5.2.1　硝酸铵水溶液蒸发流程

1—加热管；2—加热室；3—中央循环管；4—蒸发室；5—除沫器；6—冷凝器

5.2.2 单效蒸发的计算

单效蒸发的计算问题可分为设计型和操作型两类，但这两种类型计算的依据都是表征蒸发过程操作参数、物性参数和设备参数相互关系的 3 个基本关系式，即物料衡算、热量衡算和传热方程。现以设计型为例，说明单效蒸发的计算过程。已知设计条件为：原料液的流量、温度和浓度，完成液的浓度，加热蒸汽的压力和冷凝器内的压力，试求出水分蒸发量、加热蒸汽消耗量和蒸发器所需的传热面积等。

单效蒸发的物流关系如图 5.2.2 所示。

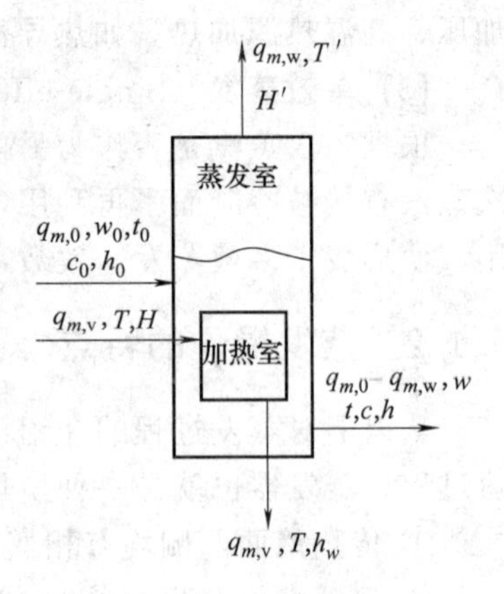

图 5.2.2 单效蒸发的物流关系

$q_{m,0}$—进料质量流量，kg/s；

w_0—进料液中溶质的质量分数；

$q_{m,w}$—蒸发水分的质量流量，kg/s；

w—完成液中溶质的质量分数

5.2.2.1 质量衡算

对蒸发器做溶质的质量衡算可得

$$q_{m,0}w_0=(q_{m,0}-q_{m,w})w \tag{5.2.1}$$

已知 $q_{m,0}$、w_0、w，即可求得蒸发水量

$$q_{m,w}=q_{m,0}(1-\frac{w_0}{w}) \tag{5.2.2}$$

5.2.2.2 热量衡算

为了计算蒸发过程中所消耗的生蒸汽的质量流量 $q_{m,v}$，需对进出蒸发器物流进行热量衡算。对图 5.2.2 所示的蒸发器做热量衡算可得

$$q_{m,v}H+q_{m,0}h_0=q_{m,v}h_w+(q_{m,0}-q_{m,w})h+q_{m,w}H'+\Phi_L \tag{5.2.3}$$

或

$$\Phi=q_{m,v}(H-h_w)=q_{m,0}(h-h_0)+q_{m,w}(H'-h)+\Phi_L \tag{5.2.4}$$

式中 $q_{m,v}$——加热蒸汽的消耗量，kg /s；

H——加热蒸汽的质量焓，J/kg；

h_0——料液的质量焓，J/kg；

h_w——冷凝水的质量焓，J/kg；

h——完成液的质量焓，J/kg；

H'——二次蒸汽的质量焓，J/kg；

Φ_L——蒸发器的热损失，W；

Φ——蒸发器的热流量，W。

由式 (5.2.4)，已知各项热焓和热损失，可求得蒸发器的热流量 Φ 和加热蒸汽消耗量 $q_{m,v}$。其中，H 和 h_w 可由温度查温焓表得到，当冷凝水在饱和温度 T 下排出时，$H-h_w=r_0$ 为加热蒸汽的冷凝热 (J/kg)。

H'的确定：二次蒸汽的温度 T'应该等于溶液的沸点 t_b。由于沸点升高等因素，二次蒸汽为过热蒸汽（即 T'高于蒸发室压力下水的饱和温度）。又由于蒸发器的热损失，实际二次蒸汽的出口温度 T'略低于溶液的沸点。对多数物系，二次蒸汽过热度不大，由于热损失，温度很快降为饱和温度。所以，T'取为冷凝器操作压力（接近于蒸发器的操作压力）下水的饱和温度，H'则取为该温度下饱和蒸汽的热焓。

h_0，h 的确定：由于溶质的溶解和溶液的稀释均伴有热效应，即恒温溶解过程中，物系与外界存在热量交换。因此，溶液的热焓不等于同温度下溶质和溶剂热焓的质量平均值。具体可分两种情况考虑：溶解热和稀释热可以忽略；溶解热和稀释热不能忽略。

(1) 溶液溶解热和稀释热可以忽略的情况

对于许多物系，溶解热和稀释热不大，常可以忽略。对这类物系，溶液的焓和比热容可以取质量平均，热量衡算式也可以简化。以 0℃的液体为焓基准有

$$h=c_p t$$

$$h_0=c_{p,0}t_0$$

式中 t——完成液的温度，℃；

c_p——完成液的比定压热容，J/(kg·K)；

t_0——料液的温度，℃；

$c_{p,0}$——料液的定压比热容，J/(kg·K)。

将以上两式代入式（5.2.4）可得

$$q_{m,\mathrm{v}}r_0=(q_{m,0}-q_{m,\mathrm{w}})c_p t+q_{m,\mathrm{w}}H'-q_{m,0}c_{p,0}t_0+\Phi_\mathrm{L} \tag{5.2.5}$$

忽略溶解热和稀释热，溶液的定压比热容取质量平均值

$$c_p=c_{p,\mathrm{w}}(1-w)+c_{p,\mathrm{b}}w=c_{p,\mathrm{w}}-(c_{p,\mathrm{w}}-c_{p,\mathrm{b}})w$$

$$c_{p,0}=c_{p,\mathrm{w}}(1-w_0)+c_{p,\mathrm{b}}w_0=c_{p,w}-(c_{p,w}-c_{p,b})w_0$$

式中 $c_{p,\mathrm{w}}$——水的定压比热容，J/(kg·K)；

$c_{p,\mathrm{b}}$——溶质的定压比热容，J/(kg·K)。

联立以上两式，可得

$$\frac{w_0}{w}=\frac{c_{p,\mathrm{w}}-c_{p,0}}{c_{p,\mathrm{w}}-c_p}$$

将上式代入式（5.2.2）整理可得

$$(q_{m,0}-q_{m,\mathrm{w}})c_p=q_{m,0}c_{p,0}-q_{m,\mathrm{w}}c_{p,\mathrm{w}} \tag{5.2.6}$$

将式（5.2.6）代入式（5.2.4）可得

$$\Phi=q_{m,\mathrm{v}}(H-c_{p,\mathrm{w}}T)=q_{m,\mathrm{v}}r_0=(q_{m,0}c_{p,0}-q_{m,\mathrm{w}}c_{p,\mathrm{w}})t+q_{m,\mathrm{w}}H'-q_{m,0}c_{p,0}t_0+\Phi_\mathrm{L} \tag{5.2.7}$$

此类物系沸点升高不大，$T'\approx t$，故

$$H'-c_{p,\mathrm{w}}t=r'+c_{p,\mathrm{w}}T'-c_{p,\mathrm{w}}t\approx r' \tag{5.2.8}$$

因此，在忽略溶解热和稀释热的情况下，热量衡算式可简化为

$$\Phi=q_{m,\mathrm{v}}r_0=q_{m,0}c_{p,0}(t-t_0)+q_{m,\mathrm{w}}r'+\Phi_\mathrm{L} \tag{5.2.9}$$

$$q_{m,\mathrm{v}}=\frac{q_{m,0}c_{p,0}(t-t_0)+q_{m,\mathrm{w}}r'+\Phi_\mathrm{L}}{r_0} \tag{5.2.10}$$

式中，r'为二次蒸汽的冷凝热，J/kg。

由式（5.2.10）可知，当沸点进料，且忽略热损失时，$q_{m,\mathrm{w}}/q_{m,\mathrm{v}}=r_0/r'$。因为二次蒸汽和加热蒸汽的冷凝热 r'、r_0相差不大，所以单效蒸发时，$q_{m,\mathrm{w}}/q_{m,\mathrm{v}}\approx 1$，即蒸发 1kg 水，约需 1kg 加热蒸汽。但是由于实际蒸发操作过程中有热损失和溶液的混合过程存在混合热等因素，每蒸发 1kg 的水分约需 1～1.3kg 的加热蒸汽。

$q_{m,\mathrm{w}}/q_{m,\mathrm{v}}$（1kg 生蒸汽所能蒸发的水量）称为生蒸汽的经济性或经济程度，它反映了蒸发操作的能耗大小，是蒸发操作的重要经济指标之一。

【例 5.1】 用单效蒸发器将质量分数为 0.68 的硝酸铵水溶液浓缩至 0.9。已知溶液沸点为 100℃，沸点进料，进料量为 10^4 kg/h，加热用饱和蒸汽压力为 294kPa（绝），蒸发室内压力为 20kPa（绝），热损失为 2.7×10^4 W。试求水分蒸发量、加热蒸汽消耗量和生蒸汽的经济性。

解：由式（5.2.2），可得水分蒸发量：

$$q_{m,\mathrm{w}}=q_{m,0}\left(1-\frac{w_0}{w}\right)=\left[10^4\times\left(1-\frac{68}{90}\right)\right]\mathrm{kg/h}=2.44\times10^3\,\mathrm{kg/h}$$

由加热蒸汽压力，查饱和水蒸气表：$T=132.9$℃，$r_0=2170.2$ kJ/kg。由蒸发室压力，查得二次蒸汽：$r'=2354.9$ kJ/kg，代入式（5.2.10），可得加热蒸汽消耗量：

$$q_{m,\mathrm{v}}=\frac{q_{m,\mathrm{w}}r'+\Phi_\mathrm{L}}{r_0}=\left(\frac{2.44\times10^3\times2354.9+2.7\times10^4\times3600/1000}{2170.2}\right)\mathrm{kg/h}=2.69\times10^3\,\mathrm{kg/h}$$

生蒸汽的经济性：

$$\frac{q_{m,\mathrm{w}}}{q_{m,\mathrm{v}}}=\frac{2.44\times10^3}{2.69\times10^3}=0.907$$

（2）溶液溶解热和稀释热不能忽略的情况

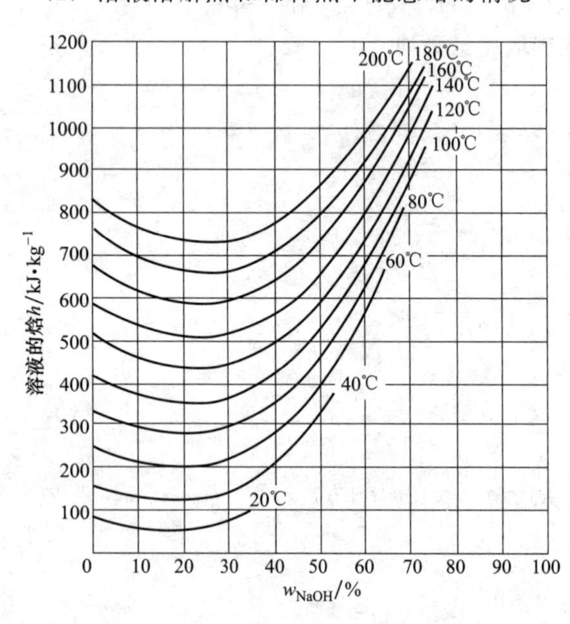

图 5.2.3　氢氧化钠水溶液的焓浓图

式（5.2.9）和式（5.2.10）是简化的热量衡算式，用于对某些在溶解和稀释过程中有明显放热的物系（如氢氧化钠、氯化钙的水溶液）进行热量衡算时，会产生较大的误差。此时 Φ、$q_{m,\mathrm{v}}$的计算应采用式（5.2.4）。式中溶液的焓值 h、h_0应由焓浓图查得。图 5.2.3 是以 0℃为基准温度时，氢氧化钠水溶液的焓浓图。根据溶液的温度和浓度，即可由图中相应的等温线查得其焓值。

此外，对溶解热较大的物系，也可以先忽略溶解热，按式（5.2.9）和式（5.2.10）计算，然后再引入适当的校正。例如，可将溶解热的影响和热损失的影响合并在一起进行校正，多效蒸发中常采用这一方法。

【例 5.2】 蒸发操作在工业生产中有着广泛的应用，例如碱液蒸发就是隔膜法制烧碱生产系统中的一道重要工序。现用一单效蒸发器将 35℃质量分数为 0.2 的 NaOH 水溶液浓缩至 0.45。已知加热用饱和蒸汽压力为 294kPa（绝），蒸发室内压力为 32kPa（绝），溶液沸点为 104℃，蒸发器的热流量为 869kW，热损失取热流量的 3%，试求加热蒸汽消耗量和完成液量。

解：（1）由加热蒸汽压力，查水蒸气表：$T=132.9$℃，$r_0=2170.2$kJ/kg；由蒸发室压力，可得二次蒸汽：$T'=71$℃，$H'=2625$kJ/kg。

故加热蒸汽消耗量：$q_{m,\mathrm{v}}=\dfrac{\Phi}{r_0}=\left(\dfrac{869}{2170.2}\right)\mathrm{kg/s}=0.400\mathrm{kg/s}=1442\mathrm{kg/h}$

（2）由式（5.2.1）可得

$$0.2q_{m,0}=0.45(q_{m,0}-q_{m,\mathrm{w}}) \tag{a}$$

在热量衡算式（5.2.3）中，由图 5.2.3 可查得料液在 $t_0=35$℃，$w_0=0.2$ 时，$h_0=120$kJ/kg；完成液在 $t=104$℃，$w=0.45$ 时，$h_0=500$kJ/kg；

$\Phi_\mathrm{L}=3\%\Phi=(869\times3\%)\mathrm{kW}=26\mathrm{kW}$；$H-h_\mathrm{w}=r_0=2170.2$kJ/kg，代入得

$$0.400\times2170.2+120q_{m,w}=2625q_{m,w}+500(q_{m,0}-q_{m,w})+26 \tag{b}$$

式（a）和（b）联立求解得

$$q_{m,0}=0.54\text{kg/s}=1944\text{kg/h} \qquad q_{m,w}=0.3\text{kg/s}=1080\text{kg/h}$$

故完成液量：

$$q_{m,0}-q_{m,w}=(1944-1080)\text{kg/h}=864\text{kg/h}$$

5.2.2.3 传热面积的计算

蒸发器的传热方程为

$$\Phi=AK\Delta t_m \tag{5.2.11}$$

式中 Φ——蒸发器的热流量，W；

A——蒸发器的传热面积，m^2；

K——蒸发器的传热系数，$W/(m^2\cdot K)$；

Δt_m——蒸发器的平均传热温差，K。

由式（5.2.11）可知，蒸发器的传热面积可由传热速率方程计算，即

$$A=\Phi/(K\Delta t_m) \tag{5.2.12}$$

(1) 传热温差

蒸发器加热室一侧为蒸汽冷凝，其温度为加热蒸汽的冷凝温度 T，另一侧为溶液沸腾，其温度为溶液的沸点。严格地说，溶液侧的温度随位置而异，但一般差别不大，可取平均值作为定值（膜式蒸发器除外）。因此，可视为恒温差传热，故

$$\Delta t_m=T-t=\Delta t \tag{5.2.13}$$

其中溶液沸点 t 的计算见 5.2.2.4 节。

(2) 传热系数

传热系数的计算公式仍然为

$$\frac{1}{K}=\frac{d_0}{h_i d_i}+\frac{R_i d_0}{d_i}+\frac{b d_0}{\lambda d_m}+R_o+\frac{1}{h_o} \tag{5.2.14}$$

式中 h_o，h_i——管外蒸汽冷凝侧和管内溶液沸腾侧的表面传热系数，$W/(m^2\cdot K)$；

R_o，R_i——两侧的污垢热阻，$m^2\cdot K/W$；

λ——传热管的热导率，$W/(m\cdot K)$；

b——传热管壁厚度，m。

其中，管外蒸汽冷凝侧表面传热系数 h_o 可以由第 4 章公式计算得到，热阻 R_o 可以查表估算。

值得注意的是，由于受多种因素的影响，管内侧溶液沸腾传热系数很难精确计算，影响因素包括溶液的性质、蒸发器的类型、沸腾传热的形式、操作条件等。因此，蒸发器的传热系数 K，目前主要还是根据现场实测数据来选定。

【例 5.3】 在【例 5.1】中，设蒸发器的传热系数为 $1000W/(m^2\cdot K)$，不计热损失，求蒸发器的传热面积。

解： 由式（5.2.12）及式（5.2.13）得 $A=\dfrac{\Phi}{K(T-t)}$

由【例 5.1】：$q_{m,w}=2.44\times10^3\text{kg/h}$，$T=132.9℃$，$t=t_0=100℃$，$r'=2354.9\text{ kJ/kg}$；不计热损失，由式（5.2.9）得

$$\Phi=q_{m,w}r'=(2.44\times10^3\times2354.9)\text{kJ/h}=5.75\times10^6\text{kJ/h}=1.60\times10^6\text{W}$$

$$A=\left[\frac{1.60\times10^6}{1000\times(132.9-100)}\right]\mathrm{m}^2=48.63\mathrm{m}^2$$

5.2.2.4 蒸发的传热温度差损失

浓缩液和汽化蒸汽的物理化学性质与蒸发器操作过程中的压力和温度有着密切的关系。因而，在蒸发器的计算中，必须进行溶液的沸点校正。溶质的存在、溶液的液柱高度及二次蒸汽的流动阻力均会使溶液的沸点升高。蒸发操作的压力通常取冷凝器的压力，由已知条件给定。设在该压力下纯水的沸点（即二次蒸汽的饱和温度 T'）为已知。由于上述原因，溶液的沸点高于 T'，因此，溶液的沸点可由下式计算：

$$t=T'+\Delta t'+\Delta t''+\Delta t'''=T'+\Delta t^{\mathrm{t}} \tag{5.2.15}$$

通常，把加热蒸汽的温度和二次蒸汽冷凝温度的差值称为蒸发器的理论传热温度差，记为 $\Delta t_{\mathrm{T}}=T-T'$，把 $\Delta t=T-t$ 称为有效传热温度差，而把两者的差值称为蒸发器的传热温度差损失，由定义可得

$$\Delta t_{\mathrm{T}}-\Delta t=t-T'=\Delta t'=\Delta t'+\Delta t''+\Delta t''' \tag{5.2.16}$$

$$\Delta t=\Delta t_{\mathrm{T}}-\Delta t^{\mathrm{t}} \tag{5.2.17}$$

式中　Δt^{t}——蒸发器的传热温度差损失，K；

$\Delta t'$，$\Delta t''$，$\Delta t'''$——溶液的沸点升高、液柱静压头和二次蒸汽流阻所引起的温度差损失，K。

由式（5.2.17）可知，传热温度差损失对蒸发过程的主要影响是使有效传热温度差降低。

（1）溶液的沸点升高 $\Delta t'$

沸点是液体蒸气压等于外压时的温度。由于溶质的存在，相同温度下溶液的蒸气压要低于纯溶剂的蒸气压。在纯溶剂的沸点下，溶液的沸点小于外压，故溶液不能沸腾。要使溶液在相同外压下沸腾，必须提高温度。这种现象称为沸点升高。

由定义可知

$$\Delta t'=t_{\mathrm{b}}-T' \tag{5.2.18}$$

式中　t_{b}——操作压力下溶液的沸点，℃；

T'——操作压力下水的沸点，即二次蒸汽的饱和温度，℃。

实验表明，含不挥发性溶质的理想稀溶液的沸点升高与溶液中溶质的数量成正比，其计算方法在物理化学中有介绍。但实际溶液的沸点升高与理论稀溶液有差别，下面介绍两种计算方法，其中杜林规则得到广泛应用。

① 杜林规则　当压力变化时，浓度一定的某种溶液的沸点 t_{b} 和相同压力下标准液体（通常为纯水）的沸点 t_{w} 呈直线关系，即有

$$t_{\mathrm{b}}=kt_{\mathrm{w}}+m \tag{5.2.19}$$

式中，k 和 m 分别为沸点直线的斜率和截距。根据杜林规则，已知两个不同压力下溶液和纯水的沸点，即可求得 k 和 m。再由操作压力查得水的沸点 t_{w}，即可由公式求出该压力下溶液的沸点 t_{b}。k 和 m 与溶液的种类和浓度有关，例如，对 NaOH 水溶液，设 w 为 NaOH 的质量分数，则

$$\left.\begin{aligned}k&=1+0.142w\\m&=150.75w^2-2.71w\end{aligned}\right\} \tag{5.2.20}$$

式（5.2.20）的关系又常以图表的形式给出。图 5.2.4 和图 5.2.5 分别为不同浓度的 NaOH 水溶液和某些无机盐水溶液的沸点直线。已知操作压力和溶液浓度，则可根据操作压力，查得水的沸点 $t_{\mathrm{w}}=T'$，再由图中相应的直线查出溶液的沸点。这些直线和 $w=0$ 直线之间的距离即为沸点升高。由图可见，低浓度下的沸点直线近似与 $w=0$ 的直线平行，故实际上此时压力对沸点升高的影响不大。

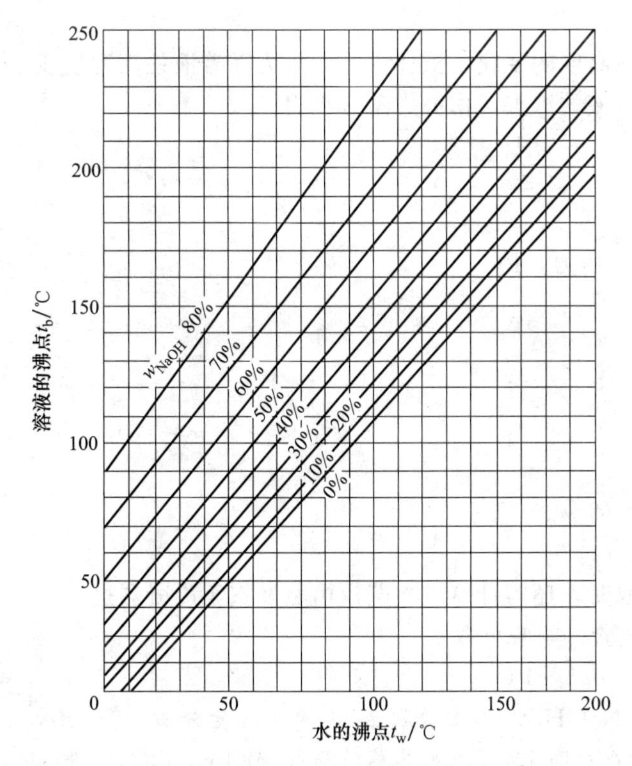

图 5.2.4 NaOH 水溶液的沸点

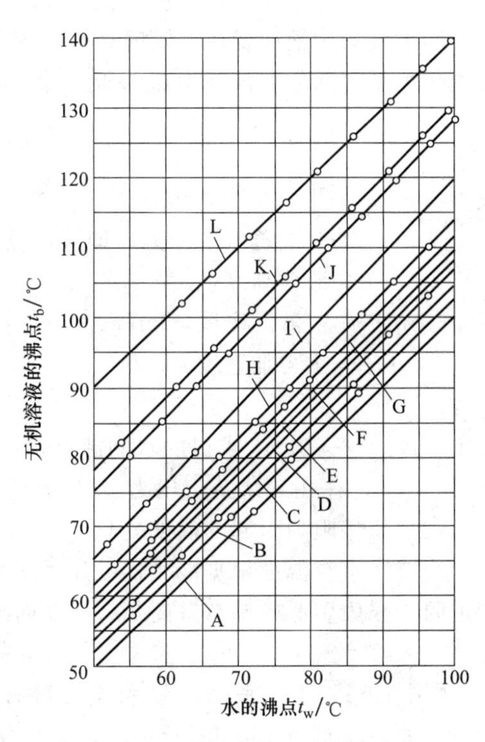

图 5.2.5 某些无机盐溶液的沸点

A—H_2O 0；B—NaCl 13.79；C—$CaCl_2$ 20.58；D—NaCl 24.24；E—$NaNO_3$ 47.67；F—K_2CO_3 46.2；G—$MgCl_2$ 37.96；H—H_2SO_4 41.0；I—$LiNO_3$ 46.1；J—H_2SO_4 54.23；K—$CaCl_2$ 50.25；L—NaOH 47.55

② 经验公式 当缺乏溶液在不同压力下沸点数据时，可近似按下式估算：

$$\Delta t' = f\Delta t'_0 = f(t_0 - 273\text{K}) \tag{5.2.21}$$

式中 $\Delta t_0{}'$——常压下由于溶液蒸气压降低引起的沸点升高，K；

$\Delta t'$——操作压力下溶液蒸气压降低引起的沸点升高，K；

f——校正系数，量纲为一，一般取 $f = 0.0162T'^2/r'$；

t_0——常压下溶液的沸点，K。

【例 5.4】 求浓度为 20%（质量分数）的氯化钙水溶液在 30kPa（绝压）下蒸发时，由于溶液蒸气压降低所引起的沸点升高。

解： $\Delta t' = f\ \Delta t'_0$

其中 $f = 0.0162\dfrac{T'^2}{r'}$，查得 20%氯化钙水溶液在常压下的沸点为 105℃，所以

$$\Delta t'_0 = 105 - 100 = 5℃$$

30kPa（绝压）下，水蒸气 $r' = 2335\text{kJ/kg}$，$T' = 341.7\text{K}$，则

$$f = 0.0162 \times \frac{341.7^2}{2335} = 0.810$$

$$\Delta t' = 0.810 \times 5 = 4.05℃$$

（2）液柱静压头引起的沸点变化 $\Delta t''$

当蒸发器中液面受压一定时，随着液柱高度的变化，液体内部的压力随着液柱高度呈线性变化关系。通常取液柱中点的压力计算溶液的沸点。由静力学方程得

$$p_m = p + \frac{\rho g L}{2} \tag{5.2.22}$$

式中 p_m——平均压力，Pa；

p——二次蒸汽的压力，即液面处的压力，Pa；

L——液柱高度，m；

ρ——溶液的密度，kg/m^3；

g——重力加速度，m/s^2。

故

$$\Delta t'' = t_{p,m} - t_p \tag{5.2.23}$$

式中 $t_{p,m}$——由 p_m 求得的水的沸点，℃；

t_p——由二次蒸汽压力 p 求得的水的沸点，℃。

（3）摩擦阻力引起的温度变化 $\Delta t'''$

当二次蒸汽温度根据冷凝器处压力查取时，还需计算二次蒸汽由蒸发室至冷凝器这一段管道阻力损失引起的沸点升高 $\Delta t'''$。根据经验，一般可取

$$\Delta t''' = 0.5 \sim 1℃$$

【例 5.5】 用中央循环管式蒸发器将 NaOH 水溶液增浓至 50%（质量分数，下同），50%溶液的密度为 1500kg /m³，加热管内液柱高 1.6m，加热蒸汽压强 400kPa（绝），冷凝器压强为 50kPa（绝），求溶液沸点、有效传热温度差。

解： 由饱和蒸汽表，查得 400kPa 下加热蒸汽温度 $T=143.4℃$，50kPa 下冷凝器二次蒸汽温度 $T'=81.2℃$。

循环式蒸发器内液体充分混合，器内溶液浓度即为完成液浓度。由图 5.2.4 查得 50kPa 下 50%NaOH 溶液的沸点为 120℃（水的沸点为 81.2℃），则

$$\Delta t' = 120 - 81.2 = 38.8℃$$

液柱高度为 1.6m，则

$$p_m = p + \frac{\rho g L}{2} = 50 + \frac{1500 \times 9.8 \times 1.6}{2 \times 1000} = 61.8\text{kPa}$$

查此压强下 $t_{p,m}=86.5℃$，则

$$\Delta t'' = t_{p,m} - t_p = 86.5 - 81.2 = 5.3℃$$

由于 p 在冷凝器中测得，取 $\Delta t''' = 1℃$。

总温度差损失　　$\Delta t^{\text{t}} = \Delta t' + \Delta t'' + \Delta t''' = 38.8 + 5.3 + 1 = 45.1℃$

溶液沸点　　$t = T' + \Delta t^{\text{t}} = 81.2 + 45.1 = 126.3℃$

有效传热温度差　　$\Delta t = T - t = 143.4 - 126.3 = 17.1℃$

5.3 多效蒸发

5.3.1 多效蒸发原理

为了提高加热蒸汽利用率，大多采用多效蒸发。多效蒸发是将若干蒸发器连成一组。第

1个蒸发器通入加热蒸汽（生蒸汽），由其产生的二次蒸汽作为第2个蒸发器的加热蒸汽，这时第2个蒸发器充当了第1个蒸发器的冷凝器；第2个蒸发器产生的二次蒸汽作为第3个蒸发器的加热蒸汽……依次类推，有几个蒸发器就为几效。不难看出，在多效蒸发中，要求各效的操作压力、对应的加热蒸汽温度和溶液沸点依次降低。因此，第一效的生蒸汽的压力较高，末效往往采用真空操作，中间各效的操作压力递减，才能实现多效蒸发。

5.3.2 多效蒸发流程

多效蒸发操作中料液的流向可以有多种方式，现以三效蒸发为例加以说明。

(1) 并流加料流程

图5.3.1所示为三效并流加料蒸发流程。在这种加料方式中，溶液的流向与蒸汽并行。并流加料在生产中用得最多。

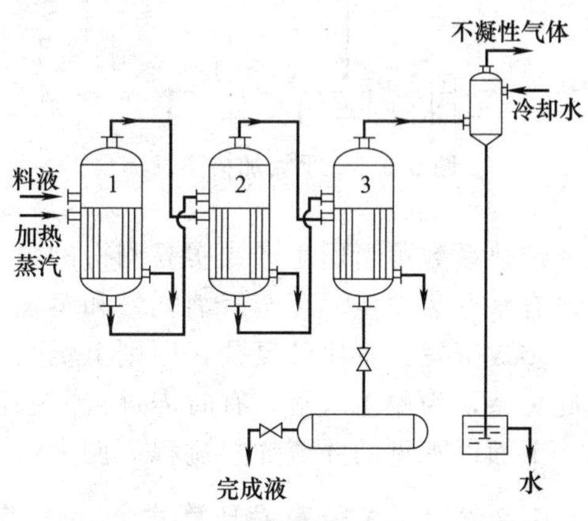

图5.3.1 三效并流加料蒸发流程

并流加料的优点是溶液从压力和温度高的蒸发器流向压力和温度低的蒸发器，因此溶液可以依靠效间的压差流动，不需要用泵输送，操作方便。同时，溶液进入温度、压力较低的次一效时自蒸发，可以产生较多的二次蒸汽，从整个蒸发装置看，完成液以较低的温度排出，所以热量消耗较少。

并流加料的缺点是各效间随着溶液浓度的增高，溶液的温度反而降低，因此随着溶液流向后面诸效，溶液黏度增加很快，蒸发器的传热系数下降，特别是最后一、二效，传热系数下降更为厉害，结果使整个装置的生产能力降低。

并流加料流程仅适用于黏度不大的溶液的蒸发。

(2) 逆流加料流程

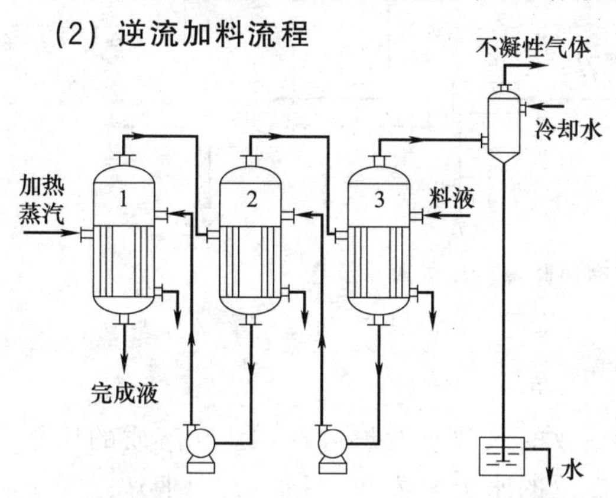

图5.3.2 逆流加料蒸发流程

该流程溶液的流向和蒸汽的流向相反，如图5.3.2所示。

逆流加料的优点是随着溶液在各效中浓度增加，温度亦随之提高，因为浓度增高黏度增大的趋势正好被温度上升使黏度降低的影响大致抵消，所以各效的传热系数差别不大。这种加料方式适宜于处理黏度随温度和浓度变化较大的溶液。

逆流加料的缺点是溶液在效间流动是从低压流向高压，从低温流向高温，故必须用泵输送。同时对各效来说，都是冷加料，没有自蒸发，产生的二次蒸汽少。从整个装置看，完成液在较高的温度下排出，所以热量消耗大。对热敏性物质的溶液蒸发不利。

(3) 平流加料流程

平流加料指加料液平行加入各效，各效同时产生完成液，其流程如图5.3.3所示。这种流程的特点是溶液不在效间流动，适用于蒸发过程中有结晶析出的情况。

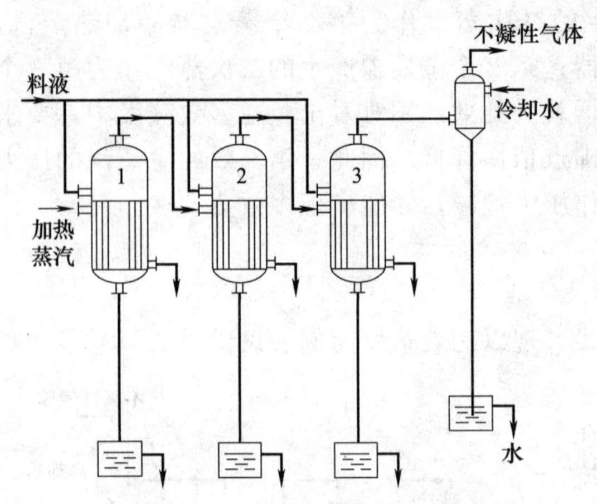

图 5.3.3 平流加料蒸发流程

以上介绍的是几种基本的加料方法及其相应流程。在实际生产中，还常根据具体情况采用这些基本加料方法和流程的变型。例如，在造纸黑碱液回收系统中普遍应用的错流加料流程，其采用部分并流加料和部分逆流加料；有些蒸发操作，即使是并流加料，又有双效三体（有两个蒸发器作为第 2 效）或三效四体的流程等。

5.3.3 多效蒸发的计算

在多效蒸发的设计型计算中，已知量有进料量、进料温度、进料浓度和最终完成液浓度，以及生蒸汽压力和冷凝器中压力，各效的传热系数可引用生产或实验测得的数据，也可采用经验公式作粗略估算。需要计算的未知量有水分蒸发量、生蒸汽消耗量和蒸发器的传热面积。

多效蒸发计算比较复杂，原则上仍与单效蒸发相同，但由于效数较多，许多变量间呈非线性关系，为便于求解，有时需进行一些简化和转换，通常采用试差法进行求解计算。

下面以常见的并流加料流程为例来讨论多效蒸发的计算方法。

5.3.3.1 多效蒸发计算式

多效蒸发的计算所依据的仍然是物料衡算、热量衡算和传热速率方程。图 5.3.4 所示为并流加料多效蒸发的物料衡算和热量衡算示意图。

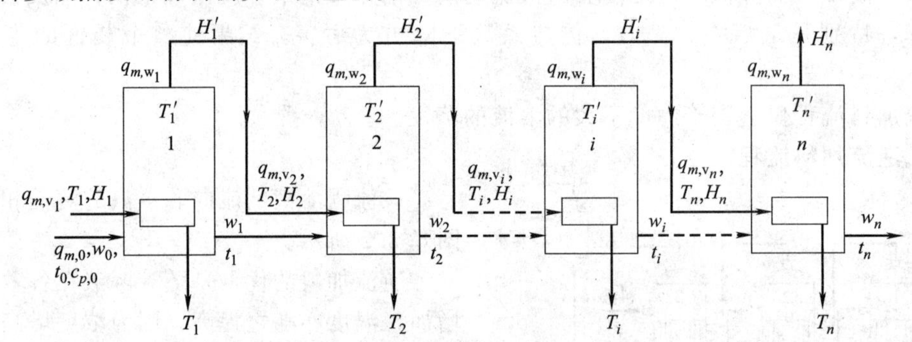

图 5.3.4 并流加料多效蒸发物料衡算、热量衡算示意

(1) 物料衡算式

如图 5.3.4 所示，图中 q_{m,w_i}，w_i 分别为第 i 效的水分蒸发量（kg/s）和溶质的质量分数；$q_{m,0}$，w_0 的意义和单位与前同；又设 $q_{m,w}$ 为总的水分蒸发量（kg/s），则 $q_{m,w}$ 等于各效水分蒸发量之和

$$q_{m,w}=q_{m,w_1}+q_{m,w_2}+\cdots+q_{m,w_i}+\cdots+q_{m,w_n} \tag{5.3.1}$$

对整个蒸发系统作溶质的物料衡算

$$q_{m,0}w_0=(q_{m,0}-q_{m,w})w_n$$

解得

$$q_{m,w}=\frac{q_{m,0}(w_n-w_0)}{w_n}=q_{m,0}\left(1-\frac{w_0}{w_n}\right) \tag{5.3.2}$$

以第 1 效至第 i 效为系统作溶质的物料衡算，可得

$$q_{m,0}w_0=(q_{m,0}-q_{m,\mathrm{w}_1}-\cdots-q_{m,\mathrm{w}_i})w_i \tag{5.3.3}$$

由此得第 i 效溶液的质量分数为

$$w_i=\frac{q_{m,0}w_0}{q_{m,0}-q_{m,\mathrm{w}_1}-\cdots-q_{m,\mathrm{w}_i}} \tag{5.3.4}$$

由于溶液的浓度除进料和末效为已知外，其余均为未知量，所以，上述关系式只能求得总的水分蒸发量，而各效的水分蒸发量还需利用热量衡算来计算。

(2) 热量衡算式

对第 1 效作热量衡算，若忽略热损失，仿前单效蒸发计算式（5.2.7），可得

$$q_{m,\mathrm{v}_1}(H_1-c_{p,\mathrm{w}}T_1)+q_{m,0}c_{p,0}t_0=(q_{m,0}c_{p,0}-c_{p,\mathrm{w}}q_{m,\mathrm{w}_1})t_1+q_{m,\mathrm{w}_1}H'_1$$

解得

$$q_{m,\mathrm{w}_1}=q_{m,\mathrm{v}_2}\frac{H_1-c_{p,\mathrm{w}}T_1}{H'_1-c_{p,\mathrm{w}}t_1}+q_{m,0}c_{p,0}\frac{t_0-t_1}{H'_1-c_{p,\mathrm{w}}t_1}$$

同理，对第 2 效作热量衡算，仿前，将第 2 效溶液的定压比热容亦表示为料液的定压比热容 $c_{p,0}$，可得

$$q_{m,\mathrm{v}_2}(H_2-c_{p,\mathrm{w}}T_2)+(q_{m,0}c_{p,0}-c_{p,\mathrm{w}}q_{m,\mathrm{w}_1})t_1=(q_{m,0}c_{p,0}-c_{p,\mathrm{w}}q_{m,\mathrm{w}_1}-c_{p,\mathrm{w}}q_{m,\mathrm{w}_2})t_2+q_{m,\mathrm{w}_2}H'_2$$

故

$$q_{m,\mathrm{w}_2}=q_{m,\mathrm{v}_2}\frac{H_2-c_{p,\mathrm{w}}T_2}{H'_2-c_{p,\mathrm{w}}t_2}+(q_{m,0}c_{p,0}-c_{p,\mathrm{w}}q_{m,\mathrm{w}_1})\frac{t_1-t_2}{H'_2-c_{p,\mathrm{w}}t_2}$$

依此类推，对第 i 效

$$q_{m,\mathrm{w}_i}=q_{m,\mathrm{v}_i}\frac{H_i-c_{p,\mathrm{w}}T_i}{H'_i-c_{p,\mathrm{w}}t_i}+(q_{m,0}c_{p,0}-c_{p,\mathrm{w}}q_{m,\mathrm{w}_1}-\cdots-c_{p,\mathrm{w}}q_{m,\mathrm{w}_{i-1}})\frac{t_{i-1}-t_i}{H'_{i-1}-c_{p,\mathrm{w}}t_i} \tag{5.3.5}$$

式（5.3.5）右端各项的分母 $H'_i-c_{p,\mathrm{w}}t_i\approx r'_i$，近似为第 i 效二次蒸汽的冷凝热，$q_{m,\mathrm{v}_i}(H_i-c_{p,\mathrm{w}}T_i)$ 为第 i 效加热蒸汽提供的热量，故式（5.3.5）右端第一项为 i 效加热蒸汽所蒸发的水量。令

$$\frac{H_i-c_{p,\mathrm{w}}T_i}{H'_i-c_{p,\mathrm{w}}t_i}=\alpha_i \tag{5.3.6}$$

α_i 称为第 i 效的蒸发系数，它表示第 i 效中，1kg 加热蒸汽蒸得的水量。对于浓度不太大的溶液，可近似取 α_i 等于 1 。

前已指出：并流加料时，由于前一效溶液的沸点较高，当它进入后一效时将产生自蒸发。设溶液的定压比热容为 $c_{p,i-1}$，进入第 i 效的溶液量为 $(q_{m,0}-q_{m,\mathrm{w}_1}-\cdots-q_{m,\mathrm{w}_{i-1}})$，则 $(q_{m,0}-q_{m,\mathrm{w}_1}-\cdots-q_{m,\mathrm{w}_{i-1}})c_{p,i-1}(t_{i-1}-t_i)$ 为进入第 i 效溶液由于降温放出的热量。利用单效时导出式（5.2.6）相仿的方法，对于多效，类似可得

$$(q_{m,0}-q_{m,\mathrm{w}_1}-\cdots-q_{m,\mathrm{w}_{i-1}})c_{p,i-1}=q_{m,0}c_{p,0}-c_{p,\mathrm{w}}q_{m,\mathrm{w}_1}-\cdots-c_{p,\mathrm{w}}q_{m,\mathrm{w}_{i-1}}$$

故 $(q_{m,0}c_{p,0}-c_{p,\mathrm{w}}q_{m,\mathrm{w}_1}-\cdots-c_{p,\mathrm{w}}q_{m,\mathrm{w}_{i-1}})(t_{i-1}-t_i)$ 即为进入第 i 效溶液由于降温放出的热量。因此，式（5.3.5）右端第二项表示第 i 效自蒸发所蒸得的水量。令

$$\frac{t_{i-1}-t_i}{H'_i-c_{p,\mathrm{w}}t_i}=\beta_i \tag{5.3.7}$$

β_i 称为第 i 效的自蒸发系数。若各效溶液的沸点及二次蒸汽的冷凝热已知，则 β_i 可求。除第 1 效外，β_i 的值一般在 0.0025～0.025 之间。

引入蒸发系数和自蒸发系数，式（5.3.5）可表示为

$$q_{m,w_i}=q_{m,v_i}\alpha_i+(q_{m,0}c_{p,0}-c_{p,w}q_{m,w_1}-\cdots-c_{p,w}q_{m,w_{i-1}})\beta_i$$

若计及热损失和溶解热的影响，可将上式右端乘以热利用系数，得

$$q_{m,w_i}=[q_{m,v_i}\alpha_i+(q_{m,0}c_{p,0}-c_{p,w}q_{m,w_1}-\cdots-c_{p,w}q_{m,w_{i-1}})\beta_i]\eta_i \tag{5.3.8}$$

式中，η 为热利用系数，量纲为1；下标 i 表示第 i 效。

对于一般溶液的蒸发，可取 $\eta=0.96\sim0.98$；对于溶解热较大的物料，例如 NaOH 水溶液，可取 $\eta=0.98-0.7\Delta w$。Δw 为该效溶液浓度的变化，质量分数差。

联立式（5.3.1）和求解各效的式（5.3.8），即可求出各效的水分蒸发量 q_{m,w_i} 和加热蒸汽量 q_{m,v_i}。

(3) 蒸发器传热面积的计算和有效温度差在各效的分配

求得各效的加热蒸汽消耗量后，即可利用传热方程计算各效的传热面积

$$A_i=\frac{\Phi_i}{K_i\Delta t_i} \tag{5.3.9}$$

式中 A_i——第 i 效的传热面积；

K_i——第 i 效的传热系数；

Δt_i——第 i 效的有效传热温度差，$\Delta t_i=T_i-t_i$；

Φ_i——第 i 效的热流量。

$$\Phi_i=q_{m,v_i}(H_i-c_{p,w}T_i)=q_{m,v_i}r_i \tag{5.3.10}$$

以三效蒸发为例，根据传热方程，各效的有效温度差之间应有以下关系

$$\Delta t_1:\Delta t_2:\Delta t_3=\frac{\Phi_1}{K_1A_1}:\frac{\Phi_2}{K_2A_2}:\frac{\Phi_3}{K_3A_3} \tag{5.3.11}$$

通常，为了制造、安装和检修的方便，大多采用传热面积相等的蒸发器，此时

$$\Delta t_1:\Delta t_2:\Delta t_3=\frac{\Phi_1}{K_1}:\frac{\Phi_2}{K_2}:\frac{\Phi_3}{K_3}$$

由上式可得

$$\frac{\Delta t_1}{\Delta t_1+\Delta t_2+\Delta t_3}=\frac{\Phi_1/K_1}{\Phi_1/K_1+\Phi_2/K_2+\Phi_3/K_3}$$

故

$$\Delta t_1=\frac{\Phi_1/K_1}{\sum_{i=1}^{3}\Phi_i/K_i}\sum_{i=1}^{3}\Delta t_i$$

推广至 n 效蒸发，则第 i 效的有效温度差为

$$\Delta t_i=\frac{\Phi_i/K_i}{\sum_{i=1}^{n}\Phi_i/K_i}\sum_{i=1}^{n}\Delta t_i \tag{5.3.12}$$

这里，$\sum_{i=1}^{n}\Delta t_i$ 为各效的有效温度差之和

$$\sum_{i=1}^{n}\Delta t_i=\Delta t_T-\sum_{i=1}^{n}\Delta t_i^{t} \tag{5.3.13}$$

式中 Δt_T——理论传热温度差，℃；

$\sum_{i=1}^{n}\Delta t_i^{t}$——各效温度差损失之和，℃，即

$$\sum_{i=1}^{n}\Delta t_i^{\mathrm{t}}=\sum_{i=1}^{n}\Delta t_i'+\sum_{i=1}^{n}\Delta t_i''+\sum_{i=1}^{n}\Delta t_i''' \tag{5.3.14}$$

在单效蒸发一节中已分别介绍了 $\Delta t'$，$\Delta t''$和 $\Delta t'''$的计算，故 $\sum_{i=1}^{n}\Delta t_i^{\mathrm{t}}$ 以及 $\sum_{i=1}^{n}\Delta t_i$ 不难求得。各效的传热量 Φ_i 前已求出，若各效的传热系数已知或可求，则可由式（5.3.12）求得各效的有效温度差 Δt_i。

由上可知各效的有效温度差，即各效溶液的沸点和蒸汽的温度均不能任意给定。各效的有效温度差必须满足式（5.3.12）的分配关系，而各效溶液的沸点 t_i 以及二次蒸汽温度T_i'和下一效加热蒸汽温度 T_{i+1} 相应地应满足以下关系（见图 5.3.4）

$$\begin{aligned}t_i&=T_i-\Delta t_i\\T_i'&=t_i-(\Delta t_i'+\Delta t_i'')\\T_{i+1}&=T_i'-\Delta t_i'''\end{aligned} \tag{5.3.15}$$

5.3.3.2 多效蒸发计算步骤

从上面的分析可以得出，为计算各效蒸发量和加热蒸汽消耗量，须先求各效的蒸发系数和自蒸发系数，而它们与各效溶液的沸点和各效蒸汽的温度有关，前者和各效溶液的浓度因而又和各效蒸发量有关，后者除生蒸汽和末效冷凝器外，其余均为未知，所以，多效蒸发的计算通常需采用试差法求解，一般可利用简化假定先给出某些初值。具体计算步骤如下：

① 给定蒸发量初值。

可假定各效蒸发量相等，即令 $q_{m,\mathrm{w}_i}=q_{m,\mathrm{w}}/n$ 为其初值，这里 n 为总效数。进而可由式（5.3.4）计算各效溶液的浓度 w_i 初值。另外，可先忽略压力的影响，由 w_i 求各效的温度差损失并计算有效总温度差$\sum\Delta t_i$的初值。

② 假定各效传热量相等，则式（5.3.12）简化为 $\Delta t_i=\dfrac{1/K_i}{\sum 1/K_i}\sum\Delta t_i$，当各效传热系数 K_i 已知时，即可求得各效有效温度差 Δt_i 的初值。

③ 由式（5.3.15）初估各效溶液的沸点，以及各效的蒸汽温度。

④ 计算各效的蒸发系数和自蒸发系数，并联立求解各效蒸发量 q_{m,w_i} 的新值和加热蒸汽的消耗量 q_{m,v_i}。

⑤ 由式（5.3.10）和式（5.3.9）分别求各效的传热量 Φ_i 和各效的传热面积 A_i。

⑥ 若求得的各效传热面积 A_i 不等，可按式（5.3.12）调整各效的有效温度差 Δt_i。但若此时蒸发量 q_{m,w_i} 的新值与初值相差较多，则应先将 q_{m,w_i} 的新值作为新的初值重求各效溶液浓度 w_i，并按步骤③所得二次蒸汽温度重求各效温度差损失和有效总温度差$\sum\Delta t_i$，然后调整 Δt_i。

⑦ 重复步骤③～⑥，直至各效的传热面积 A_i 基本一致，且前后两次所得蒸发量 q_{m,w_i} 相近为止。

【例 5.6】 设计一套并流加料的双效蒸发器，蒸发 NaOH 溶液。已知料液为 10%（质量分数）的 NaOH 溶液，加料量为 10000kg/h，原料液的质量热容为 3.77kJ/(kg·K)，沸点加料。要求完成液质量分数为 50%，加热蒸汽为 500kPa（绝压）的饱和蒸汽（冷凝温度 151.7℃）。冷凝器操作压力为 15 kPa（绝压），冷凝液均在饱和温度下排出。第 1、第 2 效蒸发器的传热系数分别为 1170W/(m^2·K) 与 700 W/(m^2·K)。估计蒸发器中加热管底端以上液层的高度为 1.2m。两效中溶液的平均密度分别为 1120kg/m^{3}和 1460kg/m^3。要求计算：

(1) 总蒸发量与各效蒸发量；

(2) 加热蒸汽用量；

(3) 各效蒸发器所需传热面积（要求各效传热面积相等）。

解：

(1) 设 $q_{m,w1}$、$q_{m,w2}$、p_1、p_2的初值

总蒸发量

$$q_{m,w}=q_{m,0}(1-w_0/w_2)=10000\times(1-0.1/0.5)\text{kg/h}=8000\text{kg/h}$$

设 $q_{m,w1}=q_{m,w2}=(8000/2)\text{kg/h}=4000\text{kg/h}$，每效压差

$\Delta p=[(500-15)/2]\text{kPa}=242.5\text{kPa}$

取 $p_1=(500-240)\text{kPa}=260\text{kPa}$，则 $p_2=15\text{kPa}$。

(2) 求 w_1、w_2

$$w_2=0.5$$

$$w_1=q_{m,0}w_0/(q_{m,0}-q_{m,w1})=1000/6000=0.167$$

(3) 求各效沸点与温度差损失

第 2 效

冷凝器操作压力下水的沸点，查附录得 $T'=53.5℃$，取 $\Delta t_2'''=1℃$

$$p_2=15\text{kPa}$$

液层中平均压力 p_{2m}为

$$p_{2m}=[15+(1460\times9.81\times1.2)/(2\times1000)]\text{kPa}=23.6\text{kPa}$$

在此压力下水的沸点为 62.9℃，所以

$$\Delta t_2''=(62.9-53.5)℃=9.4℃$$

查得在此压力下溶液的沸点为 101.3℃，所以

$$\Delta t_2'=(101.3-62.9)℃=38.4℃$$

$$t_2=[53.5+(38.4+9.4+1)]℃=102.3℃$$

第 1 效

取第 2 效加热室的压力近似等于第 1 效分离室的压力，即 260kPa，在此压力下水蒸气的冷凝温度为 128℃。

取 $\Delta t_1'''=1℃$，液层中平均压力 p_{1m}为

$$p_{1m}=[260+(1120\times9.81\times1.2)/(2\times10^3)]\text{kPa}=266.6\text{kPa}$$

此压力下水的沸点为 128.8℃，所以

$$\Delta t_1''=(128.8-128)℃=0.8℃$$

查图得，在此压强下 16.7%的 NaOH 溶液的沸点为 137.8℃，所以

$$\Delta t_1'=(137.8-128.8)℃=9℃$$

$$t_1=[128+(9+0.8+1)]℃=138.8℃$$

两效的有效温度差分别为

$$\Delta t_1=(151.7-138.8)℃=12.9℃$$

$$\Delta t_2=(128-102.3)℃=25.7℃$$

总温度差 $\Delta t=(12.9+25.7)℃=38.6℃$

(4) 求 $q_{m,v}$、$q_{m,w1}$、$q_{m,w2}$

第 1 效：根据热量衡算式计算。

沸点加料：

$$t_0=t_1=138.8℃$$

$$\eta_1=0.98-0.7\Delta w=0.98-0.7\times0.067=0.933$$

加热蒸汽的冷凝热为2113kJ/kg，二次蒸汽的汽化热，取260kPa下水的汽化热，为2180kJ/kg，将以上数字代入热量衡算式求得

$$q_{m,\mathrm{w1}}=\frac{q_{m,\mathrm{v}}r_1}{r_1'}\eta_1=0.904q_{m,\mathrm{v}} \tag{1}$$

第2效：根据热量衡算式计算。二次蒸汽的汽化热取15kPa下水的汽化热，为2370kJ/kg

$\eta_2=0.98-0.7\times(0.5-0.167)=0.747$，$c_0=3.77\mathrm{kJ/(kg\cdot K)}$，$c_\mathrm{w}=4.187\mathrm{kJ/(kg\cdot K)}$，$t_1=138.8℃$，$t_2=102.3℃$，将以上数据代入式(5.3.8)得

$$q_{m,\mathrm{w2}}=0.64q_{m,\mathrm{w1}}+434 \tag{2}$$

$$q_{m,\mathrm{w1}}+q_{m,\mathrm{w2}}=8000\mathrm{kg/h} \tag{3}$$

联立解式（1）、式（2）和式（3）得

$$q_{m,\mathrm{v}}=5103\mathrm{kg/h}$$

$$q_{m,\mathrm{w1}}=4613\mathrm{kg/h}$$

$$q_{m,\mathrm{w2}}=3387\mathrm{kg/h}$$

（5）求各效的传热面积

$$A_1=\frac{\Phi_1}{K_1\Delta t_1}=\frac{5103\times2113\times10^3}{3600\times1170\times12.9}\mathrm{m^2}=198\mathrm{m^2}$$

$$A_2=\frac{\Phi_2}{K_2\Delta t_2}=\frac{4613\times2180\times10^3}{3600\times700\times25.7}\mathrm{m^2}=155\mathrm{m^2}$$

（6）检验第1次试算结果

$A_1\neq A_2$，且$q_{m,\mathrm{w1}}$和$q_{m,\mathrm{w2}}$与初设值相差很大，调整蒸发量。取$q_{m,\mathrm{w1}}=4613\mathrm{kg/h}$，$q_{m,\mathrm{w2}}=3387\mathrm{kg/h}$。调整各效的有效温度差

$$A=\frac{198\times12.9+155\times25.7}{38.6}\mathrm{m^2}=169\mathrm{m^2}$$

$$\Delta t_1'=\frac{198\times12.9}{169}℃=15.1℃$$

$$\Delta t_2'=\frac{155\times25.7}{169}℃=23.6℃$$

重新进行另一次试算。

（2′）求w_1

$$w_1=1000/(10000-4613)=0.186$$

（3′）求各效沸点与温度差损失

第2效条件未变，溶液沸点与温度差损失同前。

第1效：由于第2效有效温度差减小2.3℃。第2效加热室冷凝温度降低2.3℃，即应为125.7℃。相应地，第1效的压力应为240kPa，与第1次所设初值变化不大，鉴于第1效蒸发器中因液层静压力而引起的温差损失不大，第1效的NaOH溶液浓度与第1次试算值差别不大，NaOH稀溶液的沸点升高值随压力的变化也不大，所以第1效蒸发器的温度差损失也可以认为不变（此处的分析与计算要求的精确度程度有关，如要求计算的精确度高，温度差损失的变化不能忽略），因此

$$t_1=(151.7-15.1)℃=136.6℃$$

(4′) 求 $q_{m,\mathrm{v}}$、$q_{m,\mathrm{w1}}$、$q_{m,\mathrm{w2}}$

同前面 (4)，得出 3 个方程式，联立解得

$$q_{m,\mathrm{w1}}=4629\mathrm{kg/h}$$
$$q_{m,\mathrm{w2}}=3371\mathrm{kg/h}$$
$$q_{m,\mathrm{v}}=5121\mathrm{kg/h}$$

(5′) 求 A

$$A_2=\frac{4629\times2180\times10^3}{3600\times700\times23.6}\mathrm{m}^2=170\mathrm{m}^2$$

$$A_1=\frac{5121\times2113\times10^3}{3600\times1170\times15.1}\mathrm{m}^2=170\mathrm{m}^2$$

计算结果与初值设置基本一致，故结果为

$$A=170\mathrm{m}^2$$
$$q_{m,\mathrm{w1}}=4629\mathrm{kg/h}$$
$$q_{m,\mathrm{w2}}=3371\mathrm{kg/h}$$
$$q_{m,\mathrm{v}}=5121\mathrm{kg/h}$$

5.3.4 多效蒸发与单效蒸发的对比分析

5.3.4.1 经济性

如前所述，多效蒸发的优点是单位蒸汽消耗量少。按理想情况粗略估算，n 效蒸发器的单位蒸汽消耗量为 $(q_{m,\mathrm{w}}/q_{m,\mathrm{v}})/n$。实际上由于热损失、溶液的压缩以及不同压力下的汽化热的差异等因素，多效蒸发时单位蒸汽消耗量比 $1/n$ 要大。和单效蒸发类似，在若干假定的条件下，可以得到多效蒸发中生蒸汽经济性的理论值和经验值，见表 5.3.1。

表 5.3.1 不同效数蒸发生蒸汽经济性的比较

效数 n	单效	双效	三效	四效	五效
经济性 $q_{m,\mathrm{w}}/q_{m,\mathrm{v}}$ 理论值	1	2	3	4	5
经济性 $q_{m,\mathrm{w}}/q_{m,\mathrm{v}}$ 经验值	0.91	1.75	2.5	3.33	3.7
单位蒸汽消耗量 $q_{m,\mathrm{v}}/q_{m,\mathrm{w}}$	1.1	0.57	0.4	0.3	0.27

由表 5.3.1 可知，随着效数增加，单位蒸汽消耗量减小的趋势减慢。这就是说，随着效数增多，操作费用降低的趋势减小。

5.3.4.2 温度差损失和有效温度差

在多效蒸发中每一效都会有温度损失，这是由于溶液的沸点升高，液体静压力的影响和二次蒸汽在各效间流动的摩擦损失造成的。在完成液浓度相同的情况下，多效蒸发中末效的温度差损失接近于单效蒸发的温度差损失，因此，多效蒸发的温度差损失之和大于单效蒸发。但是多效蒸发的有效传热温度差之和恒小于单效蒸发，且随效数增加总有效传热温度差迅速减小。因为，保持生蒸汽压力和冷凝器压力恒定，则蒸发过程的理论传热温度差一定，与效数无关，即多效蒸发中各效理论传热温度差之和等于单效蒸发的理论传热温度差 Δt_T。理论传热温度差等于有效传热温度差和温度差损失之和。

图 5.3.5 所示为单效蒸发和双效蒸发的传热温度差损失和有效传热温度差的比较。由图可得

$$\Delta t_1^{\mathrm{t}}+\Delta t_2^{\mathrm{t}}>\Delta t_{\mathrm{s}}^{\mathrm{t}}$$
$$\Delta t_1+\Delta t_2<\Delta t_{\mathrm{s}}$$

推广至多效有
$$\sum \Delta t_i < \Delta t_s \tag{5.3.16}$$

式中 Δt_i——多效蒸发中第 i 效的有效传热温度差，℃；

Δt_s——单效蒸发的传热温度差，℃。

由此可见多效蒸发中每一效的有效传热温度差远小于单效。

5.3.4.3 生产能力和生产强度

加热蒸汽的经济性和蒸发设备的生产强度分别从能耗和设备投资的角度对蒸发装置给出评价，是蒸发装置的两个重要技术经济指标。

(1) 生产能力

蒸发器的生产能力通常指单位时间内蒸发的水分量，单位为 kg/h。蒸发器的生产能力的大小由它的热流量 Φ 来决定。

单效蒸发和多效蒸发的生产能力可分别由传热方程表示为

$$\Phi_s = K_s A_s \Delta t_s \tag{5.3.17}$$

$$\Phi_m = \sum_i^m \Phi_i = \sum_i^m K_i A_i \Delta t_i \tag{5.3.18}$$

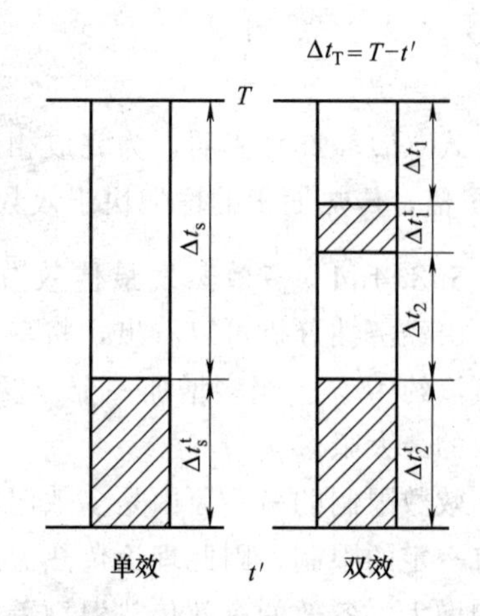

图 5.3.5 单效蒸发和双效蒸发的传热温度差损失和有效温度差的比较

式中，Φ、K、A 和 Δt 的意义与前同；下标 s 表示单效；m 表示多效蒸发总效数；i 表示第 i 效。

为便于比较，设多效蒸发中，各效的传热面积 A_i 和总传热系数 K_i 相等，并等于单效的 A_s、K_s，又设两者理论传热温度差 Δt_T 相同，则式（5.3.16）成立。将式（5.3.17）和式（5.3.18）代入式（5.3.16），可得

$$\Phi_m < \Phi_s \tag{5.3.19}$$

即在 Δt_T 和各效 A、K 与单效相同时，多效蒸发的生产能力小于单效蒸发。

(2) 生产强度

蒸发器的生产强度，是指单位时间内，单位传热面积上所蒸发的水量，以 U 表示，单位为 kg/(m^2 · h)

$$U = q_{m,w}/A \tag{5.3.20}$$

生产强度是评价蒸发器优劣的重要指标，对于给定的蒸发量而言，生产强度越大，所需要的传热面积越少。因此，蒸发设备的投资越小。

对多数物系，当沸点进料，忽略热损失时

$$q_{m,w} = \frac{\Phi}{r'} = \frac{AK\Delta t}{r'}$$

$$U = K\Delta t / r' \tag{5.3.21}$$

因此，提高蒸发器的生产强度的基本途径是增大有效传热温度差 Δt 和蒸发器的总传热系数 K。

单效和多效蒸发的生产强度可分别表示为

$$U_s = \Phi_s / A_s \tag{5.3.22}$$

$$U_m = \frac{\Phi_m}{\sum A_i} = \frac{\Phi_m}{mA_i} \tag{5.3.23}$$

当多效蒸发的 Δt_T 及各效 A_i、K_i 与单效相同时，将式（5.3.22）、式（5.3.23）代入

式（5.3.19），可得

$$U_m < U_s / m \tag{5.3.24}$$

即多效蒸发的生产强度小于单效的。该结论无论传热面积是否相同都成立。

当多效蒸发的生产能力与单效相同，即$\Phi_m = \Phi_s$时，将式（5.3.22）、式（5.3.23）代入式（5.3.24），可得

$$\sum A_i > mA_s \tag{5.3.25}$$

式（5.3.25）表明，为完成相同的生产任务，多效蒸发所需要的传热面积大于单效蒸发的 m 倍，传热面积的增加快于效数的增加。

5.3.4.4 多效蒸发最佳效数的确定

由经济性分析可以看出，将单效改为双效，节省蒸汽约 50%，而将四效改为五效，节省蒸汽约 10%。当多增加一个蒸发器的费用不能与所节省加热蒸汽的收益相抵时，便达到效数的最大限。

效数限制的另一原因是多效温度差损失大。实际生产中加热蒸汽压力和冷凝器的真空度都有一定的限制，因此理论传热温度差也有一定限制。而随效数增加，各效传热温度差损失之和增大，各效的有效传热温度差、生产能力和生产强度将迅速下降。对沸点升高较大的溶液，效数对有效传热温度差的影响尤其显著。

依据设备费和操作费之和为最小的原则确定多效蒸发的最佳效数。一般来说，若溶液的沸点升高大，如 NaOH、NH_4NO_3等水溶液的蒸发，通常为 2～3 效；反之，若溶液的沸点升高小，如糖的水溶液或其他有机溶液的蒸发，可取 4～6 效；对海水淡化的蒸发装置，效数则多达 20～30 效。

5.4 蒸发设备

蒸发过程的设备主要包括蒸发器、冷凝器和除沫器。生产的多样性，就要求有不同结构型式的蒸发器。由于生产的发展，蒸发器的结构不断改进。对于目前常用的间壁传热式蒸发器，按溶液在蒸发器中的运动情况，分别介绍如下。

5.4.1 循环型蒸发器

这一类型的蒸发器的基本特点是，在蒸发器中，溶液经加热管一次，水的相对蒸发量较小，达不到规定的浓缩要求，需要多次循环流动。根据引起循环的原因不同，又可分为自然循环和强制循环两类，下面介绍几种常用的循环型蒸发器。

(1) 中央循环管式蒸发器（标准式蒸发器）

这是最常见的蒸发器，其结构如图 5.4.1 所示。它主要由加热室、蒸发室、中央循环管和分离室组成。蒸发器的加热器由垂直管束构成，为了保证溶液在蒸发器内的良好循环，管束中间有一根直径较大的管子，称为中央循环管，其截面积为管束总面积的 40%～100%。当加热蒸汽在管间加热时，由于加热管束内单位体积溶液的受热面积大于中央循环管内溶液的受热面积，因此，管束内溶液的相对汽化率就大于中央循环管内的溶液的汽化率，所以管束内气液混合物的密度远小于中央循环管内气液混合物的密度。这样就造成了混合液在管束

内向上，在中央循环管向下的自然循环流动。

混合液的循环速度与密度差和管长有关。密度差越大，加热管越长，循环速度就越大。但蒸发器由于受总高限制，沸腾管长度较短，一般为0.6～2m，直径多为25～75mm，管长与管径之比为20～40。

这种蒸发器优点是结构简单，制造方便，传热较好，操作可靠，投资费用少；缺点是溶液的循环速度低（一般在0.5m/s以下），传热系数较小，清洗和维修也不够方便。

(2) 悬筐式蒸发器

其结构如图5.4.2所示。它的加热室像个悬筐而称为悬筐式。在这种蒸发器中溶液循环的原因与中央循环管式蒸发器同，但循环的溶液是沿加热室与壳体形成的环隙下降，而沿沸腾管上升。环形截面积约为沸腾管总截面积的100%～150%，因而其循环速度可稍大。

悬筐式蒸发器的加热室可由顶部取出进行检修或更换，且热损失也较小，适用于易结晶、结垢溶液的蒸发。它的主要缺点是结构复杂，单位传热面的金属消耗量较多。

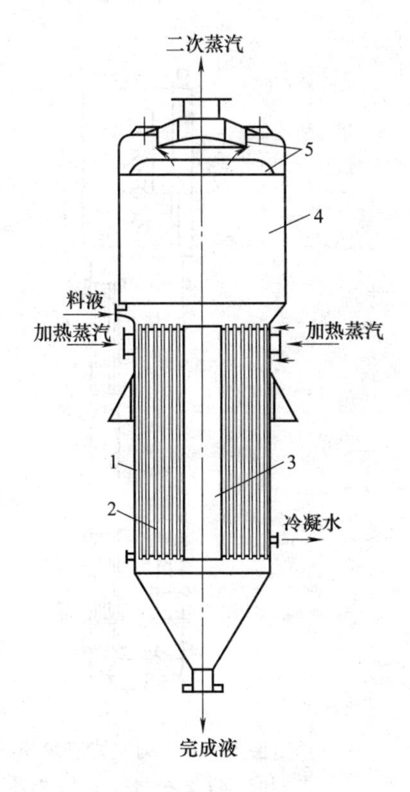

图5.4.1 中央循环式蒸发器

1—外壳；2—加热室；3—中央循环管；
4—蒸发室；5—除沫器

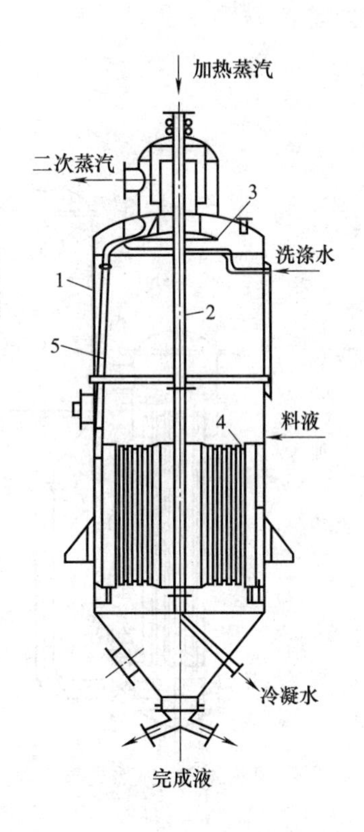

图5.4.2 悬筐式蒸发器

1—外壳；2—加热蒸汽管；3—除沫器；
4—加热室；5—液沫回流管

(3) 外热式蒸发器

其结构如图5.4.3所示。这种蒸发器的加热室置于蒸发室之外。这样，不仅可降低整个蒸发器的高度，且便于清洗和更换。它的加热管束较长，一般为5m以上，且循环管又不受热，管中全为液相，故循环速度也较大，传热效率较高，晶粒不易结垢。但加热管束的上部易被磨损和堵塞。

(4) 列文（Левин）式蒸发器

其结构如图5.4.4所示。它把加热室降低，并在加热室与蒸发室之间设置支撑段和稳流段，因而能在高液位下操作。这样，在加热室建立了相当的液位静压，以提高溶液的沸点，使溶液在加热室中只加热升温而不沸腾，因而也就不会有晶粒析出。当溶液上行时，经支撑段和稳流段到蒸发室，压力降低，沸点也降低，即沸点蒸发，晶粒析出，这样就避免了在加热管壁上结垢。因为溶液循环速度高达2m/s以上，故须在加热室上方出口处设置稳流段，以使液流分散。列文式蒸发器循环速度快，结垢少，主要适用于蒸发有晶粒析出的溶液。这种蒸发器的缺点是设备庞大，消耗金属材料多，并需要高大的厂房。

(5) 强制循环蒸发器

除了上述的自然循环蒸发器外，蒸发黏度大、易结晶、易结垢的物料时，还常采用强制循环蒸发器。这种蒸发器中，溶液的循环主要依靠外加的动力，用泵迫使它沿一定方向流动而产生循环，如图5.4.5所示。循环速度的大小可由泵调节，一般为2.0～3.5m/s。强制循环蒸发器的传热系数也比一般自然循环的大。但它的明显缺点是能量消耗大，每平方米加热面积约需0.4～0.8kW。

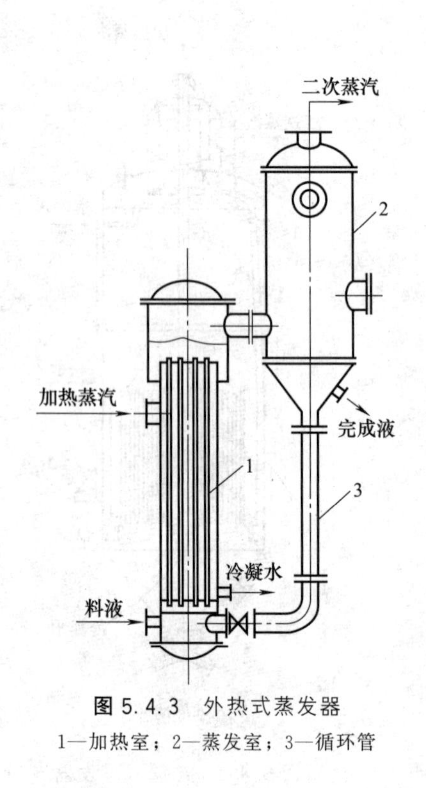

图5.4.3　外热式蒸发器

1—加热室；2—蒸发室；3—循环管

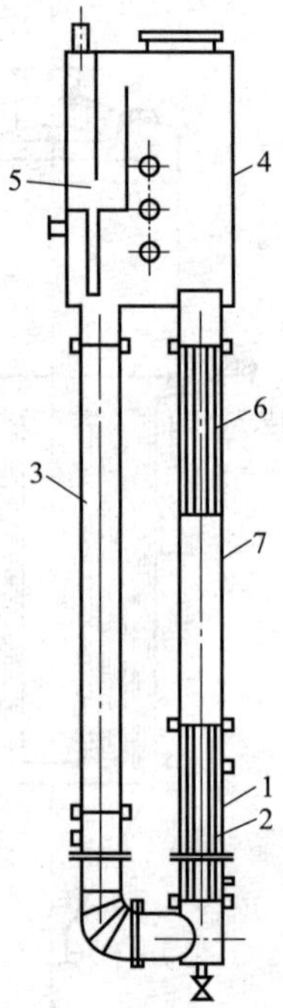

图5.4.4　列文式蒸发器

1—加热室；2—加热管；3—循环管；4—蒸发室；5—除沫器；6—挡板；7—沸腾室

5.4.2　单程型蒸发器

单程型蒸发器的主要特点是：溶液在蒸发器中只通过加热室一次，不进行循环，所以单程型蒸发器又称非循环型蒸发器。溶液通过加热室时，在管壁呈膜状流动，习惯上又称为液膜式蒸发器。单程型蒸发器中，物料单程通过加热室后蒸发达到指定浓度。器内液体滞留量少，物料的受热时间大为缩短，所以对热敏物料特别适宜。在相同的操作条件下，这种蒸发器的有效温度差较大，表面传热系数大，因而热流量大大提高；它的主要缺点是，设计或操作不当时不易成膜，热流量将明显下降；且也不适用于易结晶、结垢物料的蒸发。

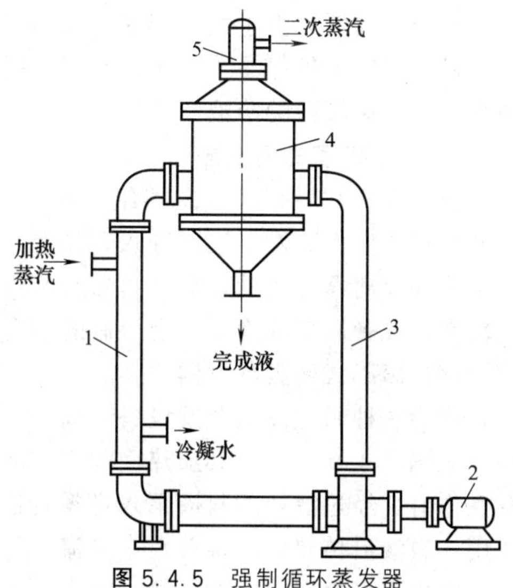

图 5.4.5 强制循环蒸发器

1—加热室；2—循环泵；3—循环管；4—蒸发室；5—除沫器

单程型蒸发器根据物料在蒸发器中的流向可分为以下几种。

(1) 升膜式蒸发器

这种蒸发器的加热室有许多垂直长管组成的管束，其管束可长达 3～10m。其结构如图 5.4.6 所示。溶液由加热管底部进入，经一段距离加热、汽化后，管内气泡逐渐增多，最终液体被上升的蒸汽拉成环状薄膜，沿壁向上运动，气液混合物由管口高速冲出。被浓缩的液体经气液分离后排出蒸发器。

此种蒸发器设计和操作时要有较大的传热温差，使加热管内上升的二次蒸汽具有较高的速度以拉升液膜，并获得较高的传热系数，使溶液一次通过加热管即达到预定的浓缩要求。在常压下，管上端出口速度以保持 25～50m/s 为宜。

(2) 降膜式蒸发器

这种蒸发器其型式很多，常见的如图 5.4.7 所示。料液由加热室顶部加入，经液体分布器分布后呈膜状向下流动。气液混合物由加热管下端引出，经气液分离即得完成液。降膜式蒸发器中必须采用适当的液体分布器使溶液在整个加热管长内壁形成均匀液膜。若在管下部出现未被润湿的干点，则该处将有沉积物的不断积累。

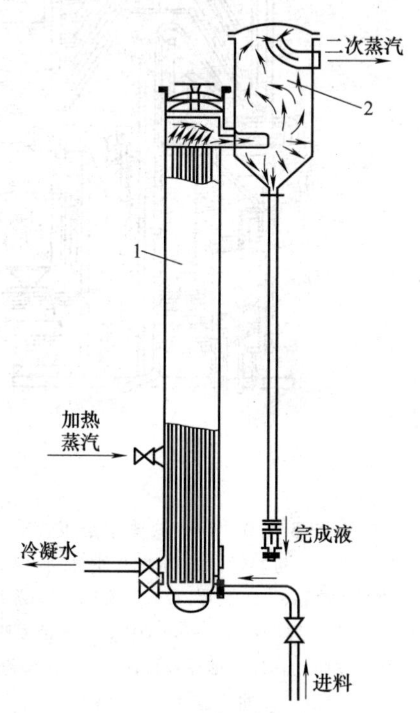

图 5.4.6 升膜式蒸发器

1—蒸发室；2—分离室

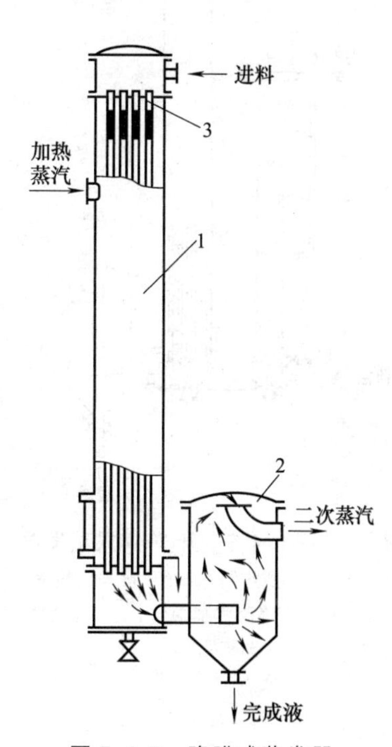

图 5.4.7 降膜式蒸发器

1—蒸发室；2—分离室；3—液体分布器

降膜蒸发器中由于蒸发温和，液体的滞留量少，当加料、浓度、压强等操作条件变化时，过程反应灵敏而易于控制，有利于提高产物的质量。此外，它还可以用于含少量固体物和有轻度结垢倾向的溶液。

(3) 升-降膜式蒸发器

将升膜式和降膜式蒸发器组装在一个外壳中，即如图 5.4.8 所示的升-降膜式蒸发器。料液经预热后由蒸发器底部进入，先经升膜式加热室上升，再转入降膜式加热室下降，气液混合物经分离器分离后，在分离器底部得到完成液。这种蒸发器适用于在蒸发过程中黏度变化较大，或者厂房高度有一定限制的场合。

(4) 离心式薄膜蒸发器

作为一种新型高效蒸发设备，离心式薄膜蒸发器综合了薄膜蒸发和离心分离两种工作原理。如图 5.4.9 所示，其加热面为中空的锥形盘，内走加热蒸汽和冷凝水，外壁走料液。蒸发操作时，经过滤后的料液泵入进料管进到锥形盘内侧高速旋转的传热面中央，由于离心力作用，料液沿传热面由锥形盘中央流向外缘，形成约 0.1mm 厚的薄膜被间壁加热而蒸发浓缩，完成液汇集于蒸发器外侧，靠离心力作用由出料管排出。加热蒸汽由底部进入蒸发器，从边缘小孔进入锥形盘空间，冷凝水亦借离心力作用，从边缘小孔甩出。二次蒸汽在真空状态下被引出。

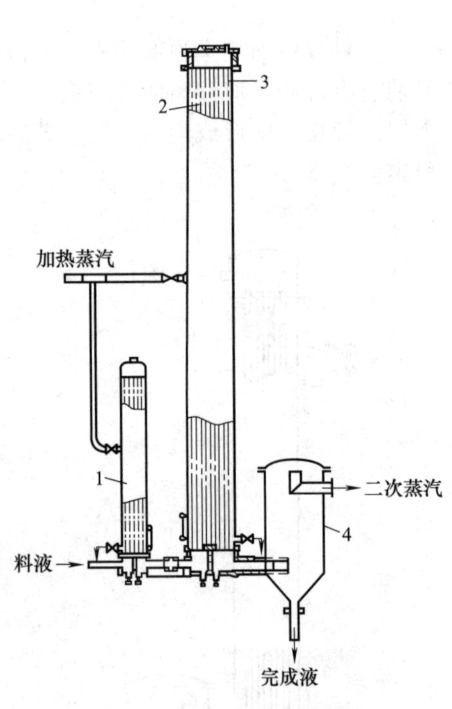

图 5.4.8　升-降膜式蒸发器

1—预热器；2—升膜式加热室；3—降膜式加热室；4—分离器

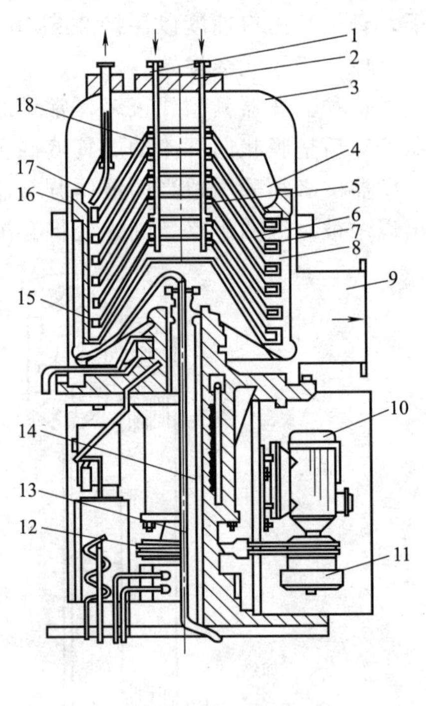

图 5.4.9　离心式薄膜蒸发器

1—清洗管；2—进料管；3—蒸发器外壳；4—浓缩液槽；5—物料喷嘴；6—上碟片；7—下碟片；8—蒸汽通道；9—二次蒸汽排出管；10—电动机；11—液力联轴器；12—皮带轮；13—排冷凝水管；14—进蒸汽管；15—浓缩液通道；16—离心盘；17—浓缩液吸管；18—清洗喷嘴

该蒸发器传热效果好，液体停留时间短，浓缩比大，适合于热敏性及发泡性强的物料的蒸发。但它构造复杂，价格较高。

(5) 刮板式蒸发器

其结构如图 5.4.10 所示。刮板式蒸发器主要由加热夹套和刮板组成，夹套内通加热蒸汽，刮板装在可旋转的轴上，刮板与加热夹套内壁保持很小的间隙，通常为 0.5～1.5mm。料液经预热后由蒸发器上部沿切线方向加入（亦有加至与刮板同轴的甩料板盘上），在重力和旋转刮板作用下，分布在内壁，形成旋转下降的薄膜，并不断被蒸发，完成液由底部排除，二次蒸汽由顶部逸出。

刮板蒸发器是一种适应性很强的新型蒸发器，例如，对高黏度和易结晶、易结垢的物料都能适用。其缺点是结构复杂，动力消耗大，每平方米传热面约需 1. 5～3kW；因受夹套式传热面的限制，其处理量也很小。

5.4.3 直接接触传热蒸发器

这是一种传热介质和被处理的溶液直接接触进行传热的接触型蒸发器，其结构如图 5.4.11 所示。燃料（通常为煤气和油）与空气混合后，在浸于溶液中的燃烧室内燃烧，产生的高温火焰和烟气经燃烧室下部的喷嘴，直接喷入蒸发的溶液中，鼓泡向上穿过液层，从而使水分迅速汽化。产生的蒸汽和燃烧气一起从蒸发器顶部出口排出。这种蒸发器结构简单，没有固定的传热面积，特别适用于易结晶、易结垢和具有腐蚀性物料的蒸发；由于是直接接触传热，传热效果很好，热利用率高。目前在废酸处理和硫酸铵溶液的蒸发中已广为应用。但它不适用于不可被烟气污染物料的处理。

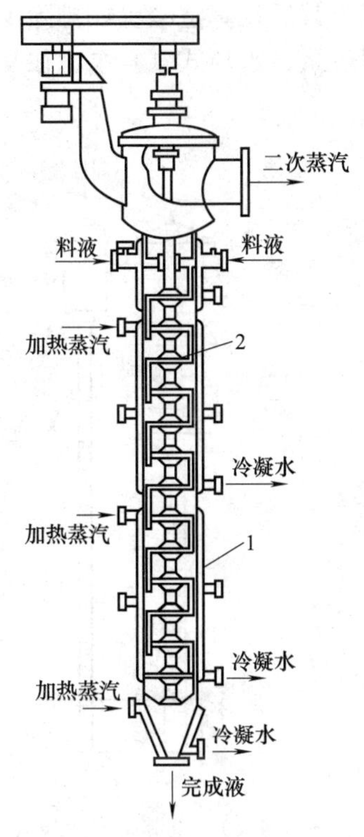

图 5.4.10 刮板式蒸发器（转子式）

1—加热夹套；2—刮板

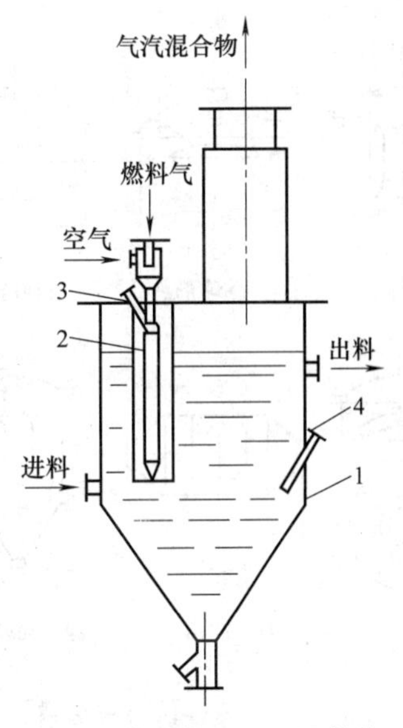

图 5.4.11 直接接触传热（浸没燃烧）蒸发器

1—外壳；2—燃烧室；3—点火口；4—测温管

浸没燃烧蒸发器由于不需要固定的传热壁面，因而结构简单，从上述的介绍中可以看出：蒸发器的结构型式很多，实际选型时，除了要求结构简单、易于制造、金属消耗量小、维修方便、传热效果好以外，首要的，还是看它能否适应所蒸发物料的工艺特性，包括物料的黏性、热敏性、腐蚀性、结晶性、结垢性等，然后再全面综合地加以考虑。

5.4.4　蒸发设备的附属装置

(1) 除沫器

在蒸发器的分离室中二次蒸汽与液体分离后，其中还会夹带液滴，需进一步分离以防止有用产品的损失或冷凝液被污染，因此在蒸发器的顶部设置除沫器。二次蒸汽经除沫器后从蒸发器引出，也可以在蒸发器外设置专门的除沫器。除沫器的型式很多，常见的如图5.4.12所示。前几种［图5.4.12 (a)～(e)］装于蒸发室顶部；后几种［图5.4.12 (f)～(h)］则在蒸发室之外，它们主要都是利用液体的惯性以达到气液的分离。

(2) 冷凝器和真空装置

冷凝器的作用是冷凝二次蒸汽。冷凝器有间壁式和直接接触式两种，若二次蒸汽为需要回收的有价值的产品，或者会严重污染冷却水的物料，则应采用间壁式冷凝器。否则，通常采用的是气液直接接触的混合式冷凝器，如常见的逆流高位冷凝器构造如图5.4.13所示。冷却水由顶部加入，依次经过各淋水板的小孔和溢流堰流下，在和底部进入并逆流上升的二次蒸汽的接触过程中，使二次蒸汽不断冷凝。水和冷凝液沿气压管（俗称“大气腿”）流至地沟排走。不凝性气体则由顶部抽出，并与夹带的液沫分离后去真空装置。这种冷凝器中，其气压管需有足够的高度（一般大于10m）才能使冷凝液自动流至地沟，故称为高位式。

当蒸发在负压下操作时，无论采用何种冷凝器，均需于其后设真空装置以排除少量不凝性气体，维持蒸发所要求的真空度。常用的真空装置有喷射泵、水环式真空泵、往复式或旋转式真空泵等。

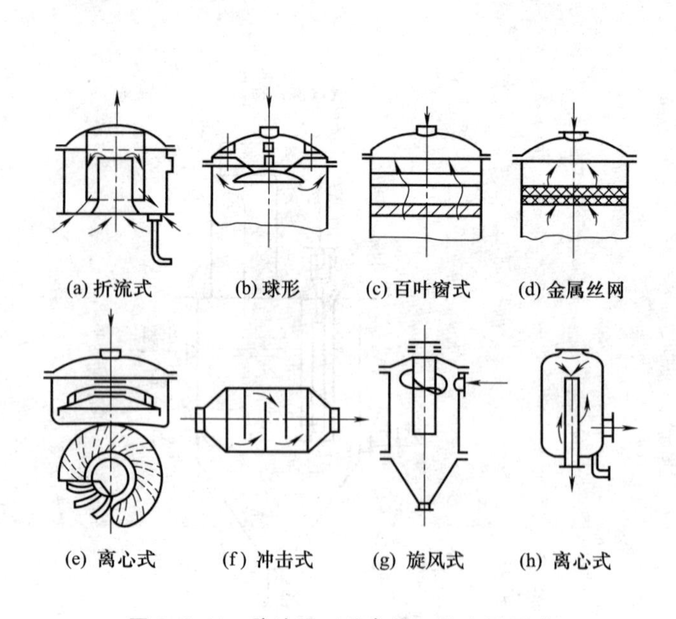

图5.4.12　除沫器（分离器）的主要型式

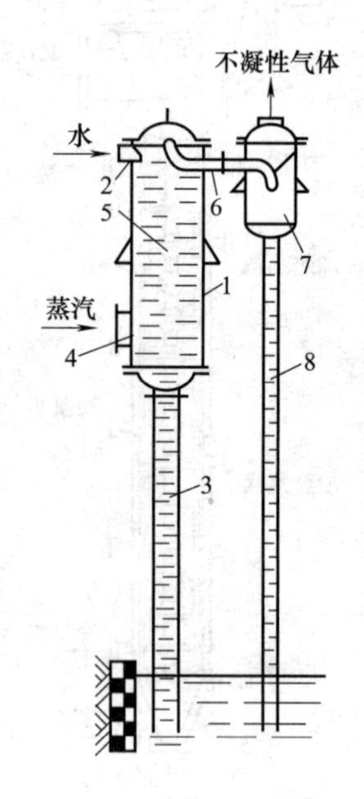

图5.4.13　逆流高位冷凝器

1—外壳；2—进水口；3,8—气压管；4—蒸汽进口；5—淋水板；6—不凝性气体管；7—分离器

5.4.5 蒸发器的性能比较与选型

生产过程中，蒸发器的型式很多。面对种类繁多的蒸发器，选用时除了要求结构简单、操作维修方便、传热效果好、金属材料消耗少外，更重要的是从以下几个方面考虑。

① 设备的经济程度，蒸发单位质量溶剂所需加热蒸汽量和动力消耗越小越好。

② 设备的生产强度，单位时间由单位传热面积所能蒸发的溶剂量越大越好。

③ 设备能适应被蒸发物料的工艺特性，这些特性包括：被蒸发溶液的热敏性、发泡性、黏度、腐蚀性、有无结晶析出或结垢等。

对热敏性物料，应选用停留时间短的单程型蒸发器，且常采用真空操作以降低料液的沸点和受热程度。

对发泡性物料，为防止二次蒸汽夹带大量液沫而导致产品损失，可采用升膜式蒸发器，此时，高速的二次蒸汽具有破泡作用；也可采用强制循环式和外加热式蒸发器，因其具有较大的料液速度，故能抑制气泡生长。此外，还可以选用具有较大气液分离空间的中央循环管式或悬筐式蒸发器。

对高黏度物料，可选用强制循环式或降膜式、刮板式和离心式薄膜蒸发器，以提高溶液流速，或者使液膜不停地被搅动，以提高蒸发器传热系数。

对腐蚀性物料，蒸发器尤其是加热管应采取适当的防腐措施或选用耐腐蚀材料，如不透性石墨及合金材料等。

对易结晶的物料，为避免结晶的析出堵塞加热管道，一般可选用强制循环式、外加热式蒸发器等。此外，也可选用悬筐式和刮板式蒸发器。对易结垢的物料，宜选用管内流速较大的强制循环蒸发器。

表 5.4.1 汇总了常见蒸发器的一些主要性能，可供选型时参考。表 5.4.2 列出了几种常见蒸发器的传热系数，供蒸发器设计时参考。

表 5.4.1 常见蒸发器的一些主要性能

蒸发器型式	制造价格	传热系数		溶液在管内流速/$m \cdot s^{-1}$	停留时间	完成液浓度能否恒定	浓缩比	处理量	能否适应物料的工艺特性					
		稀溶液	高黏度						稀溶液	高黏度	易产生泡沫	易结垢	有结晶析出	热敏性
水平管式	最廉	良好	低	—	长	能	良好	一般	适	适	适	不适	不适	不适
中央循环管式	最廉	良好	低	0.1～0.5	长	能	良好	一般	适	适	适	尚适	稍适	尚适
外热循环式	廉	高	良好	0.4～1.5	较长	能	良好	较大	适	尚适	较好	尚适	稍适	尚适
列文式	高	高	良好	1.5～2.5	较长	能	良好	较大	适	尚适	较好	尚适	稍适	尚适
强制循环式	高	高	高	2.0～3.5	—	能	较高	大	适	好	好	适	适	尚适
升膜式	廉	高	良好	0.4～1.0	短	较难	高	大	适	尚适	好	尚适	不适	良好
降膜式	廉	良好	高	0.4～1.0	短	尚能	高	大	较适	好	适	不适	不适	良好
刮板式	最高	高	高	—	短	尚能	高	小	较适	好	较好	适	适	良好
旋风式	最廉	高	良好	1.5～2.0	短	较难	较高	小	适	适	适	尚适	适	良好
板式	高	高	良好	—	较短	尚能	良好	较小	适	尚适	适	不适	不适	尚适
浸没燃烧式	廉	高	高	—	短	能	良好	较小	适	适	适	适	适	不适

表 5.4.2　常见蒸发器传热系数大致范围

蒸发器型式	标准式	标准式(强制循环型)	悬筐式	外加热式	升膜式	降膜式
传热系数 $K/(W \cdot m^2 \cdot K^{-1})$	600～3000	1200～6000	600～3500	1200～6000	600～6000	1200～3500

5.5　蒸发过程的节能措施

5.5.1　额外蒸汽的引出

额外蒸汽的引出是指将蒸发装置的二次蒸汽部分或全部引出作为热源用于其他设备，如图 5.5.1 所示。对多效蒸发，将温位降低的二次蒸汽引出加以合理利用，可大大提高加热蒸汽的利用率，降低能耗。一般多效蒸发除末效外，只要二次蒸汽的温位能满足其他加热设备的需要，均可以在前几效蒸发器中引出部分二次蒸汽，而且引出额外蒸汽的效数越往后移，蒸汽的利用率越高。目前，引出额外蒸汽的方法在制糖厂中获得广泛应用。

5.5.2　热泵蒸发

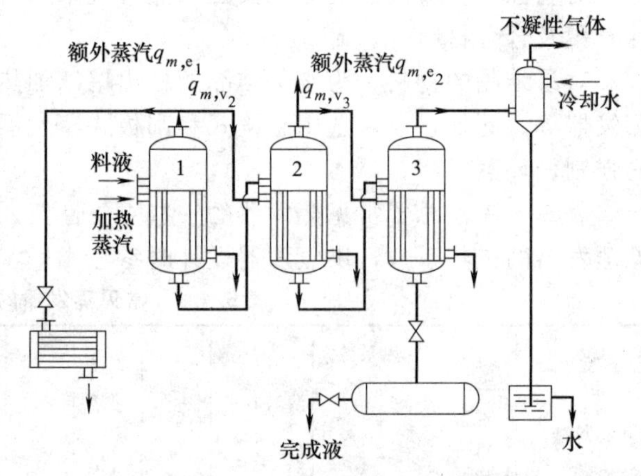

图 5.5.1　引出额外蒸汽的蒸发流程

热泵蒸发是将蒸发操作产生的二次蒸汽绝热压缩，然后返回蒸发器作为加热蒸汽，以提高热能利率的一种蒸发操作（见图 5.5.2）。蒸发产生的二次蒸汽温位较低，但含有大量潜热。将二次蒸汽压缩机绝热压缩提高温位后，可以送回原蒸发器的加热室用作热源。蒸汽压缩要消耗压缩功，但从压缩后的蒸汽中可回收更多的热量。

热泵蒸发的节能效果一般可相当于3～5效的多效蒸发，其值与加热室和蒸发室的温度差有关，从而和压力差有关。若温度差较大，引起压缩比过大，则经济性将大为降低，所以它不适用于沸点升高较大物料的蒸发。另外，压缩机的投资和维护费用较高，在一定程度上限制了它的应用。

5.5.3　冷凝水的闪蒸

闪蒸又称为自蒸发，温度较高的液体由于减压后呈过热状态，从而可利用自身的热量使其蒸发。蒸发操作中，加热蒸汽冷凝后会产生数量可观的冷凝水。采用如图 5.5.3 所示的方式将排出的冷凝水减压闪蒸，使自蒸发产生的蒸汽与二次蒸汽一并进入后一效的加热室，可以提高生蒸汽的经济性。

实际生产中，由于少量加热蒸汽难免会通过冷凝水排除器泄露，所以采用冷凝水闪蒸的效果常比预期的要大。

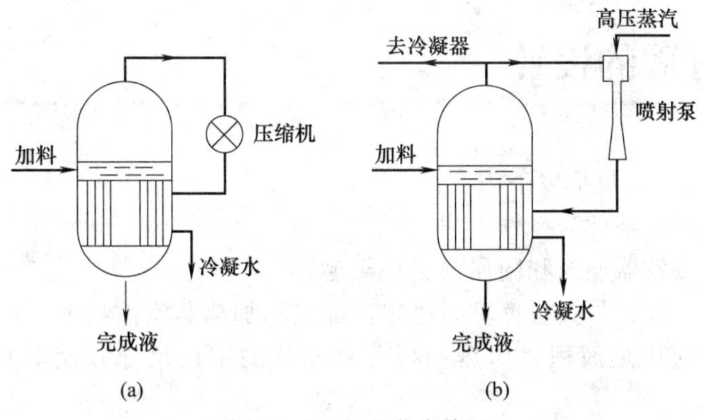

图 5.5.2　热泵蒸发流程

5.5.4　多级多效闪蒸

多级闪蒸是一种在 20 世纪 50 年代发展起来的海水淡化法，它是针对多效蒸发结垢较严重的缺点而发展起来的，具有设备简单可靠、防垢性能好、易于大型化、操作弹性大以及可利用低位热能和废热等优点。因此一经问世就很快得到应用和发展。多级闪蒸法不仅用于海水淡化，而且已广泛用于火力发电厂、石油化工厂的锅炉供水、工业废水和矿井苦咸水的处理与回收，以及印染工业、造纸工业废碱液的回收。其原则流程如图 5.5.4 所示。

多级闪蒸过程原理如下：将原料液加热到一定温度后引入闪蒸室，由于该闪蒸室中的压力低于热的原料液温度所对应的饱和蒸汽压，故原料液进入闪蒸室后即成为过热水而急速地部分汽化，从而使原料液自身的温度降低，所产生的蒸汽冷凝后排出。多级闪蒸就是以此原理为基础，使原料液依次流经若干个压力逐渐降低的闪蒸室，逐级蒸发降温，同时料液也逐级增浓。闪蒸室的个数，称为级数，最常见的装置有 20～30 级，有些装置可达 40 级以上。

由于闪蒸时放出的热量较小（上述流程一般只能蒸发进料的百分之几的水分），为增加闪蒸的热量，常使大部分浓缩后的溶液进行再循环，其循环量往往为进料量的几倍以至十几倍。闪蒸为绝热过程，闪蒸产生水蒸气的温度等于闪蒸室压力下的饱和温度。

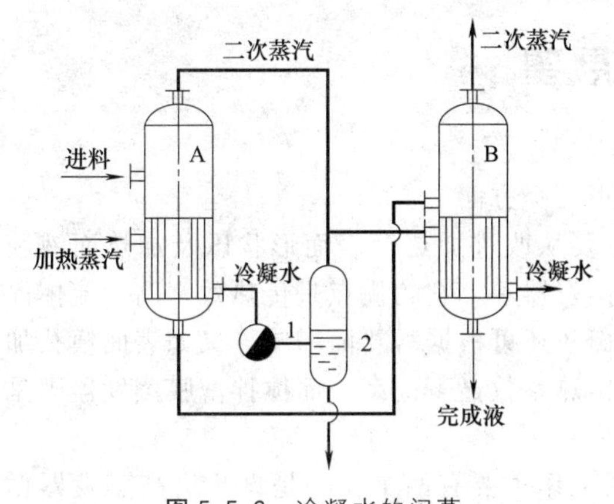

图 5.5.3　冷凝水的闪蒸

A，B—蒸发器；

1—冷凝水排出器；2—冷凝水闪蒸器

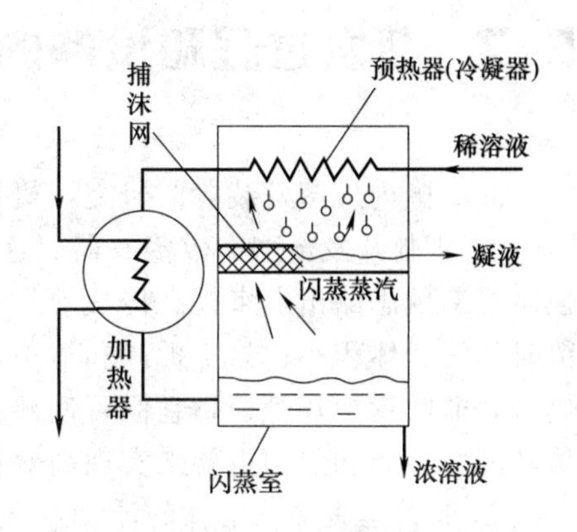

图 5.5.4　闪蒸示意

5.6 蒸发过程的设计

蒸发过程的设计主要包括以下内容：

① 确定适合的操作条件与操作方法；

② 选择适宜的蒸发器型式和附属设备的类型；

③ 进行蒸发器的物料与热量衡算，确定产品量和加热蒸汽消耗量；

④ 确定蒸发器的传热面积、加热室与分离室等的结构尺寸以及其他附属设备的结构尺寸。

首先根据料液的性质、处理量及工艺要求确定合适的操作条件与操作方法。例如料液的沸点高，则应当采用较高压力的加热蒸汽或采用真空蒸发；对于沸点较高的或热敏性物质溶液的蒸发，一般均采用真空蒸发；若料液处理量小，为简化过程，减少投资，可采用单效蒸发；若处理量大，通常应考虑采用多效蒸发，多效蒸发的效数应视溶液的性质而异。总之，操作条件与方法的选择应该在保证满足工艺要求的条件下，通过经济核算，根据总费用最少的优化原则确定。

蒸发器型式的选择是蒸发过程设计的主要内容，深入了解各种蒸发器的性能是根据料液物性正确选择蒸发器型式的基础。

蒸发器结构尺寸的确定和传热面积计算，视蒸发器具体型式而异，例如各类蒸发器加热管内溶液受热与沸腾情况不同，必须采用不同的计算沸腾传热系数和平均温差的关系式。

加热室的设计与列管式热交换器类似，但管径、管长以及它们的比例视蒸发器的型式而异。

分离室的设计应保证气、液分离达到了工艺上要求的程度，通常以蒸发体积强度法确定。蒸发体积强度指单位时间从单位体积分离室中排出的二次蒸汽的体积，一般允许的蒸汽体积强度为1.1～1.5$m^3/(s\cdot m^3)$。分离室的高度根据经验确定，通常高度与直径之比为1～2。这样根据蒸发速率（即二次蒸汽流量）就可以确定分离室的体积、直径与高度。

5.7 蒸发过程和设备的强化与展望

纵观国内外蒸发装置的研究，概括可分为以下几个方面：

① 研制开发新型高效蒸发器。这方面工作主要从改进加热管表面形状以及加热面液膜强制更新的思路出发来提高传热效果，例如板式蒸发器等，它的优点是传热效率高、流体停留时间短、体积小、易于拆卸和清洗，同时加热面积还可根据需要而增减。又如表面模孔加热管，非圆形加热管板，它们可使沸腾溶液侧的传热系数显著提高。而搅拌薄膜蒸发器则是从其液膜控制和强制更新来实现高效传热的。

② 改善蒸发器内液体的流动状况。这方面的工作主要有两个：一是设法提高蒸发器循环速度，二是在蒸发器管内装入多种形式的湍流元件。前者的重要性在于它不仅能提高沸腾传热系数，同时还能降低单程汽化率，从而减轻加热壁面的结垢现象。后者的出发点则是使流体增加湍动，以提高传热系数。还有资料报道，向蒸发器内通入适量不凝性气体，增加湍

动，以提高传热系数，其缺点是增加了冷凝器真空泵的吸气量。

③ 改进溶液的性质。近年来，通过改进溶液性质来改善蒸发效果的研究报道也不少。例如，加入适量表面活性剂，消除或减少泡沫，以提高传热系数和生产能力；也有报道称加入适量阻垢剂可以减少结垢，以提高传热效率和生产能力；在醋酸蒸发器溶液表面喷少量水，可提高生产能力和减少加热管的腐蚀；用磁场处理水溶液可提高蒸发效率等。

④ 优化设计和操作。许多研究者从节省投资、降低能耗等方面着眼，对蒸发装置优化设计进行了深入的研究，他们分别考虑了蒸汽压力、冷凝器真空度、各效有效传热温差、冷凝水闪蒸、各效溶液自蒸发、各种传热温度差损失以及浓缩热等综合因素的影响，建立了多效蒸发系统优化设计的数学模型。应该指出，在装置中采用先进的计算机测控技术是使装置在优化条件下进行操作的重要措施。

由上可以看出，近年来蒸发过程的强化不仅涉及化学工程流体力学、传热传质方面的机理研究与技术支持，同时还涉及物理化学、计算机优化和测控技术、新型设备和材料等方面的综合知识与技术。这种由不同单元操作、不同专业和学科之间的渗透和耦合，已经成为过程和设备结合创新的新思路。

习　题

5-1　某标准蒸发器用以将 10％NaOH 水溶液浓缩到 30％，蒸发器中溶液的平均密度是 $1120kg/m^3$，生蒸汽压强为表压 300kPa，原料液的比热容为 3.77kJ/(kg・℃)，冷凝器真空度为 53kPa。估计蒸发器中溶液的液面高度为 2m，计算传热温度差。

5-2　一常压蒸发器，每小时处理 2700kg 浓度为 7％的水溶液，溶液的沸点为 103℃，加料温度为 15℃，加热蒸汽的表压为 196kPa，蒸发器的传热面积为 $50m^2$，传热系数为 930 $W/(m^2 \cdot ℃)$。求溶液的最终浓度和加热蒸汽消耗量。

5-3　用一单效蒸发器，将流量 1000kg/h 的 NaCl 水溶液的质量分数由 5％蒸浓至 30％，蒸发压力为 20kPa（绝压），进料温度 30 ℃，料液比热容为 4 kJ/(kg・℃)，蒸发器内溶液的沸点为 75 ℃，蒸发器的传热系数为 1500 $W/(m^2 \cdot ℃)$，加热蒸汽压力为 120kPa（绝压），若不计热损失，求所得完成液量、加热蒸汽消耗量和经济程度 $q_{m,w}/q_{m,v}$，以及所需的蒸发器传热面积。

5-4　在单效蒸发器中，每小时将 2000kg 的某水溶液从 10％连续浓缩至 30％（均为质量分数）。二次蒸汽温度为 75.4℃，相应的汽化热为 2319kJ/kg。溶液的沸点为 80℃，加热蒸汽的温度为 119.6℃，相应的汽化热为 2206kJ/kg。原料液的比热容为 3.77kJ/(kg・℃)，热损失为 12000W，忽略脱水时所需的热量，试求：

（1）单位时间内蒸发的水量；

（2）分别求算原料液温度为 30℃和 80℃时，单位时间内所需的加热蒸汽量，并比较经济程度。

5-5　一双效并流加料蒸发器，用以将 10000kg/h NaOH 水溶液质量分数由 10％蒸浓至 50％，沸点进料，料液的比热容为 3.77 kJ/(kg・℃)，加热用蒸汽温度为 151.1℃，末效蒸发压力为 15kPa（绝压）。已知两蒸发器传热面积相等，其传热系数分别为 $K_1 = 1200W/(m^2 \cdot ℃)$，$K_2 = 500W/(m^2 \cdot ℃)$，又两效由于液柱静压头引起的温度差损失可分别取为 1℃和 5℃，试求所需的生蒸汽消耗量和蒸发器的传热面积。

5-6　一平流三效蒸发器，每小时处理浓度为 10％（质量分数，下同）的水溶液总量为 3000kg。混合各效流出的浓缩溶液作为产品，其浓度为 40％。已知该蒸发器的单位蒸汽消耗量为 0.42，试求该蒸发过程所需要的生蒸汽量。

5-7　浓缩某水溶液的双效并流加料蒸发器，加热蒸汽和冷凝器处的温度分别为 119.6℃和 59.7℃，两效的传热温度差损失分别为 5℃和 10℃。设两蒸发器的传热面积相同，传热系数分别为 $K_1 = 2000W/(m^2 \cdot ℃)$，$K_2 = 1500W/(m^2 \cdot ℃)$。试按各效传热量相等条件，初估各效的有效传热温度差，并计算各效溶液和二次蒸汽的温度。

本章符号说明

符号	意义与单位	符号	意义与单位
A	蒸发器传热面积，m^2	r	蒸发潜热，J/kg
c_p	定压比热容，J/(kg·K)	r_0	加热蒸汽冷凝热，J/kg
f	校正系数	R	污垢热阻，m^2·K/W
H	蒸汽的焓，J/kg	T	蒸汽温度，K
h	液相的焓，J/kg；表面传热系数，W/(m^2·K)	t	溶液沸点，K
K	总传热系数，W/(m^2·K)	t_0	进料温度，K
k	沸点直线的斜率	Δt	传热温度差，K
$q_{m,w}$	蒸发量，kg/h	U	蒸发强度，kg/(m^2·h)
L	液柱高度，m	w	溶液中溶质的质量分数
m	沸点直线的截距；总效数	$\Delta\omega$	溶液浓度的变化
n	管子数目；效数	α	蒸发系数
p	压力，Pa	β	自蒸发系数，kg·K/J
Δp	压力差，Pa	Δt^{t}	传热温度差损失，K
q	热流密度，W/m^2	η	热利用系数；黏度，Pa·s
$q_{m,e}$	引出的额外蒸汽量，kg/h	λ	热导率，W/(m·K)
$q_{m,v}$	加热蒸汽消耗量，kg/h	ρ	密度，kg/m^3
		Σ	求和
		σ	表面张力 N/m
		Φ	热流量，W

上标		下标	
′	二次蒸汽；由于溶液蒸气压下降引起（沸点升高）	1，2，3	效数序号
		b	溶质
″	由于液柱静压头引起	i	第 i 效
‴	由于管道摩擦阻力引起	i	管内
		m	平均最小
		n	第 n 效
		p	根据压力 p
		s	单效
		v	蒸汽
		l	溶液
		L	损失
		min	最小
		o	进料；管外
		T	理论
		w	水；管壁

附　录

1. 化工常用单位及其符号

	项目	单位符号	常用词头		项目	单位符号	常用词头
基本单位	长度	m	k,c,m,μ	导出单位	面积	m^2	k,d,c,m
	时间	s	k,m,μ		容积	m^3	d,c,m
		min				L或l	
		h			密度	kg/m^3	
	质量	g	k,m,μ		角速度	rad/s	
		t(吨)			速度	m/s	
	温度	K			加速度	m/s^2	
		℃			旋转速度	r/min	
	物质的量	mol	k,m,μ		力	N	k,m
辅助单位	平面角	rad			压强,压力,应力	Pa	k,M
		°(度)			黏度	Pa·s	m
		′(分)			功,能,热量	J	k,M,G
		″(秒)			功率	W	k,m,μ
					热流量	W	k,M
					热导率(导热系数)	W/(m·K)或W/(m·℃)	k

2. 一些物理量在三种单位制中的单位和量纲

物理量名称	中文单位	SI制		物理制(C.G.S制)		工程单位	
		单位	量纲	单位	量纲	单位	量纲
长度	米	m	L	cm	L	mL	L
时间	秒	s	T	s	T	s	T
质量	千克	kg	M	g	M	$kgf\cdot s^2/m$	FT^2L^{-1}
重量(或力)	牛顿	N或$kg\cdot m\cdot s^{-2}$	MLT^{-2}	$g\cdot cm/s^2$或dyn	MLT^{-2}	kgf	F
速度	米/秒	m/s	LT^{-1}	cm/s	LT^{-1}	m/s	LT^{-1}
加速度	米/秒^2	m/s^2	LT^{-2}	cm/s^2	LT^{-2}	m/s^2	LT^{-2}
密度	千克/米^3	kg/m^3	ML^{-3}	g/cm^3	ML^{-3}	$kgf\cdot s^2/m^4$	FT^2L^{-4}
重度	千克/(米^2·秒^2)	$kg\cdot m^{-2}\cdot s^{-2}$	$ML^{-2}T^{-2}$	$g/(m^2\cdot s^2)$	$ML^{-2}T^{-2}$	kgf/m^3	FL^{-3}
压力,压强	千克/(米·秒^2)或牛顿/米^2	Pa(N/m^2)	$ML^{-1}T^{-2}$	$g/(cm\cdot s^2)$或dyn/cm^2	$ML^{-1}T^{-2}$	kgf/m^2	FL^{-2}
功或能	千克米^2/秒^{2}或焦耳	J(N·m)	ML^2T^{-2}	gcm^2/s^2或erg	ML^2T^{-2}	kgf·m	FL
功率	瓦特	W(J/s)	ML^2T^{-3}	gcm^2/s^3或erg/s	ML^2T^{-3}	kgf·m/s	FLT^{-1}
黏度	帕斯卡·秒	Pa·s($kg\cdot m^{-1}\cdot s^{-1}$)	$ML^{-1}T^{-1}$	g/(cm·s)或P	$ML^{-1}T^{-1}$	$kgf\cdot s/m^2$	FLT^{-2}
运动黏度	米^2/秒	m^2/s	L^2T^{-1}	cm^2/s或St	L^2T^{-1}	m^2/s	L^2T^{-1}
表面张力	牛顿/米	N/m($kg\cdot s^{-2}$)	MT^{-2}	dyn/cm	MT^{-2}	kgf/m	FL^{-1}
扩散系数	米^2/秒	m^2/s	L^2T^{-1}	m^2/s	L^2T^{-1}	m^2/s	L^2T^{-1}

3. 常用单位的换算

(1) 质量

kg	t(吨)	lb(磅)
1	0.001	2.20462
1000	1	2204.62
0.4536	4.536×10^{-4}	1

（2）长度

m	in(英寸)	ft(英尺)	yd(码)
1	39.3701	3.2808	1.09361
0.025400	1	0.083333	0.02778
0.30480	12	1	0.33333
0.9144	36	3	1

（3）力

N	kgf	lbf	dyn
1	0.102	0.2248	1×10^{5}
9.80665	1	2.2046	9.80665×10^{5}
4.448	0.4536	1	4.448×10^{5}
1×10^{-5}	1.02×10^{-6}	2.248×10^{-6}	1

（4）压力

Pa	bar	kgf/cm^2	atm	mmH_2O	mmHg	lbf/in^2
1	1×10^{-5}	1.02×10^{-5}	0.99×10^{-5}	0.102	0.0075	14.5×10^{-5}
1×10^{5}	1	1.02	0.9869	10197	750.1	14.5
9.807×10^{4}	0.9807	1	0.9678	1×10^{4}	735.56	14.2
1.01325×10^{5}	1.013	1.0332	1	1.0332×10^{4}	760	14.697
9.807	9.807×10^{-5}	0.0001	9.678×10^{-5}	1	0.0736	1.423×10^{-3}
133.32	1.333×10^{-3}	1.36×10^{-3}	0.00132	13.6	1	0.01934
6894.8	0.06895	0.0703	0.068	703	51.71	1

（5）动力黏度（简称黏度）

Pa·s	P	cP	lb/(ft·s)	$kgf\cdot s/m^2$
1	10	1×10^{3}	0.672	0.102
1×10^{-1}	1	1×10^{2}	0.0672	0.0102
1×10^{-3}	0.01	1	6.720×10^{-4}	1.02×10^{-4}
1.4881	14.881	1488.1	1	0.1519
9.81	98.1	9810	6.59	1

（6）运动黏度

m^2/s	cm^2/s	ft^2/s
1	1×10^{4}	10.76
10^{-4}	1	1.076×10^{-3}
9.29×10^{-2}	929	1

（7）功、能和热

J(即 N·m)	kgf·m	kW·h	hp·h（英制马力·时）	kcal	Btu(英热单位)	ft·lbf
1	0.102	2.778×10^{-7}	3.725×10^{-7}	2.39×10^{-4}	9.485×10^{-4}	0.7377
9.8067	1	2.724×10^{-6}	3.653×10^{-6}	2.342×10^{-3}	9.296×10^{-3}	7.233
3.6×10^{6}	3.671×10^{5}	1	1.3410	860.0	3413	2.655×10^{6}
2.685×10^{6}	2.738×10^{5}	0.7457	1	641.33	2544	1.980×10^{6}
4.1868×10^{3}	426.9	1.1622×10^{-3}	1.5576×10^{-3}	1	3.963	3087
1.055×10^{3}	107.58	2.930×10^{-4}	3.926×10^{-4}	0.2520	1	778.1
1.3558	0.1383	3.766×10^{-7}	5.051×10^{-7}	3.239×10^{-4}	1.285×10^{-3}	1

注：$1erg=1dyn\cdot cm=10^{-7}J=10^{-7}N\cdot m$。

（8）功率

W	kgf·m/s	ft·lbf/s	hp	kcal/s	Btu/s
1	0.10197	0.7376	1.341×10^{-3}	2.389×10^{-4}	9.486×10^{-4}
9.8067	1	7.23314	0.01315	2.342×10^{-3}	9.293×10^{-3}
1.3558	0.13825	1	0.0018182	3.238×10^{-4}	1.2851×10^{-3}
745.69	76.0375	550	1	0.17803	0.70675
4186.8	426.85	3087.44	5.6135	1	3.9683
1055	107.58	778.168	1.4148	0.251996	1

（9）比热容（热容）

kJ/(kg·K)	kcal/(kg·℃)	Btu/(lb·℉)
1	0.2389	0.2389
4.1868	1	1

（10）热导率（导热系数）

W/(m·℃)	J/(cm·s·℃)	cal/(cm·s·℃)	kcal/(m·h·℃)	Btu/(ft·h·℉)
1	1×10^{-2}	2.389×10^{-3}	0.8598	0.578
1×10^{2}	1	0.2389	86.0	57.79
418.6	4.186	1	360	241.9
1.163	0.0116	2.778×10^{-3}	1	0.6720
1.73	0.01730	4.134×10^{-3}	1.488	1

（11）气体常数

$$
\begin{aligned}
R &= 8.314\text{kJ}/(\text{kmol}\cdot\text{K}) = 848\text{kgf}\cdot\text{m}/(\text{kmol}\cdot\text{K}) \\
&= 82.06\text{atm}\cdot\text{cm}^3/(\text{mol}\cdot\text{K}) = 0.08206\text{atm}\cdot\text{m}^3/(\text{kmol}\cdot\text{K}) \\
&= 1.987\text{kcal}/(\text{kmol}\cdot\text{K}) = 1.987\text{Btu}/(\text{lbmol}\cdot{}^\circ\text{R}) \\
&= 1.545\text{ft}\cdot\text{lbf}/(\text{lbmol}\cdot{}^\circ\text{R}) = 10.73(\text{lbf}/\text{in}^2)\cdot\text{ft}^3/(\text{lbmol}\cdot{}^\circ\text{R})
\end{aligned}
$$

4. 某些气体的重要物理性质

名称	分子式	密度(0℃，101.3kPa)/(kg/m³)	比热容/[kJ/(kg·℃)]	黏度 $\eta\times10^5$/Pa·s	沸点(101.3kPa)/℃	汽化热/(kJ/kg)	临界点		热导率/[W/(m·℃)]
							温度/℃	压力/kPa	
空气		1.293	1.009	1.73	−195	197	−140.7	3768.4	0.0244
氧	O_2	1.429	0.653	2.03	−132.98	213	−118.82	5036.6	0.0240
氮	N_2	1.251	0.745	1.70	−195.78	199.2	−147.13	3392.5	0.0228
氢	H_2	0.0899	10.13	0.842	−252.75	454.2	−239.9	1296.6	0.163
氦	He	0.1785	3.18	1.88	−268.95	19.5	−267.96	228.94	0.144
氩	Ar	1.7820	0.322	2.09	−185.87	163	−122.44	4862.4	0.0173
氯	Cl_2	3.217	0.355	1.29(16℃)	−33.8	305	+144.0	7708.9	0.0072
氨	NH_3	0.771	0.67	0.918	−33.4	1373	+132.4	11295	0.0215
一氧化碳	CO	1.250	0.754	1.66	−191.48	211	−140.2	3497.9	0.0226
二氧化碳	CO_2	1.976	0.653	1.37	−78.2	574	+31.1	7384.8	0.0137
硫化氢	H_2S	1.539	0.804	1.166	−60.2	548	+100.4	19136	0.0131
甲烷	CH_4	0.717	1.70	1.03	−161.58	511	−82.15	4619.3	0.0300
乙烷	C_2H_6	1.357	1.44	0.850	−88.5	486	+32.1	4948.5	0.0180
丙烷	C_3H_8	2.020	1.65	0.795(18℃)	−42.1	427	+95.6	4355.0	0.0148
正丁烷	C_4H_{10}	2.673	1.73	0.810	−0.5	386	+152	3798.8	0.0135
正戊烷	C_5H_{12}	—	1.57	0.874	−36.08	151	+197.1	3342.9	0.0128
乙烯	C_2H_4	1.261	1.222	0.935	+103.7	481	+9.7	5135.9	0.0164
丙烯	C_3H_8	1.914	2.436	0.835(20℃)	−47.7	440	+91.4	4599.0	—
乙炔	C_2H_2	1.171	1.352	0.935	−83.66（升华）	829	+35.7	6240.0	0.0184
氯甲烷	CH_3Cl	2.303	0.582	0.989	−24.1	406	+148	6685.8	0.0085
苯	C_6H_6	—	1.139	0.72	+80.2	394	+288.5	4832.0	0.0088
二氧化硫	SO_2	2.927	0.502	1.17	−10.8	394	+157.5	7879.1	0.0077
二氧化氮	NO_2	—	0.315	—	+21.2	712	+158.2	10130	0.0400

5. 某些液体的重要物理性质

名称	分子式	密度(20℃)/(kg/m³)	沸点(101.3kPa)/℃	汽化热/(kJ/kg)	比热容(20℃)/[kJ/(kg·℃)]	黏度(20℃)/mPa·s	热导率(20℃)/[W/(m·℃)]	体积膨胀系数 $\beta\times10^4$(20℃)/℃$^{-1}$	表面张力 $\sigma\times10^3$(20℃)/(N/m)
水	H_2O	998	100	2258	4.183	1.005	0.599	1.82	72.8
氯化钠盐水(25%)	—	1186(25℃)	107	—	3.39	2.3	0.57(30℃)	(4.4)	
氯化钙盐水(25%)	—	1228	107	—	2.89	2.5	0.57	(3.4)	
硫酸	H_2SO_4	1831	340(分解)	—	1.47(98%)		0.38	5.7	
硝酸	HNO_3	1513	86	481.1		1.17(10℃)			
盐酸(30%)	HCl	1149			2.55	2(31.5%)	0.42		
二硫化碳	CS_2	1262	46.3	352	1.005	0.38	0.16	12.1	32
戊烷	C_5H_{12}	626	36.07	357.4	2.24(15.6℃)	0.229	0.113	15.9	16.2
己烷	C_6H_{14}	659	68.74	335.1	2.31(15.6℃)	0.313	0.119		18.2
庚烷	C_7H_{16}	684	98.43	316.5	2.21(15.6℃)	0.411	0.123		20.1
辛烷	C_8H_{18}	763	125.67	306.4	2.19(15.6℃)	0.540	0.131		21.3
三氯甲烷	$CHCl_3$	1489	61.2	253.7	0.992	0.58	0.138(30℃)	12.6	28.5(10℃)
四氯化碳	CCl_4	1594	76.8	195	0.850	1.0	0.12		26.8
二氯乙烷-1,2	$C_2H_4Cl_2$	1253	83.6	324	1.260	0.83	0.14(60℃)		30.8
苯	C_6H_6	879	80.10	393.9	1.704	0.737	0.148	12.4	28.6
甲苯	C_7H_8	867	110.63	363	1.70	0.675	0.138	10.9	27.9
邻二甲苯	C_8H_{10}	880	144.42	347	1.74	0.811	0.142		30.2
间二甲苯	C_8H_{10}	864	139.10	343	1.70	0.611	0.167	10.1	29.0
对二甲苯	C_8H_{10}	861	138.35	340	1.704	0.643	0.129		28.0
苯乙烯	C_8H_8	911(15.6℃)	145.2	352	1.733	0.72			
氯苯	C_6H_5Cl	1106	131.8	325	1.298	0.85	1.14(30℃)		32
硝基苯	$C_6H_5NO_2$	1203	210.9	396	1.47	2.1	0.15		41
苯胺	$C_6H_5NH_2$	1022	184.4	448	2.07	4.3	0.17	8.5	42.9
酚	C_6H_5OH	1050(50℃)	181.8(融点 40.9℃)	511		3.4(50℃)			
萘	$C_{10}H_8$	1145(固体)	217.9(融点 80.2℃)	314	1.80(100℃)	0.59(100℃)			
甲醇	CH_3OH	791	64.7	1101	2.48	0.6	0.212	12.2	22.6
乙醇	C_2H_5OH	789	78.3	846	2.39	1.15	0.172	11.6	22.8
乙醇(95%)		804	78.2			1.4			
乙二醇	$C_2H_4(OH)_2$	1113	197.6	780	2.35	23			47.7
甘油	$C_3H_5(OH)_3$	1261	290(分解)	—		1499	0.59	5.3	63
乙醚	$(C_2H_5)_2O$	714	34.6	360	2.34	0.24	0.14	16.3	8
乙醛	CH_3CHO	783(18℃)	20.2	574	1.9	1.3(18℃)			21.2
糠醛	$C_5H_4O_2$	1168	161.7	452	1.6	1.15(50℃)			43.5
丙酮	CH_3COCH_3	792	56.2	523	2.35	0.32	0.17		23.7
甲酸	$HCOOH$	1220	100.7	494	2.17	1.9	0.26		27.8
醋酸	CH_3COOH	1049	118.1	406	1.99	1.3	0.17	10.7	23.9
醋酸乙酯	$CH_3COOC_2H_5$	901	77.1	368	1.92	0.48	0.14(10℃)		
煤油		780～820				3	0.15	10.0	
汽油		680～800				0.7～0.8	0.19(30℃)	12.5	

6. 干空气的物理性质（101.33kPa）

温度 t /℃	密度 ρ /(kg/m³)	比热容 c_p /[kJ/(kg·℃)]	热导率 $\lambda\times10^2$ /[W/(m·℃)]	黏度 $\eta\times10^5$ /Pa·s	普朗特数 Pr
−50	1.584	1.013	2.035	1.46	0.728
−40	1.515	1.013	2.117	1.52	0.728
−30	1.453	1.013	2.198	1.57	0.723
−20	1.395	1.009	2.279	1.62	0.716
−10	1.342	1.009	2.360	1.67	0.712
0	1.293	1.005	2.442	1.72	0.707
10	1.247	1.005	2.512	1.77	0.705
20	1.205	1.005	2.593	1.81	0.703
30	1.165	1.005	2.675	1.86	0.701
40	1.128	1.005	2.756	1.91	0.699
50	1.093	1.005	2.826	1.96	0.698
60	1.060	1.005	2.896	2.01	0.696
70	1.029	1.009	2.966	2.06	0.694
80	1.000	1.009	3.047	2.11	0.692
90	0.972	1.009	3.128	2.15	0.690
100	0.946	1.009	3.210	2.19	0.688
120	0.898	1.009	3.338	2.29	0.686
140	0.854	1.013	3.489	2.37	0.684
160	0.815	1.017	3.640	2.45	0.682
180	0.779	1.022	3.780	2.53	0.681
200	0.746	1.026	3.931	2.60	0.680
250	0.674	1.038	4.288	2.74	0.677
300	0.615	1.048	4.605	2.97	0.674
350	0.566	1.059	4.908	3.14	0.676
400	0.524	1.068	5.210	3.31	0.678
500	0.456	1.093	5.745	3.62	0.687
600	0.404	1.114	6.222	3.91	0.699
700	0.362	1.135	6.711	4.18	0.706
800	0.329	1.156	7.176	4.43	0.713
900	0.301	1.172	7.630	4.67	0.717
1000	0.277	1.185	8.041	4.90	0.719
1100	0.257	1.197	8.502	5.12	0.722
1200	0.239	1.206	9.153	5.35	0.724

7. 水的物理性质

温度 /℃	饱和蒸气压 /kPa	密度 /(kg/m³)	焓 /(kJ/kg)	比热容 /[kJ/(kg·℃)]	热导率 $\lambda\times10^2$ /[W/(m·℃)]	黏度 $\eta\times10^5$ /Pa·s	体积膨胀系数 $\beta\times10^4$ /℃⁻¹	表面张力 $\sigma\times10^5$ /(N/m)	普朗特数 Pr
0	0.6082	999.9	0	4.212	55.13	179.21	−0.63	75.6	13.66
10	1.2262	999.7	42.04	4.191	57.45	130.77	+0.70	74.1	9.52
20	2.3346	998.2	83.90	4.183	59.89	100.50	1.82	72.6	7.01
30	4.2474	995.7	125.69	4.174	61.76	80.07	3.21	71.2	5.42
40	7.3766	992.2	167.51	4.174	63.38	65.60	3.87	69.6	4.32
50	12.34	988.1	209.30	4.174	64.78	54.94	4.49	67.7	3.54
60	19.923	983.2	251.12	4.178	65.94	46.88	5.11	66.2	2.98
70	31.164	977.8	292.99	4.187	66.76	40.61	5.70	64.3	2.54
80	47.379	971.8	334.94	4.195	67.45	35.65	6.32	62.6	2.22
90	70.136	965.3	376.98	4.208	68.04	31.65	6.95	60.7	1.96
100	101.33	958.4	419.10	4.220	68.27	28.38	7.52	58.8	1.76

续表

温度/℃	饱和蒸气压/kPa	密度/(kg/m³)	焓/(kJ/kg)	比热容/[kJ/(kg·℃)]	热导率$\lambda\times10^2$/[W/(m·℃)]	黏度$\eta\times10^5$/Pa·s	体积膨胀系数$\beta\times10^4$/℃$^{-1}$	表面张力$\sigma\times10^5$/(N/m)	普朗特数Pr
110	143.31	951.0	461.34	4.238	68.50	25.89	8.08	56.9	1.61
120	198.64	943.1	503.67	4.260	68.62	23.73	8.64	54.8	1.47
130	270.25	934.8	546.38	4.266	68.62	21.77	9.17	52.8	1.36
140	361.47	926.1	589.08	4.287	68.50	20.10	9.72	50.7	1.26
150	476.24	917.0	632.20	4.312	68.38	18.63	10.3	48.6	1.18
160	618.28	907.4	675.33	4.346	68.27	17.36	10.7	46.6	1.11
170	792.59	897.3	719.29	4.379	67.92	16.28	11.3	45.3	1.05
180	1003.5	886.9	763.25	4.417	67.45	15.30	11.9	42.3	1.00
190	1255.6	876.0	807.63	4.460	66.99	14.42	12.6	40.0	0.96
200	1554.77	863.0	852.43	4.505	66.29	13.63	13.3	37.7	0.93
210	1917.72	852.8	897.65	4.555	65.48	13.04	14.1	35.4	0.91
220	2320.88	840.3	943.70	4.614	64.55	12.46	14.8	33.1	0.89
230	2798.59	827.3	990.18	4.681	63.73	11.97	15.9	31	0.88
240	3347.91	813.6	1037.49	4.756	62.80	11.47	16.8	28.5	0.87
250	3977.67	799.0	1085.64	4.844	61.76	10.98	18.1	26.2	0.86
260	4693.75	784.0	1135.04	4.949	60.48	10.59	19.7	23.8	0.87
270	5503.99	767.9	1185.28	5.070	59.96	10.20	21.6	21.5	0.88
280	6417.24	750.7	1236.28	5.229	57.45	9.81	23.7	19.1	0.89
290	7443.29	732.3	1289.95	5.485	55.82	9.42	26.2	16.9	0.93
300	8592.94	712.5	1344.80	5.736	53.96	9.12	29.2	14.4	0.97
310	9877.6	691.1	1402.16	6.071	52.34	8.83	32.9	12.1	1.02
320	11300.3	667.1	1462.03	6.573	50.59	8.3	38.2	9.81	1.11
330	12879.6	640.2	1526.19	7.243	48.73	8.14	43.3	7.67	1.22
340	14615.8	610.1	1594.75	8.164	45.71	7.75	53.4	5.67	1.38
350	16538.5	574.4	1671.37	9.504	43.03	7.26	66.8	3.81	1.60
360	18667.1	528.0	1761.39	13.984	39.54	6.67	109	2.02	2.36
370	21040.9	450.5	1892.43	40.319	33.73	5.69	264	0.471	6.80

8. 饱和水蒸气表（以温度为准）

温度t/℃	绝对压力p/kPa	蒸汽的密度ρ/(kg/m³)	焓				汽化热	
			液体		蒸汽			
			H/(kcal/kg)	H/(kJ/kg)	H/(kcal/kg)	H/(kJ/kg)	r/(kcal/kg)	r/(kJ/kg)
0	0.6082	0.00484	0	0	595	2491.1	595	2491.1
5	0.8730	0.00680	5.0	20.94	597.3	2500.8	592.3	2479.80
10	1.2262	0.00940	10.0	41.87	599.6	2510.4	589.6	2468.53
15	1.7068	0.01283	15.0	62.80	602.0	2520.5	587.0	2457.7
20	2.3346	0.01719	20.0	83.74	604.3	2530.1	584.3	2446.3
25	3.1684	0.02304	25.0	104.67	606.0	2539.7	581.6	2435.0
30	4.2474	0.03036	30.0	125.60	608.9	2549.3	578.9	2423.7
35	5.6207	0.03960	35.0	146.54	611.2	2559.0	576.2	2412.4
40	7.3766	0.05114	40.0	167.47	613.5	2568.6	573.5	2401.1
45	9.5837	0.06543	45.0	188.41	615.7	2577.8	570.7	2389.4
50	12.340	0.0830	50.0	209.34	618.0	2587.4	568.0	2378.1
55	15.743	0.1043	55.0	230.27	620.2	2596.7	565.2	2366.4
60	19.923	0.1301	60.0	251.21	622.5	2606.3	562.0	2355.1
65	25.014	0.1611	65.0	272.14	624.7	2615.5	559.7	2343.4
70	31.164	0.1979	70.0	293.08	626.8	2624.3	556.8	2331.2
75	38.551	0.2416	75.0	314.01	629.0	2633.5	554.0	2319.5

续表

温度 t/℃	绝对压力 p/kPa	蒸汽的密度 ρ /(kg/m³)	焓				汽化热	
			液体		蒸汽			
			H/(kcal/kg)	H/(kJ/kg)	H/(kcal/kg)	H/(kJ/kg)	r/(kcal/kg)	r/(kJ/kg)
80	47.379	0.2929	80.0	334.94	631.1	2642.3	551.2	2307.8
85	57.875	0.3531	85.0	355.88	633.2	2651.1	548.2	2295.2
90	70.136	0.4229	90.0	376.81	635.3	2659.9	545.3	2283.1
95	84.556	0.5039	95.0	397.75	637.4	2668.7	524.4	2270.9
100	101.33	0.5970	100.0	418.68	639.4	2677.0	539.4	2258.4
105	120.85	0.7036	105.1	440.03	641.3	2685.0	536.3	2245.4
110	143.31	0.8254	110.1	460.97	643.3	2693.4	533.1	2232.0
115	169.11	0.9635	115.2	482.32	645.2	2701.3	530.0	2219.0
120	198.64	1.1199	120.3	503.67	647.0	2708.9	526.7	2205.2
125	232.19	1.296	125.4	525.02	648.8	2716.4	523.5	2191.8
130	270.25	1.494	130.5	546.38	650.6	2723.9	520.1	2177.6
135	313.11	1.715	135.6	567.73	652.3	2731.0	516.7	2163.3
140	361.47	1.962	140.7	589.08	653.9	2737.7	513.2	2148.7
145	415.72	2.238	145.9	610.85	655.5	2744.4	509.7	2134.0
150	476.24	2.543	151.0	632.21	657.0	2750.7	506.0	2118.5
160	618.28	3.252	161.4	675.75	659.9	2762.9	498.5	2087.1
170	792.59	4.113	171.8	719.29	662.4	2773.3	490.6	2054.0
180	1003.5	5.145	182.3	763.25	664.6	2782.5	482.3	2019.3
190	1255.6	6.378	192.9	807.64	666.4	2790.1	473.5	1982.4
200	1554.77	7.840	203.5	852.01	667.7	2795.5	464.2	1943.5
210	1917.72	9.567	214.3	897.23	668.6	2799.3	454.4	1902.5
220	2320.88	11.60	225.1	942.45	669.0	2801.0	443.9	1858.5
230	2798.59	13.98	236.1	988.50	668.8	2800.1	432.7	1811.6
240	3347.91	16.76	247.1	1034.56	668.0	2796.8	420.8	1761.8
250	3977.67	20.01	258.3	1081.45	664.0	2790.1	408.1	1708.6
260	4693.75	23.82	269.6	1128.76	664.2	2780.9	394.5	1651.7
270	5503.99	28.27	281.1	1176.91	661.2	2768.3	380.1	1591.4
280	6417.24	33.47	292.7	1225.48	657.3	2752.0	364.6	1526.5
290	7443.29	39.60	304.4	1274.46	652.6	2732.3	348.1	1457.4
300	8592.94	46.93	316.6	1325.54	646.8	2708.0	330.2	1382.5
310	9877.96	55.59	329.3	1378.71	640.1	2680.0	310.8	1301.3
320	11300.3	65.95	343.0	1436.07	632.5	2648.2	289.5	1212.1
330	12879.6	78.53	357.5	1446.78	623.5	2610.5	266.6	1116.2
340	14615.8	93.98	373.3	1562.93	613.5	2568.6	240.2	1005.7
350	16538.5	113.2	390.8	1636.20	601.1	2516.7	210.3	880.5
360	18667.1	139.6	413.0	1729.15	583.4	2442.6	170.3	713.0
370	21040.9	171.0	451.0	1888.25	549.8	2301.9	98.2	411.1
374	22070.9	322.6	501.1	2098.0	501.1	2098.0	0	0

9. 饱和水蒸气表（以用 kPa 为单位的压力为准）

绝对压力/kPa	温度/℃	蒸汽的密度 /(kg/m³)	焓/(kJ/kg)		汽化热 /(kJ/kg)
			液体	蒸汽	
1.0	6.3	0.00773	26.48	2503.1	2476.8
1.5	12.5	0.01133	52.26	2515.3	2463.0
2.0	17.0	0.01486	71.21	2524.2	2452.9
2.5	20.9	0.01836	87.45	2531.8	2444.3
3.0	23.5	0.02179	98.38	2536.8	2438.4
3.5	26.1	0.02523	109.30	2541.8	2432.5
4.0	28.7	0.02867	120.23	2546.8	2426.6
4.5	30.8	0.03205	129.00	2550.9	2421.9

续表

绝对压力/kPa	温度/℃	蒸汽的密度/(kg/m³)	焓/(kJ/kg)		汽化热/(kJ/kg)
			液体	蒸汽	
5.0	32.4	0.03537	135.69	2554.0	2418.3
6.0	35.6	0.04200	149.06	2560.1	2411.0
7.0	38.8	0.04864	162.44	2566.3	2403.8
8.0	41.3	0.05514	172.73	2571.0	2398.2
9.0	43.3	0.06156	181.16	2574.8	2393.6
10.0	45.3	0.06798	189.59	2578.5	2388.9
15.0	53.5	0.09956	224.03	2594.0	2370.0
20.0	60.1	0.13068	251.51	2606.4	2354.9
30.0	66.5	0.19093	288.77	2622.4	2333.7
40.0	75.0	0.24975	315.93	2634.1	2312.2
50.0	81.2	0.30799	339.80	2644.3	2304.5
60.0	85.6	0.36514	358.21	2652.1	2393.9
70.0	89.9	0.42229	376.61	2659.8	2283.2
80.0	93.2	0.47807	390.08	2665.3	2275.3
90.0	96.4	0.53384	403.49	2670.8	2267.4
100.0	99.6	0.58961	416.90	2676.3	2259.5
120.0	104.5	0.69868	437.51	2684.3	2246.8
140.0	109.2	0.80758	457.67	2692.1	2234.4
160.0	113.0	0.82981	473.88	2698.1	2224.2
180.0	116.6	1.0209	489.32	2703.7	2214.3
200.0	120.2	1.1273	493.71	2709.2	2204.6
250.0	127.2	1.3904	534.39	2719.7	2185.4
300.0	133.3	1.6501	560.38	2728.5	2168.1
350.0	138.8	1.9074	583.76	2736.1	2152.3
400.0	143.4	2.1618	603.61	2742.1	2138.5
450.0	147.7	2.4152	622.42	2747.8	2125.4
500.0	151.7	2.6673	639.59	2752.8	2113.2
600.0	158.7	3.1686	670.22	2761.4	2091.1
700	164.7	3.6657	696.27	2767.8	2071.5
800	170.4	4.1614	720.96	2773.7	2052.7
900	175.1	4.6525	741.82	2778.1	2036.2
1×10^3	179.9	5.1432	762.68	2782.5	2019.7
1.1×10^3	180.2	5.6339	780.34	2785.5	2005.1
1.2×10^3	187.8	6.1241	797.92	2788.5	1990.6
1.3×10^3	191.5	6.6141	814.25	2790.9	1976.7
1.4×10^3	194.8	7.1038	829.06	2792.4	1963.7
1.5×10^3	198.2	7.5935	843.86	2794.5	1950.7
1.6×10^3	201.3	8.0814	857.77	2796.0	1938.2
1.7×10^3	204.1	8.5674	870.58	2797.1	1926.5
1.8×10^3	206.9	9.0533	883.39	2798.1	1914.8
1.9×10^3	209.8	9.5392	896.21	2799.2	1903.0
2×10^3	212.2	10.0338	907.32	2799.7	1892.4
3×10^3	233.7	15.0075	1005.4	2798.9	1793.5
4×10^3	250.3	20.0969	1082.9	2789.8	1706.8
5×10^3	263.8	25.3663	1146.9	2776.2	1629.2
6×10^3	275.4	30.8494	1203.2	2759.5	1556.3
7×10^3	285.7	36.5744	1253.2	2740.8	1487.6
8×10^3	294.8	42.5768	1299.2	2720.5	1403.7
9×10^3	303.2	48.8945	1343.5	2699.1	1356.6

续表

绝对压力/kPa	温度/℃	蒸汽的密度/(kg/m³)	焓/(kJ/kg)		汽化热/(kJ/kg)
			液体	蒸汽	
10×10^3	310.9	55.5407	1384.0	2677.1	1293.1
12×10^3	324.5	70.3075	1463.4	2631.2	1167.7
14×10^3	336.5	87.3020	1567.9	2583.2	1043.4
16×10^3	347.2	107.8010	1615.8	2531.1	915.4
18×10^3	356.9	134.4813	1699.8	2466.0	766.1
20×10^3	365.6	176.5961	1817.8	2364.2	544.9

10. 水在不同温度下的黏度

温度/℃	黏度/mPa·s	温度/℃	黏度/mPa·s	温度/℃	黏度/mPa·s
0	1.7921	33	0.7523	67	0.4233
1	1.7313	34	0.7371	68	0.4174
2	1.6728	35	0.7225	69	0.4117
3	1.6191	36	0.7085	70	0.4061
4	1.5674	37	0.6947	71	0.4006
5	1.5188	38	0.6814	72	0.3952
6	1.4728	39	0.6685	73	0.3900
7	1.4284	40	0.6560	74	0.3849
8	1.3860	41	0.6439	75	0.3799
9	1.3462	42	0.6321	76	0.3750
10	1.3077	43	0.6207	77	0.3702
11	1.2713	44	0.6097	78	0.3655
12	1.2363	45	0.5988	79	0.3610
13	1.2028	46	0.5883	80	0.3565
14	1.1709	47	0.5782	81	0.3521
15	1.1403	48	0.5683	82	0.3478
16	1.1111	49	0.5588	83	0.3436
17	1.0828	50	0.5494	84	0.3395
18	1.0559	51	0.5404	85	0.3355
19	1.0299	52	0.5315	86	0.3315
20	1.0050	53	0.5229	87	0.3276
20.2	1.0000	54	0.5146	88	0.3239
21	0.9810	55	0.5064	89	0.3202
22	0.9579	56	0.4985	90	0.3165
23	0.9359	57	0.4907	91	0.3130
24	0.9142	58	0.4832	92	0.3095
25	0.8973	59	0.4759	93	0.3060
26	0.8737	60	0.4688	94	0.3027
27	0.8545	61	0.4618	95	0.2994
28	0.8360	62	0.4550	96	0.2962
29	0.8180	63	0.4483	97	0.2930
30	0.8007	64	0.4418	98	0.2899
31	0.7840	65	0.4355	99	0.2868
32	0.7679	66	0.4293	100	0.2838

11. 某些气体和蒸气的热导率

下表中所列出的极限温度数值是实验范围的数值。若外推到其他温度时，建议将所列出的数据按 lgλ 对 lg$T$ 作图，或者假定 Pr 数与温度（或压力，在适当范围内）无关。

物质	温度 t/℃	热导率 λ /[W/(m·K)]	物质	温度 t/℃	热导率 λ /[W/(m·K)]
丙酮	0	0.0098	四氯化碳	46	0.0071
	46	0.0128		100	0.0090
	100	0.0171		184	0.01112
	184	0.0254	氯	0	0.0074
空气	0	0.0242	三氯甲烷	0	0.0066
	100	0.0317		46	0.0080
	200	0.0391		100	0.0100
	300	0.0459		184	0.0133
氨	−60	0.0164	硫化氢	0	0.0132
	0	0.0222	水银	200	0.0341
	50	0.0272	甲烷	−100	0.0173
	100	0.0320		−50	0.0251
苯	0	0.0090		0	0.0302
	46	0.0126		50	0.0372
	100	0.0178	甲醇	0	0.0144
	184	0.0263		100	0.0222
	212	0.0305	氯甲烷	0	0.0067
正丁烷	0	0.0135		46	0.0085
	100	0.234		100	0.0109
异丁烷	0	0.0138		212	0.0164
	100	0.0241	乙烷	−70	0.0114
二氧化碳	−50	0.0118		−34	0.0149
	0	0.0147		0	0.0183
	100	0.0230		100	0.0303
	200	0.0313	乙醇	20	0.0154
	300	0.0396		100	0.0215
二硫化物	0	0.0069	乙醚	0	0.0133
	−73	0.0073		46	0.0171
一氧化碳	−189	0.0071		100	0.0227
	−179	0.0080		184	0.0327
	−60	0.0234		212	0.0362
乙烯	−71	0.0111		100	0.0312
	0	0.0175	氧	−100	0.0164
	50	0.0267		−50	0.0206
	100	0.0279		0	0.0246
正庚烷	200	0.0194		50	0.0284
	100	0.0178		100	0.0321
正己烷	0	0.0125	丙烷	0	0.0151
	20	0.0138		100	0.0261
	−100	0.0113	二氧化硫	0	0.0087
	−50	0.0144		100	0.0119
	0	0.0173	水蒸气	46	0.0208
	50	0.0199		100	0.0237
	100	0.0223		200	0.0324
	300	0.0308		300	0.0429
氮	−100	0.0164		400	0.0545
	0	0.0242		50	0.0763
	50	0.0277			

12. 某些固体材料的热导率

(1) 常用金属的热导率 λ/[W/(m·K)]

材料名称	温度/℃				
	0	100	200	300	400
铝	227.95	227.95	227.95	227.95	227.95
铜	383.79	379.14	372.16	367.51	362.86
铁	73.27	67.45	61.64	54.66	48.85
铅	35.12	33.38	31.40	29.77	—
镁	172.12	167.47	162.82	158.17	—
镍	93.04	82.57	73.27	63.97	59.31
银	414.03	409.38	373.32	361.69	359.37
锌	112.81	109.90	105.83	101.18	93.04
碳钢	52.34	48.85	44.19	41.87	34.89
不锈钢	16.28	17.45	17.45	18.49	—

(2) 常用非金属材料的热导率

材料	温度 t/℃	热导率 λ/[W/(m·K)]	材料	温度 t/℃	热导率 λ/[W/(m·K)]
软木	30	0.04303	泡沫塑料	—	0.04652
玻璃棉	—	0.03489～0.06978	木材(横向)	—	0.1396～0.1745
保温灰	—	0.06978	(纵向)	—	0.3838
锯末	20	0.04652～0.05815	耐火砖	230	0.8723
棉花	100	0.06978		1200	1.6398
厚纸	20	0.1396～0.3489	混凝土	—	1.2793
玻璃	30	1.0932	绒毛毡	—	0.0465
	−20	0.7560	85%氧化镁粉	0～100	0.06978
搪瓷	—	0.8723～1.163	聚氯乙烯	—	0.1163～0.1745
云母	50	0.4303	酚醛加玻璃纤维	—	0.2593
泥土	20	0.6978～0.9304	酚醛加石棉纤维	—	0.2942
冰	0	2.326	聚酯加玻璃纤维	—	0.2594
软橡胶	—	0.1291～0.1593	聚碳酸酯	—	0.1907
硬橡胶	0	0.1500	聚苯乙烯泡沫	25	0.04187
聚四氟乙烯	—	0.2419		−150	0.001745
泡沫玻璃	−15	0.004885	聚乙烯	—	0.3291
	−80	0.003489	石墨	—	139.56

13. 液体的黏度和密度

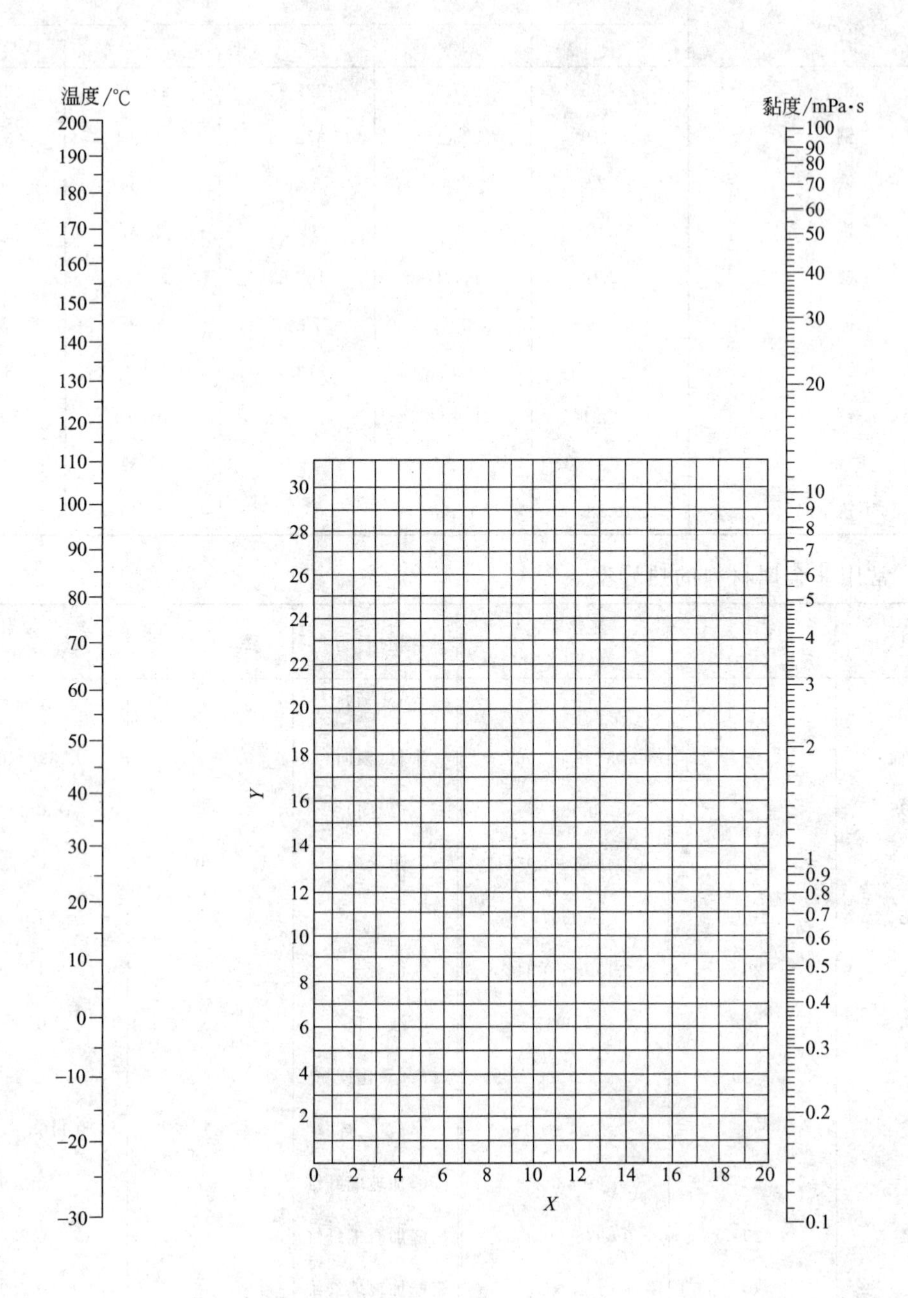

液体黏度共线图

液体黏度共线图的坐标值及液体的密度值

序号	液体	X	Y	密度(20℃)ρ/(kg/m^3)
1	乙醛	15.2	14.8	783(18℃)
2	醋酸　100%	12.1	14.2	1049
3	70%	9.5	17.0	1069
4	醋酸酐	12.7	12.8	1083
5	丙酮　100%	14.5	7.2	792
6	35%	7.9	15.0	948
7	丙烯醇	10.2	14.3	854
8	氨　100%	12.6	2.0	817(−79℃)
9	26%	10.1	13.9	904
10	醋酸戊酯	11.8	12.5	879
11	戊醇	7.5	18.4	817
12	苯胺	8.1	18.7	1022
13	苯甲醚	12.3	13.5	990
14	三氯化砷	13.9	14.5	2163
15	苯	12.5	10.9	880
16	氯化钙盐水　(25%)	6.6	15.9	1228
17	氯化钠盐水　(25%)	10.2	16.6	1186(25℃)
18	溴	14.2	13.2	3119
19	溴甲苯	20	15.9	1410
20	乙酸丁酯	12.3	11.0	882
21	丁醇	8.6	17.2	810
22	丁酸	12.1	5.3	964
23	二氧化碳	11.6	0.3	1101(−37℃)
24	二硫化碳	16.1	7.5	1263
25	四氯化碳	12.7	13.1	1595
26	氯苯	12.3	12.4	1107
27	三氯甲烷	14.4	10.2	1489
28	氯磺酸	11.2	18.1	1787(25℃)
29	氯甲苯(邻位)	13.0	13.3	1082
30	氯甲苯(间位)	13.3	12.5	1072
31	氯甲苯(对位)	13.3	12.5	1070
32	甲酚(间位)	2.5	20.8	1034
33	环己醇	2.9	24.3	962
34	二溴乙烷	12.7	15.8	2495
35	二氯乙烷	13.2	12.2	1256
36	二氯甲烷	14.6	8.9	1336
37	草酸乙酯	11.0	16.4	1079
38	草酸二甲酯	12.3	15.8	1148(54℃)
39	联苯	12.0	18.3	992(73℃)
40	草酸二丙酯	10.3	17.7	1038(0℃)
41	乙酸乙酯	13.7	9.1	901
42	乙醇　100%	10.5	13.8	789
43	95%	9.8	14.3	804
44	40%	6.5	16.6	935
45	乙苯	13.2	11.5	867
46	溴乙烷	14.5	8.1	1431
47	氯乙烷	14.8	6.0	917(6℃)
48	乙醚	14.5	5.3	708(25℃)
49	甲酸乙酯	14.2	8.4	923
50	碘乙烷	14.7	10.3	1933

续表

序号	液体	X	Y	密度(20℃)ρ/(kg/m^3)
51	乙二醇	6.0	23.6	1113
52	甲酸	10.7	15.8	1220
53	氟利昂-11(CCl_3F)	14.4	9.0	1494(17℃)
54	氟利昂-12(CCl_2F_2)	16.8	5.9	1486(20℃)
55	氟利昂-21($CHCl_2F$)	15.7	7.5	1426(0℃)
56	氟利昂-22($CHClF_2$)	17.2	4.7	3780(0℃)
57	氟利昂-113(CCl_2F-$CClF_2$)	12.5	11.4	1576
58	甘油　100%	2.0	30.0	1261
59	50%	6.9	19.6	1126
60	庚烷	14.1	8.4	684
61	己烷	14.7	7.0	659
62	盐酸(31.5%)	13.0	16.6	1157
63	异丁醇	7.0	18.0	779(26℃)
64	异丁酸	12.2	14.4	949
65	异丙醇	8.2	16.0	789
66	煤油	10.2	16.9	780～820
67	粗亚麻仁油	7.5	27.2	930～938(15℃)
68	水银	18.4	16.4	13540
69	甲醇　100%	12.4	10.5	792
70	90%	12.3	11.8	820
71	40%	7.8	15.5	935
72	乙酸甲酯	14.2	8.2	924
73	氯甲烷	15.0	3.8	952(0℃)
74	丁酮	13.9	8.6	805
75	萘	7.9	18.1	1145
76	硝酸　95%	12.8	13.8	1493
77	60%	10.8	17.0	1367
78	硝基苯	10.6	16.2	1205(15℃)
79	硝基甲苯	11.0	17.0	1160
80	辛烷	13.7	10.0	703
81	辛醇	6.6	21.1	827
82	五氯乙烷	10.9	17.3	1671(25℃)
83	戊烷	14.9	5.2	630(18℃)
84	酚	6.9	20.8	1071(25℃)
85	三溴化磷	13.8	16.7	2852(15℃)
86	三氯化磷	16.2	10.9	1574
87	丙酸	12.8	13.8	992
88	丙醇	9.1	16.5	804
89	溴丙烷	14.5	9.6	1353
90	氯丙烷	14.4	7.5	890
91	碘丙烷	14.1	11.6	1747
92	钠	16.4	13.9	970
93	氢氧化钠　(50%)	3.2	25.8	1525
94	四氯化锡	13.5	12.8	2226
95	二氧化硫	15.2	7.1	1434(0℃)
96	硫酸　110%	7.2	27.4	1980
97	98%	7.0	24.8	1836
98	60%	10.2	21.3	1498
99	二氯二氧化硫	15.2	12.4	1667
100	四氯乙烷	11.9	15.7	1600
101	四氯乙烯	14.2	12.7	1624(15℃)
102	四氯化钛	14.4	12.3	1726
103	甲苯	13.7	10.4	866
104	三氯乙烯	14.8	10.5	1466
105	松节油	11.5	14.9	861～461
106	醋酸乙烯	14.0	8.8	932
107	水	10.2	13.0	998

14. 101.3kPa 压力下气体的黏度

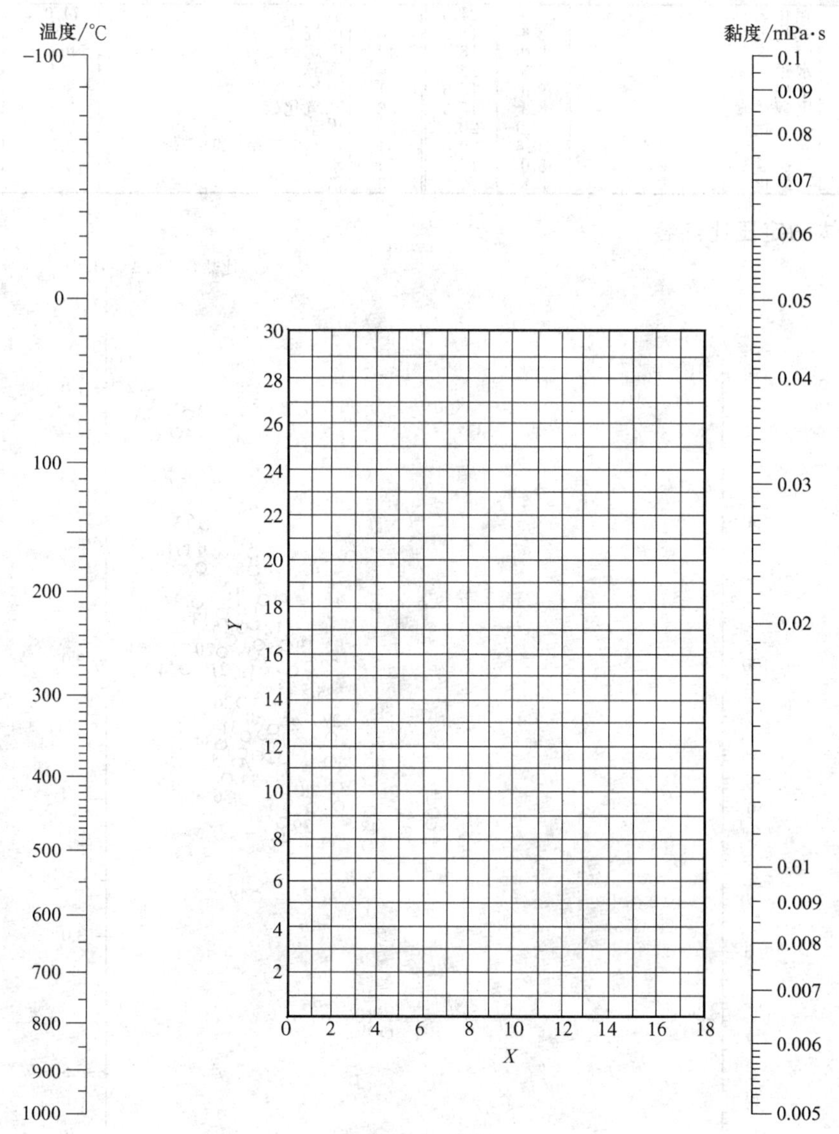

气体黏度共线图

气体黏度共线图的坐标值

序号	气体	*X*	*Y*	序号	气体	*X*	*Y*
1	醋酸	7.7	14.3	19	乙酸乙酯	8.5	13.2
2	丙酮	8.9	13.0	20	乙醇	9.2	14.2
3	乙炔	9.8	14.9	21	氯乙烷	8.5	15.6
4	空气	11.0	20.0	22	乙醚	8.9	13.0
5	氨	8.4	16.0	23	乙烯	9.5	15.1
6	氩	10.5	22.4	24	氟	7.3	23.8
7	苯	8.5	13.2	25	氟利昂-11(CCl_3F)	10.6	15.1
8	溴	8.9	19.2	26	氟利昂-12(CCl_2F_2)	11.1	16.0
9	丁烯(butene)	9.2	13.7	27	氟利昂-21($CHCl_2F$)	10.8	15.3
10	丁烯(butylene)	8.9	13.0	28	氟利昂-22($CHClF_2$)	10.1	17.0
11	二氧化碳	9.5	18.7	29	氟利昂-113(CCl_2F-$CClF_2$)	11.3	14.0
12	二硫化碳	8.0	16.0	30	氦	10.9	20.5
13	一氧化碳	11.0	20.0	31	己烷	8.6	11.8
14	氯	9.0	18.4	32	氢	11.2	12.4
15	三氯甲烷	8.9	15.7	33	$3H_2+N_2$	11.2	17.2
16	氰	9.2	15.2	34	溴化氢	8.8	20.9
17	环己烷	9.2	12.0	35	氯化氢	8.8	18.7
18	乙烷	9.1	14.5	36	氰化氢	9.8	14.9

续表

序号	气体	X	Y	序号	气体	X	Y
37	碘化氢	9.0	21.3	47	氧	11.0	21.3
38	硫化氢	8.6	18.0	48	戊烷	7.0	12.8
39	碘	9.0	18.4	49	丙烷	9.7	12.9
40	水银	5.3	22.9	50	丙醇	8.4	13.4
41	甲烷	9.9	15.5	51	丙烯	9.0	13.8
42	甲醇	8.5	15.6	52	二氧化硫	9.6	17.0
43	一氧化氮	10.9	20.5	53	甲苯	8.6	12.4
44	氮	10.6	20.0	54	2,3,3-三甲(基)丁烷	9.5	10.5
45	五硝酰氯	8.0	17.6	55	水	8.0	16.0
46	一氧化二氮	8.8	19.0	56	氙	9.3	23.0

15. 液体的定压比热容

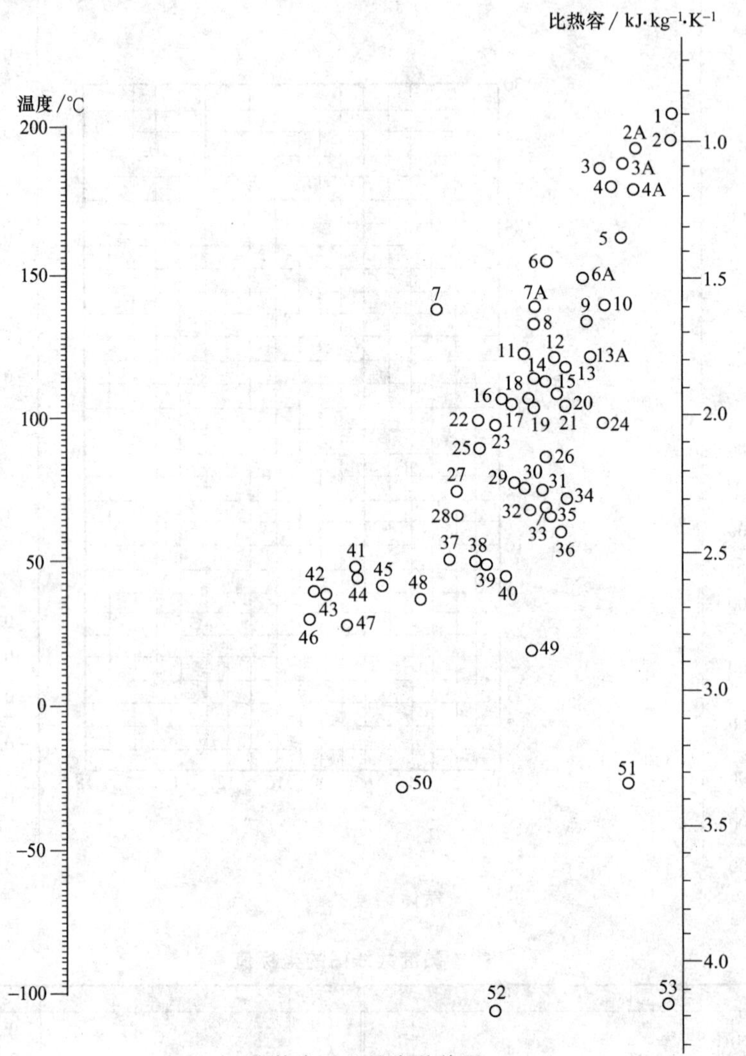

液体定压比热容共线图

液体定压比热容共线图的编号

号数	液体	温度范围 t/℃	号数	液体	温度范围 t/℃
29	醋酸　(100%)	0～80	2	二硫化碳	−100～25
32	丙酮	20～50	3	四氯化碳	10～60
52	氨	−70～50	8	氯苯	0～100
37	戊醇	−50～25	4	三氯甲烷	0～50
26	乙酸戊酯	0～100	21	癸烷	−80～25
30	苯胺	0～130	6A	二氯乙烷	−30～60
23	苯	10～80	5	二氯甲烷	−40～50
27	苯甲醇	−20～30	15	联苯	80～120
10	苄基氯	−30～30	22	二苯基甲烷	30～100
49	$CaCl_2$ 盐水　(25%)	−40～20	16	联苯醚	0～200
51	NaCl 盐水　(25%)	−40～20	16	道舍姆 A(Dowtherm A)	0～200
44	丁醇	0～100	24	乙酸乙酯	−50～25

续表

号数	液体	温度范围 t/℃	号数	液体	温度范围 t/℃
42	乙醇 100%	30～80	43	异丁醇	0～100
46	95%	20～80	47	异丙醇	−20～50
50	50%	20～80	31	异丙醚	−80～20
25	乙苯	0～100	40	甲醇	−40～20
1	溴乙烷	5～25	13A	氯甲烷	−80～20
13	氯乙烷	−30～40	14	萘	90～200
36	乙醚	−100～25	12	硝基苯	0～100
7	碘乙烷	0～100	34	壬烷	−50～125
39	乙二醇	−40～200	33	辛烷	−50～25
2A	氟利昂-11(CCl_3F)	−20～0	3	过氯乙烯	−30～140
6	氟利昂-12(CCl_2F_2)	−40～15	45	丙醇	−20～100
4A	氟利昂-21($CHCl_2F$)	−20～70	20	吡啶	−51～25
7A	氟利昂-22($CHClF_2$)	−20～60	9	硫酸(98%)	10～45
3A	氟利昂-113(CCl_2F-$CClF_2$)	−20～70	11	二氧化硫	−20～100
38	三元醇	−40～20	23	甲苯	0～60
28	庚烷	0～60	53	水	−10～200
35	己烷	−80～20	19	二甲苯(邻位)	0～100
48	盐酸(30%)	20～100	18	二甲苯(间位)	0～100
41	异戊醇	10～100	17	二甲苯(对位)	0～100

16. 101.3kPa 压力下气体的定压比热容

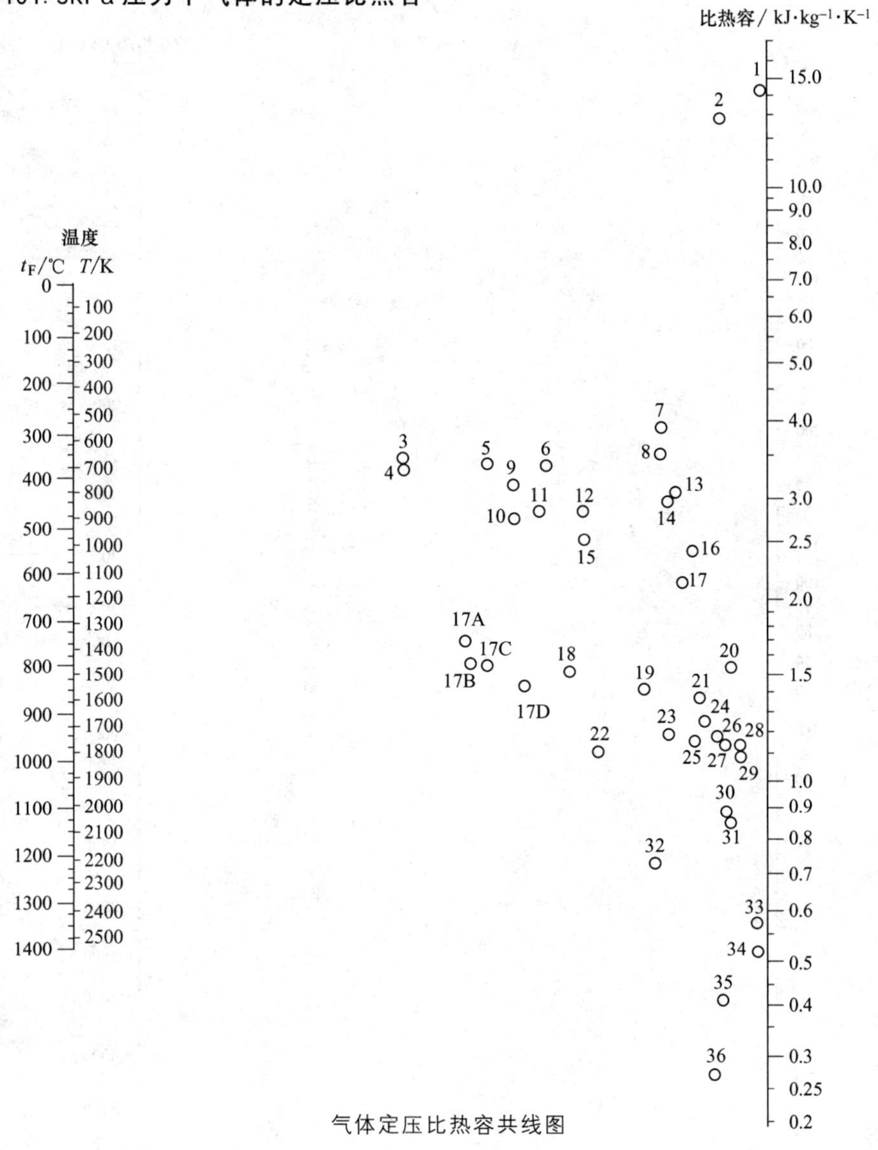

气体定压比热容共线图

气体定压比热容共线图的编号值

号数	气体	温度范围 T/K	号数	气体	温度范围 T/K
10	乙炔	273～473	1	氢	273～873
15	乙炔	473～673	2	氢	873～1673
16	乙炔	673～1673	35	溴化氢	273～1673
27	空气	273～1673	30	氯化氢	273～1673
12	氨	273～873	20	氟化氢	273～1673
14	氨	873～1673	36	碘化氢	273～1673
18	二氧化碳	273～673	19	硫化氢	273～973
24	二氧化碳	673～1673	21	硫化氢	973～1673
26	一氧化碳	273～1673	5	甲烷	273～573
32	氯	273～473	6	甲烷	573～973
34	氯	473～1673	7	甲烷	973～1673
3	乙烷	273～473	25	一氧化氮	273～973
9	乙烷	473～873	28	一氧化氮	973～1673
8	乙烷	873～1673	26	氮	273～1673
4	乙烯	273～473	23	氧	273～773
11	乙烯	473～873	29	氧	773～1673
13	乙烯	873～1673	33	硫	573～1673
17B	氟利昂-11(CCl_3F)	273～423	22	二氧化硫	273～673
17C	氟利昂-21($CHCl_2F$)	273～423	31	二氧化硫	673～1673
17A	氟利昂-22($CHClF_2$)	273～423	17	水	273～1673
17D	氟利昂-113(CCl_2F-$CClF_2$)	273～423			

17. 汽化热

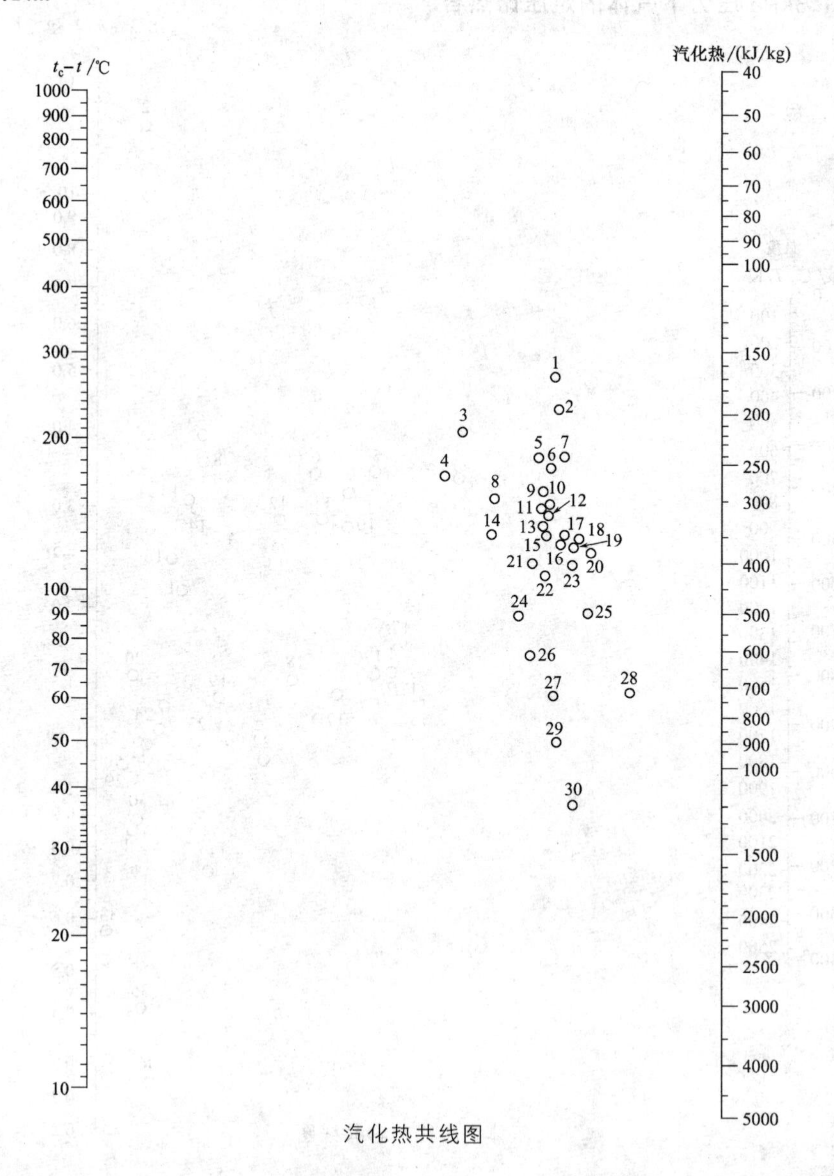

汽化热共线图

汽化热共线图的编号值

号数	化合物	温差范围 (t_c-t)/℃	临界温度 t_c/℃	号数	化合物	温差范围 (t_c-t)/℃	临界温度 t_c/℃
18	醋酸	100～225	321	2	氟利昂-12(CCl_2F_2)	40～200	111
22	丙酮	120～210	235	5	氟利昂-21($CHCl_2F$)	70～250	178
29	氨	50～200	133	6	氟利昂-22($CHClF_2$)	50～170	96
13	苯	10～400	289	1	氟利昂-113(CCl_2F-$CClF_2$)	90～250	214
16	丁烷	90～200	153	10	庚烷	20～300	267
21	二氧化碳	10～100	31	11	己烷	50～225	235
4	二硫化碳	140～275	273	15	异丁烷	80～200	134
2	四氯化碳	30～250	283	27	甲醇	40～250	240
7	三氯甲烷	140～275	263	20	氯甲烷	0～250	143
8	二氯甲烷	150～250	216	19	一氧化二氮	25～150	36
3	联苯	175～400	5	9	辛烷	30～300	296
25	乙烷	25～150	32	12	戊烷	20～200	197
26	乙醇	20～140	243	23	丙烷	10～200	96
28	乙醇	140～300	243	24	丙醇	20～200	264
17	氯乙烷	100～250	187	14	二氧化硫	40～160	157
13	乙醚	10～400	194	30	水	100～500	374
2	氟利昂-11(CCl_3F)	70～250	198				

例　求100℃水蒸气的汽化热

解　从表中查出水的编号为30，临界温度 t_c 为374℃，故

$$t_c-t=(374-100)℃=274℃$$

在温度标尺上找出相应于274℃的点，将该点与编号30的点相连，延长与汽化热标尺相交，由此读出100℃时水的汽化热为2257kJ/kg。

18. 液体的表面张力

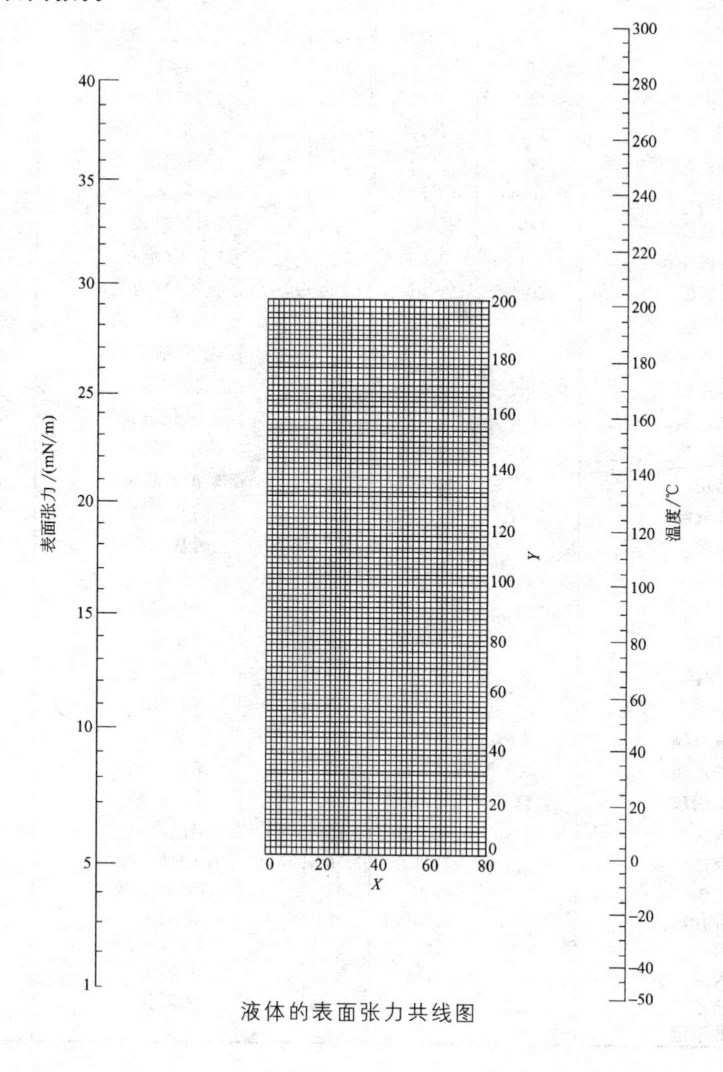

液体的表面张力共线图

液体表面张力共线图坐标值

序号	液体名称	X	Y	序号	液体名称	X	Y
1	环氧乙烷	42	83	52	二乙(基)酮	20	
2	乙苯	22	118	53	异戊醇	6	106.8
3	乙胺	11.2	83	54	四氯化碳	26	104.5
4	乙硫醇	35	81	55	辛烷	17.7	90
5	乙醇	10	97	56	亚硝酰氯	38.5	93
6	乙醚	27.5	64	57	苯	30	110
7	乙醛	33	78	58	苯乙酮	18	163
8	乙醛肟	23.5	127	59	苯乙醚	20	134.2
9	乙酰胺	17	192.5	60	苯二乙胺	17	142.6
10	乙酰乙酸乙酯	21	132	61	苯二甲胺	20	149
11	二乙醇缩乙醛	19	88	62	苯甲醚	24.4	138.9
12	间二甲苯	20.5	118	63	苯甲酸乙酯	14.8	151
13	对二甲苯	19	117	64	苯胺	22.9	171.8
14	二甲胺	16	66	65	苯(基)甲胺	25	156
15	二甲醚	44	37	66	苯酚	20	168
16	1,2-二氯乙烯	32	122	67	苯并吡啶	19.5	183
17	二硫化碳	35.8	117.2	68	氨	56.2	63.5
18	丁酮	23.6	97	69	氧化亚氮	62.5	0.5
19	丁醇	9.6	107.5	70	草酸乙二酯	20.5	130.8
20	异丁醇	5	103	71	氯	45.5	95.2
21	丁酸	14.5	115	72	氯仿	32	101.3
22	异丁酸	14.8	107.4	73	对氯甲苯	18.6	134
23	丁酸乙酯	17.5	102	74	氯甲烷	45.8	53.2
24	丁(异)酸乙酯	20.9	93.7	75	氯苯	23.5	132.5
25	丁酸甲酯	25	88	76	对氯溴苯	14	162
26	丁(异)酸甲酯	24	93.8	77	氯甲苯(吡啶)	34	138.2
27	三乙胺	20.1	83.9	78	氰化乙烷(丙腈)	23	108.6
28	三甲胺	21	57.6	79	氰化丙烷(丁腈)	20.3	113
29	1,3,5-三甲苯	17	119.8	80	氰化甲烷(乙腈)	33.5	111
30	三苯甲烷	12.5	182.7	81	氰化苯(苯腈)	19.5	159
31	三氯乙醛	30	113	82	氰化氢	30.6	66
32	三聚乙醛	22.3	103.8	83	硫酸二乙酯	19.5	139.5
33	己烷	22.7	72.2	84	硫酸二甲酯	23.5	158
34	六氢吡啶	24.7	120	85	硝基乙烷	25.4	126.1
35	甲苯	24	113	86	硝基甲烷	30	139
36	甲胺	42	58	87	萘	22.5	165
37	间甲酚	13	161.2	88	溴乙烷	31.6	90.2
38	对甲酚	11.5	160.5	89	溴苯	23.5	145.5
39	邻甲酚	20	161	90	碘乙烷	28	113.2
40	甲醇	17	93	91	茴香脑	13	158.1
41	甲酸甲酯	38.5	88	92	醋酸	17.1	116.5
42	甲酸乙酯	30.5	88.8	93	醋酸甲酯	31	90
43	甲酸丙酯	24	97	94	醋酸乙酯	27.5	92.4
44	丙胺	25.5	87.2	95	醋酸丙酯	23	97
45	对异丙基甲苯	12.8	121.2	96	醋酸异丁酯	16	97.2
46	丙酮	28	91	97	醋酸异戊酯	16.4	130.1
47	异丙醇	12	111.5	98	醋酸酐	25	129
48	丙醇	8.2	105.2	99	噻吩	35	121
49	丙酸	17	112	100	环己烷	42	86.7
50	丙酸乙酯	22.6	97	101	磷酰氯	26	125.2
51	丙酸甲酯	29	95				

19. 某些有机液体的相对密度（液体密度与4℃水的密度之比）

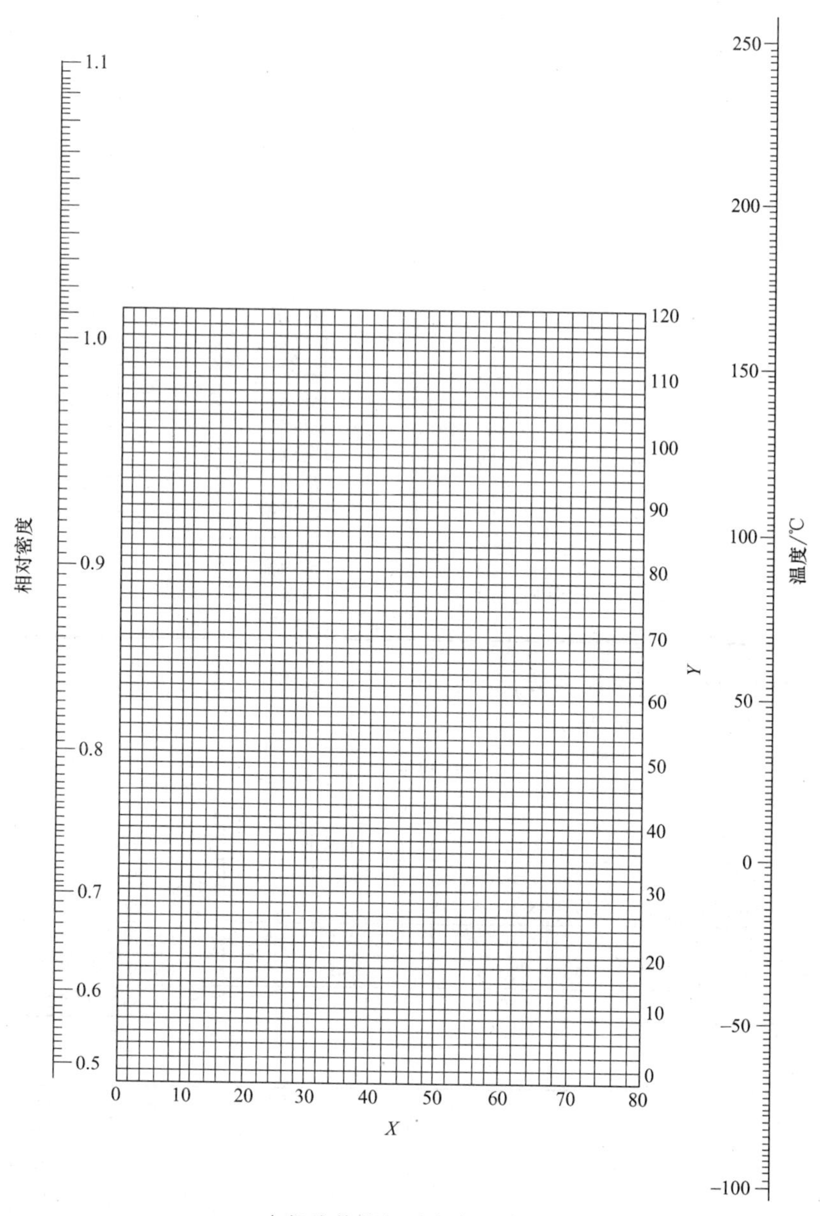

有机液体的相对密度共线图

有机液体相对密度共线图的坐标值

有机液体	X	Y	有机液体	X	Y
乙炔	20.8	10.1	甲酸乙酯	37.6	68.4
乙烷	10.8	4.4	甲酸丙酯	33.8	66.7
乙烯	17.0	3.5	丙烷	14.2	12.2
乙醇	24.2	48.6	丙酮	26.1	47.8
乙醚	22.8	35.8	丙醇	23.8	50.8
乙丙醚	20.0	37.0	丙酸	35.0	83.5
乙硫醇	32.0	55.5	丙酸甲酯	36.5	68.3
乙硫醚	25.7	55.3	丙酸乙酯	32.1	63.9

续表

有机液体	X	Y	有机液体	X	Y
二乙胺	17.8	33.5	戊烷	12.6	22.6
二氧化碳	78.6	45.4	异戊烷	13.5	22.5
异丁烷	13.7	16.5	辛烷	12.7	32.5
丁酸	31.3	78.7	庚烷	12.6	29.8
丁酸甲酯	31.5	65.5	苯	32.7	63.0
异丁酸	31.5	75.9	苯酚	35.7	103.8
丁酸(异)甲酯	33.0	64.1	苯胺	33.5	92.5
十一烷	14.4	39.2	氯苯	41.9	86.7
十二烷	14.3	41.4	癸烷	16.0	38.2
十三烷	15.3	42.4	氨	22.4	24.6
十四烷	15.8	43.3	氯乙烷	42.7	62.4
三乙胺	17.9	37.0	氯甲烷	52.3	62.9
三氯化磷	38.0	22.1	氯苯	41.7	105.0
己烷	13.5	27.0	氰丙烷	20.1	44.6
壬烷	16.2	36.5	氰甲烷	27.8	44.9
六氢吡啶	27.5	60.0	环己烷	19.6	44.0
甲乙醚	25.0	34.4	醋酸	40.6	93.5
甲醇	25.8	49.1	醋酸甲酯	40.1	70.3
甲硫醇	37.3	59.6	醋酸乙酯	35.0	65.0
甲硫醚	31.9	57.4	醋酸丙酯	33.0	65.5
甲醚	27.2	30.1	甲苯	27.0	61.0
甲酸甲酯	46.4	74.6	异戊醇	20.5	52.0

20. 壁面污垢的热阻（污垢系数）

(1) 冷却水 $R_d/(m^2 \cdot K/W)$

加热流体的温度 t/℃	115 以下		115～205	
水的温度 t/℃	25 以下		25 以上	
水的流速 u/(m/s)	1 以下	1 以上	1 以下	1 以上
海水	0.8598×10^{-4}	0.8598×10^{-4}	1.7197×10^{-4}	1.7197×10^{-4}
自来水、井水、湖水、软化锅炉水	1.7197×10^{-4}	1.7197×10^{-4}	3.4394×10^{-4}	3.4394×10^{-4}
蒸馏水	0.8598×10^{-4}	0.8598×10^{-4}	0.8598×10^{-4}	0.8598×10^{-4}
硬水	5.1590×10^{-4}	5.1590×10^{-4}	8.589×10^{-4}	8.598×10^{-3}
河水	5.1590×10^{-4}	3.4394×10^{-4}	6.8788×10^{-4}	5.1590×10^{-4}

(2) 工业用气体

气体名称	热阻 $R_d/(m^2 \cdot K/W)$	气体名称	热阻 $R_d/(m^2 \cdot K/W)$
有机化合物	0.8598×10^{-4}	溶剂蒸气	1.7197×10^{-4}
水蒸气	0.8598×10^{-4}	天然气	1.7197×10^{-4}
空气	3.4394×10^{-4}	焦炉气	1.7197×10^{-4}

(3) 工业用液体

液体名称	热阻 $R_d/(m^2 \cdot K/W)$	液体名称	热阻 $R_d/(m^2 \cdot K/W)$
有机化合物	1.7197×10^{-4}	熔盐	0.8598×10^{-4}
盐水	1.7197×10^{-4}	植物油	5.1590×10^{-4}

(4) 石油分馏物

馏出物名称	热阻 $R_d/(m^2 \cdot K/W)$	馏出物名称	热阻 $R_d/(m^2 \cdot K/W)$
原油	$3.4394\times10^{-4}\sim12.098\times10^{-4}$	柴油	$3.4394\times10^{-4}\sim5.1590\times10^{-4}$
汽油	1.7197×10^{-4}	重油	4.598×10^{-4}
石脑油	1.7197×10^{-4}	沥青油	17.197×10^{-4}
煤油	1.7197×10^{-4}		

21. 管子规格

(1) 水煤气输送钢管（摘自 GB/T 3091—2008）

公称直径 *DN*/mm(in)	外径/mm	普通管壁厚/mm	加厚管壁厚/mm
$8\left(\frac{1}{4}\right)$	13.5	2.6	2.8
$10\left(\frac{3}{8}\right)$	17.2	2.6	2.8
$15\left(\frac{1}{2}\right)$	21.3	2.8	3.5
$20\left(\frac{3}{4}\right)$	26.9	2.8	3.5
25(1)	33.7	3.2	4.0
$32\left(1\frac{1}{4}\right)$	42.4	3.5	4.0
$40\left(1\frac{1}{2}\right)$	48.0	3.5	4.5
50(2)	60.3	3.8	4.5
$65\left(2\frac{1}{2}\right)$	76.1	4.0	4.5
80(3)	88.9	4.0	5.0
100(4)	114.3	4.0	5.0
125(5)	139.7	4.0	5.5
150(6)	165.3	4.5	6.0

(2) 无缝钢管规格

普通无缝钢管（摘自 GB/T 17395—2008）

外径/mm	壁厚/mm		外径/mm	壁厚/mm		外径/mm	壁厚/mm		外径/mm	壁厚/mm	
	从	到		从	到		从	到		从	到
6	0.25	2.0	51	1.0	12	152	3.0	40	450	9.0	100
7	0.25	2.5	54	1.0	14	159	3.5	45	457	9.0	100
8	0.25	2.5	57	1.0	14	168	3.5	45	473	9.0	100
9	0.25	2.8	60	1.0	16	180	3.5	50	480	9.0	100
10	0.25	3.5	63	1.0	16	194	3.5	50	500	9.0	110
11	0.25	3.5	65	1.0	16	203	3.5	55	508	9.0	110
12	0.25	4.0	68	1.0	16	219	6.0	55	530	9.0	120
14	0.25	4.0	70	1.0	17	232	6.0	65	560	9.0	120
16	0.25	5.0	73	1.0	19	245	6.0	65	610	9.0	120
18	0.25	5.0	76	1.0	20	267	6.0	65	630	9.0	120
19	0.25	6.0	77	1.4	20	273	6.5	85	660	9.0	120
20	0.25	6.0	80	1.4	20	299	7.5	100	699	12	120
22	0.40	6.0	83	1.4	22	302	7.5	100	711	12	120
25	0.40	7.0	85	1.4	22	318.5	7.5	100	720	12	120
27	0.40	7.0	89	1.4	24	325	7.5	100	762	20	120
28	0.40	7.0	95	1.4	24	340	8.0	100	788.5	20	120
30	0.40	8.0	102	1.4	28	351	8.0	100	813	20	120
32	0.40	8.0	108	1.4	30	356	9.0	100	864	20	120
34	0.40	8.0	114	1.5	30	368	9.0	100	914	25	120
35	0.40	9.0	121	1.5	32	377	9.0	100	965	25	120
38	0.40	10.0	127	1.8	32	402	9.0	100	1016	25	120
40	0.40	10.0	133	2.5	36	406	9.0	100			
45	1.0	12	140	3.0	36	419	9.0	100			
48	1.0	12	142	3.0	36	426	9.0	100			

注：壁厚/mm：0.25，0.30，0.40，0.50，0.60，0.80，1.0，1.2，1.4，1.5，1.6，1.8，2.0，2.2，2.5，2.8，3.0，3.2，3.5，4.0，4.5，5.0，4.5，6.0，6.5，7.0，7.5，8.0，8.5，9，9.5，10，11，12，13，14，15，16，17，18，19，20，22，24，25，26，28，30，32，34，36，38，40，42，45，48，50，55，60，65，70，75，80，85，90，95，100，110，120。

（3）热交换器用拉制黄铜管（摘自 GB/T 16866—2006）

外径/mm	壁厚/mm														
	0.5	0.75	1.0	1.5	2.0	2.5	3.0	3.5	4.0	4.5	5.0	6.0	7.0	8.0	10.0
3,4,5,6,7	○	○	○												
8,9,10,11,12,14,15	○	○	○	○	○	○	○								
16,17,18,19,20	○	○	○	○	○	○	○	○	○	○					
21,22,23,24,25,26,27,28,29,30	○	○	○	○	○	○	○	○	○	○	○				
31,32,33,34,35,36,37,38,39,40	○	○	○	○	○	○	○	○	○	○	○				
42, 44, 45, 46, 48, 49,50		○	○	○	○	○	○	○	○	○	○	○			
52,54,55,56,58,60		○	○	○	○	○	○	○	○	○	○	○	○	○	
62,64,65,66,68,70			○	○	○	○	○	○	○	○	○	○	○	○	○
72,74,75,76,78,80					○	○	○	○	○	○	○	○	○	○	○
82,84,85,86,88,90,92,94,96,100					○	○	○	○	○	○	○	○	○	○	○
105, 110, 115, 120, 125, 130,135,140,145,150					○	○	○	○	○	○	○	○	○	○	○
155, 160, 165, 170, 175, 180,185,190,195,200							○	○	○	○	○	○	○	○	○
210,220,230,240,250							○	○	○	○	○	○	○	○	○
260, 270, 280, 290, 300, 310, 320, 330, 340, 350,360									○	○	○				

注：表中“○”表示有产品。

（4）承插式铸铁管规格

内径/mm	壁厚/mm	有效长度/mm	内径/mm	壁厚/mm	有效长度/mm
75	9	3000	450	13.4	6000
100	9	3000	500	14	6000
150	9.5	4000	600	15.4	6000
200	10	4000	700	16.5	6000
250	10.8	4000	800	18	6000
300	11.4	4000	900	19.5	4000
350	12	6000	1000	20.5	4000
400	12.8	6000			

（5）管法兰

*PN*0.6MPa 突面板式平焊钢制管法兰（GB/T 9119—2000）

单位：mm

公称直径 *DN*	管子外径 *A*	连接尺寸					密封面		法兰厚度 *C*	法兰内径 *B*
		法兰外径 *D*	螺栓孔中心圆直径 *K*	螺栓孔径 *L*	螺栓					
					数量 *n*	螺纹规格	*d*	*f*		
10	17.2	75	50	11	4	M10	33	2	12	18.0
15	21.3	80	55	11	4	M10	38	2	12	22.0
20	26.9	90	65	11	4	M10	48	2	14	27.5
25	33.7	100	75	11	4	M10	58	3	14	34.5
32	42.4	120	90	14	4	M12	69	3	16	43.5
40	48.3	130	100	14	4	M12	78	3	16	49.5
50	60.3	140	110	14	4	M12	88	3	16	61.5
65	76.1	160	130	14	4	M12	108	3	16	77.5
80	88.9	190	150	18	4	M16	124	3	18	90.5
100	114.3	210	170	18	4	M16	144	3	18	116.0
125	139.7	240	200	18	8	M16	174	3	20	141.5
150	168.3	265	225	18	8	M16	199	3	20	170.5

续表

公称直径 DN	管子外径 A	连接尺寸					密封面		法兰厚度 C	法兰内径 B
		法兰外径 D	螺栓孔中心圆直径 K	螺栓孔径 L	螺栓		d	f		
					数量 n	螺纹规格				
200	219.1	320	280	18	8	M16	254	3	22	221.5
250	273.0	375	335	18	12	M16	309	3	24	276.5
300	323.9	440	395	32	12	M20	363	3	24	327.5
350	335.6	490	445	22	12	M20	413	4	26	359.5
400	406.4	540	495	22	16	M20	463	4	28	411.0
450	457.0	595	550	22	16	M20	518	4	30	462.0
500	508.0	645	600	22	20	M20	568	4	32	513.5
600	610.0	755	705	26	20	M24	667	5	36	616.5
700	711.0	860	810	26	24	M24	772	5	40	715
800	813.0	975	920	30	24	M27	878	5	44	817
900	914.0	1075	1020	30	24	M27	978	5	48	918
1000	1016.0	1175	1120	30	28	M27	1078	5	52	1020
1200	12200	1405	1340	33	32	M30	1295	5	60	1224
1400	1420.0	1630	1560	36	36	M33	1510	5	68	1434
1600	1620.0	1830	1760	36	40	M33	1710	5	76	1624
1800	1820.0	2045	1970	39	44	M36	1918	5	84	1824
2000	2020.0	2265	2180	42	48	M39	2125	5	92	2024

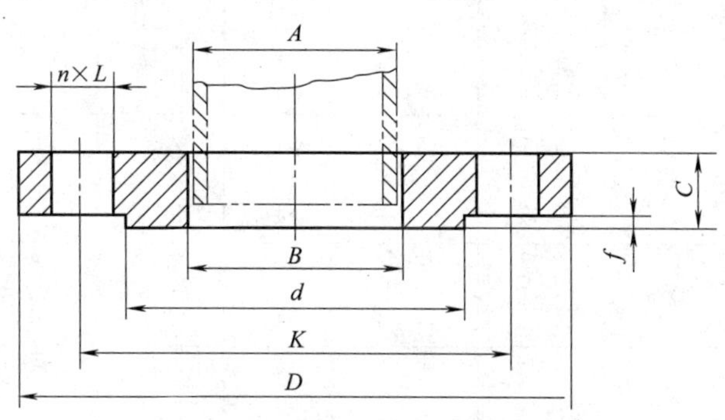

突面(RF)板式平焊钢制管法兰

22. 离心泵规格（摘录）

(1) IS型单级单吸离心泵性能（摘录）

型号	转速 n /(r/min)	流量		扬程 H /m	效率 η /%	功率/kW		必需汽蚀余量 $(NPSH)_r$ /m	质量（泵/底座）/kg
		/(m^3/h)	/(L/s)			轴功率	电机功率		
IS50-32-125	2900	7.5	2.08	22	47	0.96	2.2	2.0	32/46
		12.5	3.47	20	60	1.13		2.0	
		15	4.17	18.5	60	1.26		2.5	
	1450	3.75	1.04	5.4	43	0.13	0.55	2.0	32/38
		6.3	1.74	5	54	0.16		2.0	
		7.5	2.08	4.6	55	0.17		2.5	
IS50-32-160	2900	7.5	2.08	34.3	44	1.59	3	2.0	50/46
		12.5	3.47	32	54	2.02		2.0	
		15	4.17	29.6	56	2.16		2.5	
	1450	3.75	1.04	13.1	35	0.25	0.55	2.0	50/38
		6.3	1.74	12.5	48	0.29		2.0	
		7.5	2.08	12	49	0.31		2.5	

续表

型号	转速 n /(r/min)	流量		扬程 H /m	效率 η /%	功率/kW		必需汽蚀余量 $(NPSH)_r$ /m	质量（泵/底座）/kg
		/(m^3/h)	/(L/s)			轴功率	电机功率		
IS50-32-200	2900	7.5	2.08	82	38	2.82	5.5	2.0	52/66
		12.5	3.47	80	48	3.54		2.0	
		15	4.17	78.5	51	3.95		2.5	
	1450	3.75	1.04	20.5	33	0.41	0.75	2.0	52/38
		6.3	1.74	20	42	0.51		2.0	
		7.5	2.08	19.5	44	0.56		2.5	
IS50-32-250	2900	7.5	2.08	21.8	23.5	5.87	11	2.0	88/110
		12.5	3.47	20	38	7.16		2.0	
		15	4.17	18.5	41	7.83		2.5	
	1450	3.75	1.04	5.35	23	0.91	1.5	2.0	88/64
		6.3	1.74	5	32	1.07		2.0	
		7.5	2.08	4.7	35	1.14		3.0	
IS65-50-125	2900	7.5	4.17	35	58	1.54	3	2.0	50/41
		12.5	6.94	32	69	1.97		2.0	
		15	8.33	30	68	2.22		3.0	
	1450	3.75	2.08	8.8	53	0.21	0.55	2.0	50/38
		6.3	3.47	8.0	64	0.27		2.0	
		7.5	4.17	7.2	65	0.30		2.5	
IS65-50-160	2900	15	4.17	53	54	2.65	5.5	2.0	51/66
		25	6.94	50	65	3.35		2.0	
		30	8.33	47	66	3.71		2.5	
	1450	7.5	2.08	13.2	50	0.36	0.75	2.0	51/38
		12.5	3.47	12.5	60	0.45		2.0	
		15	4.17	11.8	60	0.49		2.5	
IS65-40-200	2900	15	4.17	53	49	4.42	7.5	2.0	62/66
		25	6.94	50	60	5.67		2.0	
		30	8.33	47	61	6.29		2.5	
	1450	7.5	2.08	13.2	43	0.63	1.1	2.0	62/46
		12.5	3.47	12.5	55	0.77		2.0	
		15	4.17	11.8	57	0.85		2.5	
IS65-40-250	2900	15	4.17	82	37	9.05	15	2.0	82/110
		25	6.94	80	50	10.89		2.0	
		30	8.33	78	53	12.02		2.5	
	1450	7.5	2.08	21	35	1.23	2.2	2.0	82/67
		12.5	3.47	20	46	1.48		2.0	
		15	4.17	19.4	48	1.65		2.5	
IS65-40-315	2900	15	4.17	127	28	18.5	30	2.5	152/110
		25	6.94	125	40	21.3		2.5	
		30	8.33	123	44	22.8		3.0	
	1450	7.5	2.08	32.2	25	6.63	4	2.5	152/67
		12.5	3.47	32.0	37	2.94		2.5	
		15	4.17	31.7	41	3.16		3.0	
IS80-65-125	2900	30	8.33	22.5	64	2.87	5.5	3.0	44/46
		50	13.9	20	75	3.63		3.0	
		60	16.7	18	74	3.98		3.5	
	1450	15	4.17	5.6	55	0.42	0.75	2.5	44/38
		25	6.94	5	71	0.48		2.5	
		30	8.33	4.5	72	0.51		3.0	

续表

型号	转速 n /(r/min)	流量		扬程 H /m	效率 η /%	功率/kW		必需汽蚀余量 $(NPSH)_r$ /m	质量（泵/底座）/kg
		/(m^3/h)	/(L/s)			轴功率	电机功率		
IS80-65-160	2900	30	8.33	36	61	4.82	7.5	2.5	48/66
		50	13.9	32	73	5.97		2.5	
		60	16.7	29	72	6.59		3.0	
	1450	15	4.17	9	55	0.67	1.5	2.5	48/46
		25	6.94	8	69	0.79		2.5	
		30	8.33	7.2	68	0.86		3.0	
IS80-50-200	2900	30	8.33	53	55	7.87	15	2.5	64/124
		50	13.9	50	69	9.87		2.5	
		60	16.7	47	71	10.8		3.0	
	1450	15	4.17	13.2	51	1.06	2.2	2.5	64/46
		25	6.94	12.5	65	1.31		2.5	
		30	8.33	11.8	67	1.44		3.0	
IS80-50-250	2900	30	8.33	84	52	13.2	22	2.5	90/110
		50	13.9	80	63	17.3		2.5	
		60	16.7	75	64	19.2		3.0	
	1450	15	4.17	21	49	1.75	3	2.5	90/64
		25	6.94	20	60	2.22		2.5	
		30	8.33	18.8	61	2.52		3.0	
IS80-50-315	2900	30	8.33	128	41	25.5	37	2.5	125/160
		50	13.9	125	54	31.5		2.5	
		60	16.7	123	57	35.3		3.0	
	1450	15	4.17	32.5	39	3.4	5.5	2.5	125/66
		25	6.94	32	52	4.19		2.5	
		30	8.33	31.5	56	4.6		3.0	
IS100-80-125	2900	60	16.7	24	67	5.86	11	4.0	49/64
		100	27.8	20	78	7.00		4.5	
		120	33.3	16.5	74	7.28		5.0	
	1450	30	8.33	6	64	0.77	1	2.5	49/46
		50	13.9	5	75	0.91		2.5	
		60	16.7	4	71	0.92		3.0	
IS100-80-160	2900	60	16.7	36	70	8.42	15	3.5	69/110
		100	27.8	32	78	11.2		4.0	
		120	33.3	28	75	12.2		5.0	
	1450	30	8.33	9.2	67	1.12	2.2	2.0	69/64
		50	13.9	8.0	75	1.45		2.5	
		60	16.7	6.8	71	1.57		3.5	
IS100-65-200	2900	60	16.7	54	65	13.6	22	3.0	81/110
		100	27.8	50	76	17.9		3.6	
		120	33.3	47	77	19.9		4.8	
	1450	30	8.33	13.5	60	1.84	4	2.0	81/64
		50	13.9	12.5	73	2.33		2.0	
		60	16.7	11.8	74	2.61		2.5	
IS100-65-250	2900	60	16.7	87	61	23.4	37	3.5	90/160
		100	27.8	80	72	30.0		3.8	
		120	33.3	74.5	73	33.3		4.8	
	1450	30	8.33	21.3	55	3.16	5.5	2.0	90/66
		50	13.9	20	68	4.00		2.0	
		60	16.7	19	70	4.44		2.5	

续表

型号	转速 n /(r/min)	流量		扬程 H /m	效率 η /%	功率/kW		必需汽蚀余量 $(NPSH)_r$ /m	质量(泵/底座)/kg
		/(m^3/h)	/(L/s)			轴功率	电机功率		
IS100-65-315	2900	60	16.7	133	55	39.6	75	3.0	180/295
		100	27.8	125	66	51.6		3.6	
		120	33.3	118	67	57.5		4.2	
	1450	30	8.33	34	51	5.44	11	2.0	180/112
		50	13.9	32	63	6.92		2.0	
		60	16.7	30	64	7.67		2.5	
IS125-100-200	2900	120	33.3	57.5	67	28.0	45	4.5	108/160
		200	55.6	50	81	33.6		4.5	
		240	66.7	44.5	80	36.4		5.0	
	1450	60	16.7	14.5	62	3.83	7.5	2.5	108/66
		100	27.8	12.5	76	4.48		2.5	
		120	33.3	11	75	4.79		3.0	
IS125-100-250	2900	120	33.3	87	66	43.0	75	3.8	166/295
		200	55.6	80	78	55.9		4.2	
		240	66.7	72	75	62.8		5.0	
	1450	60	16.7	21.5	63	5.59	11	2.5	166/112
		100	27.8	20	76	7.17		2.5	
		120	33.3	18.5	77	7.84		3.0	
IS125-100-315	2900	120	33.3	132.5	60	72.1	110	4.0	189/330
		200	55.6	125	75	90.8		4.5	
		240	66.7	120	77	101.9		5.0	
	1450	60	16.7	33.5	58	9.4	15	2.5	189/160
		100	27.8	32	73	7.9		2.5	
		120	33.3	30.5	74	13.5		3.0	
IS125-100-400	1450	60	16.7	52	53	16.1	30	2.5	205/233
		100	27.8	50	65	21.0		2.5	
		120	33.3	48.5	67	23.6		3.0	
IS150-125-250	1450	120	33.3	22.5	71	10.4	18.5	3.0	188/158
		200	55.6	20	81	13.5		3.0	
		240	66.7	17.5	78	14.7		3.5	
IS150-125-315	1450	120	33.3	34	70	15.9	30	2.5	192/233
		200	55.6	32	79	22.1		2.5	
		240	66.7	29	80	23.7		3.0	
IS150-125-400	1450	120	33.3	53	62	27.9	45	2.0	223/233
		200	55.6	50	75	36.3		2.8	
		240	66.7	46	74	40.6		3.5	
IS200-150-250	1450	240	66.7	20	82	26.6	37		203/233
		400	111.1						
		460	127.8						
IS200-150-315	1450	240	66.7	37	70	34.6	55	3.0	262/295
		400	111.1	32	82	42.5		3.5	
		460	127.8	28.5	80	44.6		4.0	
IS200-150-400	1450	240	66.7	55	74	48.6	90	3.0	295/298
		400	111.1	50	81	67.2		3.8	
		460	127.8	48	76	74.2		4.5	

（2）Y 型离心油泵性能

型号	流量/(m^3/h)	扬程/m	转速/(r/min)	功率/kW		效率/%	汽蚀余量/m	泵壳许用应力/Pa	结构型式	备注
				轴	电机					
50Y-60	12.5	60	2950	5.95	11	35	2.3	1570/2550	单级悬臂	泵壳许用应力内的分子表示第Ⅰ类材料相应的许用应力，分母表示Ⅱ、Ⅲ类材料相应的许用应力
50Y-60A	11.2	49	2950	4.27	8			1570/2550	单级悬臂	
50Y-60B	9.9	38	2950	2.39	5.5	35		1570/2550	单级悬臂	
50Y-60×2	12.5	120	2950	11.7	15	35	2.3	2158/3138	两级悬臂	
50Y-60×2A	11.7	105	2950	9.55	15			2158/3138	两级悬臂	
50Y-60×2B	10.8	90	2950	7.65	11			2158/3138	两级悬臂	
50Y-60×2C	9.9	75	2950	5.9	8			2158/3138	两级悬臂	
65Y-60	25	60	2950	7.5	11	55	2.6	1570/2550	单级悬臂	
65Y-60A	22.5	49	2950	5.5	8			1570/2550	单级悬臂	
65Y-60B	19.8	38	2950	3.75	5.5			1570/2550	单级悬臂	
65Y-100	25	100	2950	17.0	32	40	2.6	1570/2550	单级悬臂	
65Y-100A	23	85	2950	13.3	20			1570/2550	单级悬臂	
65Y-100B	21	70	2950	10.0	15			1570/2550	单级悬臂	
65Y-100×2	25	200	2950	34	55	40	2.6	2942/3923	两级悬臂	
65Y-100×2A	23.3	175	2950	27.8	40			2942/3923	两级悬臂	
65Y-100×2B	21.6	150	2950	22.0	32			2942/3923	两级悬臂	
65Y-100×2C	19.8	125	2950	16.8	20			2942/3923	两级悬臂	
80Y-60	50	60	2950	12.8	15	64	3.0	1570/2550	单级悬臂	
80Y-60A	45	49	2950	9.4	11			1570/2550	单级悬臂	
80Y-60B	39.5	38	2950	6.5	8			1570/2550	单级悬臂	
80Y-100	50	100	2950	22.7	32	60	3.0	1961/2942	单级悬臂	
80Y-100A	45	85	2950	18.0	25			1961/2942	单级悬臂	
80Y-100B	39.5	70	2950	12.6	20			1961/2942	单级悬臂	
80Y-100×2	50	200	2950	45.4	75	60	3.0	2942/3923	单级悬臂	
80Y-100×2A	46.6	175	2950	37.0	55	60	3.0	2942/3923	两级悬臂	
80Y-100×2B	43.2	150	2950	29.5	40				两级悬臂	
80Y-100×2C	39.6	125	2950	22.7	32				两级悬臂	

注：与介质接触的且受温度影响的零件，根据介质的性质需要采用不同性质的材料，所以分为三种材料，但泵的结构相同。第Ⅰ类材料不耐腐蚀，操作温度在－20～200℃之间，第Ⅱ类材料不耐硫腐蚀，操作温度在－45～400℃之间，第Ⅲ类材料耐硫腐蚀，操作温度在－45～200℃之间。

(3) F 型耐腐蚀泵性能

泵型号	流量		扬程/m	转速	功率/kW		效率	允许吸上	叶轮外径
	/(m^3/h)	/(L/s)		/(r/min)	轴	电机	/%	真空度/m	/mm
25F-16	3.6	1.0	16.0	2960	0.38	0.8	41	6	130
25F-16A	3.7	0.91	12.5	2960	0.27	0.8	41	6	118
40F-26	7.20	2.0	25.5	2960	1.14	2.2	44	6	148
40F-26A	6.55	1.82	20.5	2960	0.83	1.1	44	6	135
50F-40	14.4	4.0	40	2960	3.41	5.5	46	6	190
50F-40A	13.10	3.64	32.5	2960	2.54	4.0	46	6	178
50F-16	14.4	4.0	15.7	2960	0.96	1.5	64	6	123
50F-16A	13.10	3.64	12.0	2960	0.70	1.1	62	6	112
65F-16	28.8	8.0	15.7	2960	1.74	4.0	71	6	122
65F-16A	26.2	7.28	12.0	2960	1.24	2.2	69	6	112
100F-92	100.8	28.0	92.0	2960	37.1	55.0	68	4	274
100F-92A	94.3	26.2	80.0	2960	31.0	40.0	68	4	256
100F-92B	88.6	24.6	70.5	2960	25.4	40.0	67	4	241
150F-56	190.8	53.5	55.5	1480	40.1	55.0	72	4	425
150F-56A	178.2	49.5	48.0	1480	33.0	40.0	72	4	397
150F-56B	167.8	46.5	42.5	1480	27.3	40.0	71	4	374
150F-22	190.8	53.5	22.0	1480	14.3	30.0	80	4	284
150F-22A	173.5	48.2	17.5	1480	10.6	17.0	78	4	257

23. 离心通风机规格

(1) 4-72-11 型离心通风机规格(摘录)

机号	转速	全压系数	全压		流量系数	流量	效率/%	所需功率
	/(r/min)		/mmH_2O	/Pa①		/(m^3/h)		/kW
6C	2240	0.411	248	2432.1	0.220	15800	91	14.1
	2000	0.411	198	1941.8	0.220	14100	91	10.0
	1800	0.411	160	1569.1	0.220	12700	91	7.3
	1250	0.411	77	755.1	0.220	8800	91	2.53
	1100	0.411	49	480.5	0.220	7030	91	1.39
	800	0.411	30	294.2	0.220	5610	91	0.73
8C	1800	0.411	285	2795	0.220	29900	91	30.8
	1250	0.411	137	1343.6	0.220	20800	91	10.3
	1000	0.411	88	863.0	0.220	16600	91	5.52
	630	0.411	35	343.2	0.220	10480	91	1.51
10C	1250	0.434	227	2226.2	0.2218	41300	94.3	32.7
	1000	0.434	145	1422.0	0.2218	32700	94.3	16.5
	800	0.434	93	912.1	0.2218	26130	94.3	8.5
	500	0.434	36	353.1	0.2218	16390	94.3	2.3
6D	1450	0.411	104	1020	0.220	10200	91	4
	960	0.411	45	441.3	0.220	6720	91	1.32
8D	1450	0.44	200	1961.4	0.184	20130	89.5	14.2
	730	0.44	50	490.4	0.184	10150	89.5	2.06
16B	900	0.434	300	2942.1	0.2218	121000	94.3	127
20B	710	0.434	290	2844.0	0.2218	186300	94.3	190

① 以 Pa 为单位的全压数据,系由 mmH_2O 数据换算而得的。

（2）8-18、9-27 离心通风机综合特性曲线图

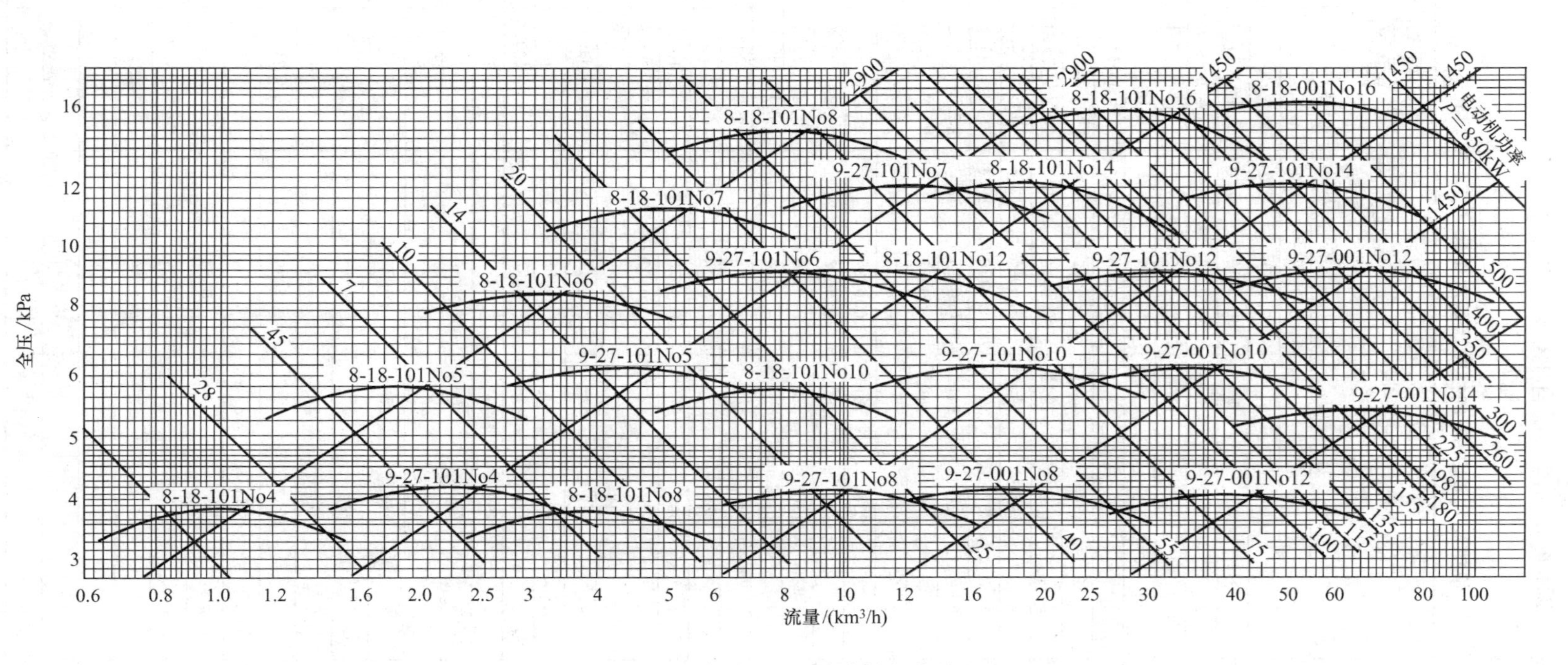

8-18、9-27 离心通风机综合特性曲线图

24. **换热器**

(1) 管壳式热交换器系列标准（摘自 JB/T 4714、4715—92）

① 固定管板式

换热管为 ϕ19mm 的换热器基本参数（管心距 25mm）

公称直径 DN/mm	公称压力 PN/MPa	管程数 N	管子根数 n	中心排管数	管程流通面积/m²	计算换热面积/m² 换热管长度 L/mm 1500	2000	3000	4500	6000	9000
159	1.60 2.50 4.00 6.40	1	15	5	0.0027	1.3	1.7	2.6	—	—	—
219			33	7	0.0058	2.8	3.7	5.7	—	—	—
273		1	65	9	0.0115	5.4	7.4	11.3	17.1	22.9	—
		2	56	8	0.0049	4.7	6.4	9.7	14.7	19.7	—
325		1	99	11	0.0175	8.3	11.2	17.1	26.0	34.9	—
		2	88	10	0.0078	7.4	10.0	15.2	23.1	31.0	—
		4	68	11	0.0030	5.7	7.7	11.8	17.9	23.9	—
400		1	174	14	0.0307	14.5	19.7	30.1	45.7	61.3	—
	0.60	2	164	15	0.0145	13.7	18.6	28.4	43.1	57.8	—
		4	146	14	0.0065	12.2	16.6	25.3	38.3	51.4	—
450		1	237	17	0.0419	19.8	26.9	41.0	62.2	83.5	—
	1.00	2	220	16	0.0194	18.4	25.0	38.1	57.8	77.5	—
		4	200	16	0.0088	16.7	22.7	24.6	52.5	70.4	—
500		1	275	19	0.0486	—	31.2	47.6	72.2	96.8	—
	1.60	2	256	18	0.0226	—	29.0	44.3	67.2	90.2	—
		4	222	18	0.0098	—	25.2	38.4	58.3	78.2	—
600		1	430	22	0.0760	—	48.8	74.4	112.9	151.4	—
		2	416	23	0.0368	—	47.2	72.0	109.3	146.5	—
	2.50	4	370	22	0.0163	—	42.0	64.0	97.2	130.3	—
		6	360	20	0.0106	—	40.8	62.3	94.5	126.8	—
700		1	607	27	0.1073	—	—	105.1	159.4	213.8	—
		2	574	27	0.0507	—	—	99.4	150.8	202.1	—
	4.00	4	542	27	0.0239	—	—	93.8	142.3	190.9	—
		6	518	24	0.0153	—	—	89.7	136.0	182.4	—
800	0.60 1.00 1.60 2.50 4.00	1	797	31	0.1408	—	—	138.0	209.3	280.7	—
		2	776	31	0.0686	—	—	134.3	203.8	273.3	—
		4	722	31	0.0319	—	—	125.0	189.8	254.3	—
		6	710	30	0.0209	—	—	122.9	186.5	250.0	—
900		1	1009	35	0.1783	—	—	174.7	265.0	355.3	536.0
	0.60	2	988	35	0.0873	—	—	171.0	259.5	347.9	524.9
		4	938	35	0.0414	—	—	162.4	246.4	330.3	498.3
	1.00	6	914	34	0.0269	—	—	158.2	240.0	321.9	485.6
1000	1.60	1	1267	39	0.2239	—	—	219.3	332.8	446.2	673.1
		2	1234	39	0.1090	—	—	213.6	324.1	434.6	655.6
		4	1186	39	0.0524	—	—	205.3	311.5	417.7	630.1
	2.50	6	1148	38	0.0338	—	—	198.7	301.5	404.3	609.9
(1100)		1	1501	43	0.2652	—	—	—	394.2	528.6	797.4
		2	1470	43	0.1299	—	—	—	386.1	517.7	780.9
	4.00	4	1450	43	0.0641	—	—	—	380.8	510.6	770.3
		6	1380	42	0.0406	—	—	—	362.4	486.0	733.1

注：表中的管程流通面积为各程平均值。括号内公称直径不推荐使用。管子为正三角形排列。

换热管为 ϕ25mm 的换热器基本参数（管心距 32mm）

公称直径 DN/mm	公称压力 PN/MPa	管程数 N	管子根数 n	中心排管数	管程流通面积/m²		计算换热面积/m²					
					ϕ25mm×2mm	ϕ25mm×2.5mm	换热管长度 L/mm					
							1500	2000	3000	4500	6000	9000
159	1.60 2.50 4.00 6.40	1	11	3	0.0038	0.0035	1.2	1.6	2.5	—	—	—
219			25	5	0.0087	0.0079	2.7	3.7	5.7	—	—	—
273		1	38	6	0.0132	0.0119	4,2	5.7	8.7	13.1	17.6	—
		2	32	7	0.0055	0.0050	3.5	4.8	7.3	11.1	14.8	—
325		1	57	9	0.0197	0.0179	6.3	8.5	13.0	19.7	26.4	—
		2	56	9	0.0097	0.0088	6.2	8.4	12.7	19.3	25.9	—
		4	40	9	0.0035	0.0031	4.4	6.0	9.1	13.8	18.5	—
400	0.60 1.00 1.60 2.50 4.00	1	98	12	0.0339	0.0308	10.8	14.6	22.3	33.8	45.4	—
		2	94	11	0.0163	0.0148	10.3	14.0	21.4	32.5	43.5	—
		4	76	11	0.0066	0.0060	8.4	11.3	17.3	26.3	35.2	—
450		1	135	13	0.0468	0.0424	14.8	20.1	30.7	46.6	62.5	—
		2	126	12	0.0218	0.0198	13.9	18.8	28.7	43.5	58.4	—
		4	106	13	0.0092	0.0083	11.7	15.8	24.1	36.6	49.1	—
500	0.60 1.00 1.60 2.50 4.00	1	174	14	0.0603	0.0546	—	26.0	39.6	60.1	80.6	—
		2	164	15	0.0284	0.0257	—	24.5	37.3	56.6	76.0	—
		4	144	15	0.0125	0.0113	—	21.4	32.8	49.7	66.7	—
600		1	245	17	0.0849	0.0769	—	36.5	55.8	84.6	113.5	—
		2	232	16	0.0402	0.0364	—	34.6	52.8	80.1	107.5	—
		4	222	17	0.0192	0.0174	—	33.1	50.5	76.7	102.8	—
		6	216	16	0.0125	0.0113	—	32.2	49.2	74.6	100.0	—
700		1	355	21	0.1230	0.1115	—	—	80.0	122.6	164.4	—
		2	342	21	0.0592	0.0537	—	—	77.9	118.1	158.4	—
		4	322	21	0.0279	0.0253	—	—	73.3	111.2	149.1	—
		6	304	20	0.0175	0.0159	—	—	69.2	105.0	140.8	—
800	0.60	1	467	23	0.1618	0.1466	—	—	106.3	161.3	216.3	—
		2	450	23	0.0779	0.0707	—	—	102.4	155.4	208.5	—
		4	442	23	0.0383	0.0347	—	—	100.6	152.7	204.7	—
		6	430	24	0.0248	0.0225	—	—	97.9	148.5	119.2	—
900	1.60	1	605	27	0.2095	0.1900	—	—	137.8	209.0	280.2	422.7
		2	588	27	0.1018	0.0923	—	—	133.9	203.1	272.3	410.8
		4	554	27	0.0480	0.0435	—	—	126.1	191.4	256.6	387.1
		6	538	26	0.0311	0.0282	—	—	122.5	185.8	249.2	375.9
1000	2.50	1	749	30	0.2594	0.2352	—	—	170.5	258.7	346.9	523.3
		2	742	29	0.1285	0.1165	—	—	168.9	256.3	343.7	518.4
		4	710	29	0.0615	0.0557	—	—	161.6	245.2	328.8	496.0
		6	698	30	0.0403	0.0365	—	—	158.9	241.1	323.3	487.7
(1100)	4.00	1	931	33	0.3225	0.2923	—	—	—	321.6	431.2	650.4
		2	894	33	0.1548	0.1404	—	—	—	308.8	414.1	624.6
		4	848	33	0.0734	0.0666	—	—	—	292.9	392.8	592.5
		6	830	32	0.0479	0.0434	—	—	—	286.7	384.4	579.9

注：表中的管程流通面积为各程平均值。括号内公称直径不推荐使用。管子为正三角形排列。

② 浮头式（内导流）换热器的主要参数

单位：mm

DN	N	n[①]		中心排管数		管程流通面积/m²			A[②]/m²							
		d				$d\times\delta_r$			L=3m		L=4.5m		L=6m		L=9m	
		19	25	19	25	19×2	25×2	25×2.5	19	25	19	25	19	25	19	25
325	2	60	32	7	5	0.0053	0.0055	0.0050	10.5	7.4	15.8	11.1	—	—	—	—
	4	52	28	6	4	0.0023	0.0024	0.0022	9.1	6.4	13.7	9.7		—	—	—

DN	N	n①		中心排管数		管程流通面积/m²			A②/m²							
		d				$d\times\delta_r$			L=3m		L=4.5m		L=6m		L=9m	
		19	25	19	25	19×2	25×2	25×2.5	19	25	19	25	19	25	19	25
426	2	120	74	8	7	0.0106	0.0126	0.0116	20.9	16.9	31.6	25.6	42.3	34.4	—	—
400	4	108	68	9	6	0.0048	0.0059	0.0053	18.8	15.6	28.4	23.6	38.1	31.6	—	—
500	2	206	124	11	8	0.0182	0.0215	0.0194	35.7	28.3	54.1	42.8	72.5	57.4	—	—
	4	192	116	10	9	0.0085	0.0100	0.0091	33.2	26.4	50.4	40.1	67.6	53.7	—	—
600	2	324	198	14	11	0.0286	0.0343	0.0311	55.8	44.9	84.8	68.2	113.9	91.5	—	—
	4	308	188	14	10	0.0136	0.0163	0.0148	53.1	42.6	80.7	64.8	108.2	86.9	—	—
	6	284	158	14	10	0.0083	0.0091	0.0083	48.9	35.8	74.4	54.4	99.8	73.1	—	—
700	2	468	268	16	13	0.0414	0.0464	0.0421	80.4	60.6	122.2	92.1	164.1	123.7	—	—
	4	448	256	17	12	0.0198	0.0222	0.0201	76.9	57.8	117.0	87.9	157.1	118.1	—	—
	6	382	224	15	10	0.0112	0.0129	0.0116	65.6	50.6	99.8	76.9	133.9	103.4	—	—
800	2	610	366	19	15	0.0539	0.0634	0.0575	—	—	158.9	125.4	213.5	168.5	—	—
	4	588	352	18	14	0.0260	0.0305	0.0276	—	—	153.2	120.6	205.8	162.1	—	—
	6	518	316	16	14	0.0152	0.0182	0.0165	—	—	134.9	108.3	181.3	145.5	—	—
900	2	800	472	22	17	0.0707	0.0817	0.0741	—	—	207.6	161.2	279.2	216.8	—	—
	4	776	456	21	16	0.0343	0.0395	0.0353	—	—	201.4	155.7	270.8	209.4	—	—
	6	720	426	21	16	0.0212	0.0246	0.0223	—	—	186.9	145.5	251.3	195.6	—	—
1000	2	1006	606	24	19	0.0890	0.105	0.0952	—	—	260.6	206.6	350.6	277.9	—	—
	4	980	588	23	18	0.0433	0.0509	0.0462	—	—	253.9	200.4	341.6	269.7	—	—
	6	892	564	21	18	0.0262	0.0326	0.0295	—	—	231.1	192.2	311.0	258.7	—	—
1100	2	1240	736	27	21	0.1100	0.1270	0.1160	—	—	320.3	250.2	431.3	336.8	—	—
	4	1212	716	26	20	0.0536	0.0620	0.0562	—	—	313.1	243.4	421.6	327.7	—	—
	6	1120	692	24	20	0.0329	0.0399	0.0362	—	—	289.3	235.2	389.6	316.7	—	—
1200	2	1452	880	28	22	0.1290	0.1520	0.1380	—	—	374.4	298.6	504.3	402.2	764.2	609.4
	4	1424	860	28	22	0.0629	0.0745	0.0675	—	—	367.2	291.8	494.6	393.1	749.5	595.6
	6	1348	828	27	21	0.0396	0.0478	0.0434	—	—	347.6	280.9	468.2	378.4	709.5	573.4
1300	4	1700	1024	31	24	0.0751	0.0887	0.0804	—	—	—	—	589.3	467.1	—	—
	6	1616	972	29	24	0.0476	0.0560	0.0509	—	—	—	—	560.2	443.3	—	—

① 排管数按正方形旋转45°排列计算。

② 计算换热面积按光管及公称压力2.5MPa的管板厚度确定。

(2) 管壳式换热器型号的表示方法

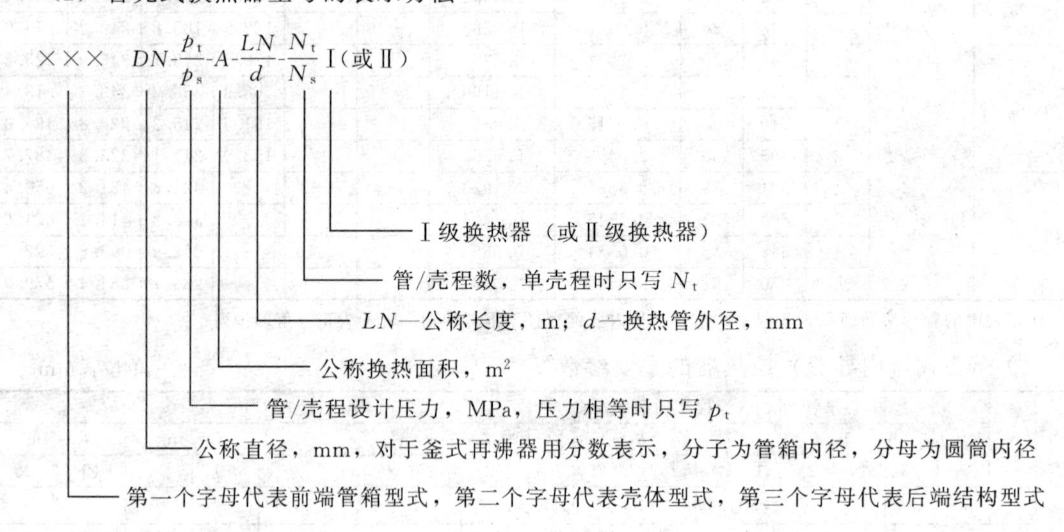

（3）管壳式换热器前端、壳体和后端结构型式分类

代号	前端固定管箱型式	代号	壳体型式	代号	后端管箱型式
A	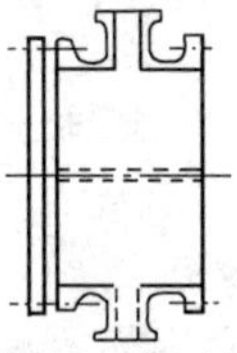 管箱和可拆端盖	E	单程壳体	L	与“A”类似的固定管板
B	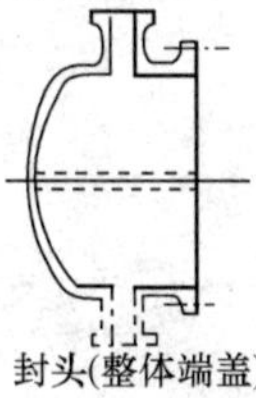 封头(整体端盖)	F	具有纵向隔板的双程壳体	M	与“B”类似的固定管板
C	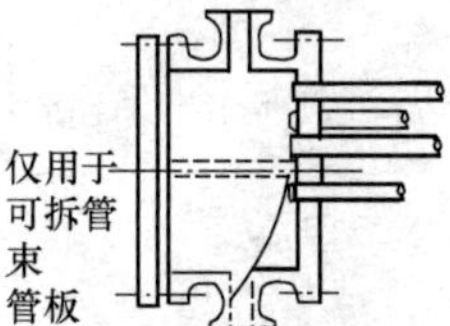 仅用于可拆管束 管板与管箱为整体及可拆端盖	G	分流壳体	N	与“C”类似的固定管板
N	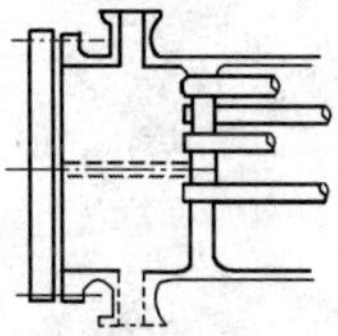 管板与管箱为整体及可拆端盖	H	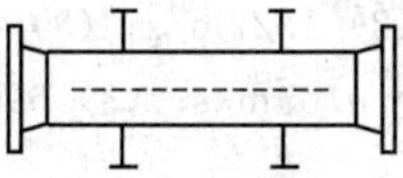 双分流壳体	P	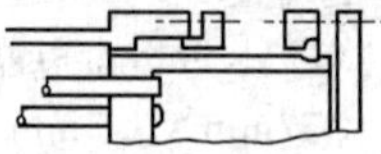 外部填料函浮头
D	高压特殊封头	J	无隔板分流壳体	S	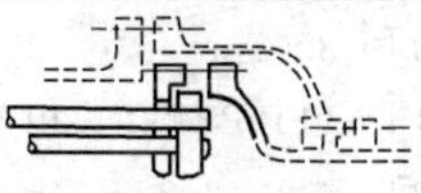 有背衬的浮头
		K	釜式再沸器	T	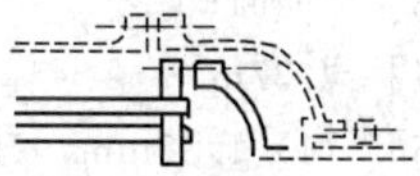 可抽式浮头
		X	错流壳体	U	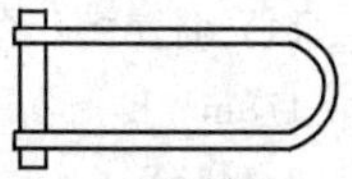 U形管束
				W	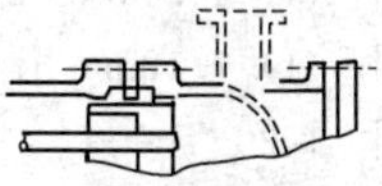 外密封浮动管板

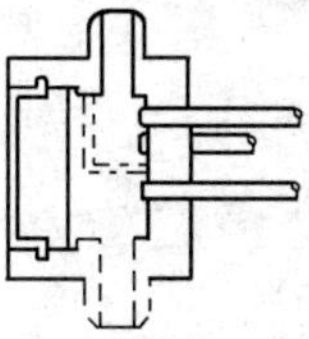

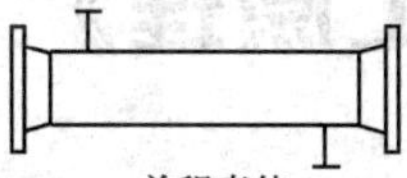

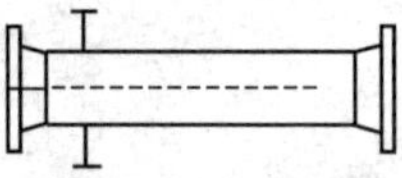

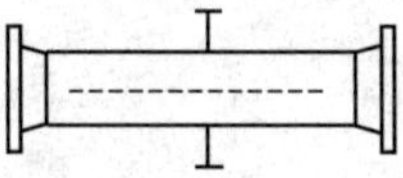

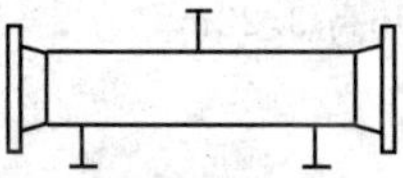

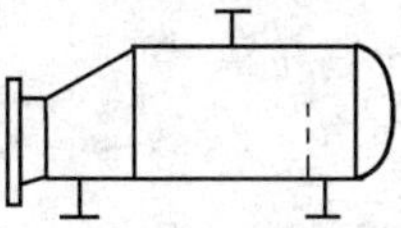

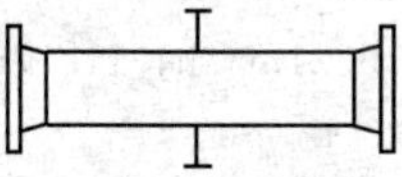

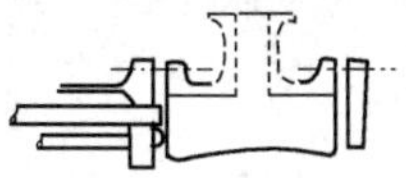

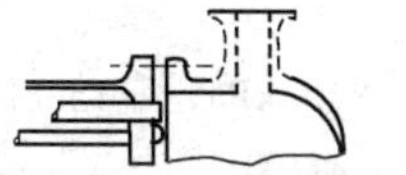

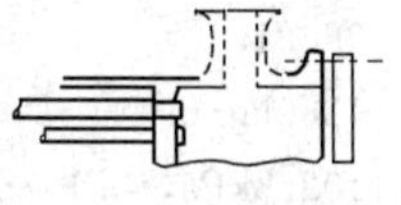

习题参考答案
《化工原理》（上册）

第2章

［2-1］ 84.5kPa，－15.8kPa

［2-2］ 24721Pa

［2-3］ 1.16m

［2-4］ 26.81t

［2-5］ 1360kg/m^3

［2-6］ 102.8kPa，0.157m

［2-7］ （1）5.649m；（2）2.65h

［2-8］ （1）1.088kg/s；（2）0.342m^3/s

［2-9］ ϕ57mm×3.5mm （1）2.5kg/s；（2）1.27m/s；（3）1270kg/(m^2·s)
ϕ76mm×4mm （1）2.5kg/s；（2）0.69m/s；（3）690kg/（m^2·s）

［2-10］ 3.01m

［2-11］ （1）B侧高，相差519mm；（2）不变

［2-12］ （1）12.87m^3/h；（2）水箱液面升高3.22m

［2-13］ 79461Pa

［2-14］ 4.37m

［2-15］ （1）1.37mm，219.0s^{-1}；（2）4.38N/m^2，219.0s^{-1}

［2-16］ 3894.9W

［2-17］ （1）9120Pa；（2）39m^3/h

［2-18］ 178m^3/h

［2-19］ 3.145kW

［2-20］ （1）4496W；（2）－52029Pa

［2-21］ （1）7.12m^3/h；（2）5.96m^3/h，5.21m^3/h，11.17m^3/h

［2-22］ 1.20

［2-23］ $\frac{\rho_0-\rho}{\rho}R$，$\rho gh+(\rho_0-\rho)gR$

［2-24］ （1）7.959m，28402Pa，14884Pa；（2）42367Pa，9967Pa

［2-26］ 18m，4m，2m

［2-27］ 54.47m^3/h

［2-28］ （1）6.66m，88.5m^3/h；（2）33050Pa

［2-29］ 26.0m/s

［2-30］ 1.83kW

［2-31］ 26.43m^3/h

［2-32］ 77.5mm

［2-33］ （1）0.62；（2）18.86m^3/h

［2-34］ 58.4m

［2-35］ （1）25m；（2）12234W；（3）39.66kPa

［2-36］ 10.93kW

［2-37］ （1）18.87m，1480W，3m；（2）0.763

[2-38] (1) 1548r/min；(2) 420mm

[2-39] (1) 39.2kPa；(2) 略

[2-40] (1) 18.3m^3/h；(2) 265.7kW

[2-41] 不适宜，将泵设置于地下 3.4m 以下或将釜液位升高 3.4m

[2-42] $[z]=-4-0.016(l+l_e)$

[2-44] 4053W

[2-45] 串联

[2-46] 60Y-60B

[2-47] 不可用

第 3 章

[3-1] (1) 0.8587，0.0262m，0.02249m，267m^2/m^3；(2) 0.347

[3-2] 0.02478m

[3-3] 0.55，1886N

[3-4] (1) 0.03m/s；(2) 3.76m/s

[3-5] (1) 水中 $u_t=0.00314$m/s；(2) 空气中 $u_t=0.329$m/s

[3-6] (1) 3.75s；(2) 1.07m/s

[3-7] 4740cP

[3-8] $d_{max}=6.21\times10^{-5}$m，$d_{min}=1.64$mm

[3-9] 0.968mm/s

[3-10] 能沉降

[3-11] (1) 7.61m^2，1.11m；(2) 入口端处于距室底 0.65m 以下、直径为 75μm 的尘粒均能除去，除尘效率为 58.6%；(3) 11780m^3/h

[3-12] 123.8m^2；$h=0.41$m (压紧区计算高度)

[3-13] 9.6μm，53.1mmH_2O

[3-14] (1) 0.58 倍；(2) 0.76 倍

[3-15] (1) 0.75；(2) 1.9%

[3-16] 0.167×10^{-6} m^2/s，1.25×10^{-12} $m^2/(s\cdot N)$

[3-17] 58.4L/m^2

[3-18] (1) 0.0125$m^3/(m^2\cdot h)$；(2) 0.04m^3 滤液/h

[3-19] 1.25×10^{-4} m^2/s，1.25×10^{-2} m^3/m^2，1.25s

[3-20] (1) 31.9m^3；(2) 17.7m^3

[3-21] 2.2h

[3-22] (1) 30 个框，31 块板；(2) 2.4h；(3) 0.625m^3/h

[3-23] (1) 2.07h；(2) 2h

[3-24] (1) 3.1r/mm；(2) 7.7mm

[3-25] 2.702m^2

[3-26] 3.5r/min

[3-27] 1.55×10^4 Pa

[3-28] 2.5×10^3 Pa，1.717m/s

[3-29] (1) 1.55m，1.041×10^4 kN/m^2，0.00387m/s；(2) 0.604

第 4 章

[4-1] 746.7W

[4-2] 480W/m^2，55℃

[4-3]　(1) 18kW/m^2，790℃；(2) 18kW/m^2，789.5℃；(3) 18kW/m^2，789.1℃

[4-4]　2563.6W/m^2，1474W/m^2

[4-5]　δ_1=92mm，δ_2=66mm，δ_{min}=164mm

[4-6]　0.114W/(m·℃)

[4-7]　Φ_{L1}=−34.4W/m；Φ_{L2}=−39.0W/m

[4-8]　h_1=107W/(m^2·℃)，h_2=73.3W/(m^2·℃)

[4-9]　6.1m

[4-10]　222.0℃

[4-11]　(1) h=4585W/(m^2·℃)；(2) t_w=75.3℃

[4-12]　(1) 290W/(m^2·℃)；(2) 1.15；(3) 71.6℃

[4-13]　51W/(m^2·℃)

[4-14]　h=1561W/(m^2·℃)

[4-15]　h=125W/(m^2·℃)

[4-16]　垂直 1109.3W，水平 1094.2W

[4-17]　521.9W/m

[4-18]　h=5.19W/(m^2·℃)，Φ=24.9W

[4-19]　(1) $h_{垂直}$=832W/(m^2·℃)；(2) $h_{水平}$=1764W/(m^2·℃)

[4-20]　h=4491W/(m^2·℃)，q=96.5kW/m，M=0.0404kg/(s·m)

[4-21]　t_w=117℃，h=41070W/(m^2·℃)

[4-22]　h=26057W/(m^2·℃)

[4-23]　6.8W/m^2

[4-24]　(1) 85.2W/m^2，177.7℃；(2) 453.1W/m^2

[4-25]　1.4℃

[4-26]　(1) 736W/m；(2) 131W/m

[4-27]　热导率小于 0.15W/(m·℃)，13.75mm

[4-28]　$r_c=2\lambda/h_0$

[4-29]　2.92×10^3kg/h，109m^2

[4-30]　(1) 74.9℃，312.8kW；(2) 74.75kPa

[4-31]　(1) q_m=17.6kg/h；(2) L=1.60m

[4-32]　(1) t_2=80℃，K=70.4W/(m^2·℃)；(2) m'=4.67×10^4kg/h

[4-33]　$A_{并}$=7.99m^2，$A_{逆}$=7.44m^2，并流比逆流传热面大 7.4%

[4-34]　$\Delta t_{m,并}$=76.4℃，$\Delta t_{m,逆}$=82.5℃，$\Delta A/A$=7%

[4-35]　25.9m^2，19.9m^2

[4-36]　t_{h2}=44.8℃，t_{c2}=37.6℃

[4-37]　(1) K=837W/(m^2·℃)；(2) R'_d=8.82×10^{-4} m^2·℃/W

第5章

[5-1]　Δt=36.9℃

[5-2]　21.5%，2320kg/h

[5-3]　$q_{m,0}-q_{m,w}$=166.7kg/h，$q_{m,v}$=954kg/h，$q_{m,w}/q_{m,v}$=0.874，A=13.6m^2

[5-4]　(1) 1333kg/h；(2) 1590kg/h，1420kg/h

[5-5]　$q_{m,v1}$=4742kg/h，$A_1=A_2$=172m^2

[5-6]　945kg/h

[5-7]　Δt_1=19.3℃，Δt_2=25.7℃；t_1=100.3℃，T'_1=95.3℃；t_2=69.6℃，T'_2=59.6℃

参 考 文 献

[1] 大连理工大学化工原理教研室. 化工原理（上册）. 北京：高等教育出版社，2009.

[2] 杨祖荣，刘丽英，刘伟. 化工原理. 第3版. 北京：化学工业出版社，2014.

[3] 柴成敬，张国亮. 化工流体流动与传热. 第2版. 北京：化学工业出版社，2007.

[4] 陈敏恒，丛德滋，方图南，刘鸣斋. 化工原理（上册）. 第4版. 北京：化学工业出版社，2015.

[5] 大连理工大学化工原理教研室. 化工原理（上册）. 北京：高等教育出版社，2002.

[6] 蒋维钧，戴猷元，顾惠君. 化工原理（上册）. 北京：清华大学出版社，2009.

[7] 都丽红，朱企新. 高效节能过滤技术与强化过滤过程的途径. 化学工程，2010，38 (10)：13-20.

[8] 大连理工大学化工原理教研室编. 化工原理（上册）. 大连：大连理工大学出版社，1993.

[9] 章熙民，任泽霈，梅飞鸣. 传热学. 第5版. 北京：中国建筑工业出版社，2007.

[10] 杨世铭，陶文铨. 传热学. 第4版. 北京：高等教育出版社，2001.

[11] Frank P Incropera，David P DeWitt. Introduction to heat transfer. fourth edition. New York：John Wiley & Sons，2001.

[12] J M Coulson，J F Richardson. Chemical Engineering. sixth edition. Lausanne：Elsevier，2008.

[13] GB/T 4272—2008 设备及管道绝热技术通则.

[14] 李德华. 化学工程基础. 第2版. 北京：化学工业出版社，2007.

[15] 管国锋等. 化工原理：第4版. 北京：化学工业出版社，2015